教養の生物学

第2版

A. Houtman・M. Scudellari・C. Malone 著
岡 良隆・岡 敦子 訳

東京化学同人

Biology Now with Physiology

Second Edition

Anne Houtman
Rose-Hulman Institute of Technology

Megan Scudellari
Science Journalist

Cindy Malone
California State University, Northridge

表紙写真：ドングリを運ぶカケス（撮影 小堀文彦）

まえがき

すぐれた生物学の授業は，学生の人生や生活の質を高めることができる．生物学は，学生が個人として，また社会の一員として判断を下す多くの場面で役に立つ．たとえば，ウイルスや免疫系を理解することは，子供へのワクチン接種の価値を親が考える助けとなる．また，生態系の機能を理解することは，2017年のハリケーン被害に遭ったテキサス州，フロリダ州，プエルトリコに住む人たちが，どのように復興していけばよいかを検討する助けとなる．さらに，脂肪やコレステロールやビタミンやミネラルが身体に及ぼす効果を理解することは，学生が自身の栄養や健康に関するよりよい判断を行う助けとなる．そうした例は限りがない．こうした実世界の問題に関してよりよい判断を行うためには，学生が科学の概念や科学的発見の過程に主体的に取組むカリキュラムが必要である．

どうすれば学生にそうした能力を身につけさせることができるだろうか？ここ10年で，どうすれば学生の学習が進むかという研究が爆発的に発展した．一言でいうと，学生が自分たちの生活に関係があると認識した場合，また受身ではなく主体性をもって学習に取組んだ場合（アクティブラーニング），そしてクリティカルシンキング（批判的思考）の機会を与えられ，自分たちの判断を内省したり議論したりする機会がある場合，最もよく学習が進むということである．

生物学を専攻しない学生に授業をする教員の多くは，学生に生物学の鍵となる概念（たとえば，細胞，DNA，進化）を教え，生物学的な問題に対してクリティカルシンキングができるように導くことを目標とすべきだとの意見に同意してくれるだろう．また多くの教員は，学生には，卒業するまでに社会における科学の価値を理解してほしい，真の科学と日常にあふれている非科学あるいは似非科学とを区別できる能力を備えてほしいと考えている．

生物学を専攻しない学生が，より前向きに生物学の学習意欲をもてるようにするために，教科書はどのような手助けができるだろうか？大前提として学生が，教科書を読まなければ学習は進まない．教科書はこれまで，学生に教科書を読ませることで，鍵となる概念を学ばせようとさまざまな工夫をしており，特に最近は，生物学が生活にいかに役に立つかを強調するようになってきている．しかし，学生は，章の長さや難解な文の量の多さにおじけづいて，あるトピックがどのように科学的に説明されうるのかを理解できなくなっていることも多いように思われる．さらに大事なこととして，これまでの教科書は，学生がアクティブラーニングやクリティカルシンキングに取組めるように手助けできていないし，科学の過程の重要性や科学的な主張の妥当性を解決するための方法を考えてくれていないのではないだろうか．そこで，この『Biology Now（教養の生物学)』においては身のまわりの問題と関連するトピックを取上げて，インタラクティブに学習できるようにすることで，学生が短い章のなかで科学の過程を理解するとともに，もっと読みたくなるような工夫を行った．同時に，生物学を専攻しない学生向けの他の教科書に書かれているような基本的な内容はカバーするように努めた．

第2版の各章は，第1版の形式を踏襲しつつ，科学をいま実際に研究している研究者が直面しているホットなトピックについて，科学ジャーナリストであるMeganが報告として最初に文章化し，それにAnneとCindyが科学的な内容になるように肉づけすることでつくられている．この第2版において，私たちは，教師がまさにいま世の中で起こっている出来事についての生物学的な意味づけを教えることができるような最新のトピックを集め，第1版を教科書に採用してくれた教員からのリクエストに応じた内容も追加することに注力した．具体的には，第2版では，新たな2章と改訂版2章からなる，地球上の生命の驚異的な多様性に関する新たな単元を追加した．このトピックに関して十分にカバーすることが第1版に対する最も多いリクエストであっただけでなく，生物学を専門としない学生にとって最も必要な題材でもあった．生命の多様性を認めることにより，学生が自然界と個々の人間との関係を築き上げていくことができるからである．

私たちは，読者が，私たちの長年の努力の結果生まれた本書を楽しみながら読んでくれることを心より願っている．

Anne Houtman
Megan Scudellari
Cindy Malone

謝　辞

多くの方々の熱意と努力なしには，この教科書をつくることはできなかった．何よりもまず，Betsy Twitchell（editor）に感謝したい．彼女の市場に対する鋭い観察眼，卓越したビジュアルセンス，そして著者を束ねる手腕に感謝する．Andrew Sobel は，私たちの本が正確で読みやすいものになるよう，編集者に求められる以上のことをしてくれた．

最高の集中力と才能をもつ Christine D'Antonio（project editor）には，優れたレイアウトを作成し，各章に動きを与えてくれたことに感謝する．才能ある Stephanie Hiebert（copy editor）は私たちの原稿をとても丁寧に仕上げ，気持ちよく仕事をさせてくれた．

Fay Torresyap（photo researcher）には信頼できるクリエイティブな仕事をしてもらい，Ted Szczepanski には写真プロセスを管理してもらった．Ashley Horna（production manager）は，私たちの原稿が美しい一冊の本となるよう，巧みに監督してくれた．Hope Miller Goodell（book designer）と Jennifer Heuer（cover designer）には，このような特別で豪華な本をつくっていただき，特に感謝する．

Kate Brayton（media editor），Cailin Barrett-Bressack（associate editor），Gina Forsythe（media assistant）は，本書に付属する教員向け資料や学生向け資料の制作に精力的に取組んでくれた．彼らの決断力，創造性，前向きな姿勢は，学生の学習に真に貢献する最高品質の補助教材を生み出した．Jesse Newkirk（media project editor）は品質にこだわり，教材パッケージのあらゆる要素が，Norton 社の高い基準を満たすよう努力してくれた．同様に，Taylere Peterson（assistant editor）も大小さまざまな形で貢献してくれた．

Todd Pearson（marketing manager）と彼の同僚である Steve Dunn（director of marketing），Stacy Loyal（marketing director）のたゆまぬ熱意に感謝する．Michael Wright（director of sales）をはじめ，Norton 社の優秀な営業マンの皆さんには，私たちの本を広めていただき，ここに感謝申し上げたい．最後に，Marian Johnson，Julia Reidhead，Roby Harrington，Drake McFeely，そして私たちの本を信じてくれた Norton 社の皆に感謝する．

精度の高い査読をしてくださったErin BaumgartnerとMark Manteuffelに感謝する．また，査読や模擬使用，本書『Biology Now』とその多くの補足資料やメディアに，時間と専門知識を提供してくださった，この分野のすべての同僚にも感謝しないわけにはいかない．ここに感謝申し上げる．

第2版の査読者

Anne Artz, *Preuss School, UC San Diego*
Allan Ayella, *McPherson College*
Erin Baumgartner, *Western Oregon University*
Joydeep Bhattacharjee, *University of Louisiana, Monroe*
Rebecca Brewer, *Troy High School*
Victoria Can, *Columbia College Chicago*
Lisa Carloye, *Washington State University, Pullman*
Michelle Cawthorn, *Georgia Southern University*
Craig Clifford, *Northeastern State University*
Beth Collins, *Iowa Central Community College*
Julie Constable, *California State University, Fresno*
Gregory A. Dahlem, *Northern Kentucky University*
Danielle M. DuCharme, *Waubonsee Community College*
Robert Ewy, *SUNY Potsdam*
Clayton Faivor, *Ellsworth Community School*
Michael Fleming, *California State University, Stanislaus*
Kathy Gallucci, *Elon University*
Kris Gates, *Pikes Peak Community College*
Heather Giebink, *Pennsylvania State University*
Candace Glendening, *University of Redlands*
Sherri D. Graves, *Sacramento City College*
Cathy Gunther, *University of Missouri*
Meshagae Hunte-Brown, *Drexel University*
Douglas P. Jensen, *Converse College*
Ragupathy Kannan, *University of Arkansas-Fort Smith*
Julia Khodor, *Bridgewater State University*
Jennifer Kloock, *Garces Memorial High School*
Karen L. Koster, *University of South Dakota*
Dana Robert Kurpius, *Elgin Community College*
Joanne Manaster, *University of Illinois*
Mark Manteuffel, *St. Louis Community College*
Jill Maroo, *University of Northern Iowa*
Tsitsi McPherson, *SUNY Oneonta*
Kiran Misra, *Edinboro University of Pennsylvania*
Jeanelle Morgan, *University of North Georgia*
Lori Nicholas, *New York University*
Fran Norflus, *Clayton State University*
Christopher J. Osovitz, *University of South Florida*
Christopher Parker, *Texas Wesleyan University*
Brian K. Paulson, *California University of Pennsylvania*
Carolina Perez-Heydrich, *Meredith College*
Thomas J. Peri, *Notre Dame Preparatory School*
Kelly Norton Pipes, *Wilkes Early College High School*
Gordon Plague, *SUNY Potsdam*
Benjamin Predmore, *University of South Florida*
Jodie Ramsey, *Highland High School*
Logan Randolph, *Polk State College*
Debra A. Rinne, *Seminole State College of Florida*
Michael L. Rutledge, *Middle Tennessee State University*
Celine Santiago Bass, *Kaplan University*
Steve Schwendemann, *Iowa Central Community College*
Sonja Stampfler, *Kellogg Community College*
Jennifer Sunderman Broo, *Saint Ursula Academy*
J. D. Swanson, *Salve Regina University*
Heidi Tarus, *Colby Community College*
Larchinee Turner, *Central Carolina Technical College*
Ron Vanderveer, *Eastern Florida State College*
Calli A. Versagli, *Saint Mary's College*
Mark E. Walvoord, *University of Oklahoma*
Lisa Weasel, *Portland State University*
Derek Weber, *Raritan Valley Community College*
Danielle Werts, *Golden Valley High School*
Elizabeth Wright, *Athenian School*
Steve Yuza, *Neosho County Community College*

第1版の査読者

Joseph Ahlander, *Northeastern State University*
Stephen F. Baron, *Bridgewater College*
David Bass, *University of Central Oklahoma*
Erin Baumgartner, *Western Oregon University*
Cindy Bida, *Henry Ford Community College*
Charlotte Borgeson, *University of Nevada, Reno*
Bruno Borsari, *Winona State University*
Ben Brammell, *Eastern Kentucky University*
Christopher Butler, *University of Central Oklahoma*
Stella Capoccia, *Montana Tech Kelly Cartwright, College of Lake County*
Emma Castro, *Victor Valley College*
Michelle Cawthorn, *Georgia Southern University*
Jeannie Chari, *College of the Canyons*
Jianguo Chen, *Claflin University*
Beth Collins, *Iowa Central Community College*
Angela Costanzo, *Hawaii Pacific University*
James B. Courtright, *Marquette University*
Danielle DuCharme, *Waubonsee Community College*
Julie Ehresmann, *Iowa Central Community College*
Laurie L. Foster, *Grand Rapids Community College*
Teresa Golden, *Southeastern Oklahoma State University*
Sue Habeck, *Tacoma Community College*
Janet Harouse, *New York University*
Olivia Harriott, *Fairfield University*
Tonia Hermon, *Norfolk State University*
Glenda Hill, *El Paso Community College*

Vicki J. Huffman, *Potomac State College, West Virginia University*
Carl Johansson, *Fresno City College*
Victoria Johnson, *San Jose State University*
Anthony Jones, *Tallahassee Community College*
Hinrich Kaiser, *Victor Valley College*
Vedham Karpakakunjaram, *Montgomery College*
Dauna Koval, *Bellevue College*
Maria Kretzmann, *Glendale Community College*
MaryLynne LaMantia, *Golden West College*
Brenda Leady, *University of Toledo*
Lisa Maranto, *Prince George's Community College*
Roy B. Mason, *Mt. San Jacinto College*
Gabrielle L. McLemore, *Morgan State University*
Paige Mettler-Cherry, *Lindenwood University*
Rachel Mintell, *Manchester Community College*
Kiran Misra, *Edinboro University of Pennsylvania*
Lori Nicholas, *New York University*
Louise Mary Nolan, *Middlesex Community College*
Fran Norflus, *Clayton State University*
Brian Paulson, *California University of Pennsylvania*
Carolina Perez-Heydrich, *Meredith College*
Ashley Ramer, *University of Akron*
Nick Reeves, *Mt. San Jacinto College*
Tim Revell, *Mt. San Antonio College*
Eric Ribbens, *Western Illinois University*
Kathreen Ruckstuhl, *University of Calgary*
Michael L. Rutledge, *Middle Tennessee State University*
Brian Sato, *UC Irvine*
Malcolm D. Schug, *University of North Carolina at Greensboro*
Craig M. Scott, *Clarion University of Pennsylvania*
J. Michael Sellers, *University of Southern Mississippi*
Marieken Shaner, *University of New Mexico*
David Sheldon, *St. Clair County Community College*
Jack Shurley, *Idaho State University*
Daniel Sigmon, *Alamance Community College*
Molly E. Smith, *South Georgia State College, Waycross*
Lisa Spring, *Central Piedmont Community College*
Steven R. Strain, *Slippery Rock University of Pennsylvania*
Jeffrey L. Travis, *SUNY Albany*
Suzanne Wakim, *Butte College*
Mark E. Walvoord, *University of Oklahoma*
Sherman Ward, *Virginia State University*
Lisa Weasel, *Portland State University*
Jennifer Wiatrowski, *Pasco-Hernando State College*
Rachel Wiechman, *West Liberty University*
Bethany Williams, *California State University, Fullerton*
Satya M. Witt, *University of New Mexico*
Donald A. Yee, *University of Southern Mississippi*

著 者 紹 介

Anne Houtman はハワイで育ち，オックスフォード大学で動物学の学位を取得，その後トロント大学で研究員を務めた．現在ローズ・ハルマン工科大学の教務局長および学術担当副理事長で，生物学の主任教授を務める．彼女は大学等の複数の教育機関で20年以上にわたって，生物学を専門としない学生に対する生物学の教鞭をとってきた．それゆえ教育に関する広い視野を有している．彼女は，特に“根拠に基づく(evidence-based)”実験的教育への造詣が深く，STEM（科学，技術，工学，数学）教育に関する国際会議に20年以上積極的に参加している．専門はハチドリ（ハミングバード）の生態と進化である．

Megan Scudellari はマサチューセッツ工科大学サイエンスライター養成大学院プログラムで修士号を取得し，現在は，ボストンを中心に活躍している数々の受賞歴のあるフリーランスのサイエンスライターである．特に生命科学分野を得意としている．これまでNewsweek, Scientific American, Discover, Nature, Technology Reviewなどに記事を投稿し，Boston Globeの健康欄コラムニストでもあった．またThe Scientistに特派員として5年，その後は寄稿編集者としてかかわった．2013年に，彼女は優れた報告書と科学記事を出版したことで権威あるEvert Clark/Seth Payne賞を受賞した．特に外傷性脳損傷に関する研究報告と，触覚を備えた人工装具に関する特集記事により，高い評価を受けた．またボストンの科学博物館の学芸員を務めた経験もある．

Cindy Malone はイリノイ州立大学で生物学を専攻し，カリフォルニア大学ロサンゼルス校（UCLA）で微生物学と免疫学のPh.D.を取得した．その後，UCLAで分子遺伝学の研究を研究員として続けた．現在はカリフォルニア州立大学ノースリッジ校(CSUN)の教授であり，カリフォルニア再生医療機構の研究助成を受けたCSUN/UCLA幹細胞研究者養成プログラムのディレクターをも務める高名な教育者である．研究室では，遺伝子発現制御機構の解明を目指して学生を研究指導している．彼女は生物学を専攻しない学生への生物学教育を20年以上続けており，同大での教育，指導，およびカリキュラム強化に関する賞を受賞している．

訳者まえがき

本書は，2018 年 W. W. Norton 社から出版された Anne Houtman，Megan Scudellari，Cindy Malone による『Biology Now with Physiology, 2nd edition』の翻訳版である．日本語の訳本としての本書は，大学の学部において生物学の基礎を学ぶ学生をおもな対象としつつ，これから生物学を専門的に学ぶために生物学全般を俯瞰してみようとする学生や，生物学に興味をもつ社会人も含む幅広い読者層に読んでもらえる内容になるように心がけて翻訳した．

原著のまえがきに書かれているように，本書の英語版原著はほかの生物学教科書にはないいくつかの優れた特徴をもっている．最大の特徴は，生命科学を得意分野とする科学ジャーナリスト兼サイエンスライターである Megan Scudellari と，生物学研究者であると同時に生物学を専門としない学生を対象とする生物学教育にも深い造詣をもつ Anne Houtman と Cindy Malone の 3 人が，それぞれの特徴を生かしつつ共同執筆したことであろう．現代の生命科学研究者が，実際にいま研究しているトピックに基づいたストーリーのなかに，生物学の基本的な知識をうまく織り込むようにして各章が書かれている．ややもすれば記憶中心の科目と思われがちな生物学の教科書を，読み物風に楽しみながら読み進めるうちに，自然に生物学の学習ができるようになっているのだ．また，読者が社会における生命科学の価値を理解できるとともに，日常にあふれる疑似科学と真の科学との違いを見きわめられるように，と著者らが工夫していることもよく伝わってくる．そして，章中のおもな図に付随した問題や章末問題を解くことで，各章のポイントを押さえながらインタラクティブに学習を進めることもできる．

本訳書は，東京大学大学院理学系研究科生物科学専攻で学位取得後，それぞれ異なる生命科学分野の研究者として，長らく大学教育に携わってきた岡 良隆・岡 敦子の 2 人ですべての章を分担して翻訳した．2019 年に旧知の研究者である濱口幸久東京工業大学名誉教授の紹介で，濱口研究室出身の東京化学同人編集部篠田 薫氏から声をかけていただき，翻訳を開始した．当時は 2 人とも現役教員であったため作業の進行は遅かったが，定年退職を経て，ようやく完訳に至った．この間，2 人とも生物学を専門としない学生や社会人を対象に生物学講義を行う機会を得，良隆はさらに本書の原著を教科書として利用し，生物学を専門に学ぶ学生に講義を行う機会も得た．まさに教育の現場で，さまざまなバックグラウンドをもつ学生に生物学のリテラシーを身につけてもらうにはどうすればよいかを考えながらの翻訳作業となった．本書を通じ，幅広い読者が生物学に興味をもち，その主体的な学びの喜びを感じてくれれば幸いである．

最後になったが，翻訳者として私共を推薦してくださった濱口博士と，本訳書が出版されるまでの間，遅々として作業の進まない私共に丁寧に対応し，翻訳版教科書として出版できるよう念入りな編集をしてくれた篠田氏に心より感謝する．

2023 年秋

訳者　岡　良隆
　　　岡　敦子

訳者まえがき

[illegible] W. W. Norton 社から出版された Anne Houtman, Megan Scudellari, Cindy [illegible] Now with Physiology, 2nd edition』の翻訳である。[illegible]

[illegible]

[illegible] Megan Scudellari [illegible] Anne Houtman と Cindy Malone の 3 [illegible]

[illegible]

[illegible]

目　　次

Ⅲ. 進　化

Ⅳ. 生物多様性

Ⅴ. 生　態

Ⅵ. 生体調節

1 科学とは何か

本章のポイント

- 科学的手法の図式化と，各過程の理解
- 観察結果からの仮説の導出と，その仮説に基づく複数の予測の設定
- 適切な変数，実験群，および対照群をもうけた実験のデザイン
- 科学における“事実”や“理論”についての具体例の列挙
- 生物における階層性の図式化
- 生物の特徴に基づいた生物と非生物の区別

1・1 科学的手法

ニューヨーク州立大学環境保全学部に所属する研究者たちは，1980年から30年近く，州北部にある洞窟のコウモリを観察しつづけてきた．洞窟のコウモリに異変が起こったのは2007年春のことである．同じ研究チームのメンバーが洞窟内で大量のコウモリの死を発見したのだ．

当初原因は，少し前に起こった洪水のせいだと考えられていたが，研究チームに同行したボランティアの写真には，奇妙なものが映っていた．それは洞窟にぶら下がって頭を出す8匹の小さなブラウンバット *Myotis lucifugus* の写真であった．どのコウモリも鼻が白っぽいもので毛羽だっていた．この種には鼻が白いものはふつういないので，研究チームのメンバーは驚いた．

そこで彼らは写真をコウモリの研究者コミュニティー全員に転送して意見を聞いてみた．白っぽく毛羽だったものはカビのようにみえたが，カビがコウモリを死に至らしめるという過去の記録はなかった．返事をくれた他の研究者たちはみな“これは何だ”と驚いた．そこでニューヨーク州立大学の研究者たちは，何がコウモリを死に至らせたのか，そして，この白っぽいカビが死亡原因であったのかを調べようと考えた．

研究者たちは，なぜコウモリを保護することに興味をもっていたのだろうか．理由の一つは，コウモリは穀物などの農産物を食い荒らしたり，森林を破壊したりする昆虫を食べてくれるからだ．また，コウモリが食べてくれるカは，世界中でマラリア感染を介してヒトに甚大な被害をもたらす害虫であり，カのために毎年何十万人もの人が亡くなっている．

研究者・科学者は，論理的で客観的な事実を追い求め，真実を見つけるために何よりも証拠（エビデンス）を大事にする．**科学**（science）は自然界に関する知識の集大成であるが，単にデータの集積したものではない．科学は，その知識を得るための，証拠に基づいた過程そのものである．

- 科学は検知，観察，測定することができる自然界の現象を扱う．
- 科学は観察や実験によって検証できる証拠に基づいている．
- 科学はそれぞれ独立した個人によって実証され査読される必要がある．
- 科学はいつでも誰でも証拠に基づいて解明しようとすることができる．
- 科学は自ら修正を行うことができる．

知識を集積するには，**科学的手法**（scientific method）を用いる必要がある（図1・1）．科学的手法とは，科学者が忠実に守るべきレシピのようなものではなく，ある現象を科学的に説明するための論理的な思考過程である．そこで，これを**科学的プロセス**（scientific process）とよぶ人もいる．いずれにしても，科学的知識を生み出すために実践されることは，先に述べたコウモリの事例も含めて，非常に広い範囲の分野に適用できる．

科学的手法は非常に強力ではあるが，それは世の中で起こっていることのうち，自然におけるしくみを探す目

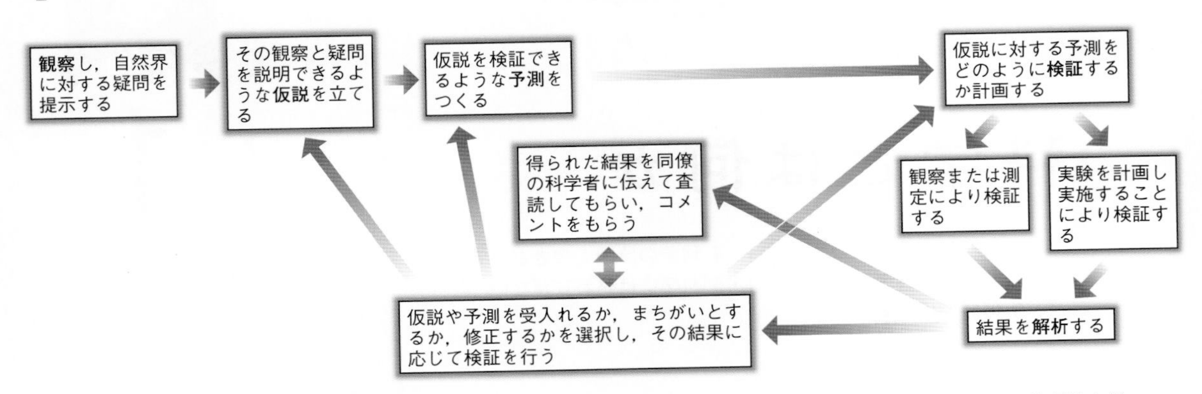

図 1・1 科学的手法. 科学的手法は，自然界について私たちがもっとよく知ることを手助けしてくれる論理的な過程である.

問題 1 病気をもったコウモリを研究する研究者たちの最初の観察と疑問点は何だったか.
問題 2 科学的手法において，自分の仮説を検証するために用いる方法は，どの時点で決めるべきか.

的に限られている．つまり，科学が論じることのできないような範疇の問も存在する．たとえば，科学的手法では，何が道徳的に正しくて，何が正しくないのかを知ることはできない．科学によってヒトと動物の違いについて知ることはできても，その情報をもとにして，どのように行動するのが道徳的に正しいのかを知ることはできない．科学はまた，宗教的な問や芸術なども説明できない．したがって，科学は，いかなる宗教，政治，個人的信条をもつ人に対しても平等であるが，すべての疑問に答えることができるようなものではない．

しかし，科学は自然に関する疑問に答えるには最もよい方法である．科学的手法の最初の2段階は，1）観察結果を集めて，2）仮説を立てることである．上述の研究者たちは，コウモリの鼻の白い毛羽だったものに対して，すぐに科学的手法を適用した．コウモリの死は続いていた．コウモリは地球の一員であり，生態系の重要なメンバーであり，私たち人類のすむ環境にとっても重要な役割を果たしていると研究者たちは考えている．

1・2 観察から仮説を導く

最初にコウモリの死が発見された翌日の3月18日に，研究チームは観察のために洞窟に入った．観察は科学的手法の重要な一部である．**観察**（observation）とは，ある対象や現象を記載し，測定し，記録することである．研究チームは病気にかかったコウモリの鼻が白いだけでなく蓄積脂肪が枯渇している，つまり，冬を越すための十分な貯蔵エネルギーをもっていないという観察結果を得た．白く毛羽だったものはコウモリの羽にも見られ，羽の組織は傷つき，壊死しており，一方，コウモリは冬眠から早く覚めて，外で獲物を探すにはまだ寒い時期に洞窟を出ていくような異常行動をしていた．

研究チームはまた，この病気がさまざまな種にまたがって広がっていること，つまり，さまざまな種類のコウモリがこの病気にかかっていることも見つけた．そして，コウモリは，高い死亡率を示し，ある場合には罹患したコウモリの97%が死亡していた．研究チームはこの病気を白鼻症候群（white-nose syndrome: WNS）と名づけた．何がこうした症状をひき起こしたのかという原因についてはまだわからなかったが，原因は何らかの生物によるものであろうという仮説にたどり着いた（p.3のコラム参照）．

研究チームは，洞窟で死んだコウモリを集めて国内各所の研究室に送りはじめた．それを受取った研究室では，技術員らがコウモリの鼻や羽からサンプルを採取してペトリ皿（微生物を成育させるための栄養素入りの溶液が入ったガラスやプラスチック製の浅い皿）にこすりつけ，白い毛羽だったものが増えるかどうかを調べた．次々に多くの種類の細菌やカビが皿の上で増え，さまざまな色をしたコロニーが生えてきたが，どのサンプルにも異常なものは見つからなかった．コウモリの体表面には何も特別なものや危険なものはなかったのである．

ウィスコンシン州マディソンのUSGS国立野生動物健康センターで働く微生物研究者たちは，少しだけ違うアプローチを試みた．彼らは上述の培養実験に関して，その実験条件をよく検討した結果，決定的なまちがいに気がついた．つまり，コウモリは，冬眠中はニューヨー

生物の特徴

すべての生物は，生命を特徴づけるいくつかの共通の特徴をもつ．

1. 生物は一つまたは複数の細胞よりなる．**細胞**(cell)は最も基本的な生命の最小単位である．すべての生物は一つまたは複数の細胞からできており，大型の生物は多くの異なる種類に特殊化した細胞からできていて，**多細胞生物**(multicellular organism)として知られている．
2. 生物はDNAを用いて自律的に複製する．すべての生物は自分自身と同じような新たな個体を**生殖**(reproduction)により増やすことができる．DNAは親から子孫へ情報を伝えるために用いられる遺伝物質である．特定の遺伝的特徴をコードするDNAの一部を**遺伝子**(gene)とよぶ．いかに単純であれ複雑であれ，生命はこの親から受け継いだ遺伝子コードによりすべての細胞の構造，機能や行動を指示する．
3. 生物は代謝を維持するために環境からエネルギーを得ている．すべての生物は生存のために**エネルギー**(energy)を必要とする．生物はこのエネルギーを環境から得るためにさまざまな方法を使う．生物がエネルギーをとらえて，保存し，使うことを**代謝**(metabolism)とよぶ．
4. 生物は環境を感じとり，それに対して応答する．生物は外界の環境の多くの特徴，たとえば太陽光の向きから餌や繁殖相手の存在に至るまでのさまざまなことを**感じとる**(sensation)．すべての生物は情報を感じとることにより情報収集し，それに対して適切に応答する．
5. 生物は内部環境の恒常性を維持する．生物は外部環境だけでなく内部環境をも感じてそれに応答する．すべての生物は内部環境の恒常性を維持していて，この過程は**ホメオスタシス**(homeostasis)として知られる．
6. 生物は集団で進化することができる．生物の集団が世代を超えて遺伝的特徴を変化させていくことを**進化**(evolution)という．ある特徴がある程度世代を超えて共通したものになってくれば，進化は集団のなかで生じたといえる．

	鉱物	ウイルス	真菌類	植物	動物
一つ以上の細胞よりなる	×	×	○	○	○
自律的に自己複製する	×	×	○	○	○
環境からエネルギーを獲得する	×	×	○	○	○
環境を感知し，応答する	×	×	○	○	○
内部環境の恒常性を維持する(ホメオスタシス)	×	×	○	○	○
集団で進化する	×	○	○	○	○
生きている	×	?	○	○	○

ク州北部の洞窟にいたのであり，そこでは気温が0～10℃であった．一方で，大半の実験室ではコウモリから得たサンプルを室温（約20℃）で培養しようとしていた．この実験条件は，多くのカビの培養には適していた．しかし，洞窟の中ではすべての生物は低温で成長しなければならないのである．そこで，死んだコウモリからとったサンプルをペトリ皿の上にとって，それを冷蔵庫の中に置いてみた．

このとき，ニューヨーク州立保健局の動物疾患の専門家が，別の研究者の洞窟調査に同行した．この専門家は，洞窟にいたコウモリから直接白く毛羽だったものを採取し，それをすぐにスライドグラスの上で広げて顕微鏡で観察してみた．すると，めずらしいカビが見えた．このカビは，細胞がパッチ状に広がって白い毛羽だったものに見え，拡大してみると，カビの個々の胞子は，健康なコウモリの皮膚に生えるような他の微生物とは違って，三日月形をしており，研究者たちによく知られている種類とは異なっていた．

しかし，この観察だけでは，この一風変わったカビがWNSの原因であるということを誰にでも納得させるには不十分であった．科学として役に立つためには，観察結果は繰返し得られる必要があり，できれば複数の手法を用いて得られるべきである．独立した観察者が同じ対象や現象を，少なくともある時間見たり検知したりできるべきである．

この場合には，二人の研究者が独立したやり方で同じ結果を再現することができた．2, 3 週間の間ペトリ皿を冷蔵庫に入れっぱなしにしておいてからそれを取出すと，先と同様な白っぽい三日月形をしたカビの胞子を見つけることができたのだ．

1・3 仮説を検証する

科学においては，日常におけると同様に，観察することにより問題を設定し，その問題に対して最終的には説明をすることも可能になる．たとえば，部屋の照明のスイッチを押したが照明がつかない場合，なぜかと疑問をもち，その理由を考えるだろう．照明の電源は入っているか，電球が切れていないか，などである．そしてそれらの説明のなかから，なぜ照明がつかなかったのかということに関するもっともらしい仮説を見つけだすことができる．

科学における**仮説**（hypothesis）とは，自然界における観察に対して加えられる，情報に基づいた論理的かつ妥当な説明である．最初の段階から研究者たちは，いままで知られていなかった，低温を好むカビがコウモリの死の主要な原因であるとの仮説をもっていた．他の研究者も，コウモリに生えたカビをとって培養した結果生えてきた，いままで誰も見たこともないような三日月形のめずらしい白いカビの胞子を見て，最も単純に考えて，これがコウモリの死の原因である可能性が高いと考え，この仮説に賛成した．

しかし，これに反対する科学者もいた．カビそのものが，哺乳類にとって死亡原因になることはまれである．もっとありうることとして，カビは，迷惑な存在ではあっても死には至らないような皮膚の炎症であり，ウイルスや細菌の感染によって動物が病気になったために生じた二次的な反応ではないだろうか，と考えられた．そこで科学者たちは WNS の原因について別の仮説を提案した．一つの仮説は，カビはウイルス感染などがもとになって生じた二次的な影響である，というものであった．また別の仮説としては，殺虫剤などの環境汚染物質が死の原因ではないかというものもあった．実に多くの異なる仮説が提唱されたが，それこそが科学的プロセスの優れた点である．研究者は，納得いくまで観察を繰返し，得られた観察から複数の仮説を考え出し，それぞれを検証していく．最初から正しい答えがあるのではなく，このような仮説の提唱と検証により科学は前に進んでいく．

科学的手法の楽しさと挑戦的なところは，研究者たちが競い合って仮説を提唱した後に，それぞれが他の仮説に対抗して自分の仮説を検証しようとするところにある．科学における仮説は，それが実験や観察によって検証されたり，論駁されたりしうるものである．いいかえると，科学における仮説は，正しいか正しくないか，ということが明確に決められるような予測でなければならない（図 1・2）．よく練り上げられた仮説というものは，“もし～ならば，～となるはずである”というように表現でき，予測が立てられるような正確さをもっているべきである．

たとえば，もし WNS が伝染するカビによるものであるとするならば，感染したコウモリと接触している健康なコウモリにも同様な条件が成立するはずである．もしカビが原因となる条件の二次的なものとして生じているとするならば，直接的な原因となる条件が存在するときだけ感染が生じるはずである．もし環境汚染物質を原因とするならば，WNS の症状を示すコウモリの血中や皮膚には，それらの汚染物質が高濃度に存在するはずである，という具合だ．

上述の“もし～ならば，～はずである”というそれぞれの場合において，予測が正しいかまちがっているかをどのような方法で検証すればよいかを考案することができる．予測については，それが正しいかまちがっているかを明確にすることができるが，仮説の真偽については，必ずしも明確にすることはできない．仮説は支持されることはあっても，検証を重ねた結果その仮説が絶対にまちがいなく正しいと証明されることはない（図 1・3）．

仮説が証明されることはないというのは，予測が正しいことは説明できたとしても，まだ測定・観察していない別の要因によって，予測の正しさが説明できる可能性は残るというのが，その理由である．たとえば，先に述べた予測について考えてみよう．冬眠中の健康なコウモリが感染したコウモリと接触してしまうと WNS を発症するという予測である．もしこの予測が正しければ，健康なコウモリが，近くにいたコウモリのカビに感染したのが WNS 発症の原因ということになり，WNS は感染性のカビによってひき起こされるという仮説が支持される．

一方で別の説明も可能である．近縁のコウモリは同じ洞窟で一緒に冬眠する傾向があり，WNS の原因もしくは WNS のかかりやすさが遺伝することにより一度に多くのコウモリが感染したのかもしれない．このように，

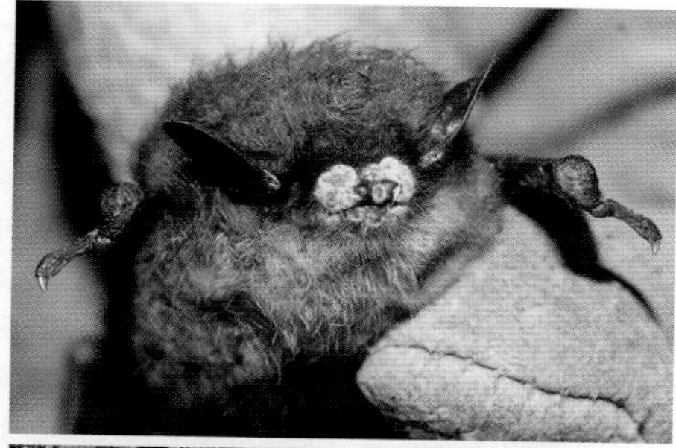

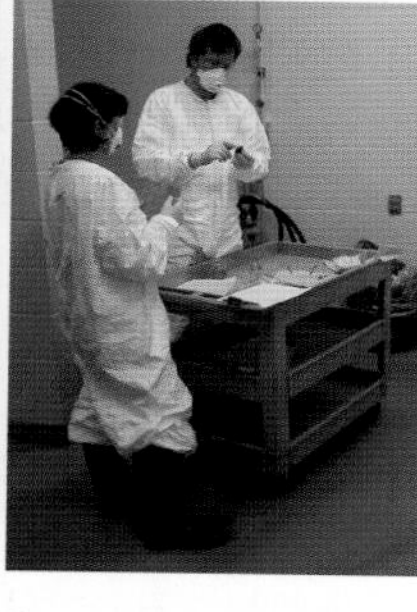

図 1・2 観察から仮説へ，そして検証可能な予測へ．（上）**観察と疑問**：コウモリの鼻には白い毛羽だつものがついていた．この毛羽の原因は何だろうか．これらのコウモリは鼻の白くないコウモリよりも高頻度で死んでいた．なぜだろうか．（左下）**仮説**：鼻が白く毛羽だったコウモリにはカビが生えていて，このカビが死の原因となっている．（右下）**予測**：もしコウモリの鼻の白い毛羽だちが，伝染性のカビによって生じているとするならば，感染したコウモリと接触している健康なコウモリにも同様な条件が成立するはずである．もしこの鼻の白い毛羽だちが死をもたらすカビであるとするならば，健康なコウモリにこのカビを感染させたら，そのコウモリの鼻が白く毛羽だち，より高頻度に死ぬはずである．

図 1・3 仮説は，支持されるか支持されないかのいずれかであって，決して証明されるようなものではない．この古いタバコの広告で，このタバコがマイルドであるということが科学的に検証済みであると主張している．今日でも商品を売るために“科学”は利用されているが，一見“科学的”であっても，その多くは誇張されていたり不正確である．

問題 1 この広告で科学的に検証済であると主張している仮説は何か．
問題 2 この仮説から考えられる予測について述べよ．それは検証可能だろうか，その理由を述べよ．

予測が正しかったとしても，この病気がカビによるという仮説が支持された（supported）とはいえるが，証明された（proved）ということはできない．

研究者たちは，先に出された仮説，つまり低温を好むカビがコウモリの死のおもな原因であるという仮説の検証にとりかかった．観察による研究でも，実験による研究でも仮説を検証することはできる．今回は，最初の研究は観察によるものであった．観察による研究は，純粋に**記載的**（descriptive）であって，単に自然において見られることを報告するだけである．観察による研究は，同時に**解析的**（analytical）に行うことも可能である．その場合，**データ**（data）のなかにみられるパターンを探して，どのようにしてそうしたパターンがみられるようになったかということを突きとめようとする．**統計学**（statistics），つまりデータの信頼性について定量化する数学的手法を用いると，それらのパターンが仮説をどれだけよく支持しているのかを決めるのに役立つ．このようにして，観察による研究は，仮説によって立てられた予測を検証するために，記載的な方法と解析的な方法の両方を用いる．

2009 年に研究者たちは 117 匹の死亡したコウモリを調べた結果を記載する科学論文を出版した．彼らはそのなかで，105 匹のコウモリにみられた特定の種類のカビによって生じた損傷について顕微鏡で同定し，さらにそのなかの 10 匹から菌を単離して同定した．それは低温を好む *Geomyces* とよばれるグループの真菌類であり，彼らはこの新種を *Geomyces destructans* と命名した．

この研究者たちの観察による研究は，コウモリの鼻に生じたカビと死をもたらす病気の間の相関を明らかにした．この観察的な研究は，この現象の原因となりうるものを示唆することはできたが，因果関係を明確にしたわけではない．カビが単に病気と相関しているだけでなく，本当にこの病気の原因となっているということを説明するために，研究者は実験をデザインして実施した．

科学的な仮説を検証するには，しばしば観察と実験の両方のアプローチが必要である．

1・4 現象の原因を突きとめる

実験（experiment）とは，自然界の特徴の一つあるいは複数の側面について，繰返し操作することである．研究者は，健康なコウモリを捕まえて実験室でこのカビに曝露してみた．解析的観察による研究同様，実験的な研究でも，実験の結果が検証しようとする仮説を支持するのか，それともそれに反するのかを決めるには，統計的な手法を用いる．

自然を相手に研究する際には，観察的な手法を使うにしても，実験的な手法を使うにしても，あるいは両方を使うにしても，研究者は，ある対象や個々の生物において変化する特徴としての**変数**（variable）に注目する．科学的な実験においては，研究者はふつう**独立変数**（independent variable）とよばれる一つの変数を操作する．いまの場合には，カビへの曝露というのがそれに当たる．ある群のコウモリにはカビを曝露し，ある群のコウモリには曝露しない．**従属変数**（dependent variable）というのは，独立変数の変化に反応する，または反応する可能性のある変数をさす．この場合には，健康なコウモリにWNSの症状が現れるかどうかである．つまり，独立変数を原因と考えると，従属変数は結果ということになる．

研究者は，この実験が，きちんと対照のとれた実験になることを心がけていた．対照のとれた実験においては，二つの被験群において，一方の群だけが独立変数の変化にさらされて，他方の群はさらされないという点を除けば，他の点ではすべて同じ条件である．上述の場合には，健康なコウモリがカビにさらされるか，さらされないかのいずれかである．一般的に，研究者は，十分に大きな集団の実験対象サンプルをとり，個々の対象をランダムに二つの群に分ける．分け方をランダムにすることによって，二つのグループがそもそも同等であることを保証することができる．

一方の群である**対照群**（control group）では，独立変数を全く変えずに標準的な条件の下に維持しておく．先の例では，34匹の対照群のコウモリを用意した．この対照群は *Geomyces destructans* に曝露されなかった．

他方の**実験群**（experimental group）または**処理群**（treatment group）とよばれる群は，独立変数に操作を加えるということ以外すべての点において，対照群と同じ標準的な条件で飼育した．研究者は83匹の健康なコウモリをカビに曝露した．これらのうち，36匹は空気を介してのみカビに曝露し，18匹は自然に感染したコウモリと濃厚接触させ，29匹には直接羽にカビを塗布した（図1・4）．

先にも述べたように，科学者が仮説の予測を検証した結果，それが予想どおりになった場合，その仮説は支持されたという．科学者は支持された仮説に関しては，一応自信をもってもよいのだが，仮説が真実だと証明されたといってはいけない．どれだけしっかりとした科学的な考え方も，現在主流となっている見解に反するような新たな証拠が明るみになったときには，否定されることもありうる．有名な物理学者であるアインシュタインの言葉として，“どれだけたくさんの実験をしたからといって，私が正しいことを証明するのは無理である．しかし，たった一つの実験でも私がまちがっていたことを証明するに足りるのである”というものがある．

対照群と処理群をよく見比べた結果，カビへの物理的な曝露がコウモリをWNSに感染させるのであって，空気中で感染が起こるのではない，という仮説が検証された．カビを羽に直接塗布したコウモリや，自然感染したコウモリに濃厚接触させたコウモリが，実験の終わりごろに高率でWNSを発症していたのである．これが，カビがWNSを発症させる主要な原因であるという最初の直接的証拠となった．

予測が支持されないとき，仮説は再度検証され，変更され，ある場合には破棄される．何年もの間，WNSの他の原因として支持された仮説はなかった．たとえば，感染したコウモリで通常よりも高濃度の環境汚染物質は一つも見つからなかった．研究者たちによるその後の追加実験で，カビがコウモリのWNS感染をひき起こすだけでなく，コウモリの死をひき起こす原因としての十分条件を満たすこともわかった（図1・5）．

白い鼻のコウモリは科学的プロセスを示す一つの事例である．科学の一番の強みは，科学的な知見はあくまでも一時的なものであって，いつでも誰にでもその知見を反証する機会があるということである．科学的手法にとって絶対に必要とされるのは，証拠が観察や実験，またはそれらの両方に基づくことである．さらに，証拠に基づく観察や実験は，他者による検証も受けねばならない．同じ条件の下では，別の研究者が独立に同様の観察ができるべきであり，同じ結果が得られるべきである．さらに，証拠は可能な限り客観的な方法で収集されるべきである．つまり，個人的なバイアスや集団によるバイアスがあってはならないのである．上述のコウモリの実験はこれらすべての条件を満たしている．

個人または集団におけるバイアスや科学における不正を管理するおもな手段としては，**査読による出版**（peer-

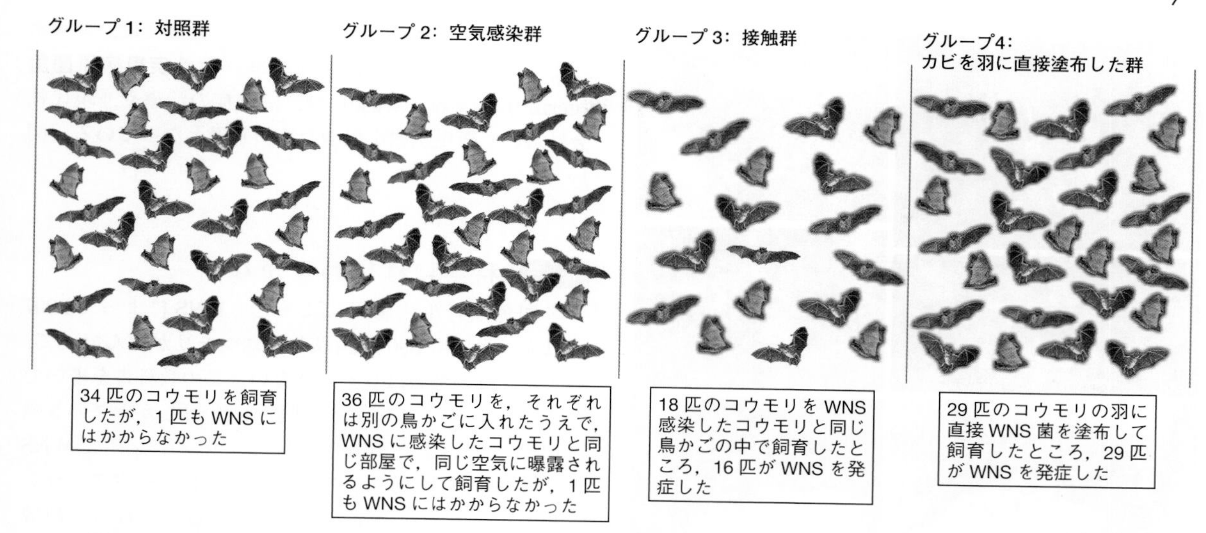
グループ 1: 対照群
グループ 2: 空気感染群
グループ 3: 接触群
グループ4: カビを羽に直接塗布した群
34 匹のコウモリを飼育したが，1 匹も WNS にはかからなかった
36 匹のコウモリを，それぞれは別の鳥かごに入れたうえで，WNS に感染したコウモリと同じ部屋で，同じ空気に曝露されるようにして飼育したが，1 匹も WNS にはかからなかった
18 匹のコウモリを WNS 感染したコウモリと同じ鳥かごの中で飼育したところ，16 匹が WNS を発症した
29 匹のコウモリの羽に直接 WNS 菌を塗布して飼育したところ，29 匹が WNS を発症した

図 1・4　コウモリ研究者の実験デザイン． 研究者は 117 匹の健康なコウモリを捕まえて，実験室に持ち帰った．彼らはコウモリを対照群と処理群に分けて，102 日間観察した．

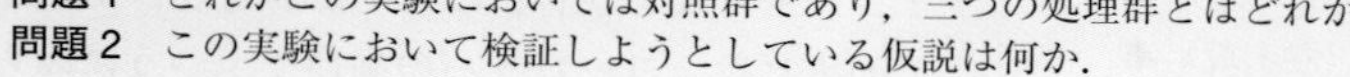

問題 1　どれがこの実験においては対照群であり，三つの処理群とはどれか．
問題 2　この実験において検証しようとしている仮説は何か．

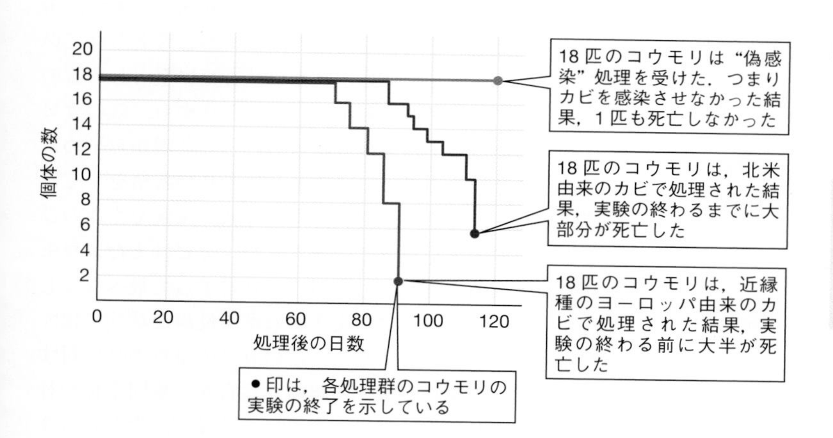
20
18
16
14
12
10
8
6
4
2
0
20
40
60
80
100
120
個体の数
処理後の日数
18 匹のコウモリは "偽感染" 処理を受けた．つまりカビを感染させなかった結果，1 匹も死亡しなかった
18 匹のコウモリは，北米由来のカビで処理された結果，実験の終わるまでに大部分が死亡した
18 匹のコウモリは，近縁種のヨーロッパ由来のカビで処理された結果，実験の終わる前に大半が死亡した
● 印は，各処理群のコウモリの実験の終了を示している

図 1・5　実験によって，カビがコウモリに WNS をひき起こすという仮説が支持された． ここに図示された実験は，本章で紹介した研究を行った研究者たちによって行われた．

問題 1　この実験において対照群は何か，また，二つの処理群は何か．
問題 2　この実験から導き出される結論を簡素に述べよ．仮説は支持されたか．その理由は何か．

reviewed publication）という方法がある．査読による出版では，原著論文を出版する科学雑誌で，査読を受ける研究には直接かかわっていない専門家による精査を経た後に，論文は出版される．前述の研究者たちの研究成果が発表される前に，論文は実験に参加しなかった多数の研究者によって査読された．もし査読者が査読中に，たとえば，記載された証拠が，仮説を支持するに足りるかについて懸念をもった場合，査読者たちは，論文の著者にその懸念を伝えて（たとえば，追加実験により証拠を集めるなど），論文を再投稿するように依頼する．上述の論文は査読の結果，受理されて，2011 年に『ネイチャー』誌に掲載された．この時点で，*G. destructans* が WNS を発症させる原因となるという強い証拠が示せたために，大部分の読者を納得させることができたのだ．（2013 年に *G. destructans* は，カビの属についての分類体系が変更されたときに，*Pseudogymnoascus destructans* と命名し直された．）

しかし，WNS の原因がわかったからといって，この病気の感染は止まらなかった．研究者たちのチームがアルバニーの近くで何千匹ものコウモリが死んでいるのを発見した直後の 2008 年 3 月までに，バーモント，マサチューセッツ，コネティカット州一帯の洞窟ではもっと多くのコウモリが死亡または死にかけていた．1 年以内にこの病気はテネシー，ミズーリ州などの遠くまで広

図 1・6　事実と仮説と理論．科学を語るときに，事実と仮説と理論を区別することは重要である．（左上段）**事実**：鼻に白い毛羽だちをもったコウモリが見つかった．（左中段下段）**仮説**：カビの感染がWNSの広がりの原因であり，コウモリの集団とこの種に高い死亡率をひき起こした原因である．（右）**理論**：特定の病原体（いわゆる胚種）が特定の病気や病状の原因である（疾患病原菌論）．（右上段）*Pseudogymnoascus destructans* はコウモリのWNSの原因となるカビである．（右中段）*Batrachochytrium dendrobatidis*（Bd）菌によって世界中のカエルが多数死んだ．（右下段）トマト胴枯れ病は *Phytophthora infestans* 菌によってひき起こされる．

問題 1　疾患病原菌論に関する証拠をもう一つあげるとすると何か（ヒント：ヒトの病気について考えてみよ）．

問題 2　事実と仮説の違い，そして，仮説と理論の違いについて，自分の言葉で説明せよ．

がった．WNSの感染の広がりは事実である．米国中のコウモリが死に瀕していた．

日常の会話では，私たちはよく“事実”という言葉を，真実であることがわかったものという意味で使う．科学的な**事実**（fact）というのは，直接的で繰返し観察することの可能な自然界の出来事をさす．

科学的な事実を科学**理論**（theory）と混同してはいけない．科学以外の世界では，“理論”という用語は，しばしば，証明されていない説明を意味する言葉として使われる．しかし科学においては，理論は，仮説または関連するいくつかの仮説の集まりで，独立した科学者により異なる方法で研究され，しっかりと確かめられたものをさす．科学理論というものが，そのような高度な確かさをもっているために，私たちはそれらに基づいて日常の行動を行うことができるのである．たとえば，コッホによって1890年に実証されたコッホの**疾患病原菌論**（germ theory of disease）は，感染症の治療や，現代社会において衛生状態を保つための基礎となっている（図1・6）．

1・5　科学には終わりがない

米国魚類野生生物局によると，WNSによって2007年以来，米国で600万匹以上のコウモリが死んでいて，いまだにその勢いは衰えていない．この教科書を書いている現在でも，この病気は米国の29州とカナダの5州に広がっている．2016年3月にワシントン州でWNSのコウモリが見つかり，その2カ月後にロードアイランド州での最初の症例が見つかっている．これらの地域で，冬眠をするほとんどすべての種のコウモリが感染していて，小型のブラウンバットや絶滅危惧種のインディアナコウモリなどが特にひどく影響を受けている．

このカビは，ヨーロッパの洞窟でふつうにみられる種類に類似していて，ヨーロッパからの旅行者がおそらく大西洋を渡ってアルバニー洞窟まで入り込んできて，米国でコウモリに感染させたのではないかと考えられている．どのようにしてカビがコウモリを死に至らしめるのかについて研究が続けられている．どうやら，このカビは冬の間にコウモリを幾度にもわたって冬眠から早めに目覚めさせ，そのためにコウモリは脂肪の蓄積をすぐに使い果たしてしまい，何カ月も続く寒い気候を生きのびることができなくなっているようだ．カビはまたコウモリの繊細な羽を食べてしまい，それによって飛べなくしたり，水，酸素や二酸化炭素の水準を健康な状態に保てなくしたりしているようだ．このカビのコウモリに対する影響は，微生物が個々の組織，器官から集団全体や社会全体，そして生態系そのものにまで及ぶ，生命のさまざまな階層にいかに影響を及ぼしているかを鮮明に示す例である（図1・7）．

今日もまだWNSは広がり続けていて，多くの研究者たちが試みてはいるものの，まだそれを止める手立てはない．最近になって，国際研究チームがアジアと米国においてカビの感染に打ち勝って生きているコウモリのいくつかの集団を見つけた．これらのコウモリから得られた証拠によると，コウモリは死をもたらす病気に対する耐性を進化させていることが示唆された．また偶然にも，感染したコウモリを治療するうちに，このカビを殺す細菌が見つかったが，現在でもこの治療法をコウモリの大きな集団に施行するための方法について，研究が続けられている．

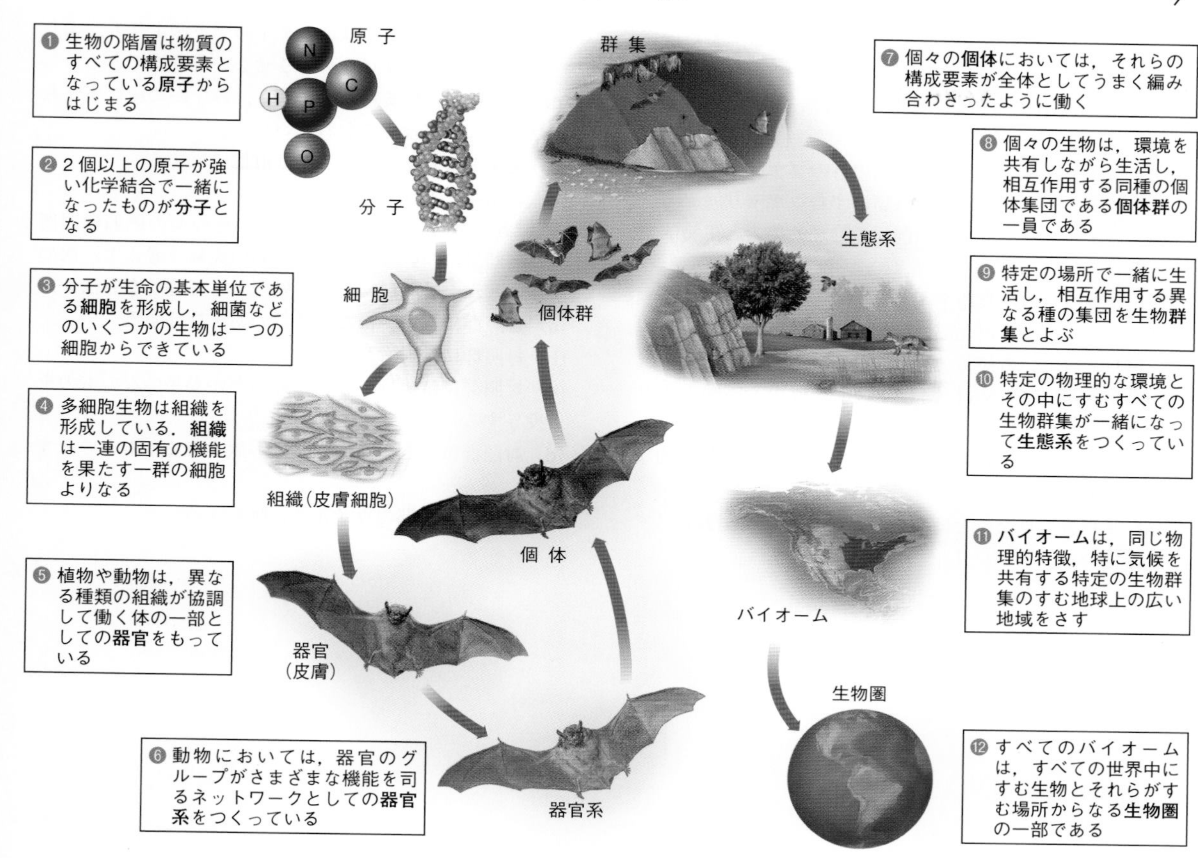

❶ 生物の階層は物質のすべての構成要素となっている原子からはじまる
原 子
N
C
H
P
O
❷ 2個以上の原子が強い化学結合で一緒になったものが分子となる
分 子
❸ 分子が生命の基本単位である細胞を形成し，細菌などのいくつかの生物は一つの細胞からできている
細 胞
❹ 多細胞生物は組織を形成している．組織は一連の固有の機能を果たす一群の細胞よりなる
組織（皮膚細胞）
❺ 植物や動物は，異なる種類の組織が協調して働く体の一部としての器官をもっている
器官
（皮膚）
❻ 動物においては，器官のグループがさまざまな機能を司るネットワークとしての器官系をつくっている
器官系
個 体
個体群
群 集
❼ 個々の個体においては，それらの構成要素が全体としてうまく編み合わさったように働く
❽ 個々の生物は，環境を共有しながら生活し，相互作用する同種の個体集団である個体群の一員である
生態系
❾ 特定の場所で一緒に生活し，相互作用する異なる種の集団を生物群集とよぶ
❿ 特定の物理的な環境とその中にすむすべての生物群集が一緒になって生態系をつくっている
⓫ バイオームは，同じ物理的特徴，特に気候を共有する特定の生物群集のすむ地球上の広い地域をさす
バイオーム
生物圏
⓬ すべてのバイオームは，すべての世界中にすむ生物とそれらがすむ場所からなる生物圏の一部である

図 1・7　生物の階層性． 生物における階層は，最も小さな構造から生物と非生物との間の相互関係に至るまでの生命の広がりとその範囲を可視化するのに役に立つ．

問題 1　コウモリのような哺乳類のもつ体の器官の例をいくつかあげよ（ヒント：自分の体のことを考えてみよ）．
問題 2　もし種が同じであれば，カリフォルニア州のコウモリは，ニューヨーク州北部にすむコウモリの群集の一部だろうか．

章末確認問題

1. 次のうち生物に該当するものすべてを選べ．生物でないとすると，どの定義が生物に当てはまらないのか（ヒント：p.3 のコラム参照）．
   (a) ブナの木
   (b) インフルエンザウイルス
   (c) コウモリに WNS をひき起こすカビ
   (d) ダイヤモンド
   (e) あなたの先生
2. 研究者が“理論”という用語を使う場合，それが意味するのは次のうちどれか．
   (a) 知識に基づいた推測
   (b) 互いに関連する観察の包括的説明
   (c) 大胆な憶測
   (d) 実験の予測
   (e) 多くの実験によって証明された事実
3. 正しい用語を選べ．
   科学的プロセスは自然界に関する[予測／観察]からはじまる．科学者は，次に一つまたは複数の検証しうる[観察／予測]の基礎となっている[仮説／予測]を提唱する．
4. 科学的手法の段階を正しい順に並べよ．
   (a) 自然界に関する観察をする
   (b) 実験をデザインして予測を検証してみる，または観察結果を集める
   (c) 実験を実施して，結果を解析する
   (d) 仮説を検証するための予測を立てる
   (e) 同じ分野の研究者たちと結果を共有して，それを査読し評価できるようにする
   (f) 観察結果を説明するような仮説を考える

(g) 結果に応じて仮説を受入れる，却下する，または修正する

5. 次のそれぞれについて，生物学的な階層を答えよ．
(a) コウモリの腎臓
(b) ニューヨーク州北部の洞窟の外のブナの木
(c) ニューヨーク州北部の洞窟にすむコウモリ
(d) ニューヨーク州北部の洞窟の物理的要素と生物的要素
(e) コウモリの呼吸器系
(f) ニューヨーク州北部の洞窟内にすみ，互いに相互作用し合っている種

6. 本章で学んだWNSに関して観察，仮説，実験のそれぞれについて一つずつ簡潔に説明せよ．

7. 次のうちどれが検証可能な予測を立てられる科学的な仮説か選べ．
(a) まだ誰も見たことはないが，イヌの亡霊が裏庭にすんでいる
(b) あるダイエット法は別のダイエット法よりも，より体重を減らしてリバウンドさせないようにできる
(c) さそり座に生まれた人よりも，みずがめ座に生まれた人のほうが親切でかわいい
(d) 運転中にスマホを見るのは道徳に反する
(e) 上記のいずれでもない

8. 被検者がある薬を1錠投与され，その薬の風邪の期間の短縮効果について検証するための実験を考えよ．次のうちのどれが対照群に対する処理として適切な方法か．
(a) 対照群に1錠ではなく2錠の薬を投与する
(b) 対照群には何もしない
(c) 対照群には処理群と同じ錠剤だが効果のないものを投与する
(d) 対照群は，どの薬を飲んでも飲まなくてもよいとする
(e) 対照群を風邪のウイルスに曝露する

2 科学的主張の評価

本章のポイント

- 本章で説明する方法を用いた科学的主張の評価
- 正しい情報に基づいて判断を下すための科学リテラシーの重要性
- 一次文献と二次文献の区別および一次文献における査読の重要性
- 基礎研究と応用研究を比較し，それぞれの例の列挙
- 相関と因果関係の違いを区別し，それぞれの例の列挙
- 科学的主張が真の科学と疑似科学のいずれに属するかの判断

2・1 科学リテラシーの重要性

最初の赤ちゃんを妊娠したことに気づいたとある母親は，将来生まれてくる自分の子供にワクチン接種をさせるかどうかについて不安と迷いでいっぱいであった．彼女は理科の教員として高校に勤めており，また教師になる前は，医療センターやバイオテクノロジー関連企業に勤めていたこともある．そんな科学的な素養やバックグラウンドをもつ彼女でさえ，科学にかかわる判断に関して大いに悩んでいたのだ．

ワクチン接種は，不活性化または無毒化した病原体やその一部（たとえば，一つのタンパク質）を体に注射することによって，免疫系を刺激し，その病原体に将来曝露されたときには自己防御できるようにするためのものである（図2・1）．体内の免疫系がワクチンにさらされると，免疫系は無毒化された病原体またはその一部を侵入者として認識し，攻撃を仕掛ける．接種後に感染源に触れると，ワクチン接種したヒトの体内の免疫系はワクチン由来の無毒化された病原体を記憶していて，すでにそれと闘うための武器をもち，攻撃することができる．ワクチンのもとになる無毒化された病原体は，ワクチンをつくる過程で無害になるように設計されているので，病気を起こすことはない．ワクチンは，それ自体が病原体ではないし，またそれゆえに複製することはないので，病気を起こすことはない．

200年以上もの間，研究者たちは天然痘にはじまり，何十もの病原体から身を守るためにワクチンを開発してきた．以前に牛痘にかかったことのある人は天然痘にかからないことがすでに知られていたことから，1796年に英国でジェンナー（Edward Jenner）は，彼の庭師の8歳の息子に，牛痘からつくった天然痘ワクチンをはじめて打った．ジェンナーの画期的な発見によって，世界中に天然痘のワクチンキャンペーンがはじまることとなり，これが大変成功を収めたために，天然痘は1980年に世界保健機関（WHO）により公式に撲滅が宣言された．また，腕時計型をした細菌で上部気道の感染をひき起こすジフテリア菌や，嘔吐や下痢をひき起こす，丸くてきわめて伝染性の強いロタウイルスや，空気感染して百日咳をひき起こす小さな細菌，その他の多くの病原体に対するワクチンがすでに開発されている．

ワクチンが開発される前は，多くの子供たちが，天然痘，ジフテリア，百日咳，ポリオなどの病気で死亡していた．これらの病気をひき起こす感染症の病原体は，今日でもまだ環境中に存在しているが，ワクチンが人々を守ってくれるため，私たちは滅多にこうした感染には出会わない．今日では，米国政府の公衆衛生部門である疾病予防管理センター（CDC）が，生まれてから15カ月齢になるまでの間に10種類のワクチンを計24回接種することを推奨している．追加のワクチン接種は，18カ月齢から18歳までの間に接種することが推奨されていて，それには，大人にも毎年接種することが勧められているインフルエンザワクチンも含まれている（p.13のコラム参照）．

図 2・1　ワクチンはどのようにして効くのか． ワクチンは，自分の体の免疫系に指令を出して，感染と闘えるようにする．

問題 1　ヒトがワクチン接種によって，どのようにしてウイルスに対する免疫を獲得するのかを自分の言葉で説明せよ．
問題 2　なぜウイルスタンパク質からできているワクチンによって，ウイルスに感染することはないのか．

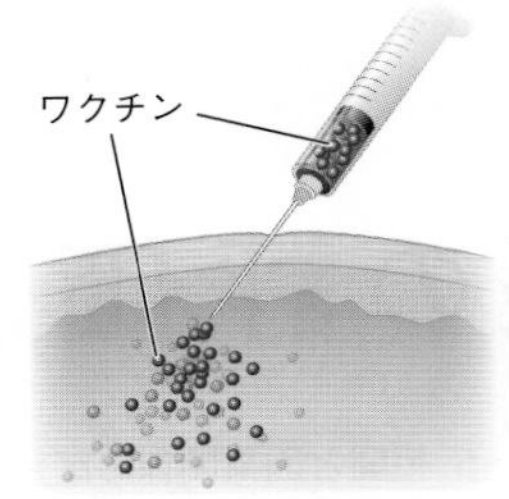
ワクチン
無毒化したウイルスや他の生物からできたワクチンを皮下に注射する

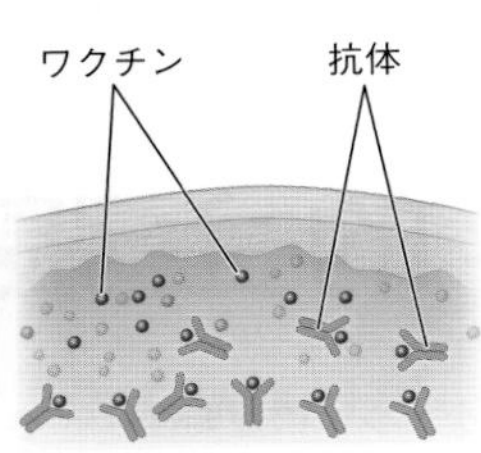
ワクチン
抗体
ワクチンは免疫系を刺激してウイルスを認識するような抗体（緑色）をつくらせる

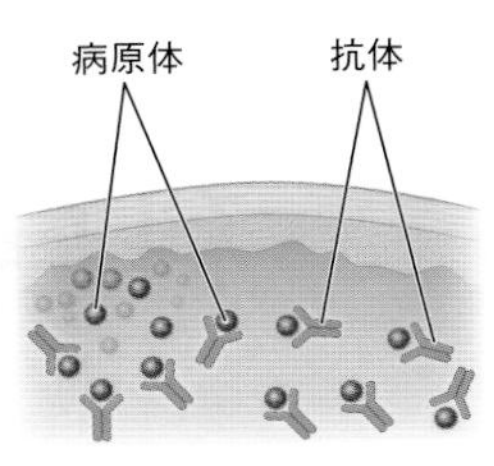
病原体
抗体
ワクチン接種を受けた人がウイルスにさらされると，そのような外来の侵入物を攻撃するために新たな抗体の産生が開始する

妊娠した彼女の友人の科学者の一人は，ワクチンの安全性を裏づける十分なデータがあるといい，彼女が子供にワクチン接種を受けさせることを当然視した．しかし，彼女自身はそのデータを見たこともなく，また以前，ワクチンが自閉スペクトラム症（autism spectrum disorder: ASD）の原因となるかもしれないという記事を読んだことがあり，実際にインターネットで調べてみると，子供にワクチン接種させた結果，ASD になってしまったというたくさんの恐ろしい体験談や逸話を見つけてしまったのだ．そのため彼女は，自分がよく知らないワクチンを，小さい赤ちゃんに打たせる気にはなれなかった．

こうした体験談や逸話のもつ影響力は実に大きい．それらは，私たちがある情報に対してどのように感じ，どのように考えるのか，ということに多大な影響を与える．しかし，逸話のなかに出てくる証拠（エビデンス）は，科学的証拠とは大きく異なる．逸話というものは，収集されたデータや科学的証拠を代表しているわけではなく，ある話題や現象についての信頼すべき全体像を与えてくれるものでもない．一方，科学的証拠にはそれができるのである．

2・2　情報の真偽の判断

ワクチンが ASD をひき起こす原因になるという主張や，逆にワクチンは安全であるという主張は，いずれも**科学的主張**（scientific claim）であって，科学的手法を用いて検証できる．私たちは日常的に，実際何十ものそうした科学的主張にさらされている．しかし，それらのすべてが正しいとは限らない．2004 年，一般向け科学雑誌である『ポピュラーサイエンス』誌の編集者が，とあるジャーナリストに，1 日で耳にした科学的主張を書き留め，それぞれについて評価をしてほしいと頼んだ．すると，なんと 106 個もの主張があったのだ．それらは，“チェリオのシリアルはコレステロールを下げる（科学的な証拠から支持される）”というものから，“ビタミン A の入ったフェイス・クリームは皮膚を若返らせる（支持されない）”まであったが，そのすべてについて検討していった．すると，106 個の主張のうち大部分が科学的には支持されない主張であった．

そうした日常にあふれる科学的主張の大部分は，広告上でのものであった．企業は法的には，真実を言わねばならないとされているが，すべての企業がそうしているわけではない．たとえば，2005 年にイタリアのビブラム社というシューズメーカーは，裸足で走る感触を生み出す手袋のような 5 本指のランニングシューズを 100 ドルで売り出した．販売キャンペーンでは，企業はこのユニークなシューズの健康増進作用をうたい文句にして，このシューズが“足の怪我を減らして足の筋肉を増強する”と宣伝した．しかし，2013 年に行われた 100 人以上のジョガーを対象とした調査では，このシューズが実際には怪我の率を高めていたことがわかった．すぐさまビブラム社は誇大広告で訴えられ，2014 年には，5 本指シューズを買った顧客に訴訟和解金 375 万ドルを返済したうえで，健康上の主張を取下げるという裁定を受入れた．

科学的主張はまた，しばしば政治的・宗教的な理由から，ある種の思想や考えを押し広めようとする利益団体・組織などからも出てくる．そうしたもののなかには，地球温暖化や，進化や，医療のことなどに関する主張がある．しかしまた，しばしばそうした主張には正しくないものがある．したがって，何らかの主張を耳にしたときには，まずはその主張の真偽について疑問をもつことが大事である．

私たち一般人は，単に科学や科学技術の消費者というわけではない．私たちは科学の参加者なのである．科学的な裏付けをもった意見に賛成票を投じることによって，科学の進むべき道筋を決めることができ，どのよう

インフルエンザワクチン接種

インフルエンザワクチン接種はなぜ毎年受けねばならないのだろうか．なぜ他のワクチンのように，一度打ったら一生インフルエンザにはかからない，とはならないのだろうか．確かに，特定のインフルエンザウイルスに対しては，一度打つとずっと効果が続くものもあるが，インフルエンザウイルスは大変速く変異してしまい，その年に流行するインフルエンザの株は，すでに前の年の株とは異なっているためである．免疫系にとっては，ウイルスの新しい株は全く新しいウイルスのようにみえてしまうのである．しかし，それがすべてではない．このやっかいなウイルスは，鳥やブタなどの動物由来の他のインフルエンザウイルスと一緒になって，2009年にH1N1株やブタインフルエンザとよばれてパンデミック（世界的流行）になったような危険なインフルエンザウイルスをつくり出してしまうのである．

毎年インフルエンザの季節になると，CDCはそのときのインフルエンザの症例をもとにして，翌年のインフルエンザウイルスがどのようなものになるかを予測しようと努力している．そして，予想されるウイルスから私たちを守るためのワクチンをつくる．時には，専門家の予想がぴったりと当たり，その年のウイルスに対してきわめて効果的に働くこともある．しかし逆にその予想が外れ，ワクチンが予防策とならないこともある．それでもなお，その年のインフルエンザには十分効かなくても，将来のインフルエンザに対しては守ってくれるかもしれない．

大事なのは次のことである．毎年のワクチン接種を受ければ受けるほど，免疫系はより多くのウイルスと闘うことのできる状態になり，その結果，季節性のインフルエンザにかかりにくくなる．もっと重要なことは，ワクチン接種によってインフルエンザのパンデミックに陥る可能性が低くなる，ということである．

な科学技術を利用すべきか，そしてどこでどのようにしてそれを利用すべきか，について大きな影響を与えることができるのである．私たちがどのような意見に賛成票を投じるかは，私たちの個人的な価値観や政治的な志向にも影響を受けるが，その根拠となる科学も十分に考慮されるべきである．**科学リテラシー**（scientific literacy），つまり，科学の基本的なことや**科学的プロセス**（scientific process）に対する理解を深めることによって，私たちは身のまわりで起こっていることに関して，自分で理解したうえで判断をすることができるようになり，私たちの知り得た知見をまわりの人たちにも伝えることができるようになる．

先ほどの母親は，ワクチンがASDをひき起こすという主張の出所を知らなかったが，科学リテラシーを身につけており，自分で理解したうえで，自分の娘をどうするかという判断を下すためには，主張の出所を知る必要があるということを知っていた．科学的主張は，私たちがそれに基づいて判断を下すため，私たちの生活に直接影響を及ぼす．科学的主張のなかには些細なものもある．たとえば，ビタミン剤は毎朝とったほうがよいのか，運動はどれくらいの頻度でやるのがよいのか，といったものである．

しかし，重大な判断を必要とするものもある．地球温暖化問題解決のために，炭素税導入を支持する賛成票を投じるべきか，携帯電話は放射線を出すことで腫瘍の原因となるのか，子供にワクチン接種をさせるほうがよいのか．科学を正しく学べば，科学的主張を評価できるようになる．ものごとを批判的に考えることで，科学的主張に対して疑問をもつことができ，科学リテラシーに則った判断を自分自身で下せるようになるのだ．

2・3 資格認定書の重要性

先に紹介した母親は2010年に女の子を出産し，生後2カ月になったときにワクチン接種したが，その後，急に自分は娘に悪いことをしてしまったのではないか，という不安に襲われた．その不安がどんどん強くなり，娘の生後4カ月のワクチン接種はとりやめにした．

そこで，ワクチン接種の不安について相談するための小児科医を探してみた．小児科医のなかには，ワクチンのスケジュールを遅らせることに否定的な医師や，ワクチンを接種しなければ診察も受けさせないという医者もいた．しかし，母親はついに自分の相談にのってくれそうな小児科医を見つけた．母親がワクチンの安全性についての悩みを打ち明けたところ，小児科医は母親に，オフィット博士（Paul Offit）の書いた『ワクチンと子供』という本を手渡した．この本のなかで著者は，ワクチンがどのようにして働くのか，どのようにしてつくられるのか，そしてどういうリスクが本当でどれが嘘かを説明している．また，ワクチンがASDの原因になるという科学的証拠は何もない，ということを示した科学論文を，詳細に紹介した文章もあった．

この本はよく書かれていて，情報量も多いと母親は思ったが，著者のことを信用してよいのかどうか迷った．そこで，著者の**資格認定書**（credential）についてチェックしてみた．これは，科学的主張をしている人物の主張の妥当性を評価するための第一歩である．科学的主張をしている人は，PhD や MD の学位をもっているのだろうか．学位を取った研究分野は，その主張をしている研究の分野と同じだろうか．たとえば，物理学の PhD 取得者は，微生物病原説についての教育は受けていないし，医学博士は，環境科学の教育は受けていないだろう．

オフィット博士はメリーランド大学で MD を取得していて，現在ペンシルバニア大学のワクチン学および小児科学の教授であった．博士はまた，感染病部門の主任であり，フィラデルフィア小児病院のワクチン教育センター長であった．つまり，オフィット博士はまさに適切な研究分野の専門における学位をもっていて，評判のよい大学の教職に就いていた．必ずしも，優れた資格認定書だけで科学的主張の根拠が保証されるわけではないが，研究者たちは専門分野において長年教育を受けていて，彼らの科学的主張はそうした専門性に基づいており，注意深く述べられていると考えてよいだろう．

資格認定書を評価するのに加えて，科学的主張をする人が何か特別な意図や社会的な立場をもっていないか，**バイアス**（bias，何かに賛成または反対する偏見や意見）をもっていないかを評価することは重要である．その人が，科学的主張に基づく政治や宗教上の信条をもっているだろうか．また，その人は利益相反をもっていないだろうか．

研究をするにはいつもお金がかかるので，その資金がどこから来るのかを考えてみるのもとても大事なことである．北米においては，**基礎研究**（basic research）の研究費の大半は連邦政府から，つまり納税者からのお金である．基礎研究は，科学の基礎となる知識を広げることを意図して行われるものである．米国においては，連邦政府は毎年 300 億ドル以上を，生命医学や農学を含む生命科学の基礎医学的研究のために割当てている．研究者は，限られた研究費を求めて熾烈な競争をせねばならないが，この競争が，税金が優れた研究をサポートするために使われることを保証している．この研究費は納税者のお金を使っているため，政府の助成による研究費にはバイアスがないものとされている．

しかし，産業界もまた多くの資金を，特に人に役立つものや商業的な応用に用いられるような**応用研究**（applied research）分野の研究費として拠出している．この場合，産業界によって提供されている研究費をもらっている研究者は，その企業が何を売っているかに依存して，その商品に対して好意的なバイアスがかかることもある．必ずしも，産業界の研究費を使った研究の成果の主張がまちがっているということではないが，何らかのバイアスがかかっているかもしれないということを詳細に調べてから，その主張について評価せねばならない．

上述の本には，オフィット博士が共同研究者とともに，重度の下痢によって死に至ることもあるロタウイルスに効くワクチンである RotaTeq® というワクチンを開発したと書かれていた．製薬会社であるメルク社がこのワクチンを購入して，オフィット博士はその報酬を受取った（金額未公開）ということである．こうした報酬の授受によって，オフィット博士がロタウイルスワクチンの使用に対して幾分バイアスがかかっている可能性はある．先の母親は，オフィット博士の本を興味深く読んだが，博士の言葉だけをワクチンに関する疑問の答えとは考えなかった．母親は，その後にも，たくさんの調査をして，たくさんの人に相談をした．

2・4 文献の重要性

母親は，ワクチンに関する二次文献を調べてみた．科学的主張について調べるとき，最初にやることは，インターネットや図書館で，研究分野の情報を要約してまとめてくれている**二次文献**（secondary literature）からトピックの基本的な全体像をつかめるだろう．教科書や総説論文（レビュー）や，『ナショナルジオグラフィック』，『ポピュラーサイエンス』，『サイエンティフィックアメリカン』などの一般向け科学雑誌は，よい二次文献の情報源といえる．

母親は，近所の図書館に行ってたくさんの本を借りて帰ったが，そのなかにはワクチンが体の中でどのように働くのかを科学的に説明した分厚い教科書もあった．母親は，ワクチンが免疫系の細胞をいかに刺激してウイルスや細菌からヒトを守るのかについても学びを深めていった．

インターネット上の二次文献に関しては，政府，大学，または主要な病院や博物館などの公益性の高い団体が発行しているものを利用するのがよい．ウィキペディア上では，しばしば科学に関するブログや科学論文誌の総説論文へのリンクの張られた概説記事を見つけることができる．この母親がやったように，その情報源となった人の資格認定書をチェックすることは，特にインターネット上では重要である．匿名の情報は信用すべきでは

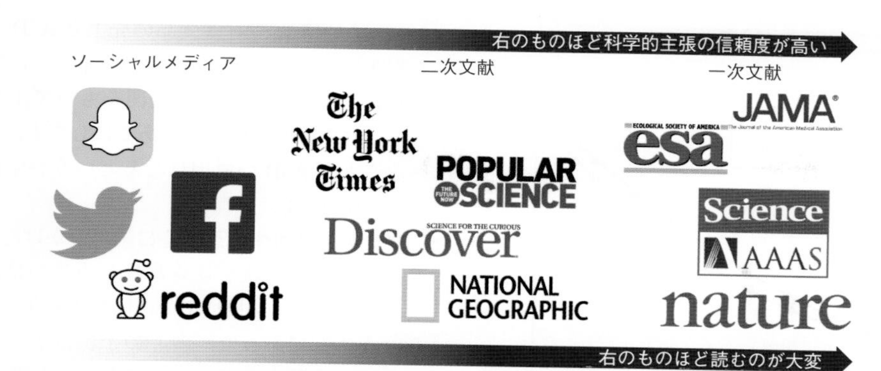

図 2・2　メディアや文献における科学的主張. ソーシャルメディア上にも科学的主張があふれている．しかし，ソーシャルメディアは科学的主張の情報源としては優れたものではない．命にかかわるような重要な選択をする場合の助けとしては，二次文献か，さらには一次文献まで調べてみることが，正確で信頼のおける情報を得るうえでは重要である．

問題 1　ソーシャルメディア上の科学的主張はなぜ信頼性が低いのか．
問題 2　ブログはこの図の中のどこに置けばよいか．それが実際に研究活動をしている科学者によって書かれたものかどうかは問題となるか．自分自身で推測してみよ．

ない．

科学的主張を評価するとき，特に，命にかかわる重要な判断をするときや関係する科学の分野が急速に変化する分野である場合には，二次文献で得られる以上の詳細な情報が必要になるときもある．そうした場合には，科学研究が最初に出版されている**一次文献**（primary literature）について調べてみる必要がある（図 2・2）．一次文献には，技術報告書，会議の議事録や学位論文なども含まれるが，最も重要な一次文献は，『サイエンス』，『エコロジー』，『米国医学会ジャーナル(JAMA)』などの査読付の科学論文誌（ジャーナル）である．

先の母親は，二次文献から探してきた情報に含まれていた文献を探し出して，ワクチンに関する一次文献を集めたファイルをつくった．もし図書館が論文誌を所蔵していない場合には，図書館どうしの貸借を通じてコピーを入手したり，ある場合には論文誌に直接メールをしたりして論文を無料で得ることもできる．そのようにして，母親はワクチンに関する何十もの論文を探し出した．

2・5　相関と因果関係の区別

母親が勉強したときに最初に目にした論文の一つに，1988 年に『ランセット』誌に発表されてメディアを賑わせた論文があった．『ランセット』は大変よく知られた査読付の医学論文誌であって，信頼性の高い情報源である．論文のタイトルは，ごくふつうの“小児における回腸リンパ節の過形成，非特異的大腸炎と広汎性発達障害”というものであった．この論文は，ASD の症状である言語障害と下痢および腹痛を伴う症状をもつ，3 歳から 10 歳の 12 人の子供についての研究報告であった．12 人のうち 8 人の子供の親は，この症状が MMR（麻疹・おたふく風邪・風疹の 3 種混合）ワクチン接種の直後に生じたと証言した．

12 名の研究者よりなる共著者たちは，今回観察された脳の機能不全および内臓疾患と MMR ワクチンの間の関係については，もっと研究を進める必要があると結論した．この論文が出版されたときのプレスリリースにおいて，著者の一人である英国人医師ウェイクフィールド博士は，3 種混合ワクチンとして接種するよりも，1 種類のワクチン接種を行うほうが，より安全性が高いと考えられると述べた．この研究成果とプレスリリースが，MMR ワクチンが ASD の原因となるのではないかという恐怖感を世の親たちに電撃的に広める結果となった．

この研究成果は，当局が ASD の発症率の上昇について発表しはじめたのと，ほぼ時期を同じくして出版された．さまざまな機関がはじめて ASD 患者数を数えはじめた 1970 年代初頭から，ASD の率は米国や他の国々で 20 ないし 30 倍に上昇した．2002 年には，最も発症率の高い 8 歳児の 150 人に 1 人が発症していると推定された．2004 年には，その数は 125 人に 1 人，そして 2006 年には 110 人に 1 人と増加した．最新データの入手可能な 2012 年までに，68 人に 1 人の割合で ASD が発症し

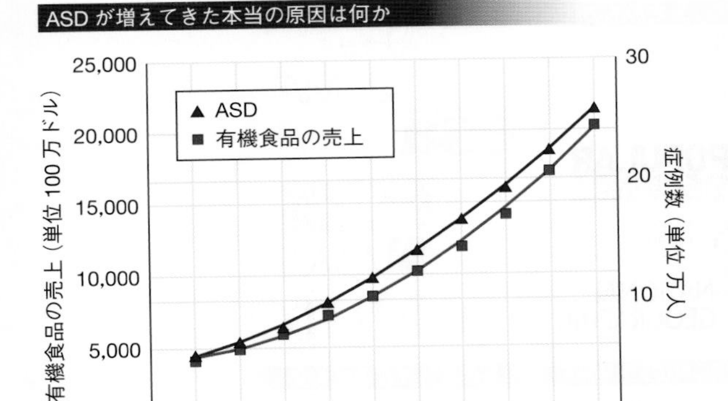

図 2・3　相関があることと因果関係があることは異なる（例として有機食品と ASD）．投稿サイト Reddit でユーザー名 Jasonp55 は，皮肉を込めて，相関を因果関係に結びつけないことがどれだけ大事かを説明するデモをつくって投稿した．彼は 1998 年から 2007 年までの間の有機食品の売上と ASD の広がりの実際のデータを使った．両者は高い相関を示しているが，どちらかが他方の原因になっているというわけではない．

問題 1　グラフに示された期間に有機食品の売上はどれだけ伸びたか．ASD の症例についてはどうか．

問題 2　ワクチンと ASD の関係に関する論争は，相関を因果関係と混同した人たちによって，どのように混乱させられたのだろうか．

ていると推定された．CDC は，この発症率の上昇は，おそらくこの病気の認知度が高まったことや，学校内でのスクリーニング数の上昇や，症例をすぐに ASD としてしまいがちな傾向のためではないか，と述べている．しかし，ウェイクフィールド博士が，MMR ワクチンが ASD の原因となってしまうかもしれないと示唆してから，報道やその他の機関は，ASD 発症率の上昇はワクチン利用率の上昇によってひき起こされたのではないかと報告しはじめた．

ワクチン利用率の増加を ASD 増加率と結びつけるのは，単なる相関である．**相関**（correlation）というのは，二つまたはそれ以上の自然界の出来事が，相互に何か関係をもっているということを意味している．もし一つの現象がある数字を示している場合，他の現象がどのような数字を示すかを予測することはできる．しかし，相関は因果関係まで決めてしまうという意味ではない．一方，**因果関係**（causation）という用語は，ある一つの現象が他の現象をひき起こすことをさす．相関はひょっとしたらその現象の原因を示唆してくれることはあるかもしれないが，確固とした因果関係を意味するものではない．たとえば，有機食品の売上と ASD の増加の間にも相関はある．1998 年から 2007 年にかけて，ASD の症例数は有機食品の売上と相関をもって上昇した．しかし，これらの間には相関はあるにしても，有機食品を食べることが ASD の原因になるという科学的証拠は全くない（図 2・3）．

ワクチンに対する恐怖心に拍車をかけたもう一つの相関は，ASD の症状が見られはじめるのは，ちょうど子供たちがワクチン接種を受けはじめる年齢と同じであるということであった．多くの子供は 15 カ月齢で MMR ワクチン接種を受けるが，これは，ASD の最初の症状が見られはじめる少し前に当たる．ASD をもつ子供の親は，子供たちがワクチン接種を受けた後に症状が現れてくるために，ワクチン接種と ASD の発症との相関があることを目の当たりにしてしまったのである．

しかし，繰返し述べるが，相関は因果関係を証明するものではない．科学的な実験だけが因果関係を証明することができるのである．そう考えると，ウェイクフィールド博士の主張は，よい科学に基づいていたといえるのだろうか．MMR ワクチンは ASD の原因になっていたのだろうか．

2・6　科学と疑似科学の区別

残念なことに，一見科学的に見えてしまうような主張が，実際には**疑似科学**（pseudoscience）であることはしばしば起こってしまう．疑似科学の特徴は，それが実際に科学的な方法に基づいていないにもかかわらず，一見科学的な響きをもった主張や，信条や，行動を伴うという点である．“科学的である”と主張するに至るまでの各段階において単純な疑問を呈してみることで，科学と疑似科学を区別することができる（図 2・4）．

こうした基準を用いて，先の母親は，ウェイクフィールド博士の主張を分析してみた．すると，彼の研究が優れた科学的研究の基準を満たしていないということが，すぐにわかった（図 2・5）．まず，研究対象者のサンプルサイズが小さく，たった 12 人の子供から得たデータであったが，それにもかかわらず，結論はとても大きなものであった．ウェイクフィールド博士は，すべての子供は MMR ワクチン接種を受けるのをやめるべきだと示唆したのである．対象者のサンプルサイズは，観察に基づく研究においてはきわめて重要であって，小さいサンプルサイズから得たデータは，極端なひずみをもった結果になりがちである．大きなサンプルサイズのほうが集団全体の性質をよりよく表しており，外れ値の影響を受けにくく，より正確な結論を引き出し

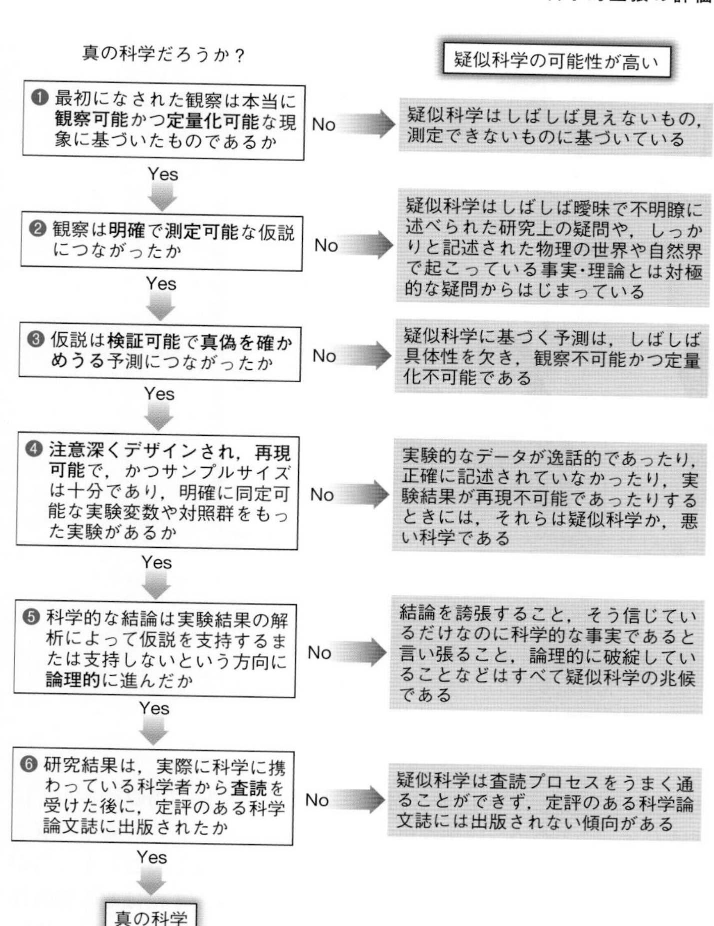

真の科学だろうか？
疑似科学の可能性が高い
❶ 最初になされた観察は本当に観察可能かつ定量化可能な現象に基づいたものであるか
No
疑似科学はしばしば見えないもの，測定できないものに基づいている
Yes
❷ 観察は明確で測定可能な仮説につながったか
No
疑似科学はしばしば曖昧で不明瞭に述べられた研究上の疑問や，しっかりと記述された物理の世界や自然界で起こっている事実･理論とは対極的な疑問からはじまっている
Yes
❸ 仮説は検証可能で真偽を確かめうる予測につながったか
No
疑似科学に基づく予測は，しばしば具体性を欠き，観察不可能かつ定量化不可能である
Yes
❹ 注意深くデザインされ，再現可能で，かつサンプルサイズは十分であり，明確に同定可能な実験変数や対照群をもった実験があるか
No
実験的なデータが逸話的であったり，正確に記述されていなかったり，実験結果が再現不可能であったりするときには，それらは疑似科学か，悪い科学である
Yes
❺ 科学的な結論は実験結果の解析によって仮説を支持するまたは支持しないという方向に論理的に進んだか
No
結論を誇張すること，そう信じているだけなのに科学的な事実であると言い張ること，論理的に破綻していることなどはすべて疑似科学の兆候である
Yes
❻ 研究結果は，実際に科学に携わっている科学者から査読を受けた後に，定評のある科学論文誌に出版されたか
No
疑似科学は査読プロセスをうまく通ることができず，定評のある科学論文誌には出版されない傾向がある
Yes
真の科学

図 2・4　科学か疑似科学か. 科学的手法に基づく一連の簡単な質問をしてみることが，いわゆる科学的な研究が本当に科学なのか，疑似科学なのかを見分ける一助となる.

問題 1　ワクチンがASDの原因となるということを信じている人たちが仮説と考えていることは何か．それとは異なる仮説は何か.

問題 2　なぜ真の科学につながる矢印は1本しかないのに，疑似科学につながる矢印は複数あるのだろうか.

やすい.

この研究のもう一つの問題点は，研究対象とした子供が，集団全体からランダムに抽出されていなかった点である．つまり，対象者として，この症状をもつ子供だけを選んでしまっていたのである．また，この研究には，たとえばワクチン接種を受けたがASDの兆候のない子供や，ASDであるがワクチン接種を受けていない子供などの対照群が存在していなかった．そして最後に，最も重要なことであるが，この発見の再現性が得られていなかったことである．実際，2016年10月までの時点までに，少なくとも110の論文が出版され，対象者は100万人を超えていたが，ワクチンとASDの関連性についてはなんの証拠も見つけられなかった．ワクチンはASDの原因とはならず，二つの現象の間には，相関すら見られなかったのである．実際，2014年3月にはじめて出版された研究では，ASDは出産前に子宮内ではじまっているという証拠が示されている.

ごく最近の論文の一つに，オーストラリアのシドニー大学の利益相反をもたない研究者が，1,256,407人の集団の子供を対象として行った五つの**コホート研究**（cohort study，特定の期間を決めて，ある対象群の人を観察する研究手法）の**メタ解析**（meta-analysis，異なる複数の研究の結果を合わせて解析する方法）を実施した．この研究者たちは同時に五つの**症例対照研究**（case-control study，ある疾病をもった患者ともたない健常者を比較する方法）も計9920人の集団の子供に対して実施した．データからは，ワクチンとASD，ASDとMMR，そしてASDとチメロサール（いくつかのワクチンに含まれる水銀含有防腐剤），それぞれの間に相関関係は見いだされなかった．論文誌『ワクチン』に出版されたこの研究には，米国，英国，日本，デンマークにおける麻疹（はしか），おたふく風邪，ジフテリア，破傷風，百日咳のワクチンに関するデータが含まれていた.

しっかりと対照群のとれた，十分なサイズのサンプル集団を用いて利益相反のない研究者たちによって行われ，査読を経た，より多くの研究結果によると，生後か

図 2・5　科学的主張を評価する． 科学的主張は世の中に満ちあふれている．いくつかの簡単な疑問をあげてみるだけで，どの主張が正当であって，どの主張が不当なものかを評価することができる．

問題 1　科学的主張をする人の教育歴や専門分野を知ることはなぜ重要なのだろうか．
問題 2　科学的主張をする人がもっているかもしれない偏った考え方について，五つ以上の例をあげよ．

ら15カ月齢までにCDCの推奨するワクチン接種スケジュールに則って実施された多くのワクチン接種は安全と考えられる．また，ワクチン接種のスケジュールを遅らせると子供の発症リスクが高まるということも研究によってわかってきた．

今日では，すべてのもととなったウェイクフィールド博士の1998年の『ランセット』の論文は正しくない主張といえる．とはいえ，科学にはまちがいもつきものである．毎年発行される何千もの論文のすべてが正しいことが期待されているわけではない．しかし，この『ランセット』誌の論文の場合には，何らかのバイアスと正しくないやり方が含まれていた．この論文が出版されてから何年も経ってから，ウェイクフィールド博士が，ワクチン製造会社を訴えていた弁護士から，専門家の立場として多額のお金を受取っていたことが明るみに出た．ウェイクフィールド博士はまた，当時最も一般的に使われていたMMRワクチンのライバルとなるワクチンの特許を申請していたこともわかった．

こうしたことは利益相反に当たるとして，2010年に英国のすべての医学博士の医師免許を管理する行政機関である医療監察委員会（GMC）は，ウェイクフィールド博士の行為は“無責任かつ不誠実”であると結論して，博士の医師免許を剥奪した．最終的には，他の11名のうち10名の共著者がこの研究とその結論を撤回した．そして2010年2月，『ランセット』は，出版社としてはきわめて異例な決定ではあるが，ついにこの論文の取下げを決定した．査読付の論文は，発見したことがまちがいや剽窃，倫理ガイドラインの抵触，またはその他の科学的不正を理由として，出版社または著者によって撤回される（不正または誤りであるとして取下げられる）ことがある．

2・7　科学的主張に基づく判断

ウェイクフィールド博士の論文は，先の母親が娘にワクチン接種するかどうかの決断をしようとしているときにはまだ取下げられていなかった．しかし，母親は，科学と疑似科学を区別するガイドラインに従った結果，ウェイクフィールド博士らの調べた子供のサンプル集団は小さすぎると考えた．母親は，そうした理由から，この論文に対する印象が変わってしまったと振り返る．そこで母親は他の論文も読んでみた．母親が読んだいくつもの論文は，すべて対照群もとれていてサンプルサイズも大きく，ワクチンがASDを起こすことはないと確信させるに足りるものであった．そして結局のところ，母親は研究と科学に対する自分のリテラシーのおかげで，CDCが推奨するスケジュールに則って自分の3人の子供すべてにワクチン接種を受けさせようと決めることが

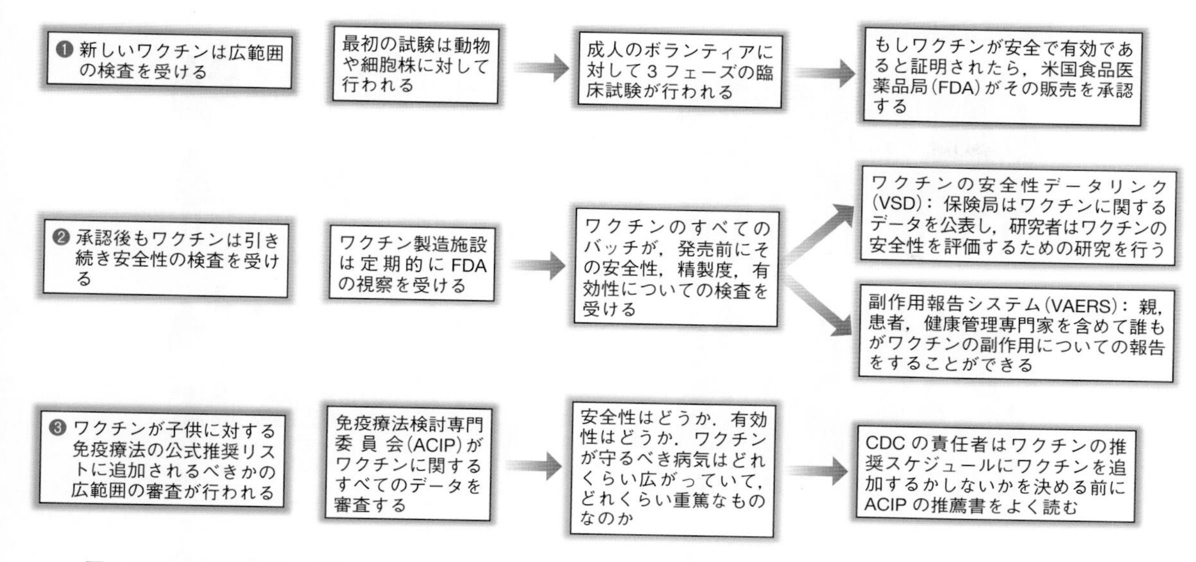

図 2・6　今日も継続して行われているワクチンの評価. ワクチンは，常にテストされ，効果，安全性，そして副作用といった観点から評価されている．ワクチンが対象とする病気の重症度や，子供がその病気にどれくらい感染する可能性があるか，ということも，ワクチンを推奨するかどうかを決めるときには考慮すべきである．

問題 1　ワクチン製造者はなぜ成人被験者に試験する前に動物や細胞株で試験をするのか．
問題 2　ワクチンは，どのような審査や報告書提出を経て承認されるのか．

できた．

自分が判断をするに当たって，母親はワクチンには副作用があることには気づいていた．たいていの副作用は重篤なものではなく，腕が少し痛いとか，少し熱が出るなどといったものであった．しかし，大変まれなケースではあるが，ワクチン接種によって重篤な副反応が出ることもある．たとえば，B型肝炎ウイルスワクチンに対するアレルギー反応は，接種の110万回に1回程度は生じると予測されている．MMRワクチンに対する重篤なアレルギー反応も，投与100万回に1回程度は生じる．CDCは副作用のリストを常にもっていて，ワクチンの安全性を常にモニターしている（図2・6）．

多少の副作用のリスクはあっても病気を避けられる利点の重要性を考えて，母親は子供たちにワクチン接種をするという道を選んだのだ．また，“私たち親が起こりうるワクチンの副作用だけに目を奪われてしまうと，子供たちがワクチンを受ければ防ぐことのできる病気にかかってしまったときのことを考えなくなる”とも言っている．

科学的主張に基づいて命の選択を迫られるときには，しばしば，自分の判断の非科学的な面についても考えてみる必要がある．自分の価値観，倫理観，宗教上の信条などによって，ある選択がより受入れやすくなることはある．たとえば，もしあなたが肉を食べることは倫理的ではないと信じていたとすると，脂分の少ない肉のほうが脂分の多い肉よりも健康的である，という科学的な発見も気にしなくなるであろう．

自分の選択が他の人にどのような影響を与えるのかということについても考えてみることは大事である．たとえば，子供にワクチン接種をしないという選択をした場合，コミュニティー全体に影響を与えるかもしれない．米国におけるワクチン接種率は，ワクチンの安全性に関するまちがった考えのためか，ほぼ75%前後でとどまっていて，この低い接種率が，ワクチン接種を受けていない子供たち，まだワクチン接種を受けられる年齢に達していない子供たち，そして遺伝的にワクチンに応答することのできない子供たちなどを危険にさらしている．集団内で一定の割合の人がワクチンを接種していれば，感染の拡大は抑えることができる．この概念は，**集団免疫**（herd immunity）として知られている（図2・7）．いいかえると，大きな集団にワクチン接種をすると，病原体の拡散を防ぐことができ，社会のなかで弱い立場におかれている人たちを感染から守ることができるのである．

親が子供にワクチン接種を受けさせないという選択をした場合，集団免疫はできなくなる．そしてその集団免疫ができなかったために，過去の感染症で，すでに撲滅

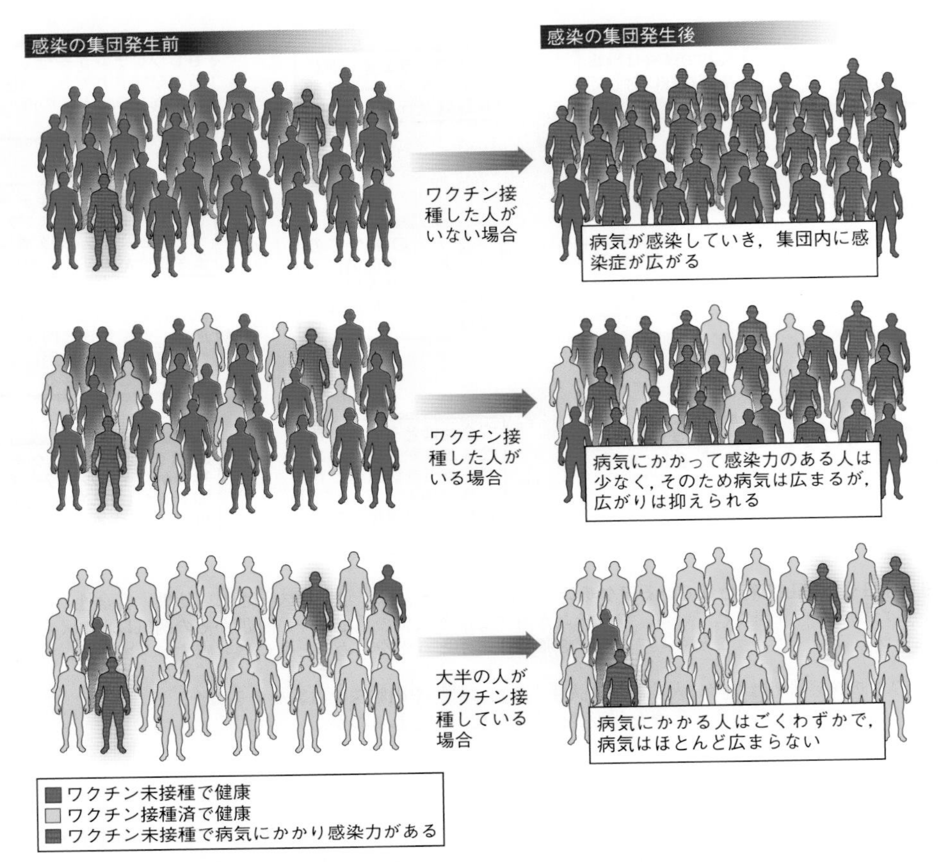

図 2・7　ワクチンの普及と集団免疫. 集団内の大部分の人たちがワクチン接種を受けていない場合には，感染が集団発生するとそれがさらに広がり，その結果，感染症を発症させ，ワクチンを受けるには年齢が低すぎる子供たちや免疫系不全の人たちの死亡をひき起こすこともある．しかし，集団内の大部分の人が伝染病に対するワクチン接種を受けていると，感染が集団発生したときでも感染の広がりは少なく抑えられる．このように病気を封じ込めることが可能になるのは，集団免疫とよばれる現象のおかげである．［出典: 図は国立アレルギー感染症研究所(NIAID)より改編.］

問題 1　感染症が集団に広がったとき，免疫をもった人はどうなるのか(ヒント：図中で，感染症の広がりの前後で免疫をもった人を追跡してみよ).

問題 2　ワクチン接種はいかにして個々の人を助けるのか．どのようにしてそれがその人のコミュニティーを助けることになるのか.

されたと考えられていたものが，またぶり返すこともある．2013 年 8 月，創始者がワクチンに反対しているテキサス州の教会において，会衆参加者の内 21 人の信者がはしかにかかったというニュースが大きく報道された．そのうち 16 人がワクチン接種を受けていなかった．2014 年に米国では，はしかの症例が 20 年間で最も多く 667 例あった．そして 2013〜2014 年のインフルエンザのシーズンに，インフルエンザをこじらせて死亡した米国人 100 人のうち 90%がインフルエンザワクチンを受けていなかった．このように，科学的主張に基づいて行う判断は，重大な結果をまねくことがある.

　本章で紹介した母親は，3 人すべての子供がワクチン接種を受けたことに感謝している．彼女は，友人，親戚や同僚に，科学リテラシーを養って，科学と疑似科学を区別する批判的な思考を身につけることを勧めた．“誰もが分厚いワクチンの教科書を読みたいとは思わないでしょうけどね”と母親は笑うが，誰もが批判的にものごとを考えて，科学的主張を評価する過程を踏むことはできる.

　この母親は，“どれが信頼すべき証拠に裏打ちされていて，どれがそうでないかを見極めることです．この問題はワクチンに限られるわけではなく，私たちすべてが科学リテラシーをもった市民になるためのツールを身につけるべきなのです”と言う.

数字でみるワクチンの安全性

1999年に英国は18歳までの年齢の子供に対する髄膜炎ワクチン接種プログラムを開始した．下のデータはイングランドとウェールズにおける髄膜炎の発症数である．ワクチンと集団免疫が有効に働いたおかげで，子供から大人までのすべての年齢層において髄膜炎の発症率は劇的に低下した．モデルを立てて検証した結果，集団免疫がなかったら，髄膜炎の発症数はリバウンドしていたと考えられた．CDCは，最近になって大学キャンパスにおける発症例がみられていることから，23歳以下の人に対して髄膜炎ワクチンの接種を推奨している．

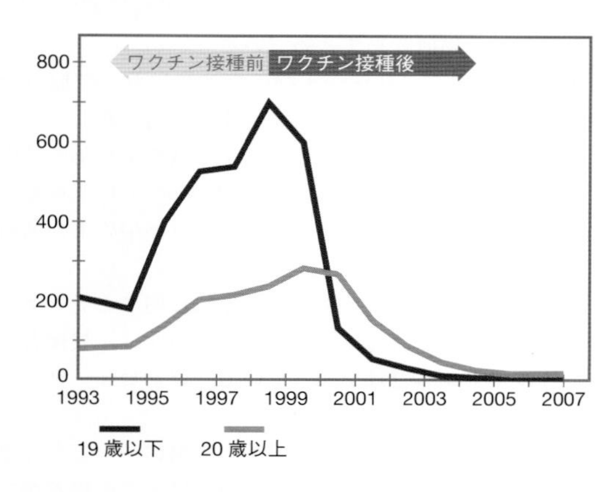

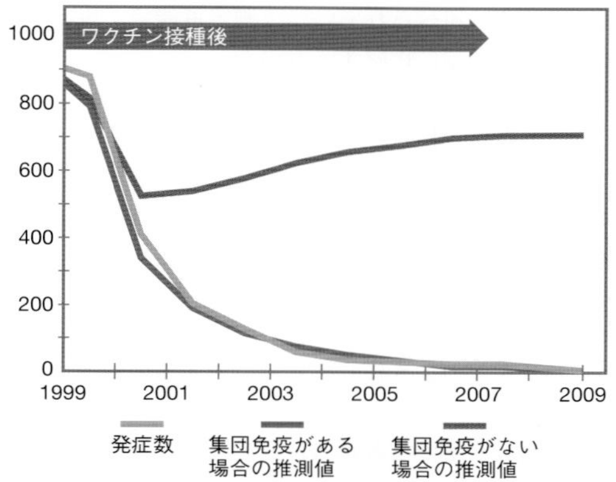

章末確認問題

1. 次のうち科学的主張を評価するときに，一番考えなくてもよいものはどれか．
   (a) その主張をしている人の科学的な資格認定書
   (b) あなた自身の信条と価値観
   (c) その主張を支持する研究が査読付の科学論文誌に出版されているかどうか
   (d) その主張を支持する研究が科学的手法の基準を満たしているかどうか
   (e) その主張をしている人に何らかのバイアスがないかどうか
2. 科学リテラシーの意味するところは，次のうちどれか．
   (a) 科学論文誌の論文を容易に読んだり理解したりすることができる
   (b) 大学レベルの科学のコースを学んだ
   (c) 科学のプロセスや基本的な科学の事実や理論について理解する
   (d) 現代の科学ニュースを新聞やブログで読むことを楽しむ
   (e) 批判的にものごとを考えられる
3. 相関は必ずしも因果関係の証明とはならない，という意味は次のうちどれか．
   (a) 二つの変数の間に相関があれば，一方が他方の変化をひき起こした可能性がある
   (b) 一方の変数が変わったときに他方の変数も変わったら，変数の間に相関はない
   (c) 実験的な研究だけが自然界の疑問に答えることができる
   (d) 二つの変数の間に相関があるとしても，一方の変化が必ずしも他方の変化をひき起こすわけではない
   (e) 上記のいずれでもない
4. 左の用語の定義を右から選べ．

科学リテラシー	1. 人間や社会の問題について科学の知見を用いて取組むもの
基礎研究	2. 情報に基づいて命にかかわる選択をするのを手助けするもの
応用研究	3. 査読付の科学論文よりなるもの
二次文献	4. あるテーマに対して科学的な知見の概説をするもの
一次文献	5. 基本的な科学の知見に寄与するもの

5. 正しい用語を選べ．
   科学的主張は，その主張をしている人の[資格認定書／評判]を調べることからはじまる．その主張に[解離／バイアス]がないかどうか，つまりその主張に対して何らかの利益相反がないかどうかを知ることも重要である．その主張に関連した科学的な研究の概略を知るには，[一次文献／二次文献]を読むことが役に立つ．
6. 科学的主張が科学か疑似科学かを決めようとしている

と想定してみる．その場合，以下の質問をどのような順にするか並べよ．

(a) 研究の結果から主張していることは，観察可能で定量化可能か

(b) 研究成果は現在研究を実践している研究者によって査読を受けた後に定評のある科学論文誌に出版されているか

(c) 予測されていることは具体的で，検証可能で，真偽が決められるか

(d) 仮説は明確に述べられていて，測定可能で，現在の科学的事実や理論に比肩するものか

(e) 実験のデザインと解析方法は正確に記述され，よく考えられていて，再現性があり，十分大きなサンプルサイズで実施されているか

(f) 研究の結果得られた結論は論理的で，証拠に基づいていて，研究の結果を考慮したうえで正当化されるようなものであるか

7. 基礎研究の例としてはどれが適当か．

(a) ハチドリがどのようにして歌を学習するのかという研究

(b) 極地の氷冠が溶けると農業にどのような影響が出るのかという研究

(c) ASD に遺伝的な原因があるかどうかを調べる研究

(d) 危険な感染症に対する効果的なワクチンをデザインする研究

(e) 農業で排出される廃棄物を燃料に転換する研究

8. 次のそれぞれの項目において，それが一次文献，二次文献のいずれに当てはまるのか，またはいずれでもないのか答えよ．

a. ケールのみを食べる糖尿病ラットの血糖値を，対照群のラットと比較した丸山博士らの研究が査読付の科学論文誌に出版された

b. 自分のヘルスケア製品の販売コマーシャルメッセージで，山下博士は，“私が毎日糖尿病の治療として瞑想しながらヨガをやっているのは，20 年間処方してきたどんな薬よりも効果的だ”と述べている

c. 岩沢博士は自分のブログの中で，“自分に寄生しているサナダムシの一部を寄生させれば，健康的にやせることができる”と主張している

d. 栄養学年報という査読付論文誌のレビュー論文において，橋本博士はダイエットと糖尿病に関する最近 10 年の基礎研究をまとめている

9. 次のうちどの状況が実験的な過程において偏った結果や不正確な結果を生み出す可能性が高いか．

(a) 佐々木氏は健康福祉に関する調査を製薬会社のために実施している外回りコンサルタントである．彼女は，調査中は製薬会社の名前や試験中の薬の名前は知らない

(b) 篠田氏は新たな風邪の治療法に関するアンケートを集めている研究技術員である．彼女は，被検者のメールアドレスだけを知っていて，コンピューターで同じ質問を聞くだけである

(c) 江口博士は新たな治療薬の効果についてがん患者からの反応を評価している．彼女は，どの患者がプラセボを投与され，どの患者が本物の薬を投与されているかを知っている

(d) 湊博士はプラセボまたは炎症を抑える実験薬のいずれかを投与されたラットの生検サンプルを解析している．それぞれのサンプルにはコードナンバーが振られているが，各ラットがどの処置を受けたかはわからなくなっている

(e) 中町氏は修士号の研究として減量療法のアンケート調査をしている．彼女のオンライン調査は匿名であり，各々の患者には同じ質問をしている

3 生命の化学

本章のポイント

- 分子を形成している化学結合の種類の比較
- 水分子間で形成される水素結合の概略と，この結合の水固有の性質への寄与
- 親水性分子と疎水性分子の違い，および酸性分子と塩基性分子の違い
- ある溶液の pH からわかる溶液の遊離水素イオン濃度
- 地球上の生命活動の基礎となる炭素の化学的な性質
- 四つのおもな種類の生体高分子とその関係性

3・1 生命を構成する分子

ことのはじまりは2003年である．UC サンディエゴ校を退職したミラー（Stanley Miller）の研究室を，卒業生の研究者が片付けていたときのことである．彼は，20年あまりにわたり使われた研究室の実験試料を片付けている最中，“放電実験のサンプル”と書かれた小さな段ボール箱を発見したのだ．彼はその箱だけは捨てられない気がして，ミラー研究室の別の卒業生で，スクリプス海洋研究所に所属していた海洋化学者に箱を送った．しかし，その海洋化学者もまたミラーの残した科学的“お宝”の存在にはすぐに気がつかず，その箱は数年間放置されることになる．

1952年当時，ミラーはシカゴ大学の大学院生で，学位論文のアイデアを探していた．彼は，ノーベル化学賞の受賞者で，1年半前に原始地球の環境と生命の起源に関する大変急進的なアイデアを提唱していたユーリー（Harold Urey）に教えを請うことにした．当時は，数種類の鍵となる**物質**（matter，質量をもち，空間のある容積を占めるものすべてをさす）が原始地球に存在していたということが知られていたが，30～40億年前に生命が出現するためにどの物質が重要であったか，という点については議論が分かれていた．明瞭な物理化学的性質をもった純粋な物質であり，通常の化学的方法を使ってもそれ以上に分解することのできないものを**元素**（element）とよぶ．2023年12月現在では，原子番号1から118までの元素の存在が知られている．

原子（atom）は元素の特徴を保持している最小単位である．原子は，この教科書や空気や，これを読んでいるあなた自身の体も含めたすべての物質をつくるもとになっている．それぞれの原子は，正に荷電した**陽子**（proton）と電気的に中性な**中性子**（neutron）よりなる密な中心部としての**原子核**（nucleus, *pl.* nuclei）をもつ．そして，負に荷電した**電子**（electron）の雲が核を取囲んでいる（図3・1）．電子は陽子や中性子に比べてはるかに質量は小さい．電子が1Lの水の重さだとしたら，陽子や中性子は自動車くらいの重さになる．

原子核の中にある陽子の数は，その原子の**原子番号**（atomic number）とよばれ，その元素に固有の数字である．ある元素の**同位体**（isotope，アイソトープ）とは同じ数の陽子をもつが，異なる数の中性子をもつ元素のことである．陽子の数と中性子の数の合計は同位体の**質量数**（mass number）とよばれる．質量数は，ある元素中にどのくらいの質量があるのか，いいかえると，それがどのくらいの重さをもつかを示している．たとえば，最もよく知られた炭素の同位体は6個の陽子と6個の中

ミラー（Stanley Miller）と**ユーリー**（Harold Urey）はともに米国の化学者．ミラーは地球初期の大気を模倣する最初の実験を考案し，生命の起源の研究のパイオニアとなった．ユーリーは水素の同位体の発見により1934年にノーベル化学賞を受賞した．彼は，地球の初期の大気はアンモニア，メタン，水素，水蒸気から構成されていたと推測した最初の人物である．

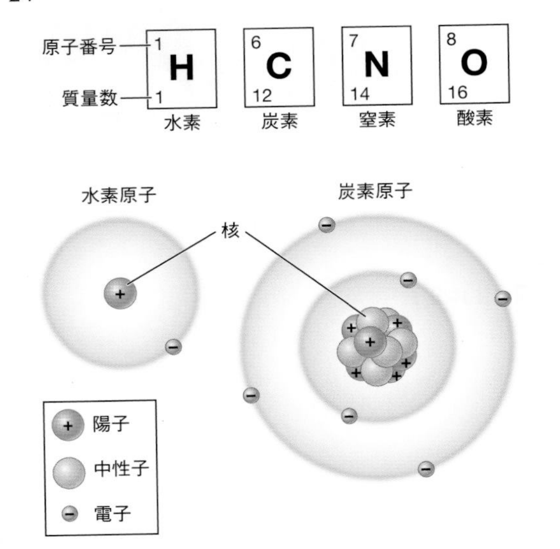

図 3・1　原子の構造． 水素原子（左）と炭素原子（右）の電子，陽子，中性子が，原子全体のサイズに対して拡大されて描かれている．

問題 1　ここに示された水素原子は陽子，電子，中性子をそれぞれ何個ずつもっているか．水素原子の原子番号と質量数はそれぞれいくつか．

問題 2　ここに示されている炭素同位体の原子番号と質量数はそれぞれいくつか．

性子からなり，その質量数は 12 であり，それを炭素 12（^{12}C）とよぶ．6 個の陽子と 8 個の中性子をもつ炭素の同位体を炭素 14（^{14}C）とよぶ．

原子は電子を介して他の原子と相互作用する．原子は電子を供与したり受容したり，共有したりすることができる．二つの原子が電子対を共有するとき，それらは**共有結合**（covalent bond）を形成する．共有結合で結合した原子は**分子**（molecule）を形成する．少なくとも 1 個の炭素原子を骨格とした分子を**有機分子**（organic molecule）または**有機化合物**（organic compound）とよぶ*．ユーリーらは原始地球の大気の分子が結合して原始的な有機分子を形成し，それがのちに集合して最初の生命体をつくったと推測した．

ユーリーらは地球の原始的な大気が，木星，土星，天王星などの太陽系の他の惑星の大気に似ていると提唱した．そして，他の惑星の大気と同様，かつて地球の大気中には，重要な**化合物**（chemical compound），つまり二つ以上の元素を含む原子によって構成される分子が豊富に存在していたことを示唆した．彼の仮説によると，原始地球の大気はおもに四つの化合物により成り立っていた．メタンガス CH_4，アンモニアガス NH_3，水素ガス H_2，そして水蒸気 H_2O である．

当時まだ若かったミラーは，ユーリーの仮説に大変興味をそそられ，それらのガスの組合わせから，他の単純な化合物をつくり出すことができるか検証するような実験をやってもよいか，とユーリーに尋ねた．しかし，ユーリーは，それは学生が学位論文の研究としてやるにはむずかしすぎて，もしうまくいかなかったらミラーが卒業発表できるものが何もなくなってしまうと考えて，このアイデアを没にした．しかし，ミラーはユーリーを悩ませた挙げ句，最長で 1 年間だけはこのプロジェクトについて研究することに同意してもらった．しかし，ミラーがこの実験を済ませるのには，わずか 2, 3 週間しか要しなかったのである．

ミラーは 4 種類のガスを一つの大きなガラス容器の中で一緒に混ぜた．そこでミラーは，これらの化合物をばらばらにしてくれるのではないかと考えて，このガスの渦巻く中で，太古の地球における雷を模して，連続的に電気の火花を散らしてみた（図 3・2）．すでに存在している化学結合を壊して新しい結合をつくり出すことを**化学反応**（chemical reaction）とよぶ．**反応物**（reactant，この場合は混合ガス）は化学的な変化を受けて**生成物**（product）とよばれる新たな分子をつくる．化学反応のなかには，ミラーの行った反応のように，反応の進行にエネルギーを必要とするものもあれば，エネルギーを発するものもある．

実験の初日が終わると，実験装置の底に，ピンク色の液体が貯まっていた．1 週間経つと，それは深い赤みを帯びて濁った色になったとミラーは報告した．のちにわかったのだが，この色の変化は化学反応によって新たな生成物ができたことを物語っていた．

ミラーとユーリーにとっての驚きは，この赤く色づいた液体は，生命にとって重要な**アミノ酸**（amino acid）という生物学的に重要な小さな化合物を 5 種類も含むことであった．アミノ酸には何百種類かのものが存在しているが，生物の細胞に存在する主要な分子であるタンパク質をつくる構成要素としては，わずか 20 種類しか存在しない．ミラーが単離した五つのアミノ酸のうち三つがそうした 20 種類のアミノ酸の一部であった．このように，ミラーは，単純な混合ガスから，すべてではないにしろ，地球上の生命によって用いられているいくつかのアミノ酸を実際に生成していたのである．

＊　訳注：一酸化炭素 CO や二酸化炭素 CO_2 のような炭素の酸化物，炭酸カルシウム $CaCO_3$ のような炭酸塩，シアン酸カリウム KCN のようなシアン化物は，いずれも炭素を含む化合物であるが，無機化合物に分類される．

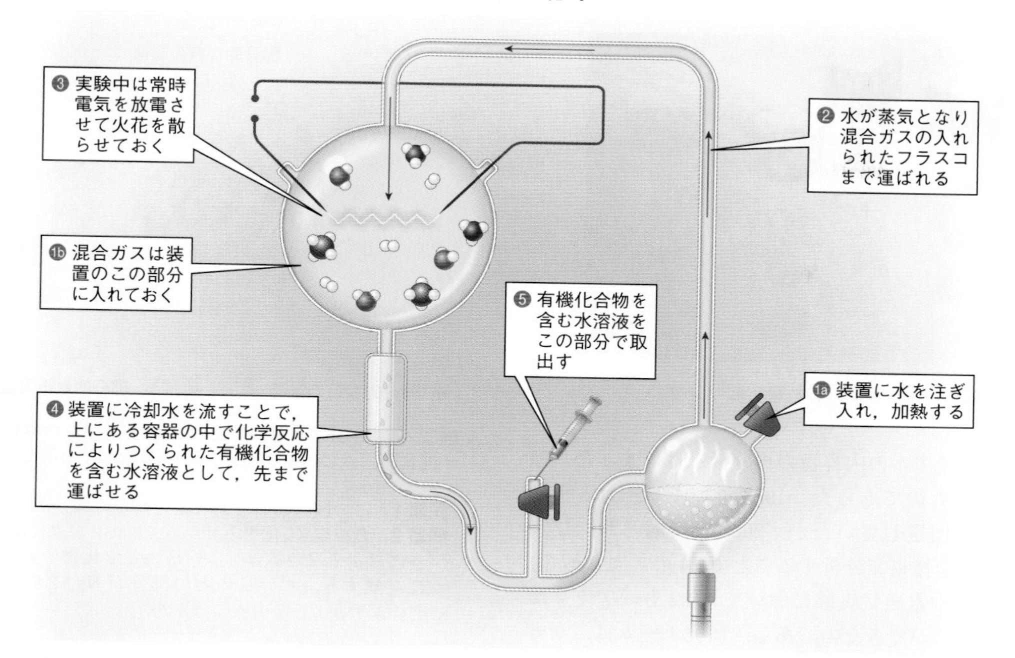

図 3・2 ミラーが当時行った放電実験． メタン NH_4，アンモニア NH_3，水素 H_2，および水蒸気 H_2O の混合ガスの中で放電実験を行ったところ，アミノ酸とよばれる化合物が生成された．

問題 1 実験を行う前に，実験装置は滅菌され，注意深く密封された．なぜこのことが重要だったのか．
問題 2 なぜガスを閉じ込めるフラスコの中にメタンガスを入れることが，原始地球の大気の中で複雑な有機分子が生成されたという仮説の重要な一部となったのか(ヒント：有機分子とはどのような分子なのかを考えてみよ)．

ミラーとユーリーの実験は，科学の世界ではすぐに過去のものになってしまったとはいえ，生命の起源となる化学物質が自然環境から生じうることを実験的に示したとはいえよう．ミラーは，実験条件を微調整したり混合気のガス組成を変えたりすることにより，もっといろいろなアミノ酸をつくろうとして，さらにこのような放電実験を続けた．しかし，時間がなかったためか，ミラーのこの実験の続報や，研究成果の多くは発表されることがなかった．

しかし，偶然にも，冒頭で述べたミラーの残した箱が開かれるときが2007年に訪れた．きっかけは，箱を受取ったスクリプス海洋研究所の海洋化学者が，学会での他のミラーの教え子の研究者との打合せで，偶然，当時のミラーの放電実験に使った大量のサンプルが保管されてたことを知ったことだった．それが数年前，研究室の閉じられるときに，自分自身に送られてきた箱であることに，彼はすぐに気がついた．彼は自分の研究室に戻るやいなや，その箱を見つけて開けてみた．それはまさに科学者にとってのクリスマスのようであった．段ボール箱の中には，多くは乾いて茶褐色になったタール状のべとべとしたものが底に残ったガラスのバイアルが入っていてラベルまで貼られているプラスチックの箱がびっしりと詰まっていた．200〜300 個くらいのバイアルがそこにはあった（図 3・3）．それはまさに，ミラーが生涯を通じて行った実験から得られた残留物であった．

幸運なことに，ミラーは，それぞれのバイアルの内容物を詳細に記録したノートも保管していた．ミラーは，最初の放電実験をやった直後に，初期の実験装置の変法を用いた 2 種類の他の実験もやっていた．あるバイアルでは，異なる放電の方法が試されていた．そしてもう一つのバイアルでは，放電を起こさせた容器に直接熱い水蒸気を注ぎ込んでいた．

ミラーが多くの研究者が集う学会で，この実験結果を発表したときの逸話が残っている．ミラーの発表の後で，有名な物理学者であるフェルミ(Enrico Fermi)がユーリーに向かってこう言った．「あなたとミラーが，これが生命の起源のひとつの道筋であったことを証明したことはわかります．でも，本当にこれは実際に起こったことなんですか」と．これに対して，ユーリーはフェルミに向かってこう言った．「このように言いましょうか．神がもしこのような方法を使わなかったとしたら，神は勝てる賭けを見過ごしていたことになるでしょう」と．

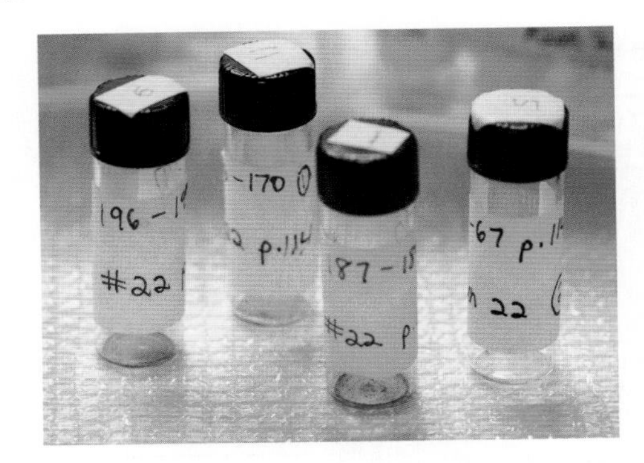

図 3・3 ミラーの放電実験サンプル

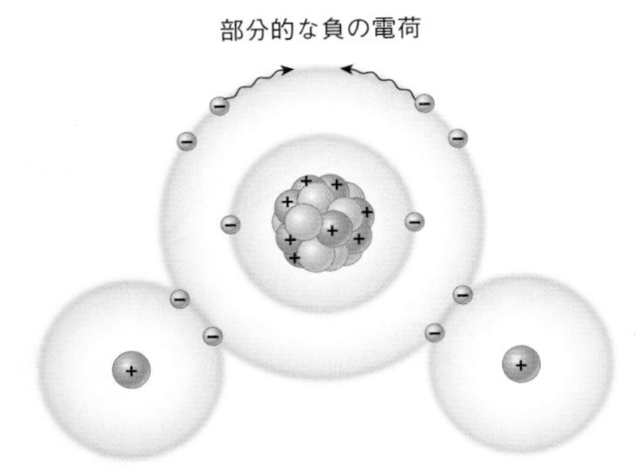

図 3・4 **水分子は極性をもつ．** 水分子のもつ極性という性質が，水に固有の特徴を与える原因となっている．

問題 1 この図において共有結合はどの部分か．
問題 2 食卓塩（塩化ナトリウム，NaCl）が水に溶けるときにはナトリウムイオン（Na^+）と塩化物イオン（Cl^-）に電離する．水分子のどの部分が Na^+ を引きつけ，どの部分が Cl^- を引きつけるか．

こうしてバイアルの内容物の再分析がはじまった．結果は驚くべきものであった．1953年にミラーは5種類のアミノ酸を同定していたが，2008年に同じサンプルをもっと精密な技術で分析することで14のアミノ酸を，そして未発表の水蒸気実験においては22ものアミノ酸を同定することができたのである．研究チームは，なぜ2番目の水蒸気実験装置で実験をしたときに，より多くのアミノ酸ができたのかということに大変興味をそそられた．

3・2 化学結合と分子間相互作用：生命に必須な水の性質

二つの実験のおもな違いは混合ガス容器に熱い水蒸気を注入したかどうか，ということであった．水は，分子がそこに溶け込むことによって，化学反応を通じてさまざまな特別な経路で相互作用できるようにするという特徴的な化学的性質をもっているため，生命にとっては欠かすことのできないものである．

水分子は2個の水素原子と1個の酸素原子が，電子対を共有する，つまり**共有結合**（covalent bond）をすることによりできている．原子核のまわりを動き回る電子は異なるエネルギー準位をもっており，電子は，それぞれが決まった数の電子からなる殻（**電子殻** electron shell）に分けられると考えることができる．原子核に一番近い最内層の殻（K殻）は2個までの電子をもつことができる．そこから外に向かうと（順にL殻，M殻，N殻…とよばれる），L殻は8個まで，M殻は18個までの電子をもつことができる．

電子殻が安定であるためには，電子で満たされている必要があるため，電子殻を満たそうとして，原子は共有結合をつくる．共有結合においては，原子は最外殻電子どうしで電子対を共有するため，こうした最外殻電子は**価電子**（valence electron）とよばれる．水分子においては，酸素原子は2個の水素原子それぞれに属する電子を使って，電子の数を6個から8個にして最外殻（この場合L殻）を満たそうとする．水素原子もまた，この共有結合によって利益を受ける．つまり，水素原子は，その唯一の最外殻（この場合K殻）を安定に必要な2個の電子で満たすことができる．

しかし，電子は平等に共有されるわけではない．つまり，異なる原子で電子を引きつける力は異なっており，酸素原子が水素原子よりも電子を引きつける力が強いため（**電気陰性度** electronegativity），電子は水素原子よりも酸素原子の近くで，より長い時間を費やす．電子は負に荷電した粒子であるため，水分子の酸素原子側は，結果的に，部分的に負に荷電しており，水素原子側は部分的に正に荷電している．この偏った電子対の共有に加えて，水分子 H_2O は3個の原子が折れ線型に結合するため，結合の極性が打消されず，**極性分子**（polar molecule）となっている（図3・4）．

互いの原子をくっつけ合う**化学結合**（chemical bond）には，共有結合のほかに，イオン結合と金属結合が一般に知られているが，生物にとっては，共有結合に加えてイオン結合が重要である．電子を失ったりもらったりしている状態の原子は，**イオン**（ion）とよばれる．電子は負に荷電しているので，電子をもらった状態の原子は陰イオン（電気的に負）であり，電子を失った状態の原子は陽イオン（電気的に正）となる．陰イオンと陽イオンが隣りどうしで近くにいる場合，それらは静電的な引力（クーロン力）によって互いに引き合って，**イオン結合**（ionic bond）を形成する．一般に食卓塩として知られる塩化ナトリウム（NaCl）は，ナトリウムイオンと塩化物イオンがイオン結合によってできた化合物である．共有結合とは違って，イオン結合においては電子の共有はない．

さらに，生命活動に必須な水の性質を考えるうえで重要な分子間の相互作用として，**水素結合**（hydrogen bond）とよばれるものがある．水素結合は，先に説明したとおり，OH や NH などで，電気陰性度の高い原子（O, N など）に共有結合したため，部分的に正に荷電した水素原子と，そのまわりにある部分的に負に荷電した原子との間で，弱い静電的な引力により生じる分子間相互作用である．この相互作用により，水分子は互いに結合する．一つの水素結合は，共有結合の 1/20 と弱いものであるが，水は分子がたくさん集まることによって，その力の弱さを補っている．数多くの水分子が多数の水素結合により集合することで，十分な力となりえるのである．

水が極性分子であり水素結合をもつことが，ミラーの実験にきわめて重要な意味をもっていた．一番大事なことは，水こそが実験装置のフラスコ中の化合物（気体分子）をばらばらにすることができたということである．水の中に汚れた皿を入れてみると気づくのだが，水は他の物質を溶かすという驚くべき性質をもっている．これは，水分子が他の極性分子，たとえば糖，そしてミラーの実験ではアンモニアなどと水素結合をつくることに起因している．極性分子と水素結合を形成することで，これらの化合物が水に溶けることができるのである．このような化合物の性質を**水溶性**（water-soluble）という．つまり，水と完全に混ざることができるということである．

溶液（solution）はある**溶質**（solute，砂糖のように溶ける物質）と**溶媒**（solvent，水のような液体で溶質を溶かすことができるもの）が組合わさってできている．水はさまざまな物質を溶かすことから，“万能溶媒”とよばれることもある．しかし，水分子が極性をもつという性質は，水が脂肪や油のような電荷をもたない（極性をもたない）分子とは相互作用をしないことを意味している．水に溶ける分子（酢など）を**親水性**（hydrophilic）とよび，水に溶けない分子（油など）を**疎水性**（hydrophobic）とよぶ．図 3・5 はこれらの性質を説明する図である．

油の分子は疎水性である．したがって，油の分子は水とは分離して互いに塊をつくる傾向がある
オリーブオイル
酢の分子は親水性である．したがって，酢の分子は水の中に溶け込むことができる
酢

図 3・5　親水性の物質は水に溶けるが，疎水性の物質は溶けない

問題 1　このボトルをシェイクして 1 時間放置すると，オリーブオイルの分子はどうなるのか．酢の分子はどうなるのか．

問題 2　コーヒーや紅茶に砂糖を入れたときのふるまいから考えて，砂糖は疎水性，親水性のどちらであると予想されるか．

ミラーのバイアルの内容物を再分析した研究チームが，その結果を論文発表したとき，他の科学者たちは，放電容器に水蒸気を流し込んだミラーの 2 番目の実験では，熱い水がより多くの化学反応を起こした結果であろうという考えを提案した．この提案の是非にかかわらず，ミラーの実験の成功には，水が中心的な役割を果たしたのである．

水は物質の三つすべての状態，つまり固体，液体，気体の状態で存在することができる．水素結合によって，これら三つすべての状態における水の物理的な性質を説明することができる．水は，室温においてはともに気体である二つの元素（水素と酸素）からなるが，水素結合が水分子どうしを密に結合させた状態なので，液体である．この中で，水素結合は常につくられては壊されることを繰返し，いわばずっと押しくらまんじゅうし続けているために，水は液体の状態を保っている（図 3・6 左）．水分子が冷却されると，活発に動くことはできなくなる（図 3・6 右）．水は 0 ℃で氷となり，安定した水素結合のネットワークが生じる．水分子はさらに空間的に離れた状態で結晶格子として知られる規則的なパターンで固まる．この空間の取り方が，氷が液体の水よりも，より容積が大きくなる原因である．通常の氷は，液体の水よりも密度（密度は重量を容積で割った値）が 9% 低く，そのため氷は水の中で浮くことができる．こうした水の特徴は，きわめて例外的である．つまり，たいていの物質は液体のときよりも固体のときのほうがより高密度である．しかし，こうした水の特徴のおかげで

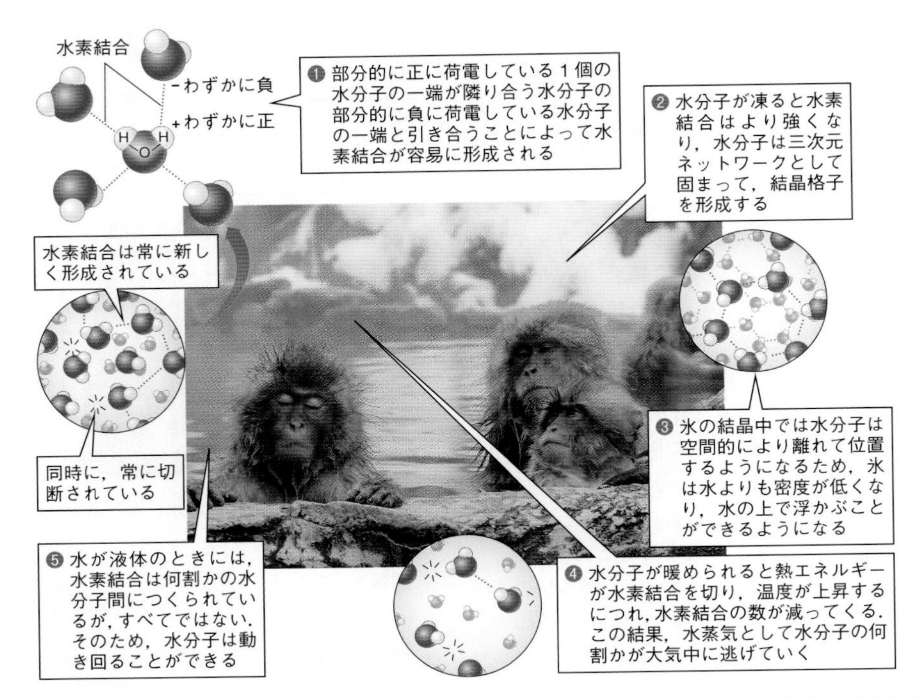

水素結合
−わずかに負
＋わずかに正
H
H
O
❶ 部分的に正に荷電している1個の水分子の一端が隣り合う水分子の部分的に負に荷電している水分子の一端と引き合うことによって水素結合が容易に形成される
❷ 水分子が凍ると水素結合はより強くなり，水分子は三次元ネットワークとして固まって，結晶格子を形成する
水素結合は常に新しく形成されている
同時に，常に切断されている
❸ 氷の結晶中では水分子は空間的により離れて位置するようになるため，氷は水よりも密度が低くなり，水の上で浮かぶことができるようになる
❺ 水が液体のときには，水素結合は何割かの水分子間につくられているが，すべてではない．そのため，水分子は動き回ることができる
❹ 水分子が暖められると熱エネルギーが水素結合を切り，温度が上昇するにつれ，水素結合の数が減ってくる．この結果，水蒸気として水分子の何割かが大気中に逃げていく

図 3・6　水素結合が増加したり減少したりすることで，水分子は状態を変化させる． この温泉の写真には水の液体，固体，気体のすべての状態がみられる．

問題 1　図の中で水分子が液体，固体，気体の状態になっているのはどの部分か．
問題 2　気体の状態のとき，水分子は速く動きすぎていて，水素結合を形成するには離れすぎている．同じ数の水分子が，液体，固体，気体の状態のときに占める容積を比較せよ．

生命がいまのような形で存在できるのである．もし氷が水の上に浮かばなかったら，冬に湖や川の水が凍ってしまったとき，凍った先端部が水の底のほうに沈んでしまい，新たに液体の先端部が凍ってしまうであろう．この過程が繰返されると，いかに深い湖や川であっても，最後は湖や川の全体が凍って固体になってしまうであろう．そうするとすべての水生動物や植物はその過程で死に絶えてしまい，陸上の植物や動物は淡水に接することが全くできなくなってしまうのである．

ミラーが実験で水蒸気を実験容器の中に注ぎ込んだように，水を沸騰させるためにはかなりのエネルギーを水に加えて，水分子が水蒸気として蒸発できるように水素結合のネットワークから解き放って，水分子を十分速く動かしてやる必要がある（図3・6下）．液体から気体への状態の変化は**蒸発**（evaporation）とよばれる．逆反応として，水蒸気が冷やされたときには分子はまたゆっくりと水素結合をつくりはじめ，液体の状態に戻る．この過程は**凝結**（condensation）とよばれる．こうした水の状態の遷移にとって重要な過程である蒸発と凝結という現象がなかったとしたら，地球上の生命は存在することができなかったことであろう（詳細は図18・9参照）．

3・3　生体分子の起源

水がミラーの放電実験の成功の鍵となっていたのだが，ほかにも同じくらい重要な化合物がわかってきた．2011年，ミラーの最初の資料を再分析しはじめてから3年後に，ミラー研究室出身の研究者たちは再度チームをつくり，段ボール箱に入っていたほかのバイアルのセットを分析しはじめた．

1958年にミラーは硫化水素という新しい気体を含めた放電実験を開始していた．硫化水素は，温泉や火山からも出されることが知られており，原始地球の環境中にも存在していた可能性がある（図3・7）．ミラーの研究室のノートからは，その実験を行った結果，アミノ酸が単離されていたことはわかったが，全く分析をしていなかった．どうしてミラーがそれを一度も分析しなかったかはわからない．ともあれ，研究チームはその仕事を終え，ミラーの試験管から22個のアミノ酸を同定したが，

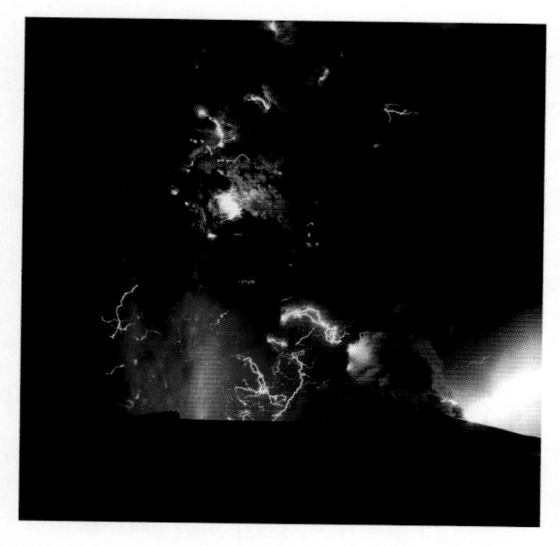

図 3・7　ミラーの実験はまるで火山の噴火のようなものであった． 噴火している火山はミラーの用いたガス混合気に含まれる気体のすべてを放出していて，火山灰は鉄や他の金属を含んでいる．マグマ(きわめて高温に熱せられた岩石)が地下水と接触すると水蒸気が発生し，稲妻が混合ガスや火山灰の雲の中を突き抜けていく．

問題 1　ミラーの 2 番目の実験で，水蒸気を加えたことが，なぜアミノ酸の産出量を増加させたのだろうか．
問題 2　ミラーは実験のなかで電気エネルギーを用いた．地球の原始大気においては，複雑な分子が形成されるに至るためには，この他にどのような形のエネルギーが存在していただろうか．

そのなかには硫黄を含む六つのアミノ酸が含まれていた．硫黄を含むアミノ酸の一つであるメチオニンは細胞においてタンパク質合成を開始させるものである．

ミラーの実験は，硫化水素のおもな源である火山が，火山に集中的に生じやすい雷とともに，生物学的に重要なさまざまな分子をたくさんつくり，地球上の生命の進化の舞台を用意するのに役立ったのではないか，という仮説を支持している．しかし，これだけが生命の起源の仮説ではない．ほかにも，最近注目を得たものとしては，生命を構成する材料は宇宙から届いたのではないかという仮説もある．

タンパク質はわずか 20 種類のアミノ酸しか利用しないが，隕石の中には 90 種類のアミノ酸がすでに同定されており，最初の有機物は他の天体から届いたという可能性もある．カリフォルニア州にある NASA のエイムズ研究センターでは，宇宙物理学者らの研究チームが宇宙空間に存在する条件を用いて，混合ガスからアミノ酸をつくり出すことに成功している．

いくつかの実験で，NASA の研究チームは，異なる混合ガスを凍らせて，彗星や星間雲（新たな星や惑星がつくられる場）にみられる氷に似たものをつくらせて，そこに放射線を当ててみた．このような手法を使うと多くの場合，ミラーの実験でつくられたようなアミノ酸がつくられていることがわかった．研究チームによると，宇宙はまるで有機化学者のようなものであって，単純な分子からもっと複雑な分子をつくり出すようになっている．その結果として，さまざまな化合物がつくられ，そのなかには生物学的に興味のある分子も見つかる．

2008 年 10 月 7 日，小惑星がアフリカ大陸上空の大気圏に入り，NASA の衛星がその衝突を撮影した．最初は直径 180〜460 cm であったが，この小惑星は東アフリカの上空で爆発し，その破片がスーダンに落下した．明るい色彩の砂漠の背景の中で，黒っぽい隕石は目立つため，NASA の研究者たちは，小惑星の破片を容易に見つけることができた．これらの破片は，破片が回収された場所に近い列車の駅にちなんで“アルマハタ・シッタ(6 番目の駅)”隕石と名づけられた．

隕石の破片を分析したところ，19 個の異なるアミノ酸が見つかった．これらが地球外の起源であることは，アミノ酸分子の次のような際立った特徴からわかった．これらのアミノ酸分子には左手型と右手型の両方，つまり二つの鏡像体の両方が見つかったのである．地球上の生物がつくり出すアミノ酸は，すべて左手型であって，右手型は実験室でのみつくることができる．右手型のアミノ酸が存在していたということは，これらの破片に含まれたいたアミノ酸が実際に宇宙からやってきたものであって，隕石が地球上に落下した後に混ざり込んだものではないことを示している．

3・4　酸 と 塩 基

ミラーは単純な分子から複雑な分子をつくり出す試みを決してやめなかった．1953 年に行われた最初の実験は，鳴り物入りで注目を浴びたが，やがて，この実験の有用性については，あまり評判がよくなくなってしまった．のちの研究者たちは，原始地球にはメタンやアンモニアがあまり多く存在しなかったと主張した．それに代わって，新たな証拠から，原始地球の大気には窒素ガス N_2 や二酸化炭素 CO_2 が含まれていたことが示唆された．多くの研究者は，ミラーとユーリーが最適の混合ガス組成で実験しなかったという考えで一致していた．そこで，最初の発見から 30 年後の 1983 年に，ミラーは窒素ガスと二酸化炭素ガスを使って実験を繰返してみた．しかし，生成されてきた液体は，濃い赤から茶色の液体ではなく，透明で，いかにも不毛な感じのするものであった．実験は失敗したように思われた．

2007 年にミラー研究室出身の研究者たちは，何がよくなかったかを知るために，もう一度実験を再現してみた．彼らは，できてきた試料を再分析するだけでなく，実験を追試した結果，新たな混合ガスの間で起こっていた反応では亜硝酸塩とよばれる化合物ができていて，それがアミノ酸を分解していたということがわかった．この溶液は，亜硝酸 HNO_2 の存在のために酸性であった．**酸**（acid）は水に溶ける親水性化合物であり，溶解することで1個またはそれ以上の水素イオンを失う．水に水素イオンを供与することにより，酸は水溶液中の遊離水素イオンの濃度を上昇させる．水素イオンはきわめて反応性が高く，他の化学反応を邪魔したり，変化させてしまったりする．つまり，酸性になった水溶液がアミノ酸生成を阻害したことがわかったのである．

この酸性を中和するために，**塩基**（base）を加えてみた．酸と塩基は化学的に逆の性質をもっている．酸とは異なり，塩基はまわりの水溶液環境から水素イオンを受容することができる．塩基が水溶液から水素イオンを取除くことになるので，全体としては，水溶液中の遊離水素イオンの濃度を減少させる効果がある（強塩基は強酸同様，生命に重要な化学反応を阻害するので，危険性が高い）．酸は塩基と反応することで中和作用をもち，遊離水素イオンの濃度を上げる効果がある．

水素イオン濃度は0から14までのスケールの数字で表現し，0は遊離水素イオン濃度が極端に高い状態を，そして14は最も低い濃度の状態を示している．このスケールは**pHスケール**（pH scale）とよばれ，対数で表現される．つまり，pHの1単位は水素イオンの10倍の増加または減少を意味している（図3・8）．純水はpH 7でちょうど中性であり，pHスケールのちょうど真ん中である．純水に酸を加えると，遊離水素イオン濃度が上昇し，水溶液をより酸性にして，pHを中性の値である7から下げる．塩基を加えると遊離水素イオン濃度が減少し，水溶液をより塩基性にするとともにpHを7以上に上げる．

ミラー研究室出身者の研究チームは，実験後の溶液のpHを上昇させるために，単純な塩である炭酸カルシウムを加えてみた．そうすると，こんどは放電実験の後に生成された溶液の中にはアミノ酸がたくさんみられた．つまり，生命を構成する基本要素は地球上にその起源があって，隕石や水星によって地球に運ばれてきたものだけではないということになる．現在の多くの科学者は，私たちが今日知っているような生命には，宇宙から運ばれてきたアミノ酸と，地球上にその起源をもつアミノ酸の両方が寄与していると考えている．しかし，アミノ酸がどこから来たのかということはさておき，次に続く疑問は，いまも研究者を困惑させ続けているものである．つまりそれは，次に何が起こったのか，という疑問である．

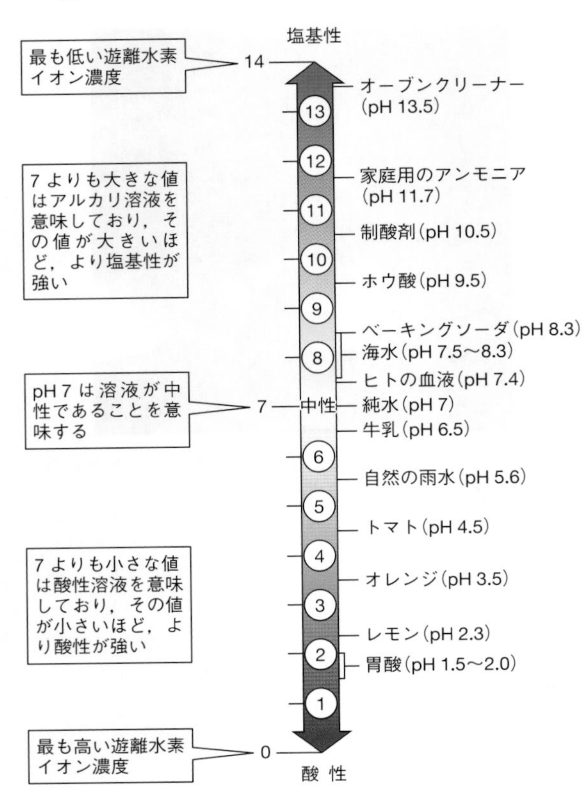

図3・8　pHスケールは水素イオン濃度を示している． pHは対数スケールなので，pH 10の溶液はpH 8の溶液の100倍の OH^- を含み，pH 3の溶液はpH 4の溶液の10倍の H^+ を含む．

問題1　pH 2.8の酢とpH 6.5の牛乳ではどちらか遊離水素イオンの濃度が高いか．

問題2　グラス1杯の牛乳を飲んだとき，胃の中の遊離水素イオン濃度はどうなるか．

3・5　生命に必須な生体分子

生命がどのように開始したかは，本当のところは誰にもわからない．しかし，研究者たちは，生命が何を必要としているかということに関しては，意見が一致している．生物の体からすべての水を取除くと，4種類の大型の有機化合物，つまり**生体分子**（biomolecule，**高分子** macromolecule）が残り，それらは生物にはすべて必須のものである．すなわち，タンパク質，炭水化物，核酸，そして脂質である．

これらの生物学的に重要な分子は，炭素原子が共有結合した分子という骨格で設計され，つくられている．炭素は生命系においては圧倒的に多い元素であるが，炭素が何千もの原子を含む大きな分子をつくることができるのが，その理由の一つである．一つの炭素原子は最大で

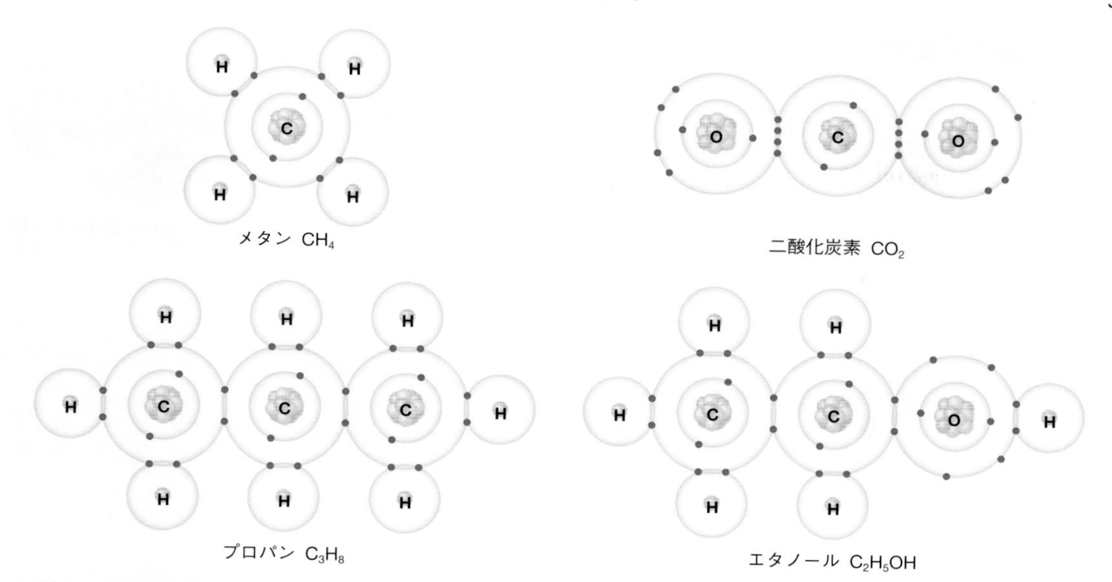

図 3・9 有能な炭素. すべての有機化合物は炭素原子が他の元素の原子と強力な共有結合を介して相互作用することで構築されている．炭素原子は，最外殻に4価の電子をもっているので，最大四つの他の原子と結合することができる．原子は安定化するためには最外殻の電子対を満たさねばならないこと，そして共有結合は電子対を共有する必要があるということに注意せよ．ここに示された分子中の各原子を取囲む電子の数を数えてみると，すべての最外殻の電子対が満たされていることがわかる．

問題1 メタンガスにおいて，それぞれの水素原子がいくつの電子を共有しているか．炭素原子はいくつ共有しているか．

問題2 二酸化炭素において，それぞれの酸素原子はいくつの電子を共有しているか．炭素原子はいくつ共有しているか．

四つの他の分子と強力な共有結合をつくることができる（図3・9）．炭素原子はまた，他の炭素原子とも共有結合をつくることができ，長い鎖や分岐した分子や環状構造までつくることもできる．炭素ほど複雑で多様性のある分子を形成することのできる元素はほかにはないといえる．実際，地球上の自然界には4500種類ほどの無機分子（炭素原子を含まない分子）しか存在していないが，知られている有機化合物は何百万種類もあり，未だ同定されていない有機分子として，その何桁も多い種類のものが存在している可能性がある．

タンパク質，炭水化物，核酸は，**単量体**（monomer，**モノマー**）とよばれる小分子の単位が繰返し存在する長鎖の**重合体**（polymer，**ポリマー**）である．アミノ酸がタンパク質をつくるもととなる単量体，糖が炭水化物をつくるもととなる単量体，ヌクレオチドが核酸の単量体である．

これら三つの重合体すべては，全生物で必須な働きをもっている．**タンパク質**（protein）は生体分子のなかで最も数が多く多様性に富んでいる．20種類のアミノ酸単量体の異なる組合わせが，サイズや形の異なる，つまり機能も異なる無数のタンパク質をつくることを可能にしている（図3・10左上）．たとえば，ポリメラーゼのような酵素タンパク質は，DNAのコピーを可能にしている（DNA複製の詳細は9章参照）．構造タンパク質は，私たちの細胞を形づくっている．ホルモンタンパク質や受容体タンパク質は，私たちの細胞が糖を取込んだり，それをエネルギーとして使ったりすることを可能にしている．同様に重要なタンパク質としては，物質を細胞の内外に出し入れするのを手助けする膜輸送体タンパク質や，私たちを病気から守ってくれる抗体分子や，コレステロールを運ぶLDL（low-density lipoprotein，低密度リポタンパク質）やHDL（high-density lipoprotein，高密度リポタンパク質）や，毒腺の毒，破傷風毒素のような毒素などがある．

炭水化物（carbohydrate）はタンパク質と同様に多様な生体分子である．炭水化物には，糖の単量体（単糖）や二つの単糖が結合した二糖，そして何千もの単糖よりなる複雑なものまでさまざまなサイズのものが存在している（図3・10右上）．単糖は細胞が**アデノシン三リン酸**（adenosine triphosphate: **ATP**）をつくるときの直接

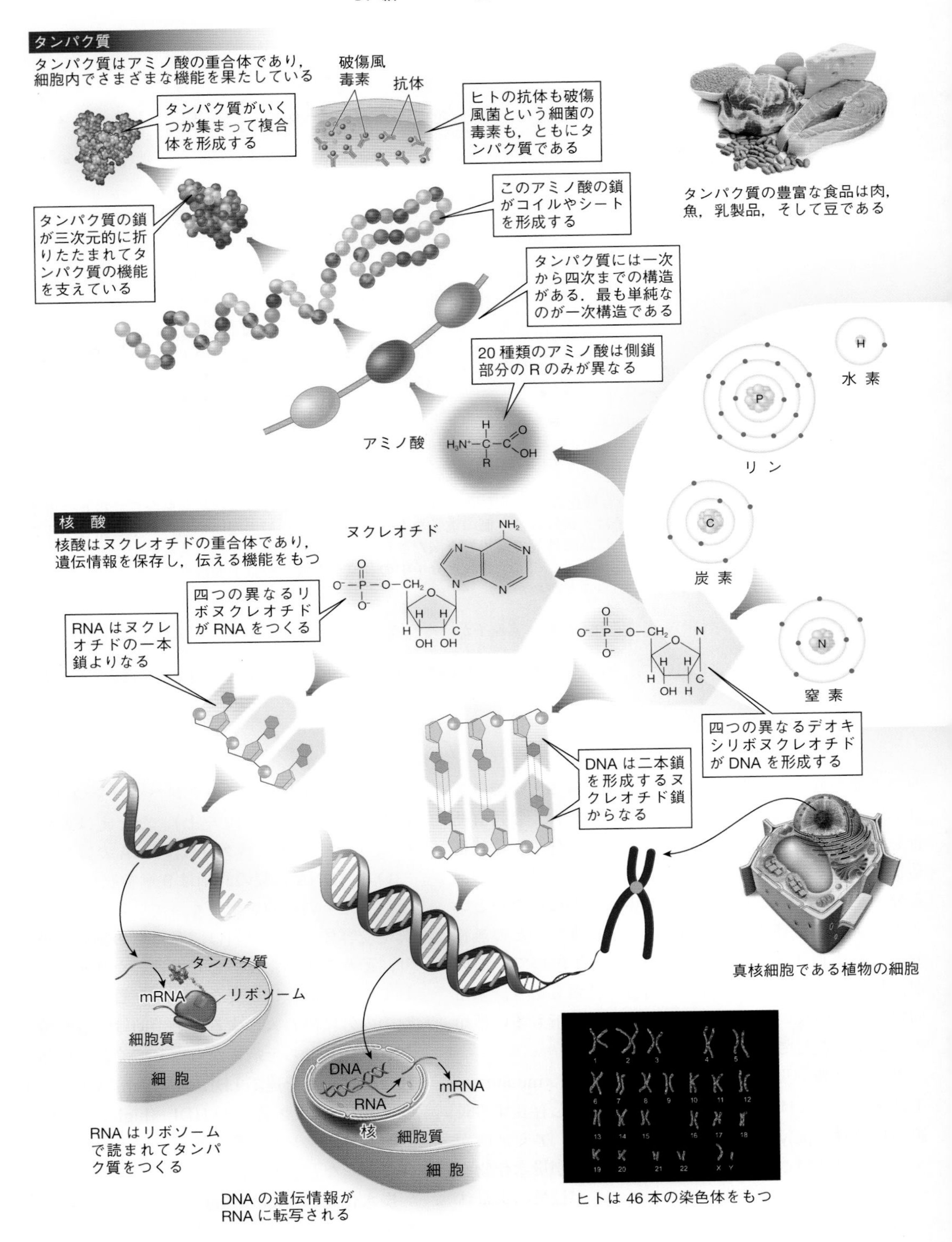

タンパク質
タンパク質はアミノ酸の重合体であり，細胞内でさまざまな機能を果たしている
破傷風毒素
抗体
タンパク質がいくつか集まって複合体を形成する
ヒトの抗体も破傷風菌という細菌の毒素も，ともにタンパク質である
タンパク質の豊富な食品は肉，魚，乳製品，そして豆である
このアミノ酸の鎖がコイルやシートを形成する
タンパク質の鎖が三次元的に折りたたまれてタンパク質の機能を支えている
タンパク質には一次から四次までの構造がある．最も単純なのが一次構造である
20 種類のアミノ酸は側鎖部分の R のみが異なる
アミノ酸
水 素
リ ン
核 酸
核酸はヌクレオチドの重合体であり，遺伝情報を保存し，伝える機能をもつ
ヌクレオチド
炭 素
四つの異なるリボヌクレオチドが RNA をつくる
RNA はヌクレオチドの一本鎖よりなる
窒 素
四つの異なるデオキシリボヌクレオチドが DNA を形成する
DNA は二本鎖を形成するヌクレオチド鎖からなる
真核細胞である植物の細胞
タンパク質
mRNA
リボソーム
細胞質
細 胞
DNA
RNA
mRNA
核
細胞質
細 胞
RNA はリボソームで読まれてタンパク質をつくる
DNA の遺伝情報が RNA に転写される
ヒトは 46 本の染色体をもつ

図 3・10 生体分子は生命に必須である． 一握りの数の単量体を組合わせることで，きわめて多様性に富む重合体がつくられている．それぞれの生物学的に重要な分子は，中央の円の中にある原子のいくつか，またはすべての組合わせによってできている単量体が繰返し構造となってつくられている．脂質だけは例外で，炭素原子と水素原子の繰返し構造という特徴をもっている．

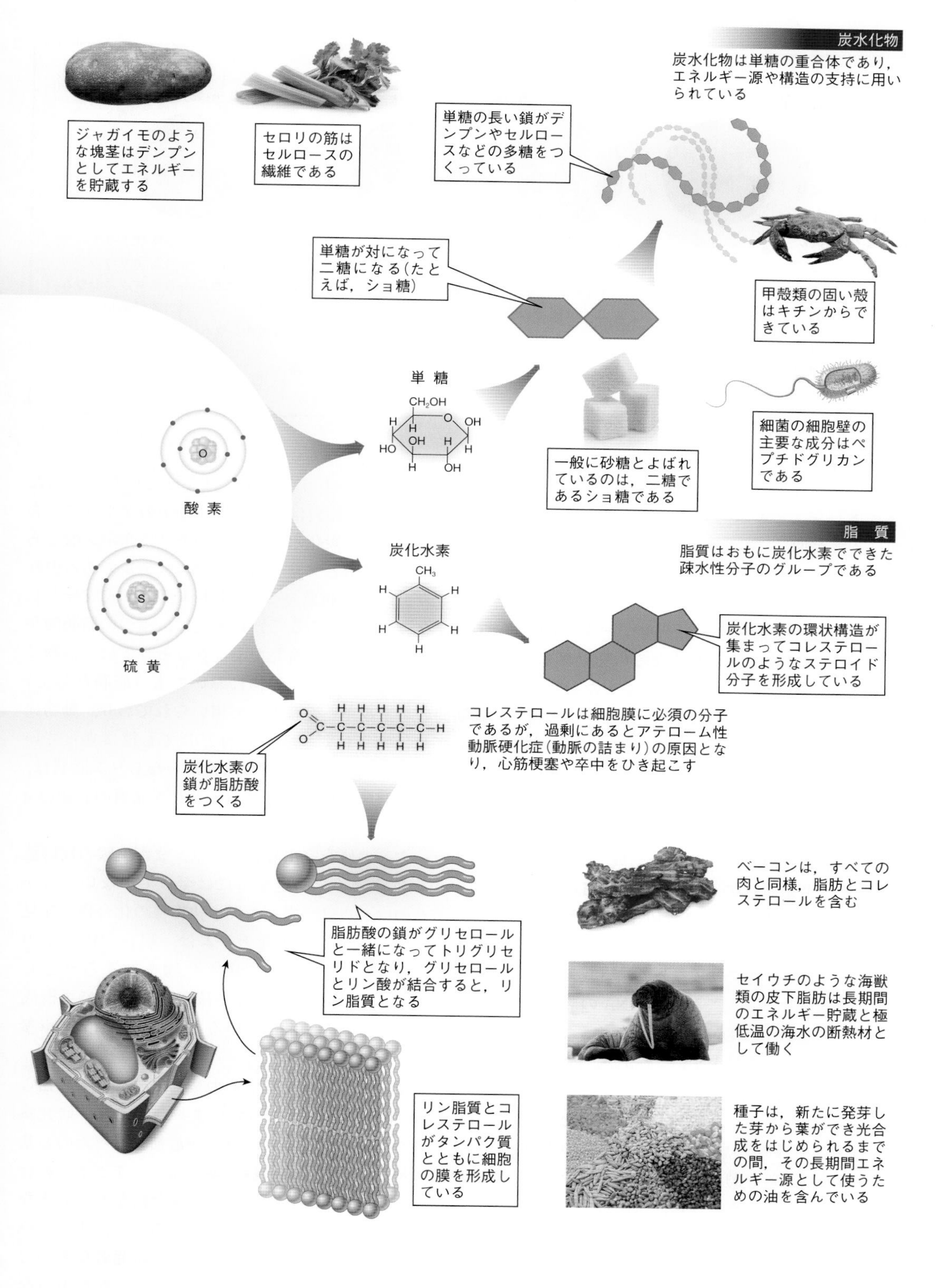
炭水化物
炭水化物は単糖の重合体であり，エネルギー源や構造の支持に用いられている
ジャガイモのような塊茎はデンプンとしてエネルギーを貯蔵する
セロリの筋はセルロースの繊維である
単糖の長い鎖がデンプンやセルロースなどの多糖をつくっている
単糖が対になって二糖になる(たとえば，ショ糖)
甲殻類の固い殻はキチンからできている
単糖
CH_2OH
一般に砂糖とよばれているのは，二糖であるショ糖である
細菌の細胞壁の主要な成分はペプチドグリカンである
酸素
硫黄
脂質
脂質はおもに炭化水素でできた疎水性分子のグループである
炭化水素
CH_3
炭化水素の環状構造が集まってコレステロールのようなステロイド分子を形成している
コレステロールは細胞膜に必須の分子であるが，過剰にあるとアテローム性動脈硬化症(動脈の詰まり)の原因となり，心筋梗塞や卒中をひき起こす
炭化水素の鎖が脂肪酸をつくる
脂肪酸の鎖がグリセロールと一緒になってトリグリセリドとなり，グリセロールとリン酸が結合すると，リン脂質となる
ベーコンは，すべての肉と同様，脂肪とコレステロールを含む
セイウチのような海獣類の皮下脂肪は長期間のエネルギー貯蔵と極低温の海水の断熱材として働く
リン脂質とコレステロールがタンパク質とともに細胞の膜を形成している
種子は，新たに発芽した芽から葉ができ光合成をはじめられるまでの間，その長期間エネルギー源として使うための油を含んでいる

私たちの世界を構成する元素

宇宙にあるすべてのものは，原子でできているふつうの物質から，未知の種類の粒子よりなる暗黒物質に至るまで，さまざまな物質からできている．ここでは，私たちを取巻く世界を形成する一般の元素について，私たちが知っていることに注目してみよう．

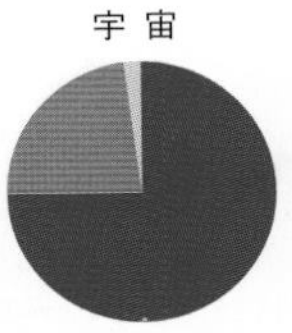
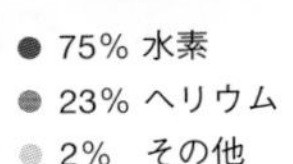
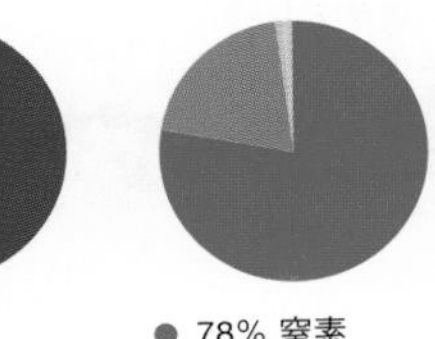
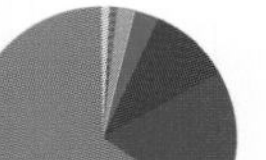

の燃料として使えるものであり，ATP はすべての細胞が仕事をするときにエネルギー源として使う分子である（ATP の詳細は 5 章参照）．その他の炭水化物，たとえば動物のグリコーゲンや植物のデンプンは，エネルギー貯蔵のために用いられる．さらに，以下の三つの炭水化物は植物の構造的な支持基盤となる．セルロース（繊維としても知られる）は植物の背が高くなるのを助ける．キチンは昆虫やクモ，甲殻類などの内骨格をもたない動物を守る硬い体の覆いとなる．ペプチドグリカンは細菌の細胞壁の主要構成物である．

3 番目に，重合体として最も重要なものとして，**核酸**（nucleic acid）である **DNA**（deoxyribonucleic acid，**デオキシリボ核酸**）と **RNA**（ribonucleic acid，**リボ核酸**）があり，これらは生命そのものの基礎を形成している．核酸は，ヌクレオチド単量体の重合体である．DNA はデオキシリボヌクレオチドよりなり，RNA はリボヌクレオチドよりなる（図 3・10 左下）．DNA は，生物が長期間安定な遺伝情報を，容易にコピーして次世代に引き継げる形で保存できるようにしている（DNA の詳細は 9 章参照）．私たちの遺伝子は DNA でできている．これは重要なことに思えるが，では RNA はどうか．RNA がなかったなら，誰も解読できない暗号のように，DNA の中に保管されている情報は，全く利用できなくなってしまう．RNA はさまざまな形態で存在し，多くの役割を果たすが，その最も重要な働きは，遺伝子がタンパク質として発現することができるように，解読可能な遺伝情報を与えることである．

最後の重要な生体分子は**脂質**（lipid）であるが，脂質は，一般には脂肪分，油，ステロイドとしてよく知られている．脂質は重合体ではない．なぜならば，それが単量体からなる鎖のような構造にはなっていないからだ（図 3・10 右下）．脂質は多様な生体分子のグループであり，異なる長さの炭化水素鎖をもつモノカルボン酸である脂肪酸，脂肪酸とグリセロールのエステルである中性脂肪（以上，単純脂質），および生体膜の構成成分として重要な複合脂質からなる．たとえば，三つの脂肪酸がグリセロール分子に結合したトリグリセリドは，植物においても（油として），動物においても（脂肪として）長期間のエネルギー貯蔵として用いられており，動物においては，寒さに対する断熱材としても役に立っている．親水性の部分と疎水性の部分からなるリン脂質は，すべての細胞膜の構成成分である（リン脂質の詳細は 4 章参照）．

ミラーやその研究室出身者たちは，まだ実験の反応液の中から生体分子を同定するには至っていない．しかし，隕石の中からは，脂質や炭水化物様の化合物が発見されており，NASA の研究チームは，現在宇宙の氷のシミュレーションを用いて炭水化物をつくろうとしている．他の研究者は，脂質や核酸を実験室で再構成させようという試みを続けている（脂質の詳細は 4 章参照）．

悲しいことに，ミラーは，その後の再分析結果を知らないまま 2007 年に亡くなってしまった．ミラー研究室の出身者たちは，今日も，ミラーが最初に行ったのと基本的には同じような実験装置を使って，さまざまな組合わせの混合ガス，pH 条件や添加する金属などを変えながら実験を続けている．実験結果を分析する，よりよい実験器具ができてくれば，次の 50 年で研究者たちがどんな発見をするのかは，現在のところ誰にもわからない．

章末確認問題

1. 原子の原子番号は原子の中の____の数によって決められている．
   (a) 陽子　(b) 中性子
   (c) 電子　(d) 中性子と陽子
2. 質量数は原子の____の数の和によって決められている．
   (a) 電子，中性子と陽子　(b) 陽子と電子
   (c) 中性子と電子　(d) 中性子と陽子
3. 左の各用語について最も適切な定義を右から選べ．

イオン	1. 元素の最も小さい単位
物質	2. 単量体の繰返し構造からできた分子
溶液	3. 電子を獲得したまたは失った原子
元素	4. 化学的に結合した二つかそれ以上の原子からできている
化合物	5. 同じ原子番号をもつ原子のみからできている
分子	6. 質量をもち空間を占めるもの
同位体	7. 同じ原子番号をもつが異なる質量数をもつ
重合体	8. 複数の原子から構成される電気的に中性な物質
原子	9. 溶質と溶媒の組合わせ

4. 水分子の部分的な負電荷部位が，他の水分子の部分的な正電荷部位と引きつけあっている．この引きつける力は何とよばれるか．
   (a) 水素結合
   (b) ファンデルワールス力
   (c) イオン結合
   (d) 共有結合
   (e) 親水性の結合
5. 正しい用語を選べ．
   タンパク質はアミノ酸の[重合体／単量体]である．一般的によく知られる炭水化物は[ショ糖／脂肪]である．核酸は[ヌクレオチド／DNA]よりなる．脂質は重合体[である／ではない]．これらのすべての有機分子は[炭素／窒素]を含んでいる．
6. 未知の生体分子の分類について考えてみる．この分子は分解すると，炭素，酸素と水素原子だけになる．生体分子とその組成に関する知識を利用して，未知分子に関して次のうちどの表現が正しいか答えよ(複数ある場合はすべてを選べ)．
   (a) それは有機化合物である
   (b) それはアミノ酸を含む
   (c) それはショ糖を含む
   (d) それは核酸である
   (e) それは炭化水素である
7. 地球上の生命活動は，なぜ水素や酸素ではなく，炭素を基本としているのか，説明せよ．
8. ミラーが放電実験において分子の混合物の中に硫化水素 H_2S を入れたことによって，なぜ発見されるアミノ酸の数が増えたのか．

4 細胞の構造と機能

本章のポイント

- 細胞説の定義と生命科学研究におけるその重要性
- ウイルス，原核生物，真核生物の構造上の相違点
- 細胞膜の三次元構造の理解と細胞内外で物質濃度が調節されるしくみ
- 細胞内外に出入りする物質の受動輸送と能動輸送の違い
- エキソサイトーシスと，3種のエンドサイトーシスの違い
- 真核細胞における各細胞小器官の役割
- 植物細胞と動物細胞の違い

4・1 生命の最小単位としての細胞

2010年3月29日月曜日のことである．カリフォルニア州ラホヤにあるJ・クレイグ・ヴェンター研究所（JCVI）の研究者はついに決定的瞬間を迎えつつあった．彼が10年もの時間をかけて研究してきたテーマは，なんと“生命をつくり上げる”ことであった．この研究者・技術者のチームは人の手で人工的に**細胞**（cell）をつくろうとしてきた．細胞は，膜に取囲まれた空間にすべての生命活動が詰められた，顕微鏡でしか見えない，最も小さい生命の基本的な単位である．ヒトの体はおよそ100兆個（10^{14}）の細胞からできている．しかし，2010年のその日，JCVIの研究チームはたった1個の細胞よりなる単細胞の細菌をつくり出そうとしていたのである．

研究チームはすでに細菌の完全な遺伝情報，つまり**ゲノム**（genome）の配列を決定していた．彼らは研究室にある基本的な試薬を使ってこのゲノムを人工的につくり，ついには他の種の細菌の天然DNAを合成DNAに置き換えることに成功していた．**DNA**（deoxyribonucleic acid，**デオキシリボ核酸**）は生物の設計図として働く，高分子量の複雑な分子である．すべての生物のほとんどすべての細胞は，DNAを含んでいる．DNAは親から子へと情報を転写することができ，それゆえ生殖には必須のものである．単純なものから複雑なものまで，生命はすべての細胞の構造や機能とそのふるまいを指示するために遺伝暗号を用いている．DNAは二本鎖とよばれる，らせん階段のようにつながった多くの**ヌクレオチド**（nucleotide）からできている（図3・10参照）．

JCVIは著名な遺伝学者ヴェンター（J. Craig Venter）によって創設された研究機関である．彼も15年以上研究を続け，何億円もの資金を使って，実験室において化学物質から合成DNAをつくり出した．しかし，彼ら研究チームは，その合成DNAを細胞の中で機能させることまではできなかった．2010年に行っていた実験では，DNAを取除いた細菌の細胞に，合成DNAを移植していた．この合成DNAには細胞に明るい青を発色させる遺伝子が含まれていたので，彼らは仕込んだペトリ皿の中に青い細胞のコロニーがないかどうかをチェックしていたのであった．しかし，なんの成果も得られない失敗が続いていた．

ところが3月の半ばになって，合成DNAの中のたった一つの遺伝子に1箇所のエラーが見つかった．**遺伝子**（gene）は，たとえば，O型の血液型や割れ顎といった特定の遺伝的特徴をコードする一つながりのDNA配列の領域をさす．遺伝子が機能しなければ，細菌はその

ヴェンター（J. Craig Venter）は米国の生物学者で，J・クレイグ・ヴェンター研究所（J. Craig Venter Institute）の創始者で，CEOである．彼は，2001年にヒトゲノムの配列を完全に決めて公表したチームを率いていた．そして，合成DNAからなるはじめての細胞をつくり出すための試みを開始した．

DNAを複製することはできず，死んでしまうのである．そこで，3月下旬には，DNAのエラーを修正して，また遺伝子を移植実験が続けられた．

4・2 合成生物学と細胞説

JCVIは，新規の有用な機能をもつ新たな生物体をデザインしてつくり上げることを目的とした研究分野である**合成生物学**（synthetic biology）を追究する多くの大学や企業のなかの一つにすぎない．研究者たちは，生ゴミを消化してエネルギーをつくってくれる藻類や，光と水を使って水素ガスをつくってくれる微生物や，感染症治療に使える新たな抗生物質をつくってくれる細菌などをつくろうとして研究を続けている．合成生物学にかかわる多くの研究者は，合成生物学によって自然がつくり出したものをうまく利用することができるだけでなく，違った目的にも使えるようにすることができ，さらに，生物のプログラムを改編して新たな機能を付加することができると考えている．また，人工生命を追求することによって，有用なツールとして使えるだけでなく，生命の起源を探求するのに何らかのヒントを与えることもできると考えている．完全に人工的な細胞をつくり出すことはかなりの難題ではあるが，地球上でどのようにして生命がはじまったのかということを探求するのは，大変興味深い研究テーマの一つである．

新たな細胞をつくり出すために，研究者たちは，生物学の一つの統一原理である**細胞説**（cell theory）の範囲を広げようとしている．従来の細胞説はおもに二つの部分よりなる．1）すべての生物は一つまたはそれ以上の細胞よりなる，2）現在活動しているすべての細胞はそれ以前に存在していた細胞に由来する．実験室内で細胞を人工的につくり出すことによって，研究者たちは，細胞説の2番目の項目に対して挑戦しようとしているのである．

JCVIの合成細胞への第一歩は，小さなものであった．2003年に，研究チームは細菌に感染するウイルスphiX174の5386塩基対からなる11遺伝子を合成することにより，収縮する筋肉をつくった．**ウイルス**（virus）は，生きている細胞の中だけで複製することのできる感染性のものである．多くのウイルスは，むき出しの遺伝情報がタンパク質に包まれただけのものだが，この病原体は，細菌から動植物に至るまでのすべての生物を攻撃して壊滅的な打撃を与える．JCVIのチームは合成ゲノムをもったウイルスをつくり上げることに成功したが，多くの科学者にとって，ウイルスが生命体であるかどうかという議論は決着していないため（p.44のコラム参照），最初の合成生命体をつくったとはみなされていない．

そこで次に，研究チームは，単細胞生物である細菌を対象とする研究に移った．2010年に，彼らは，ヤギの乳房を肥大化させる*Mycoplasma mycoides*とよばれる細菌のゲノムの配列を決め，合成した．彼らは，DNAを構成する4種類のヌクレオチドである**アデニン**（adenine: A），**チミン**（thymine: T），**グアニン**（guanine: G），**シトシン**（cytosine: C）を使って，110万塩基対のDNAを合成したのである．A, T, G, Cの異なる組合わせでつくられたヌクレオチドは細胞がもっているすべての遺伝情報を備えている．

研究チームは，機械を使って*M. mycoides*のヌクレオチド配列を読み，その遺伝暗号の一部を読み出して50〜80塩基対の長さのDNA鎖をつくり出した．これらの断片を，生きた細胞を工場に見立ててつなぎ合わせ，小さな単細胞生物である酵母や大腸菌*Escherichia coli*の中に挿入した．これらの生物は，挿入されたDNA鎖を切断されたDNA断片とみなしてつなぎ合わせ，より長いDNA鎖をつくっていった．それはあたかも，毎回支持梁をつくりながら大量のレゴのブロックからエッフェル塔をつくるような作業であった．この努力は，途中で何回も失敗を繰返しながら何年もかかった．

*M. mycoides*のDNA配列が完全に解読されてからは，JCVIのチームがそれを他の種に移植して機能させるという任務を担っていた．しかしこの実験は，非常に多くの困難を伴った．研究者たちは近縁種である細菌*Mycoplasma capricolum*の細胞からすべてのDNAを除去して，*M. mycoides*の合成DNAに置き換えた．

そしてついにそのときはやってきた．何カ月もの間の試行錯誤の結果，2010年3月29日ついに一つのペトリ皿の上に，明るい青の細胞集団が見つかった．つまり*M. capricolum*の細胞が*M. mycoides*のDNAを動かして*M. mycoides*の細胞の中で形質転換したということを意味していた．

次の数週間，青い細胞が偶然できたまぐれのものではないことを確かめるために，研究チームは実験を何百回も繰返し，それらが*M. mycoides*のDNAだけを含むことを確認した．毎回，合成したゲノムをもった細胞は生き延びていた．研究チームは，ついに，最初の合成細胞をつくり上げたのである．2カ月後にこの研究が出版されたときに，科学者向け雑誌である『ザ・サイエンティスト』誌に研究者たちは語った．「これらは生きた細胞ですよ．わずかに違うところは，彼らには生命の歴史というものがないということ，つまり，これらの両親はコンピューターなのです．」

この研究が発表されると，『ネイチャー』誌のとらえた学術界の反応は大変すばやいものだったが，二分されていた．ある人たちは，これはかなりの前進であるととらえた．オレゴン州リード大学の哲学者は，「私たちは生命について学ぶこれまでにない機会を得た」と述べている．また，ペンシルベニア大学の生命倫理学者は，「彼らの成し遂げたことは，生命が存在するために特別なフォースやパワーが必要であるという議論を消滅させてしまうものだ．私の意見では，人類の歴史上で最も重要な科学の業績である」と述べている．

その一方で，合成細胞をつくり上げたと考えるのをためらう言葉も聞かれた．ハーバード大学医学部の著名な遺伝学者は，「古文書をうまくコピーできたことが，その古文書に書かれた内容を理解できたことと同じではないように，必ずしも彼らは“新たな生命体”をつくり出したとはいえないのではないか」と述べている．実際に研究者たちは，自分たちが全くのゼロから生命をつくり出したのではないという点には同意しており，彼らはすでに存在している生命体から新たな生命体をつくったのだと主張している．

4・3　細胞膜の性質

分子生物学者を中心とするJCVIの研究チームがニュースの見出しを飾る一方で，カリフォルニア大学サンディエゴ校（UCSD）の化学者を中心とする他の研究者たちは，それとは全く異なる方法で細胞をつくろうとしていた．彼らは生命をつくり出すという考えに魅入られて，化学の観点から合成生物学にアプローチしたのである．つまり，彼らは，細胞をばらばらにして，それがどのように働くのかを決める代わりに，自然界にはあまり例のないような材料を使って，何もないゼロの状態から人工的に細胞をつくり出そうとしていた．これは，いわばトップダウンではなくボトムアップの方法で細胞を合成しようという試みである．

研究者たちは，地球上の生命のはじまりは，細胞を外環境から独立させるための障壁として働く**細胞膜**（plasma membrane，**形質膜**）の獲得であっただろうと考えている．細胞膜は，**親水性**（hydrophilic）の有機分子からできた頭部と**疎水性**（hydrophobic）の尾部をもつ**リン脂質**（phospholipid）の二重層からできている．水の中ではこれらの分子は，頭部を外側に，尾部を内側に向けて二重層をつくり，細胞の内部に含まれるものを細胞外部から隔てる障壁として働いている．このように，生体膜は**リン脂質二重膜**（phospholipid bilayer）であって，ほとんど物質を透過させない障壁となっている．リン脂質二重膜が球形になると，これは**リポソーム**（liposome）とよばれるが，リポソームの内部は外部と異なる液体組成をもちうることがわかっている（図4・1）．内部の環境を外部の環境とは独立して維持できるのが，細胞膜の最も重要な機能の一つである．

膜をつくることは実に簡単なことで，天然または人工のリン脂質に水を加えれば，すぐに細胞膜ができる．しかし，もともと自然界にあるリン脂質を用いずに全くのゼロから細胞膜をつくることには，誰も成功していない．自然界においては，リン脂質は細胞に埋込まれた酵素を使ってつくり出されているのである．

UCSDの研究者は，カリフォルニア大学バークレー校

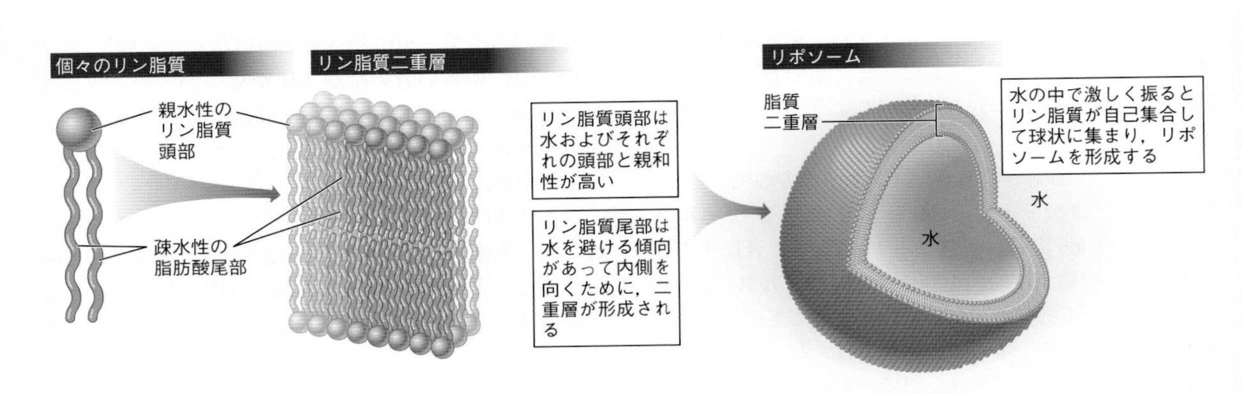

図 4・1　リン脂質と水を一緒にして激しく振るとリポソームができる． この単純な構造は，細胞の基本的な構造と大変似通っている．

問題 1　なぜリン脂質の頭部が親水性であることが重要なのか．
問題 2　リン脂質の二重膜が自発的に球状を呈する傾向をもつことが生命の起源に何か役に立ったのだろうか（ヒント：1章p.3のコラム参照）．

の研究者と共同して，リン脂質を新たに人工的につくるのではなく，より単純な物質からはじめて自己集合力のある膜をつくろうとしていた．彼らはまず油と界面活性剤を混ぜ，次に化学反応を起こさせるための触媒として金属イオンである銅を加えた．銅を加えると，油の膜からしっかりとした膜ができてきたが，これこそ自己集合力のある構造であった．彼らの目的としては，自然界に存在するものでなくても，生物の成り立ちを真似することができればよかったのだ．

4・4 細胞膜を横切る物質輸送

UCSD の研究者は，彼らのつくった人工膜は膜輸送体などの多くのタンパク質が点在する実際の細胞膜に比べるとずっと単純であることを認めている．**膜輸送体タンパク質**（transport protein）はさまざまな分子が細胞の内外に出入りすることを可能にし，膜に選択的透過性を与えるゲートであるチャネル，ポンプなどをさす（図4・2）．**選択的透過性**（selective permeability）とは，ある物質は膜を透過することができるが，他のものは排除され，さらに他のものは，膜輸送体の助けを借りて透過することができるような性質をさす．

細胞膜を通るすべての物質の動きは，受動または能動輸送を介して起こる．ある種の輸送体は**能動輸送**（active transport）を促進し，物質の動きはエネルギーの入力を必要とする（図4・2左）．低い濃度の領域から高い濃度の領域に分子が動く必要があるときには，それらの分子は能動輸送によって細胞膜を横切って動く．それとは逆に，**受動輸送**（passive transport）は，エネルギーを加えなくても起こる物質の移動をさす（図4・2中央，右）．受動輸送による物質の移動はエネルギーがなくても生じる．

受動輸送の主要なものとして，**拡散**（diffusion）がある．拡散は濃度の高い領域から濃度の低い領域への物質の移動である（図4・3）．酸素，二酸化炭素は一般的に**単純拡散**（simple diffusion）で細胞内に透過する．つまり，これらの低分子量で荷電していない分子は，リン脂質二重膜の大型分子の脇をすり抜けて邪魔されずに透過していくのである．

水分子は疎水性の脂質二重膜を直接自由に透過することはできない．その代わり，2003年ノーベル化学賞受賞者アグレ（Peter Agre）の受賞対象となった水チャネルである**アクアポリン**（aquaporin）が，水分子を特異的に透過させる（アグレによるアクアポリンの最初の発見は1988年）．一方，水は，細胞内外や細胞内の膜で区切られた区画の間を**浸透**（osmosis）により動くこともできる．浸透は，水分子が高濃度の領域から低濃度の領域に動くことから考えても，単純拡散の一つである（図

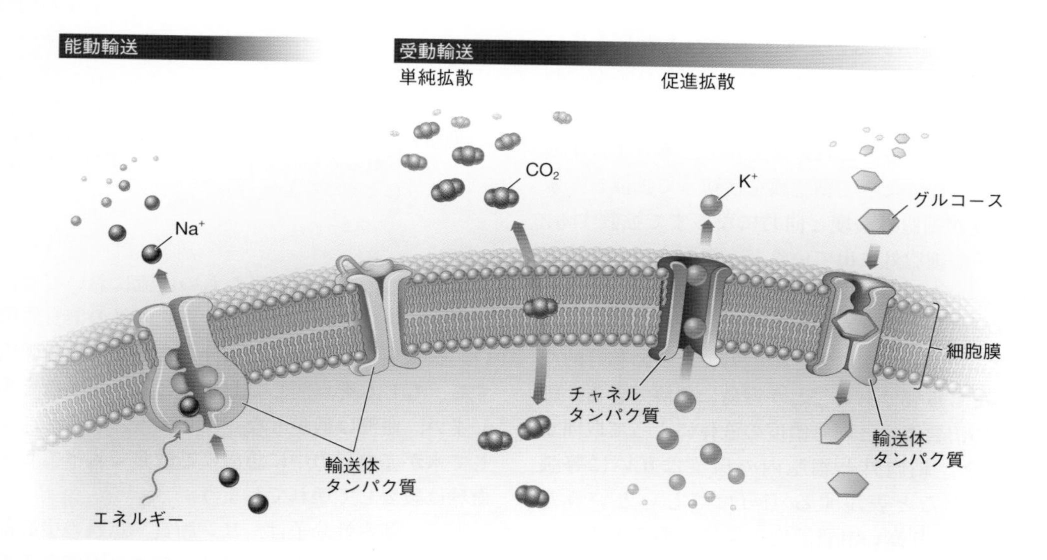

図 4・2 細胞膜は物質輸送に対して障壁または，ゲート・キーパーとして働く． 細胞膜はきわめて高い選択性をもった物質の移動を可能にするが，その選択性は，おもにリン脂質二重膜に埋込まれた膜タンパク質の種類によって決められている．

問題1 なぜイオン（たとえばNa^+）は膜輸送体タンパク質の助けがないと細胞膜を横切れないのか．
問題2 細胞が使えるエネルギーをもっていない場合，どのような輸送が起こらなくなってしまうのか．どのような輸送は起こせるのか（ヒント：図4・3，図4・4参照）．

図 4・3　水の中の色素の動きを見ると拡散がよくわかる． 最初は，色素は1箇所に固まっている(左上)．色素の正味の動きは，高濃度の部位から低濃度の部位に向かっている．色素の分子が均一に分布したら，拡散は終了する(右下)．平衡状態においては，ある部位に入ってくる分子と同じだけの数の分子がその部位を出ていき，そのために正味の濃度変化はない．

問題1　色素は，これらのなかのどのグラスで平衡状態に達しているか．
問題2　拡散によって色素を混ぜる場合，温かい水の中のほうが冷たい水の中よりも速く混ざるだろうか．なぜそうなるのか(ヒント：3章における水分子のふるまいに関する議論を参照)．

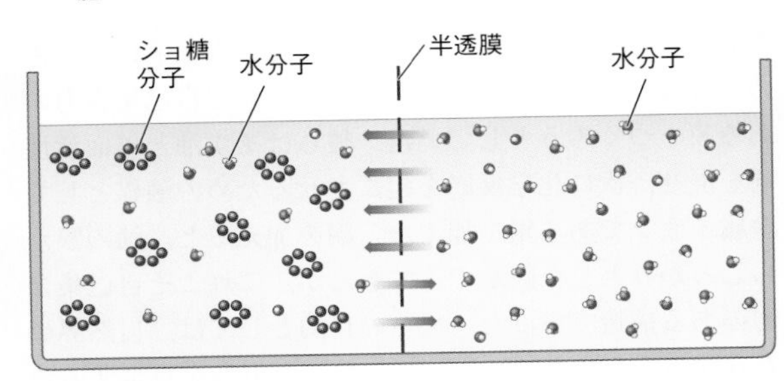

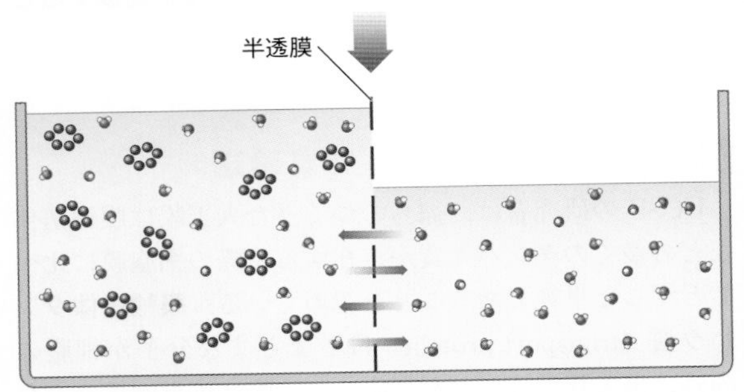

図 4・4　浸透において，水は半透膜を横切って拡散する． 細胞と外部環境の間の浸透による水の動きが，細胞内の水の濃度を一定の値に維持するためには必須である．（上）ビーカーの水にショ糖を入れた直後の様子．このビーカーは，半透明の膜で2区画に分けられている．**半透膜**(semipermeable membrane)とは，水分子が通り抜けるには十分なサイズであるが，ショ糖の分子が通り抜けるには小さすぎるサイズの孔をもっているような膜のこと．（下）ある程度の時間が経てば，水分子は浸透によって右側の区画(より多くの水分子が入っている)から左側の区画へと動く．このとき水分子の動きは，両方向で同一になっている．

問題1　もし半透膜の孔が，水分子が通れるよりも小さいとしたら，下の模式図はどのようになるだろうか．
問題2　もし半透膜の孔が，水分子とショ糖の分子の両方が通れるくらい大きいとしたら，下の模式図はどのようになるだろうか．

4・4)．大部分の細胞では少なくとも70％が水であり，ほとんどすべての細胞における過程は水分の豊かな環境の中で起こるので，浸透は細胞におけるさまざまな過程になくてはならないものである．

細胞は，正常に機能するためには一定の水分量を細胞内で維持する必要があるが，多くの細胞の水分含量は時々刻々と変化する．たとえば，何らかの小分子が細胞内に入ると，余分な分子が細胞内に増えるため，細胞内の水分濃度は減少する．これに反応して，水分子はすぐに浸透という過程によって細胞膜を横切って拡散し，水の細胞内濃度が細胞外濃度と同じになるまで拡散する．一方，小分子が細胞外に出ていくと，細胞内の水分濃度が高くなり，水を細胞外に押出そうとする浸透圧により細胞は水分の適切な濃度を回復させることになる．

こうしたことから，細胞内と細胞外の溶質の相対的な濃度比がとても重要であることが容易に理解できる．細胞が細胞内の溶質濃度と同じ濃度の液体によって取囲まれているとき，細胞外と細胞内の環境は互いに**等張**(isotonic) であると表現する (iso は等しいという意味)．細胞外がより高い溶質濃度の環境であるとき，細胞外環境は細胞内に対して**高張** (hypertonic) であると表現する (hyper はより大きいという意味)．逆に細胞外が細胞内より低い溶質濃度の環境であるときには，細胞外は細胞内に対して**低張** (hypotonic) であると表現する (hypo はより小さいという意味)．

ヒトの血液においてはこうした濃度のバランスが特に重要である．赤血球は私たちの血流においてはふつう等張溶液の中に存在しており，細胞内外の溶質濃度は等しい．脱水症状の患者には塩分を含む溶液を静脈内に点滴する．もし水を点滴してしまうと，水が血液を希釈してしまい，血液は低張となってしまう．すると，浸透が生じて水が赤血球の中に急激に拡散して入ってしまい，赤血球は破裂して壊れてしまう．

多くの疎水性分子は，リン脂質二重膜の中心部を形成する疎水性尾部によく混じり込むことができるので，大きな分子でも，単純拡散によって透過することができる．しかし，親水性であるナトリウムイオン Na^+，水素イオン H^+ やそれより大きな糖やアミノ酸の分子は何らかの助けを借りないと細胞膜を透過することはできない．これらの分子は**促進拡散** (facilitated diffusion) とよばれる，**膜輸送体タンパク質**（transport protein）を必要とする受動輸送の一種により細胞膜を横切って移動することができる（図4・2右）.

細胞膜には他の細胞から放出される分子が結合する場である**受容体タンパク質**（receptor protein）も含まれている．受容体タンパク質への分子の結合は細胞が何かの仕事をするための一連の出来事を開始させる．たとえば，神経細胞の受容体は細胞に活動電位を生じさせるための化学的な信号を他の神経細胞から受取る．受容体タンパク質は，細胞のシグナル伝達系（signal transduction system）にとって鍵となるものであって，生物が受取るさまざまな変化に対して適切に応答することを可能にしている.

4・5 小胞輸送

膜輸送体の他にも，細胞膜には細胞の内外への物質の出入りがある．細胞膜の断片は，細胞の内外に向かって膨らんで，**小胞**（vesicle）とよばれる小さな袋状の構造をつくっている．小胞は，細胞内で分子をあちこちに運ぶのに使われるだけでなく，細胞の中へ，または細胞の外へ，物質を運ぶのにも使われている.

細胞は**エキソサイトーシス**（exocytosis，**開口放出**）という方法で小胞の中の物質を細胞外に放出する．細胞から外に運び出される物質は，小胞の中に包装されており，小胞が細胞膜に近づくと，小胞膜の一部が細胞膜と融合する．小胞の内側が細胞の外側に向かって開口することにより，その内容物を放出する.

エンドサイトーシス（endocytosis）はエキソサイトーシスとは逆の過程である．この過程では，細胞膜の一部が細胞の内側に向かって膨らむことで細胞外液と分子または粒子を取囲む小胞をつくる．次にこの小胞が細胞の内部に沈み込むことによって，膜のくびれが引きちぎられて，細胞の中で閉じた袋状の小胞として自由に動けるようになって完全に細胞の中に取込まれる．エンドサイトーシスには，非特異的なものと特異的なものがある．非特異的なエンドサイトーシスにおいては近傍にあるものすべてが小胞の中に取囲まれてしまう．特異的なエンドサイトーシスにおいては，ある特定の種類の分子が小胞の中に取囲まれて細胞内に運び込まれる.

エンドサイトーシスは3種類に分けられる．**受容体依存性エンドサイトーシス**（receptor-mediated endocytosis）は，膜に埋込まれた受容体タンパク質が細胞内に取込むべき物質の表層の特徴を認識してエンドサイトーシスを行う種類のものである．たとえば，私たちの細胞は，LDL（低密度リポタンパク質）粒子とよばれるコレステロールを含む小胞を受容体依存性エンドサイトーシスで取込む．**食作用**（phagocytosis）とは細胞がものを食べる作用だが，生体分子よりもかなり大きな粒子を飲み込むエンドサイトーシスの大規模なものである．免疫系の特定の細胞は細菌やウイルス全体を消化するのに食作用を用いている．**飲作用**（pinocytosis）は細胞が液体を飲み込む作用としてしばしば記載されている．しかし，細胞は特定の溶液を集めようとしているわけではない．飲作用は非特異的であって，細胞の内部に向かって取込まれていく小胞は，細胞が飲み込んだときに，たまたま溶液に溶けていたものを含んでいる.

人工的な細胞膜が，エンドサイトーシスやエキソサイトーシスのようなことをやってのけるにはまだまだ道のりは遠いとUCSDの研究者はいう．しかし，研究上の問題がむずかしいというだけで研究者たちがそれに挑戦しないという理由にはならないのだ.

4・6 原核生物と真核生物

UCSDの研究チームはいまも理想を追求している．これまでの人工膜は，研究チームの成果も含めて，新たなリン脂質を加えて成長させることはできなかったが，2015年に研究チームは，生きている細胞のように，持続的に成長し続けることのできる人工膜をデザインし，合成することに成功した．細胞膜は細胞の構造をつくるのに重要なだけでなく，真核生物の細胞内でさまざまな生命の過程を区画化するのにも重要である．すべての生物は，その細胞の基本的な構造に応じて，**原核生物**（prokaryote）または**真核生物**（eukaryote）という，二つのグループに分類することができる（図4・5）．*M. mycoides*やその他の細菌はすべて原核生物であるが，日常的に目にする植物や動物などは真核生物である.

真核細胞は原核細胞よりも大きくて（直径で約10倍，体積で約1000倍）複雑である．原核細胞とは異なり真核細胞は，その生物のDNAを膜で包み込んだ**核**（nucleus）をもち，**細胞小器官**（organelle，**オルガネラ**）とよばれる膜に包まれたさまざまな細胞内区画をもっている．仕事を専門化して分担を進めることにより，これらの細胞小器官は広いオフィスにある作業机のように働き，細胞が異なる仕事を異なる場所で行えるようにしている．それとは対照的に，原核細胞は，仕切りをもたないオープンオフィスのように，核や膜に包まれた細胞小器官をもたない.

最初につくることのできる完全に人工的な細胞はおそらく単純な原核細胞のようなものであろうが，合成生物学者たちは，真核細胞をつくり出そうとしている．UCSD

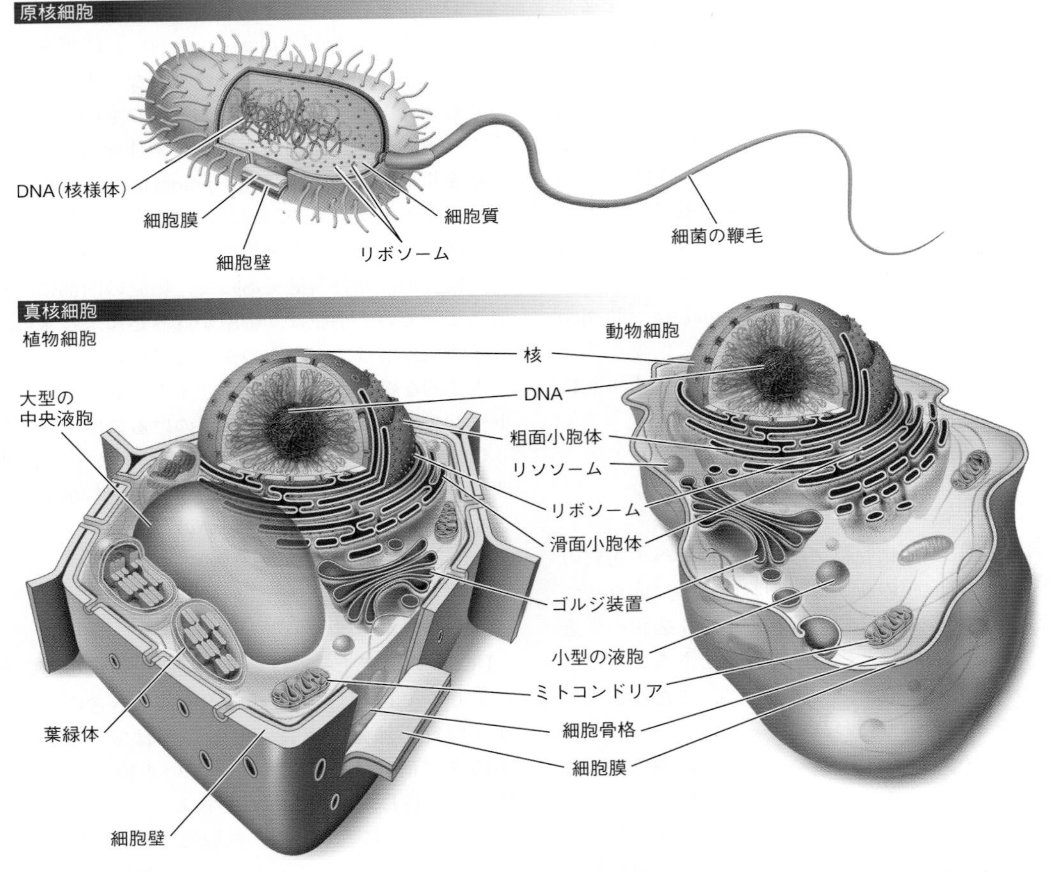

図 4・5　原核細胞と真核細胞．原核細胞は，すべての細胞同様，DNA，細胞質，リボソーム，細胞膜をもっている．多くの原核細胞はまた，外骨格のような働きをもつ細胞壁をもっている．運動を可能にするために，細菌の中には1本または数本の鞭毛をもつものもいる．真核細胞の構成要素については，本文と図4・6も参照．

問題1　原核細胞と真核細胞に共通する構造は何か．
問題2　植物も動物も真核細胞であるが，細胞の構造には違いがある．それらの相違点にはどのようなものがあるか．

の研究チームの研究はまだそこまで行っていないが，細胞小器官のような複雑な構造をつくり出すことに興味をもっている．自己集合能があって成長できる人工的な細胞膜をつくり出すことができたことから，この研究チームは，細胞内で二重膜構造をもつミトコンドリアのような細胞小器官をまねることによって，すでに存在している小胞の中に膜をつくり出そうとしている．それは，真核細胞のさまざまな細胞小器官をつくり出すための第一歩なのである．

4・7　細胞内の構造

核は細胞の制御センターである．核は細胞のDNAの大部分を含んでおり，細胞内の約10%程度の空間を占める（図4・6左上）．核の中にはDNAの長い鎖がタンパク質とともに驚くべき狭い空間に閉じ込められている．**核膜**（nuclear envelope）とよばれる核の境界面は，リン脂質二重膜が二重の同心円状になったものからできている．核膜には，斑点状に小さな開口部である**核膜孔**（nuclear pore）が分布している．そしてこれらの孔を通って，核の中から化学的な信号が出たり入ったりできるようになっている．

小胞体（endoplasmic reticulum: ER）は核膜の外側の膜と連続する一重の膜が互いに網目状につながって広がった構造をしている（図4・6左中央）．小胞体の膜はその外見によって，滑面小胞体と粗面小胞体の2種類に分けられる．**滑面小胞体**（smooth ER）の膜表面に存在する酵素は，脂質とホルモンをつくる．ある種の細胞で

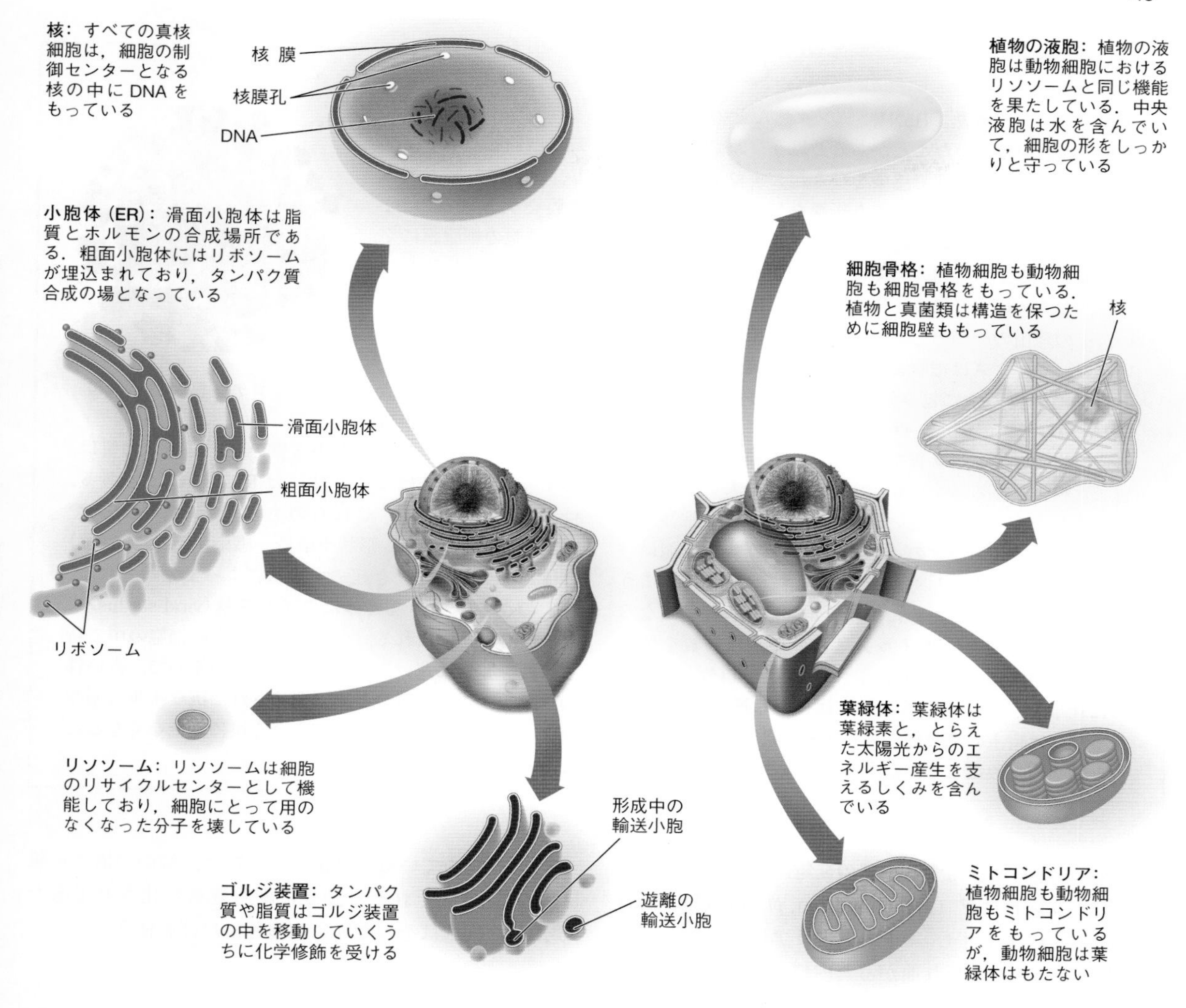
核：すべての真核細胞は，細胞の制御センターとなる核の中に DNA をもっている
核 膜
核膜孔
DNA
植物の液胞：植物の液胞は動物細胞におけるリソソームと同じ機能を果たしている．中央液胞は水を含んでいて，細胞の形をしっかりと守っている
小胞体（ER）：滑面小胞体は脂質とホルモンの合成場所である．粗面小胞体にはリボソームが埋込まれており，タンパク質合成の場となっている
細胞骨格：植物細胞も動物細胞も細胞骨格をもっている．植物と真菌類は構造を保つために細胞壁ももっている
核
滑面小胞体
粗面小胞体
リボソーム
葉緑体：葉緑体は葉緑素と，とらえた太陽光からのエネルギー産生を支えるしくみを含んでいる
リソソーム：リソソームは細胞のリサイクルセンターとして機能しており，細胞にとって用のなくなった分子を壊している
形成中の輸送小胞
ゴルジ装置：タンパク質や脂質はゴルジ装置の中を移動していくうちに化学修飾を受ける
遊離の輸送小胞
ミトコンドリア：植物細胞も動物細胞もミトコンドリアをもっているが，動物細胞は葉緑体はもたない

図 4・6　真核細胞にはそれぞれ異なる機能をもった細胞小器官が存在する

は滑面小胞体は有毒な化合物を分解している．**粗面小胞体**（rough ER）はその膜に埋込まれた**リボソーム**（ribosome）のせいで表面がでこぼこしており，その外見から粗面小胞体とよばれる．粗面小胞体状のリボソームはタンパク質を合成して，それが細胞膜や細胞小器官の膜に挿入されることになる．

平たい風船を重ねたような構造をしている**ゴルジ装置**（Golgi apparatus，**ゴルジ体** Golgi body）は，あたかも郵便局のように，小胞体でつくられたタンパク質や脂質を包装して行き先ごとに仕分けをして，細胞内外の行き先に届くようにしている（図 4・6 左下）．それぞれの分子はまず輸送小胞内に包装される．輸送小胞は，小胞体の膜から出芽するように出されて，標的となる区画の膜と融合することで積み荷として最終地点まで届けられる．ゴルジ装置は，受取ったそれぞれの分子に，あたかも包装に出荷ラベルを貼り付けるようにしてそれぞれの化学的荷札を付けて最終地点まで届ける．

動物細胞においては，輸送小胞はゴミ箱やリサイクルセンターの働きをする**リソソーム**（lysosome）とよばれる小器官に大型の分子が届けられる（図 4・6 左下）．リソソームは生体分子を分解して細胞内部にその分解産物を放出し，捨てるか，または再利用する．植物細胞においては，**液胞**（vacuole）はリソソームと似たような働きをするほか，たとえば水分の貯蔵などの付加的な働きもする（図 4・6 右上）．植物のなかには植食性動物が食べるのを嫌がるような侵害性物質を備蓄するものもいる．

多くの真核細胞においては，主要なエネルギー源は，

ウイルスは生物か？

エボラ熱，ジカ熱，H5N1，デング熱などのウイルス感染症の名前は聞いたことがあると思う．顕微鏡でないと見えない，無細胞性で感染をひき起こす粒子であるウイルスは，ヒトの健康に大きな影響を与える最小の生物学的因子である．他の生物同様，ウイルスは自己再生産し，進化するが，生物のいくつかの重要な特徴を欠くために，多くの研究者はウイルスを生物とはみなしていない．その理由の一つとして，ウイルスは細胞からできていない．ウイルスは細胞よりもずっと単純であり，コートタンパク質の中に包み込まれた遺伝物質(たとえば，DNA)からできている．ウイルスのなかには，中心となる遺伝物質とタンパク質を取囲む，細胞膜から盗んだ脂質二重膜よりなるエンベロープをもつものもいる．

生物とのもう一つの違いは，ウイルスには恒常性や自立的な生殖や代謝などの，きわめて重要な細胞機能に必要な多くの細胞内のしくみをもたないことである．こうした機能を獲得するために，ウイルスは死体泥棒となるのである．つまり，ウイルスは自分の遺伝物質を使って，自分が感染する生物(宿主)の細胞に，自分たちのために仕事をさせるのである．これを成し遂げるために，ウイルスは宿主の細胞内に入り込み，自分たちの遺伝物質を細胞内に放出して，宿主細胞の機能を乗っ取ってしまう．ウイルスは，大量に増殖して数を増やし，その後，宿主細胞の膜を突き破ったり，宿主細胞の細胞膜にくるまれた形で出芽したりすることで，それらの子孫を宿主細胞から外界に飛び出させる．

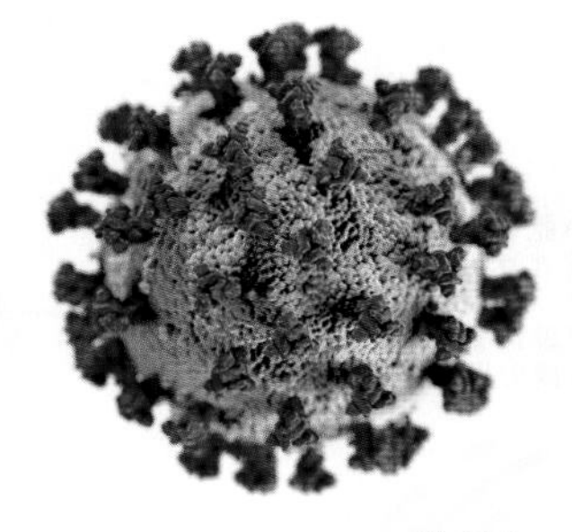

新型コロナウイルスの模式図

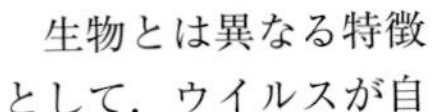

生物とは異なる特徴として，ウイルスが自分の世代から次の世代へと引き継いでいく遺伝物質は，必ずしもDNAではなく，時にはRNAのこともある．ウイルスは一般に，それらのもつ遺伝物質(DNAやRNA分子)の種類や，形状や構造，感染する生物(宿主)の種類や，それがひき起こす病状によって分類される．特定のウイルスの変異体は**ウイルス株**(viral strains)または血清型とよばれる．ウイルスは宿主の細胞の中で新しい株を非常に速い速度で進化させていくので，古い株のウイルスに打ち勝つために開発された抗ウイルス薬やワクチンが新しい株に対しては全く役に立たなくなることもある．

細胞活動の燃料を供給する小型の発電所のような働きをする**ミトコンドリア**（mitochondrion, *pl.* mitochondria）である（図4・6右下）．ミトコンドリアは，なめらかな外膜と，くねくねと折れ曲がった内膜という二重膜からできていて，内部は迷路のようになっている．ミトコンドリアは化学反応を使って，食物分子から，細胞が共通に用いる燃料である**ATP**（adenosine triphosphate，アデノシン三リン酸）をつくり出しており，この過程を**細胞呼吸**（cellular respiration）とよぶ．ミトコンドリアは真核細胞（植物と動物の両方）にATPを供給しているが，植物細胞と，ある種の原生生物は，太陽光からエネルギーをとらえて**光合成**（photosynthesis）を介して食物となる分子をつくり出すのに使う，**葉緑体**（chloroplast）とよばれる細胞小器官ももっている（図4・6右下）．細胞呼吸と光合成については，5章で扱う．

柱状または繊維状のタンパク質が網目状になった構造を総称して**細胞骨格**（cytoskeleton）とよぶが，これらは細胞の外形を決めている（図4・6右中央）．細胞骨格は真核細胞の内部を構成して，輸送小胞などの細胞小器官の細胞内運動を助け，ある種の細胞においては細胞全体の運動も可能にしている．また，細胞壁をもたない細胞の形を決めている．真菌類と植物は，細胞の構造を維持するためにそれぞれ独立に細胞壁を進化させてきたが，動物細胞はそのために細胞骨格だけを使う．

4・8　合成細胞を目指した研究

JCVI研究チームの実施する複雑なゲノム合成からUCSD研究チームの単純な自己集合能のある膜の合成まで，科学者たちは人工的な細胞をもっとうまくつくり出すために，トップダウンとボトムアップのアプローチのどちらがよいのか，議論しながら進めている．しかし，これらの二つの方法は，相補的という考え方もあり，どちらの方法がうまくいくのかはわからないが，それぞれ違ったところで役に立つようになるのかもしれない．研究者たちは，いつの日か，合成ゲノムを含むさまざまな物質すべてを組合わせて培養し，そこから生命体をつくることができるかどうか調べてみたい，またこの研究の過程でよりよく細胞の機能を知りたいと考えている．

今日では，トップダウンとボトムアップの両方のアプローチがまだ続いている．UCSD研究チームが彼らの膜をさらにもっと複雑なものにしている一方で，JCVI研

生物のサイズ

同じ細胞でも大小さまざまなサイズのものがあり，ウイルスはさらにずっと小さい．単細胞の真核細胞で小型の単細胞生物を食べるアメーバは，光学顕微鏡で見ることができる．しかし，ウイルスを観察するためには電子顕微鏡を用いることが必要であり，電子顕微鏡は像を拡大するのに高電圧の電子ビームを使う．

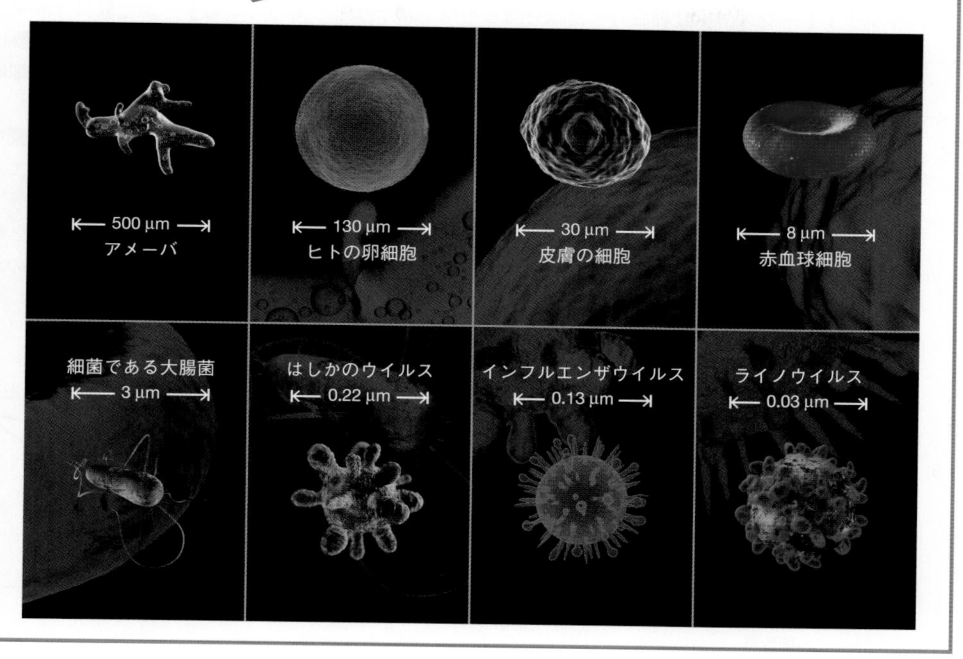

究チームは，最近*M. mycoides*のゲノムをもっと単純なものにしている．生命を維持するために必要な遺伝子の最小セットを決定することを最終目標として，彼らは*M. mycoides*のゲノムを八つのDNA断片に分けた後，違う断片を混ぜ合わせて，どの組合わせが生命の維持を可能にする細胞をつくり出せるのかを調べている．最終的に，彼らはゲノムの中から生命を維持することができる最低限473個の遺伝子までに的を絞っている．しかし驚いたことに，彼らは473遺伝子のうち149の遺伝子の機能を同定することができなかった．JCVI研究チームは2016年『ネイチャー』誌に，生命に必須な遺伝子の約1/3が何をしているかわからないが，いま整理中であると述べている．

生命に必須な中心的な存在となる遺伝子のセットを同定して，その機能を知ることが，特定の機能をもった新たな合成細胞をつくり出すことを容易にするという意見もある．現在，すべての遺伝子のそれぞれの機能まで私たちが理解しているような生物は，この世の中には一つも存在しない．もしJCVI研究チームが*M. mycoides*のこれら473個すべての遺伝子について，それらが何をしているかを突きとめたとしたら，それは，すべての遺伝子のそれぞれの機能を私たち人類が知る最初の例となるのである．

章末確認問題

1. DNAを*M. mycoides*の合成DNAで置き換えた*M. capricolum*の細胞から成長した細菌のコロニーを同定するために，青い色素をコードしている______を加えた．
   (a) 細胞　(b) 染色体　(c) 遺伝子　(d) 細菌
2. リン脂質は2本の脂肪酸炭素鎖に結合したリン酸基よりなる生体分子である．次のうちどの項目がこれら二つの化合物の性質をよく表しているか．
   (a) リン酸基は疎水性であり，脂肪酸炭素鎖は親水性である
   (b) リン酸基も脂肪酸炭素鎖もともに親水性である
   (c) リン酸基も脂肪酸炭素鎖もともに疎水性である
   (d) リン酸基は親水性であり，脂肪酸炭素鎖は疎水性である
3. 左の各過程に対する正しい定義を右から選べ．

受容体依存性エンドサイトーシス	1. 細胞が，細菌などの大型の粒子を飲み込むこと
食作用	2. 細胞膜に埋込まれた受容体タンパク質が特定の物質の表面の特徴を認識すること
飲作用	3. 細胞内の輸送小胞が細胞膜に

近づき，融合して細胞外に小胞の内容物を放出すること

エキソサイトーシス　　4. 細胞外の溶液を含む小胞が細胞内部に向かって陥没し，くびり切れて，細胞内に入ること

4. 左の細胞の構造の正しい機能を右から選べ．

葉緑体	1. 細胞の DNA が存在する場所
ゴルジ装置	2. タンパク質合成の場
リソソーム	3. 脂質合成の場
ミトコンドリア	4. 新たに合成されたタンパク質に化学的荷札を付けて正しい目的地に導く
核	5. 酵素反応によって生体分子を分解する
粗面小胞体	6. 細胞呼吸の場
滑面小胞体	7. 光合成の場

5. 次表において，特定の細胞要素が各細胞に存在するか否かについて，○か×で答えよ．

細胞要素	原核細胞	真核細胞	
		動物細胞	植物細胞
細胞膜			
セルロースの細胞壁			
核			
小胞体			
ゴルジ装置			
リボソーム			
細胞骨格			
ミトコンドリア			
葉緑体			

6. リポソームのリン脂質二重膜は細胞膜のリン脂質二重膜とどのように違うのか．

(a) リポソームのリン脂質二重膜はリン脂質だけを含んでおり，細胞膜に埋込まれているようなタンパク質を欠いている

(b) リポソームのリン脂質二重膜はリン脂質を二重にもっているが，細胞膜はそれを一重にしかもたない

(c) リポソームのリン脂質二重膜はリポソーム全体を完全に覆っているが，細胞膜は細胞を完全に覆っているわけではない

(d) リポソームのリン脂質二重膜を構成しているリン脂質分子は二重膜の脂肪酸端を二重膜の外側に，リン酸基を内側に向けている

7. 次の図と本章で学習したことをもとに，二つの曲線のうち，どちらが単純拡散を示すのか，促進拡散を示すのかを理由とともに答えよ．

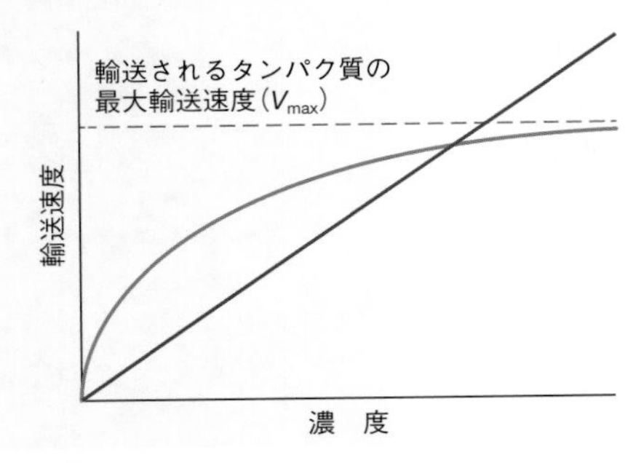

8. 次の記述のなかで，細胞膜を横切る輸送について正しいものはどれか．

(a) 受動輸送も能動輸送も，ともにエネルギーを必要とする

(b) 受動輸送はエネルギーの入力を必要としないが，能動輸送は必要とする

(c) 受動輸送はエネルギーの入力を必要とするが，能動輸送は必要としない

(d) 受動輸送も能動輸送も，いずれもエネルギーの入力を必要としない

細胞とエネルギー

5

本章のポイント

- 光合成と細胞呼吸の地球上の生命への貢献
- 代謝の同化作用と異化作用の違い
- 細胞における ATP の働き
- 代謝経路における酵素の重要性
- 光合成のチラコイド反応とストロマ反応
- 3 段階よりなる細胞呼吸と，それぞれの機能
- 光合成と細胞呼吸の違い

5・1 電気を食べる微生物

南カリフォルニア大学の研究者たちは，カリフォルニア沖合のサンタ・カタリナ島の岩場から採取した泥のサンプルの中からめずらしい微生物を探そうとしている．採取した泥を研究室の水槽に移し．泥の中に奥深くまで埋込んだ金属電極に電流を流して，狙った微生物を集めようとしているのだ．目的の微生物とは“電気を食べる微生物”である．

人類は自動車，列車，飛行機などさまざまなものを動かすために石油や石炭などのいわゆる化石燃料に大きく依存している．何億年も前に，単細胞生物が二酸化炭素と太陽光を使って細胞の材料をつくり，それはやがて地面の奥深くに埋もれて，地殻中で石油として濃縮されたのである．そして，その石油を燃やすことで，太古の二酸化炭素をまた環境に呼び戻すことになり，その結果，増えた二酸化炭素が私たちの地球の表面を暖めはじめる．こうした気候変動の勢いを止め，さらには輸入しなければならない化石燃料への依存を少なくするため，科学者や技術者は，たとえば太陽光，風力，水力などのクリーンで再生可能なエネルギーをとらえることができるような技術を開発してきたのである．

しかし，こうした化石燃料に基づく経済システムから再生可能なエネルギー技術に切替えるためには，再生可能なエネルギーを蓄積するための効率的でコストのかからない方法が必要である．化学構造を安定化させるような方法を使えば，石油は貯留槽の中に何十年もたくわえておくことができるが，風力発電や太陽光パネルで得た直流の電力はすぐにその場で使ってしまうか，電力供給網にのせてしまうしかない．今日使われているようなバッテリーは，かさばり，高価で，効率が悪く，あまりよい電力の貯蔵方法ではない．

ここでちょっと想像してみよう．風力発電所やソーラーパネルで発電した電力を液体燃料の形に変えることはできないだろうか．実は，それが“電気を食べる微生物”のアイデアなのである．

5・2 細胞呼吸と光合成

どんな細胞も生きていくためにはエネルギーが必要である．生物は，成長し，生殖し，防御し，生きた細胞をつくり上げるために多くの化合物をつくるが，そのすべてにエネルギーは必要である．生物は，環境中の生物的・無生物的要素からエネルギーを得なければならない．そして，エネルギーをつくって貯めるということの本質は，実は負の電荷をもつ電子を動かすことにある．電子は電気や磁気やその他の私たちが知っている世界を形づくっている物理現象にとって不可欠のものである．コンピューター，太陽電池，携帯電話，その他のデバイスがうまく動くのは，すべて，私たちが電子の流れである電流をうまくつくって制御できるからである．

実はコンピューターの中で電子が動き回るよりもずっと昔から，電子は細胞の中を動き回っていた．熱力学第一法則（エネルギー保存則）にあるように，エネルギー

は無からつくり出すことも壊すこともできないが，ある状態から他の状態に変換することはできる．いいかえれば，細胞は何もないところからエネルギーをつくり出すことはできないので，何らかの状態にあるエネルギーを使って，他の状態に変換しなければならないのである．しかし，生物の細胞膜は電気的に中性であるため，電子のような荷電粒子を自由に膜透過させることで，外部から電力供給をすることはできない．そこで，生物は電子を何かの分子にくっつけて細胞内外を移動できるようにしている．たとえば，植物は電子を水分子にくっつけて細胞の中にうまく取込めるようにしている．ヒトなどの生物は，糖，タンパク質，脂肪などからなる食物から電子を得ている．ノーベル生理学・医学賞を受賞したセント=ジョルジュ（Albert Szent-Györgyi）はいみじくも“生きることとは，電子が休息できる場所を探すこと以外のなにものでもない”と言ったと伝えられている．

細胞は化学反応を介して電子をさまざまな分子の間でやりとりすることでエネルギーを使ったりたくわえたりしている．最も単純な細胞においても何千もの異なる種類の化学反応が生命を支えるのに必要である．**代謝**（metabolism）とは，エネルギーをたくわえたり放出したりする，生きている細胞の内側で起こる化学反応のすべてをさす用語である．細胞の中では，たいていの化学反応は**代謝経路**（metabolic pathway）として知られる連鎖反応として生じている．代謝経路はアミノ酸やヌクレオチドなどの細胞の化学的構成要素となる重要な生体分子をつくり出している．

二つの代謝経路が私たちのまわりの生命活動を動かしている．太陽はほとんどの生物にとって究極のエネルギー源であり，**光合成**（photosynthesis）として知られるエネルギー生成の最初の過程は，太陽光のエネルギーをとらえて二酸化炭素と水から糖をつくる（図5・1）．このようにして，植物などの光合成生物は，光エネル

図 5・1　太陽光から使えるエネルギーへ． 光合成は太陽光を細胞の中の糖分子へと変換し，その副産物として酸素を放出する．光合成がないと，私たちは太陽のエネルギーを使うことができず，生命を支える大気中の酸素も得ることができない．それと逆の過程として，細胞呼吸はこうした糖分子を分解して，生物がその中にたくわえられたエネルギーを使えるようにしている．

問題 1　動物の生命活動はどのように光合成に依存しているか．
問題 2　光合成と細胞呼吸が逆の過程とよばれる理由について説明せよ．

ギーを糖分子の共有結合として化学エネルギーに変換して貯蔵している．こうした糖分子，たとえばグルコースは，細胞の活動にとっての燃料として使われて，一部は脂質に変換されて細胞膜になったり，将来必要に応じてエネルギーとして使うためにたくわえられたりする．

次に大事な過程は，光合成の逆反応である**細胞呼吸**（cellular respiration）である．細胞呼吸においては，細胞は糖を分解してエネルギーとして使う（図5・1）．植物は光合成でつくられたグルコースを分解するが，動物などの非光合成生物は植物や他の動物を食べて，食物中の糖を分解してエネルギーとして使う．電子はこれらの二つの代謝経路の間で行ったり来たりしている．

カタリナ島の泥を水槽に設置してから3カ月が過ぎた．この間に，水槽にセットした装置は生命の活動をとらえはじめていた．泥の中の電極に流れる負電荷が着実に増えてきていた．何かが電子を泥の中から取ってきて，どんどん使っていたのである．

5・3 同化と異化

1980年代に，呼吸によって実際に電子を金属鉱物に追い出す2種類の細菌がはじめて発見された．電子は細胞膜を横切ることはできないと考えられていたので，この発見は大変な驚きであった．しかし，何十年もの間，この電子を移動させるしくみについては謎であった．その後，2006年になって，細菌の細胞膜に電子の橋渡しをする三つ組のタンパク質が，ある研究チームによって同定された．このタンパク質は，細胞の内側から外側に電子を移動させる働きをもっていた．

こうした電子を細胞内から金属鉱物に追い出す“岩呼吸細菌”の発見に刺激を受けて，科学者たちは“岩を食べる細菌”を探しはじめた．もし自然界に電子を細胞内から追い出す細菌が存在するのであれば，金属鉱物から電子を直接摂取する微生物がいてもよいのではないだろうかと科学者たちは考えたのである．

すべての生きている細胞は，同化と異化とよばれる二つのおもな代謝経路をもっている（図5・2）．**同化**（anabolism）は単純な化合物から複雑な化合物をつくる代謝経路である．これはすべての細胞が細胞の構成要素をつくり出すのに使われる過程である．この過程にはしばしばエネルギーの入力が必要である．光合成は，太陽光によってエネルギーが供給される同化の一例である．植物は太陽の下で緑の葉の細胞がエネルギーをとらえて二酸化炭素からグルコースをつくる．そして，単純な分子から複雑な分子が組立てられていく．**異化**（catabolism）は同化の逆の過程で，より複雑な分子を分解する過程で化学エネルギーを取出す代謝経路である．植物の細胞は，異化作用の一つである細胞呼吸を使って光合成でつくられたグルコースを分解する．

これらのすべての代謝経路はエネルギーを必要としており，細胞は必要なときにほしいだけ使えるエネルギーを生物体内に配るために**エネルギー担体**（energy carri-

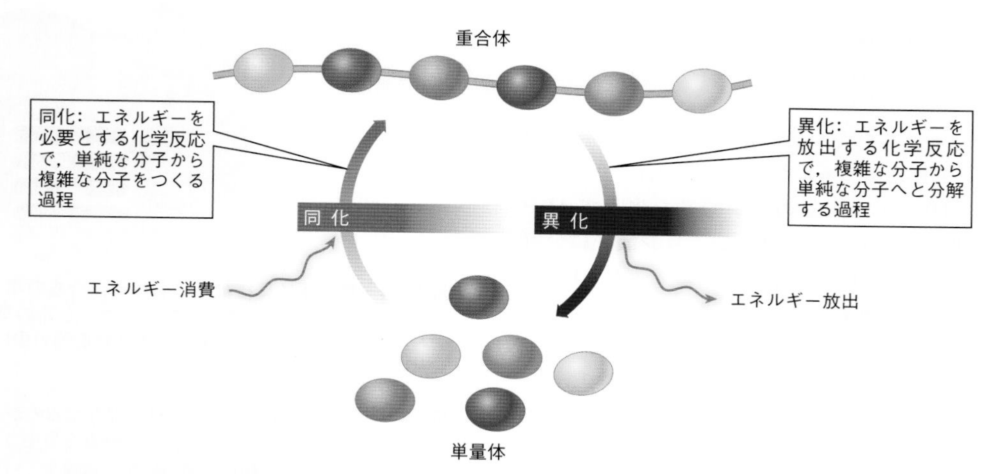

図 5・2 同化は生体分子をつくり上げ，異化はそれらを分解する． 代謝反応では，重合体がつくり上げられるか分解される．重合体をつくる反応（同化）はエネルギーを消費し，重合体を分解する反応（異化）はエネルギーを放出する．

問題 1 植物はどこから得たエネルギーを同化作用に使うのか．動物も同じようにエネルギーを使うのか．
問題 2 植物は異化作用によってどのようなエネルギーを放出するのか．動物も同じようなエネルギーを放出するのか．

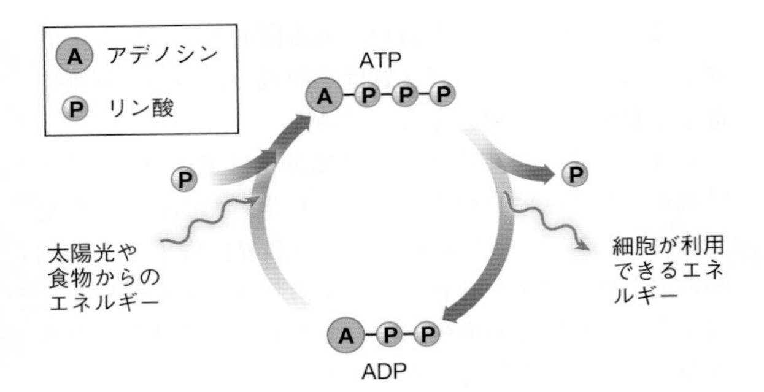

図 5・3　細胞は ATP を用いてエネルギーをたくわえたり配ったりする． ADP に高エネルギーリン酸結合を付け加えることによって，エネルギーに乏しい分子をエネルギーに満ちた ATP に変換する．しかし，ADP とリン酸基から細胞のどこでも使えるエネルギー源である ATP をつくり上げるには，代謝エネルギーが必要である．

問題 1　どのようにして ATP は同化と異化にかかわっているのか(ヒント：図 5・2 参照)．
問題 2　ヒ素は ATP 産生を阻害する．なぜこの特徴がヒ素を毒にするのか．

er）を必要とする．すべての生きている細胞は小さな高エネルギー物質である **ATP**（adenosine triphosphate，**アデノシン三リン酸**）をエネルギーを運ぶのに用いている．ATP は細胞のほとんどすべての活動の動力源となっている．たとえば，分子やイオンを細胞から出し入れしたり，活動電位の伝導を長時間維持したり，筋収縮をひき起こしたり，細胞小器官を細胞内で動かしたりするのに使われている．細胞の活動の動力源として働く以外に，ATP は各種の代謝や酵素反応のいわば燃料のような働きももっている．細胞が ATP の供給をすべて使い尽くすと，細胞は死んでしまう．

ATP にたくわえられている利用可能なエネルギーの大部分は，いわゆる高エネルギーリン酸結合に存在する（図 5・3）．ATP 分子が末端のリン酸基を失って **ADP**（adenosine diphosphate，**アデノシン二リン酸**）に分解されるときにエネルギーが放出される．逆に ADP を ATP に戻すには代謝エネルギーを必要とする．

ATP だけが細胞が使うエネルギー担体ではない．NADPH, NADH, $FADH_2$ もまたエネルギー担体である．それらが担体として運ぶエネルギー量やエネルギーの供給・受取りに用いる化学反応はそれぞれ異なる．ATP はリン酸結合をもっているため，最も多くのエネルギーを担体として運ぶことができる．

5・4　光合成：チラコイド反応とストロマ反応*

2009 年，ペンシルバニア州立大学の環境工学研究者たちは，細菌混合物を負に荷電した電極にさらすことによって，それまでなかなか見つけられなかった“岩を食べる細菌”を最初に同定した．そのなかの一種である *Methanobacterium palustre* は電気を食べながら生きていた．この細菌は，電子を取込んで二酸化炭素をメタンに変換する代謝経路に使っていた．ある新聞記事では，この発見を“電気を食べてバイオガスのおならを出す虫”という見出しで紹介していた．この研究チームは，この細菌が裸の電子を直接電極の表面から食べて消化するということを提唱していたが，まだ証明はできていなかった．

数年後，スタンフォード大学の研究チームは電子を“食べている”と思われる細菌の研究を開始した．この研究チームはめずらしい代謝経路をもつ微生物を 25 年以上にわたって研究してきた．それらの微生物は，ヒトの過敏性腸症候群の原因となる微生物から，地下水を飲

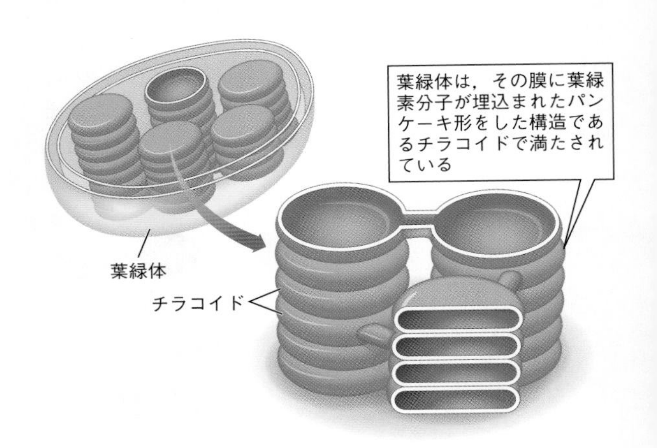

葉緑体は，その膜に葉緑素分子が埋込まれたパンケーキ形をした構造であるチラコイドで満たされている
葉緑体
チラコイド

図 5・4　葉緑体は真核細胞における光合成の場である． 多くの植物や藻類は葉緑素を含むたくさんの葉緑体をもっている．光合成微生物では直接細胞膜の中に葉緑素が埋込まれている．

問題 1　葉緑素は葉緑体の中だけに存在するのか．
問題 2　葉緑体のチラコイド膜に葉緑素を集中させることにはどのような利点があるのか．

*　訳注：従来は光合成のさまざまな反応のうち，チラコイドで行われる反応を明反応，ストロマで行われる反応を暗反応とよんでいた．しかし，暗反応を行う酵素のなかにも活性化に光を要するものがあったり，その逆もあったりすることがその後わかってきた．そのため，明反応，暗反応という用語が誤解をまねきかねないと考えられるようになってきたので，本書では明反応，暗反応という用語の使用を避けた．代わりに本書では，チラコイドで行われる反応をチラコイド反応，ストロマで行われる反応をストロマ反応とよぶこととする．

んでもお腹をこわさないようにする微生物までさまざまであった．彼らの研究する微生物の典型的なものは，**嫌気的**（anaerobic），つまり無酸素あるいは酸素が希薄な場所でも育つことができる微生物である．これらの微生物のなかには，代謝に酸素を必要とせず，むしろ酸素が毒になるものさえいる．

光合成においては酸素が重要な役割をもっている．光合成が地球上の生命活動の一番重要な過程であると考え

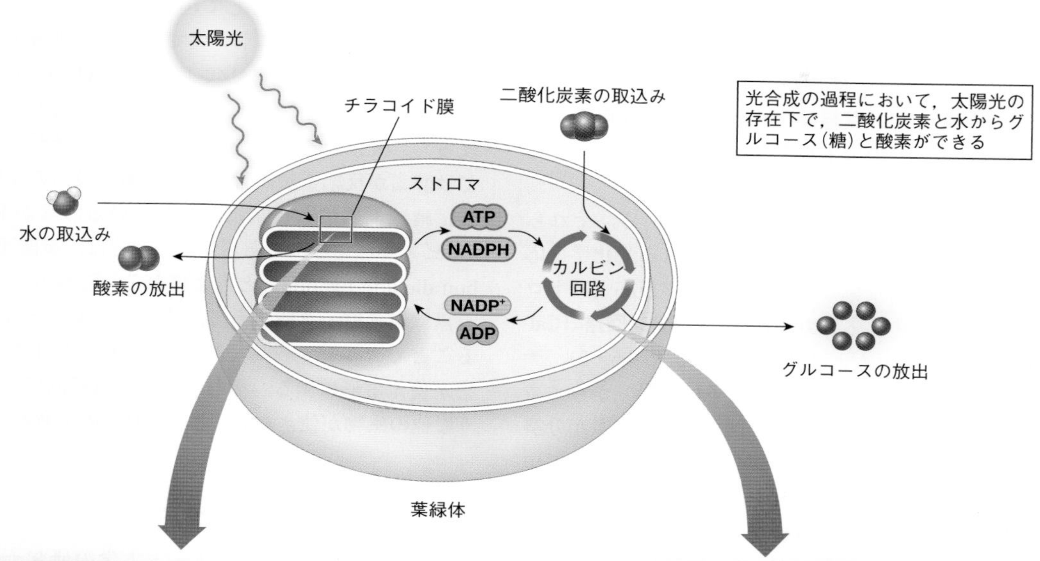

チラコイド反応

❶ 光化学系Ⅱ（PSⅡ）が光を吸収し，電子にエネルギーを与え，水をプロトン（H^+），電子と酸素に分解する

❷ 高エネルギー電子が電子伝達系（青矢印）に沿って移動する

ストロマ　光　PSⅡ　PSⅠ　H_2O　O_2　H^+　e^-　NADP+　NADPH　ADP　P　ATP　ATP合成酵素　チラコイド膜　チラコイド内腔

❸ プロトンポンプが電子から受取ったエネルギーを使ってプロトンH^+を，膜を横切って動かす

❹ 光が光化学系Ⅰ（PSⅠ）の中の電子にエネルギーを与え，NADPHが合成される

❺ チラコイド内腔に貯ったプロトンがATP合成酵素の中を通って流れ，ATPがつくられる

ストロマ反応（カルビン-ベンソン回路）

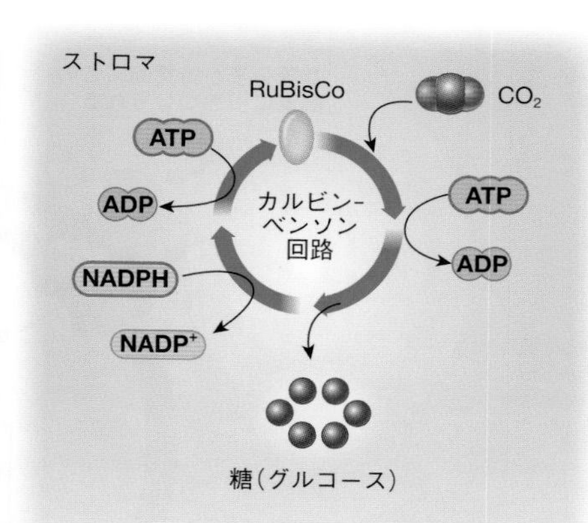

カルビン-ベンソン回路は一連の酵素反応であり，光化学反応によってつくられたH^+に富んだNADPHとエネルギーに富んだATPが二酸化炭素を糖にするのを助ける．酵素であるRuBisCoは，たくさんある反応の最初の過程を触媒し，炭酸固定を行って二酸化炭素から有機分子をつくり，最終的に糖をつくる

図 5・5　光合成は2段階で起こる． チラコイド反応はエネルギー担体をつくり出す．ストロマ反応（カルビン-ベンソン回路）は糖をつくり出す．RuBisCoはカルビン-ベンソン回路のなかで炭酸固定を行うが，酵素は光合成の両方の段階で必須とされる．

問題1　光合成に用いられる二酸化炭素はどこに由来するのか．
問題2　光合成の結果生じる生成物を二つあげよ．

る研究者も多くいる．地球では光合成によって太陽からのエネルギーがたくわえられ，動物が呼吸するための酸素がつくり出されている．藻類や植物の細胞において，光合成は葉緑体の中で起こる．**葉緑体**（chloroplast）は，光学顕微鏡で見ると緑の楕円形をしたゴムボールのような構造である（図5・4）．葉緑体の中には積み重なったパンケーキがつながったように見える**チラコイド**（thylakoid）とよばれる構造が広がっている．そしてチラコイドの膜の中には**葉緑素**（chlorophyll，**クロロフィル**）とよばれる，光のエネルギーを吸収するのに特化した緑の色素が埋込まれている．

光合成は二つのおもな過程からできている．それらは，**チラコイド反応**（チラコイドで行われる光化学反応を中心とする一連の反応）および**ストロマ反応**〔ストロマで行われる一連の反応，**カルビン–ベンソン回路**（Calvin–Benson cycle）ともよばれる〕である（図5・5）．チラコイド反応においては，葉緑素分子は太陽光からエネルギーを吸収して水を分解する（図5・5左）．水が分解されることにより，酸素 O_2 がつくられ，酸素は大気中に副産物として放出され，それを私たちは呼吸に使っている．光合成にとってより重要なのは光化学反応からつくられる電子 e^- とプロトン H^+ で，**電子伝達系**（electron transport chain）によって他の分子へと手渡されていく．電子伝達系というのは，精密につくられた連鎖状の化学反応で，それらは最終的に ATP と NADPH をつくる．光化学反応は葉緑体のチラコイド膜に埋込まれたタンパク質複合体である光化学系Ⅰと光化学系Ⅱおよび ATP 合成酵素に依存して起こる．

次の段階として，ストロマで行われる連鎖状の化学反応であるカルビン–ベンソン回路が，ATP のエネルギーと NADPH からもらった電子とプロトン（図5・5右）を使って二酸化炭素 CO_2 を糖に変換する．それぞれの過程では酵素が反応を触媒している．第一段階の反応を触媒し，地球上に最も豊富に存在している酵素が **RuBisCo**（ルビスコとよむ）である．この過程は，**炭酸固定**（carbon dioxide fixation）ともよばれる．二酸化炭素ガスから無機炭素原子を捕まえて，それをグルコースに変換することでカルビン–ベンソン回路は炭素原子を光合成生物が使える形にする．そしてそれを最終的に私たちのような他の生物が使える形にしてくれるのである．

5・5 酵素と細胞内の化学反応

2014 年ごろ，スタンフォード大学の研究チームは水

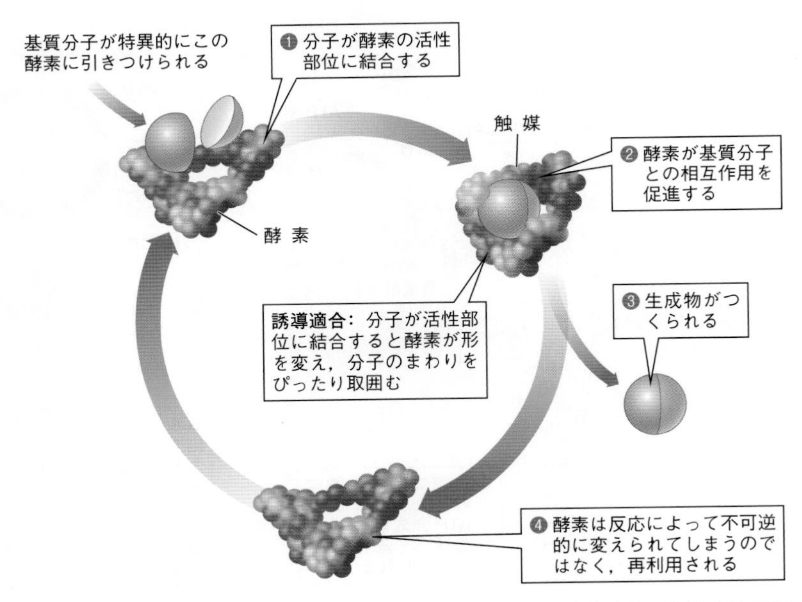

基質分子が特異的にこの酵素に引きつけられる
❶ 分子が酵素の活性部位に結合する
触 媒
❷ 酵素が基質分子との相互作用を促進する
酵 素
誘導適合：分子が活性部位に結合すると酵素が形を変え，分子のまわりをぴったり取囲む
❸ 生成物がつくられる
❹ 酵素は反応によって不可逆的に変えられてしまうのではなく，再利用される

図 5・6 酵素は分子どうしの仲をとりもつ．酵素は化学結合をつくらせる方向または分解する方向に分子の向きを変えることにより，化学反応の速度を劇的に上昇させる．

問題 1 酵素はなぜ高温または高塩濃度になると効果的に働きにくくなるのか．
問題 2 もし細胞がある代謝経路に必要な酵素をつくることができなくなった場合，細胞にどのような影響を与えるかを説明せよ．

の中にすむ“電気を食べる”微生物 *Methanococcus maripaludis* が直接電子を消化することができるのかを調べる研究を開始した．実は，そうではなかったのである．この研究チームが発見したのは，微生物が実際にやっていたのは，電極の表面に一種の酵素を分泌するということであった．

ほとんどすべての代謝反応は酵素によって促進される．**酵素**（enzyme）は生物学的な触媒，つまり何らかの化学反応を加速する分子である．大部分はタンパク質でできているこれら酵素の働きがなかったら，代謝反応はかなりゆっくりとしたものになってしまい，私たちが知っているような生命は存在すらできなかったであろう．酵素は，新たな生成物をつくるために反応する**基質**（substrate）とよばれる分子を，化学結合をつくる方向または分解する方向に向かわせるように働く（図5・6）．

それぞれの酵素はある特定の基質と結合して特定の化学反応だけを触媒する．たとえば，RuBisCo はカルビン–ベンソン回路の最初の段階だけを触媒する．酵素の機能は，その化学的な特徴と，酵素内の基質が結合する**活性部位**（active site）とよばれる部位の三次元的な形に基づいている．ある分子が活性部位に結合すると，酵素は形を変えるが，この過程は**誘導適合**（induced fit）とよばれる．酵素の形，つまり酵素の機能は，温度や pH や塩濃度によって影響を受ける．酵素の活性部位は反応を触媒するたびに変わることはないので，RuBisCo のような酵素は何回も繰返し使われることになる．

スタンフォード大学の研究チームが同定した酵素は細胞の外に分泌されるという点で，ふつうではなかった．たいていの酵素が細胞の内側で働くからである．多段階の代謝経路は，必要とされる酵素が物理的に近接していて，一つの酵素によって触媒される化学反応が反応系列のなかの次の反応のもととなっているため，特に代謝経路の反応にみられるように，効率よく速く進むことができる．*M. maripaludis* の場合には，分泌された酵素の役割は，金属から電子を捕まえて，それを水から得られたプロトン H^+ と対にして，細胞膜を容易に透過させ，微生物が利用しやすい水素原子をつくることである．つまり，この微生物は，細胞が簡単に代謝できるような化合物をつくる方法を見つけたということである．この微生物は直接電子を食べていたわけではないが，この研究チームはその後，未発表データとして，実際にそのような微生物を発見したという．

5・6 解糖系と酸化的リン酸化

スタンフォード大学の研究チームが“電気を食べる微生物”の生命活動のしくみを解明しようとしているとき，南カリフォルニア大学の研究者たちはカタリナ島への試掘の旅で，またしても多くの“岩を食べる細菌”を見つけた．水槽の中からは新たに電極から電子を吸いとる 30 種の細菌が同定された．彼らはまた硫黄や鉄のような鉱物を細菌が食べられるようにすることで何種類かの細菌を実験室のプレート上で育てることにも成功した．すべての種が完全に電子だけを食料源としていたわけではなく，つまり，鉱物の堆積物だけを食べていたわけではない．真核生物の細胞同様，ほとんどの細菌はエネルギーを得るのに，異化作用によって糖をエネルギーに変換するという通常の細胞呼吸の経路を使っている．

細胞呼吸においては，グルコース分子の炭素－炭素結合が壊れて，炭素原子は二酸化炭素分子として大気中に放出され，副産物として水も同時に放出される．このように，細胞呼吸は，先の図5・1に示したとおり光合成とは逆の反応である．ほとんどの真核生物において，細胞呼吸は細胞のミトコンドリアで起こっている多段階の過程である（図5・7）．細胞呼吸は，光合成を行わない動物の細胞がエネルギーを得るおもな方法である．私たちは食物からグルコースを消化し，二酸化炭素と水素と電子に分解し，そこで獲得した電子をエネルギーとして使っている．

簡単にいうと，細胞呼吸は3段階からなる．すなわち，解糖系，クレブス回路，そして酸化的リン酸化である（図5・8）．最初の段階である**解糖系**（glycolysis）は細胞質で起こる．解糖系においては，糖（おもにグルコース）がピルビン酸とよばれる三つの炭素原子をもつ化合物に分解される．この過程により，一つのグルコース分子当たり二つの有用な分子である ATP と二つの

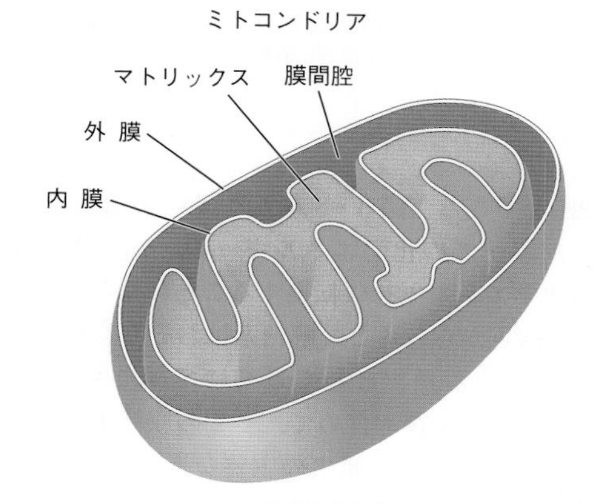

図 5・7 ミトコンドリアは真核細胞における細胞呼吸の場である

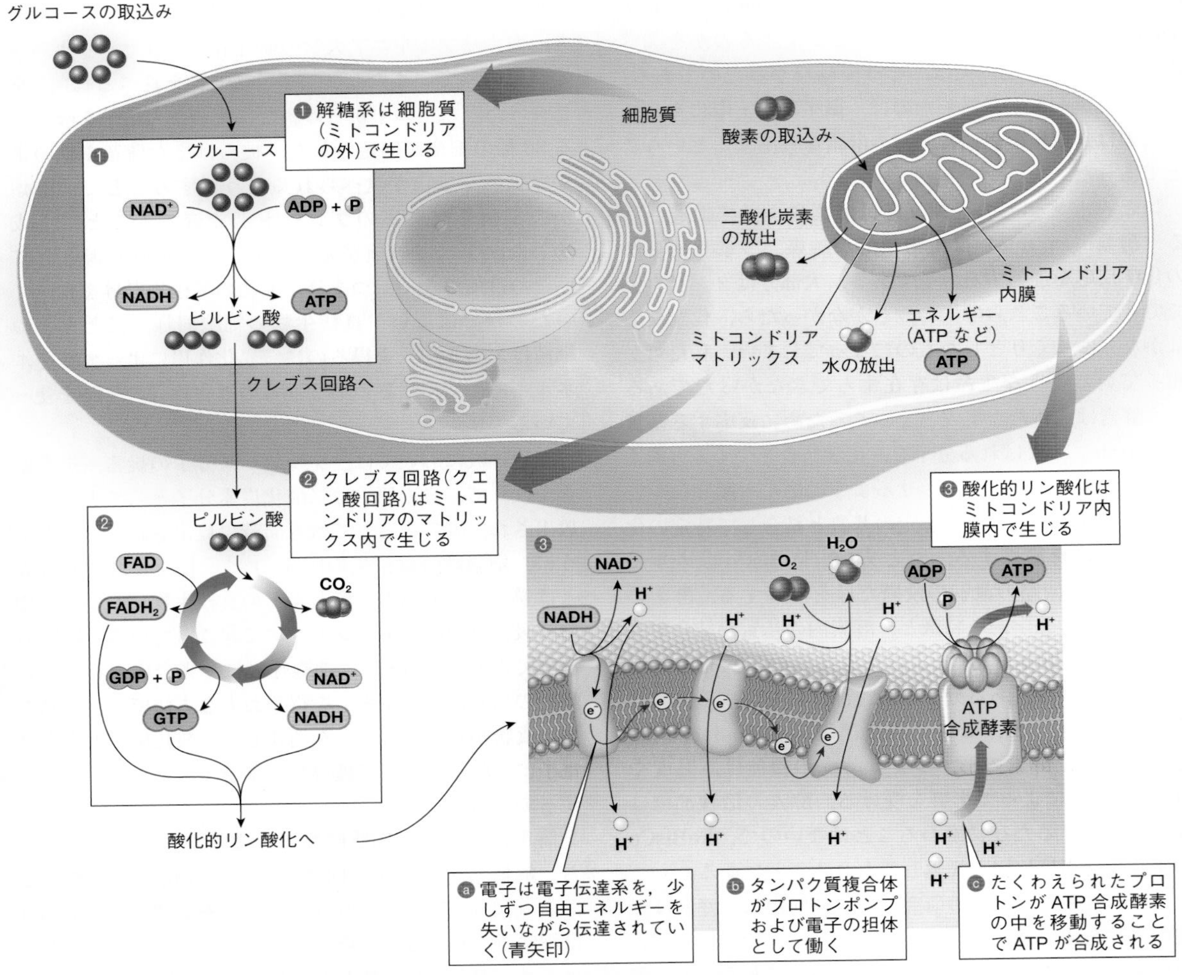

図 5・8　細胞呼吸は真核生物においてきわめて効率的に起こる． 解糖系においては，それぞれの六炭糖分子が 2 個のピルビン酸に変換される．細胞呼吸の次の 2 段階には酸素が必要とされる．クレブス回路（左下）は二酸化炭素を放出して高エネルギー分子を生成する．酸化的リン酸化（右下）は細胞呼吸の最終段階であり，他の代謝経路よりも多くの ATP を生成する．

問題 1　細胞呼吸の生成物は何か．
問題 2　40 億年前にシアノバクテリアが光合成によって大気中に酸素を放出するよりも前に生物が利用できたのは細胞呼吸の 3 段階（解糖系，クレブス回路，酸化的リン酸化）のうちどれだと考えられるか．

NADPH ができる（図 5・8 左上）．いいかえると，解糖系はグルコースの化学エネルギーの一部を NADPH と ATP の化学エネルギーに転換することになる．

進化の観点からみると，解糖系はおそらく食物分子から ATP をつくる過程として最初にできたものであり，今回見つかった細菌も含めて，多くの原核生物においてもいまだにエネルギー産生の主要な過程なのであろう．しかし，グルコースはこの過程ではほんの一部が分解されるだけなので，解糖系によるエネルギー収量は少ない．多くの真核生物にとっては，解糖系は糖からエネルギーを抽出するための単なる第一段階にすぎない．ミトコンドリア内で起こる細胞呼吸の第二，第三段階の過程が，解糖系だけによって得られるよりも，もっと多くの ATP を産生するのに役立っている．

解糖系は嫌気性の過程である．つまり，酸素を必要としない．低酸素状態の細胞，たとえば私たちが激しい運動をしているときの筋細胞や腫瘍の塊の中にあるがん細胞などでは，細胞呼吸の後半の過程に必要な酸素が十分

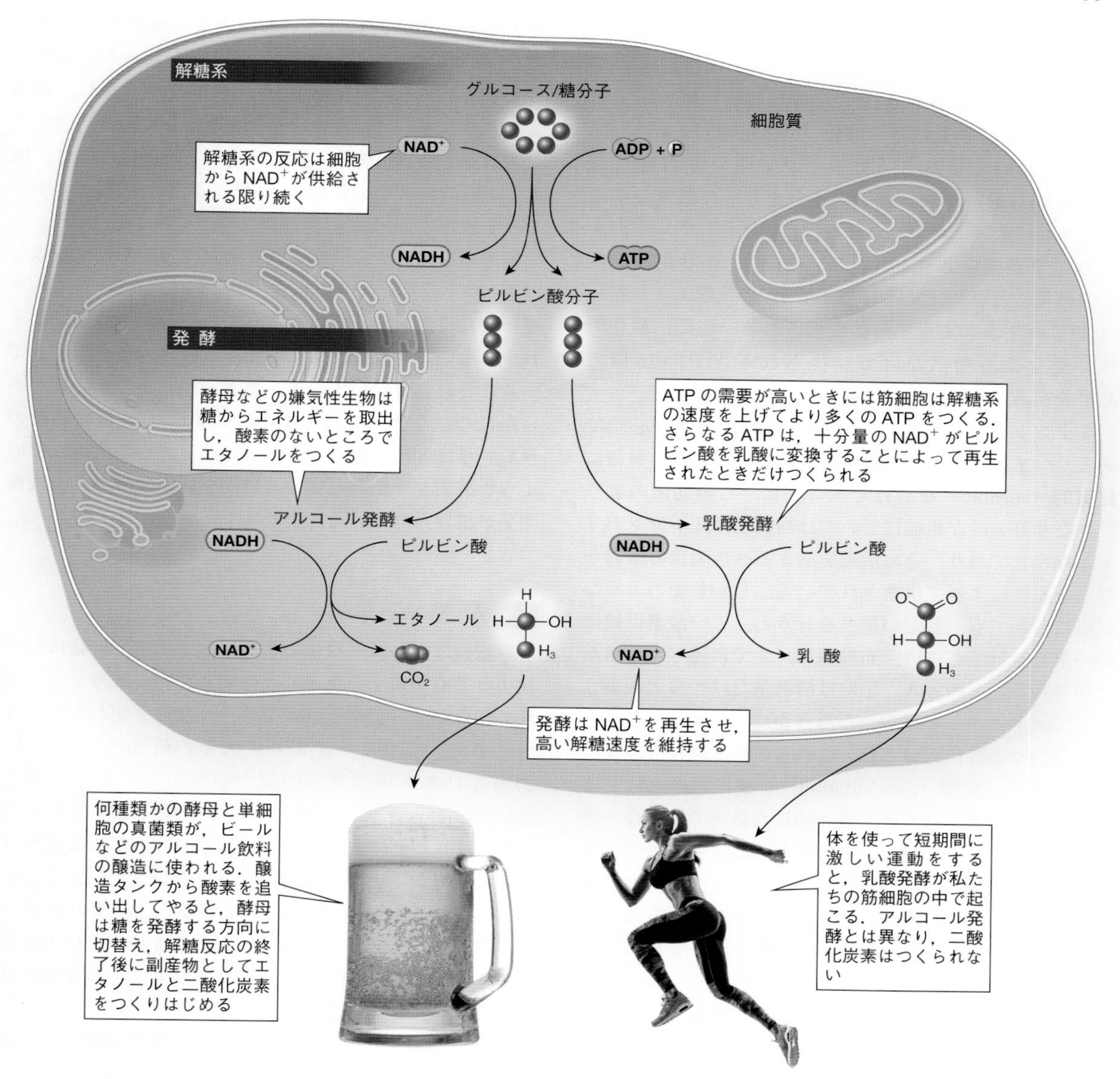

図 5・9　発酵は酸素のないところでエネルギーを産生している． 細胞呼吸によって ATP 産生を行うだけの酸素供給がない場合，解糖系だけを使って ATP 産生を行うことができる．

問題 1　酵母を使ってパンをつくるパン屋も，焼く前にパン生地を膨らませるのに発酵を利用している．パン生地を膨らませるときに酵母に何が起こっているのか説明せよ．

問題 2　体を使って短時間に激しい運動をするときに，なぜ筋肉中に乳酸ができるのかについて，自分の言葉で説明せよ．

にないために，解糖系のみが働いている．

しかし，酸素供給がある場合には，真核細胞は上記の三つの過程のすべてを行う．ピルビン酸は，解糖系において細胞質内でつくられた後，ミトコンドリア内に入って，細胞呼吸の第二段階で分解される．それは，**クレブス回路**（Krebs cycle）または**クエン酸回路**（citric acid cycle）とよばれる，一連の酵素によって進行する反応である．ピルビン酸の炭素鎖は，二酸化炭素を放出しながら，ばらばらにされていく（図 5・8 左下）．クレブス回路による炭素鎖の分解により，ATP, NADH, $FADH_2$ などのエネルギー担体を受取ることができる．要するに，クレブス回路のなかで，グルコースの残った化学エネルギーは，これらのエネルギー担体の化学エネルギーに変えられるということである．

しかし，最も大きなATPの産生は細胞呼吸の最後の第三段階である**酸化的リン酸化**（oxidative phosphorylation）において生じる．電子とプロトンがNADHと$FADH_2$から取除かれ，電子伝達系を介して酸素分子に手渡され，水分子がつくられる．この過程において，大量のATPが産生される（図5・8右下）．酸化的リン酸化の過程において，NADHと$FADH_2$の化学エネルギーはATPの化学エネルギーに変換される．実際，酸化的リン酸化は解糖系だけで産生されるATPの15倍のATPを生み出すことができる．

ミトコンドリアにおけるATP産生には酸素が必須である．つまり，クレブス回路と酸化的リン酸化は厳密に**好気的**（aerobic）な過程である．私たちの筋肉のようにかなり好気的な組織においては高密度にミトコンドリアが存在しており，その活動を支えるべき大量の酸素が豊富な血流によって供給されている．しかしそのような組織においても，激しい運動を行うと，この酸素供給は使い果たされてしまい，筋細胞は，すでに述べた解糖系に切替わる．このとき，細胞は解糖系だけからどのようにしてエネルギーを得るのだろうか．

嫌気的な条件においては，これらの筋細胞は発酵経路を利用する．**発酵**（fermentation）は解糖系からはじまり，次に解糖系を継続させるためにだけ働く特殊な一連の反応が起こる．生物は，低酸素状態によって好気的なATP産生が制約を受けたときには，この過程により解糖系のみからATPを産生することができるようになる（図5・9）．解糖系を継続できなくなったときには，細胞はATP欠乏症となって死んでしまう．

酸欠状態の沼や下水，堆積した土壌の深部などにすむ細菌の多くの種は，全く酸素を消費しないばかりか，実際酸素は毒として働く．岩で呼吸をする細菌同様，多くの微生物は鉄化合物や硫黄化合物を電子受容体として用いることができる．さらにこれらの物質も底をついたときには，嫌気性の生物は解糖系を継続するために必要な分子を再生する発酵経路を用いて，酸素を全く使わずに解糖系のみによってATPを産生する．

大部分の真核細胞は，環境中の酸素濃度に応じて，好気的・嫌気的ATP産生の両方を行うことができる．クレブス回路と酸化的リン酸化は，解糖系や発酵経路よりもはるかに大量のATPを産生することができるので，これらの細胞は，使えるだけの酸素を使って好気的な呼吸を行う．

以上のことから，細胞は光合成と細胞呼吸により，太陽からエネルギーをたくわえて使うことができるということがわかる．これは，いわば表裏一体のことであって，一つの反応の生成物はもう一方の反応の反応物の一つとなっている．同化作用の一つである光合成は，太陽光のエネルギーと二酸化炭素を必要としており，酸素とグルコースを放出する．異化作用である細胞呼吸は，酸素とグルコースを必要としており，二酸化炭素とエネルギーを放出する．

何十年もの間よく研究されてきた光合成や細胞呼吸とは違って，“岩を食べる細菌”がどのようにしてエネルギーをたくわえたり使ったりしているのか，詳細はよくわからない．研究者たちでさえ，これらの細菌が生きていること自体に驚いている．事実，現在までに詳細が明らかになった代謝経路はない．単離した30種の細菌のうちいまは8種に焦点が当てられ，それらの代謝にどのような酵素がかかわっているのかを同定するための技術開発が続けられている．

5・7 細菌電池

細胞膜はいわば絶縁体のように働くので，細胞は膜を横切って直接電子を運ぶことはできないと長らく考えられてきたが，いまやそれができそうなことがわかってきた．事実，南カリフォルニア大学の研究グループは，2010年にある種の細菌の細かい髪の毛のような構造（性線毛pilusとよぶ）が導電性をもつことを発見した（図5・10）．それは，あたかも多くの電子部品に使われているシリコンと事実上同じくらい導電性が高いことがわかった．1本のナノサイズの性線毛は，この分野では，細菌の“ナノワイヤー”とよばれるが，毎秒106個の電子を運ぶことができ，これは細胞丸ごとの呼吸を維持するのに十分である．

現在，これらのめずらしい細菌を“細菌電池”として

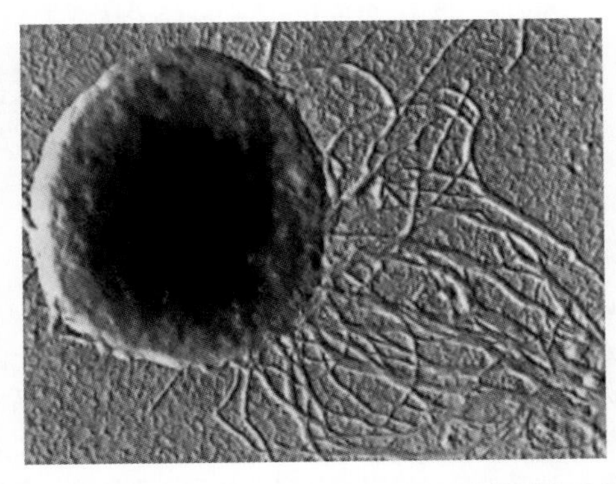

図5・10　高い伝導性をもつ髪の毛状の性線毛をはやした，岩を食べる細菌 *Methanococcus maripaludis*

どのように使うかということに研究の焦点が当てられている．太陽光パネルに吸収されるエネルギーは，現在のところ，即座にその場で使ってしまうか，電力系統に流すかしか利用法がない．しかし，もしその代わりに，細菌の入った水槽にそのエネルギーを受渡して細菌に電気を食べさせ，メタンやその他の天然ガスの化学結合の中にエネルギーをたくわえてしまうことができたとしたらどうだろう．そうすれば，その天然ガスは必要なときまでたくわえておくことができるはずだ．

細菌のもっている経路を利用して，電気エネルギーを液体燃料に変換してしまうことができたら，それはエネルギーをたくわえておくための画期的な方法となると研究者たちは考えている．このような電気から燃料へ変換するという経路は，微生物を使って下水汚物などの燃料源を消化させて電気に変換するというように，逆向きに働かせることもできる．

いつの日か，私たちの使っている電気製品を，電子の流れを操作することのできる微生物を使って動かす，というような未来がやってくるかもしれない．したがって，“岩を食べる細菌”を探し求める研究はこれからも続くであろう．どれだけの生物がそうしたことができ，どれだけの生物ができないのかを，私たちはまだ知らないし，岩を食べるという行為は，これまで考えられていたよりもずっと一般的なのかもしれない．

章末確認問題

1. 代謝にあてはまるのはどれか．
   (a) 常に大きな分子を小さな単位に分解する
   (b) 小さな分子を単につないで重合体をつくる
   (c) しばしば多段階の反応のつながりよりなる
   (d) 必ずミトコンドリアで起こる
2. 酵素にあてはまるのはどれか．
   (a) 何もなければもっと遅い反応を加速させる
   (b) それがなければ一切起こらないような反応を無理矢理起こさせる
   (c) 異化作用ではなく同化作用のエネルギーを与える
   (d) それが触媒する反応のときに消費されてしまう
3. すべての生物において最もよくあるエネルギー担体分子はどれか．
   (a) 二酸化炭素
   (b) 水
   (c) ATP
   (d) RuBisCo
4. 光合成の主要な生成物はどれか．
   (a) 脂質
   (b) 糖
   (c) アミノ酸
   (d) ヌクレオチド
5. 次のうちの正しくないのはどれか．
   (a) 解糖系は細胞呼吸の最初の段階である
   (b) 解糖系は低酸素のときに発酵の力を借りて進む
   (c) 解糖系はクレブス回路や酸化的リン酸化よりも少ないATPをつくる
   (d) 解糖系はヒトのように好気性の生物において必要とされるATPの大部分をつくる
6. 正しい用語を選べ．
   光合成と細胞呼吸は化学的に[同じ／逆の]反応である．細胞呼吸は[同化／異化]の一例であり，エネルギーを[つくり出す／消費する]．
7. 次の光合成回路の図の空欄に適切な用語を入れよ．

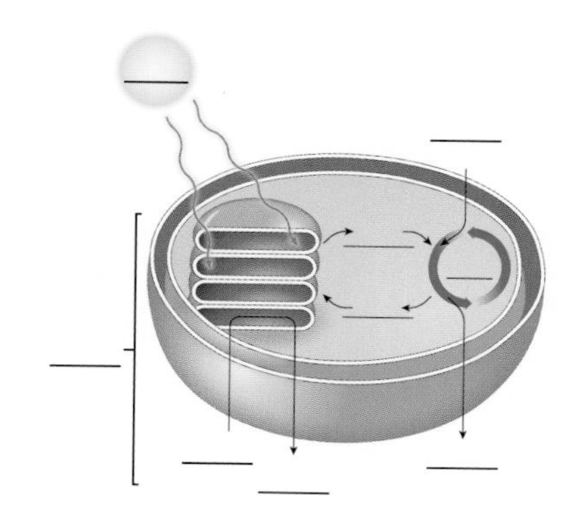

8. 細胞呼吸の各段階を正しい順に並べよ．
   (a) クレブス回路がエネルギー担体であるNADH, $FADH_2$, ATPをつくる
   (b) 酸素濃度が適切であれば，ピルビン酸がミトコンドリアに運ばれる．酸素濃度がきわめて低い場合は発酵が開始する
   (c) グルコースの分解を介してATPとNADHが産生される
   (d) 電子伝達系がADPからATPをつくる
9. 激しい運動をすると，翌日になってひどい筋肉痛を感じることがある．この現象を最もよく説明しているのは次のどれか．
   (a) 筋細胞がエネルギー供給をするために消化されてしまった
   (b) 筋細胞中に二酸化炭素が蓄積してpHを変えてしまった
   (c) 筋細胞中にATPが蓄積してきて，ひどい痛みを起こしている
   (d) 十分な酸素がないため筋細胞がピルビン酸から発酵によって乳酸をつくった

10. 次のグラフは酵素があるときと，ないときの活性化エネルギー，いいかえるとある反応が起こるために必要なエネルギー量を示している．

(a) 酵素があるときとないときのどちらの反応が，進行するためにより多くのエネルギーを必要としているのか．なぜそのように考えられるのか．

(b) この反応は同化作用，異化作用のどちらか．なぜそのように考えられるのか．

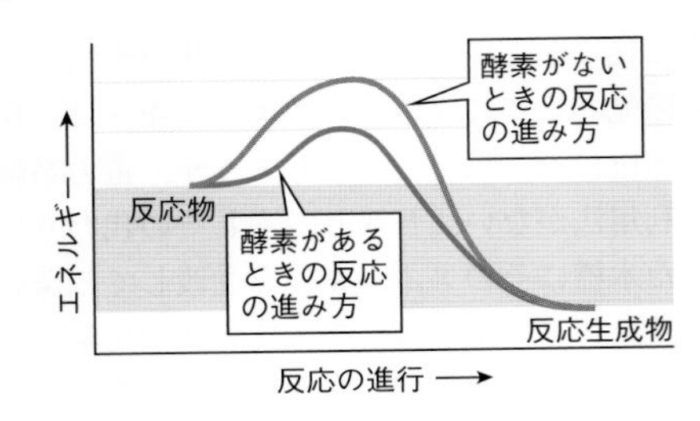

細胞分裂

6

本章のポイント

- 細胞周期のおもな時期と各時期に起こる出来事
- 二分裂，体細胞分裂，減数分裂の比較
- 姉妹染色体と相同染色体の違い
- 体細胞分裂および減数分裂の適切な用語を使っての図式化
- 細胞周期のチェックポイントの重要性と，それらを迂回する場合の結末
- 減数分裂と受精が遺伝的多様性を生み出す方法

6・1 異常な細胞増殖

はじまりは，ありふれた実験であった．1989年，タフツ大学の生物学者たちは，エストロゲンというホルモンが女性生殖器系の細胞増殖をどのように調節するかを研究していた．この研究のため，彼らは培養フラスコとよばれるプラスチックの容器の中でヒトの乳がん細胞を増殖させる実験装置を開発した．フラスコは細胞増殖を阻害する因子を含む液で満たされ，フラスコにエストロゲンを加えると細胞は増殖したが，エストロゲンがなければ増殖しなかった．

ある日，驚いたことに，フラスコ内の細胞がエストロゲンを加えなくても突然増殖しはじめた．研究者たちはすぐに実験を中止し，原因を探しはじめた．エストロゲンが混入したかのようであったが，何週間捜索しても汚染源を特定することはできなかった．

それから約10年後の1998年，別の研究チームが，予想外の実験データに唖然としていた．彼らは，女性が高齢になるにつれ，ダウン症候群のような染色体異常の子供を産むリスクがなぜ高まるのかを研究していた．ダウン症候群の人は，遺伝子を含む細い糸状の構造である**染色体**（chromosome）を通常の46本の代わりに47本もっている（染色体の詳細については8章参照）．研究者たちは，そのリスクの高まりにホルモン濃度が影響を与えていると仮説を立て，それを検証するため，さまざまなホルモン濃度をもつマウス群を飼育して卵細胞の異常な染色体数を調べていた．

実験はほとんど完了し，最後に対照となるマウスを調べはじめた．対照群は実験群との比較に必要な基準であり，この場合，対照群はホルモン濃度に変化がない健康なマウスの集団であった．卵をつくる特別な細胞分裂を行う直前の，卵母細胞（卵の前駆細胞）を顕微鏡で観察したとき，研究者たちは衝撃を受けた．細胞はめちゃめちゃで，染色体はつぶれていた．得られた卵の実に40%に染色体の欠損があった．対照群は完全におかしく，飼育の途中で何かが起こったことを悟った．

タフツ大学の研究者たちが行ったように，彼らは実験で使ったすべての方法や研究機器を詳細に調べたが，原因は数週間経ってもわからなかった．これらの台無しになった実験は，研究者たちの科学者としてのキャリアを永遠に変え，彼らは環境中に広がる有毒物質を特定・追跡し，研究することにその後の10年間を費やすことになった．この物質の正体とはいったい何であったのだろうか．

6・2 細胞周期

乳がん細胞がまちがった状況下で増殖した実験でも，マウスの卵母細胞が卵を正常につくらなかった実験でも，何かが細胞の分裂能を妨げ，細胞周期を壊していた．**細胞周期**（cell cycle）は，典型的な真核細胞の一生を，そのはじまりの瞬間から二つの娘細胞に分かれるときまでつくり上げる一連の出来事である．細胞周期を完了するのにかかる時間は，生物，細胞の種類，生物の生

図 6・1　細胞周期． 真核細胞の細胞周期は，間期と分裂期という二つの主要な段階からなる．

問題 1　細胞周期で DNA が複製されるのはいつか．
問題 2　細胞周期で，DNA が遺伝的に同じ二つの娘細胞に分かれるのはいつか．

⑥ ヒトの多くの細胞は細胞周期から離れてしばらくの間，休止期にとどまる．一部の細胞は休止期から出ることはない
① 細胞が成長して DNA を複製する準備ができる
② ここで DNA が複製される
G_0 期
G_1 期
S 期
間 期
分裂期
細胞質分裂
核分裂
G_2 期
⑤ 二つの娘細胞に DNA が等しく分かれる
④ 複製された DNA が正確に分かれる
③ 細胞分裂に適した状態にあることを確かめるためのチェックが行われる

活環に依存する．たとえば，ヒトの細胞周期は典型的には 24 時間であるが，マウス卵母細胞は周期を完了するのに数日かかることもある．一方，一部のハエ胚の細胞周期は，わずか 8 分の長さである．

真核生物の細胞周期には間期と分裂期の二つの主要な時期があり，それぞれ異なる細胞活動によって特徴づけられる（図 6・1）．**間期**（interphase）は細胞周期の最も長い時期であり，ほとんどの細胞は寿命の 90% 以上を間期で過ごす．間期に細胞は栄養分を取込み，タンパク質やその他の物質を産生し，大きさを増し，細胞の種類に応じて特別な働きをする．たとえば，脳内のニューロンは電気的刺激を伝え，膵臓の β 細胞はインスリンを放出する．

間期は，G_1, S, G_2 のおもに三つの時期に分けることができる．**G_1 期**（G_1 phase，G は "gap" の略）は，生まれたばかりの細胞の一生における最初の時期である．分裂する運命の細胞では，細胞分裂の準備は **S 期**（S phase，S は "synthesis" の略）の間にはじまる．S 期の重大な出来事は，生物の遺伝情報をもつ DNA 分子すべてのコピー，つまり**複製**（replication）である．**G_2 期**（G_2 phase）は，S 期後から分裂開始前までである．

初期の細胞生物学者が G_1 期と G_2 期に "ギャップ" という用語をつけたのは，これらの時期が細胞の一生においてS 期や分裂期ほど重要ではない期間であると考えたからである．しかし，これらの時期はしばしば，細胞の大きさとタンパク質量の両方が増加する成長期であることがいまでは知られている．さらに各 G 期は，その直後の時期に細胞を備えるためのチェックポイントとして働き，すべての条件が適切でなければ細胞周期が進行しないことを保証している．

細胞分裂（cell division）が起こる**分裂期**（mitotic phase），すなわち **M 期**（M phase）は，各細胞における細胞周期の最後の時期である．細胞分裂がはじまるとき，S 期の DNA 複製を経た細胞は，通常の 2 倍量の DNA をもっている．

すべての細胞が細胞周期を完了するわけではない．多くの種類の細胞，たとえば，ニューロンや膵臓の β 細胞は G_1 に入った直後に分化し，G_0 期とよばれる非分裂状態に入るために細胞周期から離れる．**G_0 期**（G_0 phase）は，2〜3 日のこともあれば生涯続くこともある．

細胞は，1) 生殖と，2) 多細胞生物の成長と再生，という二つの基本的な理由のために細胞分裂を開始する．大部分の単細胞生物は，**無性生殖**（asexual reproduction）を通じて子孫をつくるために細胞分裂を利用する．無性生殖は，**クローン**（clone）とよばれる親と遺伝的に同じ子孫をつくる．

細胞分裂はすべての生物（真核生物と原核生物）で起こり，親細胞（母細胞ともいう）の DNA を複製し，そ

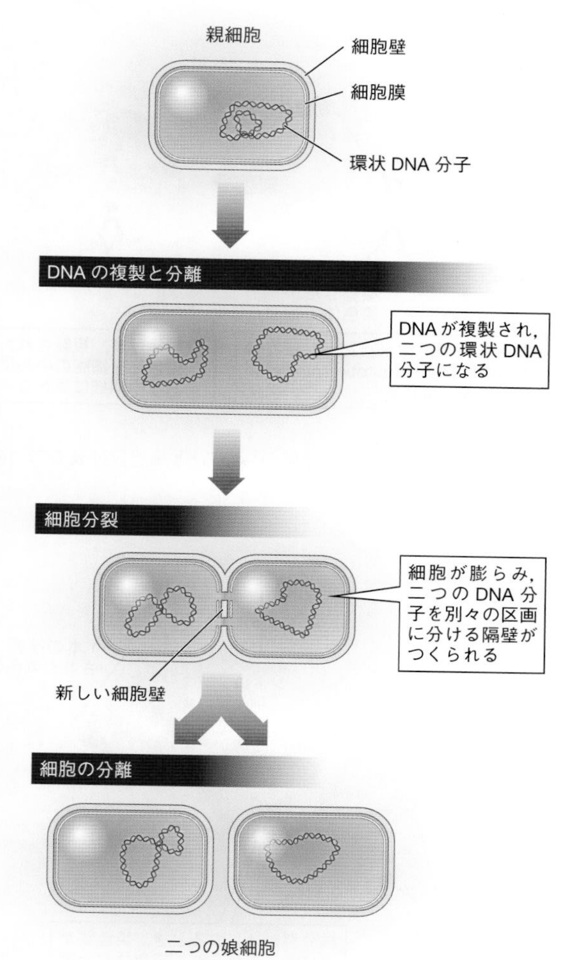

図 6・2　原核生物の細胞分裂. 多くの原核生物は，二分裂とよばれる一種の細胞分裂により無性生殖する.

問題 1　原核生物と真核生物における細胞分裂の類似点を一つ述べよ.
問題 2　原核生物と真核生物における細胞分裂の相違点を一つ述べよ.

のコピーを 2 個の娘細胞それぞれに 1 コピーずつ分配することを伴う. 大部分の原核生物は，DNA の 1 本のループで遺伝物質を運ぶ. 細胞は単純に環状の染色体を複製し，各娘細胞が DNA ループの 1 コピーを受取る結果，遺伝的に同じ 2 個の細胞が生じるという細胞分裂の一種，**二分裂**（binary fission）を通して，これらの原核細胞は生殖する（図 6・2).

しかし，二分裂よりもっと複雑な細胞分裂を行う真核細胞の DNA は，複数の異なる線状の染色体を形成している. 染色体はタンパク質に巻付いてコイル状の線維になっているので，巻戻されて複製され，2 個の娘細胞間に均等に分配されなければならない. この複数の染色体の問題に加え，真核生物の DNA は，核膜を形成する二重の膜に囲まれた核内部に存在するため，大部分の真核生物では，核膜は分裂中の細胞では分解され，細胞分裂終了に向けて各娘細胞において再構成されなければならない. さらに複雑なことには，真核細胞は細胞の種類に応じて 2 種類の分裂を行う. すなわち，体細胞分裂を介して無性生殖を，減数分裂を介して精子と卵をつくる有性生殖を行う.

6・3　体細胞分裂

タフツ大学の研究チームの話に戻そう. 彼らは実験がなぜ失敗したのか，未知のエストロゲンがどのようにして培養フラスコに入り込んで細胞を分裂させたのかを解明しようと 4 カ月を費やした. 試行錯誤し，培養フラスコに添加する液を貯蔵していたプラスチック管の壁から化合物が溶出したらしいと彼らは断定した.

研究者たちはプラスチック管の製造者に電話し，管の耐撃性を高めるために成分が足されたことを確認したが，この企業は“企業秘密”である成分の正体を明かすことを拒否した. 彼らがその秘密の成分を精製し，最終的にノニルフェノールとよばれる，洗剤や硬質プラスチックの製造に使われる化学物質を同定するのにさらに 1 年がかかった. ノニルフェノールがエストロゲンに似た作用をもつことがわかり，すべての問題の理由が明らかになった.

エストロゲン同様，ノニルフェノールは，真核生物において 1 個の親細胞から遺伝的に同じ 2 個の娘細胞をつくるという細胞分裂の一つ，**体細胞分裂**（somatic cell division）を活性化する. この分裂は，間期の後に起こる核分裂と細胞質分裂の二つの段階からなる. 最初の段階である**核分裂**（nuclear division，**有糸分裂** mitosis）は，核内の複製された染色体の分裂をさす. 核分裂は，**前期**（prophase），**中期**（metaphase），**後期**（anaphase），**終期**（telophase）の四つの主要な時期に分けられ*，各期は容易に同定可能な出来事によって定義される（図 6・3).

核分裂がはじまるかなり前，間期の S 期に，親細胞は DNA を複製することにより来たるべき分裂のために準備する. 核内の DNA は，G 期や S 期には密に束ねら

* 訳注：前期と中期の間に前中期（核膜が崩壊し，染色体に紡錘体が付着して染色体が移動する時期）を加え，五つに分けることもある.

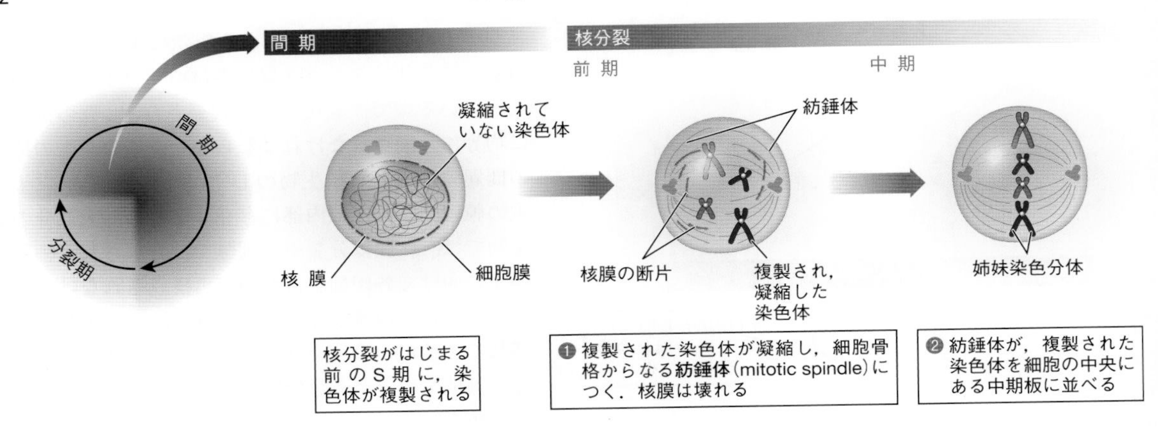

図 6・3　真核生物の細胞分裂． 体細胞分裂による細胞分裂は，核分裂(四つの段階からなる)と細胞質分裂の二つのおもな段階からなる．

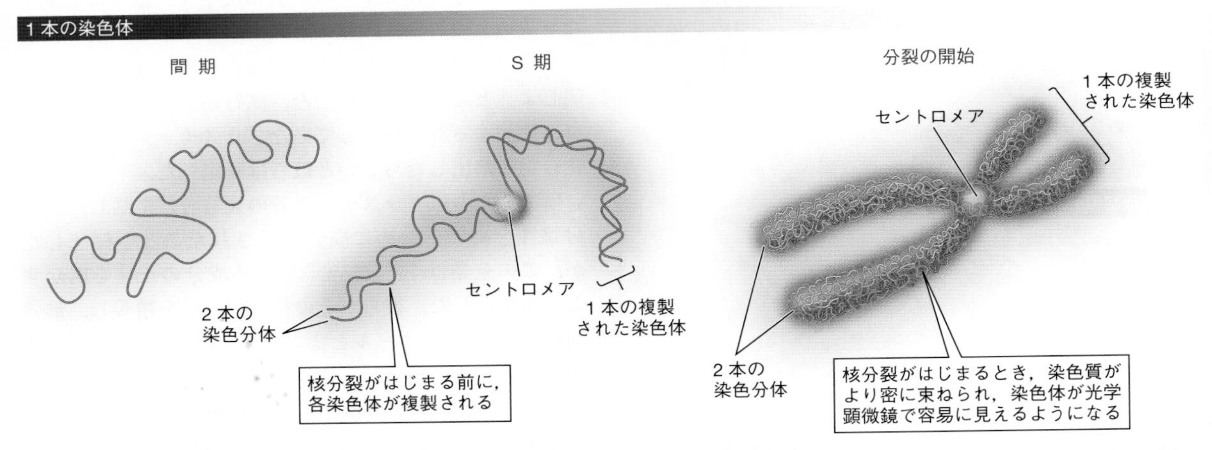

図 6・4　染色体は細胞分裂に備えて複製され，凝縮する． 染色体は細胞周期の大部分では束ねられていない(左)．S期に複製された後，核分裂初期に，密に束ねられ凝縮する．

問題 1　核分裂の前に染色体を複製することがなぜ重要か．
問題 2　セントロメアに付着した姉妹染色分体の染色体数は1本か2本か．

れていないことに注意しよう．これは，DNAを複製や細胞の機能遂行のために利用できるようにしなければならないからである．その後，細胞分裂がはじまると，長い二本鎖DNAの各分子は，細胞分裂のためにDNA分子を染色体へと束ねるのを助けるタンパク質に結合する．最も単純な真核細胞においてさえ，すべてのDNA分子はとても長いため，このパッキングは必要である．染色体が複製されると，**姉妹染色分体**（sister chromatid）とよばれる二つの同一なDNA分子がつくられる．これらの姉妹染色分体は，**セントロメア**（centromere）とよばれる染色体の中心部で固く接着し，中期までは離れない（図6・4）．

核分裂のおもな目的の一つは，これらの姉妹染色分体を分離し，セントロメアで引き離し，各々の1本を親細胞の二つの極に分配することである．真核細胞は，複製された遺伝物質を等しく対称的に分配する間，まちがいを犯す危険性を最小限に抑えるため，精巧なやり方を進化させた．通常，娘細胞が親細胞から受取る染色体は，失われることも，重複することもない．まちがいが起こらない限り，各娘細胞は，親細胞がG_1期でもっていたものと同じ遺伝情報を受け継ぐ．

複製されたDNAが親細胞の両極に半分ずつ二つに分かれた後，細胞全体を半分ずつ二つに引き離すような，**細胞質分裂**（cytokinesis，“細胞の動き”の意味）とよば

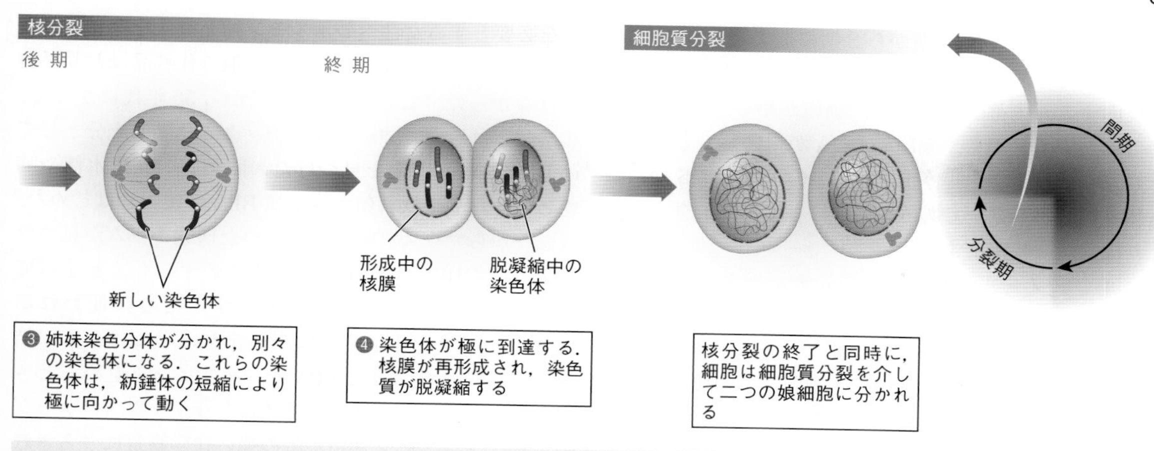
核分裂
後 期
終 期
細胞質分裂
間期
分裂期
新しい染色体
形成中の
核膜
脱凝縮中の
染色体
❸ 姉妹染色分体が分かれ，別々の染色体になる．これらの染色体は，紡錘体の短縮により極に向かって動く
❹ 染色体が極に到達する．核膜が再形成され，染色質が脱凝縮する
核分裂の終了と同時に，細胞は細胞質分裂を介して二つの娘細胞に分かれる

問題 1　生物の全細胞が同時に，核分裂の各段階に入るか．
問題 2　核分裂における紡錘体の役割を自分の言葉で説明せよ．

れる過程によって細胞質が分けられる．細胞質分裂は，互いにクローンである2個の独立した娘細胞をつくり出す．

体細胞分裂は，真核生物自身の入れ替え（生殖のため）にも，個体内に新しい細胞を加えるのにも役立っている．海藻，真菌類，植物，海綿動物や扁平動物のような一部の動物など，多くの多細胞生物が無性生殖のために体細胞分裂を行う．また，すべての多細胞生物が組織，器官，体全体の成長のため，さらに，損傷した組織を修復して使い古した細胞を置き換えるため，体細胞分裂を行う．したがって，子供たちの背が伸びるのも，皮膚の切り傷が癒えるのも体細胞分裂のおかげである．

6・4　細胞周期を制御するチェックポイント

細胞分裂は必ずしもいいことばかりではない．過剰な細胞分裂は，腫瘍をつくる可能性がある（p.69のコラム参照）．発生中の生物では，過剰な細胞分裂により心臓や肝臓のような器官が異常に形成され，正常に機能しない可能性もある．健康な人では，細胞周期が厳密に制御されているのは不思議ではない．細胞を分裂させる決定は，内外のシグナルに反応して細胞周期の G_1 期に行われる．ヒトでは，分裂への決定に影響を与える外部シグナルは，ホルモンや増殖因子とよばれるタンパク質を含む．ホルモンや増殖因子には，車のアクセルのように働いて細胞を分裂に向かわせるものもあれば，ブレーキのように働いて細胞分裂を抑制するものもある．

細胞が細胞周期に入ると，特別な**細胞周期制御タンパク質**（cell cycle regulatory protein）が活性化される．これらのタンパク質は，細胞が重要なチェックポイントを通過して，細胞周期のある時期から次の時期に進むのを可能にする“スイッチを入れる”（図6・5）．たとえば，適切なシグナルを受取ると，細胞周期制御タンパク質は，染色体の複製とそれに関連した他の過程をひき起こ

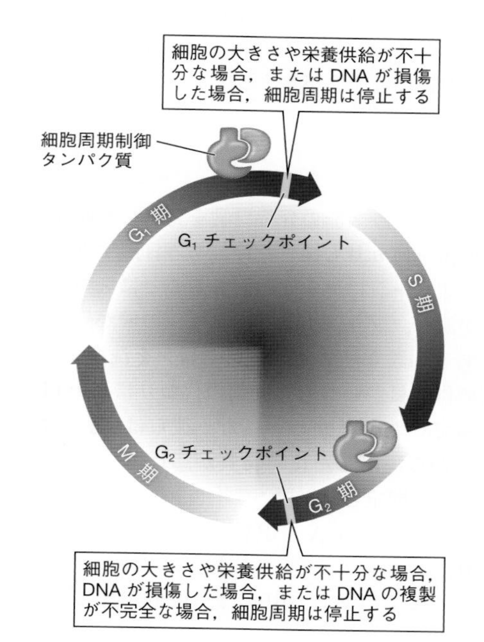
細胞の大きさや栄養供給が不十分な場合，またはDNAが損傷した場合，細胞周期は停止する
細胞周期制御タンパク質
G₁ 期
G₁ チェックポイント
S 期
G₂ チェックポイント
G₂ 期
M 期
細胞の大きさや栄養供給が不十分な場合，DNAが損傷した場合，またはDNAの複製が不完全な場合，細胞周期は停止する

図 6・5　細胞周期が進行するためにはチェックポイントを通過する必要がある． 既知の細胞周期チェックポイントのうち，二つだけが図に描かれている．チェックポイントは，S期とM期でも働く．

問題 1　細胞のチェックポイントが働かないと，何が起こりうるか．
問題 2　細胞のDNAが損傷した場合，細胞周期を停止する利点は何か．

すことにより，細胞をG_1期からS期に進ませる．

細胞周期制御タンパク質は，内外の負の調節シグナルにも反応する．内部シグナルは，細胞が小さすぎても，栄養供給が不十分でも，細胞のDNAが損傷しても，細胞をG_1期とG_2期で一時停止させる．G_2期では，S期に染色体の複製が不完全であった場合にも，内部シグナルにより細胞は一時停止する．

ノニルフェノールはG_0およびG_1チェックポイントを妨害する．要するに，細胞が正常には分裂しないときに細胞周期に入ることを許してしまう．ノニルフェノールがヒトの乳腺細胞やラットの子宮細胞を不適切に分裂させることに気づき，研究者たちは懸念を示した．もしノニルフェノールがプラスチックに常に使われているとすると，健康なヒトの細胞は日常的にそれにさらされている可能性がある．

彼らの発見を報告した1991年の論文には，ノニルフェノールが科学実験を妨害し，さらに重要なことには，ヒトに有害な可能性があると書かれている．

6・5　減数分裂

対照群のマウス卵の分裂異常を発見した研究チームでも，原因を何カ月も探した後，ある日，マウスのプラスチック製ケージに何か問題があることに気づいた．水のビンが漏れ，プラスチック製ケージの壁が曇っていたからである．数カ月前，ケージやビンを洗浄するために，代理の作業員がいつもの洗剤の代わりに高いpHの洗剤を使っていたことがわかった．彼らは腐食したプラスチックから浸出した化学物質が，ビスフェノールAであることを同定した．

ビスフェノールA（BPA）は，1891年にはじめて合成され，ノニルフェノール同様，エストロゲンに類似の合成ホルモンである．BPAは，1930年代にエストロゲンを必要とする女性へのホルモン補充療法を探していた臨床医たちにより検証されたが，他の代替品ほど効果的ではなかった．しかし1940年代から50年代にかけて，化学産業は透明で強いプラスチックの化学的成分としてのBPAの別の用途を見つけた．眼鏡レンズ，水筒や哺乳ビン，食品や飲料缶の内層にBPAが使われはじめた．残念ながらマウス実験を行っていた研究チームが見つけたように，BPAはそれらの製品に必ずしもとどまってはいない．プラスチックを製造するために使われるBPAのすべてが化学結合に組込まれるのではなく，結合に組込まれなかったBPAは，哺乳ビンを温めるときのようにプラスチックが加熱されたり，マウスのケージのようにプラスチックが刺激の強い化学物質にさらされたりすると，自由に動くことができる．BPAは広く使われ，製品からよく溶け出すため，日常生活でヒトがさらされる最も一般的な化学物質の一つである．

BPAがマウスの卵を異常にしたという仮説を確かめるため，研究者たちは最初の出来事を再現した．1セットの新しいケージをわざと傷つけ，その中に健康な雌マウスを入れた．傷ついたビンの水もマウスに飲ませた．その後，これらのマウスの卵を調べたところ，卵の40%が染色体異常であり，以前と同じ毒性効果がみられた．卵は減数分裂の異常を示していた．

減数分裂（meiosis）は，二つの個体の遺伝情報を組合わせて子孫をつくり出す，**有性生殖**（sexual reproduction）を開始する特別な種類の細胞分裂である．有性生殖には，減数分裂による細胞分裂と，受精の二つの段階がある．BPAは，この最初の段階である減数分裂に影響を与える．

体細胞分裂が親細胞と同じ数の染色体をもつ娘細胞をつくることは，すでに述べた．これらの非生殖細胞は**体細胞**（somatic cell）とよばれる．これに対し，減数分裂は，**配偶子**（gamete）という親細胞の半数の染色体

環境ホルモンへの対策

BPAへの曝露の危険性を減らすために，あなたができることがある．米国食品医薬品局は現在，BPAでつくられたプラスチック容器には熱い，沸騰した液体を入れないことを推奨している．また，引っかき傷があるビンはすべて処分することも勧めている．傷には細菌が潜み，もしプラスチックがBPAを含んでいればBPAの大量放出につながるかもしれないからである．

メディアや政府からの情報にのみ頼るのではなく，自分で世界について学ぶことを勧める研究者もいる．もしBPAへの曝露が懸念されるならば，缶詰を食べない，ペットボトルの飲料水を飲まない，電子レンジにプラスチックを入れないなど，生活習慣を変えることによって懸念を軽減し，変化をもたらすことができると研究者は説いている．

これに対し，BPAを避ける最善の方法は，最終的には消費者向け製品への使用を禁止することであり，BPAの使用を制限する立法措置を促すことを勧めている研究者もいる．

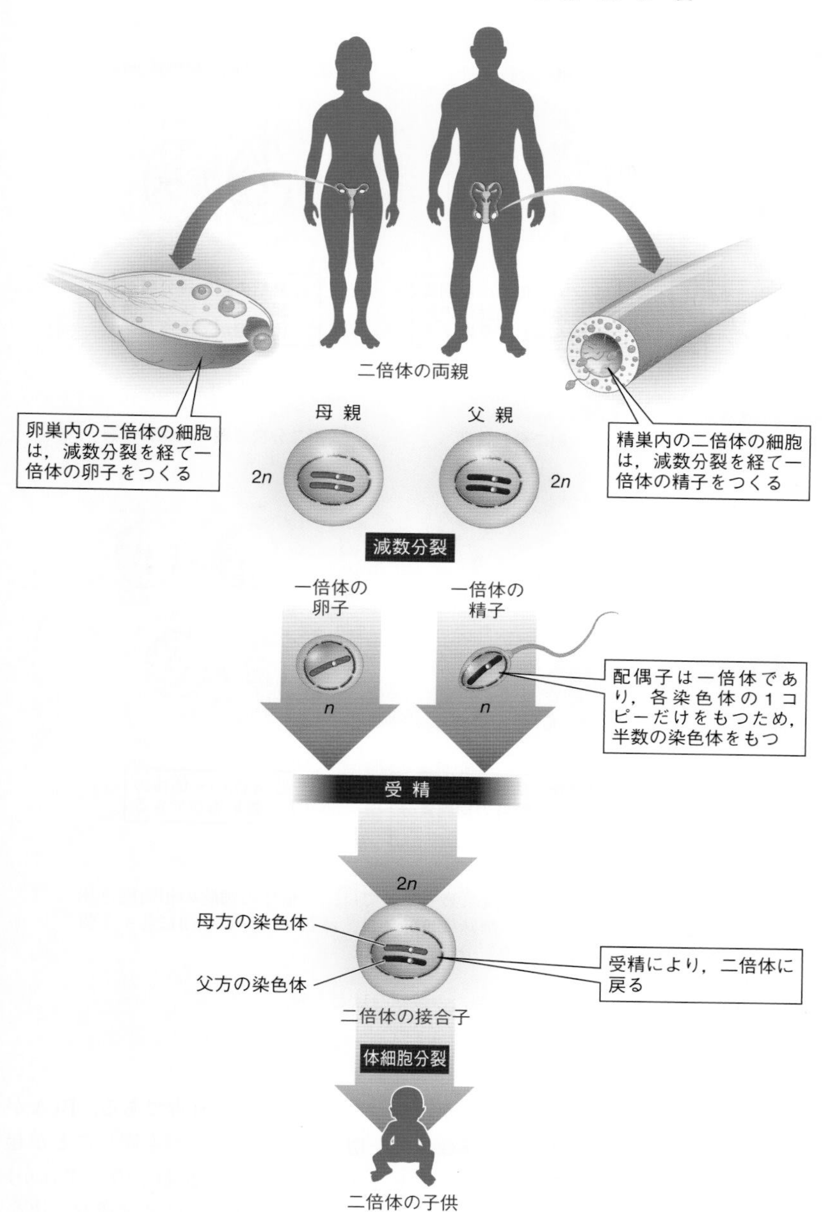
二倍体の両親
卵巣内の二倍体の細胞は，減数分裂を経て一倍体の卵子をつくる
母 親
父 親
2n
2n
精巣内の二倍体の細胞は，減数分裂を経て一倍体の精子をつくる
減数分裂
一倍体の卵子
一倍体の精子
n
n
配偶子は一倍体であり，各染色体の１コピーだけをもつため，半数の染色体をもつ
受 精
2n
母方の染色体
父方の染色体
受精により，二倍体に戻る
二倍体の接合子
体細胞分裂
二倍体の子供

図 6・6　受精は，二つの配偶子を融合して接合子をつくる． 二つの性をもつ生物種では，雌の配偶子は卵で，雄の配偶子は精子である．この図は，ヒトの細胞にみられる 23 対の相同染色体の 1 対だけを示す．

問題 1　接合子は一倍体か，二倍体か．

問題 2　妊娠する前に母親または父親が BPA にさらされた場合，どのようにして胎児に先天異常が起こるか．

をもつ娘細胞をつくる．この体細胞分裂と減数分裂の違いにより，植物や動物の体細胞は配偶子の 2 倍の遺伝情報をもつことができる．体細胞がもつ 2 倍の遺伝情報のセットは**二倍体**（diploid，$2n$ で示す），配偶子がもつ単一のセットは**一倍体**（haploid，n で示す）とよばれる．

2 個の配偶子の融合である**受精**（fertilization）は，**接合子**（zygote）とよばれる 1 個の細胞を生じる．接合子は各配偶子から一倍体(n)の染色体を受け継ぎ，完全な二倍体($2n$)の遺伝情報を再構成する．接合子の各**相同染色体**（homologous chromosome）は，母親由来と父親由来の 1 本ずつの染色体からできている．接合子はその後，体細胞分裂によって分裂し，最終的に成熟した生物へと発生する細胞集団をつくる（図 6・6）．成熟した生物の細胞は，配偶子を除けば，すべて相同染色体をもつ二倍体である．配偶子は一倍体であり，各相同染色体の片方のみをもっている．

減数分裂は間期後，第一分裂と第二分裂の 2 段階で起こる．どちらも 1 回の核分裂と細胞質分裂を含むので，合計 2 回の細胞分裂が起こる（図 6・7）．**減数第一分裂**（meiosis I）は，各相同染色体の片方ずつを二つの異な

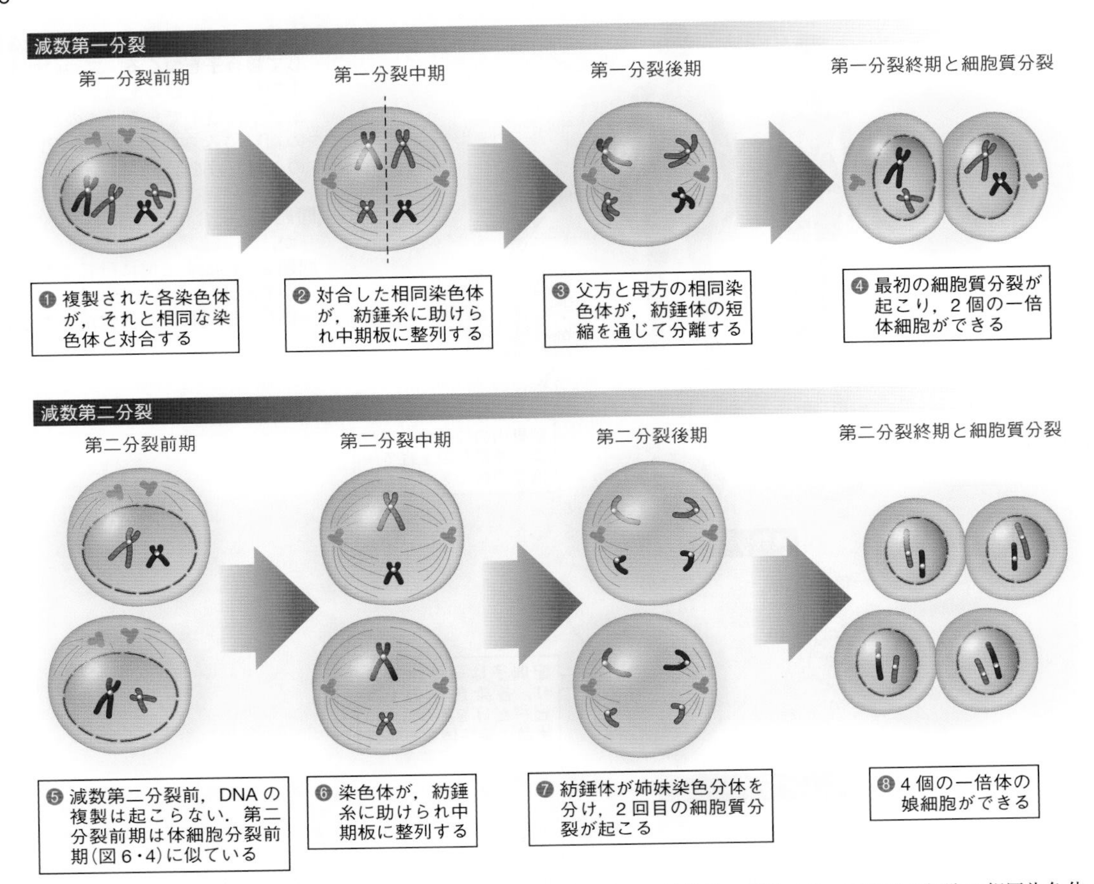

図 6・7　細胞質分裂を伴う減数分裂が，一倍体の娘細胞をつくる． 減数第一分裂では，二倍体の細胞の相同染色体が対合し，２個の一倍体の細胞に分かれる．これらの一倍体細胞の姉妹染色分体は，減数第二分裂の間に各々２個の一倍体細胞に分かれる．減数第一，第二分裂ともに，最後に細胞質分裂が起こる．

問題 1　減数第一分裂後の娘細胞は一倍体か，二倍体か．減数第二分裂後の娘細胞はどうか．
問題 2　相同染色体と姉妹染色分体の違いは何か．

る娘細胞に分けることにより，染色体数を減らして一倍体にする．相同染色体どうしは並んで対合した後，細胞の両極に分かれ，細胞質分裂が起こる．**減数第二分裂**(meiosis II) は，各姉妹染色分体を二つの異なる娘細胞に分ける．ここでは，分裂の各時期は体細胞分裂の場合とほぼ同じである．姉妹染色分体が細胞の両極に分かれ，細胞質分裂が起こり，染色分体を二つの新しい娘細胞へ等しく分配する．まとめると，減数第一分裂では複製された各相同染色体の片方をもつ２個の一倍体細胞(n)がつくられ，減数第二分裂ではこれら２個の一倍体細胞が染色体を複製することなく姉妹染色分体を分けて各々分裂し，合計４個の一倍体細胞(n)がつくられる．この一倍体の配偶子は，最初の減数分裂前の二倍体細胞($2n$)にあった染色体セットの半分をもつ．

BPA は減数分裂の過程を壊し，染色体が４個の一倍体細胞へと分かれるのを妨げるため，有毒である．BPA がマウスの減数分裂を壊すならば，ヒトでも同じことが起こりうる．もしヒトの配偶子（精子か卵子のいずれか）が正しい数の染色体を含まなければ，受精は通常，流産に終わる．

実験結果を公表することに研究者たちは神経質になっていた．さまざまな商品に広く使われ，おそらくすべての人々がさらされている BPA が，流産や赤ちゃんの先天異常のリスクを高める可能性があることを公表することになるからである．

6・6　遺伝子組換え

血のつながった親子をみればわかるように，有性生殖により生じる子供は親に似ているが，無性生殖により生

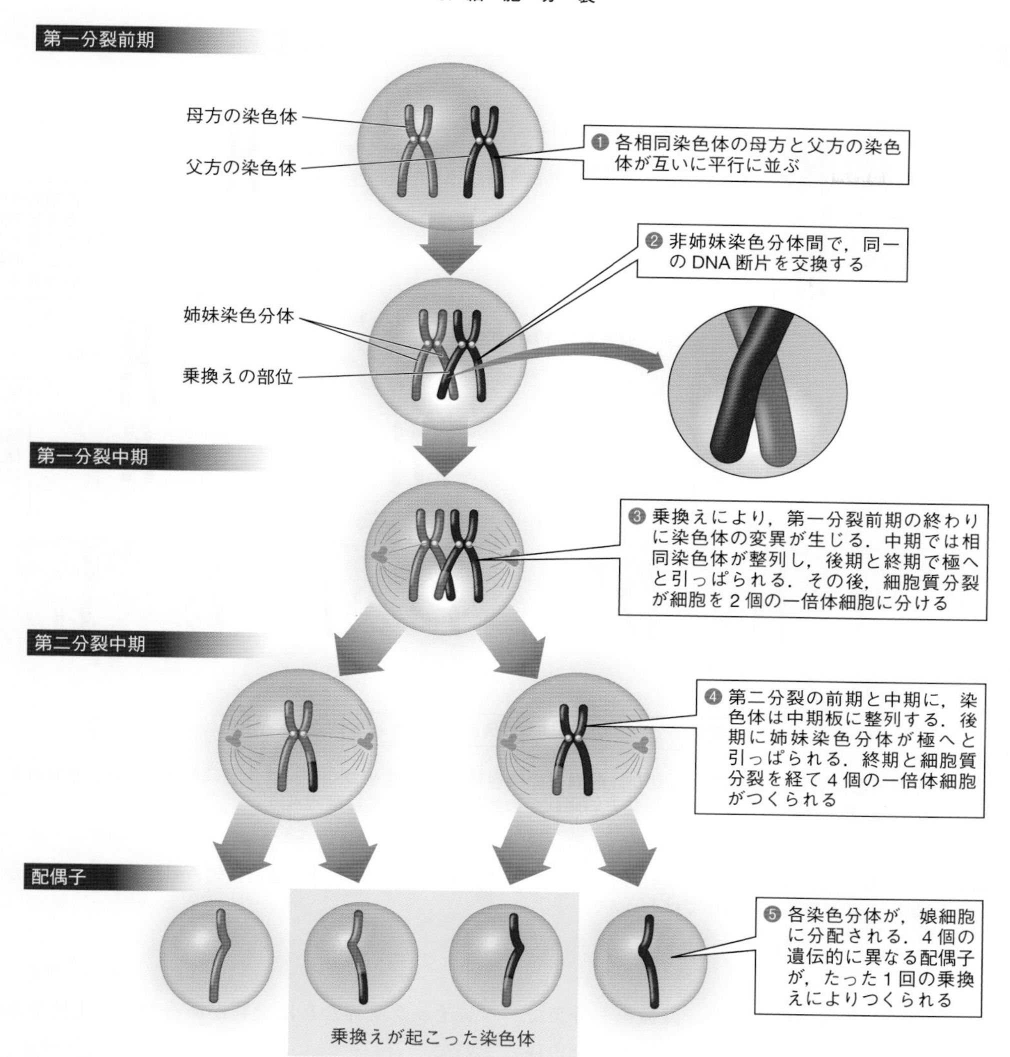

図 6・8　乗換えは，DNAの新しい組合わせをもつ染色体を生み出す． ヒトは23対の相同染色体をもつが，ここでは簡便のため，1対の母方の染色体と父方の染色体のみを示す．

問題1　相同染色体間のDNA断片の交換に“乗換え”という用語が適切なのはなぜか．
問題2　減数第一または第二分裂のどの時期に乗換えが起こるか．

じるクローンとは違って同一ではない．有性生殖の生物のDNAは半分ずつ異なる親に由来するため，減数分裂と受精は，生物種の染色体数を一定に維持しながら集団内の遺伝的多様性を可能にしている．

減数分裂が遺伝的多様性を生み出すには二つの方法がある．一つは減数第一分裂での各相同染色体の父方と母方の染色体間での乗換えであり，もう一つはこれら相同染色体の独立した組合わせである．**乗換え**（crossing-over，**交叉**）は，減数第一分裂中に，複製された各相同染色体の非姉妹染色分体間で起こる同一染色体断片の物理的交換である．これらの非姉妹染色分体は，その長さに沿ってランダムな部位で物理的に接触し，それぞれDNAの全く同じ断片を交換する（図6・8）．染色分体は組換えられ，DNA断片の交換は**遺伝子組換え**（genetic recombination）として知られている．乗換えが起こらなければ，配偶子に受け継がれる染色体は，すべて親細胞の染色体のとおりである．

相同染色体の独立した組合わせ，すなわち，減数第一分裂中に相同染色体が母方，父方の区別なくランダムに娘細胞へ分配されることも，配偶子の遺伝的多様性に寄

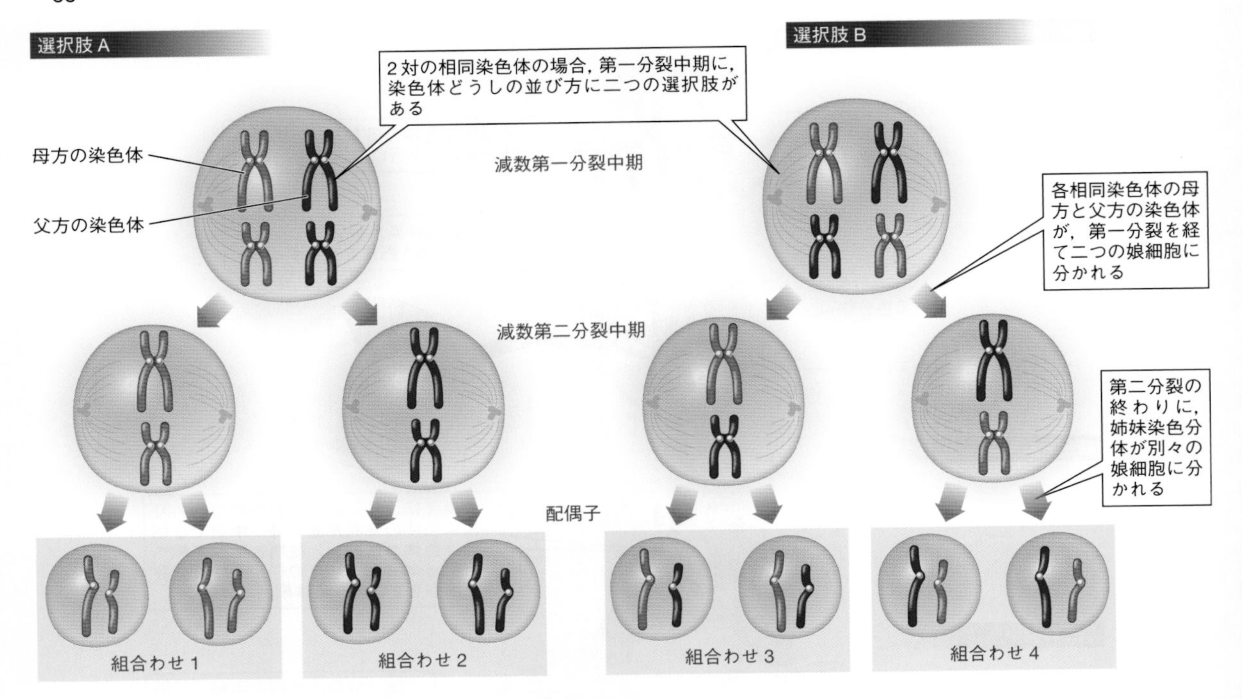
選択肢 A
選択肢 B
2 対の相同染色体の場合，第一分裂中期に，染色体どうしの並び方に二つの選択肢がある
母方の染色体
父方の染色体
減数第一分裂中期
各相同染色体の母方と父方の染色体が，第一分裂を経て二つの娘細胞に分かれる
減数第二分裂中期
第二分裂の終わりに，姉妹染色分体が別々の娘細胞に分かれる
配偶子
組合わせ 1
組合わせ 2
組合わせ 3
組合わせ 4
配偶子で起こりうる四つの染色体の組合わせ

図 6・9　相同染色体の独立した組合わせが，配偶子の染色体の多様性をつくる． ここでは簡便のため，2 対の相同染色体のみを示す．各配偶子は，母方，父方いずれかの相同染色体を受け継ぐ．

問題 1　減数分裂のとき，ランダムな組合わせが起こるのは乗換えの前か後か．
問題 2　2 対の相同染色体で，4 種類の配偶子がつくられる．3 対の相同染色体では何種類の配偶子をつくれるか．ヒトの細胞の 23 対の相同染色体ではどうか．

与している．細胞内の各相同染色体が，減数第一分裂で中期板として知られる赤道面に並ぶとき，母方の染色体と父方の染色体がどちら側に並ぶかはランダムなため，多くの染色体の組合わせが娘細胞で可能になる（図 6・9）．

乗換え同様，染色体の独立した組合わせは，親とも，互いにも，遺伝的に異なる配偶子をつくる．その後，受精で起こる 2 個の配偶子の融合は，2^n 個に 1 個の卵と 2^n 個に 1 個の精子を組合わせるので〔n は染色体数，ヒトの場合 2^{23}（約 840 万）個〕，膨大な量の遺伝的変異を加えることになる．これら乗換え，独立した組合わせ，受精の三つの過程が同時に働くことで，私たち一人一人に遺伝的特異性を与えている．

6・7　ビスフェノール A の影響

研究チームは 2003 年に結果を発表した．BPA が有毒であることが広く報道され，大きな反響をよんだ．プラスチック業界からは批判があったが，支持する研究も続いた．

同じころ，ミズーリ大学では，子宮内で BPA に曝露された雄マウスは，BPA が非常に低用量であっても，成体になってから前立腺が劇的に肥大することが発見された．これは，男性にも BPA による健康への影響の危険性があることを示唆している．

2007 年，彼らは研究を発展させ，妊娠マウスを雌胎児が卵巣で卵をつくっているときに BPA にさらした．第二世代の雌マウスが成体になったとき，その卵も損傷を受けていることを発見し，BPA への曝露が成体だけでなく，第二世代の子孫にも影響を与えることを証明した．

しかし，BPA が有毒であることに同意しない多くのプラスチック製造企業は，結果の一致しない研究を行った．科学的な合意を得るため，2006 年 11 月 28 日，米国全土から 37 名の研究者たちがチャペル・ヒルのノースカロライナ大学に集まり，BPA に関する研究をまとめた．2 日間の会合の結果，過去 10 年以上にわたって行われ

がん：無制御な細胞分裂

米国では，毎年約60万人，およそ4人に1人ががんで亡くなっている．この死亡率を上回っているのは心臓病だけである．生涯を通じて米国の男性ががんと診断される可能性は約1/2，女性ががんを発症する可能性は1/3でわずかに低い．200以上の種類のがんがあるが，肺がん，前立腺がん，乳がん，結腸がんの四大がんを合わせると，すべてのがんの約半分を占める．現在，生存する1500万人以上の米国人ががんと診断され，寛解または治療中である．国立がん研究所は，さまざまな形態のがんにかかる総経費は年間1000億ドル以上と見積もっている．

どのがんも1個の不良な細胞からはじまる．この細胞は正常なチェックポイントを経ず分裂を開始し，暴走した細胞分裂により**腫瘍**(tumor)として知られる細胞集団がすぐにつくられる．一つの部位に限定されたままの腫瘍は**良性**(benign)である．良性腫瘍は通常，外科的に除去できるので，患者の生存にとって一般に脅威ではない．しかし，活発に増殖する良性腫瘍は，がんになるように変化していくようである．これらの腫瘍細胞は，正常細胞の細胞周期のチェックポイントで起こる監視の対象とならないため，子孫の細胞はだんだん異常になり，形を変えて大きくなり，最終的には正常な細胞機能を停止する可能性がある．腫瘍細胞はがん状態へと向かうにつれ，新しい血管を形成する**血管新生**(angiogenesis)を起こす物質を分泌しはじめる．腫瘍への血液供給の増加は，腫瘍に栄養分を届けて老廃物を除去し，腫瘍をより大きく成長させるのに重要である．

成体の大部分の細胞は決まった場所にしっかり接着し，周囲から切り離されると分裂を停止する．**足場依存性**(anchorage dependence)として知られる現象である．しかし，一部の腫瘍細胞は，接着部位から離れた場合でさえ分裂できる能力，足場非依存性を獲得している．腫瘍細胞は，足場非依存性を得て他の組織に浸潤しはじめると，**がん細胞**(cancer cell，**悪性細胞** malignant cell)に形質転換する．がん細胞は接着部位から抜け出して血液やリンパ管に入り，体中の離れた場所に出現し，そこで新しい腫瘍を形成するかもしれない．ある器官から別の器官への疾患の波及は**転移**(metastasis)として知られている．転移は，典型的にはがん発症の後期に起こる．いったんがんが転移して複数の器官で腫瘍を形成すると，治療はかなりむずかしい場合が多い．

がん細胞は，どこでできても急速に増殖し，隣接細胞を侵食して酸素と栄養分を独占し，近くの正常細胞を飢えさせる．がん細胞は無制限に成長・移動し，組織，器官，器官系を着実に破壊する．これらの器官の正常な機能は大きく損なわれ，最終的には重要な器官の障害によりがん死が起こる．

た何百もの研究を要約した“チャペル・ヒルのビスフェノールA合意声明”が出された．分析が完了し，現在の環境中の濃度のBPAへの曝露はヒトの健康に危険であることがはっきり結論づけられた（p.64のコラム参照）．

時間が経つにつれBPAは使われなくなり，2012年，米国食品医薬品局は哺乳ビンや子供用カップへのBPAの使用を禁止した．しかし，BPAに取って代わった化学物質の一部もエストロゲン類似物質であり，多くの科学者はまだ心配している．

ここ数年，世界中の科学者たちがマウスやラットを使って，BPAが減数分裂と体細胞分裂を妨げ，乳がんや前立腺がん，流産や先天異常，糖尿病や肥満，注意欠陥多動障害のような行動障害さえ含む，多くの健康問題をひき起こすことを明らかにした．しかし，BPAがヒトで類似の疾患をひき起こしているかは未知のままである．大部分の人がすでに体内にBPAをもっているため，そのような仮説を検証するのがむずかしいからである．BPAはヒトの血液，尿，母乳，羊水で検出されている．2016年，研究者たちは，米国の妊婦たちがBPAにほぼ普遍的に曝露され，そのおもな原因がレジの領収書であることを突きとめた．彼らはヒトに近いモデル動物であるサルを使って，現在もBPAの影響を探求し続けている．

章末確認問題

1. 相同染色体にあてはまるものはどれか．
   (a) 姉妹染色分体と同じである
   (b) 1対の染色体である
   (c) 同じ染色体の同じコピーである
   (d) 常に一倍体である

2. 遺伝的変異を生じないものはどれか．
   (a) 二分裂
   (b) 相同染色体の乗換え
   (c) 相同染色体のランダムな組合わせ
   (d) 受精

3. 左の細胞周期の各時期に起こる出来事を右から選べ．

細胞質分裂	1. この時期終了までに，細胞の各染色体は二つの姉妹染色分体をもつ
S 期	2. この時期に，細胞の成長の大部分が起こる
G_1 期	3. 複製しない細胞は，細胞周期を離れてこの時期に入る
G_0 期	4. この時期の終わりに，2 個に分かれた娘細胞がつくられる

4. 正しい用語を選べ．
[体細胞分裂／減数分裂]は，親細胞の半数の染色体をもつ娘細胞をつくる．原核生物の細胞分裂は，[体細胞分裂／二分裂]とよばれる．減数第一分裂は[姉妹染色分体／相同染色体]を，減数第二分裂は[姉妹染色分体／相同染色体]を，二つの娘細胞に分ける．

5. 有性生殖において出来事が起こる順に並べよ．
(a) 相同染色体の分離
(b) 姉妹染色分体の分離
(c) 接合子の体細胞分裂
(d) 4 個の一倍体娘細胞をつくる細胞質分裂
(e) 2 個の配偶子の融合

6. 細胞周期の制御不能により起こる可能性があるものはどれか．
(a) 妊娠　(b) がん
(c) 受精　(d) 相同染色体の乗換え

7. DNA 損傷の徴候があると，細胞が分裂期に入るのを防ぐ新規タンパク質が同定されたと仮定する．このタンパク質はどの種類に分類されるか．
(a) 染色分体　(b) 細胞周期チェックポイント
(c) 良性　(d) 悪性　(e) 血管新生

8. 減数第一分裂前期の細胞内にいると想像してみよう．2 本の DNA の線状分子が凝縮し，セントロメアによって互いに結合しているのがみえるとき，正確には何を見ているのか．
(a) 1 対の相同染色体
(b) 姉妹染色分体
(c) 中期板
(d) 細胞周期チェックポイント
(e) 配偶子

9. 科学者は，細胞周期のさまざまな時期に細胞を分離することができる．培養細胞を分裂させる実験において，G_1 期に分離した細胞の 1.5 倍の DNA を含む細胞群を得るには，どの時期に細胞を分離しなければならないか．その理由を述べよ．

7 遺伝の様式

本章のポイント

- 遺伝形質の遺伝子型と表現型の違い
- 遺伝を理解するためのメンデルの実験の重要性
- メンデルの分離の法則および独立の法則の説明
- 単一遺伝子および二つの独立した遺伝子に関するパネットの方形の作成と，既知の遺伝子型の親から生まれる子孫の表現型の予測
- メンデル形質および複雑に遺伝する形質のそれぞれの例
- 個体の表現型が，互いに，および環境と相互作用する複数の遺伝子により決定されるしくみ

7・1 愛犬ジョージの死

ユタ大学の遺伝学者の愛犬ジョージは，死にかけていた．子犬のときから飼っていたが，免疫系が自分の組織を攻撃し破壊しはじめるアジソン病に罹り，1996年に亡くなった．悲嘆に暮れた彼は，心の傷を癒すために同じ品種のポーチュギーズ・ウォーター・ドッグ(PWD)を飼うことに決め，ニューヨークのPWDのブリーダーに連絡を取った．職業を尋ねられ，彼はダイズを使って遺伝学を研究していることを告げたが，“遺伝学”のみが耳に残ったブリーダーはとても興奮した．

ブリーダーはどのようにして親の特徴が子犬に遺伝するのか非常に興味をもっていたので，この遺伝学者と毎週電話で語り合った．ブリーダーは，彼がイヌの遺伝学の研究をはじめることを期待し，PWDの子犬を無償であげようと考えた．しかし，彼は細菌やダイズの遺伝形質を専門に研究していたので，イヌには全く専門知識がなかった．そのため最初はためらっていたが，ブリーダーの熱意に押され，研究を引き受けることになった．こうしてはじまったイヌの遺伝形質に関する研究は，彼自身さえ予想していなかった大きな成果へとつながっていくことになる．

遺伝形質（genetic trait）は，何らかの方法で観察や検出が可能な生物の遺伝的特徴である．ある遺伝形質は**不変**（invariant）であり，種のすべての個体で同じであることを意味し，たとえば，すべてのダイズには種子を包む莢がある．他の遺伝形質は**可変**（variable）であり，たとえば，ダイズの種子にはさまざまな大きさと，黒，茶，緑を含む色がある．

形質にはいくつかの種類がある．イヌの顔の形のような**物理的形質**（physical trait）は観察しやすいが，イヌのアジソン病に対する感受性のような**生化学的形質**（biochemical trait）は観察困難なことが多い．ダイズ畑から物理的・生化学的情報を集めるのは容易だが，全国の各家庭にいるペットからそれらの情報を集めるのはずっとむずかしい．また，イヌの研究には，ダイズでは考慮する必要のない因子，内向性や外向性のような**行動形質**（behavioral trait）に関するデータも必要である．これらの三つの形質すべてが，遺伝子により影響を受ける．

7・2 遺伝子型と表現型

遺伝子（gene）は，遺伝形質に影響を与える情報の基本単位である．分子レベルでは，遺伝子は**染色体**（chromosome）上のDNAの塩基配列で構成され，染色体は真核細胞の核にあるDNAとタンパク質からなる糸状の構造体である（図7・1）．遺伝子は特定のタンパク質の情報を含み，そのタンパク質は特定の遺伝形質のもととなったり寄与したりする．PWDの形質を研究するためには，血液や唾液から得られるイヌのDNAが必要であった．そのDNAが得られれば，ある遺伝子の異なる型である**対立遺伝子**（allele，**アレル**）を探し，それらを遺伝形質に結びつけることが可能である．対立遺伝

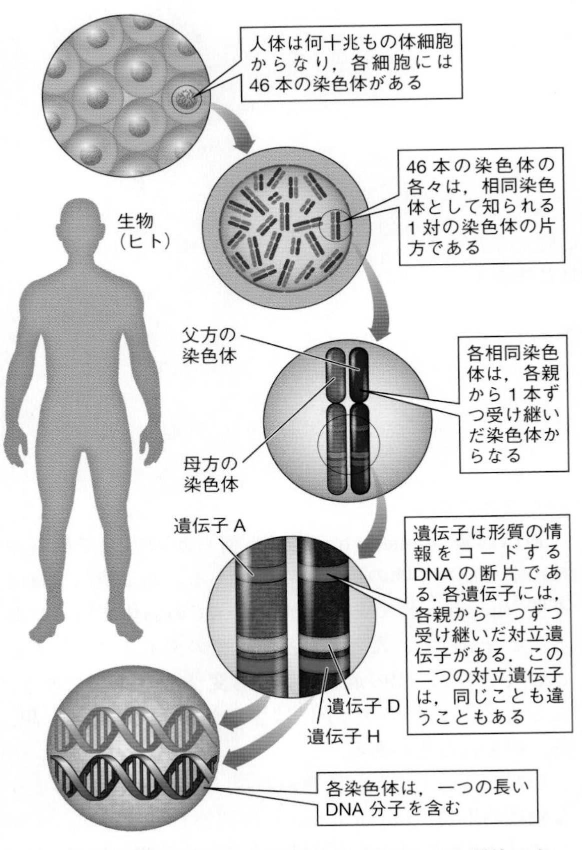

人体は何十兆もの体細胞からなり，各細胞には46本の染色体がある
46本の染色体の各々は，相同染色体として知られる1対の染色体の片方である
生物（ヒト）
父方の染色体
各相同染色体は，各親から1本ずつ受け継いだ染色体からなる
母方の染色体
遺伝子 A
遺伝子は形質の情報をコードするDNAの断片である. 各遺伝子には，各親から一つずつ受け継いだ対立遺伝子がある. この二つの対立遺伝子は，同じことも違うこともある
遺伝子 D
遺伝子 H
各染色体は，一つの長いDNA分子を含む

図 7・1　遺伝子は，遺伝形質をつくる DNA の断片である． 体細胞（生殖細胞以外）では，大部分の遺伝子が二つのコピーをもっている．

問題 1　遺伝子の物理的構造は何か．
問題 2　ヒトの二倍体細胞にある 46 本の染色体のうち，母方および父方の染色体数はそれぞれいくつか．

子は，遺伝子を構成する DNA の変化である**突然変異**（mutation）によって生じる（突然変異の詳細は 9 章参照）．遺伝子の多くの異なる対立遺伝子を生物は種全体として含むため，ダイズでもイヌでもヒトでも，種の遺伝的多様性は生じる．

遺伝的変異が大きいことに関しては，イヌはチャンピオンである．すべてのイヌは同じ種であるが，ペキニーズの体重は 1 kg 足らずであるのに，セント・バーナードは 80 kg を超えることもある．実際にイヌは，地球上に生存するヒトを除く他のどの陸上哺乳類よりも，大きさと形の変異が大きいことが報告されている．先の遺伝学者がイヌの遺伝形質の研究をはじめるには個々のイヌの**遺伝子型**（genotype，個体がもつ遺伝子構成）と**表現型**（phenotype，個体に現れた形質）を比較する必要があった．ある形質の遺伝子型とは，その表現型を決める対になった対立遺伝子の構成である．イヌの形質の原因となる遺伝子を同定するために，多くのイヌそれぞれについて遺伝子型と表現型両方の情報が必要であったのだ．

ブリーダーはすでにその問題に着手していた．プロジェクト開始からわずか 3 カ月間で 5000 匹の PWD の血統書（個々のイヌの詳細な健康と繁殖の記録）が届き，彼は驚いた．イヌの飼い主たちの熱意と寛大さが研究に貢献することがその後何度もあったが，その最初の出来事であった．

遺伝学者とブリーダーのこの稀有な協力は，現在，国家的研究プロジェクトにまで発展し，ヒトとイヌ両方の健康と病気の遺伝的基盤について，貴重な知識を提供している．そのうえ，彼らの努力は，小さな遺伝的変化がどのように単一種に大きな変異を生み出すかを解明した．

7・3　顕性と潜性

彼が愛情を込めて命名したジョージ・プロジェクトは，1996 年に正式にはじまった．彼の最初の仕事は，PWD から遺伝子型と表現型を集めることであった．うれしかったことには，PWD の飼い主たちは熱心で，イヌの血統書，血液試料，獣医師の撮影した X 線写真が彼に届きはじめた．すぐに，1000 匹以上のイヌの DNA と 500 匹を超えるイヌの詳細な身体測定値が集まり，ハードワークがはじまった．

イヌの遺伝子型と表現型を使って，ある特定の形質にかかわる対立遺伝子に焦点をあてる準備が整った．一部の遺伝子は，別の対立遺伝子と対になると**顕性**（dominant，**優性**）である対立遺伝子をもつ．つまり，二つの対立遺伝子が対になったとき，片方の対立遺伝子が，もう片方の対立遺伝子が表現型に影響を及ぼすのを妨げる．たとえば，イヌでは毛を黒色にする対立遺伝子 *B* は顕性である．これに対し，顕性対立遺伝子と対になったとき，表現型に影響を及ぼさない対立遺伝子は**潜性**（recessive，**劣性**）である．イヌでは毛を茶色にする対立遺伝子 *b* は潜性である．（両方の対立遺伝子を一つずつ遺伝子がもつ場合，一般に，顕性対立遺伝子には大文字を，潜性対立遺伝子には小文字を使う）．

同じ対立遺伝子の二つのコピー（*BB* や *bb* など）をもつ個体は，その遺伝子に対して**ホモ接合**（homozygous）である．これに対し，ある表現型について遺伝子型が二つの異なる対立遺伝子（*Bb*）で構成される個体は，その遺伝子に対して**ヘテロ接合**（heterozygous）である．顕性対立遺伝子と潜性対立遺伝子を一つずつもつヘテロ接合の個体では，顕性の表現型を示し，たとえば，毛の色についてヘテロ接合（*Bb*）であるイヌの毛は，黒色

慢性疾患の環境因子

病気は健康を損なう状態であり，ウイルス，細菌，寄生虫による感染や，有害な化学物質，高エネルギー放射線による傷害のような外的因子によってひき起こされる．

栄養不足が病気につながる可能性もある．たとえば，ビタミンC不足は，かつて船員や海賊の間で一般的であった壊血病をひき起こす．

病気はまた，一つ以上の遺伝子の機能不全によってひき起こされることもある．遺伝子の機能不全のみによって起こる病気は遺伝性疾患とよばれ，感染症や他の病気とは区別される．

しかし，心臓病，がん，脳卒中，糖尿病，喘息，関節炎など，先進国で最も一般的な疾患の多くは，複数の遺伝子が外的因子と複雑な方法で相互作用することによりひき起こされる．これらは複合形質である．すなわち，鍵となる遺伝子の機能不全がこれらの疾患を発症しやすくさせるが，実際に疾患が起こるかどうか，どれだけ症状が重篤になるかは，環境因子により影響を受ける．

慢性疾患発症の予測されるリスクの大部分は，良好な栄養状態の維持，規則正しい運動(次の図参照)，禁煙などの生活習慣の選択によって防ぐことができる．(“慢性”は“絶えない”という意味で，これらの疾患を発症すると，その後ずっと患うことを意味する．)

現代遺伝学のおもな目標は，ヒトの病気にかかわる遺伝子を同定することである．研究者たちは，高血圧，心臓病，糖尿病，アルツハイマー病，いくつかの種類のがん，統合失調症など，多くの一般的な病気へのリスクを高める対立遺伝子を同定した．いつか近いうちに遺伝子検査が，私たちが病気になる前に病気に罹るかどうかを教えてくれることが期待される．そうすれば，危険な遺伝子をもつ人は，病気を発症する可能性を減らすための予防的処置をとることができ，関連する特定の遺伝子に治療を合わせることができるであろう．この個人別に誂えるような治療は，“オーダーメイド医療”とよばれ，すでに乳がんや他の慢性疾患の治療に使われている．

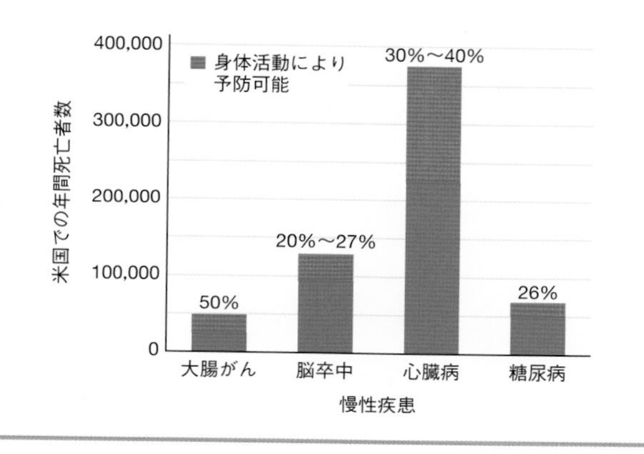

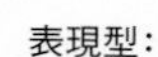

図 7・2 プードルの毛の色を決める複数の遺伝子． PWD に近縁なプードルは，黒毛(顕性対立遺伝子 B)または茶毛(潜性対立遺伝子 b)をもつ可能性がある．他にも異なる遺伝子型の毛色が，プードルなどのイヌの品種には存在する．

問題 1 直接観察されるのは，遺伝子型と表現型のどちらか．

問題 2 ヘテロ接合のことがあるのは，黒毛，茶毛，どちらか．

である（図 7・2）．

最初に調べることを決めたイヌの形質は，“大きさ”だった．何がグレートデーンを大きく，チワワを小さくしているのかを見つけるため，“イヌプロジェクトの母”と彼がよぶ別の研究者に助けを求めた．彼女がイヌの研究に加わることになった経緯もまた変わっていた．

7・4 メンデルの分離の法則

1990 年，ハーバード大学でのポスドクの研究を終えたばかりの遺伝学者が，カリフォルニアで研究室を立ち上げる準備をしていた．はじめに研究材料を決めなければならなかったが，実験しやすいショウジョウバエや線虫や植物から選ぶのが一般的であった．そして“現代遺伝学の父”であるオーストリアの修道士メンデル（Gregor Johann Mendel）が 1800 年代半ばに選んだように，彼女は植物を選んだ．

よく知られているように，メンデルは修道院の庭でエ

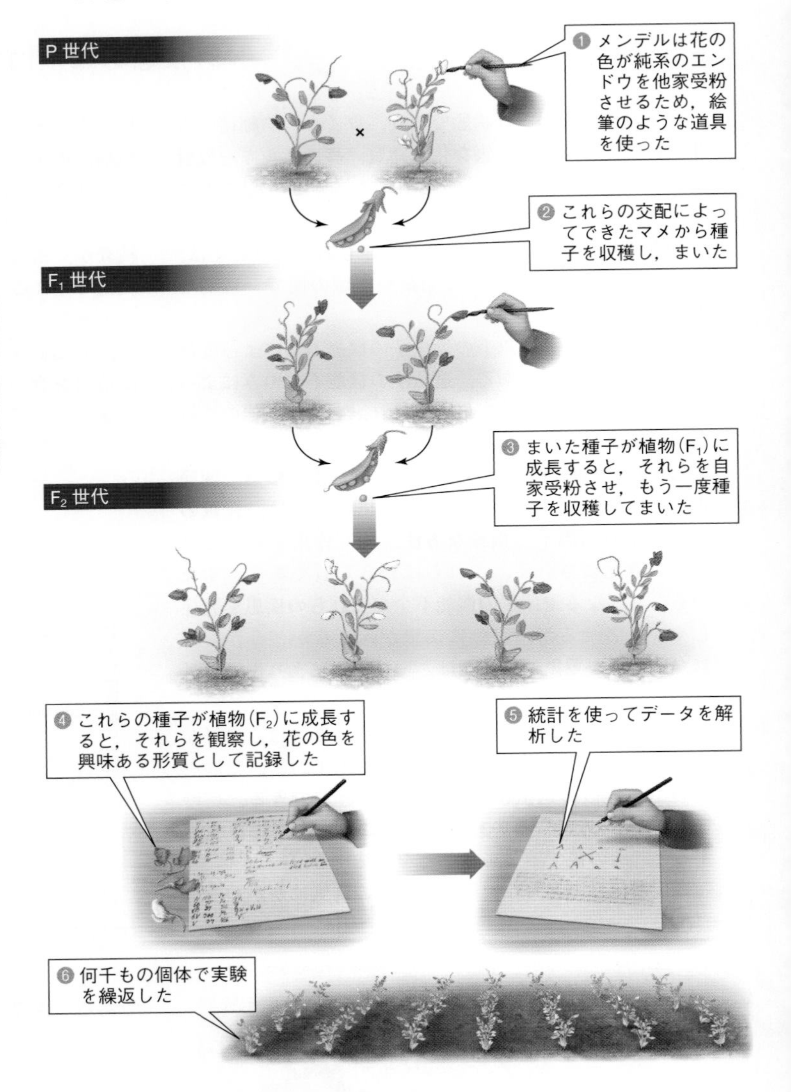
P 世代
❶ メンデルは花の色が純系のエンドウを他家受粉させるため，絵筆のような道具を使った
×
❷ これらの交配によってできたマメから種子を収穫し，まいた
F_1 世代
❸ まいた種子が植物(F_1)に成長すると，それらを自家受粉させ，もう一度種子を収穫してまいた
F_2 世代
❹ これらの種子が植物(F_2)に成長すると，それらを観察し，花の色を興味ある形質として記録した
❺ 統計を使ってデータを解析した
❻ 何千もの個体で実験を繰返した

図 7・3　メンデルの綿密な実験. メンデルはよく練ったプロトコルに従って，注意深く研究を行い，観察した．顕花植物は雌雄両方の生殖構造をもっているので，制御された交配が可能である．メンデルは，P 世代の植物に手を加え，一つの植物から雌の構造をすべて取除き，もう一つの植物から雄の構造すべてを取除くことにより，自家受粉を防いだ．その後，彼は花粉を雄の植物から雌の植物の花に移し，最初の交配を行った．

問題 1　F_1 植物の花は，何色と予測されるか．
問題 2　メンデルが，花の色に対しエンドウが純系であることを確認した後，実験をはじめたのは，なぜ重要であったか．すぐに紫色の花の植物と白色の花の植物を交配しなかったのはなぜか．

ンドウを育てた．エンドウの研究を通して，メンデルは現代遺伝学の基礎となる遺伝の様式を発見した．現在，“メンデルの法則” とよばれている法則は，遺伝子がどのようにして親から子へと伝わるかを説明し，親の遺伝子型を使って子孫の遺伝子型や表現型を予測することを可能にしている．

メンデルは，二つのエンドウの植物を一緒に育てるたびに，**遺伝的交雑**（genetic cross，単に**交雑**ともいう）を行った．遺伝的交雑は，特定の形質がどのように遺伝するかを調べるために行われる制御された交配実験である．一連の遺伝的交雑では，最初の交配にかかわる生物は **P 世代**（P generation，P は “親 parental” の略）とよばれる．

たとえば，メンデルは，異なる花の色をもつエンドウの交配により花の色の遺伝を調べた（図 7・3）．彼は，一部の植物では花の色が常に固定されている，**純系**（true breed）であることに気づいた．つまり，子孫は常に親と同じ色の花を咲かせるので，ホモ接合であった．彼は，花が紫色の純系の親 *PP* と花が白色の純系の親 *pp* を P 世代とする遺伝的交雑を行った．遺伝的交雑によってできる子孫の第一世代は，**F_1 世代**（F_1 generation，F は “娘や息子 filial” の略）とよばれる．F_1 世代の個体が互いに交配して得られる子孫は，**F_2 世代**（F_2 generation）といわれる．メンデルは，F_2 世代をつくるために F_1 世代のエンドウに自家受粉をさせた．

パネットの方形（Punnett square）とよばれる格子状の図表を使って，交配実験の結果を予測することができる（図 7・4）．パネットの方形は，受精を通じて二つの

可能性と確率の計算

現象の確率とは，その現象が起こる可能性である．たとえば，コインが投げられたとき，“表”が出る確率は0.5であり，50％の可能性と同じである．実際，コインを投げ続ければ，その数は50％にかなり近づくだろう．

各回のコイン投げは，ある回の結果が次の回の結果に影響を与えないという意味で，独立した現象である．コインの“表”を2回続けて出す確率は，各回別々の確率の積0.25である．イヌの交配では，茶毛の子犬が産まれる確率は0.25である．パネットの方形で，2匹のヘテロ接合 *Bb* の両親から産まれる子犬の割合を予測すると，黒毛の子犬が産まれる確率は0.75である．

特定の子孫の実際の表現型や遺伝子型がどうなるのかは，純系の個体が交配する場合を除いては，確実にはわからない．たとえば，ともに遺伝子型 *bb* をもつ2匹の茶毛のイヌからは，遺伝子型 *bb* の茶毛の表現型の子犬のみが生まれる．

さらに，特定の子犬が特別な表現型を示す確率は，子犬の数によって全く影響を受けない．しかし，より多くの子犬を解析するほど，黒毛：茶毛の結果は3：1に近づくだろう．

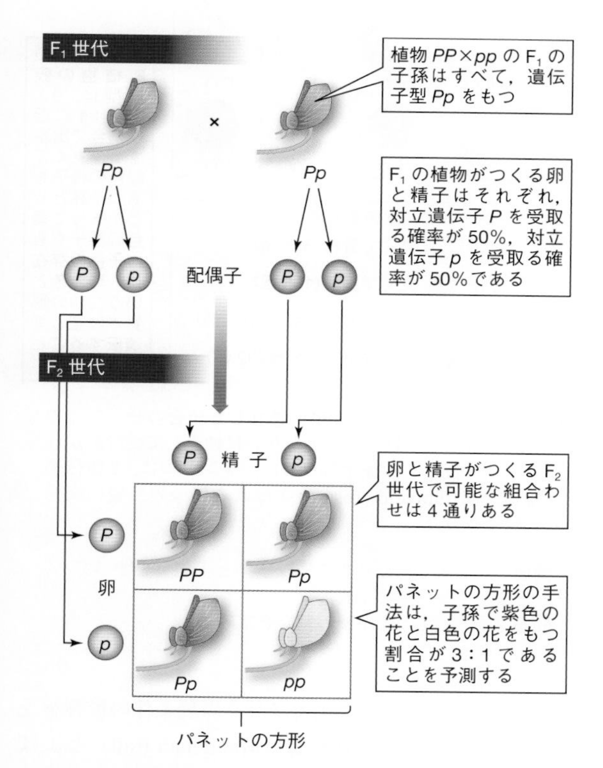

F_1 世代
植物 *PP*×*pp* の F_1 の子孫はすべて，遺伝子型 *Pp* をもつ
×
Pp
Pp
F_1 の植物がつくる卵と精子はそれぞれ，対立遺伝子 *P* を受取る確率が50%，対立遺伝子 *p* を受取る確率が50%である
P
p
配偶子
P
p
F_2 世代
P
精 子
p
卵と精子がつくる F_2 世代で可能な組合わせは4通りある
P
PP
Pp
卵
パネットの方形の手法は，子孫で紫色の花と白色の花をもつ割合が3：1であることを予測する
p
Pp
pp
パネットの方形

図 7・4　パネットの方形は，遺伝的交雑の子孫を予測する

問題1　メンデルの F_1 世代全体が同じ表現型であるのはなぜか．

問題2　F_2 世代の表現型の割合は，紫色の花と白色の花が3：1である．遺伝子型の割合を求めよ．

対立遺伝子がとりうるすべての組合わせを示している．形質がどのように伝わるかを示すパネットの方形をつくるため，格子の上部には雄の遺伝子型の対立遺伝子を記し，各対立遺伝子を一度だけ書く．格子の左端に沿って雌の遺伝子型の対立遺伝子を記し，各対立遺伝子をここでも一度だけ書く．メンデルの F_1 世代の場合には，雄の遺伝子型 *Pp* と雌の遺伝子型 *Pp* が交配する．

次に，各列上部の雄の対立遺伝子と，各行の先頭に記載された雌の対立遺伝子を組合わせ，格子内の各マス目に記入する．パネットの方形は，精子の二つの対立遺伝子と卵の二つの対立遺伝子との組合わせで起こりうる4通りすべてを示している．パネットの方形内部に示された四つの遺伝子型は，この交配によってすべて等しく起こる．

パネットの方形の手法を使って，F_2 世代の1/4は遺伝子型 *PP* を，1/2は遺伝子型 *Pp* を，1/4は遺伝子型 *pp* をもつと予測できる．花を紫色にする対立遺伝子 *P* は顕性であるので，遺伝子型 *PP* または *Pp* の植物は紫色の花を咲かせるが，遺伝子型 *pp* の植物は白色の花を咲かせる．したがって，F_2 世代の3/4（75％）は紫色の花を咲かせ，1/4（25％）は白い花を咲かせる，つまり表現型の割合は3：1であると予測される．この予測は，メンデルが得た実際の実験結果に非常に近い．メンデルが育てた合計929の F_2 植物のうち，705（76％）は紫色の花を，224（24％）は白色の花を咲かせた．

このような結果は，メンデルの最初の法則である**分離**

の法則（law of segregation）を支持している．この法則は，現代の用語では（メンデルはDNAについて知らなかったが），6章で説明した有性生殖での特殊な細胞分裂である減数分裂の過程で，遺伝子の二つの対立遺伝子が分離し，最終的に異なる配偶子（卵または精子）の細胞に分配されるという事実に対応する．二つの対立遺伝子のうちの一つは相同染色体の一方の染色体に，残りの一つはもう一方の染色体に存在する（図7・1参照）．対になった相同染色体が減数第一分裂時に別々の娘細胞に分かれることはすでに述べた．メンデルの分離の法則は，単一の形質がどのように遺伝するかを予測するために使われる．

2匹のヘテロ接合である黒毛のイヌ *Bb* が交配した場合，パネットの方形をつくって，黒毛の子犬と茶毛の子犬が産まれる割合を自分で予測することができる．ただし，予測される割合は，特定の子孫がある表現型または遺伝子型をもつ**確率**（probability）を単に示すだけであり，実際の割合とは異なることに注意しよう（p.75のコラム参照）．

7・5 メンデルの独立の法則

メンデルのエンドウの種子に関する研究は，第二の法則である**独立の法則**（law of independent assortment）につながった．この法則は，配偶子が形成されるとき，どの遺伝子の二つの対立遺伝子も，他のどの遺伝子の二つの対立遺伝子とも無関係に独立して，減数分裂時に分離するという事実に対応する．たとえば，エンドウの種子では，形が丸いかしわがあるか，色が黄色か緑色かである．二つの異なる遺伝子がそれぞれ二つの異なる形質を制御し，対立遺伝子 *R*（丸い）と *r*（しわがある）をもつ遺伝子は種子の形を，対立遺伝子 *Y*（黄色）と *y*（緑色）をもつ遺伝子は種子の色を制御している．しかし，どちらの遺伝子も残りの遺伝子には影響を与えない．

メンデルは，図7・5に示した一連の実験で，独立の法則の仮説を検証した．彼は対立遺伝子 *R* と *r* により制御される種子の形と，対立遺伝子 *Y* と *y* により制御される種子の色を追跡した．ヘテロ接合である F_1 植物（*RrYy*）を交配してできた子の表現型を調べたとき，彼の仮説は検証された．F_1 世代では，すべての個体は丸くて黄色の種子であった．次に，仮説から予測される通り，F_2 世代では二つの新しい表現型の組合わせ，すなわち丸い緑色の種子（*RRyy* または *Rryy*）としわがある黄色の種子（*rrYY* または *rrYy*）をもつ植物が見つかった．図7・5は，二つの親の表現型と，二つの新しい，親とは異なる表現型の割合をまとめたものである．

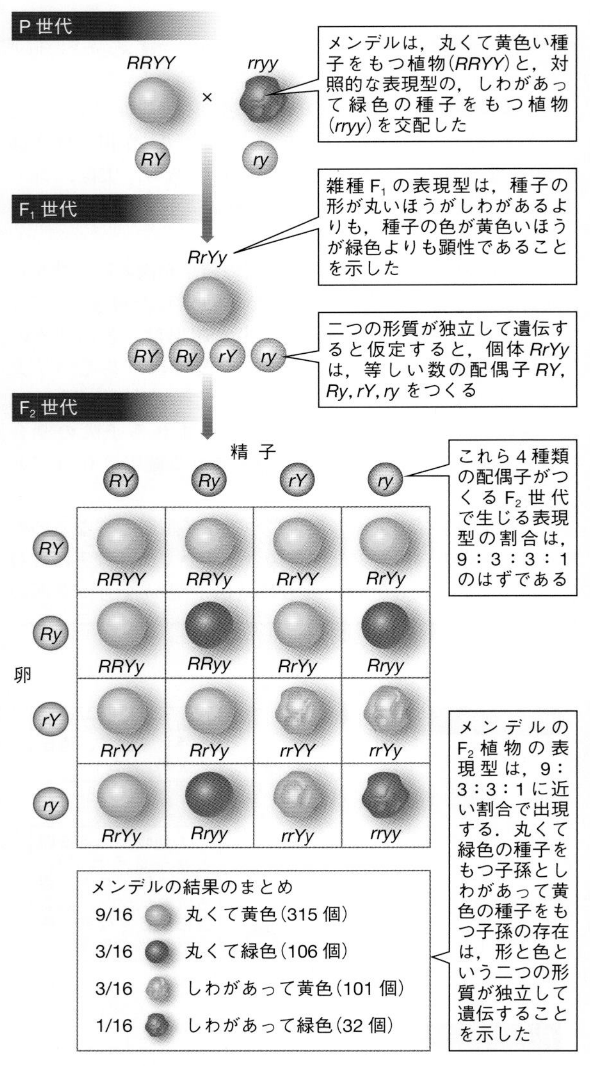

図 7・5 エンドウの色と形の独立した組合わせ． 二つの異なる遺伝子の対立遺伝子が互いに独立して受け継がれるという仮説を検証するために，メンデルは，2遺伝子雑種交配（dihybrid cross）とよばれる二つの形質の交配実験を行った．

問題 1 子孫で起こりうる遺伝子型と表現型をすべてあげよ．
問題 2 子孫での表現型の割合を求めよ．

単一の遺伝子によって制御され，環境条件の影響を受けない形質は，**メンデル形質**（Mendelian trait）とよばれている．しかし，メンデルが彼の遺伝の法則を述べたとき，彼は遺伝子が何からつくられ，細胞内のどこに位置し，どのように分離して独立して分配されるのか，全く知らなかった．現在，私たちは遺伝子が染色体上にあり，これらの染色体がすべての遺伝の基礎であることを知っている．このような考えは，**染色体説**（chromosome theory of inheritance）とよばれている．この説は，対になった染色体（各染色体に一つずつ対立遺伝子が存在する）を同定することにより，メンデルの法則のメカニズムを説明している．これらの染色体は減数分裂中に父方，母方の区別なく，精子や卵細胞にランダムに分配される（図6・6，図6・7参照）．その後，受精の過程で染色体の組合わせの確率が $1/2^n$ の精子と，$1/2^n$ の卵が融合し（n は染色体数），固有の個体をつくり出す．このような方法で，2匹の黒毛の親犬に生まれた茶毛の子犬のように，どちらの親にも存在しなかった遺伝子型と表現型を子はもちうるのである．

7・6 不完全顕性と共顕性

メンデルのように，遺伝学の謎を解くために植物を研究するつもりであった前述の若い遺伝学者は，研究室を立ち上げるためにカリフォルニアのUCバークレーに到着した．まだ施設が利用できなかったので，彼女はある別の遺伝学者のオフィスを訪ねた．そこで哺乳類のゲノム研究プロジェクトをはじめる人を探していることを知り，彼女は志願した．ネコアレルギーがあったため，研究対象としてイヌを選んだ．

1993年，彼女はイヌに固有な遺伝子すべてを同定しはじめた．つまり，イヌの**ゲノム**（genome）の地図をつくりはじめた．研究資金の問題はあったが，彼女は研究の潜在的価値を信じて研究を続けた．イヌには350以上の遺伝性疾患があり，そのうち最大300は，がん，てんかん，心臓病，ジョージが患ったアジソン病のようなヒトに似た疾患である．たとえば，膀胱がんの遺伝学はヒトでは研究がむずかしいが，スコティッシュ・テリアはよく膀胱がんに罹るので，イヌで研究するほうが容易であろう．彼女はイヌのゲノムを解読することにより，ヒトの疾患の原因と可能な治療法を明らかにしたいと考えていた．

2005年，彼女は雌のボクサーを使って，はじめてイヌの完全なゲノムの配列を発表した．この研究により，ヒトの健康にイヌの遺伝学が重要であることへの認識が研究者の間で高まった．イヌのゲノムには，イヌがもつ物理的および行動の驚くべき多様性がコード化され，胚発生や神経生物学，ヒトの疾患，進化の基盤を理解する助けとなることが期待される（図7・6）．

イヌのゲノムを完成させる数年前，彼女は別のペット・プロジェクトも開始した．2001年，先に述べたユタ大学の遺伝学者からの電話があり，PWDの遺伝形質の情報を集めていることを聞いた彼女は，喜んで共同研究をはじめた．2002年，2人は，グレイハウンドの背が高くて細い体から，ピットブルの背が低くてがっちりした体まで，イヌの体型を制御する遺伝子に焦点をあてた論文を発表した．論文の謝辞で，彼らはイヌの血統書の

スタンダード・プードルは，ゲノム配列が部分的(約80%)に決定された最初のイヌであった

ボクサーは，ゲノム配列が完全に決定された最初のイヌであった．ボクサーは腰，甲状腺，心臓に障害が起こりやすい．ヒトの心臓病でもある心筋症の原因遺伝子が，ボクサーで同定された

ペンブルック・ウェルシュ・コーギーは，ヒトの筋委縮性側索硬化症(ALS)に似た，神経変性の致命的な病気を発症することがある．発症したイヌでは，ヒトのALSに関連した遺伝子の突然変異が起こっている

精神医学の疾患には遺伝的要因も多い．ドーベルマン・ピンシェルは，ヒトの強迫性障害に似た障害に罹りやすい．この原因遺伝子は，ヒトの自閉症に関連している

ゴールデン・レトリーバーは骨髄のがんに罹りやすい．この原因遺伝子を同定するために，何百匹ものゴールデンのゲノムが解析されている

図7・6 ヒトの親友． イヌのゲノムプロジェクトは，いくつかのイヌの疾患や状態の遺伝的基盤を解明し，一部では，イヌの遺伝子をヒトの似た遺伝子に関連づけることもできた．

問題1 ボクサーはプードルよりもはるかに近親交配である．近親交配が，ボクサーをプードルよりも疾患の遺伝学的研究にとってよい実験材料にしているのはなぜか．

問題2 ヒトの強迫性障害(OCD)は強迫観念や歩調合せのような行動により，イヌの強迫性障害(CCD)はドーベルマン・ピンシェルに時々みられる側腹吸引のような行動により，特徴づけられる．OCDを患うヒトに処方される薬は，CCDのイヌの強迫行動を抑えると予想されるか．その理由も述べよ．

情報収集に貢献したPWDのブローカーと飼い主に感謝を述べた.

2006年, イヌの大きさの遺伝的基盤を解明するため, 彼らは2回目の共同研究をはじめた. 92匹のPWDの骨格の測定値とDNA試料を集め, 遺伝子型と表現型の情報を使って, *IGF1*という体の大きさを決める鍵となる遺伝子を同定した. *IGF1*遺伝子は, 成長因子の活性を調節し, マウスやヒトの体の大きさに影響を与えることが知られている. この遺伝子の二つの対立遺伝子は, *I*, *B*とよばれている. 2人は, 対立遺伝子*I*がホモ接合*II*であるPWDは通常, 大型であり, 対立遺伝子*B*がホモ接合*BB*であるPWDは常に小型であることを発見した. その単一遺伝子が, PWDが大きいか小さいかを決めていた.

興味深いことに, *IGF1*の対立遺伝子はどちらも顕性・潜性ではない. その代わり, 遺伝子型*IB*をもつヘテロ接合のイヌは中型犬である. これは, **不完全顕性**（incomplete dominance, **不完全優性**）によって遺伝する形質の例であり, どちらの対立遺伝子も形質に十分な影響を及ぼすことができないため, ヘテロ接合体は中間の表現型を示す. 遺伝子型*IB*をもつイヌは大きくも小さくもなく, 中間の大きさである.

20世紀初頭, さらに別の種類の対立遺伝子間の相互作用, メンデルがエンドウの植物では観察しなかった共顕性が明らかにされた. 二つの対立遺伝子の影響がヘテロ接合体の表現型で等しくみられる場合に, **共顕性**（co-dominance, **共優性**）とよばれ, イヌの歯茎の色はこの例である. イヌの歯茎は, 桃色, 黒色, 黒い斑点をもつ桃色の三つの可能性がある. 黒い斑点をもつ桃色の場合, 両方の対立遺伝子が完全に現れ, どちらの対立遺伝子も, 不完全顕性のように残りの対立遺伝子によって弱められたり, 顕性対立遺伝子により抑えられたりすることはない. ヒトの血液型ABは, 共顕性の形質である.

遺伝子型:	*B*-, *E*-	*bb*, *E*-	--, *ee*
表現型:	黒 色	茶 色	黄 色

図 7・7　毛色のエピスタシス. これらラブラドール・レトリバーの毛の色は, 複雑な遺伝を示している. 黄色のイヌは, 毛のメラニン沈着を妨げる二つの対立遺伝子をもっている. 茶色のイヌと黒色のイヌはどちらも, メラニン沈着を可能にする少なくとも一つの対立遺伝子をもっているはずである. 破線は, 表現型に基づいた対立遺伝子が不明であることを示す.

問題1　黒色の可能性がある（二つの遺伝子の）遺伝子型は何か. 黄色や茶色ではどうか.

問題2　黒色のイヌ（二つの遺伝子がともにヘテロ接合であると仮定する）と黄色のイヌ（遺伝子*B*がヘテロ接合であると仮定する）との交配を示すパネットの方形を描き, その子孫で起こりうる表現型すべてをあげよ（二つの形質でつくるパネットの方形の例については図7・5参照）.

7・7　複合形質

人々が高い関心をもつ形質の多く, たとえば, 体重, 知性, 運動能力, 音楽の才能などは, もっと複雑である. **複合形質**（complex trait）は, その遺伝様式をメンデルの遺伝の法則によっては予測できない遺伝形質である. 複合形質は, これまでに説明した単純な単一遺伝子, 単一表現型の様式にはあてはまらない. 時には, 単一遺伝子が多くの異なる形質に影響を与えることがある. このような場合は, **多面作用**（pleiotropy, **多面発現**）とよばれる. PWDでは, 単一遺伝子が複数の関連する骨格の形質を制御できることが発見された. イヌの頭の形と肢骨の形は単一遺伝子によって制御されている. 小さな頭と長い足は速く走るために, 大きな顎と短くて太い足は力強さをもつために有利な形質なので, この関連は意味がある.

多面作用の別のよい例は, ロシアの銀ギツネを飼いならすための長期交配実験にみられる. キツネは飼い慣らされるにつれ, まっすぐな耳の代わりに垂れた耳を発達させ, 通常のキツネよりも足は短く, 尾は巻きやすいことがわかっている（p.79のコラム参照）.

遺伝の様式はもっと複雑なこともある. 二つ以上の遺伝子の作用によって支配される単一の形質は, **多因子形質**（polygenic trait）とよばれる. ヒトの多因子形質には, 眼や皮膚の色, 走る速度, 血圧, 体の大きさなどがある. 推定24,000の遺伝子によって支配される何千ものヒトの遺伝形質のうち, 顕性および潜性対立遺伝子をもつ単一遺伝子によって制御されていることが知られている, あるいは推測されているのは, 4000未満である. 残りが多因子形質である.

別の遺伝の様式は, **エピスタシス**（epistasis）である.

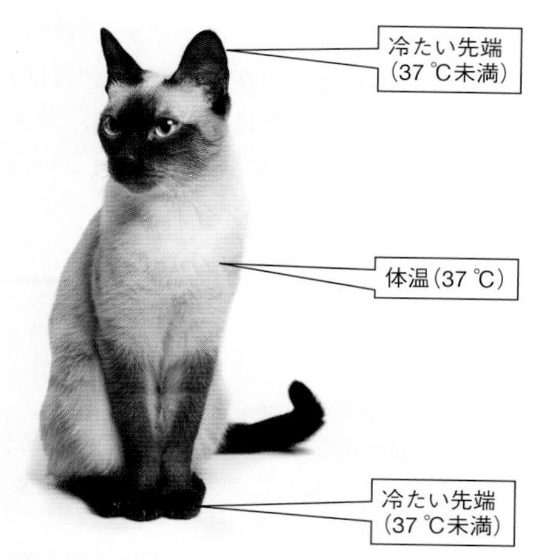

図 7・8　環境は，遺伝子の影響を変えることができる． シャムネコの毛の色は，温度感受性の遺伝子によって調節される．

問題 1　シャムネコの薄い色の体毛をつくる遺伝子は，青い目にも部分的にかかわっている．この様式の遺伝を示す用語は何か．
問題 2　シャムの子猫は，体重が重いほど体毛が濃くなる傾向がある．なぜか．

ある遺伝子の対立遺伝子の表現型への影響が，別の独立して伝わる遺伝子の対立遺伝子の存在に依存する場合，エピスタシスが起こる．たとえば，ラブラドールの毛の色は，エピスタシスにより影響される（図 7・7）．イヌの毛は，先に述べたように，黒色にする顕性対立遺伝子 B と，茶色にする潜性対立遺伝子 b をもっている．しかし，これらの対立遺伝子（B および b）の影響は，別の遺伝子（E または e）のどちらの対立遺伝子が発現するかに依存して，完全に排除されることがある．顕性対立遺伝子 E をもつイヌは，毛にメラニンとよばれる色素を沈着させるので，どんな毛色の遺伝子型であっても表現される．しかし，潜性の遺伝子型 ee は，毛のメラニン沈着を阻止するので，遺伝子 B/b の遺伝子型（BB，Bb または bb）にかかわらず，イヌの毛は黄色である．

もし環境が表現型に影響を及ぼすならば，個体やその親の遺伝子型だけで表現型を予測することはほぼ不可能になる．多くの遺伝子の影響は，体温，血液中の二酸化炭素濃度，外部温度，日光の量などの内外の環境条件に依存する．

たとえば，ネコはメラニン産生にかかわるチロシナーゼとよばれる酵素をコードする遺伝子をもち，シャムネコはその特別な遺伝子 Ct をもっている．遺伝子 Ct は低い温度（35 ℃以下）でよく働くチロシナーゼをコードするが，高い温度（37 ℃以上）では機能しないため，メラニン産生は周囲の温度に依存する（図 7・8）．ネコの足は他の体の部分よりも冷たい傾向があるため，メラニンはそこで産生され，足，鼻，耳，尾が濃くなる傾向がある．もしシャムネコの体から明るい毛を一部剃って，そこの皮膚をアイスパックで覆えば，生えてくる毛の色は濃くなり，尾の濃い毛を剃って暖かい条件下におけば，生えてくる毛の色は明るくなるだろう．

7・8　イヌの研究プロジェクト

PWD の大きさの遺伝について調べた後，遺伝学者たちは小型犬の 14 品種と大型犬の 9 品種の 350 匹以上の *IGF1* 遺伝子を調べた．遺伝子型 BB は小型犬に共通で，大型犬には存在しなかった．ブリーダーたちは，イヌを小さくするために，長い時間をかけて，これらの対立遺伝子を選んできたのだった．どんな遺伝子組換え技術も使わず，遺伝に関する知識だけで人間がなしうることの非凡さに，研究者たちは驚いた．

イヌの大きさで成功した後，彼らは毛の色，足の長さ，

品質改良とペット

銀ギツネは，身近な赤ギツネと同じ種である．柔らかい銀色の毛のせいで，銀ギツネは富裕層のための毛皮のコート，ストール，帽子をつくるために 100 年以上にわたって飼育されている．

1959 年，ロシアの遺伝学者が毛皮のブリーダーから購入した銀ギツネを使って交配実験をはじめ，各世代で最も従順な個体だけをつがいにした．彼は，近づいて食物を与えたときの反応を観察して，キツネがどれほど従順であるかを判定した．キツネは従順になるにつれ，より成長するまで，生後 6 週ではなく 9 週まで "恐怖反応" を示さなくなった．さらに従順なキツネでは，恐怖反応に関連するホルモンも，成長するまで増加しなかった．これらの形質はすべて同じ遺伝子（群）によって明らかに影響を受ける，多面作用の例である．

別の驚くべき結果は，行動の変化とともに，キツネの外形も変化しはじめたことであった．キツネの尾はより短く，顔は広くなり，耳は垂れはじめた．これらすべてが，大人のキツネをより子ギツネらしくみせた．これらは，飼い犬をその祖先の狼と比較するときに観察される違いに似ている．両者の場合とも，従順さとそれに関連する発生・生理・解剖学的変化は，若年期の特徴を求めた繁殖によりひき起こされたと研究者たちは推測している．

頭の形など，他の形質の原因となる遺伝子を同定し，さらに，ヒトの疾患に関する情報が得られるかもしれないがんや他の複合形質にかかわる遺伝子も同定した（p.73のコラム参照）．ボーダー・コリーを使って，ヒトとイヌ両方で失明をひき起こす眼の疾患にかかわる遺伝子や，ヒトで似た症候群をひき起こすイヌの腎臓がんにかかわる遺伝子も同定した．現在も研究者たちは研究を続け，ジョージ・プロジェクトは続いている．イヌを使って多くの研究が起こり，遺伝学の分野に新しい発展をもたらしている．

章末確認問題

1. 左の各用語の最も適切な定義を右から一つずつ選んでつなげよ．

遺伝子型	1. 二つの異なる対立遺伝子を一つずつもつ個体（たとえば *Aa* または *IB*）
表現型	2. 同じ対立遺伝子を二つもつ個体（たとえば *AA, aa, II*）
ヘテロ接合体	3. ヘテロ接合体で顕性対立遺伝子と対になった場合，表現型に影響を与えない対立遺伝子
ホモ接合体	4. 個体の遺伝子構成であり，特に，特別な遺伝形質に影響を与える遺伝子の二つの対立遺伝子
顕性遺伝子	5. 個体に現れる遺伝形質
潜性遺伝子	6. ヘテロ接合体で異なる対立遺伝子と対になった場合，表現型に現れる対立遺伝子

2. 正しい用語を選べ．
毛の色を決める一つの[遺伝子／対立遺伝子]は，二つの[遺伝子／対立遺伝子]をもつ．

3. 正しい用語を選べ．
細胞は，[体細胞分裂／減数分裂]を経て配偶子になる．この過程は，遺伝子の二つの対立遺伝子を別々の配偶子に分け，メンデルの[分離／独立]の法則の基礎に，また，異なる染色体上の遺伝子も別々の配偶子に分け，メンデルの[分離／独立]の法則の基礎になっている．

4. 記載された形質がメンデルの法則に従う場合にはMを，より複雑な遺伝の場合にはCをつけよ．
____a. イヌの毛が茶色か黒色か
____b. イヌの体の大きさ
____c. シャムネコの毛の色
____d. ヒトの肌の色
____e. エンドウの花の色

5. ある遺伝子が別の遺伝子の発現を妨げるという，二つの異なる遺伝子の組合わせにより，単一の表現型が生じる場合の遺伝の様式はどれか．
(a) 多面作用　(b) 完全顕性　(c) 不完全顕性
(d) 共顕性　(e) エピスタシス

6. メンデルがエンドウを使って実験を行う前，子は両親の"混合物"であり，両親の形質の中間を示すと信じられていた．もしこれが正しいならば，メンデルの F_1 のエンドウの花は何色になるか．
(a) 白色　(b) 紫色　(c) 赤色
(d) 黄色　(e) 薄紫色

7. 純系の黒い親と純系の白い親の間にできた F_1 の子がすべて灰色である場合，どの様式の遺伝か．

8. ヒマワリの背丈は高いか低いかのどちらかである．背丈に関して高いものと低いものの純系を育て，これを親世代とした．互いに交配し，生じた F_1 のすべてが背丈の低いヒマワリであった．この実験から，背丈の低い表現型について導かれる結論はどれか．
(a) 多面作用である
(b) 潜性である
(c) F_1 の個体は純系である
(d) 顕性である
(e) 不完全顕性である

9. ニワトリでは *frizzle* とよばれる遺伝子の突然変異により，羽毛がラブラドゥードルの毛のように外側に巻き，体温が異常になり，代謝が上昇し，産卵数が減少する．この情報から，*frizzle* 遺伝子は何作用をもつと結論できるか．

8 染色体とヒトの遺伝学

本章のポイント

- ヒトの家系図を読み，疾患が潜性か，顕性か，伴性かの判定
- ヒトの核型における性染色体と染色体数の異常の同定
- 遺伝子，対立遺伝子，遺伝子座を示す染色体の図式化
- ヒトでの性決定のしくみと，性決定と伴性遺伝との関連性
- “遺伝的保因者”の遺伝子型と表現型の関係と，伴性形質の場合の表記
- 潜性，顕性，伴性の遺伝性疾患の比較
- パネットの方形を使った，特定の遺伝性疾患が遺伝する確率の計算

8・1 遺伝性疾患

2005年に生まれた直後から，その少年の出血ははじまった．両親は急いで彼を集中治療室に運んだ．最終的に出血は止まったが，通院は止まらなかった．3年後，少年は，死に至るまれな病であるウィスコット-アルドリッチ症候群（Wiskott-Aldrich syndrome: WAS）と診断された．ようやくついた診断名であった．

少年の主治医は，最悪の事態を恐れた．WASの患者は再発性の感染症や肺炎，出血，発疹に苦しみ，しばしば白血病やリンパ腫を発症し，感染症による合併症で死亡する．一部の患者は骨髄移植で治療することができるが，ドナーが適合しなければ生存率は低くなる．2009年，少年の家族は，命を救ってもらえるかもしれないという望みを強く抱いて，ドイツのハノーバー医科大学の小児科病棟を訪ねた．希少疾患の研究を専門とする医師が，WASの新しい治療を試す臨床治験を行っていた．治療にはリスクがあり結果も未知であったが，何十年も研究者たちを困らせていた致死の病を治す唯一の希望であった．

70年以上前の1937年，3人の若い兄弟がドイツの小児科医ウィスコット（Alfred Wiskott）を訪ねた．最初，ウィスコットは何が彼らの症状をひき起こしているのかわからなかった．少年たちは異常に出血し，血は固まらず，血性の下痢であった．彼らは耳の再発性感染症や皮膚の水疱性発疹もひき起こしていた．ウィスコットは彼らの症状を記録したが，助けることができなかった．3人とも若くして亡くなった．

彼らを死に追いやった原因は何だったのだろうか．彼らの両親には他に4人の娘がいたが，全員健康だったので，感染症や毒物，環境要因が病気の原因ではなさそうであった．それよりも，両親から少年たちに疾患が遺伝したのではないかとウィスコットは推測した．染色体説によれば，少年たちが両親から遺伝因子を染色体の形で受け継いだのは明らかである．7章で述べたとおり，子供は母親と父親からそれぞれ1本ずつ染色体を受け継ぐ．受け継いだ1本の染色体上にある遺伝子が，謎の病気をひき起こしているのではないかと彼は推測したのだ．

親から子に伝わる遺伝子突然変異によって起こる疾患は，**遺伝性疾患**（genetic disorder）とよばれている．ウィスコットは，遺伝性疾患の研究の重要性を認識した．そのような研究が疾患の予防や治癒につながる可能性があるからである．しかし，非常に困難な問題が，長

ウィスコット（Alfred Wiskott）は1898年から1978年まで活躍したドイツの小児科医．後にウィスコット-アルドリッチ症候群とよばれる重篤な出血性疾患をもつ3人の幼い兄弟の症例について報告した．彼は，この少年たちが両親から遺伝子を受け継ぎ，それが病気の原因と正しく推測した．また**アルドリッチ**（Robert Aldrich）は1917年から1998年まで活躍した米国の小児科医．彼は家系図を作成することで，男児を悩ませる謎の出血症候群が性連鎖潜性遺伝病であることを解明した．

きにわたってヒトの遺伝性疾患の研究を悩ませている．生物学的観点からすると，ヒトは世代時間が長く，自分で伴侶を選び，子供をもつかどうかもその時期も自分で決める．そのうえ，ヒトの家族は，科学的研究の対象とするにはあまりにも小さい傾向がある．倫理的な観点からすると，遺伝学者や医師は，遺伝性疾患がどのように伝わるかを明らかにするために，ヒトに直接介入し実験を行うことはできない．

8・2 染色体異常

ウィスコットが謎の疾患の最初の症例を記載し，それが遺伝すると確定してから20年後，米国の小児科医アルドリッチ(Robert Aldrich)が，パズルの次のピースを解いた．彼は，貧血，血性下痢，全身衰弱の生後6カ月の男の乳児を診察した．いくつかの緊急治療室を回った後，その乳児は死亡した．

アルドリッチは原因を調べるために乳児の母親に質問したが，1時間たっても何が病気の原因かわからなかった．最後に，似た病気に罹った人が親戚いるか尋ねた．付き添っていた乳児の祖母が悲しそうに叫び，似たような状況で亡くなった男の乳児が他に家族内にいることが判明した．その情報から彼はその母親と祖母と協力し，家族の病歴について2世代以上にわたって家族内の遺伝的関係を示す系譜に似た**家系図**（pedigree）を描くことにより，家族歴を6世代前までたどった（図8・1）．家系図は，特別な遺伝形質や疾患の遺伝について学ぶために，情報を解析する道を研究者たちに提供する．アルドリッチは，調べた家族では16人の男の乳児がこの症候群で死亡し，女の乳児に死亡者はいなかったことを発見した（図8・2）．

この注目すべき家族歴のため，彼はウィスコットのように，この疾患は親から子に伝わった突然変異により起こる遺伝性疾患であると結論した．遺伝性疾患は，個々の遺伝子の突然変異または染色体の数や構造の異常により生じる可能性がある．

すべての生物種は，特徴的な数の染色体をもっている．たとえば，ヒトは23対，合計46本の染色体をもつが，カは3対，合計6本の染色体しかもっていない．ヒトの23対の染色体のうち1対は，**性染色体**（sex chromosome）からなり，男性か女性かを決定する．他のすべての染色体は，**常染色体**（autosome）とよばれている．

常染色体は，長さ，形状，保有する遺伝子に関して相同な染色体である（図8・3）．ヒトの常染色体は，1番から22番まで番号が付けられている（たとえば，4番染色体）．性染色体には文字が付けられ，ヒトでは男性はX染色体とY染色体を1本ずつもつのに対し，女性は2本のX染色体をもっている．ヒトのY染色体は，X染色体よりもはるかに小さい．

女性はX染色体を2本もっているので，女性がつくる配偶子（卵子）はすべて1本のX染色体を含み，子孫に伝わる．しかし，男性はX染色体とY染色体を1本ずつもっているので，その配偶子（精子）の半分はX染色体を含み，半分はY染色体を含むことになる（図8・4）．

各染色体は特別な構造をもち，遺伝子は正確な配列で並べられている．種に典型的な染色体と比較し，染色体の数や構造に生じたどんな変化も，**染色体異常**（chro-

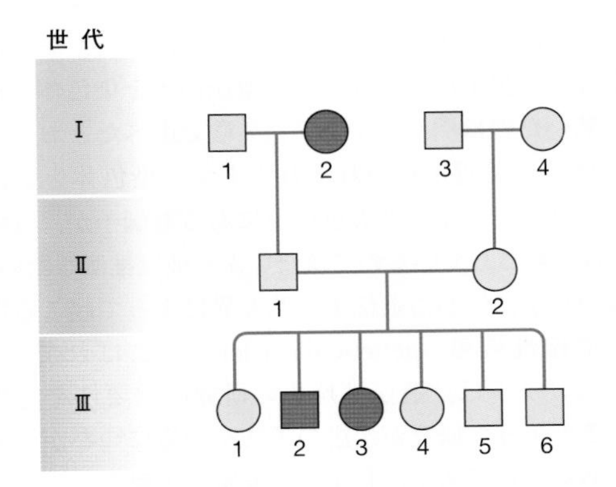

ヒトの遺伝学者は，共通の記号を使って家系図を描く
- ローマ数字は異なる世代を特定する
- 丸は女性を，四角は男性を表す
- 白抜き(ここでは青)は非罹患者を，塗りつぶし(ここでは赤)は罹患者を表す
- 記号の下に記した数字は，その世代での個人を特定する

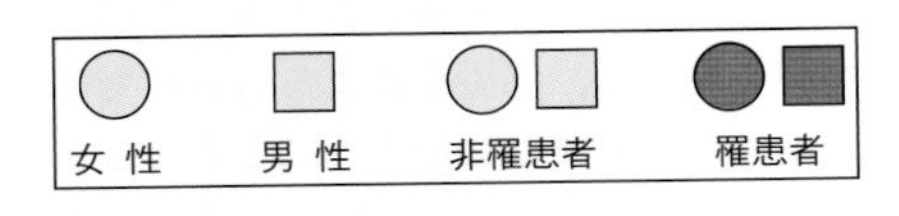

図8・1 遺伝の様式は家系図で解析できる． この嚢胞性線維症の家系図は6人の子供(第III世代)を示し，そのうち2人は疾患に罹っている．

問題1 嚢胞性線維症に罹っている2人の子供の親は，嚢胞性線維症か．もしそうなら，どちらの親か．
問題2 この2人の子供の祖父母は，嚢胞性線維症か．もしそうなら，どの祖父母か．

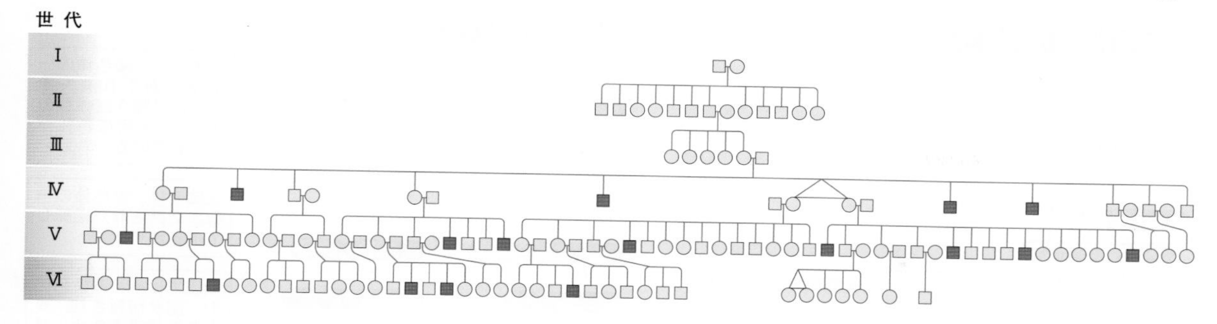

図 8・2 ウィスコット-アルドリッチ症候群の病歴をもつ家族の家系図. 図 8・1 と同様，この家系図の丸は女性を，四角は男性を表す．WAS に罹った人は赤く塗られている．

問題 1 アルドリッチが調べた家系図の第 IV 世代の男性と女性は，それぞれ何人か(結婚によって加わった人は除く).
問題 2 第 IV 世代の男性と女性が疾患に罹った確率をそれぞれ求めよ.

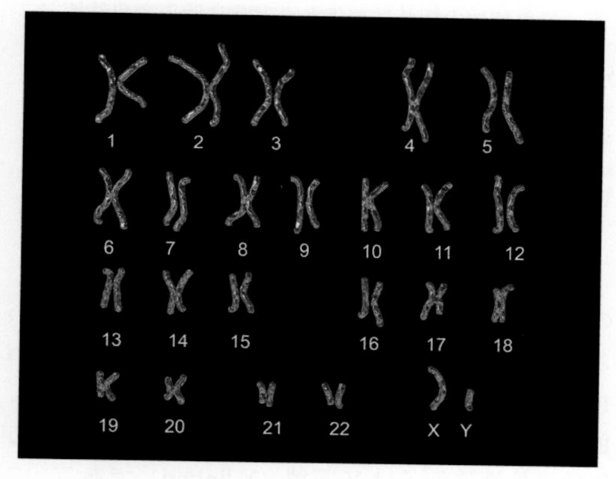

図 8・3 ヒトの核型. 染色体異常を調べるために，有糸分裂時の細胞の染色体の写真を撮り，各相同染色体を対にして**核型**(karyotype)をつくる．ヒトでは，常染色体には 1 番から 22 番までの番号が付けられ，性染色体は X または Y と名づけられる.

問題 1 この核型をもつ人は男性か女性か.
問題 2 ダウン症候群の人の核型は，この核型とどのように違うか.

mosomal abnormality) とみなされる．ヒトの染色体異常は一般に，染色体総数の変化と，個々の染色体の長さの変化のような構造的変化に分けられる (図 8・5).

ヒトの染色体数の変化は，通常は致死的であるが，女性が X 染色体を 1 本しかもたないターナー症候群 (Turner syndrome) のような例外もある．ターナー症候群の人は，軽度から中等度の生殖上の問題を抱えるが，健康的に長生きする傾向がある．同様に，ダウン症候群 (Down syndrome) の人は 21 番染色体を 3 本もち，比較的長く生きることが可能であるが，軽度から中等度の知的な発

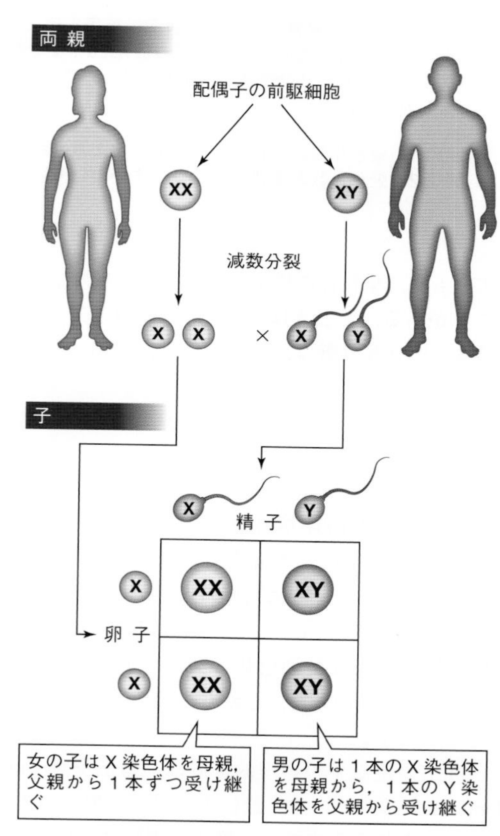

図 8・4 父親の染色体が子の性を決定する

問題 1 卵子および精子の細胞が X 染色体をもつ確率，Y 染色体をもつ確率をそれぞれ求めよ.
問題 2 姉妹は父親から受け継いだ同じ X 染色体をもつが，母親からは異なる X 染色体を受け継ぐことがある．兄弟が同じ Y 染色体をもつ確率，同じ X 染色体をもつ確率をそれぞれ求めよ.

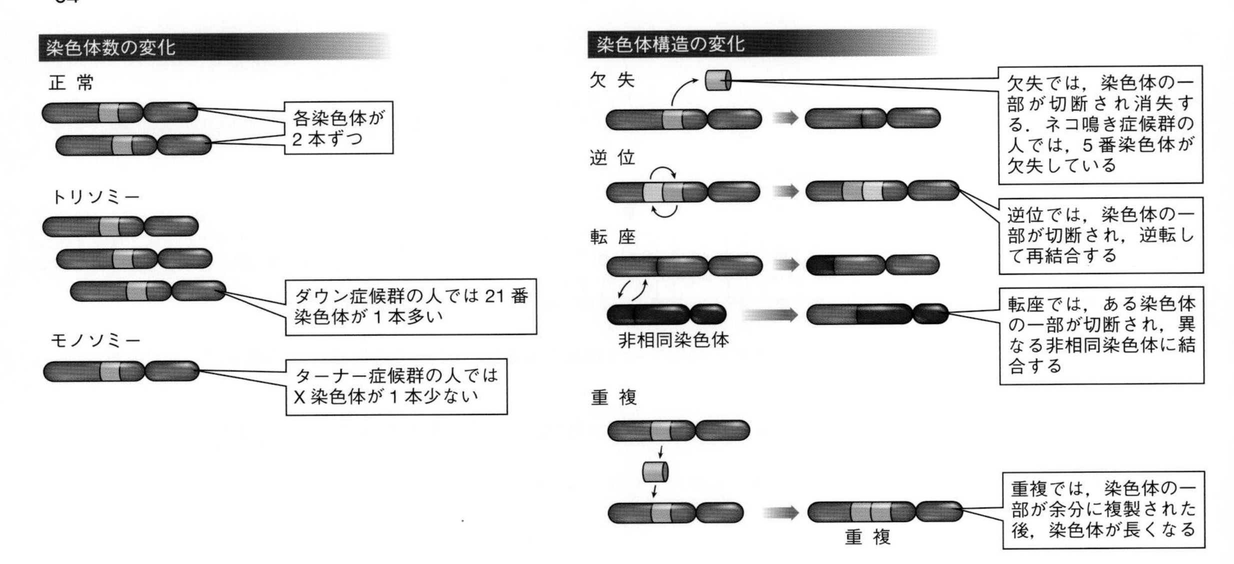

図 8・5　染色体異常は，重篤な遺伝性疾患を起こす可能性がある． 染色体数の増減は，ほとんど常に胎児の自然流産に至る．自然流産は，全妊娠の最大 20% まで起こると推定されている．ダウン症候群と，性染色体の欠損や付加は例外である．染色体の構造的変化は，変化の大きさと部位により比較的軽微またはより重篤な影響を及ぼすかもしれない．

問題 1　染色体数の変化は，構造的変化よりもたいていより深刻な結果をもたらすのはなぜか．
問題 2　染色体数の変化が起こりやすいのは減数分裂のどの時期か(6 章参照)．

達障害をもつ．染色体の構造的変化も，劇的な影響を与えることがある．たとえば，5 番染色体の欠失によって生じるネコ鳴き症候群は，成長の低下，小頭，発育遅延をまねく．

8・3 伴性遺伝

アルドリッチは 1954 年の論文で，WAS 症候群はおもに男性に遺伝するので，性染色体の突然変異によって起こることを示唆した．彼は家族の疾患が性別と密接に関連していることを認め，この疾患は伴性遺伝，すなわち，X 染色体または Y 染色体の突然変異によって起こる遺伝であると結論した．しかし，突然変異はどこで起こったのだろうか．

染色体上の遺伝子の物理的位置は，**遺伝子座**（locus, *pl.* loci）とよばれている．遺伝子は異なる型，つまり対立遺伝子が生じうるので，二倍体の細胞は，1 対の相同染色体上の遺伝子座に，二つの異なる対立遺伝子をもつ可能性がある．遺伝子座の二つの対立遺伝子が異なる場合，細胞はその遺伝子に対してヘテロ接合であり，二つの対立遺伝子が同一の場合はホモ接合である（図 8・6）．

しかし，性染色体の場合は違う．ヒトの推定 2 万個の遺伝子のうち，およそ 1240 個が X, Y 染色体に存在する．この 1240 個うち，約 1180 個は X 染色体上に，ずっと小さい Y 染色体上には約 60 個だけが存在する．これら 1240 個の遺伝子は，**伴性**（sex-linked）といわれる．X 染色体上の伴性遺伝子は **X 連鎖**（X-linked）であり，Y 染色体の伴性遺伝子は **Y 連鎖**（Y-linked）である．これらの Y 連鎖遺伝子の一つが，*SRY* 遺伝子（Y 染色体性決定領域 sex-determining region of Y の略）である．*SRY* は，“マスター性スイッチ”として働き，発生中の胚を男性へと分化させる．この遺伝子がなければ，ヒトの胚は女性として発生する．

SRY 遺伝子は単独では作用しない．男性でも女性でも，常染色体と性染色体上にある他の遺伝子が，男女を区別する性的特徴の発達に直接影響を与える．それにもかかわらず，*SRY* 遺伝子は性決定に重要な役割を果たしている．なぜなら，*SRY* 遺伝子が存在する場合，*SRY* は他の遺伝子に男性的特徴をつくらせ，存在しない場合，他の遺伝子は女性的特徴をつくるからである．XY の染色体構成をもっていても *SRY* 遺伝子が働かない人は間性とみなされ，表現型は女性らしいが，男性や女性としての生殖的機能はもたない．

Y 染色体よりもずっと多くの遺伝子が存在する X 染色体には，ヒトの多くの遺伝形質や疾患に関連する遺伝子が含まれている．オルドリッチは，家族の出血性疾患

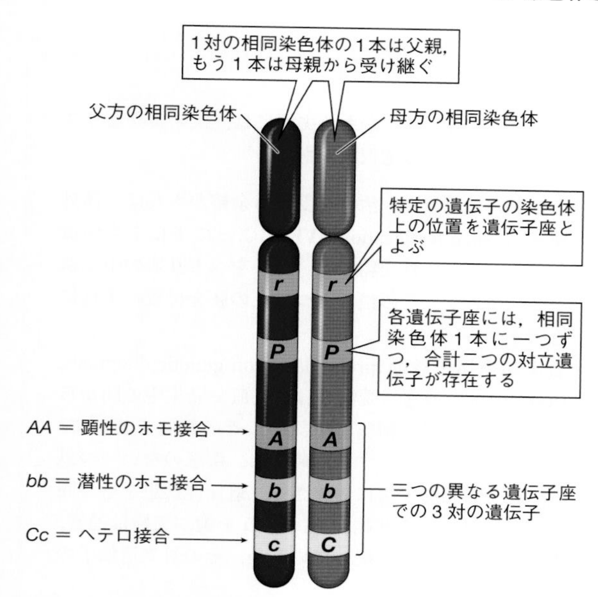

図 8・6 相同染色体の遺伝子座． ここに示されている遺伝子は，染色体に占める割合が実際より大きく描かれている．ヒトの平均的な染色体は，大きく広がった非コード DNA が散在する 1000 個以上の異なる遺伝子を含んでいる．

問題 1 2本の染色体が相同であるか否かはどのようにしてわかるか．
問題 2 遺伝子，遺伝子座，染色体という用語がどのように関連するのか，一つの文章で説明せよ．

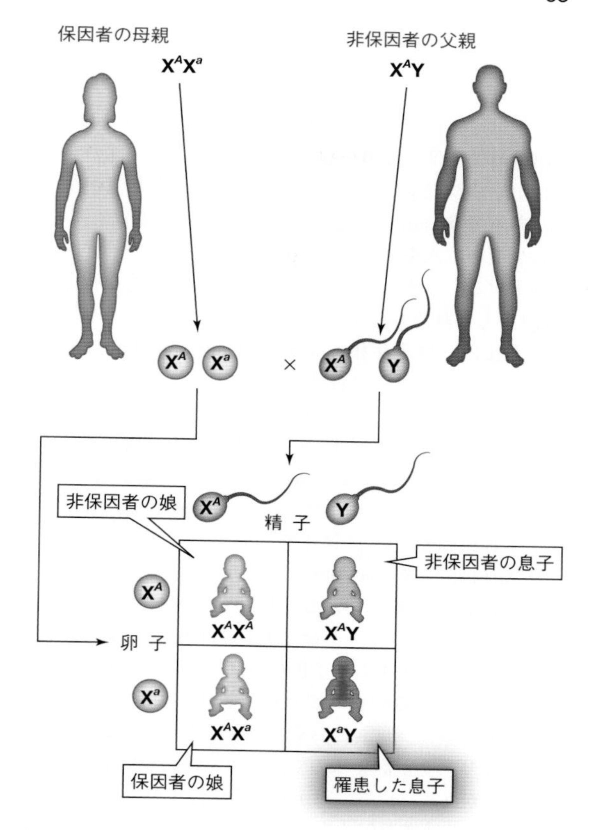

図 8・7 X 連鎖潜性疾患は男性のほうが多い． 潜性の疾患対立遺伝子 *a* は X 染色体上にあり，X^a で表される．顕性の正常な対立遺伝子 *A* は X^A で表される．

問題 1 WAS に罹っている男の子は，*WAS* 遺伝子に関してホモ接合でもヘテロ接合でもない．この理由を説明せよ．
問題 2 WAS に罹っている男性と非保因者の女性の間に生まれる子供がどうなるかを示すパネットの方形を作成せよ．息子が WAS に罹る確率，娘が WAS の保因者になる確率を求めよ．

をひき起こす遺伝子は，X 染色体上に存在するので X 連鎖であると正しく結論づけた．

8・4 遺伝的保因者

分子生物学的手法の進歩のおかげで，1994 年，WAS をひき起こす遺伝子が X 染色体上にあることが特定され，*WAS* と名づけられた（遺伝子名は通常斜体で表す．疾患名は立体で表し，この場合は WAS となる）．発見された *WAS* は，血球や免疫系細胞の形成と機能に重要なタンパク質をつくる．この遺伝子が正常でなければ血液と免疫系の疾患に罹り，感染しやすく，リンパ節のがんであるリンパ腫のリスクが高まる．

冒頭の WAS と診断された少年は，母親から *WAS* の変異型対立遺伝子を受け継ぎ，父親からは対立遺伝子を受け継がなかった．WAS の X 連鎖潜性変異がどのように遺伝するかを説明するために，パネットの方形を使うことができる．*WAS* の変異型の潜性対立遺伝子を *a* と表示し，この対立遺伝子が X 染色体上にあることを強調するためにパネットの方形では X^a と記す．次に，正常な顕性対立遺伝子を *A* と表示し，この対立遺伝子をパネットの方形では X^A と記す（図 8・7）．少年の母親のように潜性対立遺伝子を一つだけもつ人は，この疾患の**遺伝的保因者**（genetic carrier）とよばれる．保因者は疾患の対立遺伝子を伝える可能性があるが，疾患を発症しない．

少年の母親のような遺伝子型 X^AX^a をもつ女性保因者と，正常な遺伝子型 X^AY をもつ男性との間に子供ができる場合，どの男の子も 50% の確率で疾患に罹る．この少年の場合も WAS に罹る確率は 50% であり，そして彼は発症した．

遺伝子型 X^aY の男性は，Y 染色体にはその遺伝子がな

出生前遺伝子スクリーニング

本章で述べたような遺伝性疾患のリスクを心配して，出生前に子供の健康を調べるため，現在，一部の親たちは出生前遺伝子スクリーニングを行うことを選択する．

羊水穿刺(amniocentesis)では，胎児を取囲む羊膜から少量の羊水を抽出するため，腹部を通して子宮に針を挿入する．羊水は，遺伝性疾患の検査が可能な胎児の細胞(多くは脱落した皮膚の細胞)を含んでいる．もう一つの方法は，**絨毛生検**(chorionic villus sampling: **CVS**)である．CVSでは，超音波を使い，細く柔らかい管を女性の膣を通して子宮に入れ，そこで管の先端を，子宮壁に羊膜を付着させる細胞集団である絨毛の隣に置く．細胞は穏やかな吸引により絨毛から取除かれた後，遺伝性疾患の検査に使われる．

羊水穿刺やCVSに伴う膣の痙攣，流産，早産などのリスクは，技術の進歩やより広い訓練のおかげで，近年，劇的に低下している．最近の研究は，CVSと羊水穿刺後の流産のリスクはともに約0.06％である．検査は，遺伝性疾患をもつ子供を出産する可能性が高いことがわかっている両親に広く利用されている．たとえば，高齢の両親は，母親とおそらく父親も年齢とともに子供が罹るリスクが高まるので，ダウン症について検査を望むことがある．片方の親が顕性遺伝性疾患(ハンチントン病など)の対立遺伝子をもっている場合，または両親ともに潜性遺伝性疾患(嚢胞性線維症など)の保因者である場合，出生前遺伝子スクリーニングを選ぶことがある．

このような検査を行うことを選んだ夫婦は，胎児が遺伝性疾患をもつと診断された場合には二つの選択肢しかない．胎児を中絶するか，遺伝性疾患をもつ子供を出産するかのどちらかである．しかし，受胎前は，遺伝性疾患の子供をもつリスクがある夫婦には，次のようなリスクを最小限に抑える選択肢がある．

- もし本人らが望み，治療を受ける余裕があれば，**体外受精**(in vitro fertilization: **IVF**)によって子供をもつことが選べる．体外受精では，卵子をペトリ皿の中で精子と受精させ，その後，一つ以上の胚を母親の子宮に着床させる．
- **着床前遺伝子診断**(preimplantation genetic diagnosis: **PGD**)では，通常，受精3日後，皿で発生中の胚から1個または2個の細胞を取除く．その細胞を使って，遺伝性疾患の検査をする．最後に，疾患のない一つ以上の胚を母親の子宮に着床させ，遺伝性疾患をもつ胚を含む残りの胚を凍結する．PGDを選ぶ夫婦は通常，重篤な遺伝性疾患に罹っているか，その対立遺伝子の保因者である．

他のすべての遺伝子スクリーニングの方法と同様，PGDの利用は倫理的な問題を提起する．PGDを支持する人々は，羊水穿刺とCVSは厳しい倫理的選択肢を両親に与えると感じている．もし胎児が重篤な遺伝性疾患をもっていれば，両親は胎児を中絶するか，短くて苦難に満ちた人生を送る子供を産むかのどちらかである．彼らの見解では，4〜12細胞期で胚を処分することは，十分に発生した胎児を中絶することや，重篤な遺伝性疾患の壊滅的影響を受ける子供を出産するよりも倫理的には好ましい．PGDに反対する人々は，倫理的選択肢が厳しいことには同意するが，受精が起これば新しい生命が形成され，たとえ4〜12細胞期の胚でさえ，その生命を終わらせるのは倫理に反すると主張する．あなたはこのことについてどう考えるか．

いため疾患に罹る．いいかえれば，男性はX連鎖遺伝子に対してヘテロ接合にはなれないので，対立遺伝子 a の作用を隠すことができない．一般的に，男性は疾患になるために対立遺伝子を1個しか受け継ぐ必要がないため，女性よりもX連鎖の潜性遺伝疾患に罹りやすい．一方，女性は，罹患するためには対立遺伝子を2個受け継がなければならない．X連鎖の潜性遺伝は，少年が少女よりもWASになりやすい理由を説明している．

ヒトのX連鎖の遺伝性疾患にはほかに，赤緑色盲や血友病，筋肉が痩せ細り，しばしば若年齢で死に至る致死的な疾患であるデュシェンヌ型筋ジストロフィーなどがある．これらのX連鎖疾患のすべてが，潜性対立遺伝子によって起こる．

8・5 潜性遺伝性疾患

WASのようなX連鎖疾患は，常染色体疾患と比べてまれである．男性も女性も常染色体を2本もっているので，疾患の対立遺伝子に対して同じ確率でホモ接合にもヘテロ接合にもなるため，男女とも，常染色体の**潜性遺伝性疾患**（recessive genetic disorder）に等しく罹る可能性がある．数千ものヒトの遺伝性疾患が，常染色体の潜性形質として遺伝する．これらの疾患には，鎌状赤血球症，テイ-サックス病，米国で最も一般的な致死的遺伝病である嚢胞性線維症（cystic fibrosis）が含まれる（図8・8）．

生まれたばかりの女の子は体重が増えず，どこか悪いのではと両親は疑いはじめた．食べるたびに腹部が硬く

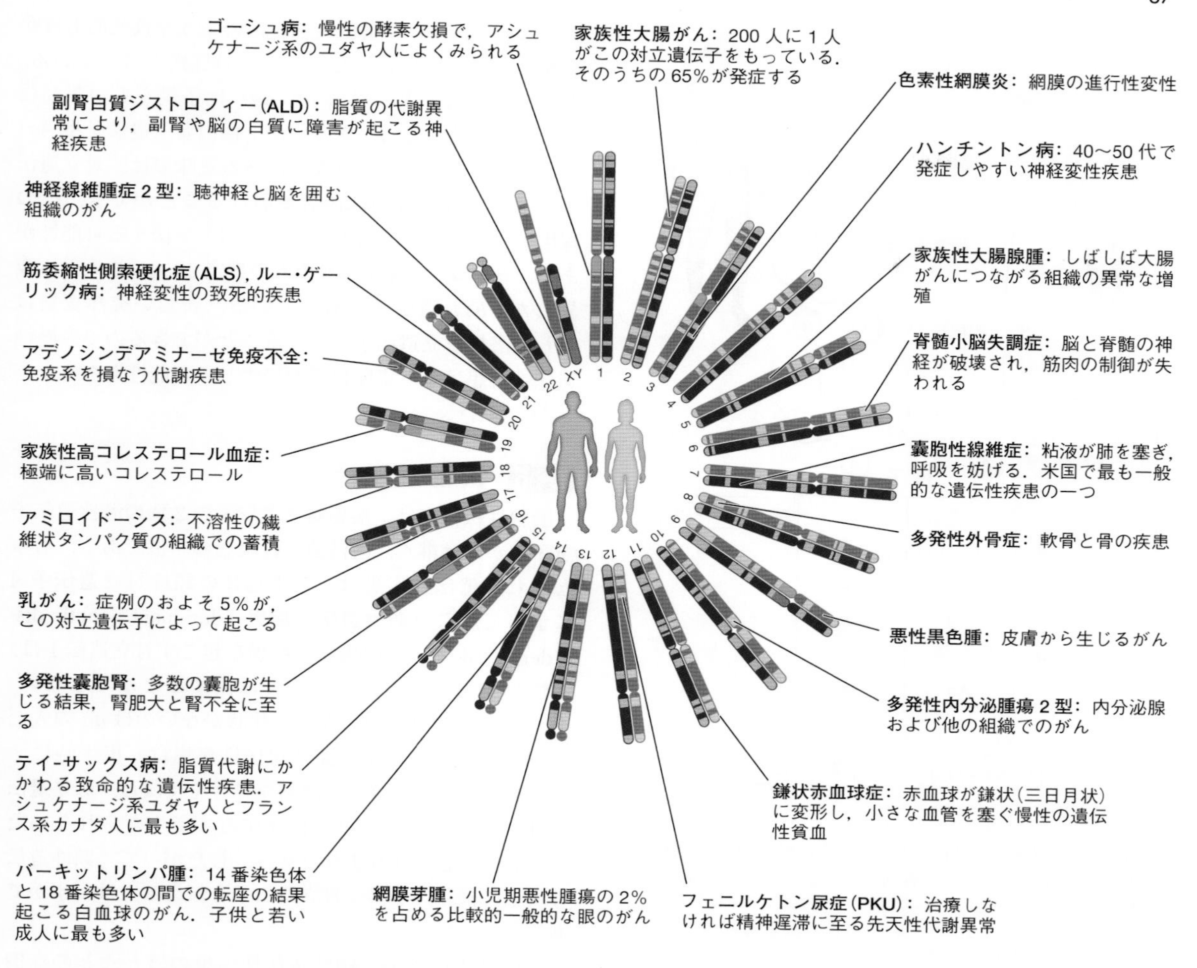
ゴーシュ病：慢性の酵素欠損で，アシュケナージ系のユダヤ人によくみられる
家族性大腸がん：200 人に 1 人がこの対立遺伝子をもっている．そのうちの 65％が発症する
色素性網膜炎：網膜の進行性変性
副腎白質ジストロフィー(ALD)：脂質の代謝異常により，副腎や脳の白質に障害が起こる神経疾患
ハンチントン病：40〜50 代で発症しやすい神経変性疾患
神経線維腫症 2 型：聴神経と脳を囲む組織のがん
家族性大腸腺腫：しばしば大腸がんにつながる組織の異常な増殖
筋委縮性側索硬化症(ALS)，ルー・ゲーリック病：神経変性の致死的疾患
脊髄小脳失調症：脳と脊髄の神経が破壊され，筋肉の制御が失われる
アデノシンデアミナーゼ免疫不全：免疫系を損なう代謝疾患
XY 1 2 3 4 5 6 7 8 9 10 11 12 13 14 15 16 17 18 19 20 21 22
家族性高コレステロール血症：極端に高いコレステロール
嚢胞性線維症：粘液が肺を塞ぎ，呼吸を妨げる．米国で最も一般的な遺伝性疾患の一つ
アミロイドーシス：不溶性の繊維状タンパク質の組織での蓄積
多発性外骨症：軟骨と骨の疾患
乳がん：症例のおよそ 5％が，この対立遺伝子によって起こる
悪性黒色腫：皮膚から生じるがん
多発性嚢胞腎：多数の嚢胞が生じる結果，腎肥大と腎不全に至る
多発性内分泌腫瘍 2 型：内分泌腺および他の組織でのがん
テイ-サックス病：脂質代謝にかかわる致命的な遺伝性疾患．アシュケナージ系ユダヤ人とフランス系カナダ人に最も多い
鎌状赤血球症：赤血球が鎌状(三日月状)に変形し，小さな血管を塞ぐ慢性の遺伝性貧血
バーキットリンパ腫：14 番染色体と 18 番染色体の間での転座の結果起こる白血球のがん．子供と若い成人に最も多い
網膜芽腫：小児期悪性腫瘍の 2％を占める比較的一般的な眼のがん
フェニルケトン尿症(PKU)：治療しなければ精神遅滞に至る先天性代謝異常

図 8・8 単一遺伝子疾患． 遺伝性疾患を起こす単一遺伝子の突然変異は，ヒトの X 染色体および 22 本の各常染色体上に存在する．これらの各突然変異では，その遺伝子座の正常対立遺伝子は重要な働きをするタンパク質をつくっている．たとえば，鎌状赤血球対立遺伝子は，血液中に酸素を運ぶのに重要なヘモグロビンをつくる遺伝子の突然変異である．わかりやすくするため，染色体当たりそのような遺伝性疾患を一つだけ示している．

問題 1 嚢胞性線維症，テイ-サックス病，鎌状赤血球症の原因となる遺伝子を含む染色体はどれか．
問題 2 単一遺伝子疾患の大部分は，顕性ではなく潜性である．その理由を自分の言葉で述べよ．

膨らみ，彼女は痛みで声を上げげた．WAS と診断された少年と同じように，その女の子は 2005 年の 1 歳の誕生日の前夜まで，小児科病棟に出入りしながら最初の 1 年を過ごした．その日，両親は娘と一緒に，フロリダ州の小児病院でセカンドオピニオンを待っていた．医師の診断は，嚢胞性線維症であった．

嚢胞性線維症は，嚢胞性線維症膜貫通型調節遺伝子(*CFTR*)の一つ以上の突然変異によって起こる致死的な潜性遺伝性疾患である．*CFTR* の突然変異は異常に濃い粘着性のある粘液を体につくらせ，その粘液が気道を塞ぎ，肺感染症に至る．濃い粘液は膵臓も閉塞させ，酵素が腸に届くのを妨げる．腸で食物が分解され消化されるためには，膵臓の酵素が必要である．成人まで生きる嚢胞性線維症患者の平均寿命は約 35 年で，治療法はない．

潜性遺伝性疾患の重症度はさまざまである．嚢胞性線維症のような致死的なものもあれば，比較的軽度な影響のものもある．たとえば，成人発症のラクトース不耐症は，乳糖を消化する酵素であるラクターゼの合成停止の原因となる単一の潜性対立遺伝子によりひき起こされる．

常染色体潜性対立遺伝子 a によって起こる疾患に罹るのは，その対立遺伝子を 2 個もつ人(aa) だけである．潜性遺伝性疾患が子供に遺伝する場合，通常，両親

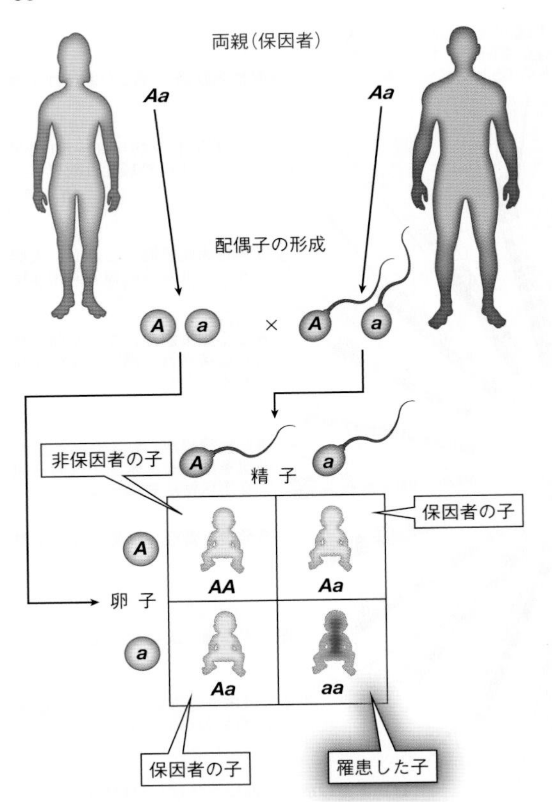

図 8・9　常染色体潜性疾患である囊胞性線維症の遺伝． ヒトの常染色体潜性遺伝性疾患の遺伝の様式は，他の潜性形質の場合と同じである（図7・4のメンデルがエンドウで示した様式と比較せよ）．潜性の疾患対立遺伝子を *a*，顕性の正常な対立遺伝子を *A* で表す．ここでは，母親も父親も保因者（ともに遺伝子型 *Aa*）である．

問題 1　このパネットの方形では，どの子供が囊胞性線維症に罹っているか．その子供の遺伝子型を示せ．
問題 2　この両親に別の子供がいた場合，その子供が囊胞性線維症である確率，保因者である確率を求めよ．

ともにヘテロ接合である．つまり，両親ともに *Aa* という遺伝子型をもっている（図8・9）．片方または両方の親が遺伝子型 *aa* をもち，疾患に罹っている可能性もある．対立遺伝子 *A* は顕性で疾患を起こさないため，囊胞性線維症と診断された女の子の両親のように，ヘテロ接合の人（*Aa*）は疾患の遺伝的保因者であり，疾患の対立遺伝子 *a* をもつが疾患には罹っていない．

潜性遺伝性疾患の両親の間に子供が生まれる場合，遺伝の様式は他の潜性形質と同じである．どの子供も，男女どちらでも，疾患対立遺伝子をもたない確率が25%（遺伝子型 *AA*），保因者（遺伝子型 *Aa*）である確率が50%，疾患になる確率が25%（遺伝子型 *aa*）である．

これらの確率は，囊胞性線維症のような致死的潜性疾患がヒトの集団に存続しうる一つの様式を示している．潜性ホモ接合の人（遺伝子型 *aa*）は子供をもつ年齢になる前に亡くなることが多いが，保因者（遺伝子型 *Aa*）は疾患による障害を受けない．ある意味では，対立遺伝子 *a* はヘテロ接合の保因者で隠れることができ，その保因者は子供の半分に疾患対立遺伝子を伝える可能性がある．ヨーロッパ系アメリカ人の推定29人に1人が，変異した *CFTR* 遺伝子をもっている．新しい突然変異は新しい潜性対立遺伝子をつくることができるので，潜性遺伝性疾患はヒト集団に新たに生じる可能性もある．

8・6　顕性遺伝性疾患

囊胞性線維症は，疾患対立遺伝子の2個の潜性遺伝子を子供が受け継ぐ，潜性遺伝性疾患の一例である．もっとまれな遺伝性疾患は，常染色体の顕性対立遺伝子 *A* によって起こる**顕性遺伝性疾患**（dominant genetic disorder）である．この場合，疾患を起こす対立遺伝子は，潜性対立遺伝子と同じ方法では隠すことはできない．*AA* と *Aa* の人は疾患になり，症状がないのは *aa* の人だけである（図8・10）．顕性遺伝性疾患は，出生時にすぐに顕性疾患がしばしば深刻な弊害を及ぼし，対立遺伝子 *A* をもつ人が生殖年齢に達するまで生きられないため，潜性疾患よりもまれである．したがって，顕性遺伝性疾患に罹り，子供に対立遺伝子を伝える人はわずかである．

この理由のため，顕性遺伝性疾患のほとんどの症例は，一世代での新しい突然変異によって生じる．たとえば，小人症の一種である軟骨無形成症は，骨の成長にかかわる遺伝子の突然変異によって起こる．軟骨無形成症の人は寿命が短いので，突然変異を子孫に伝えられる人はわずかである．代わりに，軟骨無形成症の乳児は，1万人から10万人に1人の割合で健常な両親から生まれる．そのほとんどすべてが，精子形成中にこの突然変異を起こす35歳以上の父親に起因する．

顕性遺伝性疾患であるハンチントン病（Huntington disease）は，この法則の例外である．なぜならば，疾患の症状，つまり，死にかけている脳細胞によって起こる制御不能な動きや知的能力の喪失が，その対立遺伝子をもつ人が生殖の機会をもった後の人生後半，多くの場合40代以降で起こるからである．このようにして，対立遺伝子は世代から世代へと容易に受け継がれる．これが，ハンチントン病の家族歴をもつ夫婦が，この疾患をひき起こす遺伝子について発生中の胎児を検査することを選択する理由である．

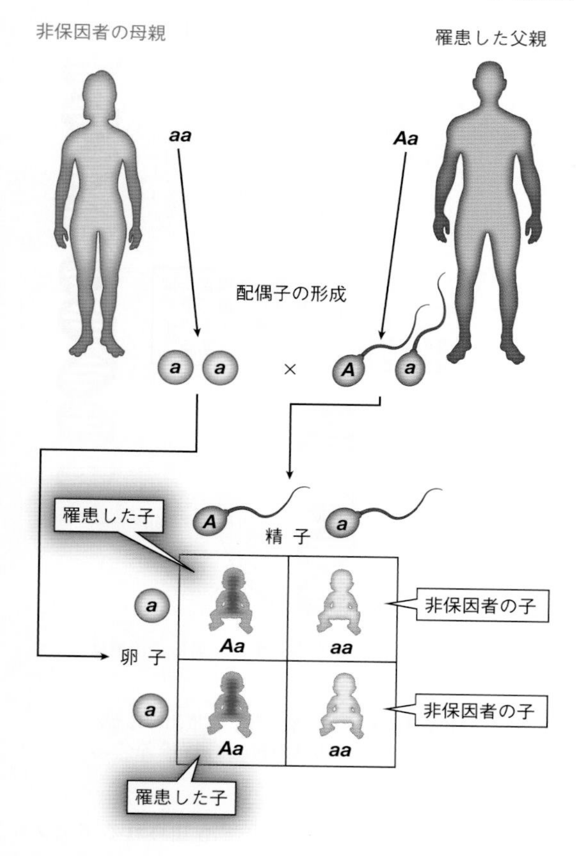

図 8・10 常染色体顕性疾患の遺伝. ヒトの常染色体顕性遺伝性疾患の遺伝の様式は，他の顕性形質の場合と同じである．このパネットの方形では，正常な母親（遺伝子型 *aa*）と罹患した父親（遺伝子型 *Aa*）の間に生まれる可能性のある子供を示している．

問題 1 片方の親が常染色体顕性疾患である場合，疾患を子供が受け継ぐ確率を求めよ．
問題 2 なぜ顕性遺伝性疾患の保因者は存在しないのか．

8・7 遺伝子治療

囊胞性線維症やハンチントン病を含む大部分の遺伝性疾患には，治療法がない．患者とその家族は，疾患を治すためにできる限りのことをする．前述の囊胞性線維症と診断された女の子は 7 歳のとき，食物を消化するために毎日 25 錠の薬を服用した．10 歳のときには 4 回の延長入院をし，夏休みのほとんどを点滴に費やした．彼女は抗生物質と粘液希釈剤を服用し続け，鼻のスプレーを使い，呼吸療法行うために 1 日 2 時間を費やしている．しかし，研究者たちは遺伝性疾患の効果的な治療法を見つけることを，完全に治すことさえ，あきらめてはいない．WAS は，研究者たちのおかげで効果的な治療が見つかった数少ない疾患の一つである．

2003 年，当時ボストンにいた冒頭の小児科医は，WAS に苦しむ少年たちに治療法があるかもしれないという希望のかすかな光をはじめて感じた．彼のチームは，疾患発症の原因となる欠陥遺伝子を修復するための技術である**遺伝子治療**（gene therapy）を使って，WAS を治療できるかもしれないと考えた．遺伝子治療は，**遺伝子工学**（genetic engineering）の一種であり，細胞や組織，個体に一つ以上の遺伝子を永久に導入する．彼は，罹患した若い少年たちの *WAS* 欠陥遺伝子を修復することにより，疾患を短期間で治療し，永久的に治癒することさえ期待した．

まず，彼のチームはマウスで計画を検証した．*WAS* 遺伝子全体を欠損し，重要な WAS タンパク質を合成できないマウスが飼育された．これらのマウスは，血球や免疫系の細胞数が減少するなど，WAS に罹患した少年と同じ症状をいくつかもっていた．次に，研究者たちはウイルスを使って正常な *WAS* 遺伝子をマウスの血液細胞に挿入し，そこで WAS タンパク質が合成されるのを待った．数カ月後，マウスの細胞が正常な WAS タンパク質を発現し，成熟した血球と幹細胞が正常な量つくられていることがわかった．

これらの結果をもとに，研究者たちはヒトの細胞で技術を検証し，2005 年，ついにヒトの臨床治験をドイツで開始した．2006 年に 2 人の男の子（ともに 3 歳）がはじめて入院し，2006 年から 2009 年の間に 10 人の男の子が臨床治験のために入院した．冒頭の WAS と診断された少年は 2009 年に参加した．治験の第一段階では，細胞を抽出するために，彼は体から血液を送り出す機械のように 9 時間もじっと横たわっていなければならなかった．次に，これらの細胞は研究室に運ばれ，研究者たちは遺伝的に改変したウイルスを使ってその細胞に正常な *WAS* 遺伝子を挿入した（図 8・11）．その後，医師たちが，遺伝子改変した細胞を彼の体に戻した．そして待ち時間がはじまった．

治験の初期の結果は，2010 年に発表された．遺伝子治療の後，9 人の少年が，出血と感染に関して症状が改善した．彼らは健康な少年たちのようにサッカーができ，予防接種により免疫力が高まり，重篤な感染症を発症しなかった．研究者たちは，致死的な WAS に遺伝子治療が実現可能であり，WAS が治せることを示したのである．

しかし，新しい治療法にはリスクがないわけではない．遺伝子治療を受けて数年後，7 人の患者が，正常な遺伝子を細胞に挿入するために使ったウイルスに感染して白血病を発症した．そのうち 3 人が白血病や骨髄移植

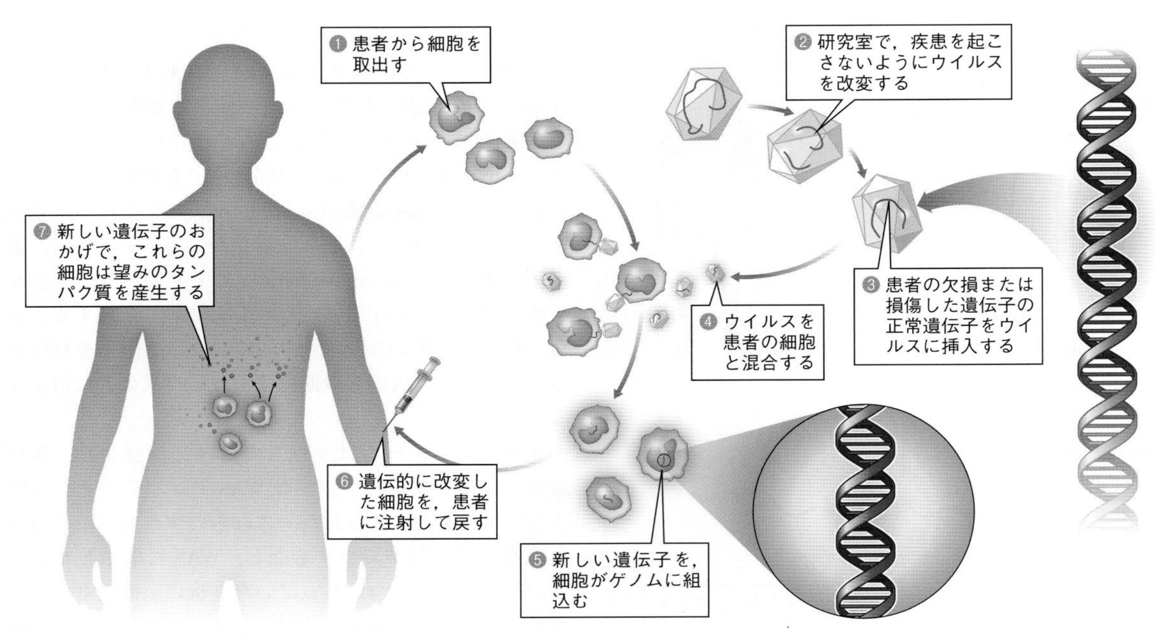

❶ 患者から細胞を取出す
❷ 研究室で，疾患を起こさないようにウイルスを改変する
❸ 患者の欠損または損傷した遺伝子の正常遺伝子をウイルスに挿入する
❹ ウイルスを患者の細胞と混合する
❺ 新しい遺伝子を，細胞がゲノムに組込む
❻ 遺伝的に改変した細胞を，患者に注射して戻す
❼ 新しい遺伝子のおかげで，これらの細胞は望みのタンパク質を産生する

図 8・11 遺伝子治療. 遺伝子治療では，望ましい効果をあげるため，細胞に遺伝情報を導入する．遺伝子治療は，細胞を機能不全にさせる遺伝子突然変異を補うために使われることがある．

問題 1 WAS の患者では，どの遺伝子が欠損または損傷したか．その正常な遺伝子はどの染色体から取出せるか．
問題 2 研究者たちは最初にヒトではなくマウスで遺伝子治療を行ったのはなぜか．この方法の利点と限界を述べよ．

後の合併症で亡くなった．このため治験は中止された．WAS の研究者たちは，遺伝子治療後の白血病の原因をいまも研究し，遺伝子を細胞に挿入するより安全な方法を探している．

白血病のようなリスクを回避するために別の遺伝子挿入法を使い，他の遺伝性疾患でも数多くの遺伝子治療の治験が世界中で続いている．2012 年，ヨーロッパの保健当局は，リポタンパク質リパーゼ欠乏症（LPLD）という潜性遺伝性疾患に対する遺伝子治療を許可した．血友病や，“バブル・ボーイ”としても知られるアデノシンデアミナーゼ欠損/重症複合免疫不全症（ADA-SCID）の治療など，他の多くの遺伝子治療も追随している．

冒頭の WAS と診断された少年は，遺伝子治療の 1 年後，検査のために病院に戻った．治療はうまくいった．現在，彼の体は健康で機能的な血球をつくり，症状の大部分は完全に回復し，彼はふつうの生活を楽しんでいる．遺伝性疾患が遺伝子治療によって治り，彼の母親は治療を受けられたことに大変感謝している．

章末確認問題

1. 以下の用語を，文章中に正しく入れよ．
   ［対立遺伝子，染色体，遺伝子，遺伝子座］
   2 本の相同な____は，同じ____に存在する同じ____を含むが，同じまたは異なる____をもつことがある．
2. 遺伝的保因者といわれる人は，どのような表現型を示すか．
   (a) 身体的な形質を示す
   (b) 非保因者よりも顕著な身体的な形質を示す
   (c) ほとんど正常であるが，形質の中間的表現型を示す
   (d) 完全に正常であり，身体的な形質を示さない
3. 左の各用語の最も適切な定義を右から選べ．

遺伝子治療	1. 胎児の遺伝性疾患を検査するため，妊婦の子宮から細胞を穏やかに吸引する方法
体外受精 (PGD)	2. 胎児の遺伝性疾患を検査するため，妊婦の子宮から少量の羊水(胎児の細胞を含む)を慎重に抽出する方法
着床前遺伝子診断	3. 疾患原因である突然変異遺伝子の正常な遺伝子を挿入することにより，遺伝性疾患を治そうとする治療法
絨毛生検 (CVS)	4. 1 個または 2 個の細胞を発生中の胚から取出し，遺伝性疾患について検査する方法．その後，遺伝性疾患のない胚を女性の子宮に着床させるこ

とがある

羊水穿刺　　5. 卵子をペトリ皿で受精させ，その後，一つ以上の胚を女性の子宮に着床させる方法

4. 鎌状赤血球症はヒトの潜性遺伝性疾患として遺伝し，ヘモグロビンの正常な対立遺伝子 H は鎌状赤血球対立遺伝子 h に対して顕性である．パネットの方形をつくり，ともに遺伝子型 Hh をもつ両親(保因者)の子供で起こりうる遺伝子型を示せ．

5. 問題 4 の子供で起こりうる遺伝子型を正しく予測しているものはどれか．
(a) HH が 1/4，Hh が 1/4，hh が 1/2
(b) HH が 1/2，Hh が 1/2
(c) HH が 1/2，hh が 1/2
(d) HH が 1/4，Hh が 1/2，hh が 1/4
(e) HH が 1/4，Hh が 3/4

6. 問題 4 の子供で起こりうる表現型を正しく予測しているものはどれか．
(a) 正常が 1/4，鎌状赤血球症が 3/4
(b) すべて正常
(c) すべて鎌状赤血球症
(d) 正常が 1/2，鎌状赤血球症が 1/2
(e) 正常が 3/4，鎌状赤血球症が 1/4

7. ヘモグロビンの正常な対立遺伝子 H が鎌状赤血球の対立遺伝子 h に対して顕性であるとすると，ともに Hh をもつ両親の間に子供が生まれるたびに，その子供が鎌状赤血球症である確率を求めよ．
(a) 0%　(b) 75%　(c) 25%
(d) 50%　(e) 100%

8. 性染色体異常によって男性の表現型を示すものをすべてを選べ．
(a) XO
(b) XXY
(c) XXX
(d) XYY
(e) XXXY
(f) *SRY* 遺伝子が完全に欠失した XY

9 遺伝物質としてのDNA

本章のポイント

- 適切な用語を使ってのDNA構造の説明
- 塩基対合則を用い，鋳型鎖をもとにDNAの相補鎖の決定
- ゲノム編集ツールCRISPR-Cas9の働くしくみ
- DNA複製の図式化と，複製過程の各段階の特定
- PCRとDNA塩基配列決定の技術的特性
- DNA複製のエラーの原因とその修復方法
- 突然変異の例とそれにより起こりうる生物への影響

9・1 ゲノム編集

ハーバード大学の遺伝学の研究チームは，生命の遺伝暗号である **DNA**（**デオキシリボ核酸** deoxyribonucleic acid）を操作する技術に取組んでいた．2012年，彼らはCRISPR-Cas9，略してCRISPR（クリスパーとよむ）とよばれる画期的な新技術を使い，“ゲノム編集”として知られる生物の遺伝子改変をはじめた．

CRISPRが発見される前は，DNAの編集は困難で費用がかかるため，通常，遺伝子操作用の簡便な実験キットが開発されていたマウスやショウジョウバエのようなモデル生物でのみ行われていた．CRISPR-Cas9という特別なタンパク質と二つの一本鎖 **RNA**（**リボ核酸** ribonucleic acid）分子との単純ではあるが創造的な組合わせは，ゲノム編集を安価なものにし，十分な資金をもつ遺伝学研究室だけではなく，すべての研究室でこの技術を利用可能にした．また，CRISPR-Cas9は，CRISPRの発明者の一人が“分子のメス”とよんだように，ほぼすべての生物のDNAを迅速かつ効率よく切断し，真菌や植物，ヒトを含め，ありとあらゆる生物の遺伝子を研究者たちが編集することを可能にした．

CRISPRは，一度に複数の遺伝子を編集する機会も新たに与えてくれた．研究チームは，最初の実験動物として，家畜のブタ *Sus scrofa domesticus* を選んだ．移植用臓器が不足している問題を解決するため，この技術を使ってブタを改造し，無限の臓器供給源に適した動物にできないかと考えたのである．

9・2 DNAの構造

米国では毎日，平均約20人が臓器移植を待ちながら

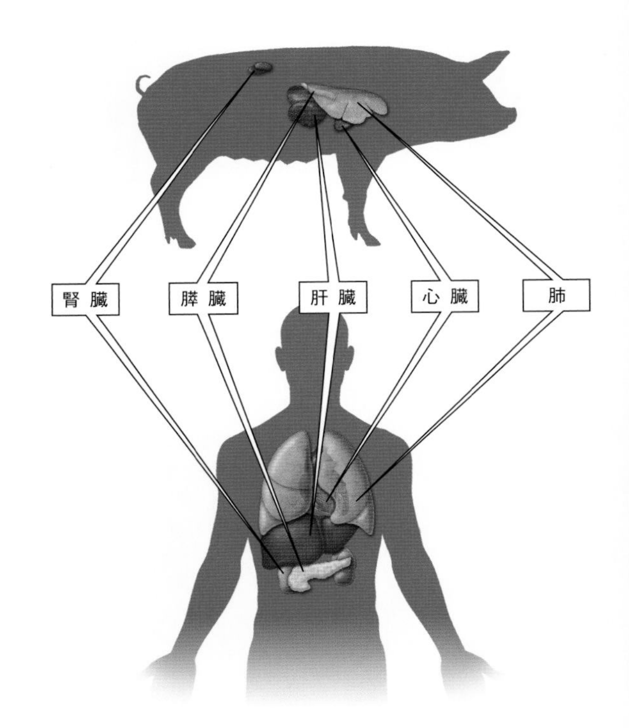

図9・1 ブタとヒトの臓器は大きさがとても似ている

問題1 移植には，臓器の大きさを一致させることが重要である理由の一つをあげよ．

問題2 移植するのに大きさの一致が全く重要ではない組織をあげよ．

死亡している．現在，119,000 人の男性，女性，子供が全国移植待ちリストに登録され，誰もが手遅れになる前に名前が呼ばれることを願っている．

研究者たちは移植用の臓器をつくって保存するために，臓器の凍結から人工臓器の作製まで多くの方法を探究しているが，最も期待されるものの一つがブタである．ブタの臓器は，心臓，肝臓，腎臓を含め，ヒトの臓器に大きさが比較的近く解剖学的構造も似ているため，臓器の潜在的供給源として優れていると長い間考えられている（図 9・1）．さらに，ブタは販売も容易である．サルのような近縁種からの移植よりも，ブタからの移植のほうが一般に受け入れやすい傾向があるからである．もし**異種移植**（xenotransplantation）とよばれる動物からヒトへの臓器移植が可能になれば，健康な臓器がオンデマンドで，基本的に制限なく供給可能になるだろう．

しかし，ヒトのためにブタ臓器をつくるには障壁がある．ブタのゲノムには，ブタ内在性のレトロウイルス（porcine endogenous retrovirus: PERV）とよばれるウイルスの DNA が点在しているからである．DNA は**ヌクレオチド**（nucleotide）とよばれる単位が繰返されて伸びた鎖が 2 本平行に並んでできている．各ヌクレオチドは，糖であるデオキシリボース，リン酸基，それとアデニン，シトシン，グアニン，チミンの四つの**塩基**（base）のうちの一つから構成されている．この塩基でヌクレオチドを同定し，たとえば，“アデニン塩基をもつヌクレオチド”は“アデニンヌクレオチド”と省略してよぶ．

一本鎖のヌクレオチドでは，一つのヌクレオチドのリン酸基と次のヌクレオチドの糖が，共有結合によりつながっている．DNA の二本鎖は，1 本の鎖の塩基ともう 1 本の鎖の塩基が，はしごの両側をつなぐ段のように水素結合によりつながっている（図 9・2）．**塩基対**（base pair）は，これらの塩基間の水素結合によって対になる二つのヌクレオチドをさす．すなわち，塩基対は DNA のはしごの一つの段に相当する．はしごはねじれて，**二重らせん**（double helix）とよばれるらせん構造になる．ブタゲノムの長く巻いた二重らせん内に PERV 由来の DNA の短い断片は散在し，これらはブタと同じ四つのヌクレオチドからなるが，ブタではなくウイルスのタンパク質をコードしているのである．

ヌクレオチドは，塩基対をランダムに形成するのではない．1 本の鎖のアデニン(A)ヌクレオチドは，もう 1 本の鎖のチミン(T)とのみ対になれる（図 9・2 参照）．

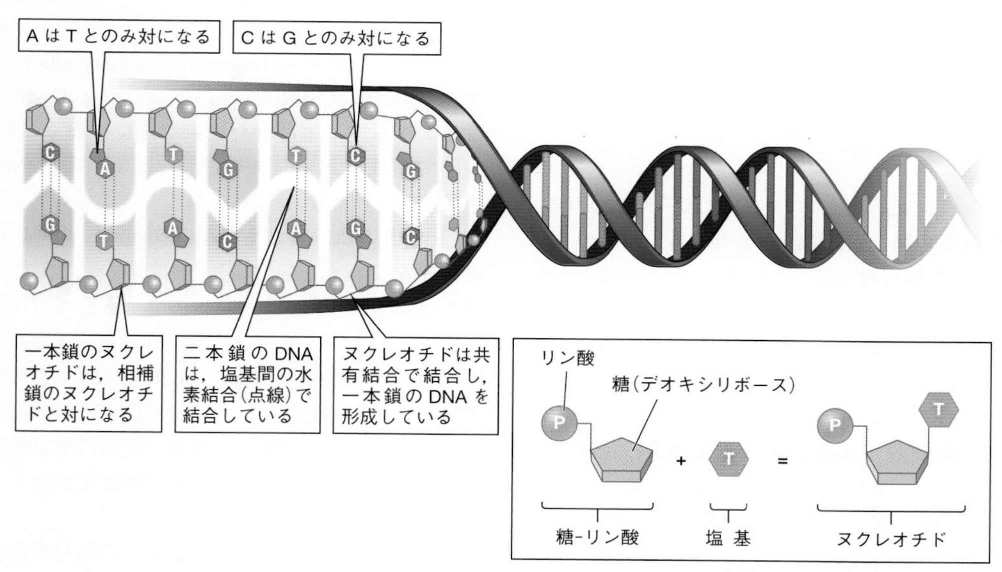
A は T とのみ対になる
C は G とのみ対になる
一本鎖のヌクレオチドは，相補鎖のヌクレオチドと対になる
二本鎖の DNA は，塩基間の水素結合（点線）で結合している
ヌクレオチドは共有結合で結合し，一本鎖の DNA を形成している
リン酸
糖（デオキシリボース）
P
T
+
=
糖-リン酸
塩 基
ヌクレオチド

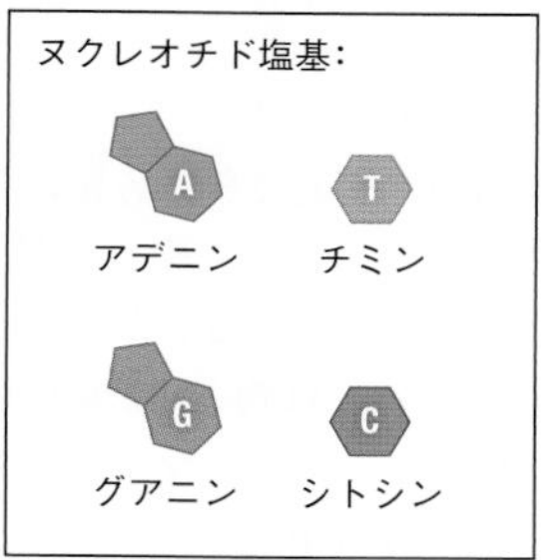
ヌクレオチド塩基:
A
アデニン
T
チミン
G
グアニン
C
シトシン

図 9・2　DNA の二重らせんとその構成要素．DNA 分子は，らせん階段のように，仮想軸のまわりにらせん状にねじれた 2 本のヌクレオチドの相補鎖からできている．

問題 1　2 種類の塩基対を示せ．
問題 2　DNA 構造は“はしご”の形をしている．DNA のどの部分がはしごの段を，どの部分が側面を示しているか．

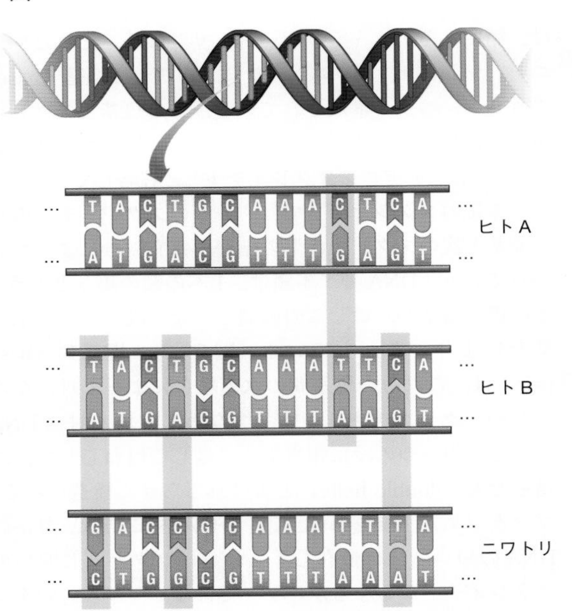

図 9・3　DNA の塩基配列は，種間や種内の個体間で異なる． 架空の遺伝子の塩基配列が，2 人のヒト (A と B) とニワトリとで比較されている．水色で強調された塩基対は変異型である．それらはヒト A とヒト B の遺伝子間，ヒトとニワトリの遺伝子間で異なっている．

問題 1　すべての遺伝子が 4 種類のヌクレオチドで構成されるとすると，どのようにして遺伝子によって違う情報を伝えることができるのか．

問題 2　異なる対立遺伝子では，DNA の塩基配列は同じか異なるか．

同様に，シトシン (C) はグアニン (G) とのみ対になれる．これらの**塩基対合則** (base-paring rule) は，核酸の二本鎖の間で**相補的塩基対形成** (complementary base-pairing) を可能にし，重要な結果をもたらす．つまり，DNA 分子の一本鎖のヌクレオチド配列がわかれば，DNA のもう 1 本の相補鎖のヌクレオチド配列も自動的にわかるのである．A は T とのみ，C は G とのみ対になれるので，もとの鎖が**鋳型** (template) として働き，相補的塩基対形成を通じて，新しい鎖の形成が可能になる (新しい DNA 鎖の形成に関しては，CRISPR が作用する DNA とどのように RNA が対になれるのかも含め，10 章で詳しく述べる)．

それでも 4 種類のヌクレオチドは，DNA の一本鎖に沿って任意の順で配列でき，各鎖は数百万のヌクレオチドで構成されているので，膨大な量の情報を DNA 塩基配列やゲノムにたくわえることができる．たとえば，家畜のブタのゲノムには約 30 億塩基対，ヒトゲノムには約 32 億塩基対あるが，トマトでは約 9 億塩基対のみ，大腸菌ではわずか 460 万塩基対しかない．DNA のヌクレオチド配列は種間や種内の個体間で異なり，このような遺伝子型の違いは，異なる表現型をもたらす可能性がある (図 9・3)．

1990 年代半ば，ブタの臓器をヒトに用いるというアイデアは注目を集めたが，ヒトが PERV に感染する恐れがあるため，実験は行きづまった．ブタを無菌状態で繁殖させるだけではウイルスを取除くことができない．ウイルスはブタの DNA 二重らせんそのものに組込まれているからである．ハーバード大学の研究チームは，CRISPR がブタの細胞にある PERV DNA を決定的に破壊することにより，その問題を解決できるかもしれないと考えた．

9・3　CRISPR-Cas9 系

CRISPR (clustered regularly interspaced short palindromic repeat) とよばれる DNA 配列は，細菌が実際に使う防御系の一部である．細菌は，ゲノムに入り込んだウイルス DNA からの攻撃に常にさらされている．そのため細菌は，外来から侵入する DNA を認識して切断するツールを含む，一連の防御機構を進化させてきたのである．カリフォルニア大学バークレー校の微生物学者ダウドナ (Jennifer Doudna) とスウェーデンのウメオ大学のシャルパンティエ (Emmanuelle Charpentier) によって開発された CRISPR-Cas9 系は，二つの Cas9 タンパク質をゲノム内の選ばれた正確な部位に導く二つの RNA 分子で構成される．その部位で Cas9 は，DNA の両鎖を効率的に切断する (図 9・4)．

CRISPR 系は，文字や単語の代わりにヌクレオチドや遺伝子を使う点を除けば，“削除” キー，またはある特定の実験ではワープロソフトのカット&ペーストのツールに似ている．大部分の新しい研究ツールは普及するまで数カ月から数年かかるが，CRISPR はすぐに多くの研究室に普及し，ゼブラフィッシュのゲノムの編集，成体マウスの遺伝性疾患変異の修復，小麦の害虫抵抗性の促進など，CRISPR を使った遺伝学的研究が次々と公表された．

ノーベル化学賞を受賞した彼女らの発見の直後に，真核細胞のゲノム編集のための CRISPR 系が設計された．その技術革新を使ってハーバード大学の研究チームはブタのゲノム編集をはじめる準備をしたが，まずはゲノムに含まれる PERV の DNA 数を同定する必要があった．ブタ DNA の塩基配列を決定するために研究用ツールを使い，ゲノム全体に散在する PERV の DNA を 62 個同定した．62 個は多いように聞こえるかもしれないが，哺乳類のゲノムにある遺伝子数と比べるとごくわずかな量である．ブタは嗅覚だけで1600個以上の遺伝子をもっている．ヒトゲノムには推定19,000個のタンパク質をコードする遺伝子があり，タンパク質をコードしないさらに多くのDNAに囲まれて詰め込まれている．

細胞は，膨大な量のDNAを小さな空間に詰め込むのが得意である．さまざまなタンパク質を使ってDNAの二重らせんを巻いて折りたたみ，圧縮し，染色体とよばれるDNAとタンパク質の複合体を，いくつかの詰め込み段階を経てつくり出す（図9・5）．

二本鎖DNAの短い部分は**ヒストンタンパク質**（histone protein）として知られるタンパク質の“糸巻き”に巻きつき，**ヌクレオソーム**（nucleosome）とよばれる多くのヒストンでできたビーズがDNAの紐でつながった数珠玉構造をつくる．この数珠玉構造は，さらに他の種類のタンパク質によって圧縮され巻かれて，**クロマチン線維**（chromatin fiber）として知られるより凝縮した形態になる．クロマチン線維はその後，あちこちで輪をつくってさらに凝縮し，再び巻付いて核内に染色体を形成する．

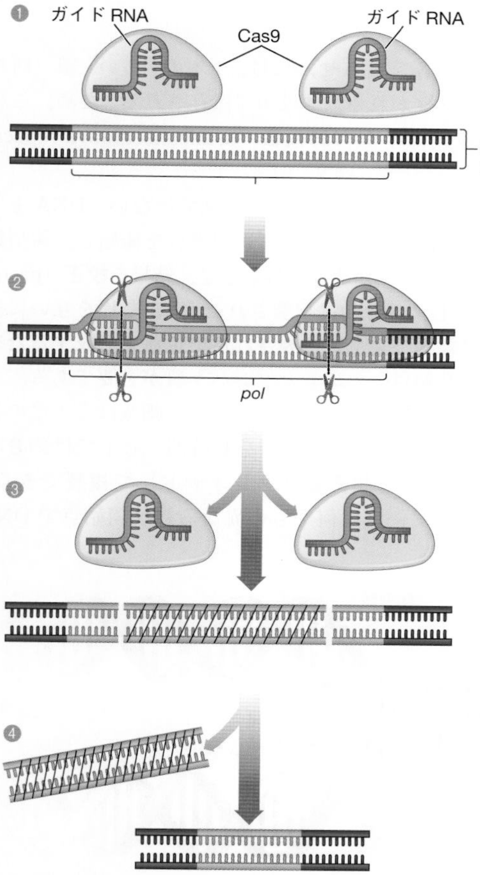

図 9・4　効率的で費用対効果の高いツールであるCRISPR–Cas9によるゲノム編集． ❶ CRISPR–Cas9系はガイドRNA分子とCas9タンパク質から構成される．❷二本鎖PERVのDNA塩基配列内の*pol*遺伝子が，ブタゲノム内で標的とされる．ガイドRNAは，相補的な塩基対形成を介して，標的のDNA塩基配列にCas9を導く．❸ Cas9がブタ染色体の標的DNAの両鎖を切断し，CRISPR–Cas9複合体が放出される．❹正常な修復過程の間に，切断部位間のDNA塩基配列は除かれ，残ったDNAは再結合するので，*pol*遺伝子の大部分は“ノックアウト”される．*pol*の残骸は働かない．

問題1　標的のDNA塩基配列を見つけるために，ガイドRNAはどのような共通メカニズムを使うのか．
問題2　効果をあげるには，Cas9は何本のDNA鎖を切断しなければならないか．

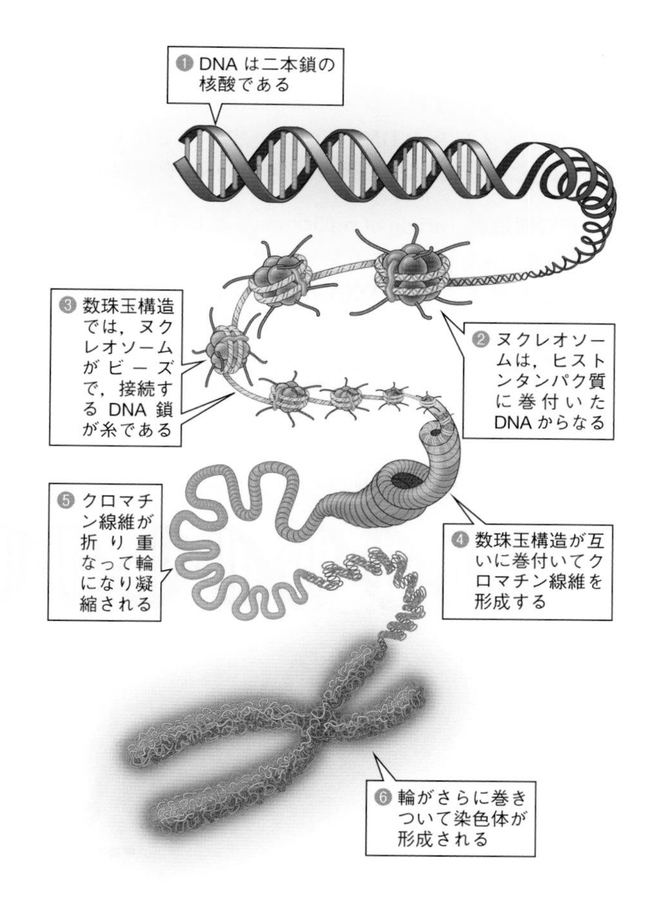

図 9・5　染色体は，注意深く組織化されたDNAとタンパク質の複合体である． DNAの二重らせんは，タンパク質のまわりに連続的に巻かれてまとめられ，染色体へと凝縮される．

問題1　タンパク質のまわりのコイルからなる構造は何か．
問題2　数珠玉構造では，何が“ビーズ”を，何が“糸”を構成しているか．

9・4 DNAの複製

ウイルス由来のDNAは，ヒトゲノムを含め，私たちが知っているすべての哺乳類のゲノムに実際に存在しているが，これらのすべてのウイルスDNAが同じように働くわけではない．ヒトではウイルスDNAは大昔にゲノムに組込まれ，ゲノムに残ってはいるがもはや活性はない．ブタではウイルスが侵入してそのDNAがブタゲノムに組込まれたのはもっと最近のことなので，ウイルスDNAはまだ活性がある．

このウイルスDNAは，DNA分子をコピーする**DNA複製**（DNA replication）を通じて世代から世代へと受け継がれるので，すべてゲノムに残る．DNA複製は，私たちの体内で常に進行していて，細胞が体細胞分裂に入る直前に起こり，DNAのコピーは新しい細胞に渡される．新しい胚が形成されているときには，DNA複製は盛んに起こる．また，ウイルスが私たちの細胞に侵入し，ウイルス自身のDNAをコピーするときにもDNA複製は起こる．細胞は，三つの段階でDNAを複製する．

1. **複製開始点**（origin of replication）として知られる塩基配列でDNAと結合する特別なタンパク質を介して，DNA分子がほどかれ，DNAの二本鎖をつなげる水素結合が壊される．
2. 分かれた鎖それぞれが，新しいDNAの鎖を形成するための鋳型として使われる．DNA複製の鍵となる酵素**DNAポリメラーゼ**（DNA polymerase）が，複製開始点近くの特別な部位に相補的な塩基配列をもつ**プライマー**（primer）に結合し，新しい二本鎖DNAを形成しはじめる．
3. 形成が完了すると，もとのDNA分子と同一の二つのDNA分子ができる．各DNA分子は，もとのDNA分子由来の鋳型鎖と，新たに合成された鎖から構成される．

複製後の各二重らせんには，1本の“古い”鎖（鋳型鎖）が受け継がれる．つまり“保存される”ため，この複製の様式は**半保存的複製**（semiconservative replication）とよばれる（図9・6）．

DNA複製のしくみは決して単純ではない．DNAをほどき，離れた鎖を安定させて複製過程を開始し，鋳型鎖に相補的なヌクレオチドを接着させ，結果を**校正**（proofreading）し，部分的に複製されたDNA断片を互いに結合し，最終的に完全に複製された染色体を形成するためには，十数個以上の酵素とタンパク質が必要である．

この作業の複雑さにもかかわらず，細胞は数十億のヌクレオチドを含むDNA分子を数時間，ヒトでは約8時間（毎秒10万を超えるヌクレオチド）で複製できる．この速度は，一度に何千もの異なる複製開始点でDNA

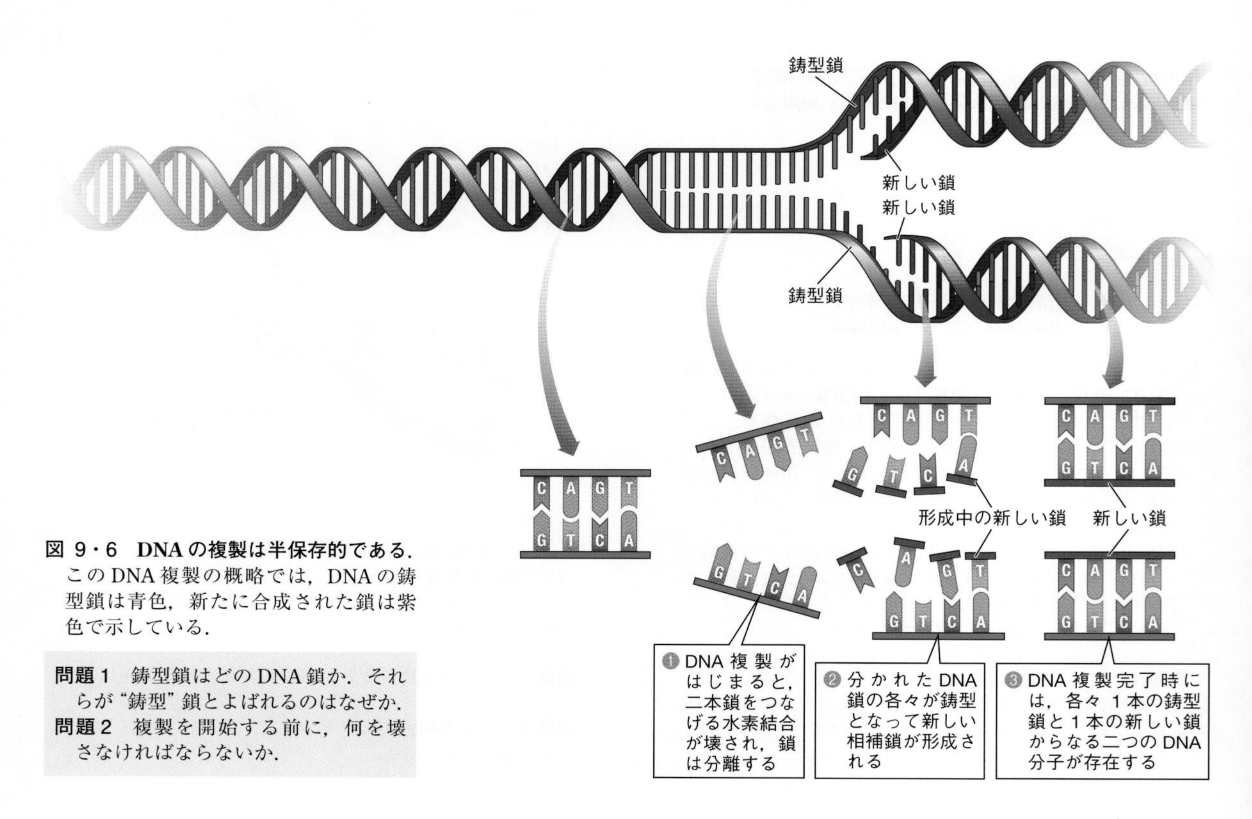
鋳型鎖
新しい鎖
新しい鎖
鋳型鎖
C A G T
G T C A
形成中の新しい鎖
新しい鎖
❶ DNA複製がはじまると，二本鎖をつなげる水素結合が壊され，鎖は分離する
❷ 分かれたDNA鎖の各々が鋳型となって新しい相補鎖が形成される
❸ DNA複製完了時には，各々1本の鋳型鎖と1本の新しい鎖からなる二つのDNA分子が存在する

図9・6 DNAの複製は半保存的である． このDNA複製の概略では，DNAの鋳型鎖は青色，新たに合成された鎖は紫色で示している．

問題1 鋳型鎖はどのDNA鎖か．それらが“鋳型”鎖とよばれるのはなぜか．
問題2 複製を開始する前に，何を壊さなければならないか．

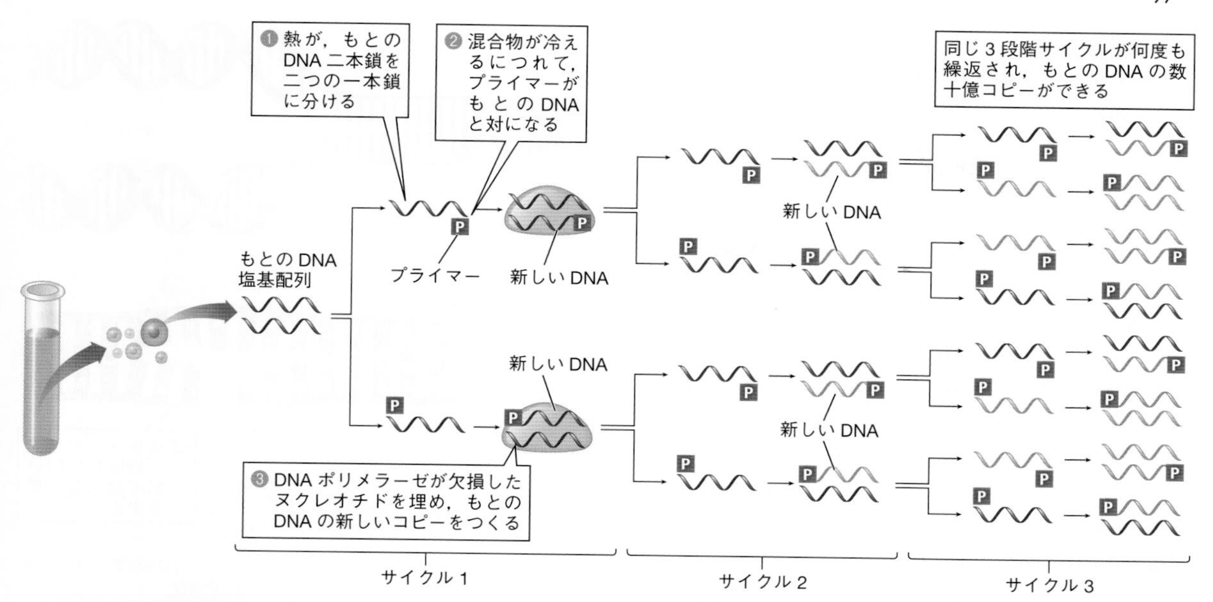
❶ 熱が，もとの DNA 二本鎖を二つの一本鎖に分ける
❷ 混合物が冷えるにつれて，プライマーがもとの DNA と対になる
同じ 3 段階サイクルが何度も繰返され，もとの DNA の数十億コピーができる
もとの DNA 塩基配列
プライマー
新しい DNA
新しい DNA
新しい DNA
新しい DNA
❸ DNA ポリメラーゼが欠損したヌクレオチドを埋め，もとの DNA の新しいコピーをつくる
サイクル 1
サイクル 2
サイクル 3

図 9・7　PCR は，少量の DNA を 100 万倍以上増幅することができる． 合成 DNA 断片からなる短いプライマーを，標的 DNA，DNA ポリメラーゼ，および 4 種類のヌクレオチド (A, C, G, T) すべてと一緒に試験管内で混合する．プライマーは，目的の遺伝子の二つの末端部分と塩基対を形成する．次に，PCR 装置は混合物を処理し，鋳型の塩基配列をもつ二本鎖の数を 2 倍にする．倍加過程は何度も繰返し可能である (ここでは 3 回のみ示す)．

問題 1　PCR は DNA を何度も複製し，解析に利用可能な量を増やす．この過程はなぜ“増幅”とよばれるのか．
問題 2　PCR サイクルでは，何が DNA 鎖を分けるのか．

分子の複製を開始することにより，一部は達成される．

CRISPR が開発される以前，最も研究にインパクトを与えた遺伝子技術は，試験管内で DNA を迅速に複製するためのツールであった．1980 年代，自然な DNA 複製を研究室で模倣する，それも速く行う方法が開発された．この**ポリメラーゼ連鎖反応** (polymerase chain reaction: **PCR**) は，はじめの DNA 量が非常に少なくても，わずか数時間で数百万もの標的とする DNA 塩基配列をつくる，つまり DNA の“増幅”を可能にする技術である (図 9・7)．

PCR は，特別なタンパク質ではなく，加熱により DNA をほどき，その鎖を分離する．PCR は，DNA の自然な複製開始点よりも，目的とする部位で複製過程を開始するように設計されたプライマーを使う．研究者は DNA ポリメラーゼ，プライマー，遊離ヌクレオチドを含む溶液をつくり，この特別な過程のために開発された PCR 装置にその溶液をしかける．PCR 装置は，二本鎖を分離する加熱と，加えた酵素が相補的塩基対形成を通じて新しい DNA の二本鎖を形成することを可能にする冷却とを繰返す．これらの加熱と冷却の段階は，数百万もの標的領域に正確な DNA 断片を複製するために 25〜40 回繰返される．

PCR はいまも，大部分の生物学研究室の主要なツールの一つである．たとえば，ハーバード大学の研究チームは，多くの DNA 断片を必要とする塩基配列決定反応のために，PCR を使ってブタ DNA を複製した．ある DNA 鎖のヌクレオチドの全配列を載せたデータを作成する DNA 塩基配列決定装置が，ブタゲノムに PERV が組込まれたすべての場所を同定するために使われた．

9・5　突然変異

ブタゲノムにある 62 個の PERV の DNA すべてを一度に不活性化するため，研究チームは，DNA ポリメラーゼによる PERV の DNA 複製を妨げようと決めた．そのために彼らは CRISPR を使い，PERV の DNA の小さな領域 (*pol* と名づけられた遺伝子) を変異させる計画を立てた (図 9・4 参照)．生物 DNA のヌクレオチド配列の変化は，**突然変異** (mutation) とよばれている．突然変異の程度は，**点変異** (point mutation) として知られる単一塩基対の変化から，1 本以上の染色体全体の重複や欠失 (8 章で述べた染色体異常) にまで及ぶ．

遺伝子を人工的に変異させる技術が開発されていたが，点変異は自然にもしばしばランダムに起こる．特に細胞分裂が起こる直前にDNAが複製されるときには，まちがいを起こす頻度が高い．DNAを複製する酵素は，時々，新たに合成される鎖にまちがったヌクレオチドを挿入してしまう．さらに，放射線や熱エネルギー，細胞内の他の分子との衝突，PERVのようなウイルスによる攻撃，さらに，日常的な環境下で起こる化学的・物理的・生物学的要因によって，細胞内のDNAは常に損傷を受けている．

複製のエラーや，DNA，特に必須遺伝子の損傷は，正常な細胞の機能を破壊する．もし修復しなければ，DNA損傷は，8章のWASタンパク質のようなタンパク質の機能不全につながる．DNA損傷は，細胞死，最終的には生物の死もひき起こす可能性がある．幸いなことに，細胞は修復する術をもっている．DNAポリメラーゼは，DNA複製中のほぼすべての誤りをすぐに修正し，相補的な塩基対を形成時に“校正する”．

DNAポリメラーゼは，全くまちがえないわけではない．まちがったヌクレオチドが加えられてもDNAポリメラーゼによる校正が起こらない場合，ミスマッチのエラーが生じる．これは，約1000万のヌクレオチド当たり一つ起こる．しかし，細胞には別のバックアップの安全プログラムがある．ミスマッチな塩基対の99％を修復する修復タンパク質が，エラー全体の確率を約10億ヌクレオチド当たり一つに減らす（図9・8）．

まれにミスマッチな塩基対が修復タンパク質により修復されないと，DNA塩基配列が変化し，次にDNAが複製されるときには新しい塩基配列が複製される．もし遺伝子に突然変異が起こると，新しい対立遺伝子の形成に至る．大部分の新しい対立遺伝子は中立か有害であるが，ときには突然変異が有益なこともある．

置換，挿入，欠失の3種類の点変異は，遺伝子のDNA塩基配列を変更する．**置換**（substitution）の点変異では，DNA配列のあるヌクレオチドが別のヌクレオチドに置換される．**挿入**（insertion）または**欠失**（deletion）の点変異では，それぞれヌクレオチドがDNA配列に挿入，またはDNA配列から失われる．ヒトの遺伝性血液疾患である鎌状赤血球症は，置換型の点変異によって起こる（図9・9）．しかし，遺伝子のDNA配列中のいくつかのヌクレオチドが変わっても，ほとんどまたは全く影響がない場合もときにはある．このような場合，タンパク質の機能に変化が生じず，生物の表現型は変化しないため，突然変異は**サイレント変異**（silent mutation）といわれる（突然変異とそのタンパク質への影響については，さらに10章で述べる）．

挿入や欠失は点変異のことがあるが，複数のヌクレオチドがかかわることもあり，ときには数千のヌクレオチ

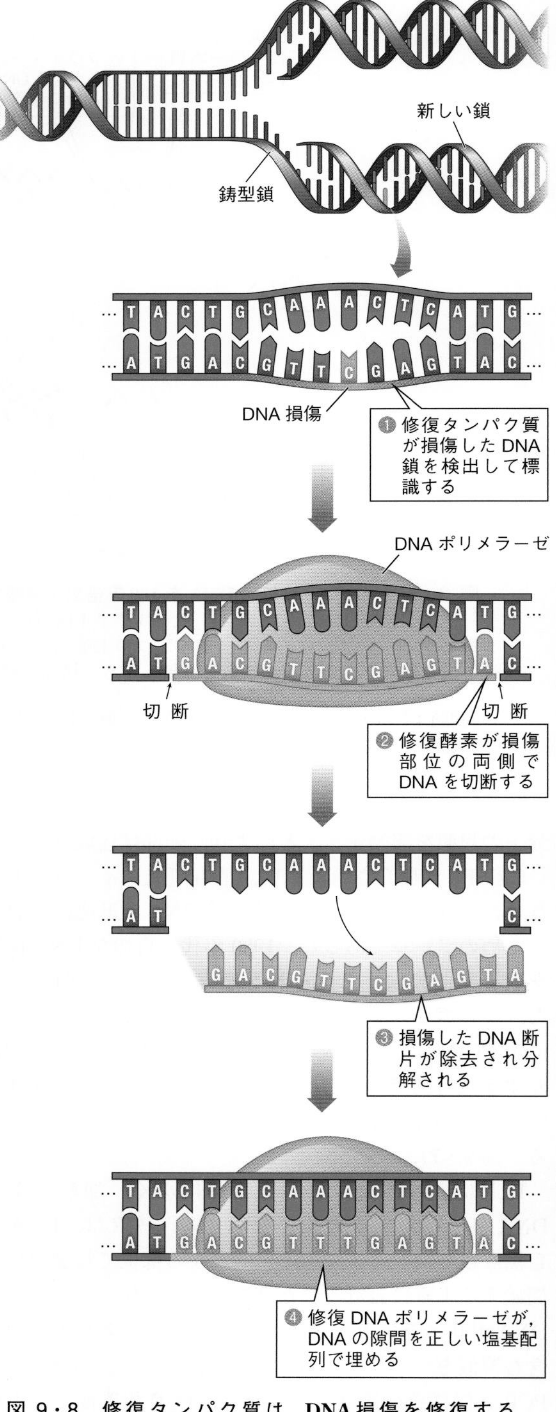

図 9・8　修復タンパク質は，DNA損傷を修復する． DNA修復タンパク質の大きな複合体が協力して，損傷したDNAを修復する．

問題1　DNA修復がどのように起こるのか要約せよ．
問題2　DNA修復効果が低下すると，細胞はどうなるか．

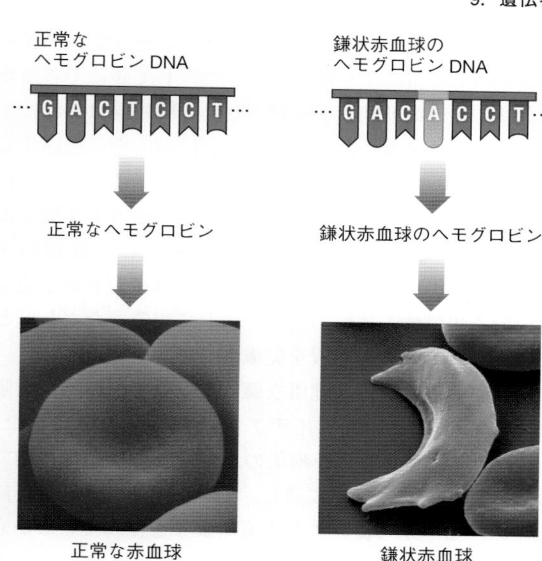

図 9・9 ヘモグロビン遺伝子の点変異は，鎌状赤血球症につながる． 鎌状赤血球症の遺伝性疾患をもつ人では，赤血球の酸素輸送にかかわる重要なタンパク質であるヘモグロビンをつくる遺伝子の塩基が一つ変化している．鎌状赤血球症の患者の赤血球は，低酸素状態下で曲がって歪み，血管を詰まらせ，心臓や腎不全を含む重篤な影響を及ぼす可能性がある．

問題 1 3 種類の点変異とは何か．
問題 2 鎌状赤血球症は常染色体潜性遺伝性疾患である．鎌状赤血球症の患者は，変異したヘモグロビン対立遺伝子をいくつもつか．

ドが加わったり失われたりする．大きな挿入や欠失はほとんどの場合，正常に機能できないタンパク質の合成に至る．研究チームの目標は，ブタゲノムに CRISPR を使って，PERV が働かなくなるように *pol* 遺伝子の DNA 断片を削除することであった．*pol* 遺伝子は PERV が複製するために必須であるので，この遺伝子の大きな変異はウイルス粒子の形成を停止するはずである．*pol* は，ウイルスに必須であることに加え，PERV の 62 個の DNA すべてに存在するがブタゲノムの他の場所には存在しないので，*pol* を標的に使えばブタ DNA の他の部分の損傷は免れるであろう．そこで，彼らは *pol* を標的にし，*pol* だけを変異させるように二つの CRISPR RNA ガイドを設計した．

試行錯誤を重ねた後，彼らは CRISPR-Cas9 コンストラクトをブタ胚に挿入し，系が働きはじめた．CRISPR 系は，ゲノム全体で PERV *pol* 遺伝子を 455 の異なる場所で切断した結果，1 から 148 までの塩基対の欠失に至った．生じた突然変異の約 80% は 9 塩基対未満の小さな欠失であったが，遺伝子を破壊するのに十分であった．

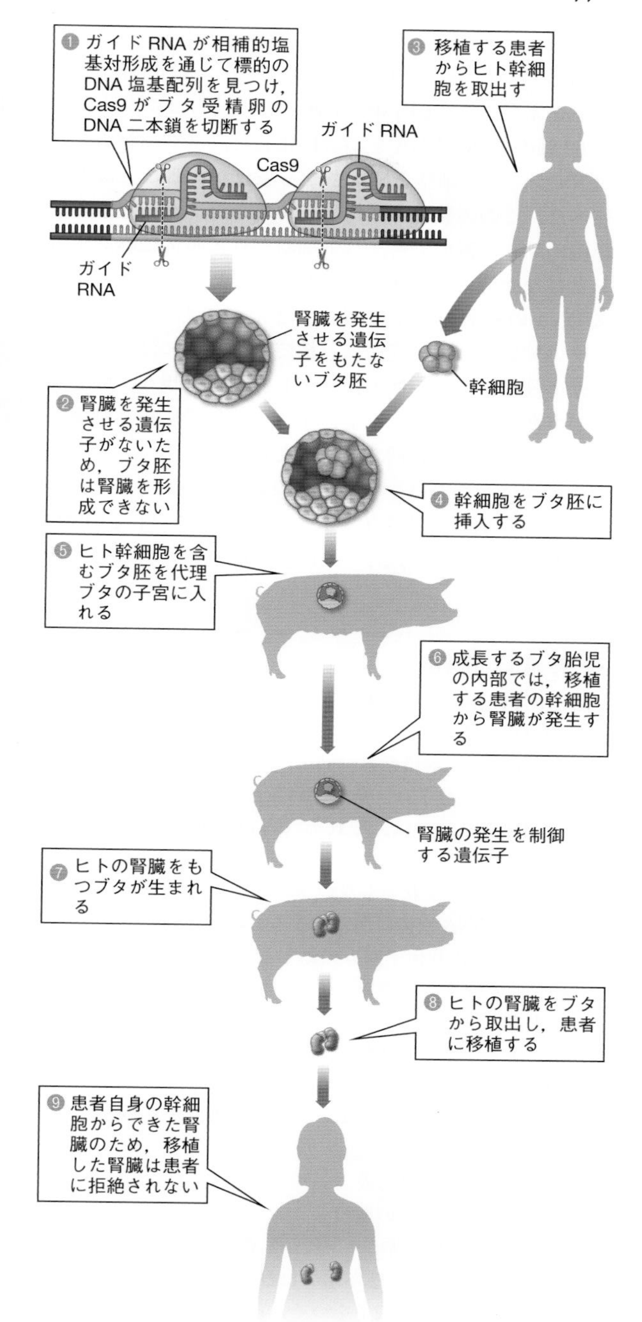

図 9・10 ヒトの臓器はブタを使って作製可能である． ヒトの臓器(ここでは腎臓)を，CRISPR によってその臓器を欠損するように改変されたブタの体内で成長させれば，移植用臓器として役立つ．

問題 1 ブタゲノムから PERV を除去したときのように，CRISPR を使う段階は，この過程のどれか(ヒント：図 9・4 参照)．
問題 2 1 匹のブタで複数の異なるヒトの臓器を発生させるには，この過程のどの部分を変える必要があるか．

9・6 ブタを使ったヒト臓器の作製

2015年，ハーバード大学の研究チームは最初の研究成果を発表した．CRISPRを使って，彼らはブタ胚にある62個のPERV DNAを不活性化した．ブタ細胞由来のPERVが，ヒト細胞を感染させる恐れがあることは先に述べた．この実験では，遺伝子編集したブタ細胞をヒト細胞の隣りに置いても，ヒト細胞がウイルスに感染することはなかった．CRISPRを用いることにより，ウイルスDNAの複製を完全に阻止できたのである．しかし，ブタの臓器をヒトに安全に移植できるまでにはまだいくつかの段階がある．次の段階として彼らは現在，胚を編集して雌のブタに着床させ，生きた遺伝子組換え動物を生産しようと懸命に研究を進めている．

他の研究者たちは，ブタで実際にヒトの臓器を成長させるという別の方法を追究している．ここでもCRISPRは実験の担い手である．2016年，カリフォルニア大学デービス校の研究チームは，CRISPRを使ってブタ胚の膵臓をつくる遺伝子を除去した．こうして胚にできた空隙には，ヒトの幹細胞が移植された．幹細胞は，ほぼすべてのヒトの細胞や器官（この場合は，完全に機能するヒトの膵臓）を形成する可能性をもっている．この方法を使って，いくつかの研究チームが他の臓器も作製しようとしている．図9・10は，CRISPRとヒト幹細胞を使ってヒトの腎臓をもつブタを育て，移植が必要な患者に腎臓を提供するまでの過程を示している．ただし，どの研究者もまだこの過程を完成させていない．

総じてCRISPRは，健康な臓器を安全で無菌的に制限なく供給するというアイデアに新たな活力を与えた．CRISPRを使った遺伝子編集のおかげで，ブタの体内でつくられた臓器は移植に適し，オンデマンドで利用可能なため，ヒトから提供される臓器よりも優れているかもしれないと研究者たちは考えている．

章末確認問題

1. DNA複製の結果は次のうちどれか．
   (a) DNA 2分子のうち，一つは古い二本鎖，もう一つは新しい二本鎖をもつ
   (b) DNA 2分子は，それぞれ新しい二本鎖をもつ
   (c) DNA 2分子は，それぞれ古い一本鎖と新しい一本鎖をもつ
   (d) 上記のいずれでもない
2. 細胞のDNA損傷にあてはまるものはどれか．
   (a) 1日当たり何千回も損傷する
   (b) 他の分子との衝突，化学的事象，放射線により損傷する
   (c) あまり頻繁ではなく，放射線によってのみ損傷する
   (d) aとbの両方
3. DNAに関して，種により異なるものはどれか．
   (a) 塩基配列
   (b) 相補的塩基対形成
   (c) ヌクレオチドの種類
   (d) DNA分子の糖にリン酸が結合する位置
4. 突然変異にあてはまるものはどれか．
   (a) 新しい対立遺伝子をつくる可能性がある
   (b) 有害，有益，中立の可能性がある
   (c) 生物のDNA塩基配列の変化である
   (d) 上記のすべて
5. 左の各用語の最も適切な定義を右から選べ．

ヌクレオチド	1. 水素結合により結合した二つの相補的な塩基
塩基対	2. ヌクレオチドの窒素含有成分で，四つの種類がある
DNA分子	3. 糖とリン酸間の共有結合により連結したヌクレオチドの鎖で，二本鎖は相補的塩基間の水素結合によってつながる
塩基	4. リン酸，糖，塩基

6. 次の複製の図の空欄に適切な用語を入れよ．
   [塩基対，塩基，ヌクレオチド，鋳型鎖，新たに合成された鎖，分かれた鋳型鎖]

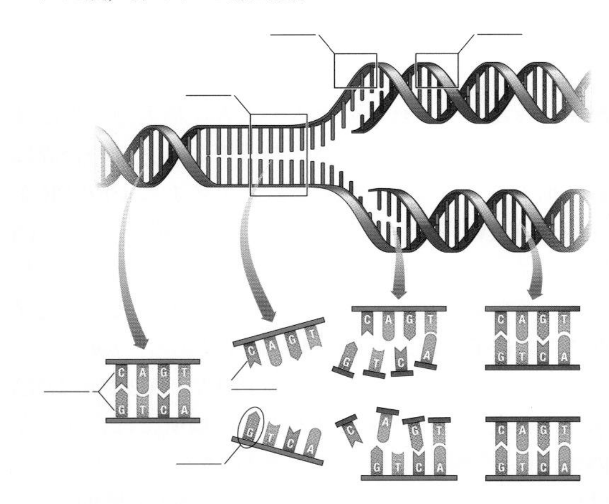

7. 正しい用語を選べ．
   ブタゲノムからPERVのDNAを除くために，研究者たちは最初に[PCR／CRISPR]を使いDNAを何回も複製する．この過程はDNA量を増やすので，[PCR／CRISPR]を使ったゲノム編集の実験が可能になる．
8. もしDNA鎖がCGGTATATCの塩基配列をもつならば，相補的なDNA鎖がもつ塩基配列はどれか．
   (a) ATTCGCGCA
   (b) GCCCGCGCT

(c) GCCATATAG
(d) TAACGCT

9. DNAの複製および修復過程において，早く起こる順に並べよ．
(a) 鋳型鎖が複製されはじめる
(b) まちがった塩基が特定され修復されないと，その塩基はDNAの点変異として残る
(c) DNAポリメラーゼは大部分のまちがった塩基を特定し，鋳型鎖の塩基に相補的な正しい塩基に換える
(d) まちがった塩基が，伸びているDNA鎖に加わる
(e) DNAポリメラーゼが見逃したまちがった塩基を，タンパク質が特定し修復する

10. 鋳型のDNA塩基配列がGCAGCATGTTのとき，相補鎖で生じた突然変異は挿入，欠失，置換のいずれか．
____a. CGTCGTACA
____b. CGTGGTACAA
____c. CGTCGTACTAA

11. 一本鎖DNA上のPCRの標的塩基配列がATGCAAATCCTGGのとき，形成される二本鎖DNAの各鎖の塩基配列を示せ．

10 遺伝子発現とその調節

本章のポイント

- 遺伝子型から表現型をつくるための遺伝子発現のしくみ
- 転写過程の各段階とそれに関連する分子
- 翻訳過程の各段階と各種の RNA の役割
- コドンによるアミノ酸の指定
- 遺伝暗号の重複性と普遍性のしくみ
- 細胞による遺伝子発現の促進または抑制のしくみとその重要性

10・1 タバコを使ったインフルエンザワクチン製造

広大な温室には巨大な金属ファンの鈍い音が鳴り響き，約 50 cm 丈の植物が生い茂っている．ここは，タバコを栽培しているカナダのバイオテクノロジー企業メディカゴ社のノースカロライナ州の施設である．しかし，これらのタバコは喫煙のためではなく，インフルエンザのワクチンをつくるという全く違う目的で栽培されている．

インフルエンザワクチンは通常，数カ月かけてニワトリ卵でつくられるが，その代わりに，植物でワクチンタンパク質を製造する“バイオファーミング”の実験が，企業や研究者たちによってはじめられている．大部分の遺伝子はタンパク質をつくるための指令をもつため，目的のタンパク質をコードする遺伝子が植物に挿入される．この遺伝子からのタンパク質の産生は，**遺伝子発現**(gene expression) を経て起こる．遺伝子発現とは，遺伝子が RNA に転写され，さらにタンパク質へと翻訳されてタンパク質がつくられる過程である（図 10・1）．

タンパク質は細胞内や細胞間のほぼ全過程に関与するので，遺伝子発現は，遺伝子が細胞や生物の構造と機能に影響を及ぼす基本的なやり方であり，生物の遺伝子型が表現型を生み出す過程である（7 章参照）．原核生物，真核生物，ウイルスのすべてが，遺伝子発現を利用している．

細胞内の全過程にかかわるほか，タンパク質は一部のワクチンの重要な成分でもある．ウイルスのタンパク質をヒトに注射すると，将来そのウイルスを防御する免疫系が活性化される（図 2・1 参照）．これらのワクチンをつくるために，大量のウイルスタンパク質を産生しなければならない．古典的な方法は，ウイルスをニワトリ卵に注入し，ニワトリの細胞でウイルスを増殖させた後にウイルスを抽出し，その遺伝物質を除去して残ったウイルスタンパク質からワクチンを精製するという方法である．これは面倒で時間がかかる過程である．

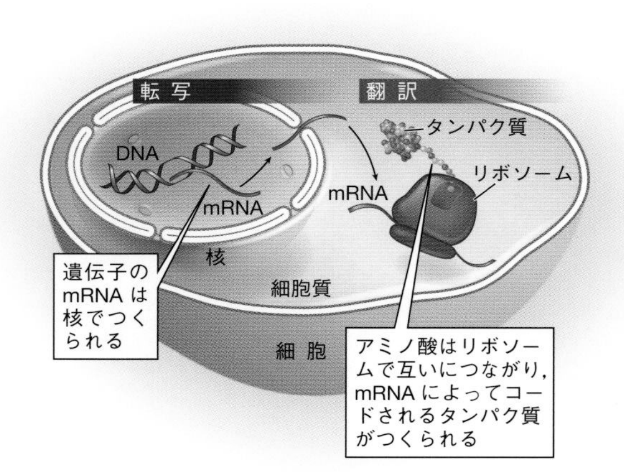

図 10・1 遺伝子発現の概要．遺伝子発現では，遺伝情報が DNA から RNA，タンパク質へと伝わる．遺伝子発現には，転写と翻訳という，二つの段階がある．タンパク質をコードする遺伝子の転写は mRNA 分子をつくり，その後，mRNA は細胞質に輸送される．細胞質では翻訳が行われ，リボソームの助けを借りてタンパク質がつくられる．

	タバコ	卵
流行からワクチン生産までの速さ	1カ月	6カ月
5000万回分の量のインフルエンザワクチンをつくる経費	3600万ドル	4億ドル
アレルギーの危険性	最　小	卵アレルギーの人はワクチンを受けられない
有効性	食品医薬品局によって未承認	承認され，インフルエンザワクチンを生産するために現在最も広く使われている技術

図 10・2　タバコか卵か． タバコを使うインフルエンザワクチンの生産には，従来のニワトリ卵を使う方法よりもいくつかの利点がある．

問題 1　タバコを使うバイオファーミングと卵を使う方法とでは，どちらがワクチンをより速く生産するか．速さが重要なのはなぜか．
問題 2　タバコを使うバイオファーミングは，卵でワクチンをつくるよりもどれくらい安いか．安さが重要なのはなぜか．

しかし，ニワトリ卵とは違って植物は膨大な量を栽培でき，急速に，たいていわずか数日か数週間で成長する．植物の大きな利点として，大量のタンパク質をとても安価に生産できることがあげられる．実際，新型インフルエンザの流行では，従来の卵の製造よりも植物を使って6倍速く，12倍安くワクチンを生産できたと製造した企業は主張している（図10・2）

2012年，ノースカロライナ州の製造施設は30日間フル稼働した．流行を食い止めるために十分な新型インフルエンザワクチンをタバコから迅速に生産できるかどうかを調べるため，米国国防総省から資金援助を受けたのであった．

1997年，カナダのラヴァル大学の植物工学者は，アルファルファでタンパク質を製造する可能性を探求するために会社を立ち上げ，アルファルファの属名にちなんでメディカゴと名づけた．その後，同社の研究チームはアルファルファよりもタバコのほうが短い時間で大量にタンパク質を産生することを発見し，植物をタバコに切替えた．

2005年までにメディカゴ社は，タバコでのワクチン製造が，米国食品医薬品局（FDA）によって薬品を承認されるための第一歩である臨床試験をいつ開始するかの問い合わせを受けるようになった．ワクチンにかかる経費の削減につながる技術に興味がもたれたためだ．同社が生産した最初のワクチンの一つが，2009年のインフルエンザの最大の原因であったH1N1インフルエンザウイルスのワクチンであった．このウイルスは大流行し，推定284,500人が死亡した．以前のH1N1の流行ではニワトリ卵でつくられたワクチンが市場に出るのに数カ月かかったのと対照的に，タバコを使ってわずか19日間で試験用に準備されたワクチンが産生された．

植物でインフルエンザのワクチンをつくるために，8章で述べたウィスコット-アルドリッチ症候群の遺伝子治療を行うために使われたものとほぼ同じ遺伝子工学の手法が使われている．インフルエンザウイルス表面に存在するタンパク質，赤血球凝集素をコードする単一ウイルス遺伝子を同定して合成する．このウイルスタンパク質を大量につくるために，まず，植物に感染する“アグロバクテリア”とよばれる小さな棒状の細菌に赤血球凝集素遺伝子を挿入する．次に，赤血球凝集素遺伝子を取込んだ細菌に，植物のタバコをさらす．具体的には，5週齢のタバコを載せたトレーを逆さまにひっくり返し，細菌が入った溶液にタバコを浸す．浸ったところで真空をかけ，スポンジを絞って液体を吸い込ませるように，葉から空気を押出して細菌を吸い込ませる．

温室に戻されるときには，処理したタバコの葉は濡れたティッシュペーパーのように柔らかくほぼ半透明である．ここからは料理のように進んでいく．細菌は葉の内部に入ると，ウイルスの赤血球凝集素遺伝子を放出し，その遺伝子は植物細胞の核へと運ばれ，遺伝子発現の過程を開始する．こうして転写と翻訳の二つの段階を経て，DNAからタンパク質がつくられる．植物細胞を使ってウイルス遺伝子を発現させ，大量のウイルスタンパク質をつくり出すのである（図10・3）．

10・2　転写：DNAからRNAへ

遺伝子発現（この場合は，植物細胞におけるインフルエンザ遺伝子の発現）の最初の段階は，鋳型DNAに基づいてRNAを合成する**転写**（transcription）である．核では，**RNAポリメラーゼ**（RNA polymerase）とよばれ

❶ 流行！インフルエンザウイルスの検体が患者から採取され，塩基配列を決定するために医療検査室に送られる
❷ ウイルス遺伝子の塩基配列が決定され，ワクチン製造業者に送られる
❸ 合成するDNAの部分（この場合は，ウイルス表面のタンパク質である赤血球凝集素遺伝子）が同定される
❹ 合成された赤血球凝集素遺伝子がアグロバクテリアのゲノムに挿入され，細菌を複製する
❺ タバコがアグロバクテリアに感染し，合成された赤血球凝集素遺伝子がタバコゲノムに導入される
❻ タバコは赤血球凝集素遺伝子を発現し，赤血球凝集素タンパク質を生産する
❼ タバコが収穫され，赤血球凝集素タンパク質が抽出される
❽ 赤血球凝集素タンパク質がワクチンを生産するために精製される
❾ 健康なヒトにインフルエンザワクチンを注射し，インフルエンザウイルスに対する免疫を高める（詳細は図2・1参照）

図 10・3 流行からワクチンまで. インフルエンザの季節または他のウイルスが流行している間，ワクチンを迅速かつ効果的につくるために医療専門家と研究者たちの大規模ネットワークが働いている.

問題 1 DNA複製，遺伝子発現はそれぞれどの段階で起こるか.
問題 2 この過程で細菌はどのような役割を果たしているか．なぜ細菌は必要か.

る酵素が，**プロモーター**（promoter）とよばれる転写開始点近くのDNA部位に結合する．プロモーターは，RNAポリメラーゼが認識して結合する特異的なDNA塩基配列を含んでいる．ワクチン製造の場合は，植物細胞のRNAポリメラーゼが赤血球凝集素遺伝子を同定して最大の速度で転写できるように，赤血球凝集素遺伝子に特別なプロモーターをつなげている.

RNAポリメラーゼはプロモーターに結合すると，転写開始点でDNA二重らせんをほどき，短い部分の二本鎖を分ける．DNAの二本鎖のうち，一本鎖のみが鋳型として使われるため，**鋳型鎖**（template strand）とよばれる．RNAポリメラーゼは，DNAの鋳型鎖を下流へと移動しはじめ，鋳型DNAに相補的なヌクレオチドを核内に漂う遊離ヌクレオチドから取込んで，**メッセンジャーRNA**（messenger RNA，**伝令RNA**，略して**mRNA**）をつくる（図10・4）．RNAの塩基は，DNAの塩基とすべて同じというわけではない．RNAの四つの塩基はアデニン(A)，シトシン(C)，グアニン(G)，ウラシル(U)である．これらの塩基は，AがDNAのTと，CがGと，GがCと，UがAと対になるという法則に従って，DNAの四つの塩基と対を形成する.

タバコの細胞が大量の赤血球凝集素を非常に速く産生する理由の一つは，細胞に挿入された赤血球凝集素遺伝子が，複数のRNAポリメラーゼに一斉に赤血球凝集素遺伝子を転写させる特別なDNA塩基配列をもっているからである．どんな遺伝子でも，RNAポリメラーゼがプロモーターから離れて鋳型鎖を下っていくと，次のRNAポリメラーゼがプロモーターに結合し，2個目のmRNAの合成をはじめることができる．こうして，いつでも多くのRNAポリメラーゼが同時に鋳型DNAを下流へ移

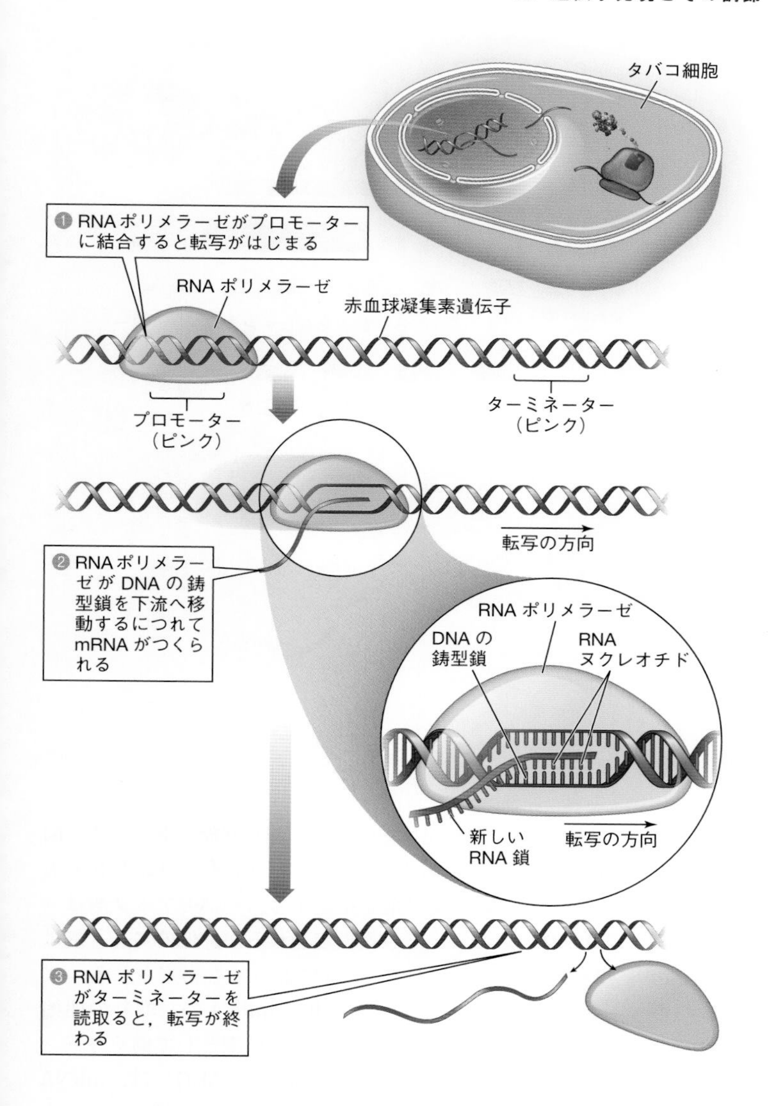

図 10・4　タンパク質をつくる植物（転写）． RNAポリメラーゼは，赤血球凝集素遺伝子をRNAに転写する．

問題 1　DNAの一本鎖だけが鋳型として使われるのはなぜか．

問題 2　遺伝子の一部の鋳型鎖が，塩基配列TGAGAAGACCAGGGTTGTをもっている．この鎖上をRNAポリメラーゼが左から右へと移動する場合，このDNAから転写されるRNAの塩基配列は何か．

動し，それぞれがmRNAを合成することができるのである．

RNAポリメラーゼが，**ターミネーター**（terminator）とよばれる特別な塩基配列を読取ると転写は終了する．真核細胞では，その後，mRNAは核を離れる前に複雑な修飾を受ける．これらの段階には，RNAスプライシングとよばれる過程のほか，mRNA両端の化学的修飾も含まれる．

大部分の真核生物の遺伝子（および多くのウイルス遺伝子）は，**イントロン**（intron）とよばれる何もコードしない塩基配列の間に埋込まれている．タンパク質をつくるための指令をもつ遺伝子のDNA塩基配列は，**エキソン**（exon）とよばれている．イントロンと散在するエキソンからなる遺伝子がもつパッチワーク構造のため，新たに転写された**mRNA前駆体**（pre-mRNA）も，非コード配列内にコード配列が混じったパッチワーク構造である．**RNAスプライシング**（RNA splicing）の間に，mRNA前駆体からイントロンが取除かれ，残ったmRNAの部分（エキソン）が連結して成熟したmRNAになる（図10・5）．このmRNAは，その後，核を離れることができる．

要約すると，転写が起こるのは，RNAポリメラーゼがプロモーターに結合し，DNAのらせんをほどき，DNAの鋳型鎖に基づいてmRNA鎖をつくるときである．転写はターミネーターの塩基配列で終了し，ついでmRNAは修飾を受け，そのとき非コードのイントロンが塩基配列から取除かれる．こうして遺伝子からmRNAがつくられる．

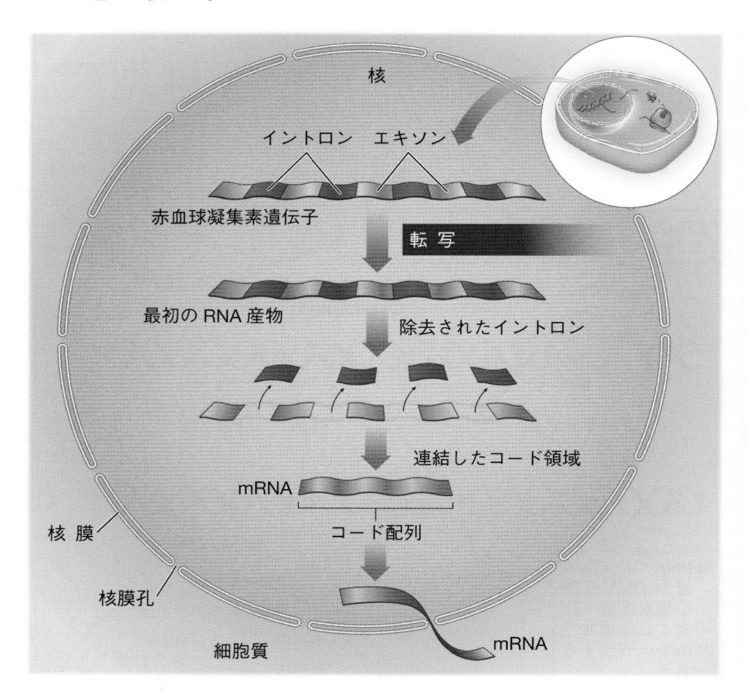

図 10・5 細胞質への輸送のための mRNA プロセシング．真核生物では，mRNA が核から離れる前にイントロンを取除かなければならない．

問題 1 自分の言葉で RNA スプライシングを定義せよ．それは遺伝子発現過程のいつ起こるか．

問題 2 もし翻訳前にイントロンが RNA から取除かれなければ，どうなると予想されるか．イントロンが取除かれないと問題になるのはなぜか．

10・3 翻訳：RNA からタンパク質へ

タバコ細胞での微細な分子の動きは，翻訳へと続く．核で赤血球凝集素遺伝子が mRNA に転写されると，次はタバコの葉から抽出される実際の産物，タンパク質をつくる段階である．まず，核でつくられた mRNA は，細胞質内のタンパク質合成部位である**リボソーム**（ribosome）とよばれる構造に運ばれる．核から離れるために，mRNA の長い鎖が，ザルの穴をすり抜ける麺のように核膜孔を通過する．細胞質に到着すると，mRNA はもっている情報を mRNA の言語（ヌクレオチド）からタンパク質の言語（アミノ酸）へとリボソームの助けを借りて翻訳しなければならない．**翻訳**（translation）は，リボソームが mRNA の情報をタンパク質へと変換する過程である．

翻訳の間，リボソームは mRNA コードを“読み”，対応するアミノ酸を集め，mRNA によって指定される正確な順番でそれらを連結する（図 10・6）．リボソームは 1 回に塩基三つを 1 組にして mRNA 情報を読み，そのため各 mRNA 塩基三つの配列は**コドン**（codon）とよばれる．赤血球凝集素遺伝子は約 1770 塩基をもち，そのうち 1695 塩基がタンパク質をコードする．これは（1695 を 3 で割った）565 コドンをつくるので，赤血球凝集素タンパク質は 565 アミノ酸で構成される．

mRNA の四つの塩基（A, C, G, U）は，（$4^3 = 64$ で）64 通りの 3 塩基配列をつくることが可能であるため，64 種類のコドンがある（図 10・7）．64 種類のコドンの大部分は特定のアミノ酸を指定する．一部のアミノ酸は一つのコドンによってのみ指定されるが，他のアミノ酸は 2～6 種類のコドンのいずれによっても指定される．アミノ酸をコードせず，代わりに mRNA の読取りの開始または終止をリボソームに伝える標識として働くコドンもある．**開始コドン**（start codon）（AUG）は，mRNA 鎖上の翻訳開始を指令し，三つの**終止コドン**（stop codon）（UAA, UAG, UGA）が翻訳の終わりを指令する．決まった部位で翻訳を開始し終了することにより，細胞は mRNA の情報をいつも正確に同じ方法で読取ることができる．

64 種類すべてのコドンにより指定される情報は，**遺伝暗号**（genetic code）とよばれる（図 10・7 参照）．遺伝暗号は，いくつかの重要な特徴をもっている．第一に，遺伝暗号は明確である．各コドンは一つのアミノ酸のみを指定する．また，重複性もある．合計 64 種類のコドンがあるがアミノ酸は 20 種類なので，すでに述べたように，数種類のコドンが同じアミノ酸を指定する．最後に，遺伝暗号はほとんど普遍的である．アグロバクテリアからタバコ，ヒトの細胞まで，地球上のほぼすべての生物が同じ暗号を使っており，すべての生物が共通

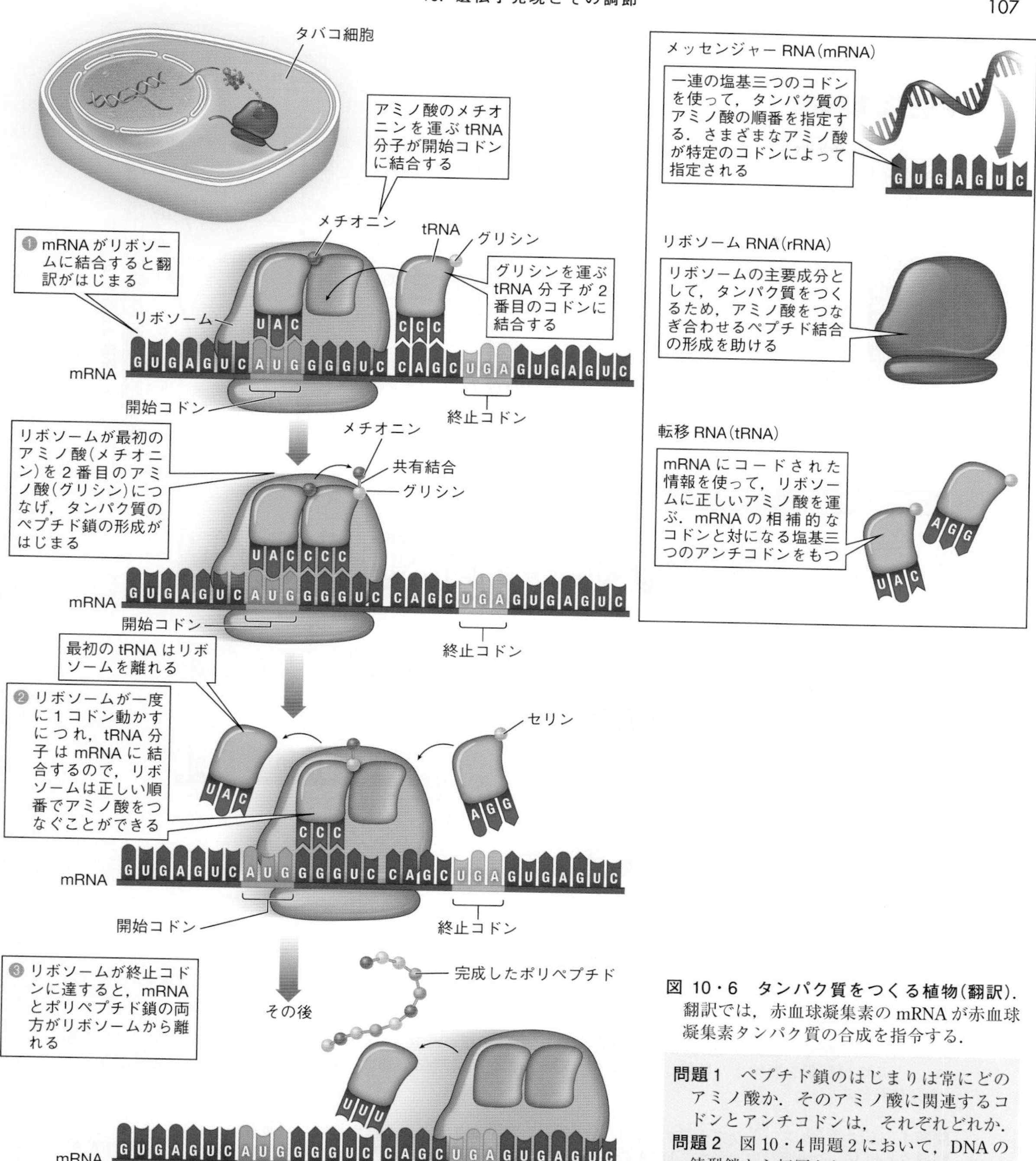
タバコ細胞
アミノ酸のメチオニンを運ぶ tRNA 分子が開始コドンに結合する
メチオニン
tRNA
グリシン
❶ mRNA がリボソームに結合すると翻訳がはじまる
グリシンを運ぶ tRNA 分子が2番目のコドンに結合する
リボソーム
mRNA
開始コドン
終止コドン
リボソームが最初のアミノ酸(メチオニン)を2番目のアミノ酸(グリシン)につなげ，タンパク質のペプチド鎖の形成がはじまる
メチオニン
共有結合
グリシン
最初の tRNA はリボソームを離れる
❷ リボソームが一度に1コドン動かすにつれ，tRNA 分子は mRNA に結合するので，リボソームは正しい順番でアミノ酸をつなぐことができる
セリン
❸ リボソームが終止コドンに達すると，mRNA とポリペプチド鎖の両方がリボソームから離れる
完成したポリペプチド
その後
GUGAGUCAUGGGGUCCAGCUGAGUGAGUC
メッセンジャー RNA(mRNA)
一連の塩基三つのコドンを使って，タンパク質のアミノ酸の順番を指定する．さまざまなアミノ酸が特定のコドンによって指定される
リボソーム RNA(rRNA)
リボソームの主要成分として，タンパク質をつくるため，アミノ酸をつなぎ合わせるペプチド結合の形成を助ける
転移 RNA(tRNA)
mRNA にコードされた情報を使って，リボソームに正しいアミノ酸を運ぶ．mRNA の相補的なコドンと対になる塩基三つのアンチコドンをもつ

図 10・6　タンパク質をつくる植物(翻訳). 翻訳では，赤血球凝集素の mRNA が赤血球凝集素タンパク質の合成を指令する．

問題 1　ペプチド鎖のはじまりは常にどのアミノ酸か．そのアミノ酸に関連するコドンとアンチコドンは，それぞれどれか．

問題 2　図 10・4 問題 2 において，DNA の鋳型鎖から転写される mRNA として答えた塩基配列から翻訳されるアミノ酸配列は何か．

の祖先に由来することを物語っている．

mRNA 鎖からタンパク質をつくるには，さらに二つの種類の RNA が必要である．一つは，リボソームの重要な成分である**リボソーム RNA**（ribosomal RNA: **rRNA**）である．もう一つは**転移 RNA**（transfer RNA, **運搬 RNA**，略して **tRNA**）であり，コドンが mRNA“リスト”から読取られるにつれてリボソームに特定のアミノ酸を運び届ける．

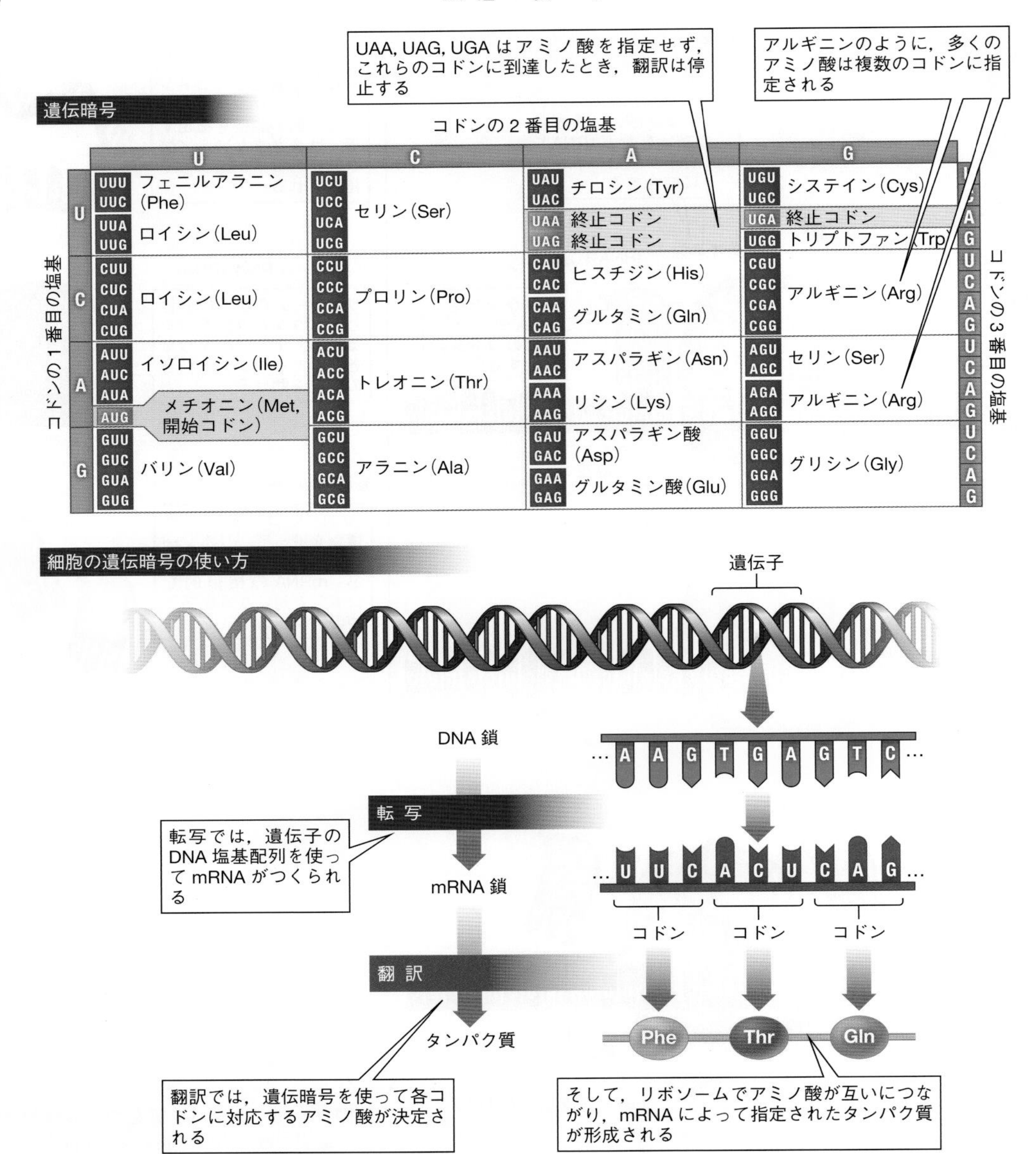

図 10・7　遺伝暗号. 遺伝暗号は，mRNA に存在しうる 64 種類のコドンで構成される．各コドンは，アミノ酸を指定，あるいは翻訳を開始または終了するシグナルである(上)．遺伝暗号は，mRNA からタンパク質を翻訳するときに使われる．

問題 1　イソロイシン，トリプトファン，ロイシンを指定するコドンはそれぞれいくつあるか．

問題 2　図 10・4 問題 2 において，DNA の鋳型鎖から転写される mRNA として答えた塩基配列から，最初の A だけを除く．この変化の結果，どんなアミノ酸配列が翻訳され，もとの mRNA 塩基配列から翻訳されるアミノ酸配列と比べてどう変わるか．これはどの種類の突然変異か(ヒント：9 章参照)．

各 tRNA は，一端をアミノ酸，もう一端をコドンに合わせるパズルのピースのように，特定のアミノ酸への結合を指定し，特定の mRNA のコドンを認識して対にさせる．tRNA の一端では，**アンチコドン**（anticodon）とよばれる塩基三つの特別な配列が mRNA のコドンと相補的に結合し，もう一端では，特定のアミノ酸が結合する（図 10・6 参照）．

要約すると，翻訳が起こるためには，mRNA 分子はまず，リボソームに結合しなければならない．リボソームはその後，開始コドン（AUG）が見つかるまで mRNA

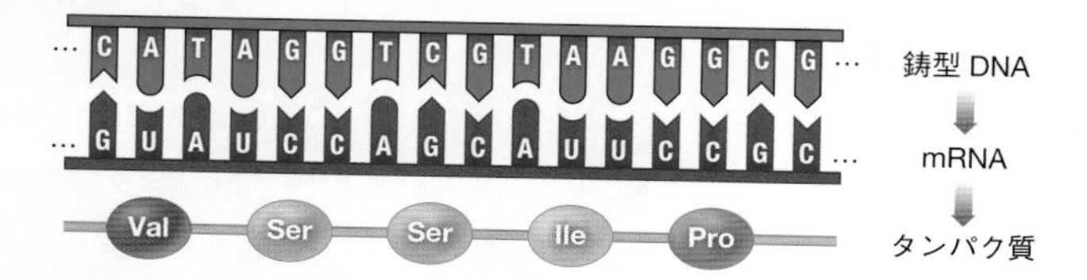

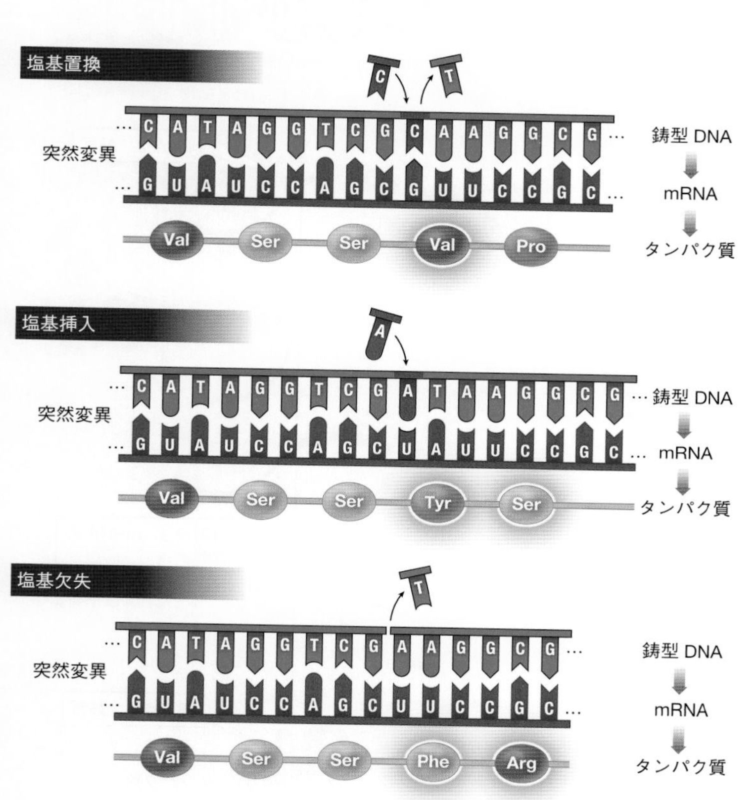

図 10・8　点変異の影響

問題 1　遺伝子における挿入や欠失が，置換（C の代わりに A など）よりもタンパク質を変化させやすいのはなぜか．

問題 2　ここで示した点変異と，染色体全体の挿入や欠失(8 章参照)とでは，どちらが生物により大きな影響を与えると考えられるか．

を“走査(スキャン)”する．次に，リボソームは，mRNA 塩基配列で読まれたコドンによって決定される tRNA を一つずつ補充していく．リボソームの特別な部位が，紐でつながったビーズのように，アミノ酸がペプチド結合により互いに連結するのを促進する．最後に，リボソームは終止コドンに到達する．tRNA はどれも，3 種類の終止コドン（UAA, UAG, UGA）のいずれも認識せず対を形成しないので，ポリペプチド鎖はそれ以上伸びることはできない．ここで mRNA と完成したポリペプチド（タンパク質）は，リボソームから離れる．新しいタンパク質は，その後，折りたたまれて密な固有の三次元構造をとり，細胞で働く準備ができる．

しかし，この過程は必ずしも予定通りに進むとは限らない．9 章で学んだように，DNA の塩基配列の変化として突然変異が起こる．突然変異は，タンパク質の正常な形成を破壊または妨げることにより生物に影響を与える．たとえば，突然変異は DNA 塩基配列が翻訳あるいは転写されないようにさせ，ポリペプチド鎖が途中で終了するように促したり，最終的なタンパク質が正しく機能するために必要な三次元構造をとるのを妨げるなどの可能性がある．一塩基置換は必ずしも問題を起こすわけではないが，一塩基の挿入と欠失は遺伝的な**フレームシフト変異**（frameshift mutation）を起こし，それに続く“下流”のすべてのコドンを 1 塩基ずらす（図 10・8）．このシフトは，変異の起こった箇所より下流の DNA メッセージ全体を組換え，次に RNA メッセージ全体を組換え，リボソームに非常に異なったアミノ酸配列を組立てさせてしまう．

10・4 遺伝子発現の調節

タバコ細胞の内部では，大部分の生細胞と同様，多くの遺伝子の発現をオン/オフし，発現を低下（**下方制御** down-regulated）または上昇（**上方制御** up-regulated）させることができる．この**遺伝子制御**（gene regulation）は，生物が体内からの内部シグナルや環境からの外部刺激に反応して，発現する遺伝子を変えることを可能にしている．このように必要に応じて異なるタンパク質を産生することにより，生物は環境に適応することができる．

多細胞生物のすべての細胞は基本的に同じDNAをもっているが，細胞の種類によって異なる遺伝子を発現し，一つの細胞内で，遺伝子発現の様式が時間とともに変化することもある．細菌などの単細胞生物は環境に直接さらされ，環境の変化に適応するために分化した細胞をもたないため，より困難な課題に直面する．単細胞生物がこの課題を克服する一つの方法は，時間によって異なる遺伝子を発現することである．

原核生物と真核生物の大部分の遺伝子の発現は，内部と外部，両方のシグナルによって調節される．多くの遺伝子は発生的にも調節され，生物が成長するにつれて遺伝子発現が変化し，ときには劇的に変化する可能性もある．遺伝子発現は，DNAパッキング（DNAがゲノム内で凝縮またはほどかれる過程），転写，mRNAプロセシング，翻訳の間など，細胞内のさまざまな時点で調節される（図10・9）．ただし，生存に常に必要な遺伝子は，すべての生細胞で常に一定量発現されている．

メディカゴ社では，できるだけ多くの赤血球凝集素タンパク質を産生するためにタバコ細胞の遺伝子制御を利用している．アグロバクテリアがタバコの葉に真空で吸い込まれ，タバコ細胞で転写と翻訳が活発に起こりはじめた後，タバコ植物は恒温室に移され成長する．温室では，植物で発現するタンパク質量を最大にするために，技術者たちが湿度や温度，光量を調整して最適の環境を整えている．

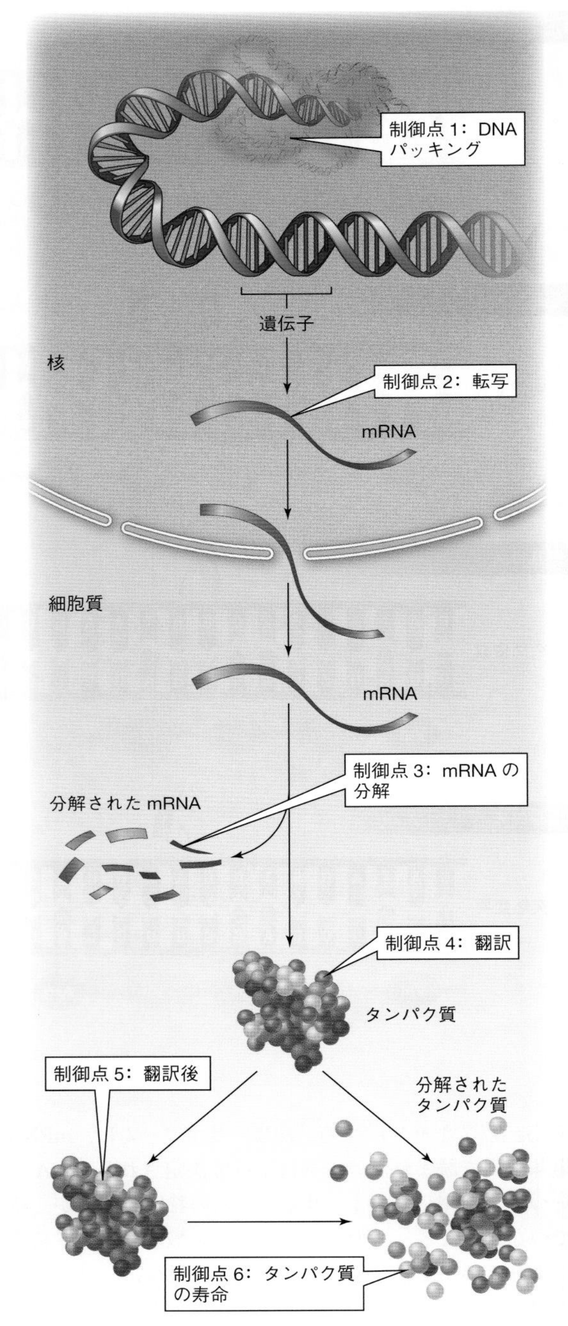

図 10・9 どのように遺伝子発現は調節されるか． 真核生物の遺伝子発現は，遺伝子からタンパク質，表現型への経路に沿って，いくつかの時点で調節可能である．転写前，転写時，RNAプロセシングの間，翻訳時のほか，翻訳後にも，タンパク質の活性や寿命を制御することによって遺伝子発現を調節できる．

問題 1 転写が調節されるのは，どの制御点か．
問題 2 転写後に対し，転写前の遺伝子発現の調節にはどんな利点がありうるか．

10・5 バイオファーミング技術の可能性と未来

最終段階に進むと，1カ月でどのくらいのワクチンを生産できるかを確認するため，タバコ植物から赤血球凝集素タンパク質を単離し精製する．植物を数日間保温した後，葉を取除いて緑の紙吹雪状に裁断し，その後，酵素で消化して葉の材料を分解し，目的のタンパク質が溶液中に放出されるようにする．緑のエンドウ豆スープのような得られた溶液を，赤血球凝集素の塊を分離するために数回沪過した後，ヒトに注射しても安全なワクチン製品に加工していく．

1992年，バージニア工科大学で最初のヒト型酵素がタバコから生産されて以来，これまでに数多くの植物バイオファーミング企業が誕生し，トウモロコシ，ダイズ，ウキクサなど，さまざまな植物種を使った実験が行われている．しかし，この分野にリスクと論争がないわけではない．遺伝子が自然界に漏れて拡散することへの懸念があり，推進者はそれを防ぐ確実な技術があると主張している．

そのような技術の一つは，食用作物を汚染する危険がない閉鎖した環境で植物を育てることである．たとえば，イスラエルに拠点をおくバイオテクノロジー企業は，流体の入った大きな吊りさげ袋の中でニンジン細胞を育てている．ゴーシェ病というまれな遺伝性疾患の治療薬がこのニンジン細胞でつくられ，2012年，FDAにより承認された．バイオファーミングでつくられたはじめてのヒトの薬の承認は，この分野の力を証明するものとなった．

現在，メディカゴ社は新型インフルエンザワクチンの安全性試験を完了し，季節性インフルエンザワクチンの有効性を調べる二つの大規模な臨床試験の一つ目の試験で肯定的な結果を得ている．製造試験完了時には，同社は1カ月で驚きの1000万回分もの量のインフルエンザワクチンを製造した．従来のニワトリ卵でワクチンをつくる方法を用いて同じ量を生産するには，5〜6カ月かかったであろう．成功を収めた同社は，2015年に第二の生産複合施設の建設を開始した．ケベック市に拠点をおく製造施設は，最大5000万回分の量の季節性インフルエンザワクチンを提供する能力をもつといわれる．同社はロタウイルスや狂犬病ウイルスに対する新しいワクチンも開発し，最近では，エボラウイルス感染を治療する抗体を製造するため，米国政府と契約を交わした．研究者たちはバイオファーミングの普及を確信している．

章末確認問題

1. 左の各用語の最も適切な定義を右から選べ．

遺伝子発現	1. 遺伝子のDNA塩基配列の情報を使ったRNAの合成
遺伝子制御	2. 遺伝子からタンパク質への情報の流れ
転　写	3. 環境や発生上の必要性に応答した遺伝子発現の調節
翻　訳	4. mRNA塩基配列によって指定されるアミノ酸の順序正しい連結

2. あてはまるRNAはmRNA, rRNA, tRNAのどれか．
   ____a. mRNAにコードされた情報を使って，正しいアミノ酸をリボソームに運ぶ
   ____b. リボソームの主成分である
   ____c. 特定のアミノ酸を指定する塩基三つのコドンを使い，タンパク質のアミノ酸配列を決定する
   ____d. mRNAのコドンと相補的な対をなす塩基三つのアンチコドンをもつ
   ____e. タンパク質をつくるため，アミノ酸をつなげる結合の形成を助ける
3. 正しい用語を選べ．
   一部のアミノ酸は複数のコドンによって指定されるため，遺伝暗号は[曖昧さ／重複性]を示す．遺伝暗号に[曖昧さ／重複性]がないことは，各コドンが1種類のみのアミノ酸をコードするという事実によって証明される．
4. 次の転写の図の空欄に適切な用語を入れよ．
   [遺伝子，プロモーター，ターミネーター，RNAポリメラーゼ，mRNA]

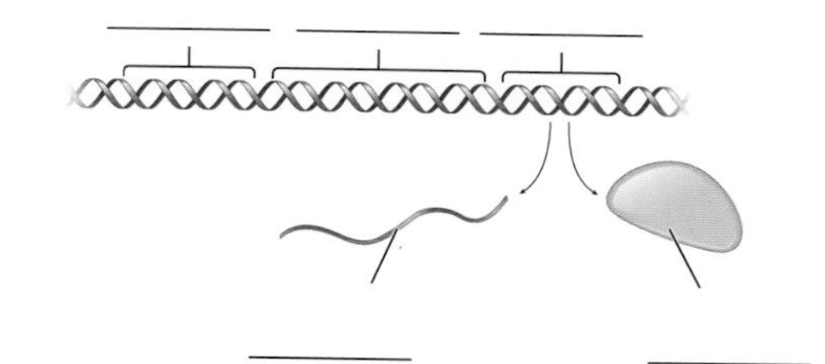

5. 翻訳過程で早く起こる順に並べよ．
   (a) アミノ酸のメチオニンを運ぶtRNA分子が，そのアンチコドン部位でmRNAの開始コドンに結合する
   (b) リボソームが最初のアミノ酸を2番目のアミノ酸につなげる
   (c) リボソームが，伸長中のポリペプチド鎖にアミノ酸をつなげ続ける
   (d) リボソームが終止コドンに到達する
   (e) mRNAがリボソームに結合する
   (f) mRNAと完成したポリペプチド鎖がリボソームから離れる
   (g) アミノ酸から離れた最初のtRNAが，mRNAから放出される
   (h) 2番目のアミノ酸を運ぶtRNA分子が，2番目のmRNAコドンに結合する
6. 細胞が遺伝子発現を調節する理由として考えられるものはどれか．
   (a) 特定の酵素への必要性の高まり
   (b) 特定の酵素への必要性の低下
   (c) 外部環境の温度上昇

(d) 生物の加齢に伴う必要性の変化
(e) 上記のすべて

7. 図10・7の遺伝暗号を使って，各コドンが指定するアミノ酸を答えよ．
(a) AAU　(b) UAA　(c) AUA
(d) GGG　(e) CCC

8. 図10・7の遺伝暗号を使って，各アミノ酸を指定するコドンを答えよ．
(a) アルギニン　(b) アラニン
(c) メチオニン　(d) グリシン

9. 鋳型DNA "CGTTACG" から転写されるRNAはどれか．
(a) CGTTAGC　(b) GCAAUGC
(c) GCATTGC　(d) CGUUAGC

10. mRNAの塩基配列 "…CCC-AUG-UCU-UCG-UUA-UGA-UUG…" から翻訳でつくられるアミノ酸配列はどれか(ヒント：翻訳の開始と終止)．
(a) Met-Glu-Arg-Arg-Glu-Leu
(b) Met-Ser-Ser-Leu-Leu
(c) Pro-Met-Ser-Ser-Leu-Leu
(d) Pro-Met-Ser-Ser-Leu
(e) Met-Ser-Ser-Leu

進化の証拠

11

本章のポイント

- 進化の定義と，6 種類の進化の証拠
- 人為選択と自然選択の違い
- 化石記録が進化を支持する証拠となる根拠
- 相同または痕跡的な形質の例と，それらの形質が共通祖先説を支持する理由
- 遠縁の種でも似た DNA をもっている理由
- 進化と大陸移動に関する知識に基づく化石の地理的位置の予測
- 胚発生における種間の類似性と進化との関連

11・1 ミッシングリンクの発見

化石はいつも壊れる．ここノースイースト・オハイオ医科大学の研究室では，5000 万年前のインドハイアス *Indohyus* とよばれる小さなシカに似た哺乳類の耳の骨が，頭蓋骨からとれてしまった．その破片を技術員から手渡された古生物学者は，その化石を手の上でそっと転がし，思わず驚きの声をあげた．他のすべての陸上哺乳類の耳骨のように，半分中空のクルミの殻を小さくしたようであるはずのインドハイアスの耳骨が，片側がカミソリのように非常に薄く，もう片側が非常に厚かったのである（図 11・1）．それはまるでクジラのようであった．

クジラは魚のように海に生息しているが，私たちと同じ哺乳類であり，イルカやネズミイルカもそうである．クジラは，すべての哺乳類と同様に，温血動物で背骨をもち，空気を吸い，乳で子供を育てる．陸上哺乳類から海のマンモスへと，クジラが独特な変遷を遂げたことを証明する多数の化石が発見された．この変遷の間，クジラの集団は尾を長く発達させ，肢をどんどん短くしていった．しかし，化石記録には，一つの重要なリンク（環）である最もクジラに近い陸上近縁種が欠落していた．クジラの先祖は水に入る前はどのような生物であったか．古生物学者は手の中の奇妙な化石を見つめ，そのミッシングリンク（失われた環）に相当するものかもしれないと気づいた．

クジラは，地球上の多くの生物の一つにすぎない．外洋にいるクジラも，空を飛ぶタカも，熱帯雨林の緑葉に偽装した木のカエルも，すべての種が命懸けで特定の環境に見事に適応している．地球上には動物，植物，真菌類など多種多様な生物が生息し，それぞれの種がその環境によく適合している．この生物の多様性は進化のおかげである．

“進化” は，日常語では “時間とともに変化する” ことを意味する．生物の**進化**（evolution）は，生物集団の遺伝形質の世代にわたる変化のことである．たとえば，クジラは四肢の陸上動物から海の皇帝へと進化し，数千万年にわたってゆっくりと水に適応した．クジラは集団として変化した．集団は進化するが，個体は進化しない．

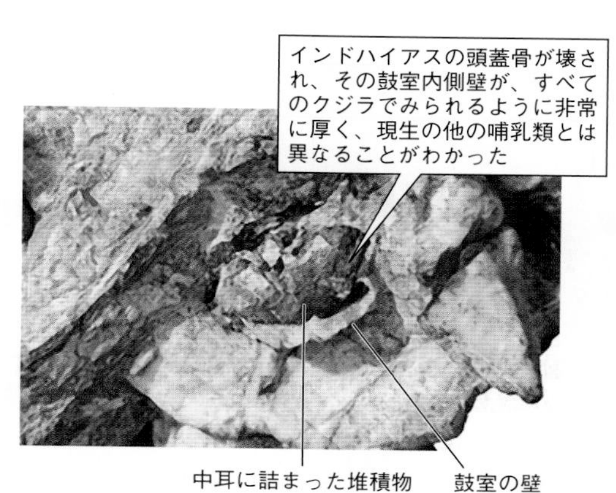

インドハイアスの頭蓋骨が壊され、その鼓室内側壁が、すべてのクジラでみられるように非常に厚く、現生の他の哺乳類とは異なることがわかった
中耳に詰まった堆積物
鼓室の壁

図 11・1 不思議な耳骨． インドハイアス化石の耳骨．

私たちはどのようにして進化を確かめることができるのか，特に，毛皮の四肢動物からクジラへの変化のような極端な場合には，疑問に思うかもしれない．化石からだけでなく，現存の生物の特徴，胚発生の共通パターン，DNA からの証拠，地理的証拠，さらには現在進化中のイヌなどの生物の直接的観察からも，進化を支持する有力な証拠がある．

11・2 人為選択と自然選択

7章で述べたように，すべてのイヌは単一種であり，ハイイロオオカミの亜種 *Canis lupus familiaris* である．ハイイロオオカミの家畜化は，ヒトが動物を文明に慣らした約 16,000 年前にはじまったと推定されている．そこから，低い攻撃性や命令に従う能力のような望ましい資質をもつように，オオカミは飼い慣らされた．数千年後，グレーハウンドの長い肢やブルドッグの低い鼻のように特別な形質をもつイヌが選ばれて飼育された．この選択的過程により，約 3 kg のチワワから約 90 kg のグレートデーンズまで，イヌの品種の大きさや形には驚異的な多様性が生じた（図 11・2）．イヌは直接観察できる進化の一例であり，イヌは人為選択により進化した．**人為選択**（artificial selection）は，ある特定の遺伝形質をもつ個体だけを交配させる**品種改良**（selective breeding，選抜育種）によってもたらされる．

ヒトは品種改良を通じてイヌだけでなく，観賞用の花，ペットの鳥，食用作物を含む他の多くの生物に膨大な進化的変化を起こさせた．品種改良を介した人為選択により起こる進化を，私たちは観察することができる．

人為選択は，ヒトが特別な種のどの個体を繁殖させるかを選ぶときに起こる．それでは，ヒトの介入なしに，環境自身がどの個体が生き残り繁殖するかを“選択”することはありうるだろうか．この後で説明する他のメカニズムと同様，自然界ではおもに自然選択を通じて進化は起こる．**自然選択**（natural selection）は，特別な環境に有利な遺伝形質をもつ個体が生き残り，他のそれほど有利ではない形質をもつ個体よりも高い比率で繁殖する過程である．いいかえれば，最も多くの子供をもつ個

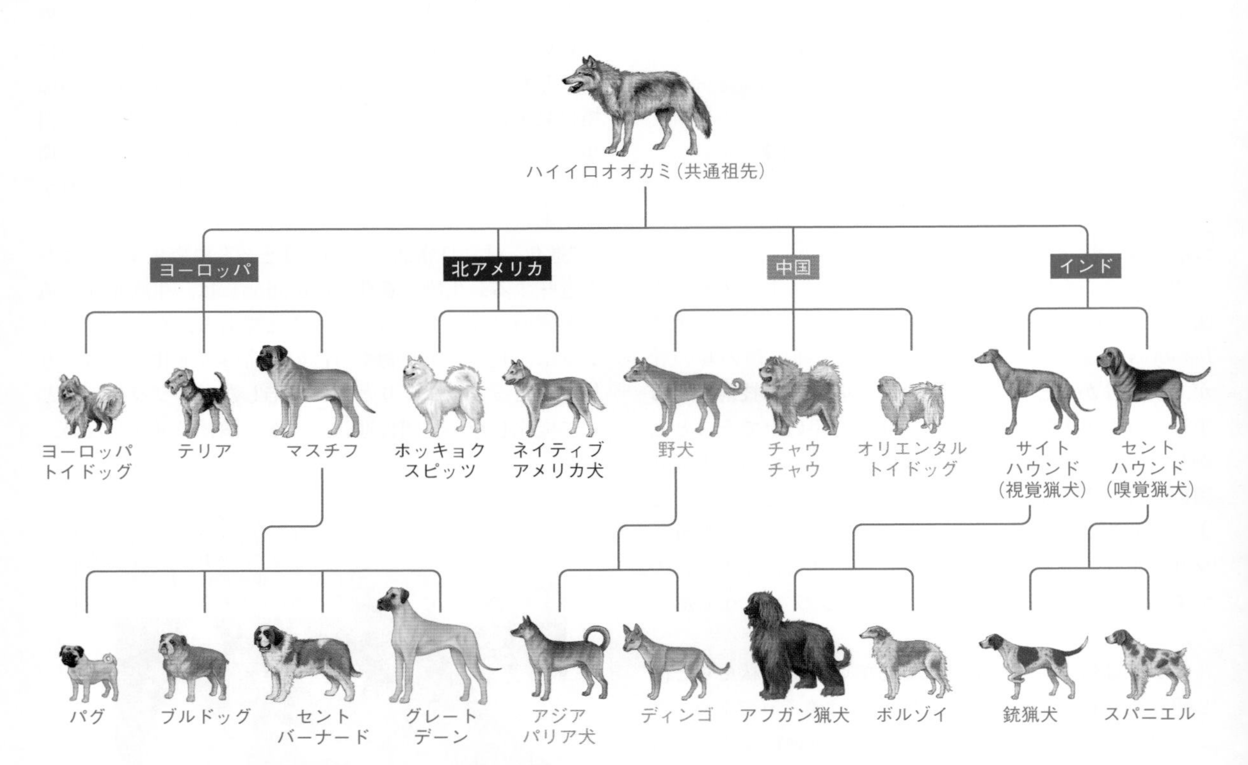

図 11・2 イヌの品種改良は無数の形質を生み出す． イヌは数回だけ，いずれもハイイロオオカミから家畜化された．したがって，イヌの著しい多様性は，家畜化された少数のオオカミの系統に及ぼした品種改良の影響を表している．

問題 1 品種改良とは何か．それはどのように行われるのか．
問題 2 品種改良はどのようにして人為選択を起こすのか説明せよ．

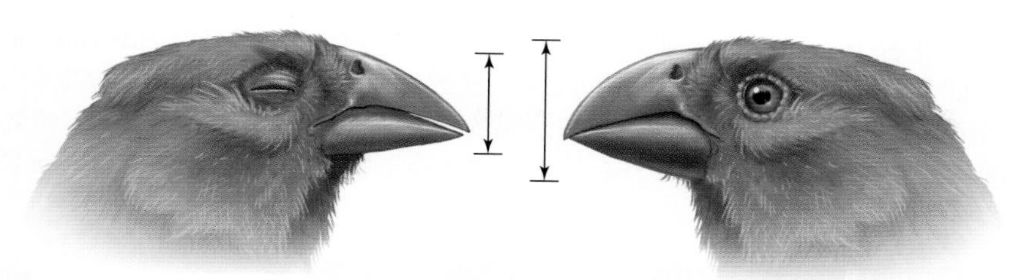

図 11・3 自然選択は，フィンチのくちばしを大きくする． 干ばつの後，くちばしが大きいほうの鳥(右)だけが，入手可能な堅い大きな種子を食べることができた．たった1世代で，種としての平均的なくちばしは，明らかに大きくなった．

問題1 自然選択とは何か．
問題2 豪雨により柔らかい小さな種子が増えて大きな種子が減ると，鳥の平均的なくちばしの大きさはどうなるか．

体が勝者である．

環境が勝者（最も繁殖に成功した個体）を“選ぶ”と，その個体はより多くの子孫を残すので，その個体の形質が次に続く世代でより一般的になる．たとえば，1977年にエクアドル沖のガラパゴス諸島でひどい干ばつが起こった．ガラパゴスフィンチの一種，鋭く尖ったくちばしをもつ小さな鳥は，それらが食べていた小さな柔らかい種子が不足したので飢えた．しかし，一部の高温を好む耐乾性の植物は，大きな堅い種子をなおも生産し，より大きなくちばしをもつフィンチはその種子を食べることができた．それらは生き残って繁殖し，1978年までのたった1世代で，集団の平均的なくちばしは大きくなった（図11・3）．

これは，集団が自然選択を通じてどのように進化し，有利な形質をもつ個体がどんどん増え，不利な形質をもつ個体が減るのかを示す，多くの例の一つである．これは**適応**（adaptation）とよばれ，時間とともに集団がその環境により適合していく進化の過程である．フィンチの集団は，より乾燥した新しい環境にすぐに適応した．時間が経つにつれ，小さなくちばしのフィンチは死に絶え，大きなくちばしのフィンチが生き残って繁殖し，その集団はわずか数年で環境に適応した．水中生活に適応したクジラの祖先のように，何百万年もかかる適応もある．

生物の進化にはヒトの進化も含まれることに気づくことは重要である．2013年以降行われた調査によると，米国の成人の約40%は，ヒトが他の動物種から進化したことを信じていない．進化は，およそ150年前に科学では解決済みの課題なので，この統計結果は驚くべきものである．研究者たちは毎日職場に行き，進化が起こっているのを観察している．実際，すべての国の大多数の研究者は，進化の証拠が動かしがたいことに合意している．次の六つの証拠が，説得力をもって生物の進化を支持している．

1. 人為選択を通じた進化の直接的観察
2. 化石からの証拠
3. 現存の生物間で共通する形質
4. DNAの類似点と相違点
5. 生物地理学的証拠
6. 胚発生の共通パターン

地球上で起こる最も劇的な変遷の一つ，すなわち小さな陸上哺乳類からイルカ，ネズミイルカ，巨大なクジラへの進化ほど，これらすべての証拠が存在し，興味をそそられるものはない．

11・3 化石からの証拠

化石（fossil）は，過去に生存した生物の石灰化した遺骨またはそれらの痕跡である（図11・4）．前述の古生物学者にとって，インドハイアスの化石を手に入れるのは簡単ではなかった．2003年から毎年，彼はヒマラヤ山脈の麓にあるインドのデラドゥンに巡礼し，パキスタンとの国境の紛争地域カシミールから発掘された大量の化石を所蔵する地質学者の遺族のもとを訪れた．初期のクジラの化石の大部分はクジラが最初に出現したこの地域から発見されたが，ここ数十年，政治的緊張のためにカシミールに行くのはとても危険で，ましてや化石を掘ることはできない．

化石記録は，生物学者が地球上の生命の歴史を復元することを可能にし，種が時間とともに進化してきたことを示す最も強力な証拠となる．化石が発見される地球表面からの相対的な深さや距離は，化石記録の順番を示している．化石の年代はその順番に一致し，古い化石ほどより深く，より古い岩層で発見される．

化石記録は，既存の生物からどのように新しい主要な生物集団が生じるのかを示すよい例を含んでいる．記録に含まれる多数の**移行化石**（transitional fossil）は，先祖の集団（陸上哺乳類）と子孫の種（クジラ）の両方と類似点をもつ中間型の種がいたことを示す証拠である．これらの中間型の動物，浅瀬の淡水域を歩きまわるオオカミのようなパキケトゥス *Pakicetus*（最初に出現したクジラ）から，水面下の獲物に忍び寄る大きなワニのようなアンブロケトゥス *Ambulocetus*，噴気孔・ひれ肢・尾をもつ完全に水生のドルドン *Dorudon* に至るまで，古生

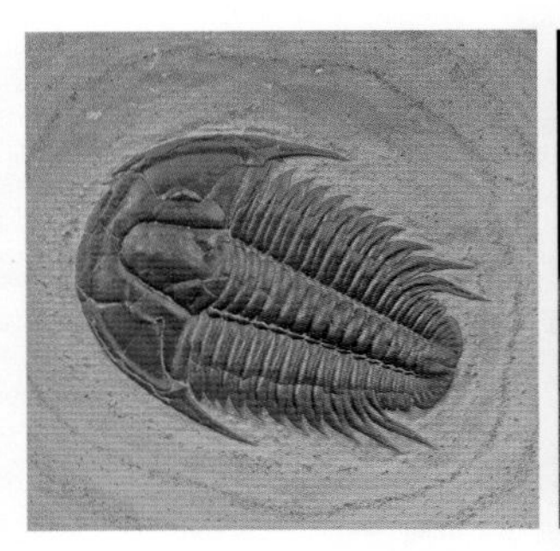

図 11・4　時を経た化石． 生物の痕跡から，保存された生物，完全に石灰化した骨や木材に至るまで，無数の化石が存在する．各化石の年代を決定し，その結果がまとまれば，地球の生命史を語ることができる．（左）4.1〜3.55億年前の間，生存していた三葉虫の化石．（中央）3億年前のシダ植物の化石化した葉．（右）固い岩のように化石化した樹木は，珪化木として知られている．

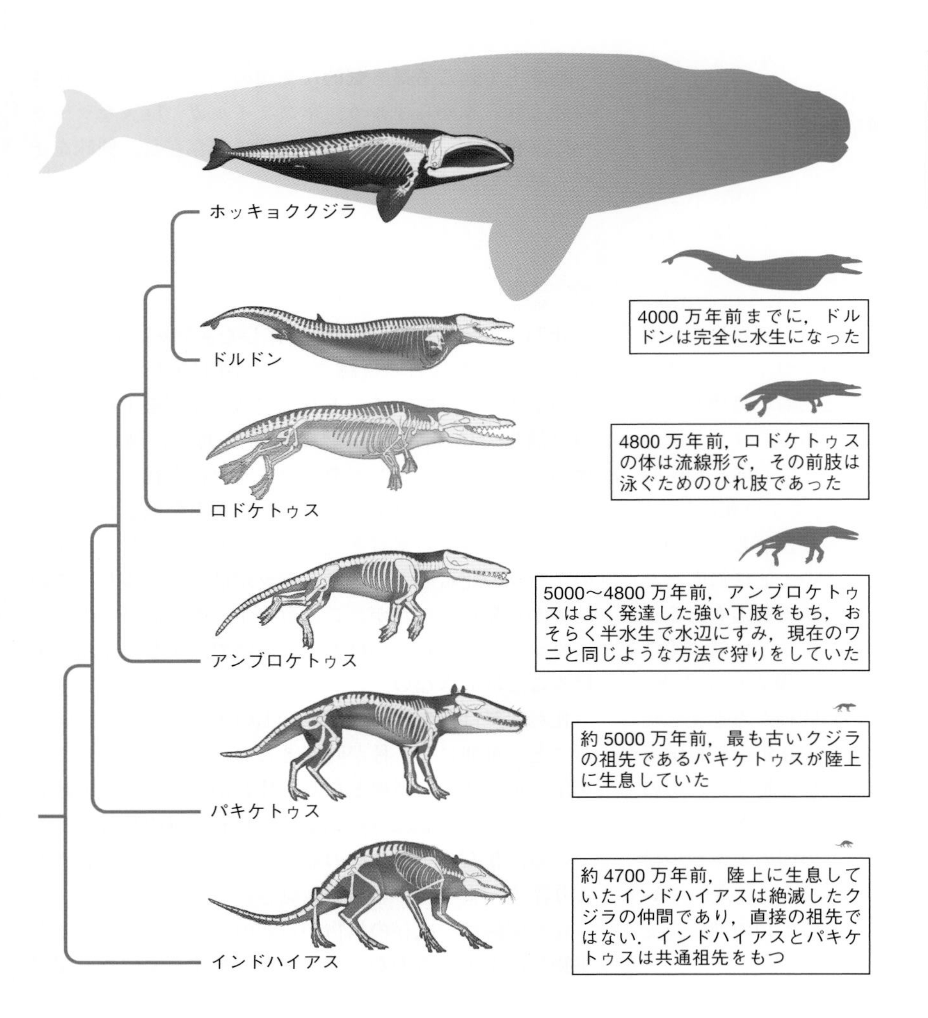
クジラの祖先が地上から水中へと移行するのに，およそ1500万年かかった．クジラの祖先と現生のホッキョククジラを比較せよ．相対的な体の大きさを一定の縮尺で各動物の隣の青い陰影により示している
ホッキョククジラ
4000万年前までに，ドルドンは完全に水生になった
ドルドン
4800万年前，ロドケトゥスの体は流線形で，その前肢は泳ぐためのひれ肢であった
ロドケトゥス
5000〜4800万年前，アンブロケトゥスはよく発達した強い下肢をもち，おそらく半水生で水辺にすみ，現在のワニと同じような方法で狩りをしていた
アンブロケトゥス
約5000万年前，最も古いクジラの祖先であるパキケトゥスが陸上に生息していた
パキケトゥス
約4700万年前，陸上に生息していたインドハイアスは絶滅したクジラの仲間であり，直接の祖先ではない．インドハイアスとパキケトゥスは共通祖先をもつ
インドハイアス

図 11・5　現生のクジラ(上)と化石祖先の骨格と体の大きさを，年代順に並べている

問題 1　化石の一般的な定義は何か．

問題 2　クジラの祖先は，現生のクジラの形とどのように違うか．

物学者は何十年も費やして研究した（図 11・5）．それでもなお，これらのすべてに先行する動物，すなわち陸上にいたクジラの祖先は長い間わからないままであったが，その化石があると予想される場所がカシミールであった．彼は，カシミールで発掘された化石を所蔵する遺族を毎年訪れ，信頼を得た．こうして 30 年間ほこりに埋まっていた化石が，やっと研究に利用できるようになった．

これらの化石のなかから，インドハイアスに属する 400 以上の骨が見つかり，彼の研究チームはフランケンシュタインのような 1 匹のインドハイアスの骨格標本を復元した（図 11・6）．クジラに似た耳骨を発見した後，研究者たちは化石の特徴をさらに注意深く観察し，インドハイアスがクジラの近縁であることを示す追加の証拠も発見した．この素朴な小さな動物は，尖った鼻と先端にひづめをもった細い肢をもち，水を好んで水辺にすんでいた．

インドハイアスの生活様式に関する最初の手がかりは，その歯であった．歯を構成する分子中の酸素は，動物が摂取する水や食物に由来する．インドハイアスの歯の酸素同位体の比率は，現在の水中を動く哺乳類の歯のものと一致する．このことは，インドハイアスが水の近くにすみ，水中でかなりの時間を過ごしていた可能性を示唆している．また，インドハイアスは，水辺や水中で草を食べるカバやマスクラットのように，植食性であったことを示唆する炭素同位体比率をもつ大きな臼歯ももっていた．

研究チームは，インドハイアスの肢の骨から，水への別の適応も明らかにした．外から見ると，インドハイアスの肢は，陸上を歩き回る他の哺乳類の肢のようにみえるが，内部は別である．肢の骨の一部を切取り光がもれるまで磨いた後，顕微鏡で骨を観察したところ，骨髄のまわりを厚い骨の層が包んでいるのが見つかった．

それまでに収集されていた最も初期のクジラの骨のすべてが，非常に太い骨をもっていた．マナティーやカバのような浅瀬に生息する現生の動物も太い骨をもち，その骨は動物が水に流されないために役立ち，すぐに潜るのを可能にしている（図 11・7）．クジラに限らずさまざまな脊椎動物が，水に入る際に骨が太くなることが知られている．化石記録をさかのぼると，骨の太さと水中

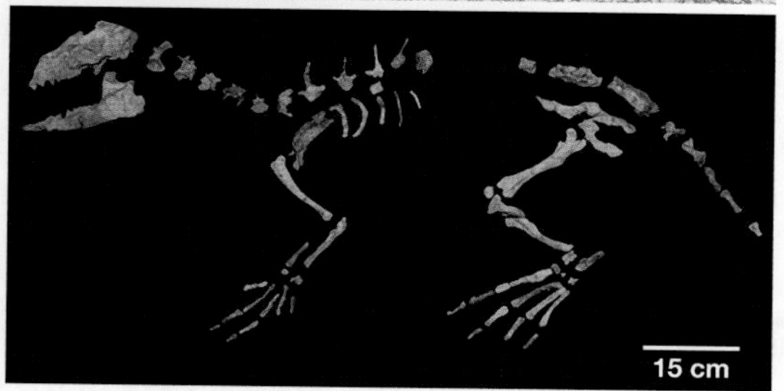

図 11・6　クジラの最も古い仲間であるインドハイアスの化石の骨格． インドハイアスの復元した化石の骨格は，複数の供給源と場所から収集された．イラストは，約 4700 万年前に生存した動物を描いたものである．

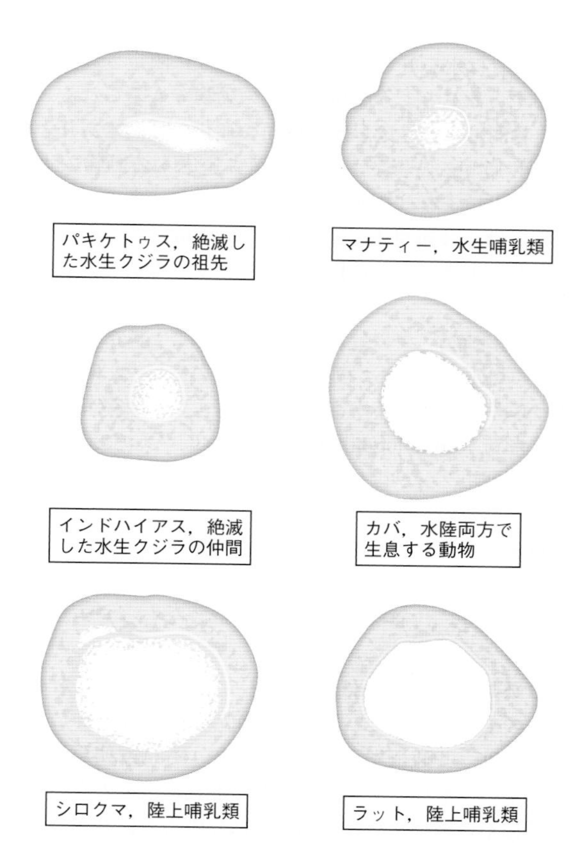

図 11・7　インドハイアス，水生および陸上哺乳類の大腿骨の断面． 水生哺乳類は狭い骨髄腔のまわりに厚い緻密な骨をもっているが，陸上哺乳類は薄い骨と広い骨髄腔をもっている．インドハイアスの骨の構造は，他の水生哺乳類と共通の形質である．

問題 1　水生哺乳類は，なぜ陸上哺乳類よりも太い骨をもっているか．

問題 2　太い骨をもつことが，なぜ水生の生活様式を示唆するのか．

生活との間にはよい相関がある．

インドハイアスの太い骨は，競合的環境で個体の機能を改善させる**適応形質**（adaptive trait）の一例である．水中を容易に歩き，水に潜れることにより，インドハイアスは他の生物よりも捕食者から逃れ，川床で食用の植物に近づくのに有利であった．適応形質には，インドハイアスの骨のような解剖学的特徴から，行動，個々のタンパク質の機能に至るまで，さまざまな種類がある．たとえば，コウモリの反響定位は，暗闇で昆虫を捕まえるための適応である．ナナフシ（昆虫）が物理的・行動学的に周囲の植物を模倣するのは，捕食者に見つからないために役立つ適応である．

11・4　相同および痕跡的な形質

太い骨は水を好むクジラの祖先だけに限定されるのではなく，カバのような他の多くの動物でもみられる．この生物間の類似性は，別の種類の進化の証拠であり，種間で共通する特徴である．浅瀬に適応する動物の太い骨，卵や精子などを介した有性生殖など，多くの共通する特徴は，**共通祖先**（common ancestor，多くの種の起源となる生物）から進化した生物がその形質を共有した結果である．

一つの種が二つに分かれると，結果として生じる二つの種は共通祖先をもつので，時間とともに互いに異なるようにみえはじめるかもしれないが，似た特徴である**相同な形質**（homologous trait）をもっている（図11・8）．たとえば，クジラはヒトとはあまりに違っていて類似点を見つけるのがむずかしいかもしれないが，哺乳類に共通祖先から進化したので，相同な形質をもっている．すなわち，ヒトもクジラも子を育て，1個の下顎骨をもっているのは，共通祖先がこれらの形質をもっていたからである．

痕跡的な形質（vestigial trait）は，共通祖先のために多くの生物がもっている別の種類の形質である．これらの形質は，共通祖先から遺伝したが，もはや使われない進化歴の一断片である．痕跡的な形質は，その機能を見つけにくい縮小または退化した部分のようにみえる（図11・9）．たとえば，多くの現生のクジラでは，大腿骨の痕跡が，骨盤に隣接する皮膚に埋まっている．陸上の哺乳類，鳥類，他の四肢の脊椎動物では，これらの骨は歩行，走行，跳躍に不可欠である．水生のクジラではこの骨は必要ないが，その痕跡は残っている．

クジラも，イヌのような陸上動物が音の方向知覚のために行うように耳を動かせた時代からおそらくずっと，存在しない外耳のために小さな筋肉をもっている．痕跡

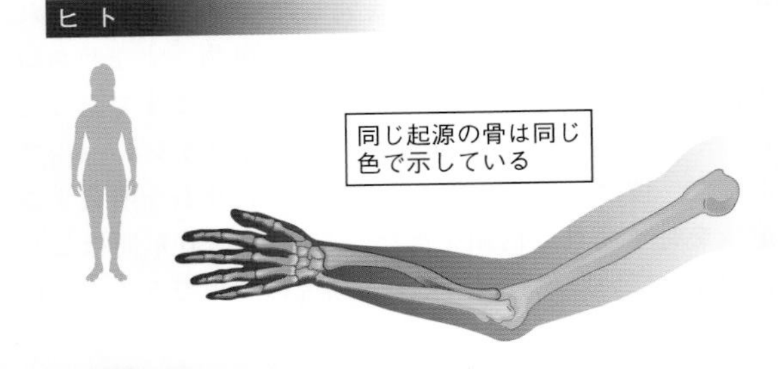
ヒト
同じ起源の骨は同じ色で示している

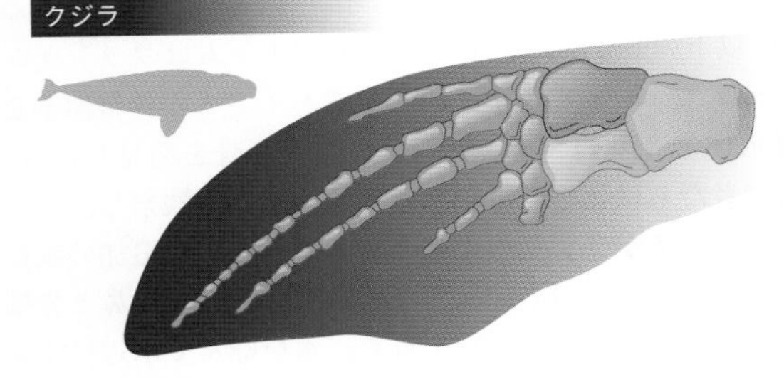
クジラ

コウモリ

図 11・8　相同な形質は，共通祖先から受け継いだ特徴である． ヒトの上肢，クジラのひれ肢，コウモリの翼は，共通祖先に起因する相同な形質である．これらの三つの構造はすべて，進化によって異なる機能を獲得した5本指と腕骨をもっている．

問題 1　共通祖先とは何か．
問題 2　生物間の相同な形質は，なぜ進化を示す証拠なのか．

的な形質は適応ではなく，実際，有害なこともある．大部分のヒトは思春期に失った歯に代わる“親知らず”をもはや必要としないが，まだもっている．“親知らず”は20歳ごろに生える傾向があり，しばしば激しい痛みを起こして他の歯を押すので，通常は抜歯が必要である．

11・5　DNA塩基配列の類似性

すべての生物の細胞内には，進化を示す最も強力な証拠の一つであるDNAが存在する．生物は一般に，遺伝物質としてDNA（8章参照）を使う．地球上のすべての生物は，さまざまに異なっていても同じ遺伝暗号を使う

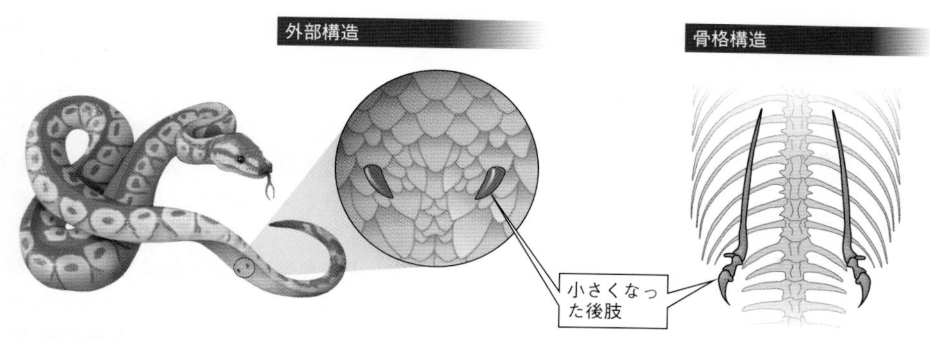

図 11・9　痕跡的な形質は，明らかな機能をもたない縮小または退化した遺残である． ヘビは肢のない(後肢の退化した遺残を保持しているがほぼ使っていない)爬虫類である．ここに示したニシキヘビは，外からかろうじてみえる非常に小さな肢をもっている．

問題 1　生物間の痕跡的な形質は，なぜ進化を示す証拠なのか．別の痕跡的な形質の例をあげよ．
問題 2　もはや役に立たなくても，痕跡的な形質はなぜ存在するのか．

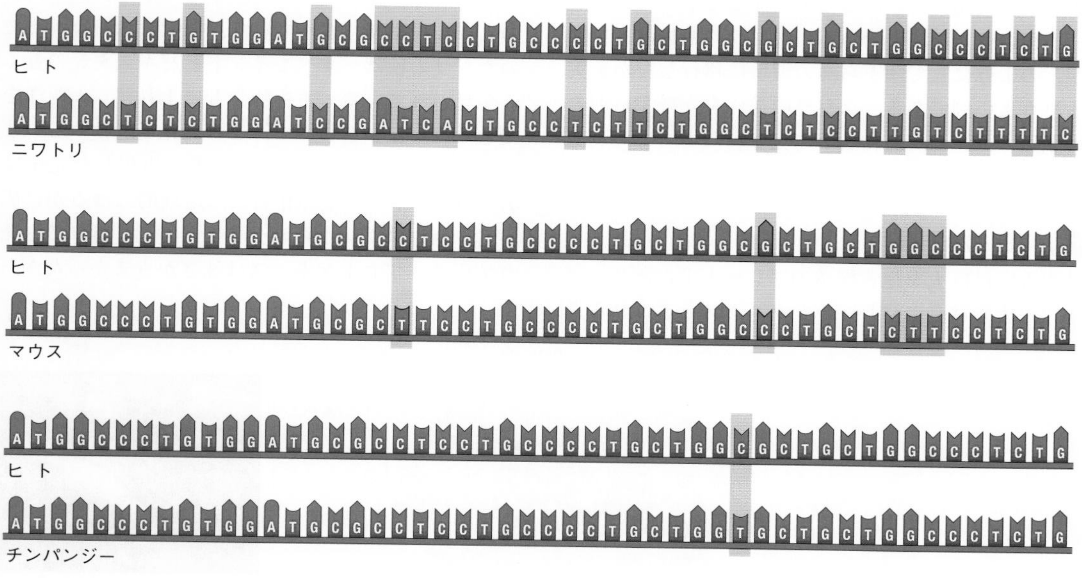

ATGGCCCTGTGGATGCGCCTCCTGCCCCTGCTGGCGCTGCTGGCCCTCTG
ヒ ト
ATGGCTCTCTGGATCCGATCACTGCCTCTTCTGGCTCTCCTTGTCTTTTC
ニワトリ

ATGGCCCTGTGGATGCGCCTCCTGCCCCTGCTGGCGCTGCTGGCCCTCTG
ヒ ト
ATGGCCCTGTGGATGCGCTTCCTGCCCCTGCTGGCCCTGCTCTTCCTCTG
マウス

ATGGCCCTGTGGATGCGCCTCCTGCCCCTGCTGGCGCTGCTGGCCCTCTG
ヒ ト
ATGGCCCTGTGGATGCGCCTCCTGCCCCTGCTGGTGCTGCTGGCCCTCTG
チンパンジー

図 11・10　インスリン遺伝子の DNA 塩基配列の類似性． ヒトのインスリン遺伝子の完全なコード配列は，333 ヌクレオチドを含む．最初の 50 ヌクレオチドのみがここに示されている．陰影のない対になった塩基配列では，その位置のヌクレオチドが同じである．黄色で陰影された塩基配列では異なっている．ニワトリ，マウス，チンパンジーはそれぞれヒトの遺伝子とヌクレオチドの数で 240/333(72%)，276/333(83%)，328/333(98.4%)同一である．

問題 1　他の生物種の塩基配列が，ヒトの塩基配列と 96% 同じであった場合，その種はチンパンジーよりもヒトに近いか遠いか．
問題 2　遺伝子の塩基配列の類似性は，進化的な相同性と考えられるか．説明せよ．

という事実は，生物の多様性が共通祖先から進化したことを示すさらなる証拠である．

研究者たちは，動物の DNA の塩基配列を解析し，クジラが，すべての動物のなかで偶蹄類（現生のシカ，キリン，ラクダ，ブタ，カバなどの蹄をもった哺乳類の集団）に最も近縁であることを明らかにした．インドハイアスは，絶滅した偶蹄類の例である．したがって，分子的研究はクジラとインドハイアスが共通祖先をもつという予想を裏づけている．

DNA 塩基配列の類似性によれば，クジラに最も近縁な現生種はカバである．クジラ DNA は，アザラシやアシカのような他の海に生息する哺乳類の DNA よりもカバ DNA に似ている．**DNA 塩基配列の類似性**（DNA sequence similarity）は，二つの DNA 分子が互いにどれほど密接に関連しているかを示すものさしである．たとえば，ヒトとマウスのインスリン遺伝子の DNA 配列において，ヌクレオチドの 83％は同じである（図 11・10）．インスリン遺伝子の DNA 配列がヒトと 72％だけ同じであるニワトリよりも，マウスのほうがヒトと分かれたのはより現在に近い．実際，地球上で最もヒトに近縁な現生種であるチンパンジーのインスリン遺伝子は，ヒトインスリン遺伝子と 98％同じである．この比較は，ヒトとチンパンジーが共通祖先からつい最近分かれたことを意味する．

解剖学的特徴と DNA という異なる種類の証拠が，さまざまな生物集団に対し同じ結果を繰返し示すという事実は，進化の強力な証拠である．クジラの進化は，脊椎動物がどのようにして陸から海の環境に移行したかを実証する最もよい例である．クジラの進化を支持する別の種類の証拠は，クジラの化石が発見された場所にある．

11・6　生物地理学

地球の大陸は巨大な地質構造のプレート上にあり，プレートは，大陸移動やプレートテクニクスとよばれる過程でゆっくり時間とともに移動している．約 2 億 5000 万年前，地球のすべての大陸が一緒に移動し，**パンゲア**（Pangaea）とよばれる一つの巨大な大陸を形成した．約 2 億年前，パンゲアはゆっくりと割れはじめ，最終的に現在のような大陸を形成した．この分離は今日も続き，たとえば，南アメリカとアフリカは，毎年約 2.5 cm ずつ離れている．

進化と大陸移動に関する知識を使って，種の**生物地理学**（biogeography），すなわち，その化石が発見される地理的位置について予測することができる．たとえば，現在，肺魚 *Neoceratodus fosteri* はオーストラリア北東部でのみみられるが，その祖先はパンゲアの時代に生存していた．予測どおり，これらの祖先の化石は，南極大陸以外のすべての大陸で発見されている（図 11・11）．

クジラの化石の生物地理学は，進化により予測されるパターンと一致する．ワニに似たパキケトゥス *Pakicetus* のような川や湖にすんでいて，海では泳がなかった初期のクジラの種は，すべてインドとパキスタンの近くでのみ発見されている．古生物学者によれば，大西洋を横断できるワニはいないので，この発見場所はつじつまがあう．これに対し，約 4000 万年前に出現した完全に水生のプロトケトゥス類の化石は，地理的にはるかに広く分布し，パキスタンからカナダくらい遠く離れても発見されている．プロトケトゥスは泳ぎがうまかったからである．

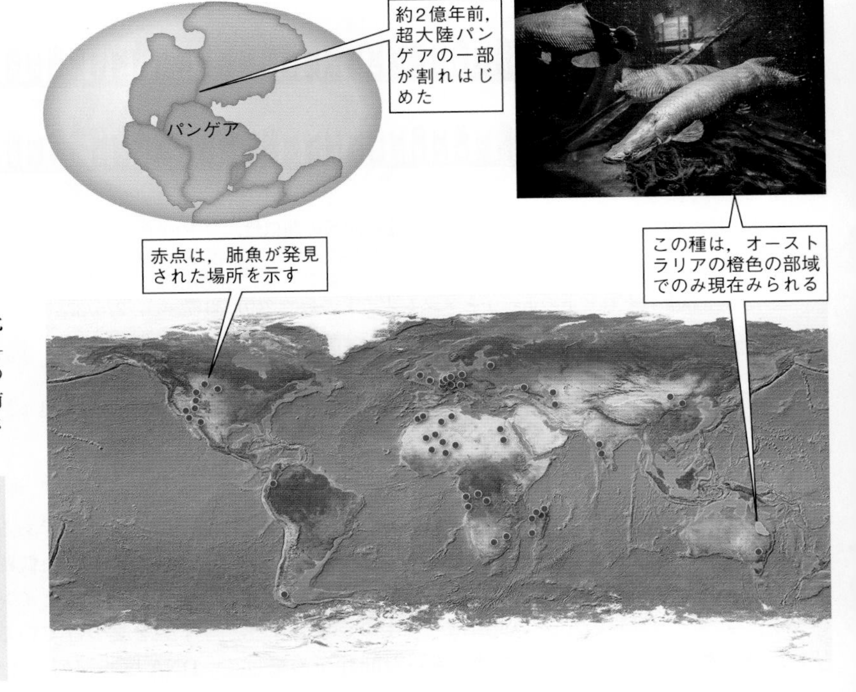
約2億年前，超大陸パンゲアの一部が割れはじめた
パンゲア
赤点は，肺魚が発見された場所を示す
この種は，オーストラリアの橙色の部域でのみ現在みられる

図 11・11　生物地理学は，種の進化史を明らかにできる． 淡水肺魚 *Neoceratodus fosteri* の祖先は，パンゲアの時代に生息していた．この化石は南極大陸以外のすべての大陸で発見されている．

問題 1　この肺魚がパンゲア時代に出現したとすると，なぜ世界中でこの肺魚の化石が見つかると予測されるのか．

問題 2　化石からの証拠以外で，進化を支持する生物地理学的証拠の例をあげよ．

11・7 進化発生学

古生物学者はクジラの化石を発見して記載してきたが，最近は，別の種類の進化の証拠となる発生学にも高い関心を示している．生物はその体内に進化歴を示す証拠をもっているはずであり，実際もっているので，進化を示す証拠を**胚発生**（embryonic development）の共通パターンにもみることができる．

これらの共通パターンは，共通祖先をもつ生物によって繰返し起こる．新しい種は，新しい器官をゼロからつくり上げるというよりも，形態や，時には機能でさえ変更してきた祖先由来の器官を受け継いでいる．

精子と卵が融合すると，動物の胚は発生をはじめる．胚が発生する方法は，特に初期の発生段階では，祖先型の発生段階に酷似しているかもしれない．たとえば，アリクイや一部のホッキョククジラの成体には歯がないが，胎児には歯がある．魚類，両生類，爬虫類，鳥類，哺乳類（ヒトを含む）の胚はすべて，咽頭嚢と鰓裂を形成する（図 11・12）．魚類ではこれらの構造から鰓が形成され，成魚は鰓を使って水中で酸素を吸収する．ヒトの胚子では，同じ構造が耳や咽頭の一部になる．

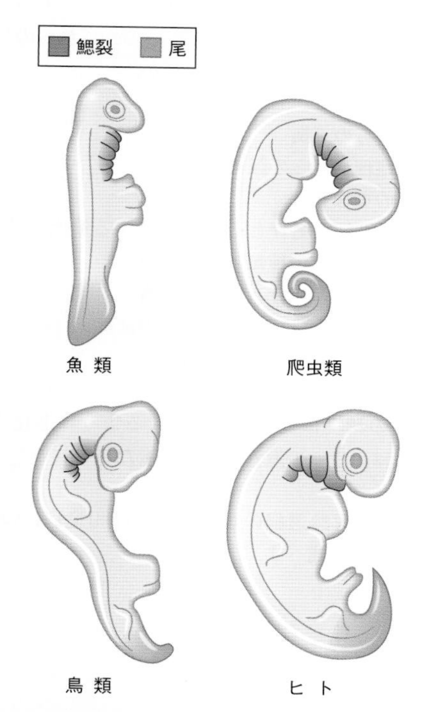

図 11・12 進化史は，胚発生における類似性から推定可能である． 子孫の種の複雑な構造は，一般にその共通祖先に存在した構造からつくられる．魚類，爬虫類，鳥類，ヒトはすべて胚が鰓裂と尾をもっている．これらの特徴をもつ共通祖先から進化したからである．

問題 1 初期発生での生物間の類似性が，なぜ進化を示す証拠なのか．例をあげよ．
問題 2 胚形成時の脊椎動物の種間で類似した構造は，相同な形質か．説明せよ．

進化で起こった過程の一部が発生中に再現されるかを調べるため，古生物学者は，化石からの証拠により初期のクジラで失われたことが知られている後肢を，クジラやイルカ（イルカもクジラと近縁な哺乳類である）の胚で観察した．彼は，マダライルカの胚を調べ，胚がエンドウマメの大きさのときには後肢芽を発生させるが，それより少し成長が進むと肢芽が消失することを観察した．2006 年，彼の研究チームは，クジラとイルカの胚で活性化している遺伝子を研究し，胚発生の比較的後期に多くの遺伝子が小さな変化を起こすことにより，クジラの後肢が何百万年もかけて退行したと結論づけた（図 11・13）．胚における後肢の消失は化石記録の後肢の消失と一致し，発生学と化石を組合わせることが素晴らしい方法であることを示した．スミソニアン研究所の研究者たちも同様に，2015 年，子宮内の胎児の耳骨の発生がクジラの化石記録で観察された変化と一致することを見いだした．

インドハイアスの化石の発見により，研究チームは，化石記録の 1000 万年の空白を埋め，クジラへと移行す

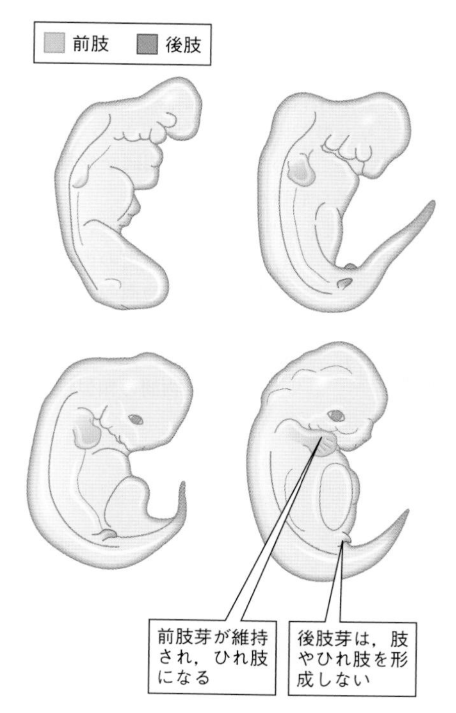

図 11・13 イルカ胚の発生． 発生第 4〜9 週のイルカ胚の後肢芽の形成とその後の消失を示す（Thewissen Lab 提供の写真をもとに作成）．

る重要な種を明らかにした．クジラの進化を示す証拠は，2015年，パナマで発見された絶滅したピグミー・マッコウクジラの新種の化石により，さらに補強された．

進化は，直接的観察，化石，生物間で共通する特徴，DNAの類似点と相違点，生物地理学的証拠，胚発生の共通パターンといった独立した種類の証拠により支持されている．重力理論が物理学の基礎を形成するように，進化は生物学の中心的教義である．進化が起こることには疑いの余地はない．興味深く魅力的な問は，それがどのように起こるかということである．科学的研究を通じて，クジラが小さなインドハイアスなどの陸上哺乳類の子孫であり，淡水の植物を食べ，浅瀬をはねていたことがわかっている．しかし，毛皮をもつ小さな動物集団がどのようにして海のマンモスになったのか．次章では進化のしくみ，すなわち，進化がどのように，なぜ起こるのかについて学ぼう．

章末確認問題

1. 中間型の化石はどれか．
   (a) 祖先の集団といくつかの類似点をもつ
   (b) 子孫の集団といくつかの類似点をもつ
   (c) aとbの両方
   (d) 上記のいずれでもない
2. 二つの異なる生物が進化的に近縁である場合，あてはまるものはどれか．
   (a) 大きさが似ている
   (b) 最近，共通祖先から分かれた
   (c) 遺伝子に非常に異なるDNA塩基配列がある
   (d) 世界中にランダムに分布する
3. 二つの生物が進化的な意味で非常に遠縁である場合，あてはまるものはどれか．
   (a) とてもよく似た胚発生をする
   (b) ごく最近，共通祖先から分かれた
   (c) 遺伝子のDNA塩基配列は，より近縁な二つの生物のものよりも似ていない(異なっている)
   (d) より近縁な二つの生物がもつ相同な形質よりも，より多くの相同な形質をもつ
4. 左の各用語の最も適切な定義を右から選べ．

生物地理学	1. 地球上の生命史の復元
化石記録	2. 関連する生物間のヌクレオチド配列の類似性
DNA塩基配列の類似性	3. 生物が共通祖先から進化したことによる生物間の類似性
胚発生の類似性	4. 関連する生物や化石が見つかる地理的位置
相同な形質	5. 発生において，共通祖先に存在した構造をもとに複雑な構造がつくられることによる生物間の類似性

5. すべての哺乳類は，尾骨と尾を動かすための筋肉をもっている．ヒトでさえ，役には立たないものの退化した尾骨とこの筋肉の遺残をもっている．これらのヒトの形質に最もあてはまる記述はどれか．
   (a) 収斂の構造
   (b) 化石からの証拠
   (c) 生物地理学からの証拠
   (d) 痕跡的な形質
6. ヒトの退化した尾骨とそれに関連する筋肉の遺残は，共通祖先を示すどの種類の証拠の例か．
   (a) 人為選択　(b) 相同な形質
   (c) 生物地理学　(d) 化石からの証拠
7. 次の用語を文章中に正しく入れよ．
   [適応，自然選択]
   集団がその環境によりよく適合するように進化するとき，これは，____の過程によってもたらされる____の一例である．
8. 人為選択と自然選択の類似点および相違点について，それぞれ1文で述べよ．

進化のしくみ 12

本章のポイント

- 進化は個体では起こらず，個体群でのみ起こる理由
- 方向性選択，安定化選択，分断性選択の違い
- 自然選択が環境下での個体群の繁殖を高めるしくみ
- 収斂進化と共通祖先からの進化の違いとそれぞれの例
- DNA の突然変異が新しい対立遺伝子をランダムにつくるしくみ
- 遺伝子流動が働き，進化を阻害するしくみ
- 遺伝的浮動と遺伝的ボトルネックおよび創始者効果との関連性

12・1 MRSA の流行

2002 年 6 月 14 日，大惨事が襲った．当時，ミシガン州地域保健局に勤め，抗生物質に対する耐性菌の症例を監視していた疫学者は，その日を鮮明に覚えている．彼女は，メチシリン耐性黄色ブドウ球菌（methicillin-resistant *Staphylococcus aureus*: MRSA）とよばれる気がかりな細菌の流行について時間をかけて調査していた．

黄色ブドウ球菌は，通常は鼻孔や皮膚に穏やかに生息する小さな丸い細菌である．しかし，黄色ブドウ球菌はまれに火傷や切り傷から入り込んで感染をひき起こし，特に，高齢者や化学療法中の患者のような免疫系が抑制されている人には危険である．

黄色ブドウ球菌は，現在，院内感染の最も一般的な原因の一つであり，細菌を殺すがヒトの細胞は殺さない抗生物質で治療される．ペニシリン（penicillin）は，黄色ブドウ球菌に使われた最初の抗生物質であったが，1940 年代に一般に市販される前にすでに，巧みな細菌はペニシリンに対する耐性を進化させていた．

ペニシリンがブドウ球菌に効かなくなったとき，医師たちはメチシリン（methicillin）とよばれる抗生物質に切替えた．メチシリンは，それに対する耐性を黄色ブドウ球菌群が広範に進化させるまで，約 20 年間使われた．残念なことに，細菌は世代時間が短く，細菌間で耐性遺伝子を共有できるため，すぐに新しい抗生物質に適応してしまう（15 章参照）．これらの小さな微生物は，最もうまく進化する進化の精鋭部隊である．

11 章で述べたように，生物の進化は，世代を超えた個体群の遺伝形質頻度の変化である．黄色ブドウ球菌はメチシリンに適応し，メチシリン耐性の遺伝形質をもつ細菌だけが生き残った．これらの形質は，黄色ブドウ球

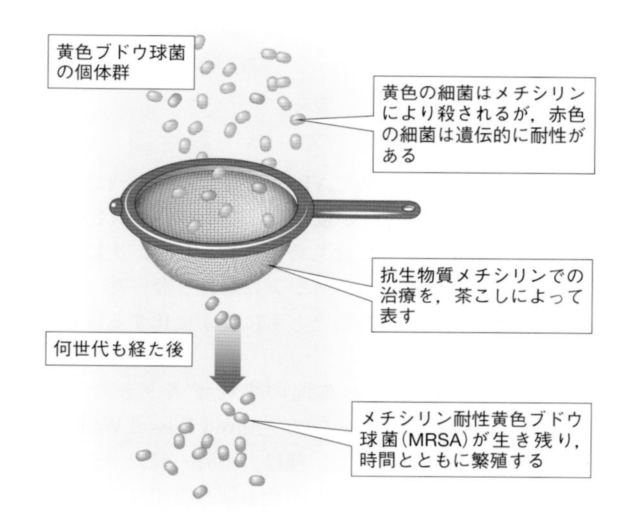

図 12・1　自然選択の結果，抗生物質に対して耐性になる． 抗生物質を使っても，抗生物質耐性の細菌（ここでは赤色で示した細菌）は生存し繁殖することができる．時間が経つにつれ，耐性菌の頻度は生き残った個体群で増加する．

問題 1　ここでの自然選択は何を選ぶか．
問題 2　この図で抗生物質はなぜ茶こしで描かれているか．

菌群全体でメチシリン耐性が高頻度になるまで，個体群間および世代から世代へと伝わった（図 12・1）．

現在，MRSA は病院に蔓延しているので，医師たちはスーパー耐性菌に対する最後の医学的防衛線の一つにとりかからざるをえない．ボルネオ島のジャングルの泥から最初に抽出されたバンコマイシン（vancomycin）は強い抗生物質であり，この深刻な感染症と闘うための“最後の薬”の一つと考えられている．

さて 2002 年 6 月 14 日の話に戻ろう．その日，ミシガン州デトロイトの透析センターの技術員が，糖尿病の 40 歳女性の感染した足部の潰瘍から検体を二つ採取した．その患者は以前，MRSA を含む多数の足の感染症を患い，バンコマイシンで 6 週間半の治療を受けていた．この最新の感染症の検体は地元の研究室に送られ，さまざまな抗生物質に対する感受性を調べるために技術員たちが細菌を培養した．

最初の検査結果が入ると，研究室のスタッフはすぐに保健局に電話し，細菌はバンコマイシンに耐性のようであると前述の疫学者に告げた．彼女の研究チームは事実を確認するため，現地の研究室に再検査の実施と，独立して検査を行うために保健局にも検体を送るように依頼した．どちらの研究室の結果も陽性であった．その患者の足は，バンコマイシン耐性黄色ブドウ球菌（vancomycin-resistant *S. aureus*: VRSA）に感染した最初の症例となった．

12・2　細菌の進化：スーパー耐性菌

こうして世界ではじめて VRSA が見つかり，残念ながら，VRSA の発見はそれが最後ではなかった．黄色ブドウ球菌は，進化を通じてはじめにペニシリン，次にメチシリン，その次にバンコマイシンに耐性となった．黄色ブドウ球菌の進化は，時間とともに種が変化する深刻な例である．

1800 年代半ば，2 人の英国の生物学者ダーウィン（Charles Darwin）とウォレス（Alfred Russel Wallace）は，生物の多様性を研究し，種は，当時一般に考えられていたような個別に創られた不変の創造物ではないと結論づけた．その代わり，種は祖先の種から“修正を伴って伝わる”，つまり，新しい種は既存の種から生じるという新しい大胆な結論に 2 人とも達した．

現在では，クジラやフィンチのような多細胞生物の個体群だけでなく，最も小さな単細胞の細菌やウイルスでも，修正を伴って種が伝わることは知られている．私たちは通常何百万年もの間に起こる進化を考えるが，抗生物質に耐性となる適応のような進化は，特別な対立遺伝子が個体群を介して急速に広がるので，非常に短い間に起こる．対立遺伝子が，同じ遺伝子のランダムな突然変異により生じた異なる DNA 塩基配列を含む遺伝子であることは 7 章ですでに述べた．したがって，**対立遺伝子頻度**（allele frequency）は個体群における特定の対立遺伝子の割合である（図 12・2）．進化は，個体群の対立遺伝子の相対的割合または頻度の経時的な変化と一致する．

個体群の対立遺伝子頻度が変化し，およそ一般的になると，個体群の特質または表現型も同様に変化する．つまり，個体群は進化する．メチシリン耐性の対立遺伝子を含む黄色ブドウ球菌が生き残ってますます繁殖するにつれ，黄色ブドウ球菌群全体が進化し，より強力な新しい細菌になった．しかし，これはいったいどのようにして起こるのだろうか．また，新しい対立遺伝子はどこからきて，個体群の対立遺伝子頻度はどのように変わるのだろうか．

ミシガン州保健局の研究者たちは，新しい対立遺伝子の出現を直接体験した．彼らは，足部潰瘍検査の結果が VRSA 陽性であったことを，ただちに疾病予防管理センター（CDC）に告げた．CDC は疾患の流行を調べ，公衆衛生の勧告を行う政府機関である．保健局と CDC は VRSA が見つかった透析センターに集結し，患者の病歴や傷を調べ，患者と接触したすべての人の鼻孔や傷から検体を採取し，危険な細菌が広がっていないかを調査した．幸いその時点では，バンコマイシン耐性の細菌はまだ広がっていないことがわかった．

しかし，VRSA は絶滅したわけではなかった．2002 年以降，米国ではバンコマイシン耐性黄色ブドウ球菌の感染が 13 症例報告されている．多発性硬化症を患うニューヨークの女性の尿，ミシガン州の糖尿病の男性のつま先の傷，ミシガン州の女性の三頭筋の傷など，これまでのところ各感染は隔離され，細菌は MRSA のように人から人には伝わってはいない．VRSA は危険であるが，ヒト個体群を通じて広がる気配はない．

しかし，広がるように進化しないというわけではない．MRSA が最初に出現したとき，MRSA は病院に限定されているようであった．しかし現在，公園の遊び場での擦り傷でも MRSA の症例がみられることから，細菌が私たちの日常の生活圏にまで広がり，甚大な被害につながることを臨床医たちは危惧している．理論的には VRSA でも同じことが起こる可能性があり，“人類滅亡の細菌”へとスーパー耐性菌が進化することが深く憂慮されている．

黄色ブドウ球菌は，14 回別々に，どのようにバンコマイシン耐性を獲得したのか．バンコマイシンは耐性が

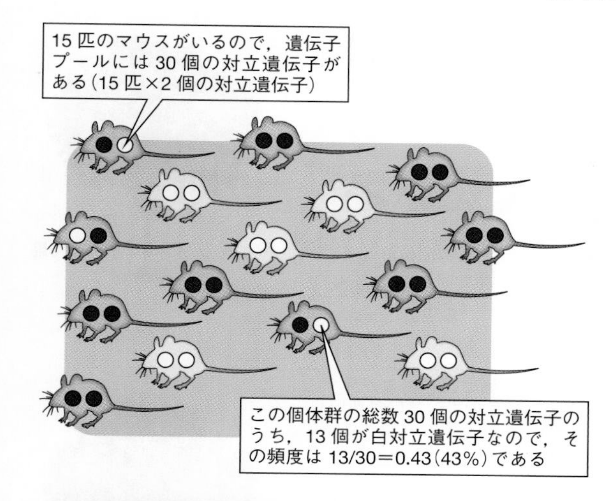

15 匹のマウスがいるので，遺伝子プールには 30 個の対立遺伝子がある（15 匹×2 個の対立遺伝子）
この個体群の総数 30 個の対立遺伝子のうち，13 個が白対立遺伝子なので，その頻度は 13/30＝0.43（43%）である

●●●●●●●●●●●●●●●●● 17/30 ＝ 57%

○○○○○○○○○○○○○ 13/30 ＝ 43%

図 12・2 対立遺伝子頻度は，個体群での割合として計算される． これらのマウスは，二つの白毛色素（白）の対立遺伝子をもち白色，二つの黒毛色素（黒）の対立遺伝子をもち灰色，一つの黒対立遺伝子と一つの白対立遺伝子をもち灰色のいずれかである．個体群の白対立遺伝子の頻度を計算するため，白対立遺伝子を数え，対立遺伝子の総数で割った．

問題 1 3 匹のホモ接合の黒対立遺伝子（2 個の黒対立遺伝子）をもつマウスが，ホモ接合ではなくヘテロ接合である（1 個の白対立遺伝子と 1 個の黒対立遺伝子をもつ）としたら，白対立遺伝子の頻度は何パーセントになるか．

問題 2 白いマウスが全滅して個体群から除かれた場合，白対立遺伝子の頻度は何パーセントになるか．黒対立遺伝子の頻度は影響を受けるか．もしそうならば，頻度は何パーセントになるか．

さらに広がる可能性はどれくらいか．進化の四つのメカニズムを理解することにより，これらの問への答えを見つけることができる．すなわち自然選択，突然変異，遺伝子流動，遺伝的浮動である．

細菌は，信じられないほど速く進化するため，非常に危険であると同時に，進化のメカニズムを研究するには理想的なモデル生物となっている．

黄色ブドウ球菌の個体群

メチシリン（赤の茶こし）を使って治療後，これに耐性の細菌（MRSA）が生き残り繁殖する

メチシリンを使った治療を追加しても，MRSA の個体群は減少しない

バンコマイシン（紫の茶こし）を使って治療後，これに耐性の細菌（VRSA）が生き残る

耐性対立遺伝子をもつ VRSA の頻度が劇増する．これは進化である

図 12・3 進化が起こる． 黄色ブドウ球菌の個体群が皮膚に生息しているとしよう．その大部分は抗生物質メチシリン（赤の茶こし）に感受性があるが，少数は図 12・1 の細菌のように，メチシリンに耐性がある．これらの細菌の一部は，次にバンコマイシン（紫の茶こし）にも耐性になる可能性がある．

問題 1 バンコマイシンで治療後の個体群では，なぜバンコマイシン耐性菌の頻度が高くなるのか．

問題 2 図 12・2 のマウスの対立遺伝子頻度の例をこの図にあてはめ，バンコマイシン耐性菌のように白いマウスが増えた場合，白毛色素と黒毛色素の対立遺伝子頻度はそれぞれどうなるか．

12・3 自然選択による収斂進化

ハーバード大学医学部の微生物学者は長い間，細菌がどのように抗生物質に対する耐性を進化させるかを研究していた．1980 年代に黄色ブドウ球菌がメチシリン耐性を獲得して広がり，バンコマイシンが病院で使われはじめた後，彼はバンコマイシン耐性菌が出現するのを待ち続けた．バンコマイシンが黄色ブドウ球菌を殺すために広く使われれば，細菌群は耐性を進化させることがわかっていたからである．11 章で述べたように，ある個体群が，他の個体群よりうまく生き残れるようになる一つ以上の対立遺伝子を獲得する過程は，**自然選択**（natural selection）とよばれる．自然選択はダーウィンとウォ

19 世紀の産業革命前，オオシモフリエダシャクの色はさまざまであった
個体群の頻度（%）
もとの個体群
表現型
捕食鳥

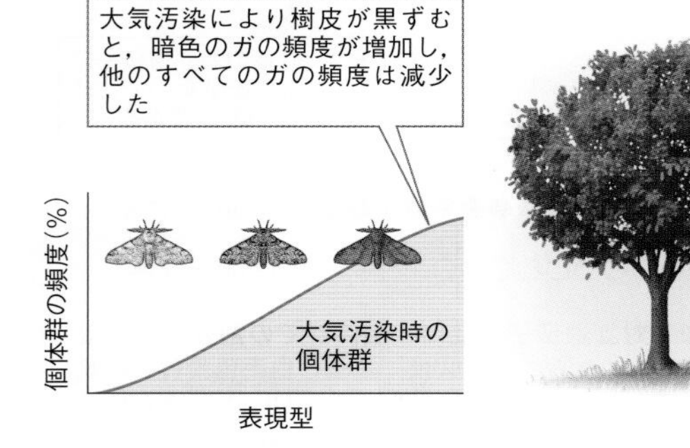
大気汚染により樹皮が黒ずむと，暗色のガの頻度が増加し，他のすべてのガの頻度は減少した
個体群の頻度（%）
大気汚染時の個体群
表現型
捕食鳥

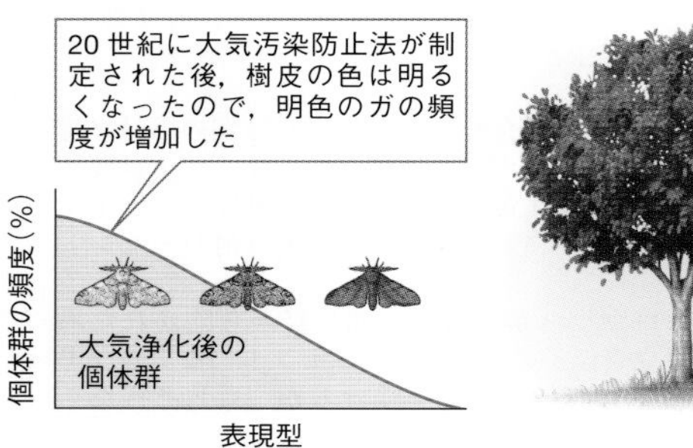
20 世紀に大気汚染防止法が制定された後，樹皮の色は明るくなったので，明色のガの頻度が増加した
個体群の頻度（%）
大気浄化後の個体群
表現型

捕食鳥

図 12・4　ガのオオシモフリエダシャクは，過去 200 年間に 2 回，方向性選択を受けた． 19 世紀の産業革命は，石炭の大量燃焼により煤煙を生じさせ，英国でも米国でも深刻な大気汚染をひき起こした．

問題 1　方向性選択後，ある極端な表現型が個体群の大部分を占めると，他の表現型をもつ個体はどうなるか．
問題 2　もし樹皮が病気や汚染によって再び黒ずむと，ガの表現型はどうなるか．

レスにより最初に提唱され，現在では，進化の中心的原動力であることが知られている．

自然選択では，特別な遺伝形質をもつ個体が生き残り，群の他の個体よりも高い割合で繁殖する．自然選択は，ある表現型を他の表現型より生存に有利にさせることによって働く（図 12・3）．たとえば，細菌がバンコマイシンにさらされる環境では，バンコマイシン耐性の細菌は生きて繁殖し続けるが，耐性のない細菌は消滅する．自然選択は個体群の遺伝子型ではなく表現型に働くが，自然選択によって選ばれる表現型をコードする対立遺伝子は，将来の世代でしだいに一般的になる傾向がある．たとえば，抗生物質の攻撃から生き残る細菌は，その耐性をつくる対立遺伝子を子孫に伝える．

自然選択は適応形質に影響を与えるので，個体群はその環境で生き残って繁殖することに，より適応していく．私たちにとっては残念ながら，自然選択は，黄色ブドウ球菌がバンコマイシンの使用に適応していくメカニズムである．

黄色ブドウ球菌がバンコマイシン耐性に適応したのはごく最近であるため，自然選択が VRSA をひき起こす様式が研究されている．自然選択には本来，方向性選択，安定化選択，分断性選択の共通する三つの様式が観察される．すべての様式の自然選択が同じ原理によって働く．すなわち，ある形の遺伝形質をもつ個体は，他の形の形質をもつ個体よりも生存率が高く，より多くの子孫をつくるという原理である．

方向性選択（directional selection）は，自然選択の最も一般的な様式であり，そこでは極端な表現型の形質をもつ個体が，群の他の個体よりも有利である．ガのオオシモフリエダシャクが顕著な例である．1959 年以前，公害により木の樹皮が黒くなり，暗色のガが明色のガよりも鳥（捕食者）に見つかりにくくなると，英国でも米国でも暗色のガが増加した．1956 年に英国で，1963 年に米国で大気汚染防止法が制定されて大気汚染が減ると，樹皮は明るくなり，突然，逆の現象が起こった．つまり，明色のガが暗色のガよりも捕食者に見つかりにくくなった．その結果，暗色のガは捕食者に容易に見つかり食べられたため，暗色のガの割合は急低下した（図 12・4）．同様に，黄色ブドウ球菌と闘うためにメチシリンが広く使われるようになると，MRSA は方向性選択を介して進化した．つまり，抗生物質耐性であった病院の細菌は生き残ったが，耐性でなかった細菌は消滅した．

安定化選択（stabilizing selection）では，中間値の表現型の形質をもつ個体が，群の他の個体よりも有利である．ヒトの出生時体重は，この自然選択の様式の典型的な例である（図 12・5）．歴史的に，軽いまたは重い新生児は，平均体重の新生児と同じようには生き残れず，その結果，中間値の出生体重児への安定化選択が生じる．しかし，低出生体重児への医療の進歩と大きな胎児への帝王切開の増加が，どの体重の新生児も成長可能にしたため，現在，この安定化傾向はそれほど強くはない．

最後に，**分断性選択**（disruptive selection）は，どち

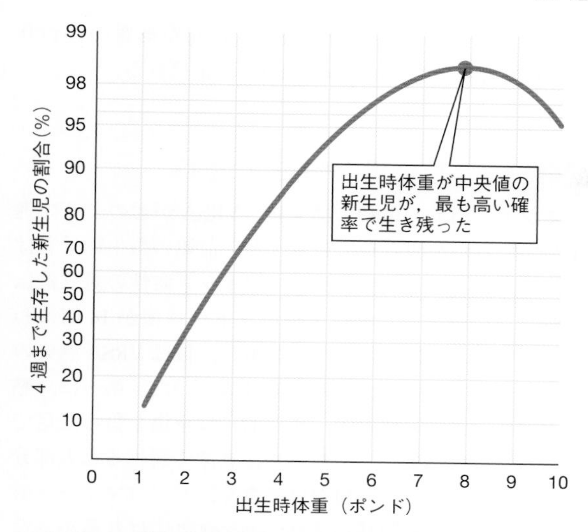

図 12・5　安定化選択とヒトの出生時体重. このグラフは，ロンドンの病院で1935年から1946年の間に生まれた13,700人の新生児のデータに基づいている．新生児が集中治療を受けることができる国々では，近年，安定化選択は大幅に弱まっている．しかし，低出生体重児への医療を改善し，大きな胎児に帝王切開を施したとしても，出生時体重が極端な値の新生児は，中央値に近い新生児に比べれば生存率はまだ低い．

問題 1　ヒトにおける安定化選択の他の例を考えよ．現代の技術や医学は，安定化選択が表現型に与える影響を変えたか．

問題 2　医療の乏しい発展途上国では，出生時体重に対する生存率のグラフは，ここに示されたグラフと比べてどのように違うか．

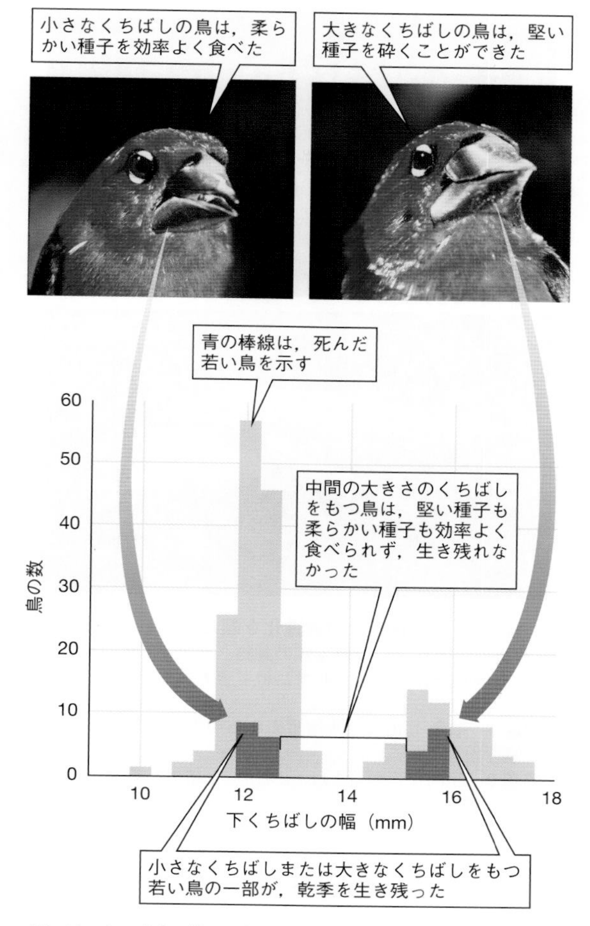

図 12・6　くちばしの大きさに対する分断性選択. 1年間に孵化した若いアフリカシードクラッカーの鳥群のなかで，種子が不足する乾季を生きのびたのは，小さなまたは大きなくちばしをもつ鳥だけであった．それらの多くも生き残れなかったが，中間のくちばしの鳥は全滅した．

問題 1　ほとんどすべての鳥が乾季に飢えた．もし中間のくちばしの鳥だけが生き残ったとしたら，どの様式の選択が行われたか．

問題 2　自然選択の三つの様式のうち，いつも次世代で二つの異なる表現型を生み出すのはどの選択か．

らかの極端な表現型の形質をもつ個体が中間の表現型をもつ個体よりも有利な場合に起こる．この様式の選択は，自然界ではあまり観察されないが，分断性選択によって影響を受ける形質の一例が，アフリカシードクラッカーとよばれる鳥の個体群のくちばしの大きさにみられる（図12・6）．ある乾季に，大きなくちばしをもつ鳥が堅い種子を，小さなくちばしをもつ鳥が柔らかい種子を食べて生き残ったが，中間の大きさのくちばしをもつ鳥はどちらの種子も効率よく食べられなかった．この結果，中間の大きさのくちばしをもつ鳥は死に，大小のくちばしをもつ鳥が生き残った．したがって自然選択は，中間の大きさのくちばしをもつ鳥よりも，大きなくちばしまたは小さなくちばしをもつ鳥を選んだ．

これらの自然選択の様式はどれも，遠縁の生物を似た構造に進化させる可能性がある．なぜなら，それらの生物は似た環境圧の下で生き残り繁殖するからである．**収斂進化**（convergent evolution）とよばれるこの様式の進化は，遺伝的特徴が大きく異なるにもかかわらず，外見が非常によく似た生物を生み出す．北米の砂漠でみられるサボテンと，アフリカやアジアの砂漠でみられる遠縁の植物（トウダイグサ）は，収斂進化のよい例である．これら2種類の砂漠の植物は，非常に異なる遺伝的特徴をもっていても一見似ており，同じようなやり方で機能する．別の例では，サメとイルカは非常に遠縁（サメは魚類，イルカは海洋の哺乳類）であるが，両者とも海洋の捕食者として成功するために進化し，流線の体型のような共通の特徴をもつ（図12・7）．共通祖先から分かれたからではなく，収斂進化のために種が共通の特

図 12・7　自然選択は収斂進化を起こすことがある． 自然選択により，二つの遠縁の動物，サメ(魚類，上)とイルカ(哺乳類，下)は，非常に似てきた．

問題 1　収斂進化は，共通祖先からの進化とどのように違うか．
問題 2　相同な形質(図 11・8 参照)と相似な形質とのおもな違いは何か．

徴をもつ場合，それらの特徴は（相同な形質の代わりに）**相似な形質**（analogous trait）とよばれる．

12・4　突然変異と遺伝子流動

ミシガン州での最初の感染後，VRSA がどのように進化しているかを明らかにしようと，前述の微生物学者は細菌を追跡しはじめた．バンコマイシン耐性の対立遺伝子がどこに由来し，それを黄色ブドウ球菌が 14 回にわたってどのように獲得したかを調べ，彼は VRSA 感染の症例に共通するいくつかの特徴に気づいた．第一に，感染の大部分は糖尿病の人，典型的には重傷を負った足で起こっていた．第二に，検体を注意深く調べると大部分の場合，黄色ブドウ球菌だけでなく，バンコマイシン耐性に先に進化した腸球菌 *Enterococcus* とよばれる小さな球状の細菌も観察された．詳細な観察により，黄色ブドウ球菌と一緒によく繁殖している腸球菌は，黄色ブドウ球菌のものと同じバンコマイシン耐性遺伝子を含んでいることに彼らは気づいた．この遺伝子の存在は，黄色ブドウ球菌がそれ自身のゲノムのランダムな突然変異によるのではなく，むしろ，腸球菌から直接バンコマイシン耐性を獲得したことを示唆した．

種の新しい対立遺伝子は，突然変異によって出現する．**突然変異**（mutation）は，生物の DNA 塩基配列の

性と選択

ブドウ球菌などの細菌は，DNA をコピーして二つに分けることにより無性的に複製するが，このやり方に性を加えると生殖は複雑になる．種が進化するもう一つのメカニズムは，性選択とよばれる．**性選択**(sexual selection)では，たとえその形質が個体の生存率を減らすとしても，個体の交配の確率を高める形質が選択される．

雄のクジャクは雌のクジャクに凝った求愛の表現をする

性選択は，交配相手を見つけるのが得意な個体を選び，雌雄の大きさや求愛行動などの形質の違いを説明するのにしばしば役立つ．クジャク，ライオン，アヒルのように雌雄で外見がはっきり異なる種は，**性的二型**(sexual dimorphism)を示すといわれる．多くの種では，片方の性(多くは雌)の個体が，交配の選択をする．たとえば，鳥では明るい色の雄が，求愛のために複雑な表現をすることがある．他の種では，激しい鳴き声など，他の手段によって雄が気を引くかもしれない．その後，雌は最も大きな鳴き声の雄を相手として選ぶ．

しかし，個体の交配の確率を高めるいくつかの特徴は，生存率を減らすことがある．たとえば，雄のトゥンガラカエルは複雑な求愛の鳴き声を発するが，それは 1 回の鳴き声で終わるかもしれない．雌カエルは鳴き声を発するカエルとの交配を好むが，その音がカエルを食べるコウモリに獲物の位置を教えてしまうからである．その結果，カエルの交配相手を見つけようとする試みは，悲惨な結果に終わることがある．

変化であり，新しい対立遺伝子をつくる唯一の方法である．DNAの突然変異はランダムに新しい対立遺伝子をつくり，それによって進化の原材料を提供する．この意味で，すべての進化は究極的には突然変異に依存する．突然変異は新しい遺伝的変異（群内の個体間の遺伝子型の違い）をもたらすことにより，個体群の急速な進化を刺激することができる．結果的に生じる表現型に対し，その後，自然選択や他の進化のメカニズムが働く．

有性生殖の種では，生物の生殖細胞系列（卵や精子のような配偶子をつくる細胞系列）で起こる遺伝子の突然変異が進化に寄与することができる．皮膚や血液細胞のような体細胞の突然変異は，がんなどの問題をひき起こすことによって個体に影響を与えることはあるが，子孫には伝わらない．突然変異は子孫に伝わらなければ，進化に寄与することはできない．

同じことは，単一細胞で無性生殖を介して増える細菌には当てはまらない．細菌の細胞では，すべての遺伝子突然変異が子孫に伝わる（細胞の複製については6章参照）．もし子孫に伝わった突然変異が個体の繁殖力を高めるならば，その突然変異は自然選択により選ばれる．これらの選ばれた変異遺伝子は親から子孫に伝わり，個体群全体を変えるやり方で将来の世代を通じて広がる．

しかし細菌は，望ましいランダムな突然変異がゲノムに起こるのを必ずしも待っているとは限らない．時には，他の生物から新しい対立遺伝子を借りることもある．それがVRSAの場合に当てはまるらしいことを，研究者たちは発見した．ほとんどの場合，VRSAは治癒していない非常に重い傷（遺伝子を共有できる細菌が集まった混合液）の中で出現するからである．

遺伝子水平伝播（horizontal gene transfer）は，細菌が遺伝子を互いに伝えあう過程である（図12・8）．細菌は，**プラスミド**（plasmid）とよばれる小さな環状DNAに，これらの遺伝子をもっている．一部の細菌は，荷物を送るように，小さなトンネルを介してこれらのプラスミドを互いに送り合う．

遺伝子水平伝播は，進化が起こる別のメカニズム（遺伝子流動）の一例である．**遺伝子流動**（gene flow）は，個体群間の対立遺伝子の交換である．遺伝子流動は，二つの異なる種（この場合は，黄色ブドウ球菌群と腸球菌群）の間，または同じ種の二つの（それ自身の間でメチシリン耐性を伝える黄色ブドウ球菌の株のような）個体群間で起こりうる．二つの隔離された種内の個体群間を移動する個体も，遺伝子流動を促進するかもしれない（図12・9）．風や送粉者がある植物群から別の植物群に花粉を運ぶ場合に起こるように，遺伝子流動は，ある個体群から別の個体群に配偶子だけが移動する場合に起こることもある．

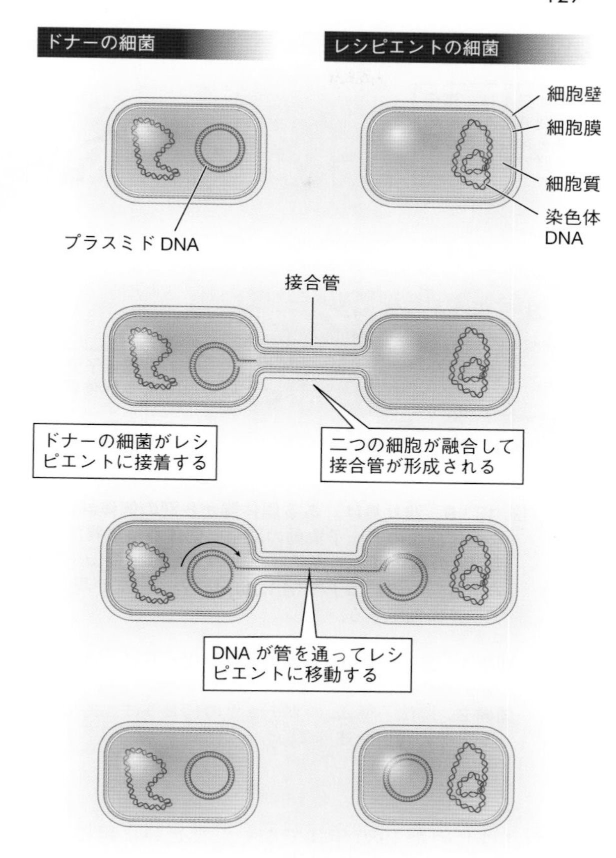

図12・8 遺伝子水平伝播は，原核生物の進化を加速する． 図は，**接合**（conjugation，直接接触を介して遺伝物質を伝える物理的過程）を介したプラスミドDNAの遺伝子水平伝播を示している．VRSAの場合には，黄色ブドウ球菌は，遺伝子水平伝播を介して腸球菌からバンコマイシン耐性遺伝子を獲得した．

遺伝子流動を介した新しい対立遺伝子の導入は，劇的な効果を及ぼすことがある．双方向の遺伝子流動は，ある個体群と別の個体群との対立遺伝子の交換であるので，異なる個体群の遺伝的構成をより類似させる傾向がある．たとえば，もしある株の黄色ブドウ球菌が，別の株の黄色ブドウ球菌とメチシリン耐性対立遺伝子を共有すると，二つの個体群はより似てくる．遺伝子流動を介した対立遺伝子の相互の交換は，個体群を互いに異なるものにする傾向をもつ突然変異のようなメカニズムの効果を，打消すことがある．

遺伝子流動が，VRSA出現の原因のようであった．つまり，黄色ブドウ球菌は腸球菌からバンコマイシン耐性の対立遺伝子を受取ったのである．加えて微生物学者は，この遺伝子水平伝播が，バンコマイシンが最初に広

個体群 1
個体群 2
個体群 1 は，遺伝子型 AA, Aa, aa の鳥を含む大きな個体群である
個体群 2 は個体群 1 から遠く離れて位置し，はじめは遺伝子型 AA の鳥のみで構成される
aa
AA
AA
aa
Aa
Aa
aa
aa
AA
AA
AA
遺伝子型 aa の鳥が個体群 1 から個体群 2 へと移動することによって，対立遺伝子 a が個体群 2 に導入される

図 12・9　渡り鳥は，ある個体群から別の個体群に対立遺伝子を移すことができる． 二つの遺伝的に異なるガチョウ個体群間の遺伝子流動の結果，個体群は最終的に互いに似てくる．遺伝子型 *aa* の移動するガチョウと，遺伝子型 *AA* の個体群 2 のガチョウとの交配は，遺伝子型 *Aa* の子孫を生じる．遺伝子型 *Aa* の交配を続けると，可能性のある三つの遺伝子型（*AA, Aa, aa*）のすべてが現れる．結果生じる個体群 2 の遺伝子プールは，個体群 1 の遺伝子プールに似てくる．

問題 1　遺伝子型 *Aa* のガチョウの代わりに，遺伝子型 *AA* のガチョウが移動した場合，遺伝子流動と考えられるか．その理由を述べよ．
問題 2　遺伝子型 *aa* のガチョウの代わりに，遺伝子型 *Aa* のガチョウが移動した場合，遺伝子流動と考えられるか．その理由を述べよ．

く使われはじめた 1980 年代でなく，なぜいま起こっているのかを示唆する別の結果も得た．

彼は，患者から採取されたすべての VRSA の検体が，黄色ブドウ球菌のクローンクラスター 5（CC5）株であることに気づいた．他の株の黄色ブドウ球菌と比べ，CC5 株は腸球菌からバンコマイシン耐性対立遺伝子を容易に取込んで利用する能力を進化させたようであった．

12・5　遺伝的浮動

2012 年，彼の研究チームは，当時既知であった VRSA の 12 症例のうち 11 症例の DNA を分析した（残り 1 症例の検体は入手できず，13，14 番目の症例はまだ起こっていなかった）．すべての VRSA 検体のゲノムにおいて，黄色ブドウ球菌 CC5 株がバンコマイシン耐性の対立遺伝子を効率よく受取るために，どのように進化したのかを証明する三つの形質を彼らは見つけた．

第一に，すべてのバンコマイシン耐性黄色ブドウ球菌 CC5 株は，*DprA* とよばれる遺伝子に同じ突然変異をもっている．*DprA* は遺伝子水平伝播を防ぐのに関与しているらしく，この遺伝子の突然変異によって，黄色ブドウ球菌は腸球菌のような他の細菌から DNA を取込みやすくなっているようだ．

第二に，CC5 株には，他の細菌を殺す抗生物質をつくる遺伝子セットがない．この抗生物質は，おそらく正常では黄色ブドウ球菌近くの腸球菌を殺し，二つの種間で遺伝子水平伝播を妨げているのだろう．

最後に，バンコマイシン耐性の黄色ブドウ球菌 CC5 株には，抗生物質をつくる遺伝子がない代わりに，ヒトの免疫系を混乱させるタンパク質をコードするめずらしい遺伝子群が存在する．これらのタンパク質は，宿主の免疫系に細菌を撃退できなくさせるため，黄色ブドウ球菌や他の細菌を傷口で繁殖しやすくさせている可能性がある．

このような抗生物質をつくる遺伝子の欠如と新しい遺伝子の存在は，さまざまな病原菌が混じりあう混合感染に理想的な環境を生み出す．混合感染は，異なる生物間の遺伝子流動が起こる場であるため，抗生物質耐性の温床となる．こう考えると，黄色ブドウ球菌 CC5 株は，突然変異，自然選択，水平伝播による遺伝子流動という三つの通常のメカニズムを介し，腸球菌からバンコマイシン耐性対立遺伝子を取込みやすくなるように進化したといえる．

自然選択（および性選択とよばれるその興味深い変形については p.128 のコラム参照），突然変異，遺伝子流動のほかに，生物が進化するもう一つのメカニズムがあ

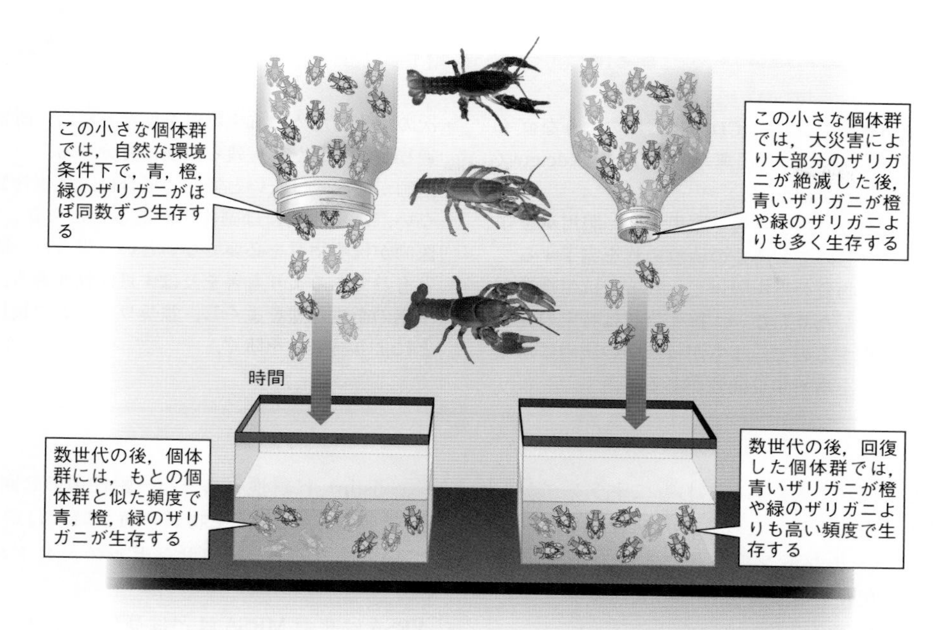
この小さな個体群では，自然な環境条件下で，青，橙，緑のザリガニがほぼ同数ずつ生存する
この小さな個体群では，大災害により大部分のザリガニが絶滅した後，青いザリガニが橙や緑のザリガニよりも多く生存する
時間
数世代の後，個体群には，もとの個体群と似た頻度で青，橙，緑のザリガニが生存する
数世代の後，回復した個体群では，青いザリガニが橙や緑のザリガニよりも高い頻度で生存する

図 12・10　遺伝的ボトルネックは一種の遺伝的浮動である． 陸の穴堀りザリガニの二つの小さな個体群を比較すると，右側の個体群は，遺伝的ボトルネックを経ている．これは，遺伝的浮動（自然選択とは関連しない形質頻度の変化）である．実際，青いザリガニは他のザリガニよりも環境にあまり適応していない可能性がある．

問題 1　遺伝的ボトルネックは，大きな個体群よりも小さな個体群のほうが起こりやすいのはなぜか．
問題 2　どちらの個体群がより遺伝的に多様であるか．

る．抗生物質耐性のような細菌にとって有益な形質をつくる対立遺伝子は，通常，自然選択のランダムでない働きにより選ばれ個体群で維持されるが，時には，偶然の出来事が対立遺伝子頻度を親世代から次世代へ変化させることがある．

遺伝的浮動（genetic drift）は，個体群の個体間の生存や生殖のランダムな違いにより起こる対立遺伝子頻度の変化である．偶然，1 世代のある個体が他の個体よりも多くの子孫を残すかもしれない．この場合，次世代の遺伝子は幸運な個体に由来する遺伝子であり，必ずしもよりよい個体に由来するわけではない．遺伝的浮動は，哺乳類や細菌を含むすべての個体群で起こるが，大きな個体群よりも小さな個体群で進化を起こしやすい．

遺伝的浮動を強く起こすであろう二つの方法は，遺伝的ボトルネックと創始者効果である．**遺伝的ボトルネック**（genetic bottleneck）は少なくとも 1 世代以上にわたる個体群の大きさの減少であり，その減少は遺伝的多様性を失わせる（図 12・10）．遺伝的ボトルネックは，個体群の存続を脅かすことがある．

たとえば 1970 年代，絶滅寸前のフロリダパンサー（ピューマの亜種）の個体群は，狩猟と生息地破壊のために激減した．種はかろうじて絶滅を免れた．一時は，全種で 6 匹の野生の個体しか生存しないと専門家は考えていた．この激減は遺伝的ボトルネックを生じ，種内の遺伝的多様性の推定半分が失われ，残された個体間での極端な同系交配の結果，雄ピューマの精子の減少や異常な形態などの疾患に至った．

幸いなことに，一部は飼育下繁殖プログラムのおかげで，ピューマの数は近年，約 80〜100 匹まで増加した．この回復した個体群のピューマの大部分は，もとの 6 匹のピューマがもっていた限られた種類の対立遺伝子のために，遺伝的に非常に似ている．個体群に遺伝子流動を復活させようと，研究者たちは 1995 年，フロリダパンサーに遺伝的に近い 8 匹の雌のテキサスピューマをパンサーの生息地に放った．そのうち 5 匹は 8 匹の子供を産み，それらは父親よりも遺伝的に多様で，より強くより長命であった．

創始者効果（founder effect）は，個体の小さな集団が，より大きなもとの個体群から隔離されて新しい個体群を確立するときに起こる．たとえば，南アフリカでは，

抗生物質耐性の予防

米国疾病予防管理センター(CDC)は，次のようなガイドラインを推奨している．(出典：http://www.cdc.gov/Features/AntibioticResistance)

- 医師の処方どおりに抗生物質を服用する．服用量を守り，よくなりはじめても所定の治療過程を完了する．
- 処方された抗生物質のみを服用し，残った抗生物質を共有したり服用したりしない．抗生物質は特定の種類の感染症を治療するので，まちがった薬の服用は治療を遅らせ，細菌を増やす可能性がある．
- 次の病気のために抗生物質を保存しない．所定の治療過程が完了したら，残った薬は処分する．
- 医師が必要ではないと考える場合は，抗生物質を求めない．抗生物質には副作用があることを覚えておく．医師が抗生物質を必要でないという場合は，服用すると有益であるよりも害を及ぼす可能性がある．
- 手指の衛生状態をよくし，推奨ワクチンを接種することにより感染症を防ぐ．

アフリカーナとよばれる人たちは，おもにオランダからの少数の入植者に由来する．これらの入植者たちが定住したとき，偶然ハンチントン病を起こす対立遺伝子をもっていたので，現在もアフリカーナの人たちはその対立遺伝子を非常に高頻度でもっている．

12・6 細菌と抗生物質との闘い

2002年に報告されたVRSAの最初の症例では，患者の足は，現在ではめったに使われない古い外用薬を使って注意深く治療された．他の唯一の選択肢の薬は，まだ市場に出回っていない1, 2の新薬だけであった．新しい抗生物質を使えばやがて耐性菌が出現するので，抗生物質をできるだけ使わなかったのである．9カ月にわたる治療の後，患者は治癒し，自分の足を保持することができた．他のVRSAの症例も同様，新しい抗生物質の使用と医師の細やかなケアにより患者は治癒した．

しかし，これらの抗生物質でさえ黄色ブドウ球菌に効かなくなったらどうなるだろうか．製薬企業は新しい抗生物質をわずかしか開発しておらず，新しい抗生物質を開発するよりも速く細菌は進化すると研究者は警告している．2016年7月，最終手段の抗生物質であるコリスチン（colistin）に耐性なスーパー耐性菌の2回目の出現が米国で報告され，“抗生物質の黄金時代は終わりに近づいているようだ”と『ロサンゼルス・タイムズ』紙は述べた．

VRSAはまだMRSAほどは蔓延していない．黄色ブドウ球菌が，腸球菌由来のバンコマイシン耐性対立遺伝子をまだうまく扱うことができないためと考えられている．バンコマイシン耐性対立遺伝子は大きくて扱いにくいため，この遺伝子を獲得したVRSAは，バンコマイシンが存在しない場合，対立遺伝子を含まない黄色ブドウ球菌に比べて現状では生存に不利なのであろう．しかし，黄色ブドウ球菌がメチシリン耐性に適応したように，バンコマイシン耐性遺伝子に適応するかもしれないと研究者は警告する．もし耐性遺伝子をもつ黄色ブドウ球菌がもっと容易に生き残り繁殖すれば，人類全体で耐性遺伝子が黄色ブドウ球菌に広がる可能性がある（p.132のコラム参照）．

実際，2012年7月にデラウェア州の男性からの13件目のVRSA症例はCC5株ではなかった．このことは，他の株の黄色ブドウ球菌にもバンコマイシン耐性が広がりつつあることを示唆している．これが非常に伝染性の高い株へ移行することを研究者は心配している．

章末確認問題

1. 正しい用語を選べ．
   創始者効果は一種の[遺伝的浮動／遺伝子流動]であり，そこでは大きな個体群の小さな集団の個体が[新たに別の個体群を確立し／唯一生き残り]，繁殖する．
2. 次の空欄に入るのはどれか．
   自然選択とは異なり，____は，個体の生存能力とは関係なく，特別な環境下での生存にあまり適さない子孫を残すかもしれない．
   (a) 遺伝的浮動　(b) 性選択
   (c) 方向性選択　(d) 収斂進化
3. 収斂進化に関して正しいのはどれか．
   (a) 似た環境が，どのようにして異なる物理的構造をつくるかを示す
   (b) 似た環境が，どのようにして同じ物理的構造をつくるかを示す
   (c) 構造の類似が，共通祖先から由来したためであるこ

とを示す

(d) 構造の類似が，偶然によることを示す

4. 次の空欄に入るのはどれか．

進化は，____の対立遺伝子頻度の経時的変化として最も正確に記載される．

(a) 個体　(b) 種　(c) 個体群　(d) 群集

5. 個体群のなかで，生き残って繁殖する可能性が最も高い個体はどれか．

(a) 他の個体と最も異なる個体

(b) 環境に最も適した個体

(c) 最も大きな個体

(d) 獲物を最も多く捕まえることができる個体

6. アキノキリンソウ(野草)群の研究によれば，大きな個体は常に，小さなまたは中間の大きさの個体よりも高率に生き残り繁殖する．大きさが遺伝形質であるとすると，ここで働いている可能性が最も高い進化のメカニズムはどれか．

(a) 分断性選択　(b) 方向性選択

(c) 安定化選択　(d) 上記のいずれでもない

7. 個体は生き残ることに成功しても(自然選択)，性選択により，次世代に遺伝子を伝えないことがあるのはなぜか．

適応と種

本章のポイント

- 適応形質，生殖適応度，自然選択による進化の関係性
- 生物学的種の概念の有用性とその欠点
- 種分化の定義と，新種形成における個体群間の遺伝的分岐の役割
- 異所的種分化と同所的種分化の違い
- 2 種類の生殖隔離機構とその種分化における役割
- 共進化の定義とその例

13・1 適　応

1971 年，クロアチア沖の小さな岩の島，ポド・コピシュテ島で，イスラエルの生物学者が 10 匹のトカゲを捕獲した．トカゲは長さが小指くらい，重さは 5 セント銅貨くらいで目立った特徴はなく，*Podarcis sicula* とよばれる地中海の一般的な種であった．これらのトカゲは，わずか 5 km 離れた近くの，見えるところにあるが深い海の湾で仕切られたポド・ムルチャル島に放された．植物が生い茂るその小さな島には別の 2 種のトカゲがすでに生息していた．3 種のトカゲが島の資源を巡って競いはじめたときに何が起こるのかを明らかにしたかったのだが，その生物学者が島に戻ることは二度となかった．彼が島を離れた直後にクロアチア全土で混乱が起こり，この地域は 1980 年代から 90 年代にかけてずっと戦争下にあったからである．

2004 年までポド・ムルチャル島に研究者たちが訪れることはなかった．マサチューセッツ大学の生物学の研究者は，ベルギーのアントワープ大学を訪問中，同僚の研究者たちとその謎の島を調査することを決意した．何が見つかるかはわからなかったが，彼はトカゲに何が起こったのか興味があった．島のトカゲは非常に注目に値するものであった．

1970 年代当時，10 匹の捕獲されたトカゲ *Podarcis sicula* は，ポド・コピシュテ島の岩の多い，植物がまばらな環境によく適応していた．彼らは，島で生き残り繁殖に成功することを可能にする遺伝的特徴，すなわち特異的な**適応形質**（adaptive trait）をもっていた．適応形質は，構造的特徴，生化学的形質，あるいは行動のこともある．この場合，トカゲたちは長い肢をもちすばやかったので，島での食事の大部分を占める昆虫を捕まえるのに役立ったのだろう．彼らは縄張りをもち，生息地や交配相手を求めて他のトカゲと争った．これらの適応形質は，形質をもたない競合相手よりも彼らがポド・コピシュテ島でよく生き残り，繁殖するのを可能にした．

しかし，ポド・ムルチャル島に移されると，トカゲたちは新しい環境に直面した．ポド・コピシュテ島は大きく，植物が少なく岩が多いので，彼らはおもに昆虫を食べていた．ポド・ムルチャル島は小さいが，低木の葉や茎，草などの植物が豊富である（図 13・1）．トカゲたちは新しい環境に適応するか，死ぬかのどちらかであったろう．**適応**（adaptation）という用語は一般的に，12 章で説明したように，適応形質，または適応形質をもたらす自然選択を介した進化の過程に適用される．したがって，適応は個体または個体群に有利な形質であり，より広い意味では，生物の個体群をその環境とうまく一致させる自然選択の進化的過程でありうる．もしトカゲの個体群が生き残ろうとしたなら，新しい環境に適応する必要があったであろう．

2004 年，研究チームはポド・ムルチャル島に上陸し，トカゲの捕獲作業にとりかかった．捕獲はむずかしくはなかった．島はトカゲでいっぱいだったからである．彼は岩の上に座って，走るトカゲをただ拾い上げればよかった．約 3 ha の島には数千匹のトカゲがいて，注意深く観察すると，そのすべてが *P. sicula* であった．10 匹のトカゲの移植が他の 2 種のトカゲを消し去り，その

図 13・1　ポド・コピシュテ島(上)のまばらな植生とポド・ムルチャル島(下)の豊かな植生

図 13・2　ポド・ムルチャル島に放されてから33年後のトカゲ *Podarcis sicula*

うえ，島に適応したトカゲは他の近くの島の *P. sicula* と比べて形態的に異なっていた（図13・2）．体が大きくて厚く，他のどの島のトカゲとも違っていた．

3年間，年2回，彼らはポド・ムルチャル島に戻り，トカゲを収集し，重さを量り計測した．トカゲの再生する尾の小片を摘出してDNAも調べ，ポド・コピシュテ島の *P. sicula* のもとの個体群のDNAと比較した．このDNA調査により，ポド・ムルチャル島のトカゲが，島に放たれたもとの10匹のトカゲから本当に由来することが確認された．大きさと重さの測定のほかに，トカゲのかみつきの強さを調べ，2匹の死んだトカゲの解剖も行った．

研究者たちは，かつてない新しい発見をした．10匹のトカゲが島に放たれてから彼らが島を訪れるまでの約33年の間に，種は劇的に進化していたのである．子孫のトカゲの頭は大きくなって変形し，もとのトカゲよりもはるかに強くかみつくようになった．子孫のトカゲは，盲腸弁とよばれる独特な消化管の構造ももっていた．この構造は，大腸と小腸の間に発達した一連の筋であり，食物の消化を減速させ，トカゲが植物のセルロースをよりうまく処理できるようにさせている．研究者によれば，トカゲが盲腸弁をもつことはまれで，イグアナのような植物を食べるごく少数の種に限られている．

新しい形質は，トカゲが異なる食物源に適応した結果であると研究者は考えている．つまり，トカゲはポド・コピシュテ島では昆虫を食べていたが，ポド・ムルチャル島に移ると植物を食べはじめた．数匹のトカゲの胃を洗い流すと，食べた物の2/3は植物であった．時間が経つにつれ，頭の形と盲腸弁を進化させたトカゲは，新しい形質により島での食物源を利用できるようになったので，進化しなかったトカゲよりもうまく生き残って繁殖した．

トカゲは物理的適応だけでなく，行動的適応も進化させた．おそらくより多くの生息空間と食物が利用可能であったため，トカゲは縄張り意識も攻撃性も低くなり，よく交配した．行動的・物理的・生化的適応のいずれも，三つの重要な特徴をもっている．第一に，適応は生物をその環境によく適合させる．この場合，トカゲはポド・ムルチャル島の生態系に合うように進化した．第二に，トカゲの新しい腸の構造のように，適応はしばしば複雑である．最後に，適応は，生物が摂食や交配などの重要な機能を遂げるのに役立つ．

ポド・ムルチャル島のトカゲは，自然選択による進化が，11章で述べたクジラの進化のように長期間だけでなく，生物を環境に驚くほど短期間でも適応させうることを示している．トカゲの個体群はわずか33年間で，新しい島で繁栄するのに役立つ物理的形質と行動的形質の両方を進化させた．この急速な進化は，研究者たちを驚かせた．

13・2　異所的種分化

上述のトカゲのすばやい適応は確かに印象的だが，自然選択はいつも生物と環境を完全に調和させるとは限らない．多くの場合，動物はうまく適応することに失敗する．実際，これまでに地球上に生存したすべての種の

99％は現在，絶滅していると推定されている．すべての絶滅種は，困難に直面して適応に失敗した“無言の証”である．

子孫のトカゲを新種として分類したくはなるが，研究者たちはもう少し調べる必要があると考えている．通常，**種**（species）は，繁殖性のある子孫をつくるために互いに交配可能な個体群をさす用語である．**生物学的種の概念**（biological species concept）によれば，種は繁殖性のある子孫を生み出すために交配できる自然の個体群であり，異なる種の個体は交配できない．つまり，種は他の個体群から**生殖隔離**（reproductive isolation）されている．ポド・ムルチャル島のトカゲがポド・コピシュテ島に戻って同類のトカゲといまも交配可能か，まだ調べられていない．生物学的種の概念によれば，もし二つの個体群のトカゲがまだ交配して繁殖性のある子孫をつくれるならば，それらは異なる種ではない．同じ考えは，すべての有性生殖の生物にあてはまる（ちなみに，有性生殖がなぜこれほど一般的なのかは明らかではない，p.136 のコラム参照）．

“種”の定義は，白黒で割り切れる問題ではない．種は，よく議論される進化の多面的なテーマであり，生物学的種の概念がいつもあてはまるとは限らない．たとえば，すべての種が交配する能力によって定義されるわけではない．無性生殖を行う細菌のような原核生物などの場合には，研究者たちは種を同定し区別するために，生物地理学的情報，DNA 塩基配列の類似性，**形態**（morphology，生物の物理的特徴）を使う（図 13・3）．

ポド・ムルチャル島に適応したトカゲは，ポド・コピシュテ島の同類とは異なる種と考えられるのに十分なほど物理的に異なっているが，DNA 塩基配列は同一に近いので，彼らはまだ交配できる可能性がある．**種分化**（speciation）は，一つの種が分かれて 2 種以上を形成する過程である．基本的に，種分化は**遺伝的分岐**（genetic divergence）が原因で起こる．遺伝的分岐は，二つ以上の個体群における遺伝子の DNA 塩基配列の違いの経時的な蓄積であり，結果的に，個体群はますます遺伝的に異なっていく．

トカゲの二つの個体群は，互いの**地理的隔離**（geographic isolation）により分岐し続け，ますます異なるようになり，最終的には二つの明らかに別の種になるの

図 13・3　1 種か 2 種か． これらのアマガエルはかなり違ってみえるが，遺伝的には似ていて同じ種の色違いと考えられる．これらのカエルを互いに交配させれば，生物学的種の概念によって同種か否かを決定できるであろう．

問題 1　研究者が種を区別するために使う 3 種類の情報をあげよ．
問題 2　写真の個体間ではどんな違いがあるか．これらの違いは，2 匹が異なる種であることを確認するのになぜ十分ではないのか．

有性生殖は有利か？

性は，動物・植物界に広く存在する．多細胞真核生物の推定 99％では，減数分裂を通じてつくられる 2 個の一倍体配偶子の接合を含む有性生殖が可能である．それでも性は個体にとって非常にコストがかかるため，有性生殖が無性生殖に比べてこれほど広がったのはなぜかを説明するのに研究者たちは苦慮している．最初の有性生殖の真核生物は約 20 億年前の単細胞の原生生物であり，動物が快楽を感じるニューロンを発達させるよりもずっと前のことである．

性のコスト

1. 交配相手を見つけるために，時間とエネルギーを使わなければならない．
2. 無性生殖では親は子に遺伝物質を 100％伝えられるのに対し，50％しか伝えることができない．
3. 親に有益であった遺伝子の組合わせが，減数分裂と組換えの間に混じりあい壊されるかもしれない．

可能性のある性の恩恵

1. 有性生殖によりつくられる遺伝的多様性が，新しい環境への適応に重要である．
2. 有性生殖は，個体群が有害な対立遺伝子を排除し，新しい有益な対立遺伝子をつくるのを助ける．
3. 性的組換えを通じて起こる急速な遺伝子変化は，個体群が感染などに対する耐性を進化させるのを助ける．

だろう．これは，新種が形成される最も一般的な方法の一つであり，単一の個体群の個体が，地理的に互いに分離される．この過程は，河川，渓谷，山脈のような新しく形成された地理的障壁が単一種の個体群を二つに分けるとき，はじまることがある（図 13・4）．このような地理的隔離は，種の通常の地理的範囲から遠く離れた島のような到達するのが困難な地域に，種の少数の個体が移住するとき，起こることもある．

地理的に隔離された個体群は遺伝的に分離され，それらの間にはほとんど遺伝子流動がない．遺伝子流動がなければ，12 章で述べた他の進化のメカニズム（突然変異，遺伝的浮動，自然選択）により，個体群は互いに分岐しやすくなる．もし個体群が十分に長く隔離されたままであれば，それらは新種に進化することができる．地理的に隔離された個体群からの新種の形成は，図 13・5 に示したように，**異所的種分化**（allopatric speciation, allo は“他の”，patric は“土地”の意味）とよばれる．

しかし，二つの個体群の間に物理的障壁がない場合は何が起こるのか．たとえば，海では，植物や動物は非常に長い距離を漂流したり泳いだりすることができる．物

アバートのリスは南縁やメキシコに至る他の南部地域にすんでいる

図 13・4　グランドキャニオンはリスの地理的障壁である． コロラド川がグランドキャニオンを削ったとき，カイバブリスの個体群は，アバートのリスの個体群から隔離された．グランドキャニオンは，一部の場所では約 2 km の深さがある．個体群間の遺伝子流動の阻止はおそらく約 500 万年前にはじまり，二つの個体群は，最終的に異なる種に分かれるのに十分な遺伝的な違いを蓄積した．

問題 1　遺伝子流動の定義は何か．これらの種の間で遺伝子流動はどのように阻止されたか．

問題 2　地理的障壁はすべての種に普遍的か．そうでなければ，ある種の遺伝子流動を妨げるが，別の種の遺伝子流動を妨げない地理的障壁の例をあげよ．

染色体の倍数性

植物の新しい種は，**倍数性**（polyploidy）の結果として 1 世代で形成されることがある．倍数性とは，個体が染色体の完全なセットを一つ以上，余分にもつ状態である．ヒトや他の大部分の真核生物は**二倍体**（diploid，2 セットの染色体をもつ）であるが，一部の生物は三倍体（triploid）や四倍体（tetraploid）であり，さらに多い数の染色体をもつ生物もいる．倍数性はヒトでは常に致死的であるが，多くの植物の種では致死的ではない．

一倍体（n）　二倍体（$2n$）　三倍体（$3n$）

倍数性は，有糸分裂中の染色体の不適切な配列のために，異なる二つの種が交配して奇数の染色体をもつ子供をつくる場合に起こることがある（6 章参照）．この染色体セットの増加は，生殖隔離につながる可能性がある．新しい倍数性の個体の配偶子の染色体数が，交配相手の配偶子の数と一致しないからである．

倍数性は地球上の生命体に大きな影響を与え，現在生存するすべての植物種の半分以上が，倍数性によって生じた種から由来している．数種のトカゲ，サンショウウオ，魚を含む少数の動物の種も，倍数性によって生じたらしい．

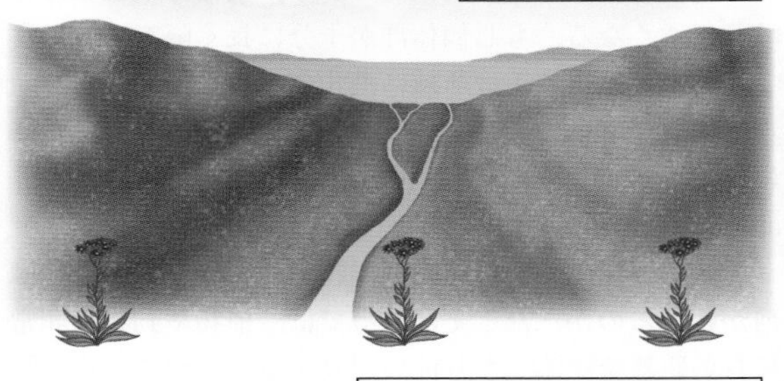

単一の植物種が広い地理的範囲に分布している
時 間
海面が上昇し，植物の個体群を互いに分ける．個体群は障壁の反対側で異なる環境に適応し，間接的に交配する能力を低下させる遺伝的変化を起こすかもしれない

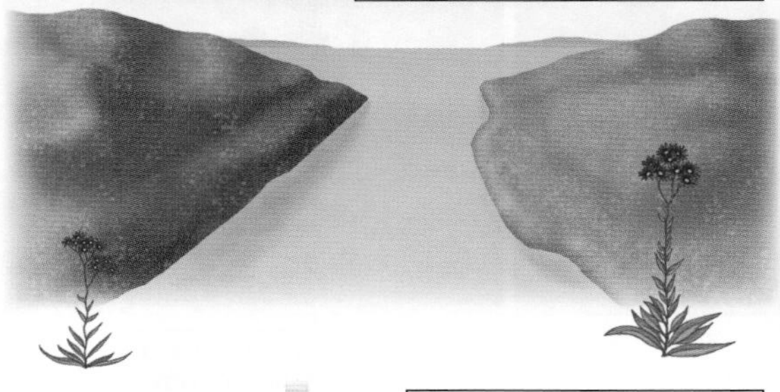

時 間
障壁が除かれると，植物は介在地域に再びコロニーをつくり混じるが，交配はしない

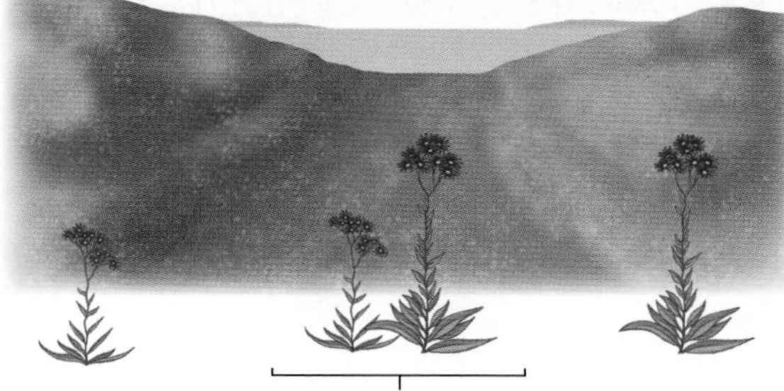

重なる範囲

図 13・5 物理的障壁は，遺伝子流動を阻止することにより異所的種分化を起こす． 海面上昇のような地理的障壁によって個体群が分けられるとき，異所的種分化が起こることがある．

問題 1 異所的種分化が起こるためには，どんな要因が必要か．

問題 2 地理的障壁が除かれ，二つの個体群が混じって交配する場合，二つの個体群が生物学的種の概念に従ってまだ同じ種であると判定されるためには，子孫はどのような特性をもっていなければならないか．

理的障壁はほとんどなくても，多くの固有の別種がある．個体群が自由に混じり合う場合，新種はどのように形成されるのか．

13・3 生態的隔離

プエルトリコ大学の大学院生は，海洋無脊椎動物の一種であるサンゴを研究していた．彼はカリブ海のサンゴ礁に定期的に潜り，一般にウミウチワとよばれているサンゴの種 *Eunicea flexuosa* の形態を記載した．プエルトリコ沿岸の 12 の異なる地点で，彼はサンゴの形態が深さによって異なることを観察した．水面下約 5 m 未満の浅い地域では，ウミウチワは茂みのように太い枝が幅広く網状に広がってできていたが，より深い水面下約 5～17 m の地域では，ずっと背丈が高くきゃしゃで，網状の細い枝をもつ木に似ていた．

深さによって形態が異なるのは遺伝子によるのか，周囲の環境によるのかを知るために，彼は，深い海のウミウチワを浅瀬へ，浅瀬のウミウチワを深い海へ，注意深く移植し（図 13・6），移植によりサンゴの形が変化することを見つけた．浅瀬のウミウチワは深い海に植えるとより背丈が高くきゃしゃになり，深い海のウミウチワは浅瀬ではより幅広くなった．しかし，厳密にはどちらも，もう一方の形に完全に移行するわけではなかった．このことは，サンゴは共通祖先から由来しているようではあるが，実際はそれぞれの水深に適応した二つの別の種であることを示唆していた．

彼はプエルトリコの大学院での研究を終え，研究をさらに発展させるために，海洋動物の種分化を研究していたルイジアナ州立大学の進化生物学者の研究室に移った．サンゴが海の深さによって異なる適応形質を進化させ新種の形成に至るという考えが，プエルトリコのサンゴ礁に特有のものであるのか，あるいはカリブ海周辺の他の地域でも観察できるのかを明らかにするため，彼はバハマ，パナマ，キュラソー島を訪れ，ウミウチワの群体から試料を採取し観察した．

研究室を主宰する進化生物学者は，同じ縄張りの二つの近縁種が生息地のわずかな違いによって生殖的に隔離されることがあるという**生態的隔離**（ecological isolation）の考えにははじめは懐疑的であった．しかし，多くの場所で採取された試料から得られた彼の証拠には説得力があった．実際，調べたどの場所でも，プエルトリコでの観察と同じ結果，つまり，浅瀬では幅広い葉のようなサンゴ，より深い海では背丈の高い細枝のようなサンゴが観察された．個体群間の距離は関係なく，両者のウミウチワの一部は，手を伸ばせば互いに触れ合えるくらい近くに存在していた．しかし，深さは重要であった．それらのサンゴは水中で容易に交配できるほど物理的には十分近かったが，どういうわけか二つの異なる深さで特殊化していた（図 13・7）．

彼はサンゴの試料を研究室に持ち帰り，サンゴの二つ

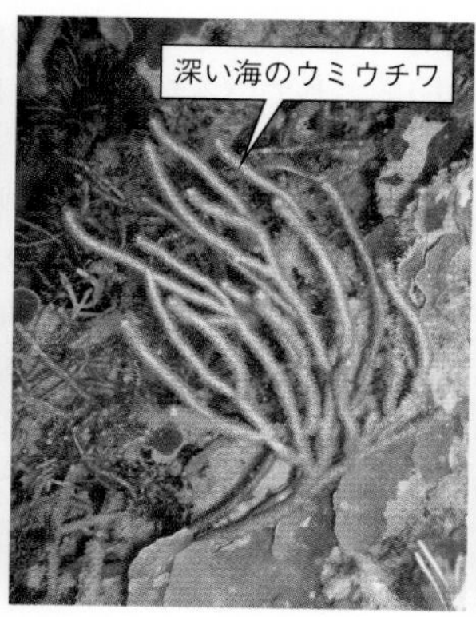

図 13・6　深さによって異なるサンゴ. これらの二つのサンゴは，一般的にウミウチワとよばれる同じ種であるとかつて考えられていた.

生態的隔離では，二つの
種は通常，交配するのに
物理的に十分近いが，ど
ういうわけか交配しない
浅い
深い

図 13・7　海の深さは，ウミウチワを生態的に隔離する. ここに示す海の二つの深さでは，光の量と質，波や流れの力，沈殿した堆積物やその量，捕食者の数や種類，食物の利用率や種類がわずかに異なる.

の群がどれほど遺伝的に似ているかを調べた．カリブ海全域のすべての浅瀬のウミウチワが，深い海のウミウチワのどれよりも，互いにより近縁であることがわかった．深い海のウミウチワにも同じことがあてはまり，それらは浅瀬のウミウチワのどれよりも，互いにより近縁であった．過去のDNAデータでは，二つの個体群間での遺伝子交換は観察されていたが，その交換は限定的であり，各種はほぼ例外なくそれ自身の個体群内で交配していた．

13・4　同所的種分化

数メートルの深さは，サンゴが各深さで異なる適応を遂げるほど，さまざまな生息地をどのようにつくったのだろうか．浅瀬の生息地と深い海の生息地の違いはまだ研究中であるが，いくつかの仮説がある．一つは，深さによって成長する共生藻類が異なるため，その藻類に合うようにサンゴが形態や，おそらく生化学的特徴も，適応させたという説である．

共生藻類はサンゴに共生し，光合成を通じて太陽光を使ってエネルギーと有機化合物を産生する．サンゴは，それらを炭酸カルシウムの骨格を維持し成長させるために利用し，代わりに藻類に安全なすまいを提供し，藻類が光合成で使う二酸化炭素を産生する（この種間の協力関係は，相利共生として知られている，20章参照）．しかし，藻類の種の違いによって光や栄養への要求は異なり，水面下約5mの藻類は多くの太陽光を受けるが，約10mの藻類はもっと少ないさまざまな波長の光を受ける．サンゴの二つの個体群に共生するさまざまな種類の藻類が見つかっているので，ウミウチワは，その深さで最も成功した藻類にとってよりよい宿主へと進化した可能性がある．

海洋では多くの場合，サンゴと藻類のように，二つの種間の相互作用が生存に非常に強く影響を及ぼし，それらが一緒に進化する，共進化とよばれる現象が起こる．**共進化**（coevolution）という用語は，ある種の適応が別の種の相補的適応と一緒に進化する，多種多様な方法を含んでいる．共進化のもう一つの例は，ハチドリとある種の花の関係にみられる（図 13・8）．

特異的な藻類の宿主のほかに，浅瀬および深い海のウミウチワは，海の深さによって異なる沈殿物の種類や密度に適応したのかもしれないと考える研究者もいる．あるいはある一定の深さにより多くの捕食者がいるのかもしれない．サンゴの適応をひき起こすおもな生息地要因が何であれ，自然選択により海の深さに適合したサンゴの二つの異なる個体群が形成された．

現在，研究者は二つの個体群は異なる種であると考えている．地理的隔離がない場合の新種の形成は，**同所的種分化**（sympatric speciation, sym は“一緒に”の意味）とよばれる（図 13・9）．同所的種分化は，特に植物において重要な過程である（p.137 のコラム参照）．

それでも疑問は残る．なぜサンゴの二つの種は交配しないのか．過去に遺伝子が混じった証拠があるので，それらは交配可能のようであるが，交配が一般的である証拠はない．それらの間には，海底で育つごく少数のまれな雑種があるのみである．二つの種が互いに生殖的に隔離されている場合，それらの種の間には**生殖障壁**（reproductive barrier）が存在するという．生殖障壁は接合前と接合後の二つにしばしば分けられる．

ヒトの精子のような雄の配偶子と卵のような雌の配偶子が融合して接合子（受精卵）を形成するのを妨げる障壁が，**接合前障壁**（prezygotic barrier）である．接合前障壁は，接合子が存在する前に働く（図 13・10）．接合子が健康で繁殖性のある子孫へと発生するのを妨げる障壁は，**接合後障壁**（postzygotic barrier）とよばれ，接合子が形成された後に働く．

さまざまな細胞学的，解剖学的，生理学的，行動学的メカニズムは，接合前後の生殖障壁を生み出すが，それらの全体的効果はすべて同じである．すなわち，交配がほとんど起こらないため，種間で対立遺伝子が交換されることはほとんどない（表 13・1）．ウミウチワの二つの種の間には接合前障壁が存在し，一部のウニのように，おそらく 2 種の配偶子がうまく融合しないと推測されているが，世代時間のような接合後障壁もあるかもしれない．

2 種の間に雑種が形成されない理由は，サンゴの特に長い世代時間のためと考える研究者もいる．ウミウチワは 15〜20 歳まで生殖年齢に達せず，60 歳以上まで交配を続ける．そのため，サンゴの配偶子や幼生が親から遠く離れて不適切な深さで交配や定着をしたとしても，自然選択がその後 15〜20 年かけてうまく発生しない子孫を取除いてしまう．特定の深さで二つの種の間で生存率にわずかな違いがある場合（たとえば，深い海のサンゴが，浅瀬のサンゴよりも浅い海でわずかに生存が悪い場

図 13・8　究極の共進化． このハチドリのくちばしは，好物の蜜を吸いやすいように花に完璧に適合している．御馳走になったハチドリは，次の食事場所に花粉を運んで拡散させる．ハチドリと共進化した花は，蜜を産生し，鳥を誘う色をつけ，ハチドリのくちばしに特に適合した形になった．どちらにもプラスになる状況である！

問題 1　ハチドリのくちばしとハチドリによって受粉する花のような共進化は，11，12 章で述べた進化の種類とどのように違うのか説明せよ．

問題 2　共進化は，12 章で述べた収斂進化と同じであるか．その理由を述べよ．

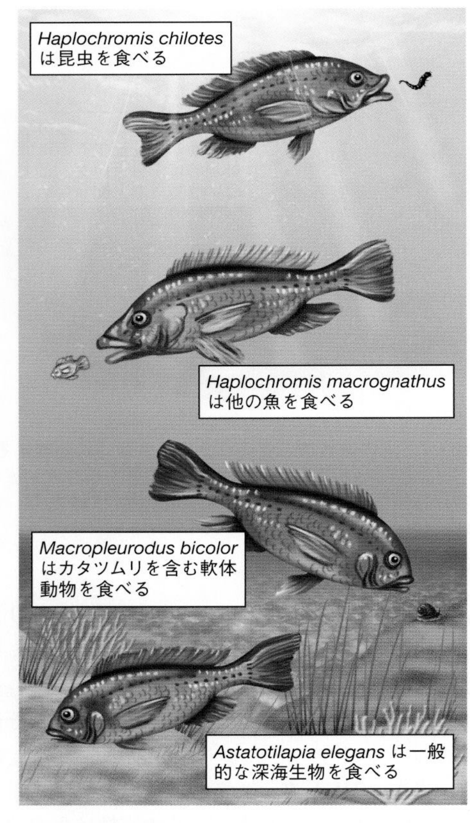
Haplochromis chilotes
は昆虫を食べる
Haplochromis macrognathus
は他の魚を食べる
Macropleurodus bicolor
はカタツムリを含む軟体動物を食べる
Astatotilapia elegans は一般的な深海生物を食べる

図 13・9　同所的種分化は，ビクトリア湖のシクリッドの種を多様にする． ビクトリア湖では約 500 種のシクリッドが記載されている．それらはすべて，過去 10 万年の間にたった 2 種の祖先から由来したことを遺伝子解析は示している．これらの 4 種には，摂食行動や形態にいくつかの違いがある．

問題 1　異所的種分化と同所的種分化のおもな違いは何か．

問題 2　異所的種分化と同所的種分化の両方が起こるために必要な現象を二つあげよ．

合)，その違いは15年かけて増幅され，サンゴが生殖年齢に達するときまでには，浅い海では浅瀬の種だけが生き残るであろう．

新しい種は，島にすみついたトカゲから海の深さに依存するサンゴまで，さまざまな方法でつくられ環境に適応する．現在の地球上に存在する非常に多様な生命体は，こうしたさまざまな起源に由来し，数十億年の進化を経た結果である．次の章では，翼をもつ小さな恐竜から，地球上でこれまでに最も繁栄した器用な種であるヒトまで，地球上を歩き，這い，泳ぎ回ってきた生物の劇的な変化を辿ろう．

図 13・10 アオアシカツオドリの求愛ダンスは，接合前の行動的生殖障壁である． このカツオドリの種は，交配前に正確に完了しなければならない固有の儀式的ダンスをする．他のカツオドリは厳密には同じダンスをしないので，アオアシカツオドリとは交配しない．

問題 1 “接合前”とはどういう意味か．
問題 2 カツオドリの儀式的ダンスは，なぜ接合前生殖障壁となるのか．

表 13・1 同じ地理的地域で二つの種を隔離する生殖障壁

障壁の種類	説　明	効　果
接合前		
生態的隔離	二つの種は，異なる生息地域，異なる季節，1日の異なる時間帯で交配する	交配が防げられる
行動的隔離	二つの種は，互いの求愛の誇示や交配行動に対して応答不十分である	交配が防げられる
機械的隔離	二つの種は物理的に交配できない	交配が防げられる
配偶子隔離	二つの種の配偶子は融合できないか，もう一方の種の生殖器系で十分に生き残れない	受精が防げられる
接合後		
接合子の死	接合子は正常に発生できず，出生前に死ぬ	子孫がつくれない
雑種の不妊	雑種は生き残るが，生存可能な子孫をつくれない	子孫がつくれない
雑種の能力	雑種は生存不十分または繁殖不十分である	雑種はうまくいかない

章末確認問題

1. 二つの個体群が生殖的に隔離されている場合，種分化が生じるには，ほかに何が起こらなければならないか．
   (a) 遺伝子流動
   (b) 遺伝的分岐
   (c) 共進化
   (d) 収斂進化
   (e) 上記のいずれでもない
2. 次の空欄に入るのはどれか．
   遺伝し，個体が生き残って繁殖する能力を高める形質は，____形質とよばれる．
   (a) 適応　(b) 多型　(c) 生物学的
   (d) 同所的　(e) 異所的
3. 接合前隔離機構が，種の間の雑種形成を防ぐのはなぜか．
   (a) 生じる子孫が繁殖できないから
   (b) 卵と精子が融合して接合子を形成するが，生き残れないから
   (c) 卵と精子が出会わないか，出会っても接合子を形成できないから
   (d) 上記のすべて
4. 二つの種が物理的に交配できないために起こる生殖隔離機構はどれか．
   (a) 生態的隔離
   (b) 行動的隔離

(c) 機械的隔離
(d) 配偶子隔離
(e) 上記のすべて

5. 正しい用語を選べ.
二つの個体群の地理的分離および[遺伝的分岐／遺伝子流動]による種分化は，[異所的／同所的]種分化と考えられる.

6. 正しい用語を選べ.
[接合前障壁／接合後障壁]は，接合子が形成された後に起こる生殖隔離機構である．例としては，[不妊の雑種／接合できない配偶子]がある.

7. 自然選択がもたらすものはどれか.
(a) 環境により適応した種
(b) 個体群間に遺伝子流動がない場合の種分化
(c) 異なる環境下における個体群間の遺伝的分岐
(d) 上記のすべて
(e) 上記のいずれでもない

8. 適応形質の例はどれか．該当するものすべてを選べ.
(a) 嵐の被害に遭いやすい熱帯雨林の木
(b) 交配相手の雌鳥を誘うのに他の鳥よりも成功する雄鳥
(c) 上手に環境に溶け込んで目立たなくなったウサギ
(d) 干ばつに生き残れる砂漠の植物
(e) 捕食者にとって目立つカエル

9. 異所的種分化が起こる過程を早い順に並べよ.
(a) 種分化が起こる
(b) 遺伝的分岐が起こる
(c) 地理的障壁が生じる
(d) 遺伝子流動が中断される
(e) 種が新しい環境に適応する

14 生命の歴史

本章のポイント

- 地球上の生命の歴史における重要な出来事と，それらの生命進化における重要性
- 生物集団の系統樹を解釈する方法
- 現在の進化に対する理解に基づき，新たな科学的データにより系統樹を変更する方法
- 特定の生物種をリンネ式階層分類の各階層において適切に分類する方法
- 水上の生活から陸上の生活に移ることのできた生物集団の適応のしくみ
- 有史前の大量絶滅が地球上の生物多様性に与えた影響と現在の生物種絶滅速度が生物多様性に与える影響

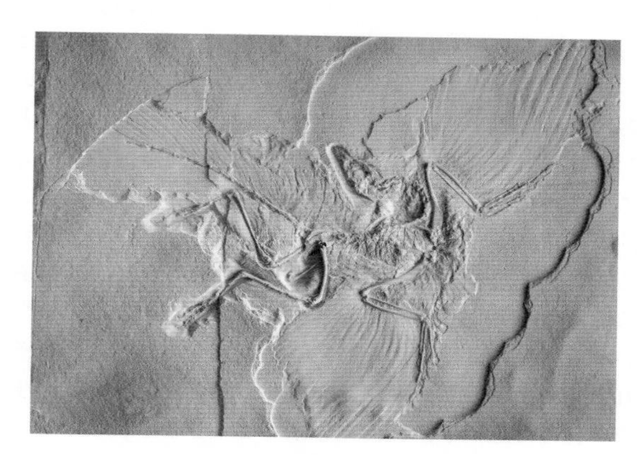

図 14・1 始祖鳥 *Archeopteryx* の化石

14・1 最初の鳥類

1861年，ドイツのとある採石場の労働者がカラスほどの大きさの鳥の化石を掘り出した．1億5000万年前から保存されてきたその骨格は異様なものであった．それは，鳥のような羽毛とツメのある足をもっていたが，爬虫類のように歯と骨のある長い尻尾をもっていた．

古生物学者によく調べてもらうと，その化石は鳥から爬虫類に進化する途上の形態であるという評価を受け，最も古い鳥類であると分類された．*Archeopteryx*（始祖鳥）と命名されたこの羽毛をもつ恐竜は，鳥類が恐竜の子孫であるという最初の確固たる証拠として世界中で有名になった（図14・1）．生物は少しずつ変化しながら子孫に引継がれていくという説を唱えたダーウィン（Charles Darwin）は，“この発見はまさに私の説を支持している”と言った．

100年以上の時を経て，北京大学の若き古生物学者の徐星（Xu Xing，シュウ・シン）は中国北部遼寧省の発掘現場にいた．これは徐にとっては卒業後のはじめてのフィールドワークであった．成績優秀な学生であった徐は北京大学で経済学を勉強したいと思っていたが，当時，中国の学生は自分で専攻を決められず，彼は古生物学に進むことになった．運のよいことに，遼寧省の農民がこのころ多数の化石を発見しはじめていて，古生物学が一種のブームとなっていた．

最初は嫌々古生物学者になった徐であったが，遼寧省で恐竜の化石を探しはじめた．彼は羽毛の生えた恐竜に特に興味をもっていた．20世紀末までには，鳥類が恐竜の子孫であることは，すでに仮説の域を超えており，山積するデータに裏づけられ，すでに確立された科学的理論であり，始祖鳥 *Archeopteryx* は最初の鳥類であると皆が信じていた．そんな状況のなかで，徐は，自分がまもなく始祖鳥をその座から引きずりおろすことになることは，知るよしもなかった．

徐星（Xu Xing，シュウ・シン）は北京の中国科学院の古生物学者．徐は60種以上の恐竜を発見し，羽毛をもった恐竜と動物の飛翔の起源に関する専門家である．

14・2 分類学における三つのドメイン

始祖鳥の化石は1億5000万年前と確かに古いが，もっと古い化石も発見されている．

太陽系と地球は46億年前に生まれた．地球上で最も古い岩石として38億年前のものがあるが，そこには生命の存在を示す炭素の沈着物が含まれている．37億年前にできたストロマトライトとよばれる堆積岩の積み重なった地層の中から細胞のような構造が発見されており，DNA分析に基づいた研究により，地球上に生命が現れたのはそのころであるということが支持されている．

無生物から生命体がいかにして生まれたのかという疑問は，生物学のなかの最も大きな謎の一つであるが，研究者たちは地球上のすべての生命には何らかの関連性があるということに疑いはもっていない．1章で述べたように，すべての生物は基本的な一連の特徴を共有している．すべての生物は**普遍的祖先**（universal ancestor）として知られる共通祖先の子孫であると考えられるため，このような共通する一連の特徴をもっている．この仮説的な祖先の細胞は生物の系統樹の根元の部分に置かれる．こうした細胞からすべての生命が生まれたのである．**生物多様性**（biodiversity）には，全世界に生きている生物，およびそれらどうしの相互作用と，生物とそれらのすむ生態系との相互作用などが含まれている．生物多様性は遺伝子，種，生態系などのさまざまな階層で語られる．

世界中で強い関心をもたれているにもかかわらず，まだ今日生きている生物種の正確な数はわからない．これまでの多くの推定では300万種から3000万種の間ではないかとされてきたが，2016年現在，研究者たちは，世界中の細菌，植物，動物のデータを広く合計すると，地球上には1兆に近い数の種が存在しているのではないかと推定している．これまでに，約150万種の生物が採集され，命名され，系統樹のなかに位置づけられてきているが，これは，1％のさらに1/10000くらいの種しか私たちは知らない，ということを意味している．いいかえると，99.9999％の種が未発見であるということになる．

太古の時代から今日に至るまでの間に生きていた生物はあまりに多様性が大きいので，生物学者はそれらをいくつかのカテゴリーに分類した．**ドメイン**（domain，**超界**）が，生物の最も包括的な最上位の階層であり，現在生きている生物に存在する最も基本的で古くからある生物の分け方を表現するものである．生物には三つのドメインが存在する（図14・2）．

- **細菌**（Bacteria）：大腸菌のような病原体となるよく知られた単細胞生物よりなるドメイン
- **古細菌**（Archaea）：極限的に厳しい環境にすむことが知られている単細胞生物よりなるドメイン
- **真核生物**（Eukarya）：その他すべての，アメーバから

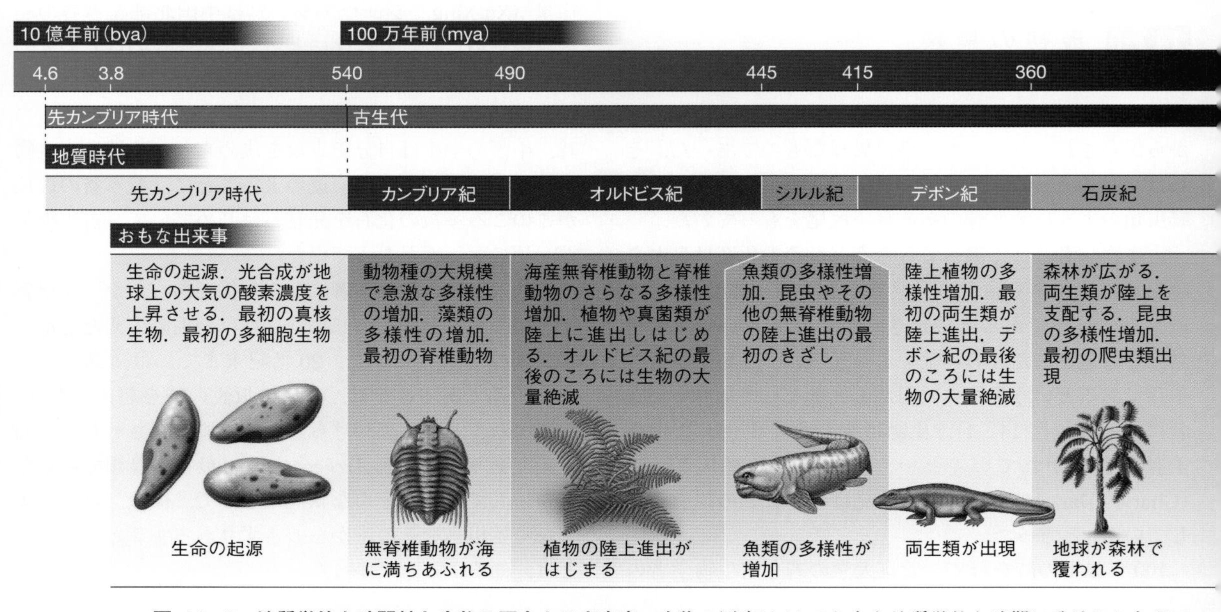

図 14・3 地質学的な時間軸と生物の歴史上の出来事． 生物の歴史は12のおもな地質学的な時期に分けることができ，先カンブリア時代（46億年前から5億4000万年前）にはじまり，第四期（260万年前から現在まで）に至るまでの時期になる．この時間軸は，実際の時間軸とは異なるスケールで描かれている．

植物，真菌類から動物などに至るまでの生物よりなるドメイン

ヒトや恐竜，鳥類などはすべて真核生物ドメインに属する．これらは単に**真核生物**（eukaryote）ともよばれる．細菌と古細菌は二つの異なるドメインに属する．古細菌は，細菌よりも，むしろより真核生物に近く，ある意味似たところがある．それにもかかわらず，細菌も古細菌も真核生物ではなく，これら二つのドメインは，従来ひとくくりにされて，**原核生物**（prokaryote）とよば

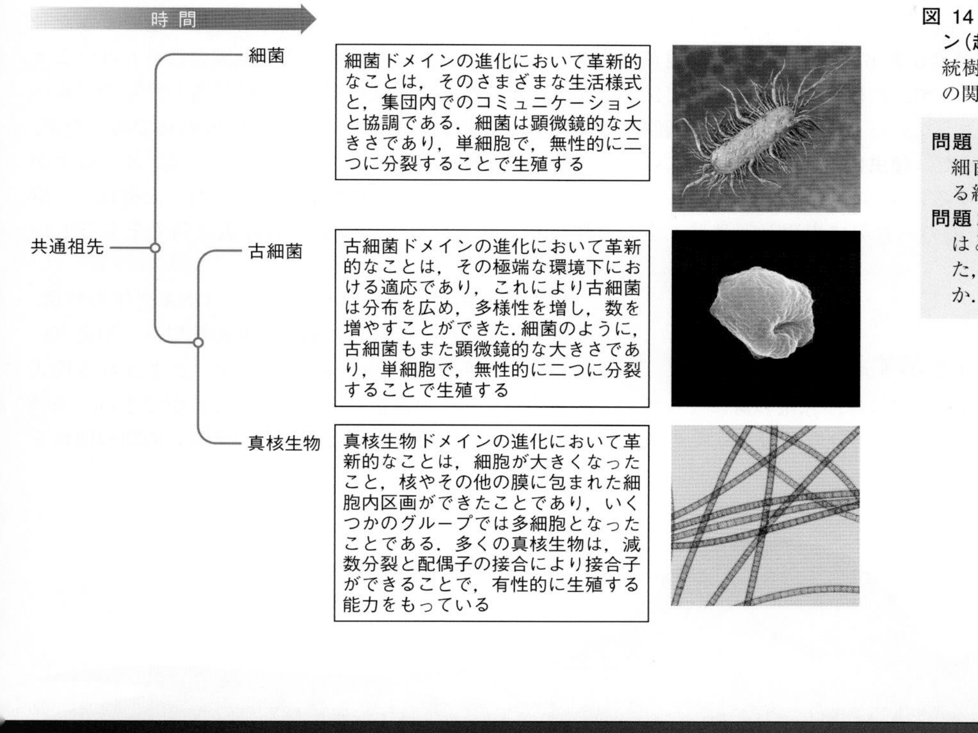

時間
細菌
古細菌
真核生物
共通祖先
細菌ドメインの進化において革新的なことは，そのさまざまな生活様式と，集団内でのコミュニケーションと協調である．細菌は顕微鏡的な大きさであり，単細胞で，無性的に二つに分裂することで生殖する
古細菌ドメインの進化において革新的なことは，その極端な環境下における適応であり，これにより古細菌は分布を広め，多様性を増し，数を増やすことができた．細菌のように，古細菌もまた顕微鏡的な大きさであり，単細胞で，無性的に二つに分裂することで生殖する
真核生物ドメインの進化において革新的なことは，細胞が大きくなったこと，核やその他の膜に包まれた細胞内区画ができたことであり，いくつかのグループでは多細胞となったことである．多くの真核生物は，減数分裂と配偶子の接合により接合子ができることで，有性的に生殖する能力をもっている

図 14・2　生物の三つのドメイン（超界）． この生物の分類系統樹は生物の三つのドメインの関係を示している．

問題 1　なぜ共通祖先から古細菌と真核生物には共通する線が描かれているのか．
問題 2　この図のなかで鳥類はどこに入れるべきか．また，ヒトについてはどうか．

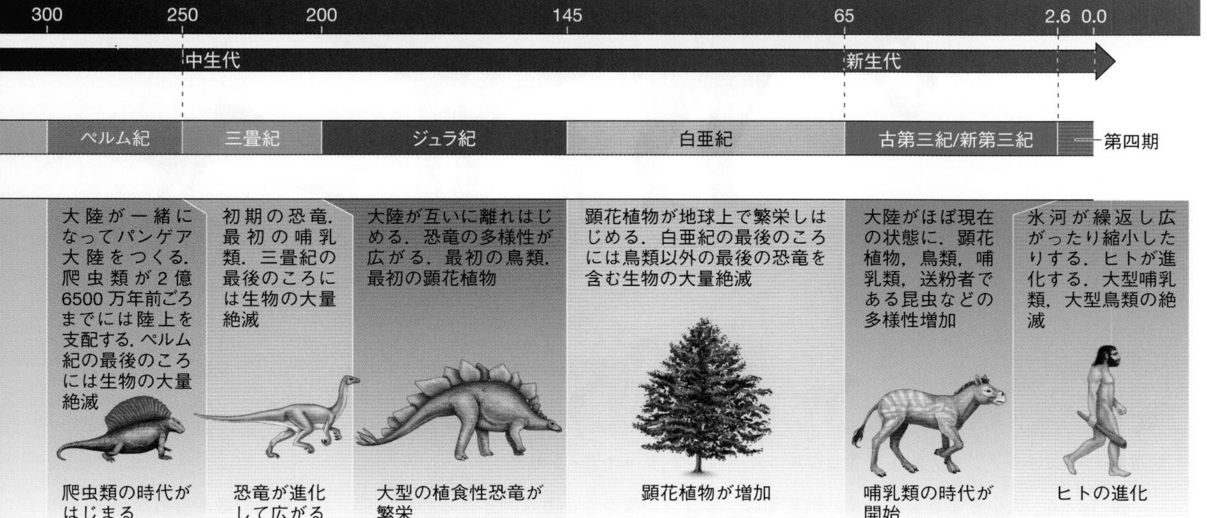

問題 1　地質時代のどの時期に地球上に生命が生まれたのか．
問題 2　どのくらい昔に生物種は海から陸上に上がったのか．何時代だったのか．

れてきた．

原核生物は約37億年前の化石記録に最初に現れた（図14・3）が，その後10億年以上もの間，最初の真核生物は現れなかった．私たちにとっても他の真核生物にとっても幸運だったのは，約28億年前にあるグループの細菌が副産物として酸素を放出する光合成の一種を進化させたことであった．その結果，大気中の酸素濃度は時とともに上昇し，約21億年前に最初の単細胞の真核生物が進化した．酸素濃度が約6億5000万年前に現在の水準に達したときに，魚類，次に陸上植物，そして昆虫，両生類，爬虫類のようなもっと大型で複雑な多細胞生物の出現が可能になった．爬虫類の仲間で，ついには他の大部分の種を凌駕するに至ったのが恐竜であった．恐竜は約2億3000万年前の三畳紀に出現し，地球上を席巻した．

14・3 進化の道筋を示す系統樹

徐は大学を卒業するころまでには，恐竜の虜になっていた．卒業後の20年で，彼はこの分野で最も多くの成果を出す研究者となっていた．今日までに彼は，多くの恐竜とそれ以外にも，爬虫類や両生類の60種以上の絶滅種を発見し，命名してきた．これらの恐竜の化石の大部分は羽毛をもっていた．

研究者たちがこの恐竜の**系統**（lineage），つまり鳥類から恐竜までさかのぼって祖先がたどってきた進化の道筋を追跡してみると，次のことがわかった．鳥類は，2本の足で走り鳥類のように空洞のある薄い壁でできた骨をもった，速く動ける恐竜である獣脚類に最も近いことが明らかになった．獣脚類は多様性に富む恐竜のグループである（図14・4）．多くは肉食性の動物であったが，少数は植食性や雑食性であった．なかには，泳ぐことができて，魚を食べる獣脚類もいた．また，大型化した獣脚類もおり，もちろん多くの獣脚類は羽毛をもっていた．

生物の集団については，それらのDNAや体の特徴，生化学的な特徴やそれらの組合わせの類似点・相違点に基づいて，**系統樹**（phylogenetic tree）とよばれる模式図を使って，その系統を図式化することができる．系統樹をつくると，祖先集団とそれらの子孫との間の関係を

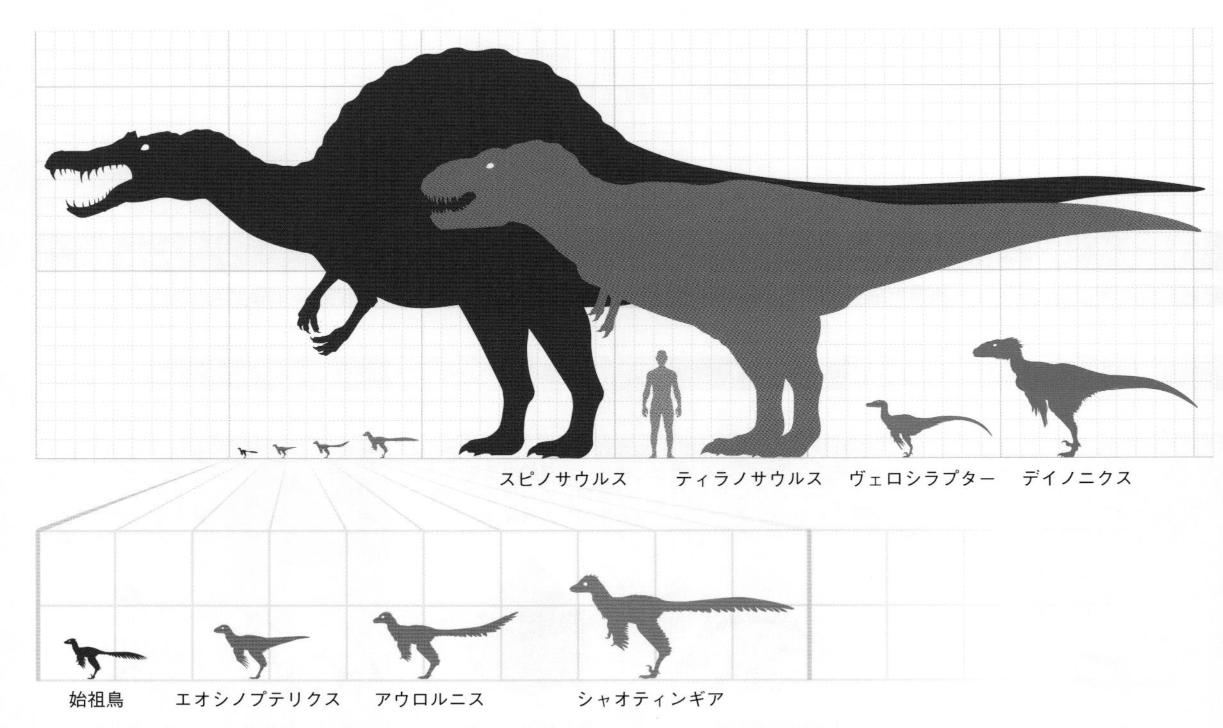

図 14・4 大小さまざまな恐竜． 獣脚類は，ヒヨコのような小さなサイズの動物から，この集団で最も有名なティラノサウルスのような大型の動物までさまざまである．

問題1 どのような点で獣脚類は現生の鳥類と似ているか．少なくとも二つの類似点をあげよ．
問題2 どのような点で獣脚類は現生の鳥類と異なっているか．少なくとも二つの相違点をあげよ．

図式化して，隣り合った枝にある近縁種をグループに分けられる．

系統樹のなかでは，生物は木の枝の先にある葉っぱであるかのように描かれている．ある祖先とそのすべての子孫は，**クレード**（clade）とよばれる系統樹の1本の枝を形成している．始祖鳥とそこから進化したすべての動物は，一つのクレードを形成すると考えられる（図14・5）．

ノード（node）は，祖先の集団が二つの別の系統に分かれる時点をさす用語である．ノードは，該当する二つの系統に**最も近い共通祖先**（most recent common ancestor）のことをさす．つまり，二つの系統の両方に共通している直近の祖先である．100年以上の間，研究者たちは始祖鳥を鳥類と恐竜の双方の直近の先祖と考え，

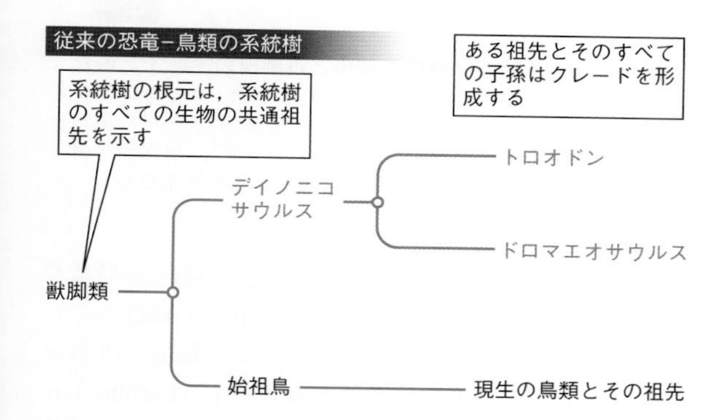

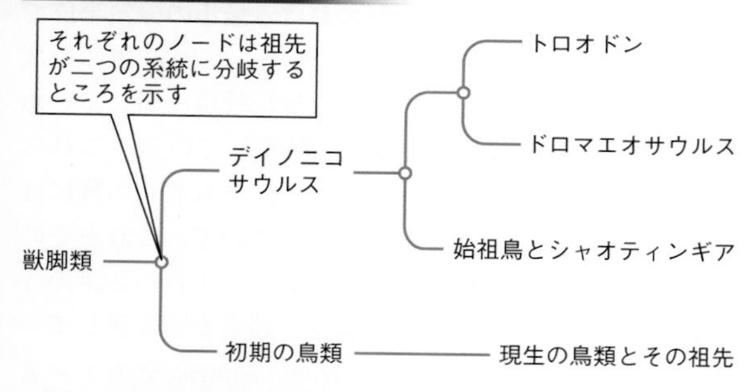

図 14・5　鳥類の系統進化的な起源．（上）従来の系統樹では始祖鳥をデイノニコサウルス（鳥類に似ていて肉食性の恐竜）とは別の系統になる初期の鳥類であると考えられていた．（下）シャオティンギアの発見以後，徐により提唱された系統樹で，ここでは始祖鳥は初期の鳥類ではなく，デイノニコサウルスに分類されている．

問題 1　従来の系統樹と徐の系統樹の双方は，トロオドン科とドロマエオサウルス科についてどのようなことを提唱しているのか．

問題 2　両方の系統樹において，始祖鳥とその他の鳥類の共通祖先のノードはどれか．二つの系統樹においてノードはどのように異なっているのか．

鳥類クレードの最も根元の部分に置いてきた．つまり，最初の鳥ということである（図14・5上）．

始祖鳥は，徐がこの研究分野に論争を巻き起こすことになった化石の発見までは，文字どおり最初の鳥であった．2008年に彼は中国東部にある恐竜博物館である山東省自然史博物館を訪問した．そこで，遼寧省の農民が収集した一風変わった化石に気づいた．その化石は，黄色っぽい岩の中に埋もれていて，小型の鳥のような恐竜の姿をみせていて，首を前に向けて短い羽を広げているようにみえた．彼は，この化石を見て，これはとても重要な種なので，この化石を研究させてもらいたいと博物館に願い出た．

後にシャオティンギア・ゼンギ *Xiaotingia zhengi* と命名されたこの化石を調べてみると，この種を恐竜から鳥類への系統樹のどの位置に置くべきか迷った．これをはっきりさせるために，徐は，化石と，それに類似した初期の鳥類との間に共有された派生形質を解析した．**共有派生形質**（shared derived trait）は，ある動物集団の最も近い共通祖先に起源をもち，その集団に共通して代々引継がれている（しかしその祖先の直接の子孫でない集団では引継がれていない）ような特徴的な形質のことをさす．この場合には，問題となる祖先の起源は始祖鳥であり，その共有派生形質は，羽毛，ツメをもつ手，そして長くて骨をもった尾などである．

シャオティンギアと始祖鳥やその他の近縁種を比較することで，徐は初期の鳥類に関する新しい系統樹をつくった（図14・5下）．ここで突如として，始祖鳥は鳥類のクレードではなくなった．その代わりに，シャオティンギアと始祖鳥は，異なるクレードで，小型で鳥のような姿をした肉食性の恐竜でラプターとよばれるデイノニコサウルスと同じグループに入れられた．（ラプターという用語はタカやフクロウのような猛禽類の現存種だけでなく，正式ではないがこの種の恐竜を記述するときにも用いられる．）徐は，始祖鳥は最初の鳥類ではなく，ラプターであると考えた．始祖鳥は羽毛をもつが，その子孫は鳥類に進化したのではない．

徐は，これは大きな変革であったと語る．とはいえ，このことは必ずしも予期されないことではなかったとも語っている．ここ20年間で，さらに多くの初期の鳥類の化石が発見されており，徐によると，ヨーロッパで発見された始祖鳥を中国で発見された他の初期鳥類と比べれば比べるほど，始祖鳥は鳥類と似ているとはいえず，よりラプターに似てみえてくるという．初期の鳥類は小型の分厚い頭蓋骨をもち，それぞれの足には二つのつま先がある．他方，始祖鳥は長くて先の尖った頭蓋骨をもち，足には三つのつま先がある．始祖鳥はこのように他

の初期鳥類とはずいぶんと違っている．

徐は改訂版の系統樹を2011年に論文発表した．これは科学者の世界に旋風を巻き起こした．徐の考え方を擁護する科学者たちのなかには，“ついに始祖鳥が，ジュラ紀に空を飛び回り，小型で羽毛をもった鳥類に似た獣脚類の一種にすぎないことを認めるときがきた”と『ネイチャー』誌に書いた古生物学者もいた．一方で，徐の解析は十分に納得のいくものではないといって，その考えに反対する人もいた．そうした人にとっては，始祖鳥は最初の鳥類であり続けた．

14・4 地球上の生命の歴史

徐は，一つの新しい化石は，証拠の一つの断片にすぎず，それだけで科学者コミュニティーを納得させられるものではないことを理解していた．徐は，“証拠は非常に強いものではないが，これこそが私たちが議論して，新旧さまざまな化石を含めて，より多くの解析を加えるべき問題であろう”と言っている．最初の鳥類がどのようなものであったかを知ることが重要なのは，飛翔がいかにして進化してきたかを理解することが始祖鳥の分類に基づいているからである．始祖鳥がもし飛翔の進化のはじまりに位置する種でないとするならば，私たちの飛翔に対する理解はまちがいだったということになる．

徐の初期鳥類の系統樹の再考を促す論文は，さらなる重要な疑問を投げかける結果となった．それは，飛翔は複数回の進化を遂げたのかという疑問である．もし飛ぶことができそうにみえる始祖鳥が，鳥類であったなら，飛翔はおそらく恐竜のなかでは鳥類の系統で一度だけ進化してきたものということになる．一方，もし始祖鳥が鳥類でなく単に飛ぶことのできるラプターの一種だったとしたら，飛翔は恐竜のなかで少なくとも二度進化したことになる．一度はラプターのなかで，そしてもう一度は鳥類のなかで進化したということになる．

生物学における分類学は，こうした重要な進化上の疑問に対する答えを見つけるのに助けになる．生物学者たちは，生物を三つの大きな**ドメイン**（domain，**超界**）に分けるだけでなく，真核生物を，さらに四つの独立した**界**（kingdom）に分けている．界は生物における2番目に高い階層である（図14・6）．

界には以下のものが存在する．**原生生物界**（Protista，アメーバや藻類などを含む多様なグループ），**植物界**（Plantae，すべての植物を含む），**菌界**（Fungi，キノコやカビ，酵母などを含む），**動物界**（Animalia，恐竜，鳥類やヒトなどすべての動物を含む）．これらのそれぞれの界のメンバーは，生物がその環境に適応し，生活し，

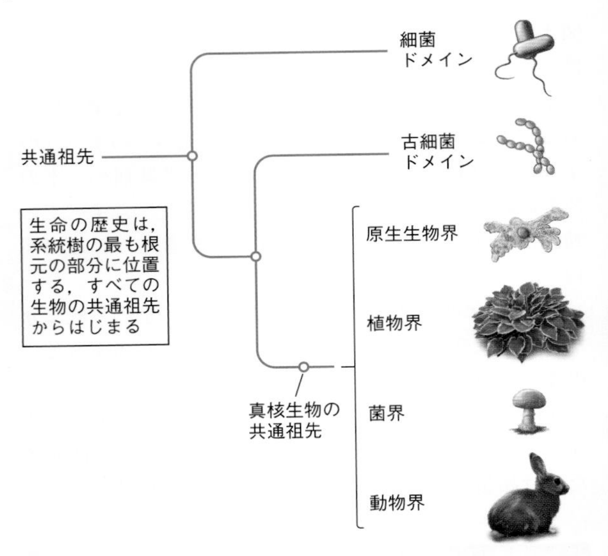

図 14・6 生物の系統樹． 細菌と古細菌のドメインのなかには界は設けられていない．真核生物ドメインは四つの界よりなる．それらは，原生生物界（アメーバや藻類などの原生生物を含む人為的なグループ），植物界，菌界（酵母やキノコ類などを含む），そして動物界である．

生殖することを可能にするような進化上の新しい特徴を共通してもっている（図14・7，図はp.150, 151）．

界よりも下の階層では，生物学的な分類は，18世紀にスウェーデンの博物学者であるリンネ（Carolus Linnaeus）が考案した生物の分類法である**リンネの階層分類**（Linnaean hierarchy）を用いてさらに具体的に行われている．リンネの階層分類における最小の分類単位である**種**（species）は互いに最も関連している個体を反映したものになっている．最も近縁な種は一緒にまとめられて**属**（genus, *pl.* genera）を形成している．これらの二つの階層のカテゴリーを用いて，それぞれの種には固有の2語のラテン語が割り振られていて，これをその動物の**学名**（scientific name）とよぶ．学名の2語のうち前者がその生物の所属する属を，後者が種を表している．私たち自身の学名である *Homo sapiens* をネアンデルタール人の学名である *Homo neanderthalensis* と比較すると，二つの種は別の種に分類されるが，同じホモ属に所属することがわかる（図14・8）．

リンネの階層分類においては，それぞれの種は，属以上の，連続的により大きな幅広いカテゴリーのなかに位置づけられている．近縁の属は**科**（family）として，近縁の科は**目**（order）として，近縁の目は**綱**（class）として，近縁の綱は**門**（phylum, *pl.* phyla）として，そして，近縁の門が界としてまとめられている．

最初の生命は海で誕生した．約6億5000万年前（先

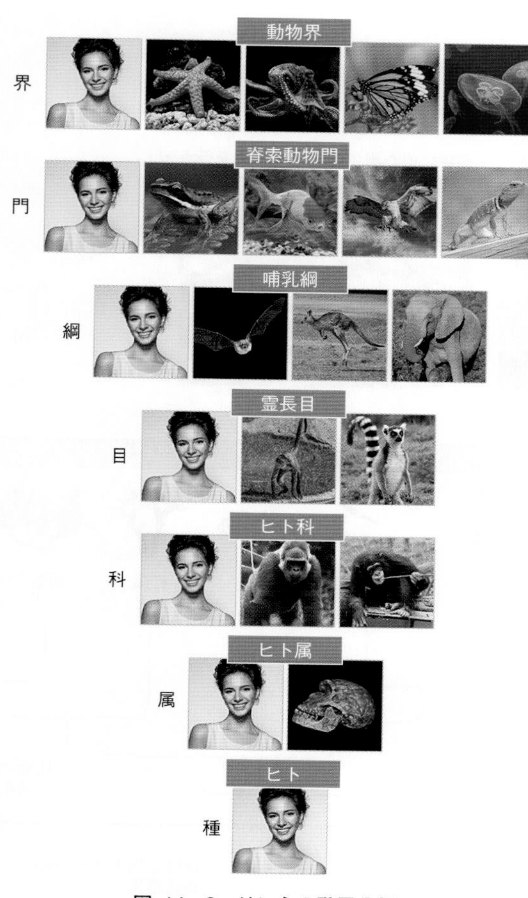

図 14・8　リンネの階層分類

問題 1　どの階層のなかで比べたときに，個々の種は最も類縁関係が遠いか．
問題 2　個々の種は同じ目のなかと同じ科のなかのどちらで比べたときに，より類縁関係が近いか．

(単位：百万年)
カンブリア大爆発
4600　545　490　445
先カンブリア紀　カンブリア紀　オルドビス紀

図 14・9　カンブリア紀における生物の多様性． カンブリア紀には，動物の多様性が劇的に上昇した．これらの種の痕跡の多くはカナダ(バージェス頁岩)，中国〔帽天山(マオティアンシャン)頁岩〕およびグリーンランドやスウェーデンの化石床から発見されている．化石の中には，カイメンや腕足動物に似た，なじみのある姿に見えるものもあるが，現生の動物のグループとは類縁関係はなさそうである．

カンブリア紀の途中）に，化石中に現れる生物の数が増加している．そのころ，地球の大部分は，海水中に自由に漂う，多くは単細胞の小さな生物に満ちあふれた浅い海に覆われていた．

次に，約 5 億 4000 万年前に，世界には，劇的な生物多様性の上昇を伴う，驚くほど爆発的な進化上の活動が生じた．一般に**カンブリア大爆発**（Cambrian explosion）としてよく知られるこの時期には，主要な現生のグループに属する動物の化石が最初に現れる．カンブリア大爆発は，地球の様子を，比較的単純でゆっくりと動く柔らかい体をもった腐食性動物や植食性動物の世界から，大型で速く動く捕食者の世界に変えてしまった．先カンブリア紀の化石にはみられなかったが，カンブリア紀の多くの化石にあるさまざまな鱗や貝殻および体を守る覆いの部分から判断すると，捕食者の存在がカンブリア紀の植食性動物の進化の速度を速めたと考えられる（図 14・9）．

しかし，カンブリア大爆発はおもに海の中で起こった．生命は最初に海の中で生まれたために，生物が陸上に進出するためには多くの困難が待ち受けていた．実際，体を支えたり，運動したり，生殖したり，熱産生を制御したりするような基本的な生命機能の多くは，陸上では水中とはずいぶん異なるやり方をしなければならない．約 4 億 8000 万年前のオルドビス紀の最初のころ，植物がこうした困難に挑戦した最初の生物であった．これらの初期の陸上進出を果たした集団は，単細胞または少数の細胞からなる生物であった．

化石から得られた証拠によると，次には真菌類が陸上進出を果たしたと考えられる．たとえば，科学者たちは，およそ 4 億 6000 万年前～4 億 5500 万前の陸上真菌類の化石を見つけている．DNA のデータから真核生物の進化の歴史を再構成することで，科学者たちは，真菌類と動物の共通祖先が他の真核生物から約 15 億年前に枝分かれし，真菌類はその最も近縁のいとこである動物からは，その約 1000 万年後に枝分かれしたと推測している．

陸上植物が進化した後，最初に陸上進出を果たした緑藻類からさらに多様化した．3 億 6000 万年前のデボン

原生生物界(Protista)

原生生物界は人為的な分類で，植物，動物，真菌，細菌，古細菌，以外の生物集団をさす

原生生物の大部分は無害であるが，よく知られる病原性のものがあり，たとえば，マラリアの原因となる原生生物の *Plasmodium vivax* がある

動物に似た原生生物は消費者である

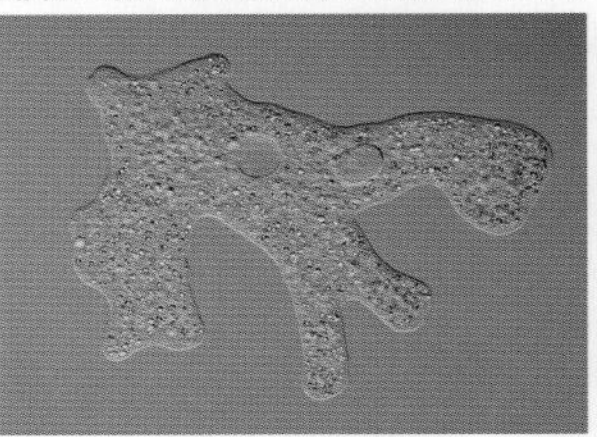

真菌類に似た原生生物は分解者である

植物に似た原生生物は光合成を行う

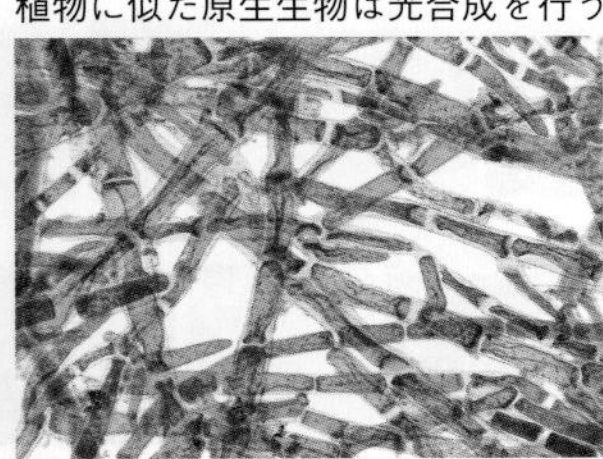

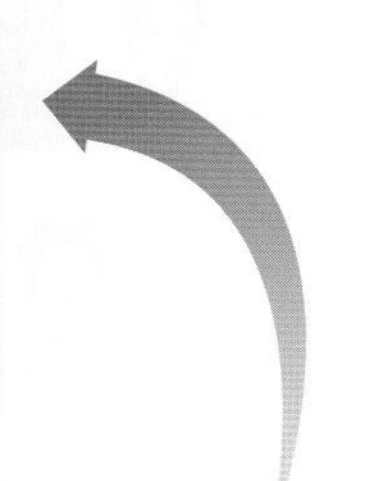

多くの原生生物は単細胞であり，顕微鏡下で見られるような小型であり，1本または複数の鞭毛または繊毛とよばれる細かい毛を波打たせることによって泳ぐことができる

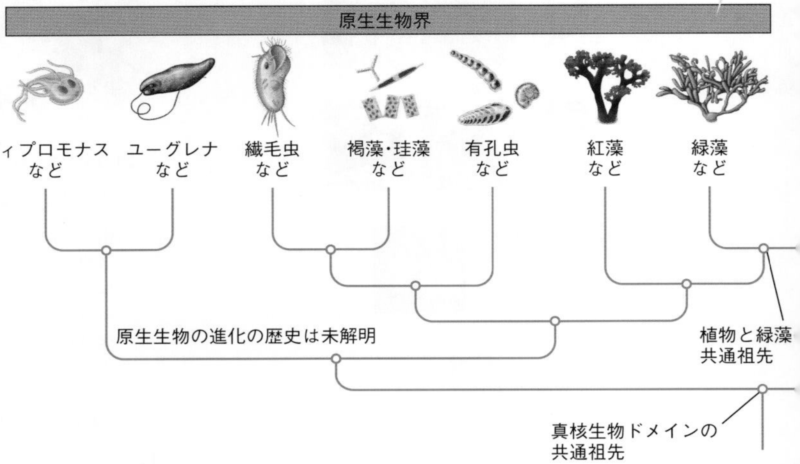

原生生物界

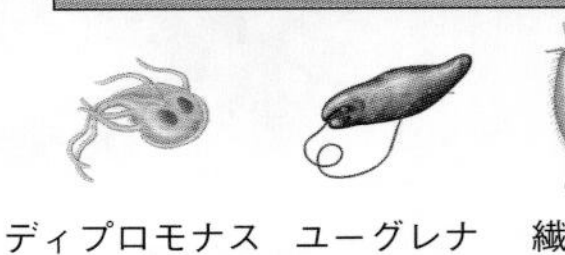

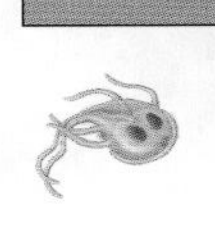

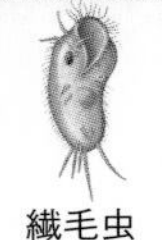

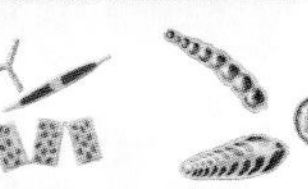

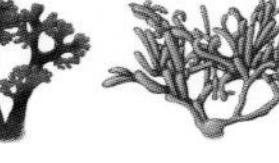

植物界(Plantae)

植物は多細胞の独立栄養生物であり，ほとんどが陸上植物である．植物は生産者なので，陸上の食料のほとんどすべてをまかなう食物網を形成している

コケ植物(コケ類と苔類)

植物はクチクラとして知られるワックス状の物質をもち，地上部はそれで覆われている．ワックス状のクチクラには保湿効果があり，これは陸上生活に対する重要な適応である

シダ類

裸子植物

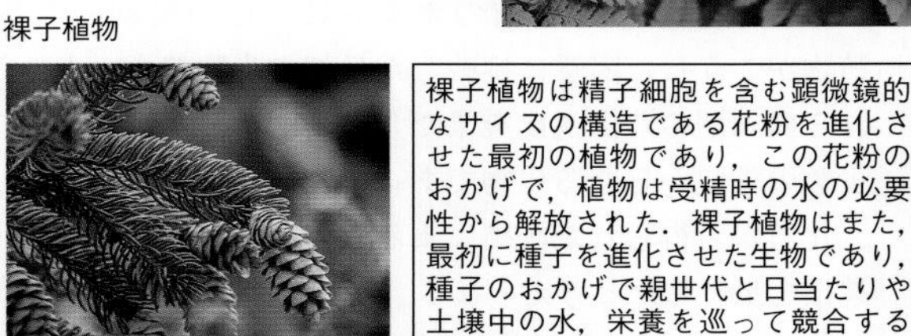

裸子植物は精子細胞を含む顕微鏡的なサイズの構造である花粉を進化させた最初の植物であり，この花粉のおかげで，植物は受精時の水の必要性から解放された．裸子植物はまた，最初に種子を進化させた生物であり，種子のおかげで親世代と日当たりや土壌中の水，栄養を巡って競合することがなくなった

被子植物

顕花植物である被子植物は，地球上で最も反映していて多様性の多い植物のグループである．被子植物の繁栄の鍵は，初期植物の生殖器官を修飾することで進化してきた構造としての花と，その中にある種子を守り，種子の拡散を助ける肉厚の子房の壁としての果実である

図 14・7　真核生物ドメインに属する四つの界

菌界(Fungi)

接合菌類(カビ)

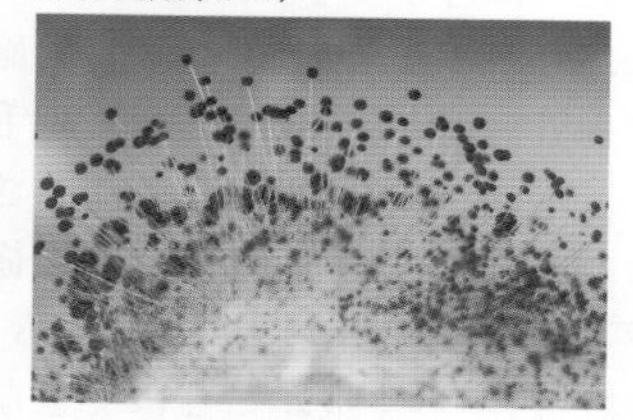

真菌類は陸上の生態系でいくつかの役割を演じている．多くは分解者であり，死にかけまたは死んでしまった生物から栄養分を生態系に早く戻すことによって再生者として働いている

真菌類は死体の外側の有機物を消化して，その分解産物として放出される分子を吸収している

子嚢菌類

棍棒状菌類(クラブ菌類)

真菌類は余剰の食物エネルギーをグリコーゲンの形で貯蔵する点では動物と似ている．昆虫やロブスターなどの動物のように，真菌類はキチンとよばれる丈夫な物質をつくり，それで体をしっかりと守っている．一方動物とは違って，真菌類の細胞は，細胞膜を取囲み細胞全体をすっぽりと覆う細胞壁をもっている

植物界 | 原生生物界 | 動物界 | 菌界

植 物　アメーバなど　動 物　真菌類

動物と真菌類の共通祖先

動物界(Animalia)

動物は，食物を摂取することでエネルギーと炭素を得ている，多細胞の従属栄養生物である

動物細胞は，植物や真菌類の細胞とは異なり，細胞壁をもたない．その代わり，動物の体の細胞の多くには細胞外マトリックスとよばれるフェルト状の層がまわりに付着し，取囲んでいる．動物における重要かつ進化上革新的なことは，組織を発生させたことである．大部分の動物は2層ないし3層の組織をもっており，それによって構造的に複雑な体がつくられている

海綿動物

刺胞動物

軟体動物

節足動物

棘皮動物

脊索動物

カイメンは最も古い系統の動物である．クラゲやサンゴを含むグループである刺胞動物は，次に進化した．残る動物門は，異なる胚発生パターンによって区別される旧口動物と新口動物の二つのグループに分けられる．旧口動物は20以上の独立したサブグループに分けられ，そこには軟体動物(カタツムリなど)，環形動物(体節をもったゴカイなど)，および節足動物(クモや昆虫など)がいる．新口動物には，棘皮動物(ヒトデやその近縁種)や脊索動物がいる．脊索動物門は魚類，鳥類やヒトなどの背骨をもつ動物を含む大きなグループである

問題 1　どのグループの生物が植物と一番近い時期の共通祖先を共有しているか．
問題 2　真菌類は植物と動物のどちらにより近い関係をもっているか．

紀の終わりごろまでは，地球は植物で覆われていた．最初の陸上動物はおそらく4億年前ごろに出現した．これら初期の陸上動物グループは肉食性であり，その他の動物は生きた植物や，腐りかけた植物を食べていた．

最初に陸上に進出した脊椎動物は両生類であり，これらの動物の最初の化石は約3億6500万年前にまでさかのぼる（脊椎動物についてのさらなる説明は17章参照）．初期の両生類は，肉鰭類の魚類の子孫であった．両生類は1億年前ごろには大型陸上動物のなかでは最も多い種であった．そして，ペルム紀の終わりごろになると，それに取って代わって，爬虫類が最も一般的にみられる脊椎動物のグループとなった．爬虫類は，羊膜に包まれて栄養源を内蔵し，他の脊椎動物のジェリー状の袋の中にくるまれた卵に比べて固い殻で乾燥から守られるような卵を産めたため，水の中にまた戻らなくても生殖を行うことができる最初の脊椎動物となった．羊膜にくるまれた卵は，生物の歴史のなかでは大きな出来事であった．それは，この羊膜にくるまれた卵のおかげで，新たな進化系統上の枝である**羊膜類**（amniote）が確立され，これがその後すべての爬虫類，鳥類，哺乳類を含む系統となったからである．

またそれがゆえに，2億3000万年前に爬虫類が進化してくると同時に，恐竜の時代がはじまったのである．

14・5 大量絶滅と適応放散

2013年の1月，議論をよんだシャオティンギアと始祖鳥に関する論文を徐が発表してから1年半がたったころ，彼の論文は思わぬ支持を得ることになった．ベルギー王立自然科学研究所の古生物学者はエオシノプテリクス *Eosinopteryx brevipenna* という羽毛の生えた恐竜を発見したと報告した．中国北東部の商業コレクターがすでにシャオティンギアが見つかったのと同じ場所からエオシノプテリクスを掘り当てていた．1億6100万年前のこの小型恐竜は，脚を曲げて腕を突き出して，いかにも飛び立とうとしているような姿のほぼ完全な骨格として保存されていた．

ベルギーの研究チームは，エオシノプテリクスを羽毛のある恐竜の系統樹に加えたことで，徐の驚くべき結論である“始祖鳥は鳥類ではない”という結論と同じ結論に達した．つまり始祖鳥は，エオシノプテリクスやシャオティンギアと同様，ラプターであると結論した．これらの3種はすべて，初期の鳥類にはなかったような特徴，腕のほうが足よりも長い，尾部の羽毛が少ない，羽の発生が原始的であるという特徴を共有していた．

しかし，科学は常に新しくなっていくものであり，わずか4カ月後に，また別の鳥類に似た化石に関するデータを発表したことで，彼らは自分たちの仮説をもう一度改訂することになった．今回の発見は，中国の博物館でほこりをかぶっていた保管物の中から見つけた，羽毛の生えた恐竜であった．この長さ46 cmの化石は小さな鋭い歯と長い前肢をもっていた．彼の研究チームが徐の研究に敬意を払ってアウロルニス・シュイ *Aurornis xui* と命名したこの恐竜は，おそらく飛ぶことはできなくて，その羽を木の枝から枝へと滑り降りるときに使っていたと考えられた．しかし，股関節の骨などの他の特徴は，明らかに現生の鳥類と共通していた．アウロルニスを用いて，彼らはさらに別の系統樹を描いた．こんどは，データを101種の恐竜や鳥類から1000近くもの特徴を積み上げて，ゼロからやり直した．

自らの最初の研究から提唱した系統樹とは逆に，ベルギーの研究チームが新しく提唱した系統樹では，もはや最も古い鳥類としてではないが，再び始祖鳥が鳥類科に戻された．彼らによると，最も古い鳥類の座はアウロルニスということになる．

しかし，議論はまだ終わったわけではない．徐は，まだもっと多くの証拠や研究が必要であって，これらの新しい種の多くは，初期鳥類の候補となりうると考えている．鳥類の系統樹を揺るがすような多くの化石がこれからも見つかり，そのなかには新種も含まれている可能性があり，研究者すべてが同意するような結論を出すのはまだむずかしいというのが現状のようだ．

研究者たちはきっとまだまだ恐竜の化石を掘り出すことであろう．恐竜は約2億3000万年前には出現し，地球上で2億年前から約6500万年前の間繁栄した．しかしその後，鳥類に進化した種を除いて，これらの大部分の種は絶滅した．化石の記録をみるとわかるように，種は生命の歴史を通じて，規則的に絶滅を繰返してきている．この出来事の生じる頻度，つまりある期間に絶滅する種の数は時とともに変化してきている．この時間スケールの上限のところでは，化石記録によると，5回の**大量絶滅**（mass extinction）が生じていて，その間に大量の種が絶滅してきている（図14・10）．

原因を決めることはむずかしいが，これら5回の大量絶滅は，気候変動，大量の火山の噴火，海洋の成分や大気中の気体の変化，海面の変化などにより生じたと考えられる．白亜紀の絶滅は6500万年前に起こったが，このとき鳥類以外の恐竜を含む地球上の動植物の3/4以上の種が消滅した．科学者は，巨大な彗星や小惑星がメキシコ湾に衝突して，その破片が地球の大気を窒息状態にし，植物の光合成の能力を抑えてしまったからではないかと考えている．植物が死滅したために，食物連鎖の

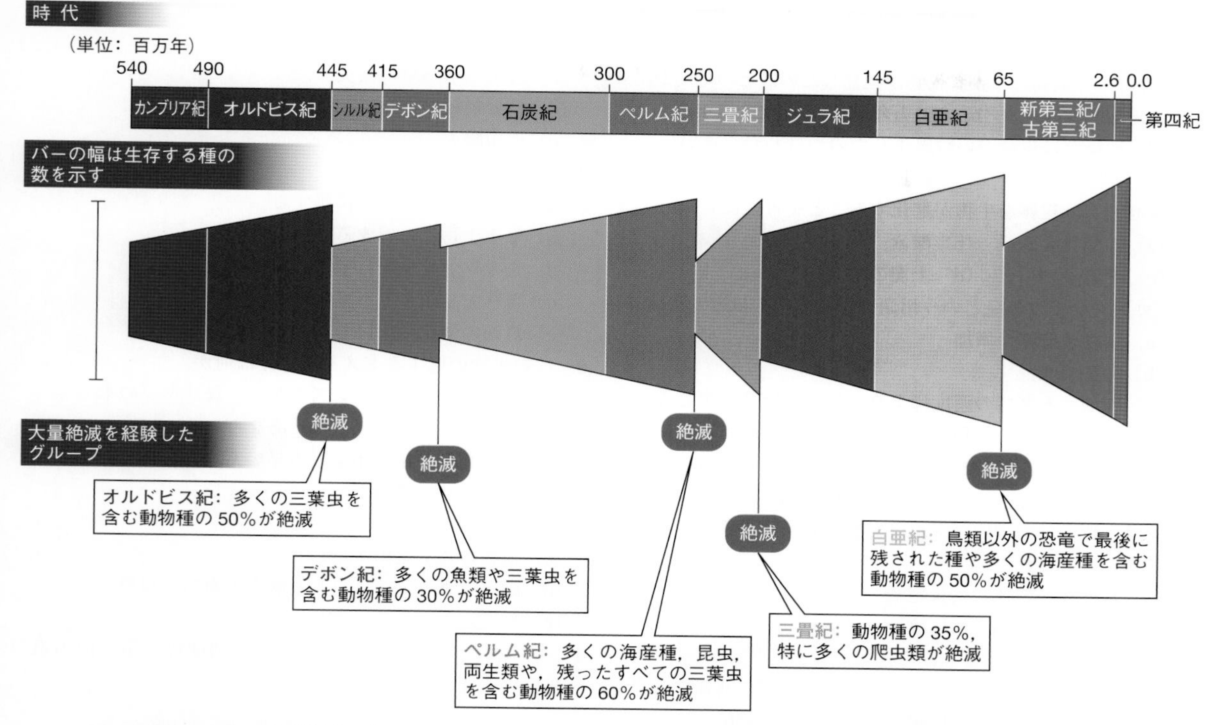

図 14・10　生物の大量絶滅と生物多様性. ここに示されている海産動物や陸上動物の他に，地球の歴史上で起こった5回の大量絶滅によって，植物のグループもかなり影響を受けている．それぞれの絶滅の後には，生命はまた多様化している．

問題1　約2億年前には，どの生物絶滅が生じたか．この出来事によって最も影響を受けたのはどの動物種か．
問題2　どの生物大量絶滅が最も多くの動物グループの消滅をまねいたのか．この絶滅はいつごろ起こったのか．

ずっと上にいる動物もまた死滅した．

生物の大量絶滅は2通りの方法で生命の多様性に影響を与える．まず，生物のグループ全体が消滅してしまい，生命の歴史を永久に変化させてしまう．次に，一つまたは複数の優勢種が絶滅することによって，それまでは比較的劣勢であったグループに新たな機会を与えることになり，進化の道筋を劇的に変更してしまう．あるグループの生物が勢力拡大して新たな生態学的な役割を担うようになり新しい種を形成するとき，このグループは**適応放散**（adaptive radiation）を果たしたといわれる．大量絶滅の後にはいくつかの大きな適応放散が生じており，たとえば，哺乳類が恐竜の絶滅の後に多様化している．

今日，哺乳類の一つの種であるヒト *Homo sapiens* が地球上を席巻しており，ヒトが生物多様性に与える影響はこれまでには前例がないほどである．ヒトの活動のために，現在の世界においては危険な速さで多くの種が滅びつつある．2016年7月に国連環境プログラムのなかで英国に置かれている世界保全モニタリングセンターの研究者は，世界中の生物多様性が，すでに決められた安全な水準以下，つまり生態学的な機能が悪影響を受けてしまう限界以下にまで下がってしまっていると発表した．世界中の陸上の推定58%がすでに10%の生物多様性を失っていることを科学者たちは見いだしており，特に，草原やアマゾンの熱帯雨林のような生物多様性のうえでのホットスポットが壊滅的であるという．

これは，ヒト以外の生物がヒトの生活の基本的な需要を満たしていることを考えると，警告的なニュースである．植物や光合成をする原生生物は私たちが呼吸をするための酸素を生産してくれていて，同時に食物も提供してくれている．生態系全体がいわゆる生態系のサービスを私たちに提供してくれていて，ヒトはその環境からの恩恵を享受している．たとえば，カリフォルニア州北部の海辺のセコイヤは霧や靄や雨を受け止めて地下水として供給してくれている．

現代の生物学者は，私たちが新たな大量絶滅への道をたどっていると主張し，その原因は明らかであるとしている．それは，地球上にすみ地球を利用しようとして人口を増やし続けるヒトの活動である．

章末確認問題

1. 地球上で最初の単細胞生物が進化したのはどの時期か.
(a) 3700年前　(b) 370万年前　(c) 37億年前
(d) 地球上に生命がいつ誕生したのかはわからない

2. 原核生物による____の産生は大気中のその濃度を上昇させ，より複雑な生物が進化することを可能にした.
(a) 二酸化炭素　(b) 酸素
(c) 窒素　(d) 上記のすべて

3. カンブリア大爆発という用語が意味するのはどれか.
(a) 生物多様性の増加
(b) 大量絶滅
(c) 増加する気体の濃度により大気中で爆発が生じる
(d) 水面下の火山活動により海洋で噴火が起こる

4. あるグループの動物が拡大して新たな生態学的な役割をもつようになり，その過程で，新たな種を形成して，より上位の分類学的なグループを形成する事象は，次の用語のうちどれか.
(a) 種分化　(b) 大量絶滅
(c) 進化　(d) 適応放散

5. 左の各用語の定義を右から選べ.

クレード	1. 直近で二つのグループに共通する祖先に起源をもつ明瞭な特徴
ノード	2. 祖先とそのすべての子孫
系統	3. 祖先のグループが二つの独立した系統に分かれた時点
系統樹	4. 関連する生物のグループ間の進化的な関係性を示す模式図
共有派生形質	5. ある生物の一族グループ(血族)

6. 正しい用語を選べ.
古細菌や細菌を含むドメインは[原核生物／真核生物]とよばれる. [真核生物／原核生物]ドメインには四つの界が含まれる. [植物／菌]界が最初に陸上に進出した. [動物／植物]界は菌界と最も近い関係にある.

7. 次のなかで5回の大量絶滅のありうる原因として考えられないものはどれか.
(a) 気候の変化
(b) 大気中または海洋中の気体組成の変化
(c) 彗星や小惑星の衝突
(d) 世界規模の雷雨
(e) 火山噴火

8. 始祖鳥は
(a) 原核生物ドメインに属する
(b) 原生生物界に属する
(c) 先カンブリア紀に生きていた
(d) 現存の鳥類よりもずっと大型であった
(e) 鳥類の進化における初期の例である

9. 次の生物の属するドメインと界は何か.
(a) 始祖鳥　(b) アンズタケ　(c) ヤシの木
(d) イソギンチャク　(e) あなた

10. 次の進化上の出来事を最も早いものから順に並べよ.
(a) カンブリア爆発
(b) 地球の起源
(c) 植物の陸上進出
(d) 細菌によってつくられた酸素の豊富な環境
(e) 恐竜からの鳥類の進化

11. 生物のドメインと界の間の進化的関係を示す次の系統樹の空欄を埋めよ.

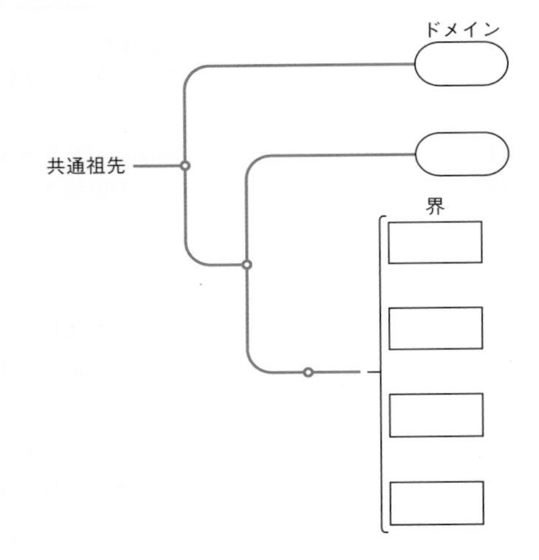

15 細菌と古細菌

本章のポイント
- 細菌と古細菌の違い．両者が原核生物とよばれる理由
- 原核生物が真核生物よりも速く繁殖し，生存に有利な理由
- 古細菌が生息する環境の例
- 細菌の代謝多様性を示す具体例
- 原核生物に特徴的な細胞構造の機能
- 市民科学の科学研究への貢献

15・1 ヒトにすみつく微生物

集まった群衆は場所を求めて押し合った．研究者たちは，細長い綿棒を彼らに配った．綿棒をもらうと，彼らはシャツを持ち上げ，綿棒をお臍に挿入して回し，試験管に入れて密封した．科学研究のプロジェクトに参加したボランティアたちであった．

ノースカロライナ州立大学の応用生態学者は，私たちの皮膚には何がすんでいるかという単純な問に答えるプロジェクトをはじめた．臍は，小さく気になる存在のため，観察するには最適な場所であった．

臍のゴマを取除くと，残った汚れはごみではなく生きている．私たちの体は一つの生態系を構成しており，推定39兆個の常在性の**微生物**（microbe，顕微鏡でようやく観察できる微小な生物）がすみ，その大部分は細菌である．人体がおよそ37兆個の細胞で構成されていることを考えると，微生物とヒトの細胞比は約1：1である．**マイクロバイオーム**（microbiome，**微生物叢**）は，私たちの細胞や体に生息する微生物すべての集合体であり，ヒト消化管の健康，脳，体臭にさえ影響を与える．

微生物は，私たちの消化管の中やまつげの上，“腹部の穴”ともよばれる臍にすんでいる．実際，臍は皮膚の湿った保存領域で，人が定期的に洗わない数少ない領域の一つであるため，常在性微生物の研究に理想的な場所である．プロジェクトの生態学者は，個々のボランティアの臍で泳ぎ回っている微生物を特定できれば，なぜ私たちそれぞれに微生物がすんでいるのかというもっと重大な問に学生たちが関心をもつことを知っていた．どの微生物が私たちの皮膚にすむかを，何が決めているのか，彼は非常に興味をもっていた．

地球上の生物の三つのドメインのうち，細菌は，古細菌と真核生物の共通の祖先から最初に分かれた（図15・1）．ある化石証拠から約34億8000万年前に分かれたと推定されているが，2016年のグリーンランドでの発見は，地球に小惑星が衝突した時期に近い37億年前には，早くも細菌が存在していたことを示唆している．

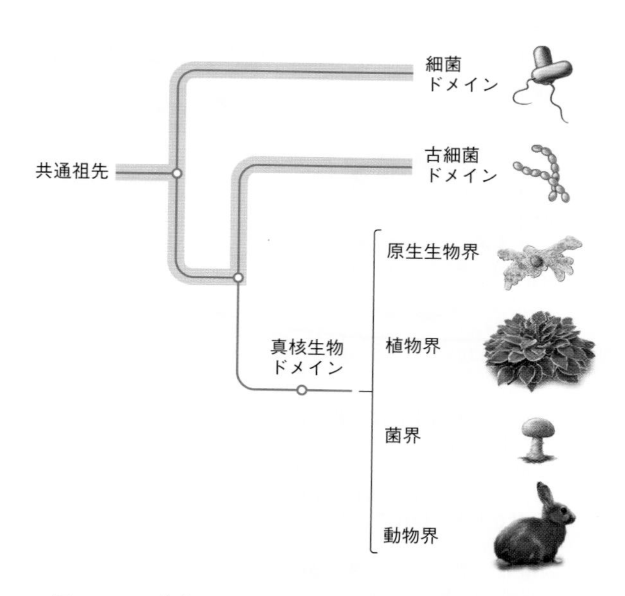

図 15・1 生物の三つのドメインのうちの二つ． 細菌と古細菌は，二つの異なるドメインである．それらは真核生物にはない多くの特徴を共有している．

古細菌はずっと後の，約 27 億年前に真核生物から分かれたらしい．細菌と古細菌には，DNA，細胞膜の構造，代謝に多くの小さいながらも有意な違いがある．この二つのドメインは，真核生物とは異なる特徴も共有するので，古くから原核生物という共通の名称でまとめられる．

原核生物(prokaryote)は，細胞質に一つの環状 DNA が浮遊している単細胞生物である（原核細胞と真核細胞の比較については図 4・5 参照）．真核生物の細胞とは異なり，原核生物は膜に囲まれた細胞小器官をもたない．原核細胞は，真核細胞よりも単純であるだけでなく，とても小さいためほとんどが顕微鏡レベルの大きさで肉眼では見えない．単純な構造と環状 DNA のおかげで，原核生物は真核生物よりもはるかに速く繁殖でき，10〜30 分ごとに倍増する（図 15・2）．

両ドメインの原核生物は広く分布して非常に大量に存在し，驚くべき代謝の多様性を示している．地球上の生物の大半は単細胞原核生物である．地球上の原核生物の数は約 5,000,000,000,000,000,000,000,000,000,000 (5×10^{30}) であると推定されている．たとえば，生物圏の生態に重要な役割を果たす外洋において，最も大量に存在する生物は，魚や藻類ではなく，原核生物である．

原核生物の繁栄は，一部は原核生物の個体群の非常に速い繁殖のおかげであるが，原核生物がほぼどこでも，海底深くの熱水噴出孔やヒト消化管の酸性環境など，他の生物ではほとんど生存不可能な多くの場所でも生存できるおかげでもある．ヒトの体は微生物であふれ，私たち一人一人が動物園のようなものである．

プロジェクトの研究チームは，前述の集会を含む地域のイベントで約 60 の綿棒を集めた後，さらに全国から臍の綿棒を集めるために，大規模な社会活動を進めた．このような**市民科学**（citizen science）のプロジェクトでは，一般の市民が専門の研究者と協力してデータを集め，時には分析さえ行って研究に参加する．プロジェクトに参加した人々は，私たちの体にすんでいる微生物が私たちの健康にどれほど重要であるかを学び，皮膚のマイクロバイオームについて語るようになった．

オランダの商人レーウェンフックは，1668 年に手づくりの簡単な顕微鏡を使って池で泳ぎまわる細菌を発見し，微生物の世界にはじめて目を向けた．それから 350 年の間に，微生物の世界に関する私たちの知識は大きな発展を遂げた．

現在，細菌と古細菌は，地球上で見つかった種の 2/3 以上を占めることがわかっている．2016 年，UC バークレーの微生物学者たちは，地球の至るところに潜んでいる細菌と古細菌の膨大な多様性を含む進化の系統樹をはじめて発表した．その系統樹の作成に使ったデータにより，彼らは原核生物が圧倒的に多数派であることを明らかにした（図 15・3）．

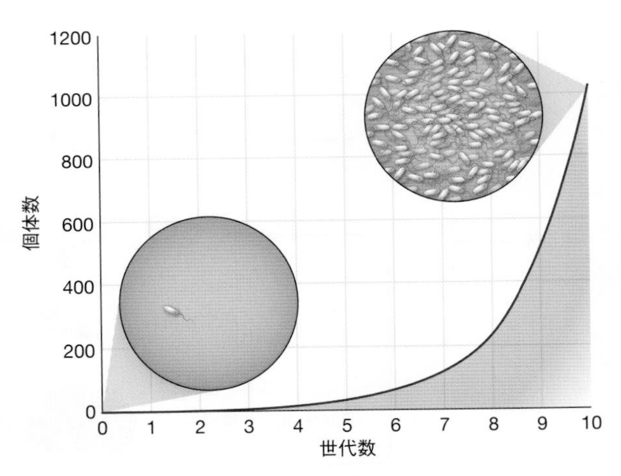

図 15・2　原核生物は，非常に速く繁殖できる． 1 個の原核生物は 10〜30 分以内に二つに分裂できる．その 2 個の原核生物は，各々が同じ時間でさらに二つに分裂できる．このことは，1 個の細菌や古細菌でさえ，非常に短期間で大きな個体群になれることを意味している．

問題 1　1 個の原核生物が 20 分ごとに分裂すると，1 時間後に何個になるか．

問題 2　世代時間が 20 分の場合，どのくらいの時間で個体数は 2 倍になるか．

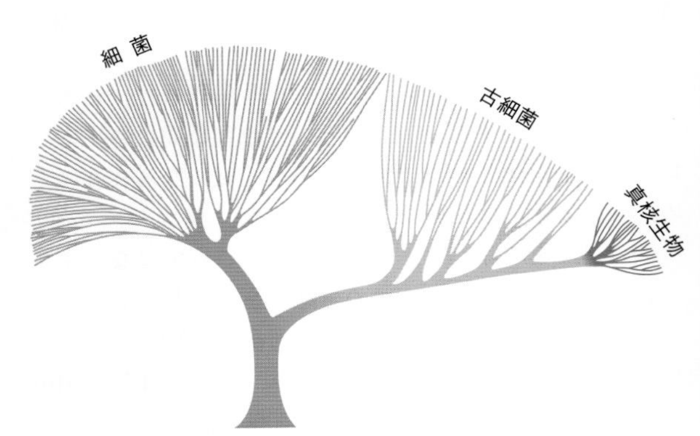

図 15・3　最新の系統樹． 三つのドメインすべてにわたって 3083 属の生物から DNA が抽出され，その塩基配列が決定された．この情報は門に統合され，系統樹の各門は，DNA 類似性により測定された他の門との関連性に基づいて配置された．

問題 1　地球上で見つかった最初の生物は図のどこに位置するか．

問題 2　古細菌ドメインと真核生物ドメインが分かれた場所は図のどこか．

15・2 原核生物の基本構造

2010年，前述の生態学者の研究室では，学部生がいたずらで研究室の人たちから採取した微生物を使ってクリスマスカードをつくろうとした．彼女は共同研究者たちに臍の検体の採取を頼み，各検体をペトリ皿にまき，細菌を育ててコロニーにした．複数の人々から取った細菌を育てるにつれて，研究室の人たちがもつ微生物には，予想以上に多様性があることがすぐに明らかになった．

このクリスマスのいたずらは，ある人の微生物が他の人のものとなぜ異なるのかという重要な問を提起した．生態学者は微生物が私たちの健康に重要であることを知っていたが，どの特定の微生物がその人の皮膚にすむのかを決めている因子は何か，誰も知らなかった．

そこで研究チームは，地域で集めた綿棒を使って研究をはじめた．実験の初期には，参加者は各人の微生物集団を視覚的に表現することに従事した．研究チームは各検体をペトリ皿にまいた後，微生物の所有者のために写真を撮った．原核生物は単細胞生物であるが，もとの1個の細胞が繰返し分裂してつくられる同一細胞のコロニーを形成することがある．この細菌の生殖様式の結果，皿に明るく劇的な模様が生じた（図15・4）．

顕微鏡で観察すると，個々の微生物はさらに多様で精巧であった．細菌と古細菌の細胞は，棒状から球状，さらに渦巻き状まで，非常に多様な形である．それでも，それらはすべて基本的な構造をもっている（図15・5）．大部分の細菌と多くの古細菌には，細胞膜を囲む保護的な細胞壁がある．一部は，その細胞壁のまわりにさらに**莢膜**（capsule）とよばれる包みをもっている．滑りやすい生体分子でできた莢膜は，目に見えないマントのように働く．すなわち，私たちのような生物を外来の侵略者から守る免疫系から，病気をひき起こす細菌が逃れるのを莢膜は助けている．

研究チームは，一般的な細菌の特徴である**線毛**（pilus, *pl.* pili）とよばれる短い毛状の突起で表面を覆われた細菌を数多く観察した．細菌は線毛を使ってつながり，塊を形成したり，ヒト腸細胞のような環境の表面に付着したりする．一部の細菌は，**鞭毛**（flagellum, *pl.* flagella）とよばれる1本以上の長い鞭状の構造をもっている．鞭毛は，プロペラのように回転し，細菌の移動を助ける．

顕微鏡で観察すると，一つの顕著な細胞的特徴である真の核が，原核生物には欠けていることがわかる．原核細胞は通常，真核細胞よりもはるかに少ないDNAしかもっていない．原核生物の遺伝子はかなり少なく非コードDNA（タンパク質には翻訳されないが，調節やその他の機能をもつかもしれないDNA）も比較的少ないからである．対照的に，真核生物は一般に，より多くの遺伝子とはるかに多くの非コードDNAをもっている．

研究チームはコロラド大学の生態学者と共同で，常在性の微生物，特に研究室の培養では育たない微生物を同定するため，各臍検体のDNA塩基配列を調べた．そのためにはまず，微生物を機械的に砕き，界面活性剤で細胞膜を化学的に溶かし，DNAを抽出しなければならなかった．次に，試料をカラムとよばれるシリカの沪過器に通してDNAを集め，他の堆積物は通過させた．こうして単離したDNAを，ポリメラーゼ連鎖反応（PCR）法（図9・7参照）を用いて増幅した後，その短い1断片，16SリボソームRNA（16S rRNA）とよばれるよく研究された遺伝子の約250ヌクレオチドの塩基配列を決定した．16S rRNAはすべての細菌と古細菌に存在する

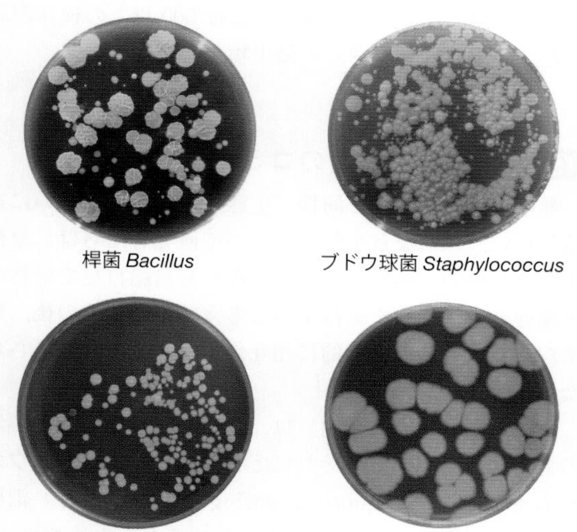

図15・4 臍にすむ細菌の生物多様性． 各ペトリ皿は，1人の臍の検体から集めた細菌のコロニーを含んでいる．

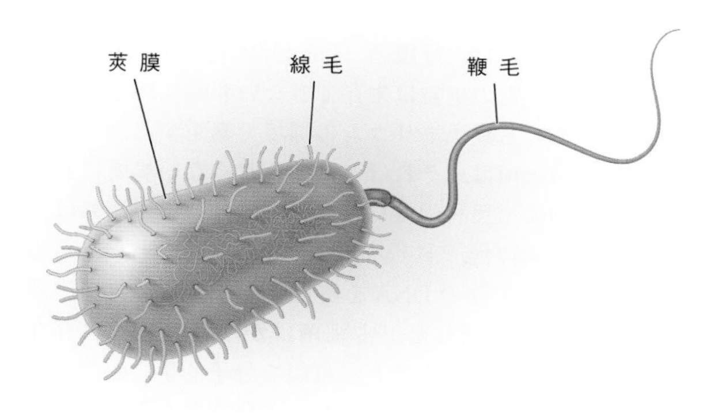

図15・5 単純な構造と多様な形態． 細菌と古細菌は，真核生物に比べて単純な細胞構造を共有しているが，形は著しい多様性を示し，特殊な働きをする付加的構造をもつことがある．

が，種によって大きく異なるため，微生物の種を同定するためのバーコードのような標識として役立つ．

2012年，研究チームは，最初に集めた綿棒から得られた結果を発表した．92の臍から1400種の細菌が同定された．そのうちの約600種程度は，既知の種とは塩基配列が異なっていた．

彼らは，臍にすむ新種の細菌を発見した．さらに，生態学者はデータに隠れている分布様式を探し，臍に存在する微生物がある程度予測可能であることを見つけた．6種の細菌が約80％の人々にあり，それらの種が存在する場合は，最も蔓延する傾向があった．その分布様式は，熱帯雨林の生態に似ていた．どんな森林でも，種類は異なるかもしれないが，そこで優勢な木はある特定のわずかの種類に限定されている．

同様に，まれな種は，臍に少量しか存在しない傾向があった．馴染みがある種では，たとえば，足の臭いの原因として知られる枯草菌 *Bacillus subtilis* は，一部の臍にもすんでいる（同じ臭いをひき起こすらしい）．非常にまれな種もあり，1人の参加者の臍には，以前は日本の土壌でしかみられなかった種がすんでいたが，彼は日本に行ったことはなかった．生態学者は農薬を食べることしかわかっていない種が自分の臍にすんでいることを見つけたが，なぜすんでいたのか謎のままである．

驚くべきことに，研究チームは細菌以外のものも発見した．何年も体を洗っていないと語っていた非常に“香りのよい”人から，彼らは2種の古細菌を検出したのである．細菌でも一部は極端な環境で繁栄しているが，古細菌ドメインに属する生物の多くが，極端な生活様式でよく知られている（図15・6）．ある古細菌は**好熱菌**（thermophile）であり，間欠泉や温泉，熱水噴出孔（沸騰水を噴き出す海底の亀裂）に生息する．そのような高温では大部分の生物の細胞は機能できないが，好熱菌は他の生物では不可能な場所での繁栄を可能にする進化的革新を編み出した．**好塩菌**（halophile）に分類される別の古細菌は，他の生物は生存できない非常に塩分濃度の高い，すなわち高ナトリウムの環境で繁栄する．

しかし古細菌は，それほどめずらしくない場所にも存在する．別の市民科学プロジェクトでは，学生たちは自宅の表面（調理台，ドアの枠，テレビ画面など）から綿棒で集めた微生物のDNAを解析した．彼らは再び，数種の古細菌を発見した．古細菌はかなり一般的に存在し，それらを見つけることが可能な分子的手段が確立されはじめているのである．これまで研究者たちは遠くの到達困難な場所で古細菌を発見するのに多くの時間を費やしてきたが，古細菌はいまや自分の臍で簡単に見つけることができる．

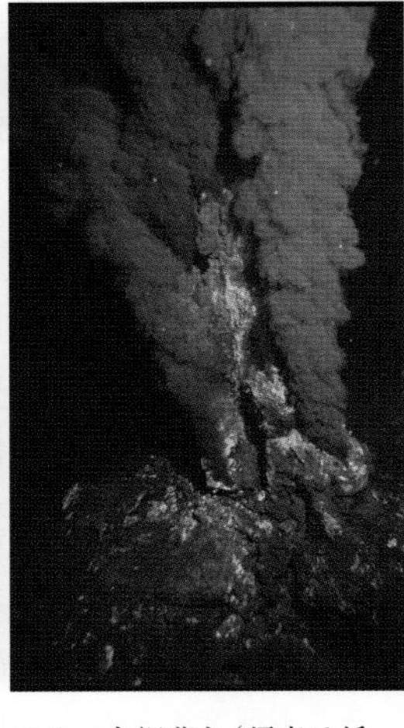

図 15・6 古細菌はどこにでもいる． 古細菌と（頻度は低いが）細菌は，ヒトが生存できない環境で繁殖する．（左上）鉱物に富む熱水泉．（左下）古細菌の新種が，廃坑になった銅山で最近見つかった．鉱山から出る酸性廃液に生息する種もある．（右）水素を食べ，メタンを生成する古細菌は，深海の熱水噴出孔に生息する．

臍に話を戻すと，なぜ各人がその細菌をもっているのかという主要な問に研究チームはまだ答えることができなかった．参加者の性別，民族性，参加者が臍を洗う頻度，年齢などを調べたが，これらの生物学的または生活様式のいずれにも，その要因を見つけることはできなかった．

そこで，彼らはさらに多くの検体を調べることにした．人を雇い，全国の学生やボランティアに臍の検体を送ってもらうプログラムをはじめた．社会活動の努力のおかげで，全国のボランティアが自分の臍から検体を採取し，密封した．すぐに研究室には600以上の検体が届いた．そこにはたくさんの微生物が含まれていた．

15・3 原核生物間のコミュニケーション

熱帯雨林の動植物と同様，生態系の微生物は互いに連絡し合い，生殖などを行う．かつて研究者たちは，原核生物は究極の一匹狼である，すなわち自給自足で厳格な単細胞の生活様式を維持すると考えていた．その後，細菌が多くの方法で物理的に相互作用することが発見された．

一部の細菌（と古細菌）は，集団の密度に応じて領域の他の細菌を感知し，それに応答することができる**クオラムセンシング**（quorum sensing）とよばれる，細胞間コミュニケーションの独特なシステムをもっている．たとえば，病気をひき起こす細菌は，その数が宿主生物の免疫系を圧倒するのに十分多いことを感知すると，急

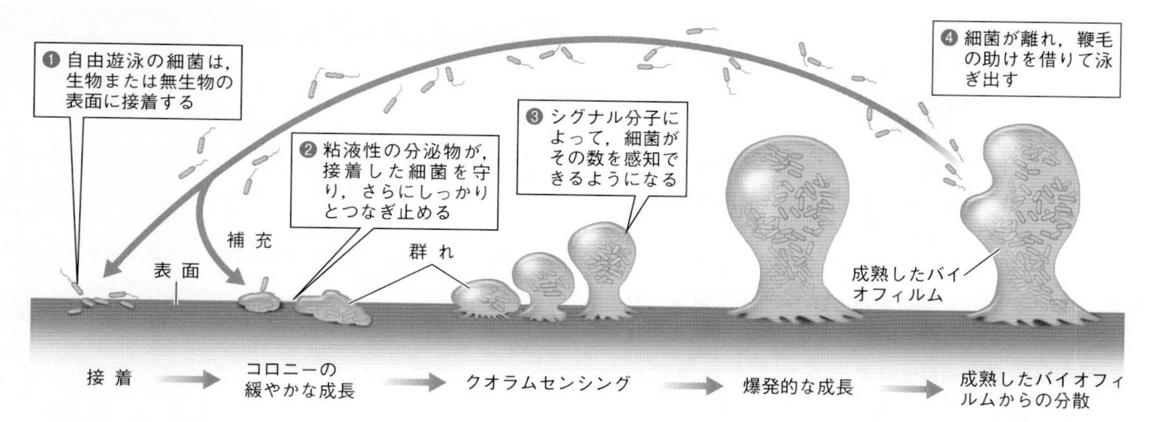
❶ 自由遊泳の細菌は，生物または無生物の表面に接着する
❷ 粘液性の分泌物が，接着した細菌を守り，さらにしっかりとつなぎ止める
❸ シグナル分子によって，細菌がその数を感知できるようになる
❹ 細菌が離れ，鞭毛の助けを借りて泳ぎ出す
補 充
表 面
群 れ
成熟したバイオフィルム
接 着
コロニーの緩やかな成長
クオラムセンシング
爆発的な成長
成熟したバイオフィルムからの分散

図 15・7 クオラムセンシングは，細菌の協調的行動を可能にする. クオラムセンシングを使い，細菌の個体群は適切な条件下でその病原性，増殖率，抗生物質への耐性を高めることができる．環境ハザードから細菌を保護するため，クオラムセンシングを通じてバイオフィルムがつくられる．

速に増殖をはじめるようである．別の細菌は，同じまたは異なる種で構成される**バイオフィルム**（biofilm）とよばれる丈夫な凝集体を形成して，その行動を調整する（図 15・7）．

考えると不思議であるが，これらの活動はすべて，生殖を含め，私たちの皮膚で起こっている．原核生物は典型的には，無性生殖の一種である**二分裂**（binary fission）とよばれる過程で二つに分かれることにより，繁殖する（図 6・2 参照）．親細胞の DNA は分裂前に複製され，生じる娘細胞各々に 1 コピーずつ伝えられる．娘細胞の遺伝情報は，無性生殖では常に親細胞の遺伝情報と実質的に同じである．

原核生物は有性生殖を行わないが，環境や他の細菌から DNA の断片を捕まえ，自分の遺伝物質に取込むことができる．微生物間での遺伝物質の移動は，**遺伝子水平伝播**（horizontal gene transfer）として知られ，原核生物の細胞質内のプラスミド（細菌や古細菌自体の環状 DNA とは別の小さな環状 DNA）が関係する（図 12・8 参照）．（遺伝子水平伝播は，一部の真核生物でも同様に起こる．たとえば，顕微鏡でしか見えない淡水動物の一種であるヒルガタワムシは，ゲノム DNA の約 8% を細菌から取込んだ．）細菌は**細菌接合**（bacterial conjugation）として知られる過程を介して，別の細菌と直接 DNA を交換することができる．あるいは，細菌が死んで破裂し，放出された DNA が別の細菌によって単に取込まれることもある．

一部の細菌は，古細菌と異なり，**胞子形成**（sporulation，胞子とよばれる厚い壁をもつ休眠中の構造の形成）を行うことができる．胞子は，細菌のいわば防空壕である．胞子は沸騰しても凍結しても生存できるので，再び生殖に好ましい状態になるまで細菌は胞子の中で長い期間をもちこたえることができる．多くの場合，抗生物質でさえ細菌の胞子を殺すことはできない．

15・4 原核生物の多様性

研究チームは追加の検体を解析したが，それでも臍にすむ微生物の違いを説明できなかった．ヒトが宿主となる種の数や種類に影響するいかなる要因も，彼らは同定できなかった．

そこで彼らは，最近広まりつつある研究手法を使うことに決めた．他の研究者が使えるように，すべてのデータをオンラインで自由に（参加者に関するすべての個人情報は削除して）利用可能にしたのである．つまり，全員の力を借りる必要があったのだ．

戦略はうまくいった．メリーランド大学の数学者は，データに対して新しいアプローチをとった．性別や場所のような参加者の特徴に焦点を当てるのではなく，微生物の特徴を調べ，好気性か嫌気性か，2 種類の細菌のどちらかがヒトで優勢になる傾向があることを，彼女は見つけた．

好気性細菌（aerobe）は，生存のために酸素を必要とする原核生物である．臍で見つかった小球菌 *Micrococcus* の種は好気性細菌である．このため小球菌の種は，臍の奥深くではうまく生存できず，体表面で繁栄しているようにみえる．

別の臍常在性の *Clostridia* の種は，酸素を使わない．これらは，酸素なしで生存する原核生物，**嫌気性細菌**（anaerobe）である．実際，一部の嫌気性細菌には酸素は有害である．嫌気性の古細菌には，数種の**メタン生成**

菌（methanogen）があり，それらは水素を食べ，代謝の副産物としてメタンガスを産生する．酸素が豊富でも無酸素でも生存する能力は，原核生物がたいていの生息地で見つかるもう一つの理由である．

好気性と嫌気性を切替えることができる原核生物さえいる．研究チームが臍で見つけた最も一般的な細菌の一つは，ブドウ球菌 *Staphylococcus* であった．それは病原体としてよく知られているが，皮膚にいるブドウ球菌は一般には善玉である．皮膚ではブドウ球菌は健康に有益で，押寄せる他の病原体を撃退する．表皮ブドウ球菌 *Staphylococcus epidermidis* のようなブドウ球菌の一部は，典型的には好気性であるが，酸素が不足している場合は，**発酵**（fermentation）として知られる，糖の分解を伴う特別な種類の嫌気性代謝（ビールやワインの発酵に使われるものと同じ過程，発酵については図5・9参照）に切替える．いいかえれば，このようなブドウ球菌は，ほんの少し臍ワインをつくっているだろう．

ブドウ球菌のように，枯草菌 *Bacillus subtilis* は棒状の胞子を形成する細菌であり，好気性，嫌気性，どちらの状態でも増殖できる．研究者によれば，枯草菌は臍や他の皮膚領域で闘い，他の細菌や足の真菌類さえ全滅させる抗生物質を産生している．原核生物は，**従属栄養生物**（heterotroph）とよばれる消費者か，**独立栄養生物**（autotroph）とよばれる生産者かのどちらかである（表15・1）．独立栄養生物は自分で食物をつくるが，枯草菌のような従属栄養生物は，他の供給源から食物をとることによってエネルギーを得る．厳密にいえば，枯草菌は**化学合成従属栄養生物**（chemoheterotroph）であり，有機物を消費して化学結合の形でエネルギーを，炭素含有分子の形で炭素を得る生物である．光合成細菌の一部の種は，**光従属栄養生物**（photoheterotroph）であり，有機物から炭素を，太陽光からエネルギーを得る．

光独立栄養生物（photoautotroph）とよばれる一部の独立栄養生物は，太陽光のエネルギーを吸収し，光合成を行うために二酸化炭素を取込む．他の**化学合成独立栄養生物**（chemoautotroph）とよばれる生物は，太陽光の代わりに鉄鉱石，硫化水素，アンモニアなどの環境中の無機物からエネルギーを得る．

実際に，地球上で最初の光独立栄養生物は原核生物であった．水生の細菌の一つであるシアノバクテリアは，光合成を進化させ，副産物として酸素を産生することにより，地球の化学的環境を変える原因になったと考えられている．酸素は大気と水に蓄積され，ゼロ近かった酸素濃度は，約21億年前ほぼ10％まで上昇した．化石記録は，そのころに真核生物が出現し，シアノバクテリアによって産生された酸素が真核生物，特に多細胞生物の進化を促進したことを示唆している．

表 15・1　エネルギー源と炭素源に基づく原核生物の分類

		エネルギー源	
		光	化学物質
炭素源	二酸化炭素	光独立栄養生物	化学合成独立栄養生物
	有機物	光従属栄養生物	化学合成従属栄養生物

問題 1　洞窟に生息する原核生物が使うと予想されるエネルギー源は何か．
問題 2　シアノバクテリアは，この分類のどれにあてはまるか．その理由も述べよ．

現在も，原核生物は真核生物を支え続けている．細菌は，**窒素固定**（nitrogen fixation）として知られる過程を介して，植物を直接助けている．植物はアンモニアや硝酸塩の形で窒素を必要とするが，自分ではつくることができない．しかし，細菌は，大気（成分の78％が窒素）から窒素を取出し，それを植物が利用できるアンモニアに変えることができる．

独立栄養生物は，地球上で生存可能な唯一の原核生物ではない．多くの従属栄養生物の細菌や古細菌は分解者であり，死んだ生物の残骸や，尿や便などの廃棄物から栄養分を抽出する消費者である．分解者は，**栄養循環**（nutrient cycling）に重要な役割を果たしている．つまり，死体や廃棄物を分解することにより，生体物質に固定された化学元素を放出し，環境へと戻す．カリウムや窒素，リンなどの放出された元素は，その後，独立栄養生物によって，最終的には従属栄養生物によっても利用される．

15・5　ヒトの健康を守るマイクロバイオーム

レーウェンフックが最初に顕微鏡で観察して以来，人々は疑いと恐怖を抱いて微生物を見る傾向があった．私たちの体が絶えず争い続ける悪者のように微生物をとらえていた．しかしいま，私たちの生態系が微生物なしでは機能しないことを，微生物がいなければ呼吸する酸素も食べる植物もなくなってしまうことを，私たちは知っている．消化管や皮膚にいる微生物は，健康バランスが保たれている場合は，ヒトの健康を促進してくれる．

ヒトマイクロバイオームの群集がバランスを失う，すなわち，**ディスバイオシス**（dysbiosis）とよばれる現象により病気をひき起こす可能性があるので，健康バランスは重要である．このほか病原菌が病気をひき起こすこともある．細菌の大部分は無害で，実際は多くの細菌がヒトに有益であるが，なかには軽度な疾患から致命的な疾患までひき起こす細菌もある．

私たちの皮膚の微生物の多様性は，実際，病原体を遠ざけるのに役立っている．危険な病原体が皮膚に着くと，免疫系がそれを攻撃する前から，皮膚の微生物は闘っている．皮膚に多様な微生物がいれば，そのうちの一つが病原体をやっつける可能性があると研究者は考えている．

臍プロジェクトが大きな反響をよんだ後，研究チームは新たな市民科学プロジェクトを開始し，臍の場合と同様，ヒトの腋窩（脇の下）にすむ微生物の検体を集めはじめた．予備研究では，制汗剤や消臭剤の使用が細菌の増殖を劇的に阻止し，皮膚の微生物個体群の構成に影響を与えることが見つかっている．現在，彼らはイヌの皮膚にすむ微生物についても調べている．イヌの皮膚の傷がヒトよりも速く治癒するのは微生物の働きではないかと考え，皮膚に存在する微生物と創傷治癒率の関連を明らかにしようとしている．

章末確認問題

1. 原核生物に含まれるものはどれか．
   (a) 古細菌　(b) 細菌　(c) 真菌類
   (d) a と b の両方　(e) b と c の両方
2. 一部の原核生物にあてはまるものはどれか．
   (a) エネルギーを得るために化学物質を分解する
   (b) エネルギーを得るために太陽光を使う
   (c) 自分でエネルギーをつくる
   (d) 他の生物からのエネルギーをもらう
   (e) 上記のすべて
3. 原核生物が非常に大量に存在するのはなぜか．
   (a) 狭い範囲の環境で生き残ることができるから
   (b) 環状 DNA をもっているから
   (c) 非常に速く増殖するから
   (d) バイオフィルムを形成できるから
   (e) 上記のすべて
4. クオラムセンシングにあてはまるものはどれか．
   (a) ある細菌から別の細菌へのプラスミド DNA の移動である
   (b) 細菌がバイオフィルムを形成することを可能にする
   (c) 増殖に好ましくない状態では，胞子とよばれる厚い壁をもつ休眠中構造を形成する
   (d) 酸素濃度が低いと感じると，細菌が呼吸から発酵に切替えることを可能にする
5. 正しい用語を選べ．
   2 種類の原核生物のうち，[古細菌／細菌]は，真核生物により近縁である．[古細菌／細菌]ドメインには，病原体であるいくつかの種が含まれる．[原核生物／真核生物]はより小さく，より複雑でない細胞から構成され，より速く増殖することができる．[原核生物／真核生物]の一部は，多細胞生物である．
6. 原核生物ができないものはどれか．
   (a) 環境の状態について相互にコミュニケーションしあう
   (b) 有性生殖を行う
   (c) 高塩，高温，高圧などの極限環境で生存する
   (d) 他の原核生物と DNA を共有する
   (e) 1 時間に 2 回以上分裂し，個体群の大きさが 2 倍以上になる
7. 原核生物にのみあてはまるものはどれか．
   (a) 二分裂を介して増殖する
   (b) 遺伝物質は DNA である
   (c) 単細胞である
   (d) 細胞小器官が含まれる
   (e) 上記のいずれでもない
8. 本章で述べた臍の研究で行われた手順を，早い順に並べよ．
   (a) 臍の細菌は人それぞれに異なるらしいことが観察された
   (b) DNA 塩基配列を決定した
   (c) DNA を検体から単離した
   (d) ボランティアたちが，細菌の検体を採取するために臍を拭き取った
   (e) 細菌の検体をペトリ皿で育てた

16 植物，真菌類，原生生物

本章のポイント

- 原核生物と真核生物の違い
- 原生生物界の特徴
- 植物の主要な進化的革新の概説
- 真菌類が環境からエネルギーを得るための構造と機能の関連性
- 本章で取上げる三つの界のおもな特徴と生物の例

16・1 真核生物の特徴

タイのバンコクの野生生物市場では，数万もの植物が販売されていた．そのなかを，シンガポール国立大学の大学院生が，植物の違法取引を記録するために歩いていた．植物の保全や取引法の施行に対する関心は低いので，東南アジアの公共市場では違法な販売が公然と行われている．

当時のタイの野生生物取引管理局でさえ，違法取引は限られていると主張していた．しかし，植物生態学を専攻する大学院生は，市場にある植物の大部分が，販売が違法な野生の保護植物であることを知っていた．このような市場で取引される植物の80％以上を占めるのは，野生のランである．彼は指導教員の支援を受け，タイの四大植物市場における違法植物取引の大規模な調査を行った．東南アジアでは，はじめての調査であった．象牙やサイの角のような動物の違法取引とは違って，植物の違法取引はめったに記録されることがないので，“隠れた野生生物取引”とよばれている．

植物は動物についで2番目に位置づけられることが多く，たとえば，発芽したセコイアよりも，うぶ毛のあるトラの赤ちゃんのほうが大事にされやすい．しかし，植物の生物学は，動物と同様，驚くべきものである．15章では，細菌ドメインと古細菌ドメインの顕微鏡で見える世界を探ったが，本章では，原生生物界，植物界，菌界，動物界の四つの界からなる真核生物について述べる．そのうち動物界は17章で詳しく説明する．

真核生物を定義する特徴は，核膜を含む核構造をもつことである．細胞質内に自由に浮遊する代わりに，真核生物DNAは，核膜を形成する同心円状の2層の膜に囲まれている．核のほかに，真核生物は多種多様な膜に囲まれた細胞小器官をもち，その多くはさまざまな働き（情報の伝達，エネルギー生産，清掃など）に特化しているので，細胞は効率的に機能できる（原核細胞と真核細胞の比較については図4・5参照，真核生物の細胞小器官の概要については図4・6参照）．これらの細胞小器官すべてが場所をとるので，真核細胞の直径は原核細胞の直径の平均10倍，体積は1000倍も大きい．

この細胞内の区画化により，大部分の原核細胞ができないことを真核細胞は行うことができる．たとえば，あ

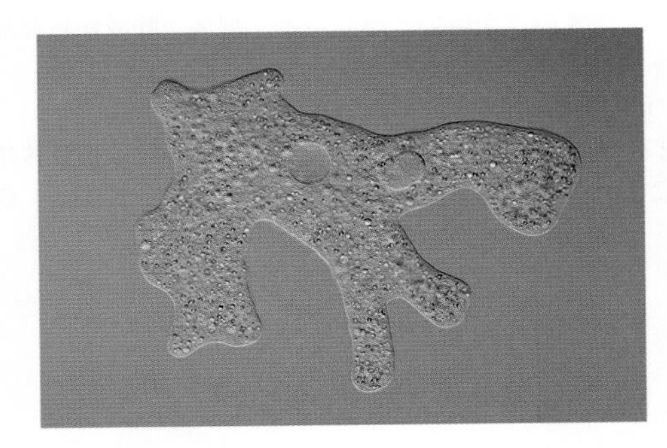

図 16・1 真核生物は核膜と区画化された細胞小器官をもつ． 真核生物のより複雑な細胞構造は，原核生物では不可能な機能を真核生物が行うことを可能にする．食胞のような細胞内区画は，このアメーバが食物である単細胞藻類を消化することを可能にする．アメーバは，別の細胞小器官である収縮胞の助けを借りて余分な水を排出する．

る真核生物は獲物を貪食し，体内でそれらを消化する．これは，球状のアメーバのような多くの単細胞真核生物が食べるやり方である．真核生物は，粘性のある細胞質の腕を伸ばして他の細胞全体を飲み込んだ後，複雑な細胞内区画系を使って獲物を消化し，老廃物を取除いて残った食物を貯蔵する（図16・1）．

16・2 原 生 生 物

アメーバは単細胞の真核生物である．大部分の単細胞真核生物は**原生生物**（protist）とよばれるが，原生生物は消去法によって定義される雑多な種を含む界である．つまり，すべての原生生物は真核生物であるが，植物でも動物でも真菌類でもないという理由だけで同じ界にまとめられている（図16・2）．複数の界に原生生物を分ける分類表がいくつか提案されているが，その一つが最善の方法であるという合意は，科学者の間でも得られていない．原生生物は伝統的に光合成を行わず，運動性のある**原生動物**（protozoan）と，光合成を行い，運動性については問わない**藻類**（alga）の二つに大きく分けられる．しかし，近年の分子系統解析の結果はこれを支持していない．

原生生物の大きさ，形，細胞の組織化，栄養様式は多様である．大部分の原生生物は単細胞で顕微鏡レベルの大きさであるが，その一部は，粘菌，コンブのような大型の海藻などの多細胞生物へと単細胞から進化した．ある単細胞原生生物は，やわらかい細胞膜に囲まれているだけであるが，保護シートや厚い被膜，他の種類の防護壁で覆われている原生生物もいる．

大部分の原生生物は運動性であり，1本以上の**鞭毛**（flagellum）の助けを借りて，あるいは**繊毛**（cilium）とよばれる小さな毛の絨毯を波打たせることによって泳ぐ．ほかに，**仮足**（pseudopodium，**偽足**）とよばれる細胞突起の助けを借りて，硬い面の上をゆっくり動く原生生物もいる．

多くの原生生物は従属栄養生物で，他の生物を食べる．従属栄養生物の一部は分解者として働き，老廃物を分解して栄養物を環境に放出し，その栄養物は生産者に取込まれて食物連鎖の循環に戻る．このほか，栄養に日和見主義の**混合栄養生物**（mixotroph），すなわち，成長

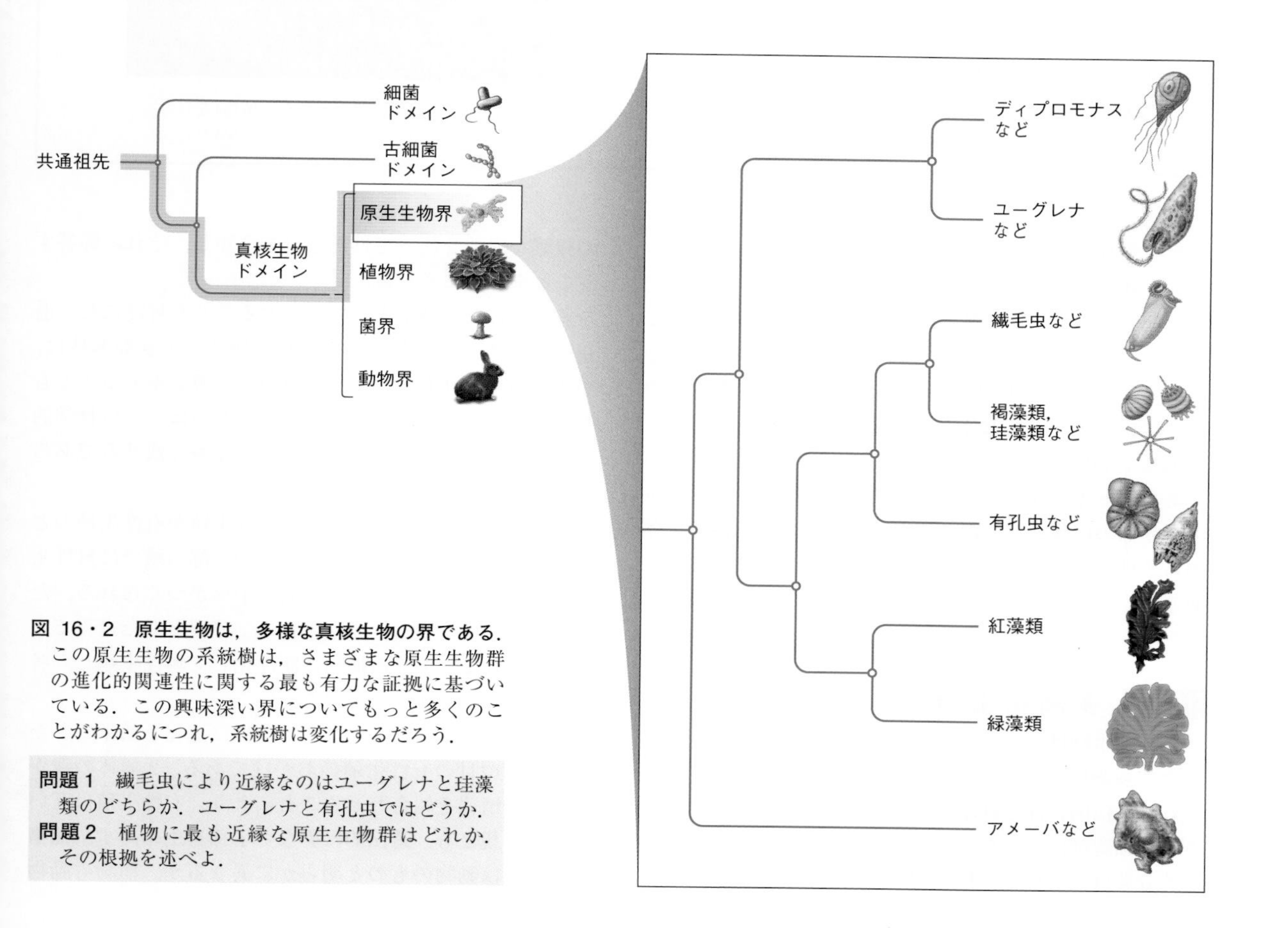

図 16・2 原生生物は，多様な真核生物の界である． この原生生物の系統樹は，さまざまな原生生物群の進化的関連性に関する最も有力な証拠に基づいている．この興味深い界についてもっと多くのことがわかるにつれ，系統樹は変化するだろう．

問題1 繊毛虫により近縁なのはユーグレナと珪藻類のどちらか．ユーグレナと有孔虫ではどうか．
問題2 植物に最も近縁な原生生物群はどれか．その根拠を述べよ．

真菌類と他の生物の共生

植物が陸に上がってすぐ真菌類との相利共生関係をはじめなかったならば，現在のように陸上で繁栄しなかったであろう．現在，野生植物の大半は，根系に関連した**菌根菌**(mycorrhizal fungus)として知られる真菌類と共生している(植物と菌根菌の相利共生関係は，菌根とよばれている)．トリュフ，アミガサタケ，アンズタケ，これらグルメに愛されるすべてが，菌根菌の生殖構造である．

菌根菌は，宿主の植物の根に菌糸体の厚い海綿状マットを形成し，周囲にも伸び，時には根のまわり数ヘクタールの土壌に広がる．菌糸体は，植物の根の最も細い枝よりも細く数多く分岐し，土壌により密接に接している．その結果，菌糸体のマットは，植物の根系が自分で吸収できるよりもはるかに多くの水と無機栄養物(リンや窒素など)を取込む．真菌類は，吸収された水と無機栄養物を共有する代わりに，植物が光合成を通じてつくる糖をもらう．

菌根菌は，小さくて貯蔵食物が不足するランの種子に，栄養物を供給するのに役立っている．新たに発芽したラン種子内の胚は，成熟した光合成植物に実生を結びつける菌根ネットワークなしには生き残れない．実生は自分で光合成が可能になるまで，光合成植物から栄養物を受取る．

真菌類の相利共生は，ほかの真核生物との間のみでみられるわけではない．**地衣類**(lichen)では，光合成原核生物と真菌類が相利共生の関係にある．真菌類は光合成をする共生相手，通常は緑藻類やシアノバクテリアから糖や他の炭素化合物を受取る．その代わりに真菌類は，化学物質の混合物である地衣酸を産生する．地衣酸は，真菌類とその共生相手の両方が，捕食者により食べられるのを防ぐ可能性があると研究者たちは考えている．

地衣類は非常にゆっくり成長し，しばしば痩せた土地の開拓者となる．地衣酸は岩面を磨いて土壌の形成を促進する．岩がゆっくりと風化して土壌の粒子がつくられ，長い時間をかけ，新しくつくられた土壌に植物などの他の生物が定着する．

根に関連した菌根菌をもたない植物(左)は，もつ植物(右)のようには成長しない

や生殖を行うためにさまざまな供給源からエネルギーや炭素を利用する原生生物もいる．

大部分の原生生物は無害であるが，最もよく知られている原生生物の多くは，カの媒介によりマラリアをひき起こすマラリア原虫 *Plasmodium*，調理不十分な食物やネコのフンを介してヒトに伝わるトキソプラズマ *Toxoplasma gondii* などの病原体（疾患をひき起こす媒介者）である．トキソプラズマ症は，典型的には軽いインフルエンザ様の症状をひき起こすが，出生前の子宮内で母体から子供に伝わってより重篤な症状をひき起こすこともある．

16・3 多細胞生物

多細胞生物は，異なる系統の真核生物間で何度も進化した．**多細胞生物**（multicellular organism）はよく統合された遺伝的に同じ細胞の集合体であり，そこではさまざまな細胞群が，異なる専門化した機能を担う．この機能的分業は，多細胞真核生物が，葉，果実，眼，翼などの複雑な構造を使って外部環境を感知し，それに応答することを容易にさせる．

多細胞性は個体が大きく成長することも可能にし，潜在的捕食者から逃れるのに有利に働く．大きな個体は，小さな個体よりも効率よく環境から資源を集めることもできる．光や食物などの資源を多くもつほど，生物学的成功の究極的尺度である子孫を，より多く残せるであろう．

子孫を残すため，真核生物は無性生殖か有性生殖のどちらかにより繁殖する．真核生物の一部の種では無性生殖が一般的であり，遺伝的に同じ子孫がつくられる．たとえば，原生生物は，原核生物の二分裂と似た過程で二つに分かれる．多くの植物は断片化して無性生殖し，各断片は新しい個体に発生する．

しかし，真核生物が地球上で多様に進化し繁栄できたのは，二つ目の有性生殖のおかげである．2個体の親からの遺伝情報を組合わせることにより，有性生殖は互いにも，両親とも，遺伝的に異なる子孫を生み出す．植物の生活環は動物のものと明らかに異なるが，植物も動物のように胚をつくる．すなわち，卵と精子の融合により接合子とよばれる1個の細胞ができ，その後，接合子は分裂して胚とよばれる多細胞構造を形成する．有性生殖は，自然の個体群が遺伝的に多様化する一つの手段であり，地球上に推定40万種もの植物が存在する理由である．

核構造，細胞内区画化，多細胞性，有性生殖という独特な形質を通じて，真核生物は驚くほど多様で動的な種へと進化した．前述の生態学を専攻する大学院生は，違法に取引される植物のうち，特にランが気がかりであった．彼はバンコクのほかに，ラオスとミャンマーとの国境沿いを旅し，市場業者を含む150人以上の植物生産者や仲介者にインタビューできるローカルネットワークを構築した．

ランは書類上，最も厳重に保護されている科の一つであり，国際貿易が規制されているすべての動植物種のほぼ75%を占めている．人工的に繁殖したランは合法的に取引できるが，東南アジアのランの野生種は保護されている．しかし，タイでは保護されておらず，ランなどの観賞・薬用植物が取引されているだけでなく，近くの国々では密猟もされている．ある特定の種の存在と，その地域全体の生物多様性が脅かされているのである．

16・4 植物界Ⅰ：コケ植物，シダ植物，裸子植物

ある夜，カリフォルニア州エンシニタスのウズラ植物園から21本の木が盗まれた．すぐに盗難情報が公開され，数日のうちに，投棄された盗品の山が田舎道で見つかった．

盗まれたのは，稀少なアフリカのソテツ群，かつてジュラ紀に恐竜とともに生息していた古代型の植物であった．タイのランと同様，世界中の園芸家は観賞植物としてソテツを高く評価している．稀少な成熟したソテツは現在，国際闇市場では2万ドル以上，そう，大学に1年間通う資金に十分な額で売れる．約300種のソテツがあり，その大部分が絶滅の危機に瀕している．

皮肉にも，ウズラ植物園（現在のサンディエゴ植物園）から盗まれた21本のソテツのうち4本は救助プログラムの対象であった．その植物は不法に米国に持ち込まれ，輸入時に当局によって押収され，植物園がその世話を引き受けたものであった．植物の一部は苦難に耐え，生き残り，植えなおされた．しかし，その年に盗まれたソテツはそれだけではなかった．サンディエゴの保育園では約40本の大きなソテツが盗まれ，ロングビーチ地域の多くの家では前庭からソテツが盗まれた．

植物（plant）は多細胞の独立栄養生物であり，大部分が陸生である（図16・3）．それらが由来する緑藻類のように，光合成を行うために植物は葉緑体を使う．植物の光合成の大部分は葉で行われ，葉は一般に広く平らな表面をもち，光の吸収を最大にする設計になっている．植物は生産者であるので，本質的に陸上のすべての食物網の基礎をつくっている．植物は，動物のように可愛いらしく毛で覆われ，刺激的ではないかもしれないが，動物が存在できるのは植物のおかげである．陸上のほぼすべての生物は，植物を直接食べるか，間接的に植物を食べるほかの生物を食べるかのどちらかによって，

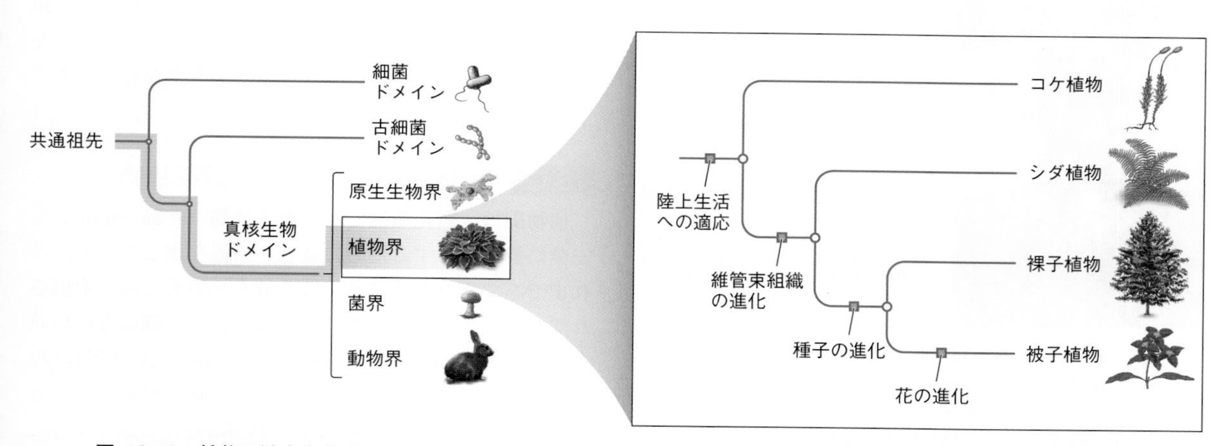

図16・3　植物は独立栄養の真核生物である． 植物は光合成を行って太陽光から自分の食物をつくり，ほぼ陸上のみに存在する．植物は，ほぼすべての陸上食物網の根底に位置する．

問題1　植物を水生の祖先から分ける進化的革新は何か．
問題2　種子をもつ植物はどのグループに属するだろうか．花をもつ植物はどうか．

最終的には食物を植物に依存しているからである.

植物は，食物であることに加え，ほかの多くの理由で有益である．多くの生物は植物に，またはおもに分解された植物からなる土壌に，生息している．植物は根などの組織で雨水を吸い上げることにより，川を汚染する可能性がある水の流出や浸食を防いでくれる．植物と藻類は二酸化炭素も再利用し，私たちが呼吸する酸素を産生してくれる.

これらの形質の多くは，陸上生活での課題への適応である（図 16・4）．最大の課題は，どのようにして水を得て，保存するかである．最初の植物，今日の**コケ植物**（bryophyte，**蘚苔類**）の祖先は，地面を這う緑の絨毯のように成長した．これらの単純な植物は比較的細い体型で，数個分の細胞の厚さのことが多く，毛細管現象によって水を吸収した．しかし，直接接触による吸収は，約 30 cm 以上地上に伸びる植物では，効率よく水を運べない．そのため，ソテツなどのより複雑な植物は，水を運ぶために特殊化した管状構造からなる**維管束系**（vascular system）とよばれる組織網をもっている．大部分の植物にみられる根も，たくさんの維管束系をもっている．維管束系をもった最初の陸上植物は，今日の**シダ植物**（fern）の祖先であった.

原生生物界の緑藻類のように，植物細胞は，丈夫であるが柔軟性のある細胞壁をもっている．細胞壁は，**セルロース**（cellulose）として知られる物質からできている．セルロースは，丈が低いコケ植物などの細胞に構造的強度を与える．シダ植物になると，もっと丈を高くできる別の種類の物質，**リグニン**（lignin）を進化させた．自然界で最も頑丈な物質の一つであるリグニンは，細胞壁でセルロース繊維と一緒に結合し，堅固なネットワークを形成する．その高さに達するには約 50～100 年かかるが，日本のソテツが高さ 7 m 以上に，成長できるのはリグニンのおかげである.

稀少なソテツが非常に珍重される一つの理由は，ソテツを育てて大きくするのに長い時間がかかるからである．ソテツは，**花粉**（pollen）を進化させた最初の植物である**裸子植物**（gymnosperm）に属する．花粉は，大量に空気中に飛ばされる精細胞を含む顕微鏡レベルの構造である．花粉の進化は，受精のために水に依存することから裸子植物を解放した．つまり，裸子植物は，水の代わりに空気を介して，精細胞を運べるようになった.

裸子植物は，**種子**（seed）を進化させた最初の植物でもある．種子は植物胚と貯蔵食物の供給からなり，全体が保護外被に包まれている．胚は，光合成により自分で食物をつくれるようになるまで，貯蔵食物を使って成長する．種子は乾燥や捕食者による攻撃から胚を守ってくれるが，残念ながら，密猟者からは守ってくれない．現在，サンディエゴ植物園は珍重されるソテツだけでなく，鍵のかかった温室には貴重な種子も保存している.

藻類（水生）
- 生物全体で光合成が起こり，二酸化炭素が吸収される
- 水とミネラルが生物全体で吸収される
- 水が生物全体を支える
- 脱水は水の環境では問題にならない

植物（陸生）
- 光合成がおもに葉で起こり，二酸化炭素が吸収される．空気はクチクラの微小な開口を通じて葉の細胞に入る．多くの植物は，葉への気体の出入りを調節するために開閉する複雑な管孔（気孔）をもっている
- 根が水とミネラルを土壌から吸収する
- 根が植物を地面に固定し支える．リグニンと維管束組織が地上の植物を支援する
- ロウ，ワックスを含むクチクラが，終日太陽光と空気にさらされても植物が乾燥しないように湿気を保つ

図 16・4 陸への進出は，植物に独特な課題を与えた． 陸生の植物は，水生の祖先が直面しなかった課題に応えて進化した結果，脱水を遅らせ，体を支えて地面に固定させ，光合成と栄養摂取が可能になるように適応した.

問題 1 陸生の植物と水生の祖先はどこが共通か．少なくとも二つの類似点をあげよ.
問題 2 陸生の植物と水生の祖先はどこが違うか．少なくとも二つの相違点をあげよ.

16・5 植物界Ⅱ：被子植物（顕花植物）

植物園は，顕花植物である**被子植物**（angiosperm）を安全に長期保存するために厳しい措置を講じている．これまでみてきたようにランは，最も一般的に違法取引されている被子植物である．そのほかには，繊細な白い花をもつユキノハナ *Galanthus* が含まれる．2012 年には，さまざまな稀少なユキノハナの 1 個の球根がオークションにかけられ，945 ドルの値がついた.

裸子植物と比べ，被子植物は生物の歴史のなかで比較的最近出現した．現在，約 25 万種ある被子植物は，地球上で最も優勢で多様性のある植物群である．ほぼすべての農作物は被子植物であり，これらの植物は綿や医薬品などの物質をヒトに供給もしている．

被子植物の重要な進化的革新は，裸子植物の円錐状の生殖器官を進化させた花である．**花**（flower）は，匂い，形，色によって花粉を媒介する動物を引寄せ，非常に効率的な方法で雄の配偶子（精細胞）を雌の配偶子（卵細胞）に運ぶことにより，被子植物の有性生殖を高める構造物である（図16・5）．

裸子植物は，変形した葉（松ぼっくりの鱗片）の上に，何にも包まれていない“裸の”種子をつくる．被子植物では，変形した葉は，**胚珠**（ovule，卵をもつ構造）を囲んで保護する組織層からなる子房へと進化した．受精後，胚珠は発達して種子になり，それらを包む子房は果実になる．

図 16・5　花は，多くの送粉者を引寄せる． 被子植物の受粉は，風媒により受粉する裸子植物よりも効率的である．花は，同種の個体から個体へと花粉を媒介する動物を引寄せる．

タイの植物市場では，ランの種の同定は花が咲くまではむずかしかったので，前述の大学院生は四つの市場に年4回も訪れ，新たに開いた花を探した．同定できた種を記載し，他の花は写真を撮り，時には花をアルコールで保存し，同定するために持ち帰った．最終的に彼は，ラン科93属348種に関する証拠を集めた．これは，その地域で知られているランの植物相の13～22%を占め，いくつかの新種を含む数万本の植物に相当する．

彼が調べた結果は，タイ，ラオス，ミャンマー間の植物取引に関する既存の政府報告書に発表されたものと驚くほど違っていた．多くの国が加入する国際条約の下で加盟国は，合意の下で保護されている野生生物種（野生ランを含む）の取引に許可を与える必要がある．これらの許可は，種や環境を危険にさらすことなく持続可能な方法で植物を合法的に収穫することを保証するために行われる．米国魚類野生生物局の生物学者は，この国際条約の目標は，私たちの子孫のために，動物も植物も含めた種の存続を保証することにあると述べている．

東南アジアのランについては，ラオスがタイへの輸出許可を報告したのは，9年間にわずか20本の野生ランであった．しかし，大学院生は，ラオスとタイの国境で一人の市場業者が，1日だけで八つの異なる属の少なくとも168本の植物を販売したことを実証した．報告された9年間の数よりも，1日だけで8倍多い植物が販売されたのである．違法取引が公然と行われていると彼は指摘している．

植物の闇市場の取締まりに熱心に取組んでいる国々もある．漢方薬で一般に使われる黄褐色のこぶだらけの根と短い葉をもつアメリカニンジンは，条約に規制された米国最大の植物輸出品である．1ポンド（約454 g）の質のよい乾燥ニンジンは最高900ドルの値がつくので，一部の人々は条約の許可から逃れようと，若すぎる植物（合法的に取引される根は5年以上），季節外れの植物や連邦政府の所有地から盗んだ植物を収穫する．このような犯罪行為と闘うために，所有地のニンジン植物にスプレーをかけている州もある．もし，こうして標識された植物が輸出されるニンジンの束に含まれていれば，当局はそれがどこから来たかわかるであろう．保護植物を販売して捕まった人には刑罰が科せられる．

16・6　菌　界

違法な野生生物取引は動植物だけでなく，**真菌類**（fungus, *pl.* fungi）でも問題になっている．これまでのところ，先の国際条約の保護種として記載されている真菌類はない．真菌類は体外から栄養分を吸収する従属栄養生物であり，体外で有機物を消化して分解産物を吸収する．真菌類の大多数は，三つの主要な群に分類される．すなわち，カビの多くの種を含む**接合菌類**（zygomycete），多様な群である**子嚢菌類**（ascomycete），見慣れた**担子菌類**（basidiomycete）である（図16・6）．これらの群は各々固有の生殖構造をもち，その構造にちなんで命名されている．

真菌類は，植物にも動物にも共通の特徴をもっている．植物細胞のように，真菌類の細胞はすべて，細胞膜を囲んで細胞を包む，防御的な細胞壁をもっている．しかし，余った食物エネルギーをグリコーゲンの形で貯蔵するという点で，真菌類は動物に似ている．

2012年，鍵のかかった倉庫から推定6万ドルの真菌類が盗まれた．盗品は，子嚢菌類の特別な種の子実体であるトリュフであった．ある白いヨーロッパトリュフは，1ポンド（約454 g）当たり3600ドルで売れる，世界で最も高価な食物となっている．特に，白いトリュフは他の真菌類のように温室で栽培できないので，高い価格はそのトリュフを泥棒の標的にもさせている．

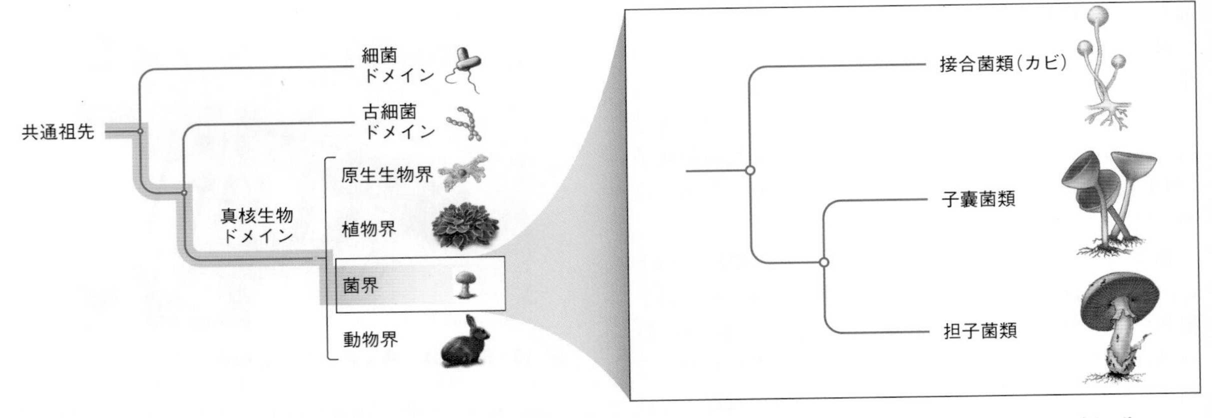

図 16・6　真菌類は，栄養分を吸収する従属栄養の真核生物である． 真菌類は，食物を他の生物からとらなければならず，独特な方法でこれを行う．大部分の従属栄養生物のように食物を経口摂取する代わりに，真菌類は化学物質を使って体外で食物を分解して栄養分を吸収する．

問題 1　子嚢菌類は，接合菌類と担子菌類のどちらにより近縁か．
問題 2　真菌類が原核生物ではなく真核生物である根拠は何か．

大部分の真菌類は多細胞であるが，総称して**酵母**(yeast) として知られている単細胞の種もある．酵母がつくる二つの重要な産物のおかげで，酵母は私たちになじみ深い．すなわち，パンを膨らませ，ビールを醸造させ，ワインを発酵させるのに重要なアルコールと発泡性を生み出す二酸化炭素の二つである．

真菌類の重要な進化的革新は，栄養分を吸収する従属栄養生物によく適した体の形である（図 16・7）．真菌類は，**菌糸**（hypha, *pl.* hyphae）とよばれる無色の分岐した細い毛のような糸状ネットワークからなり，菌糸は環境から栄養分を吸収する．真菌類の本体を構成する菌糸の束全体は，**菌糸体**（mycelium, *pl.* mycelia）とよばれている．

この独特な体の形のために，多くの真菌類は死んだ生物を分解し，分解された有機物を吸収する．真菌類がそれらを取込むと，それまで死んだ生物の体に閉じ込められていた無機化合物が環境に放出される．環境に戻ったこれらの無機化合物を，植物や藻類は取込んで食物を生産するのである．真菌類はほかにも重要な方法で植物と相互作用し，大多数の野生植物では，土壌から栄養分を吸収するのに使う根系に真菌類が相利共生している（p.164 のコラム参照）．

真菌類と植物は助け合うものの，常に良好な関係というわけではない．真菌類は植物の最大の寄生生物で，植物のすべての病気の 2/3 の原因となり，細菌，ウイルス，害虫を合わせたものよりも多くの作物被害をひき起こす．

多くの植物と動物，そして原生生物同様，真菌類は無性的にも有性的にも生殖を行う．一部の種は無性的にのみ増殖するようだが，大部分の多細胞の真菌類は断片化により，つまり母集団から単にちぎれることにより無性生殖を行う．有性生殖を行う場合は，明確な雌雄の区別はない．その代わり，有性生殖の菌糸体は，二つ（またはそれ以上）の接合型の一つに属し，各接合型は残りの型の一つとのみうまく接合できる．接合後，容易に観察

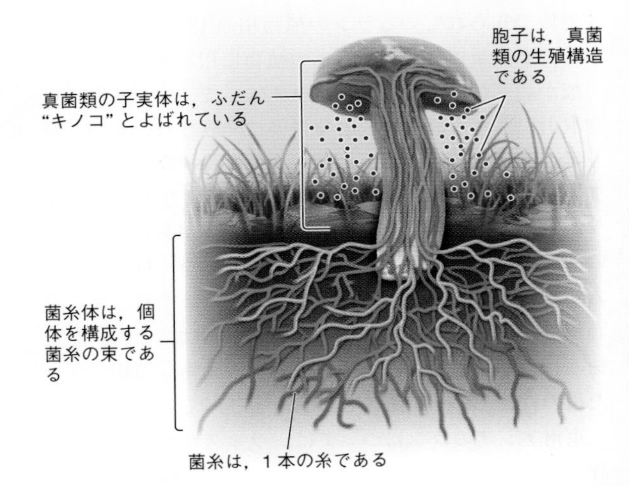

図 16・7　真菌類は地上にも地下にも生息する． 真菌類の本体は，見えない地下に存在する．生殖のために，通常地上にあって胞子を放出する子実体を，真菌類は形成する．胞子は風に乗って移動し，新しい菌に発生する．

問題 1　なぜ子実体が地上に存在することが重要か．
問題 2　食料品店で買うキノコは，真菌類のどの部分か．

できるほど大きいこともある**子実体**（fruiting body）が形成される．

真菌類の子実体は，有性胞子として子孫を放出する．**胞子**（spore）は，休眠状態で長期間生存可能な生殖構造であり，個体形成に好ましい状態になると発芽する．大気中で育った子実体から放出される胞子は，よりうまく風の流れに乗ったり，広範囲に運んでくれる動物を引きつけたりできるようになる．多くの真菌類は無性胞子も形成する．

16・7 生物多様性の保全

植物や真菌類の違法取引は，種を絶滅させることもある．たとえば，2015年，地球規模の環境団体である国際自然保護連合は，独特な形と美しい花で有名なサボテン種の31%が絶滅の危機にあり，この植物にとっての最大の脅威は違法取引にあると発表した．

タイ市場を調査した大学院生は，その結果を学位論文にまとめ，2015年に学術雑誌『Biological Conservation』誌に発表した．彼は，絶滅の危機に瀕した野生植物にもっと焦点を当てるように科学や政策の団体に嘆願し，違法な植物取引を，ほぼ完全に見過ごされてきた保全上の大きな課題と述べた．彼はいま，データを示して政府や専門家の認識を高め，植物取引を改善しようとしている．

2016年9月の国際条約会議では，室内用鉢植え植物のトックリランや，高級楽器の材料として使われるシタンなど，多数の植物種の保護が強化された．専門家は，温度調節や酸素の産生などに重要な目的を果たす植物は，健全な生態系の不可欠な部分であり，生物多様性の鍵であると述べている．

章末確認問題

1. 真核生物のすべてにはあてはまらないものはどれか．
   (a) 多細胞である
   (b) 細胞小器官をもつ
   (c) 原核生物よりも大きい
   (d) 核膜をもつ
   (e) 上記のすべて
2. 原生生物にあてはまるものはどれか．
   (a) 最大の原核生物である
   (b) すべて単細胞である
   (c) 植物と真菌類を含む
   (d) 便宜上一緒にまとめた人為的な分類である
   (e) すべて光合成を行う
3. 真菌類にあてはまるものはどれか．
   (a) 有性生殖のみ行う
   (b) 無性生殖のみ行う
   (c) 単一種のなかで複数の接合型をもつことがある
   (d) 動物よりも植物に近縁である
   (e) 動物よりも原生生物に近縁である
4. 細胞を大型化できたのは，どの進化的革新によるか．
   (a) 独立栄養の様式
   (b) 多細胞性
   (c) 有性生殖
   (d) 細胞内区画化
   (e) 上記のすべて
5. 正しい用語を選べ．
   緑藻類は[植物／原生生物]界に属する．それらは[水生／陸生]であり，[独立栄養生物／従属栄養生物]である．
6. 植物はどのように環境に適応したか．進化の過程で早く起こった順に並べよ．
   (a) 維管束組織　(b) 花　(c) 種子
   (d) 多細胞性　(e) 陸上への進出
7. 多細胞生物の種のみを含む群はどれか．
   (a) 藻類　(b) 原生生物　(c) 真核生物
   (d) 真菌類　(e) 被子植物
8. 本章で取上げた界のうち，独立栄養生物のみで構成されている界はあるとすればどれか．従属栄養生物のみで構成されている界はあるとすればどれか．

17 動物とヒトの進化

本章のポイント

- 動物のおもな特徴と，脊索動物門の各動物群の例
- 一部の動物群における対称性と分節化の重要性
- 3種類の哺乳類の比較
- 霊長類の進化系統樹の解説
- 核DNAとミトコンドリアDNAの遺伝における違い
- ヒト族の絶滅種と，現生人類の直接の祖先との交配を示唆する証拠

17・1 ネアンデルタール人の化石

最初のネアンデルタール人の骨は，1856年にドイツで発見された．それ以来，古生物学者たちは何十年もかけて，ネアンデルタール人がかなり進化した生物で，私たちの種とそれほど違わないことを示唆する声帯の骨の化石，洗練された道具などの証拠を発掘してきた．

ネアンデルタール人のゲノムの塩基配列が決定され，現生人類（ヒト）のゲノムと比較された2010年，ヒトはネアンデルタール人のDNAを一部もっているという重大な新事実が明らかになった．二つの種は，私たちが考えていたよりもずっと近いかもしれない．フランスのエクス・マルセイユ大学国立科学研究センター（CNRS）の人類学者は，現生人類とネアンデルタール人の間で交配があった可能性を指摘している．実際，山のような証拠がこのことを示唆している．

この物語は，21世紀初頭，イタリアのヴェローナ市民自然史博物館の館長が，リパロ・メッツェナとよばれる岩窟住居から発掘された化石群を再調査するところからはじまる．リパロ・メッツェナはイタリア北部のレッシニ山脈に位置し，大きな岩と常緑樹が点在する開かれた場所である．この地域は冬には雪が降り静かであるが，夏には緑豊かで盛況である．

1950年代に古生物学者たちは，約3万5000年前，ネアンデルタール人の歴史の終わりごろにリパロ・メッツェナ周辺に生存していたネアンデルタール人の化石を集めた．しかし，その化石は50年以上も手つかずのまま博物館に眠っていた．館長は，現生人類とネアンデルタール人がどれほど緊密に交流していたかという疑問に答えるのに，いまこの化石が役立つと信じていた．

17・2 動物界：脊索動物門

現生人類であるホモ・サピエンス *Homo sapiens* とネアンデルタール人 *Homo neanderthalensis* は，同時期にヨーロッパの同じ地域にすんでいたことがある．近くにいたため，現生人類が縄張りを拡大するにつれてネアンデルタール人はすぐに絶滅に追い込まれたので，2種は一緒には暮らさなかったと推測する古生物学者もいる．反対に，ネアンデルタール人は，新たに入ってきた現生人類の個体群にゆっくりと取込まれたと主張する古生物学者もいる．しかし，ヒトがどのように進化したかを知るためには，まず私たちがどこから来たのかを理解することが重要である．

ヒト属の種は，現存しているのはホモ・サピエンスが唯一であるが，すべて動物界に属している．**動物**（animal）は，多細胞の食物摂取の従属栄養生物である．すなわち，食物を体内に摂取し，体内で消化することによってエネルギーと炭素を得ている．動物はおよそ7億年前，鞭毛をもつ原生生物（湿った生息地で繁栄した鞭状の尾をもつ単細胞生物）から最初に進化し，食物を分解し，酸素を使ってエネルギーを得た．この比較的単純な構造をもつ生物から，無数の動物種が進化した．海綿動物からはじまり，カタツムリやハマグリなどの軟体動物，環形動物（条虫類），甲殻類，クモ類，昆虫類などを含む節足動物が動物界に属する（図17・1）．

脊索動物（chordate）は，魚類，鳥類，哺乳類のよう

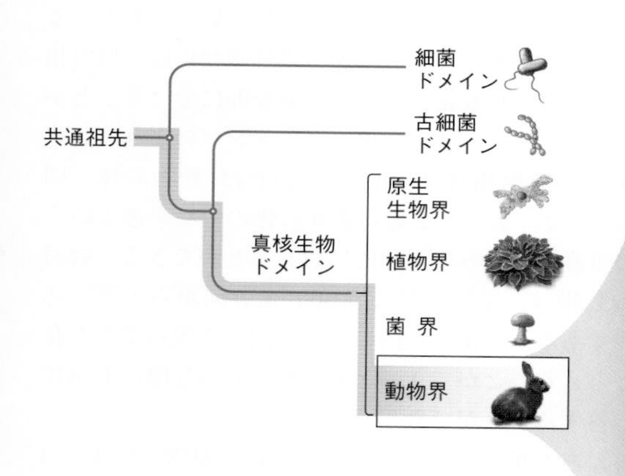

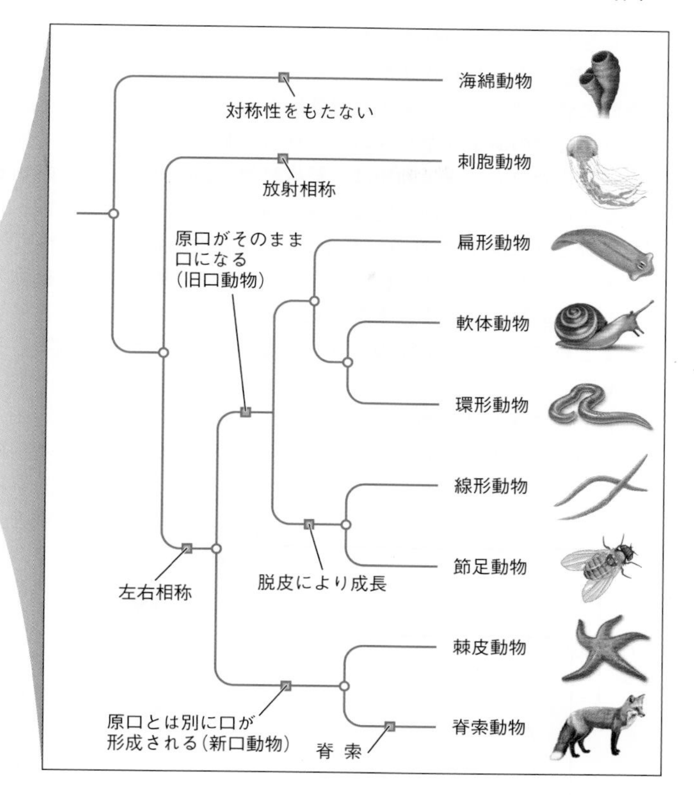

図 17・1　動物は，従属栄養の真核生物である．動物は，他の生物を食物として摂取し，それを体内で消化する．

問題 1　軟体動物は，扁形動物と環形動物のどちらにより近縁か．その根拠を述べよ．
問題 2　対称性をもたない動物は，どの群に属するか．放射相称動物と左右相称動物の例を一つずつあげよ．

背骨を手に入れよう！

動物界のなかで，ヒトは脊索動物門，脊椎動物亜門に属している．すべての脊索動物は，背側に**脊索**(notochord)という，発生に不可欠な体の中央に沿った柔軟な棒状構造をもっている．脊椎動物では，背側の脊索は，**椎骨**(vertebra)間の衝撃を和らげる円盤になるように進化した．椎骨は，背骨の腔をもつ強靭な部分，すなわち脊柱である．脊椎動物には魚類，両生類(カエルやサンショウウオ)，爬虫類(ヘビ，トカゲ，カメ，ワニ)，鳥類，哺乳類が含まれる．

顎のない魚は，最初に進化した脊椎動物であった．背骨を含むその骨格は，**軟骨**(cartilage)とよばれる強いが柔軟な組織でできている．顎のない魚は，わずかな群だけが現在まで生き残っているが，なかでも注目すべきはヤツメウナギである．脊椎動物の進化における次の大きな変化は，蝶番式の顎の出現であり，顎は捕食者が獲物を効率よく捕まえて飲み込むことを可能にした．歯の進化は，動物が食物をかじって引き裂くことを可能にしたので，顎はさらに効果的になった．

脊椎動物の進化におけるもう一つの大きな変化は，軟骨をもとにした骨格を，カルシウム塩によって強化したより緻密な組織である骨に置換することであった．軟骨魚の子孫(サメ，ガンギエイ，エイ)はいまも生存しているが，硬骨魚は海洋と淡水の両方の環境ではるかに多様化し，広く分布している．30,000 種以上の硬骨魚は，現在最も多様な脊椎動物である．

肺の出現は，脊椎動物が陸上に進出するために重要な画期的な出来事であった．両生類は陸への進出を部分的に行った．彼らは陸上で生きられるが，卵を産んで繁殖するためには水に戻らなければならない．数千種の両生類には，カエルやサンショウウオが含まれる．

爬虫類は，乾いた環境に向かっていった最初の脊椎動物であり，脱水症状の危険に対処するために多くの適応形質を進化させた．これらの適応には，防水性の鱗片に覆われた皮膚，節水仕様の排泄系，カルシウムに富む保護殻に覆われた羊膜をもつ卵が含まれている．この殻は，発生中の胚のために生命維持に必要な酸素を取込み，不要な二酸化炭素を放出しながら，水分の蒸発を遅らせてくれる．爬虫類は恐竜の時代に地球を支配し，恐竜の子孫(14 章参照)はいまも鳥類として私たちと共存している．哺乳類のように鳥は温血であるが，断熱のために毛皮の代わりに羽毛をもっている．現在，少なくとも 10,000 種の鳥類が生存している．

な背骨をもつすべての動物を含む大きな門をつくっている（図17・2とp.171のコラム参照）．この門には，体の背側に沿って神経索はあるが背骨はない，ホヤやナメクジウオなどのあまりなじみのない動物の亜門も含まれている．背骨をもつ脊索動物は，**脊椎動物**（vertebrate）として知られ，他の動物の門はすべて通称，無脊椎動物としてひとまとめにされる．しかし，“無脊椎動物”は進化的には意味のある分類ではなく，16章で説明した多様な進化の歴史とさまざまな進化的適応をもつ生物をひとまとめにした原生生物のような人為的なグループ分けである．

ボディープランは，動物のある群を他の群と分けるもう一つの重要な因子である．動物の系統で最も古い海綿動物を除くすべての動物は，明確な体の対称性をもっている．対称性をもたない海綿動物以外の動物は，放射相称動物と左右相称動物の二つのおもな群に分けることができる．クラゲ，イソギンチャク，サンゴのような刺胞動物を含む**放射相称**（radial symmetry）動物の体（図17・3左）は，ケーキを切るように体の中心を通るいくつもの垂直面に沿って対称的に切ることができる．放射相称の動物は，環境に対して360°全方向から広範に応答可能である．動物は周囲のどの方向から漂ってきた食物もとらえることができ，どちら側からの危険にも感知して応答することができる．

一方，**左右相称**（bilateral symmetry）動物（図17・3右）は，体の上から下へ垂直に通る一つの平面により，互いに鏡像な半分ずつに分けることができる．すべての脊椎動物を含む左右相称動物には明確な右側と左側があり，ほぼ同一の身体部位が各側に存在する．各側での身体部位の対称的配置は，左右相称動物の動きを促進する．たとえば，肢やヒレの対になった配置は，陸上や水中での迅速かつ効率的な移動を可能にする．移動運動は動物の重要な進化的革新であり，多様な方法での獲物の捕獲，摂食，捕獲からの回避，交配の誘い，育児，新しい生息地への移動など，広範な行動を可能にした．

多くの動物は体を分節化し，そのボディープランは体節とよばれる繰返しの単位で構成されている（図17・4）．付属肢として知られる特殊な身体部位は，しばしばヒレや肢のように対になって特別な体節からつくられる．進化とともに，体節とそれから生じる付属肢は多様な形と機能を進化させ，動物が新しい生息地に適応した

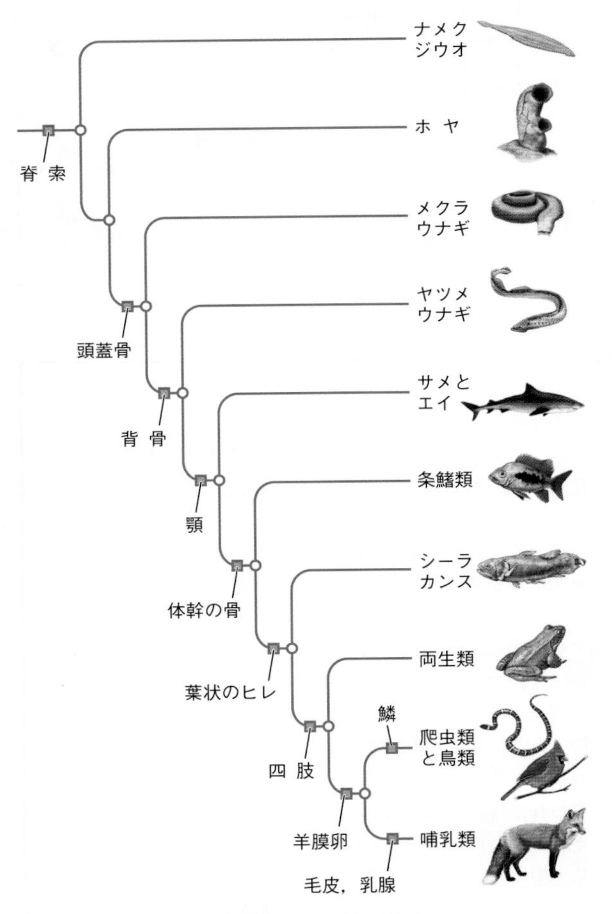

図 17・2 すべての脊索動物が背骨をもっているわけではない． 原生生物を除くすべての真核生物と同様に，脊索動物の進化的関連はよく知られている．すべての脊索動物が背骨をもつわけではないが，すべてが脊索をもつ．

問題1 両生類の卵は羊膜をもつか．
問題2 顎をもつが体幹の骨をもたない動物群はどれか．

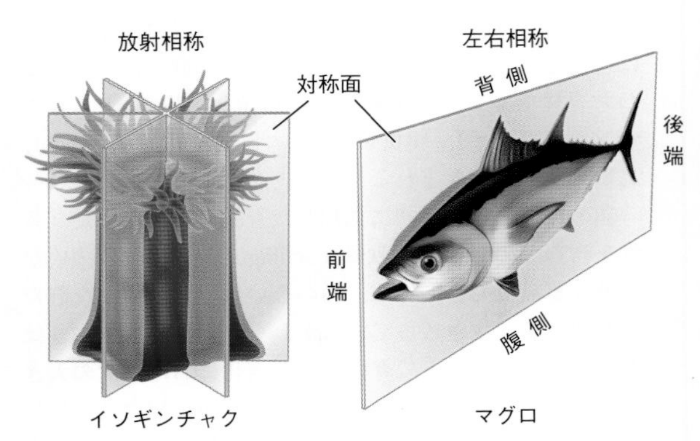

図 17・3 動物の対称性． 海綿動物以外のすべての動物は，周囲の世界をうまく感知し，それに応答できる対称的な体をもっている．

問題1 ヒトデは放射相称か，左右相称か．
問題2 左右相称動物は，放射相称動物に対してどのような利点をもつか．その逆はどうか．

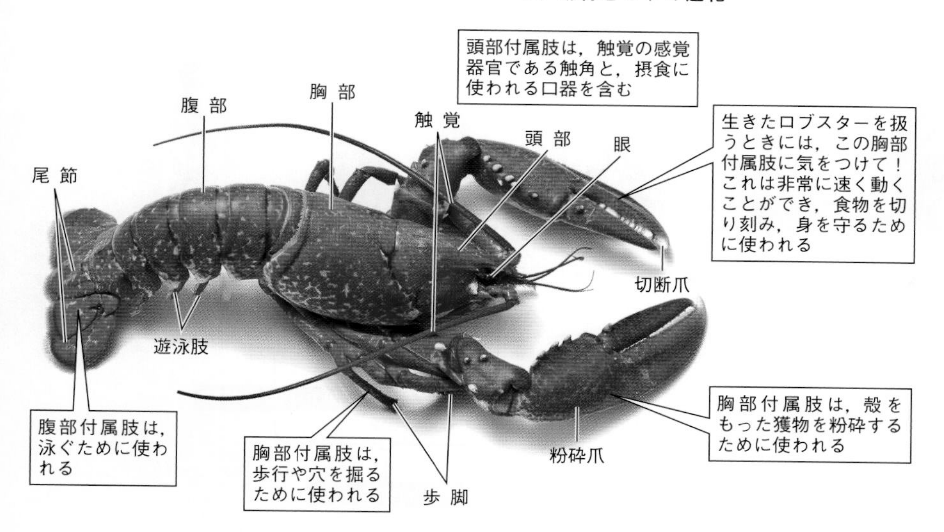
頭部付属肢は，触覚の感覚器官である触角と，摂食に使われる口器を含む
胸 部
腹 部
触 覚
頭 部
眼
尾 節
生きたロブスターを扱うときには，この胸部付属肢に気をつけて！これは非常に速く動くことができ，食物を切り刻み，身を守るために使われる
切断爪
遊泳肢
腹部付属肢は，泳ぐために使われる
胸部付属肢は，歩行や穴を掘るために使われる
歩 脚
粉砕爪
胸部付属肢は，殻をもった獲物を粉砕するために使われる

図 17・4 動物の分節化. 分節化という，節が繰返されるボディープランは，このロブスターで示されるように，付属肢の多様な用途への進化を可能にした.

問題 1 ロブスターの胸部の付属肢をすべてあげよ.
問題 2 ロブスターの付属肢のどれが，環境を感知するために最も重要か.

り，新しい生活様式を獲得したりすることを可能にした.

節足動物の後方の体節の進化は，進化が時間とともにどのように基本的なボディープランを変更し，多くの変化を生み出すかを説明している．たとえば，節足動物の最後の体節はチョウの繊細な腹部，スズメバチの針をもつ腹部，ロブスターのおいしい尾へと進化し，脊椎動物の前方の付属肢は，ヒトの腕，鳥の翼，クジラの前ビレ，ヘビの痕跡的な突起，サンショウウオやトカゲの前肢として進化した.

17・3 哺乳綱，霊長目，ヒト科

私たちヒトは動物界，哺乳綱に属している．ヒトは，体毛，汗腺，乳腺によってつくられる乳などの特異的な特徴を，他のすべての哺乳類と共有している．**哺乳類**(mammal) は，非常に繁栄している動物綱であり，5000以上の種がさまざまな生息地にすんでいる．これはおもに，恐竜の絶滅のおかげである．もし恐竜がまだ地球を歩き回っていたら，哺乳類はおそらく彼らの餌になっていただろう．私たちにとって幸運なことに，哺乳類は，恐竜に代わって大部分の陸上生息地の生態系の頂点に位置する捕食者となり，海洋でも淡水の環境でも繁栄している．空中を滑空できる哺乳類はほかにもいるが，空を飛べる哺乳類は1種類コウモリだけである.

哺乳類は大きく三つに分けられ，そのすべてが仔を乳で育てる（図 17・5)．現在の哺乳類の95%以上は，ヒトを含む**真獣類**（eutherian，**有胎盤類**）である．真獣類共通の特徴は，**胎盤**（placenta）とよばれる特別な器官を介して母体内で発生するので，比較的よく発育した状態で仔が生まれることである．哺乳類の第二の分類である**有袋類**（marsupial）は，胎盤が簡素なため仔は早く生まれ，その後，外部の腹袋（育児嚢）で発生が完了する．有袋類はおもにオーストラリアとニュージーランドでみられ，アメリカ大陸にも少数の種がいる．第三の分類を構成する**単孔類**（monotreme）は，胎盤を完全に

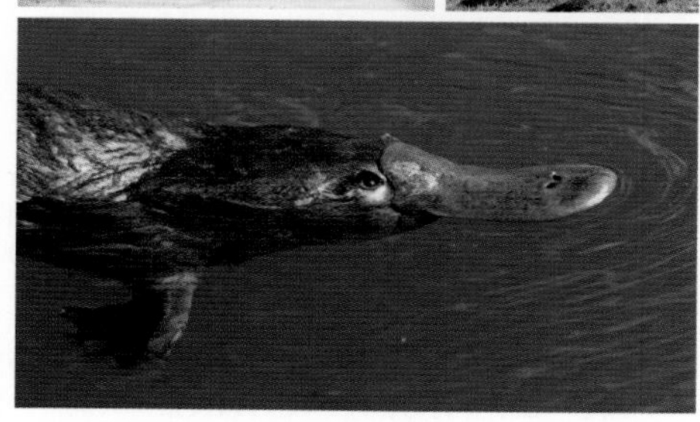

図 17・5 3 種類の哺乳類. すべての哺乳類は，仔に授乳するため，乳を産生する乳腺をもっている．（左上）ホッキョクグマのような真獣類は，十分に発育した仔を出産する．（右上）カンガルーは有袋類であり，未熟な仔を出産し，育児嚢で発生が完了する．（下）カモノハシのような単孔類は，仔を出産する代わりに卵を産む.

問題 1 キタオポッサム（フクロネズミ）は，北米唯一の有袋類である．その仔はどのように生まれ，その後成長するか.
問題 2 ウシはどの種類の哺乳類か．ヒトはどうか.

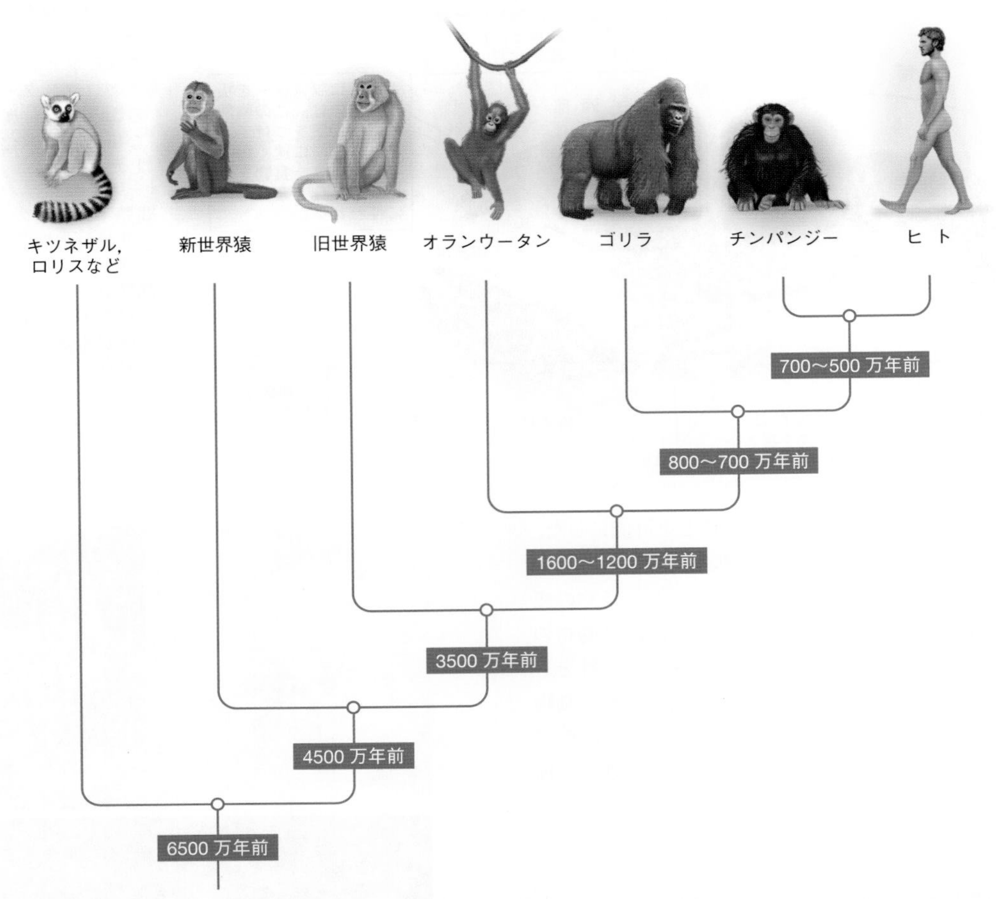

図 17・6　霊長類はキツネザル，サル，類人猿を含む． 遺伝子解析と一連の目覚ましい化石の発見により，ヒトの系統がチンパンジーの系統から約 700〜500 万年前に分岐したことが提唱されている．同様の証拠は，ヒトに至る進化系統が，ゴリラに至る系統から約 800〜700 万年前に，オランウータンに至る系統から約 1600〜1200 万年前に分岐したことを示唆している．

問題 1　この進化系統樹によると，霊長類のどの群がヒトに最も近縁か．
問題 2　ヒトを含め，すべての類人猿に共通の特徴は何か．

欠く卵性哺乳類である．単孔類の生存種は，カモノハシ 1 種とハリモグラ数種だけで，すべてがオーストラリアとニューギニアに限定されている．

“綱”から“目”に移ると，ヒトやネアンデルタール人は，サルやオランウータンなどと同じ**霊長類**（primate）の“目”に属する（図 17・6）．他のすべての霊長類と同様に，私たちはよく曲がる肩と肘関節，5 本の機能的な手足の指，対向できる，すなわち残りの 4 本の各指と向かい合わせにできる親指，かぎ爪の代わりに平爪，体の大きさに比べて大きな脳をもっている．

霊長類のなかで，私たちは類人猿の“科”である**ヒト科**（hominid）に属している．私たちは単に類人猿に近縁ではなく，類人猿そのものである．そのため，道具の使用，記号言語能力，意図的なごまかし行為など，他の類人猿，特にチンパンジーと多くの特徴を共有している．しかし，類人猿のなかでも私たちは，ネアンデルタール人のような絶滅種を含む**ヒト族**（hominin）とよばれる，明確な“ヒト”の系統に属している．ヒト族の動物は，たとえば，歯の厚いエナメル質や直立姿勢などの一つ以上のヒトらしい特徴をもっているので，ゴリラやチンパンジーのような他の類人猿とは区別される．

17・4　二足歩行のヒト族

ヒト族の進化における大きな変化で，ヒト族を他のヒト科と区別するおもな特徴は，4 本肢での移動から 2 本

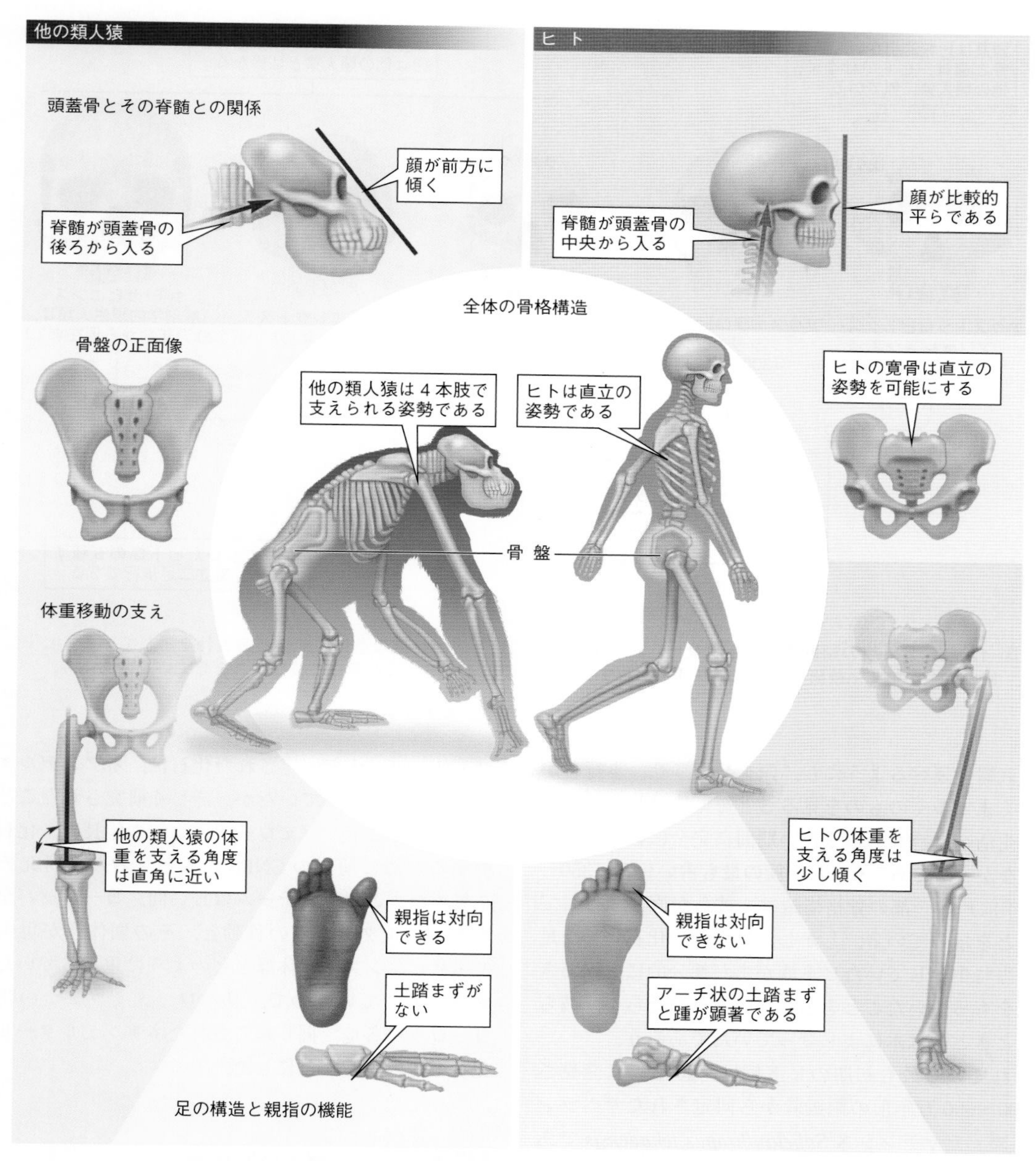
他の類人猿
ヒト
頭蓋骨とその脊髄との関係
顔が前方に
傾く
脊髄が頭蓋骨の
後ろから入る
脊髄が頭蓋骨の
中央から入る
顔が比較的
平らである
全体の骨格構造
骨盤の正面像
他の類人猿は4本肢で
支えられる姿勢である
ヒトは直立の
姿勢である
ヒトの寛骨は直立の
姿勢を可能にする
骨盤
体重移動の支え
他の類人猿の体
重を支える角度
は直角に近い
ヒトの体重を
支える角度は
少し傾く
親指は対向
できる
土踏まずが
ない
親指は対向
できない
アーチ状の土踏まず
と踵が顕著である
足の構造と親指の機能

図 17・7　ヒトと他の類人猿の進化的違い．直立歩行への移行は，霊長類の解剖学的構造，特に寛骨の劇的な再編成を必要とした．

問題 1　自然選択により，有害な形質は時間とともに個体群から消える傾向がある．地上にすむ初期ヒト族にとって，どの形質が有害であったか．

問題 2　自然選択により，有利な形質は時間がたっても個体群で持続する傾向がある．地上にすむ初期ヒト族にとって，どの形質が有利であったか．

肢で直立して歩く**二足歩行**（bipedal）への移行であった（図 17・7）．直立歩行への切替と同時に，同じ足の親指で小指に触れようとすれば気がつくように，対向できる足指の喪失など，多くの骨格の変化が起こった．

対向できる足指はよじ登るときに枝をつかむのに役立つので，直立歩行に伴うその喪失は，森では不利であったであろう．したがって，二足歩行は地上生活への適応であったようである．二足歩行は，手を解放して食物や

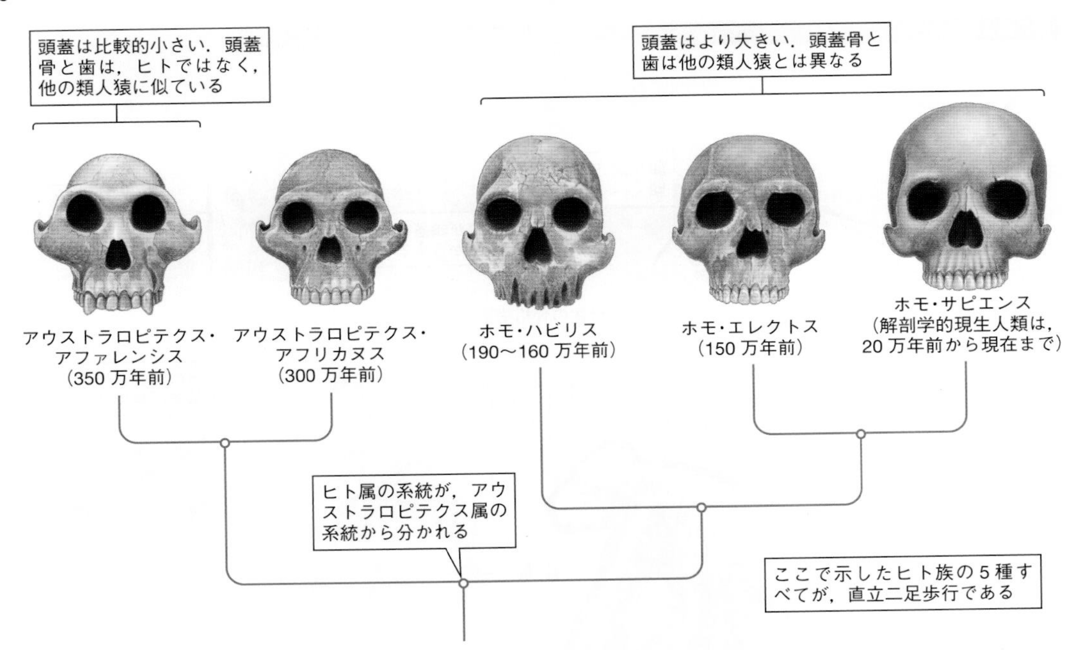
頭蓋は比較的小さい．頭蓋骨と歯は，ヒトではなく，他の類人猿に似ている
頭蓋はより大きい．頭蓋骨と歯は他の類人猿とは異なる
アウストラロピテクス・アファレンシス（350 万年前）
アウストラロピテクス・アフリカヌス（300 万年前）
ホモ・ハビリス（190〜160 万年前）
ホモ・エレクトス（150 万年前）
ホモ・サピエンス（解剖学的現生人類は，20 万年前から現在まで）
ヒト属の系統が，アウストラロピテクス属の系統から分かれる
ここで示したヒト族の５種すべてが，直立二足歩行である

図 17・8　ヒト族の頭蓋骨のギャラリー． この系統樹は，ヒト族の５種の進化的関係と頭蓋骨を示している．ヒト族の完全な進化系統樹は，異なる時間に出現する複数の種により，もっと多くの枝分かれをしているであろう．

道具，武器を運べるようにし，頭を発達させ，歩行者がより遠くまで多くのものを見ることを可能にした．

地上生活へは，おそらく短い期間に完全に移行したわけではなかったであろう．ヒト族の最も古い化石（350〜300 万年前）の一部の骨格構造は，彼らが直立歩行していたことを示している．しかし，足の骨や化石化した足跡は，当時生存していたヒト族がまだ部分的に対向できる親指をもっていたことを示している．おそらく，彼らはまだときどきは木によじ登っていたであろう．

知られている最も初期のヒト族は，2002 年に発見された 700〜600 万年前の頭蓋骨から同定されたサヘラントロプス・チャデンシス *Sahelanthropus tchadensis* である．その他の初期のヒト族には，440 万年前に生存していたアルディピテクス・ラミダス *Ardipithecus ramidus* と，最初に常に直立二足で歩行したアファール猿人（アウストラロピテクス・アファレンシス *Australopithecus afarensis*）を含む 420〜300 万年前に生存していたアウストラロピテクス属数種が含まれる．これらのヒト族はすべて直立歩行したと考えられている．彼らの脳はまだ比較的小さく（体積は 400 cm^3 未満），頭蓋骨や歯はヒトよりも他の類人猿のものに似ていた（図 17・8）．典型的な現生人類の脳容積は約 1400 cm^3 で，1.5 L の炭酸飲料のペットボトルとほぼ同じ体積である．

ヒト族のなかにヒト（ホモ *Homo*）属がある．リパロ・メッツェナで同定された化石は，ネアンデルタール人の骨と考えられていたが，詳しく研究されたことはなかった．そこで，ヴェローナ博物館の館長は，化石を分析するために前述の CNRS の人類学者らの研究チームを集めた．この研究チームは長い間，ヨーロッパ全土のネアンデルタール人の移動と，その個体群が現生のホモ・サピエンスの個体群とどのように重なっていたかに興味をもっていたので，リパロ・メッツェナの化石をヨーロッパ各地で掘り起こされたネアンデルタール人の化石と比較することにした．

17・5　ヒト属の絶滅種

研究者たちは，ネアンデルタール人と現生人類は一部重なり，交配さえあったのではと考えていたが，物理的な証拠はほとんどなかった．DNA の証拠でさえ，はじめは交配がなかったことを示唆した．ネアンデルタール人のミトコンドリア DNA（1997 年にネアンデルタール人の１個の化石からはじめて単離された後，2004 年に４個の化石から単離された）が，現生人類のミトコンドリア DNA と比較され，種間に遺伝的重複がないことが示された．ミトコンドリア DNA（mtDNA）は，母から子へと実質的に変化なく伝わるという特徴があり，父母の両方から子に伝わる核 DNA と違って，ある世代・種から別の世代・種へと追跡可能である（図 17・9）．しかし，現生のホモ・サピエンスはネアンデルタール人のミトコンドリア DNA をもっていなかったので，少なくとも女性のネアンデルタール人がかかわる交配はないようであった．

ミトコンドリアの研究は，ドイツのライプツィヒにあるマックス・プランク進化人類学研究所のペーボ（Svante Pääbo）の研究チームによって行われた．彼は，初期人類や他の古代の個体群を研究するために遺伝学を使う研究の創始者の一人であり，骨の化石の小さなかけらから壊れやすい DNA を抽出する数多くの技術を開発している．彼が研究をはじめた当時，細胞は数百コピーのミトコンドリア DNA を含み，核 DNA のコピーは一つしか含まないので，ミトコンドリア DNA を見つけて抽出するほうが簡単であった．さらに，ミトコンドリア DNA は，あまりよく保存されていない細胞や組織，損傷した DNA から単離することもできる．対照的に，全ゲノムの塩基配列の決定には，よく保存された完全に無傷の核 DNA をもつ細胞や組織が必要である．しかし，現生人類とネアンデルタール人はミトコンドリア DNA を共有していなかったという最初の発見にもかかわらず，ペーボはまだできることがあると考え，今回，ネアンデルタール人のゲノム全体をさらに深く調べることを決意した．

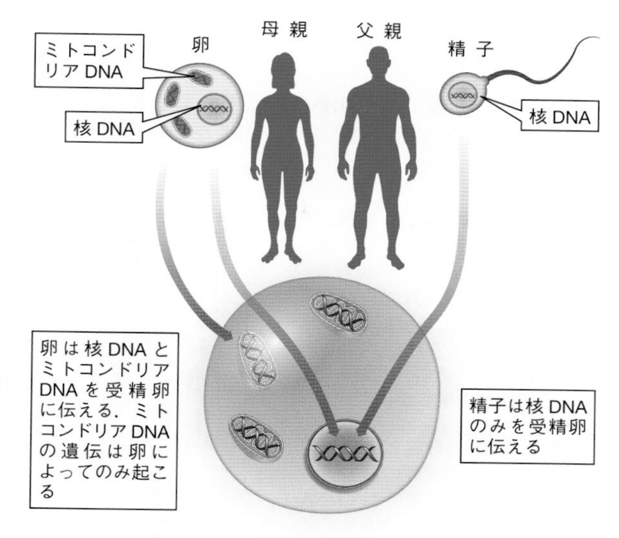

図 17・9　ミトコンドリア DNA は，父親ではなく母親にのみ由来する． 核の染色体（核 DNA）のほかに，細胞はミトコンドリアにもミトコンドリア DNA とよばれる DNA をもっている．ミトコンドリアとその DNA は，すべて母親由来である．

問題 1　ミトコンドリア DNA は，なぜ母親にのみ由来するのか．

問題 2　ヒトの母親とネアンデルタール人の父親の間に子が生まれた場合，ミトコンドリア DNA の塩基配列の決定によって混血であることがわかるか．

ペーボは 38,000 年前の 3 人の女性の大腿骨から抽出した DNA を使い，4 年間を費やしてネアンデルタール人ゲノムの 15 億塩基対の配列を決定した．その後，彼はその長い合成ゲノムの塩基配列を，中国，フランス，パプアニューギニア，南アフリカ，西アフリカの生存する 5 人のヒトゲノムと比較した．

その結果によれば，アフリカ人を除くすべての現生人類には，ゲノムの 1～4% にネアンデルタール人 DNA の痕跡が含まれている．私たちの大部分は，ネアンデルタール人の DNA を少しもっているのである．しかし，その核 DNA がヒトとネアンデルタール人の間で何千もの性的関係の結果なのか，わずかな関係の結果なのかは不明なままである（図 17・10）．2010 年にペーボが研究を発表したとき，共有する DNA が必ずしも交配の産物ではない可能性があることを彼らは認めた．それは，共通祖先由来の DNA の痕跡である可能性もある．

その共通祖先は誰だったのか．最も古いヒト属の化石は 2015 年にエチオピアで発見された．280～275 万年前のものとされ，300～200 万年前のアフリカに由来するヒト属の最も初期の化石であることが示唆される．もっと完全な初期ヒト属の化石は，190～160 万年前に存在し，これらの化石にはホモ・ハビリス *Homo habilis* という種名がつけられている．最も古いホモ・ハビリスの化石はアウストラロピテクス・アフリカヌスの化石に似ているが，もっと新しいホモ・ハビリスの化石は，より丸みを帯びた頭蓋骨と前方にそれほど傾いていない顔をしている．したがって，ホモ・ハビリスの化石は，ヒト族の祖先（アウストラロピテクス属）から，ネアンデルタール人と現生人類の共通祖先の最有力候補であるホモ・エレクトス *Homo erectus* のような，もっと新しい種への進化を示す優れた記録である（図 17・11）．

ホモ・ハビリスよりも背が高く頑丈なホモ・エレクトスは，現生人類により似ていて，大きな脳と頭蓋骨ももっていた．ホモ・エレクトスは 50 万年前までには火

ペーボ（Svante Pääbo）はスウェーデンの遺伝学者で，ドイツのライプツィヒにあるマックス・プランク進化人類学研究所の遺伝学部門の部門長である．彼は初期人類や他の古代個体群を研究するために遺伝学を使うことを専門にしている．ネアンデルタール人のゲノムの解読に成功し，人類の進化に関する数々の発見により，2022 年にノーベル生理学・医学賞を受賞した．

を使うことができたが，必ずしも火を起こせたわけではないらしい．さらに，ホモ・エレクトスは，2010 年のドイツでの 40 万年前の 3 本槍の素晴らしい発見によって示唆されるように，おそらく，大きな動物の狩りをしていただろう．発見された槍は，それぞれ約 2 m の長さで，現代の槍のように前方に重心をかけて投げるように設計されていた．ホモ・エレクトスまたは残りのヒト属の祖先の一つは，200 万年前にアフリカから移動し，

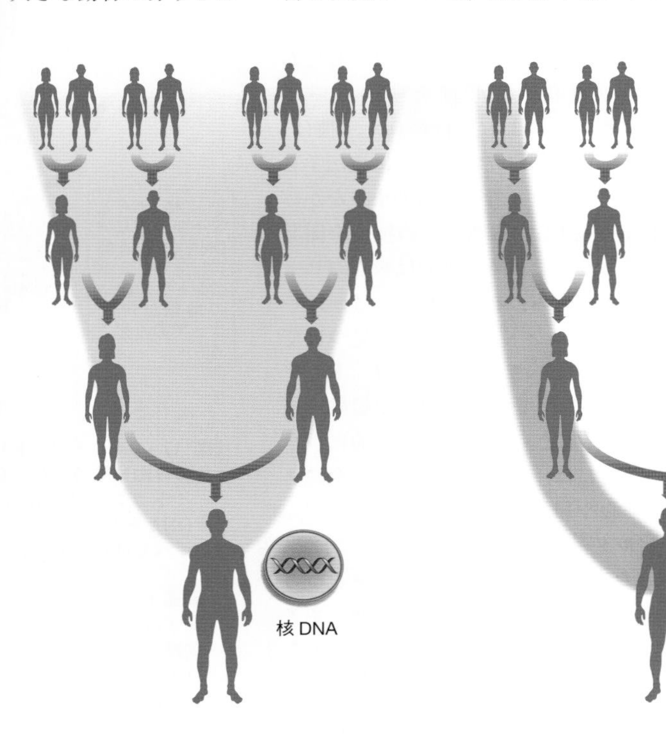

図 17・10 核 DNA の遺伝. 核 DNA の塩基配列を決定することにより，その人と父母両方の祖先との関連を明らかにすることができる(11 章参照)．一方，ミトコンドリア DNA の塩基配列の決定は，その人と母方の祖先との関連を明らかにする．

問題 1 ヒトの母親とネアンデルタール人の父親の間に子が生まれた場合，全ゲノム DNA の塩基配列の決定によって混血であることがわかるか．

問題 2 ネアンデルタール人の母親とヒトの父親の間に子が生まれた場合，全ゲノム DNA の塩基配列の決定によって混血であることがわかるか．

図 17・11 ヒト族の 7 種の平均身長と推定される特徴. ホモ・サピエンスは，参考のため約 180 cm の背丈の男性として描かれている．

中東周辺，アジアへと広がった．190～170 万年前のヒト属の化石は，中央アジアのグルジア共和国，中国，インドネシアで発見されている．

全体として，ホモ・ハビリス，ホモ・エレクトス，他の初期のヒト属の種に関する現在の研究は，かつて考えられていたよりも多くのヒト属の種があり，これらの種のいくつかは同時期に同じ場所に存在していたことを示している．初期のヒト属の種の正確な数とその進化的関係について一般的な合意に達するまでには，もっと多くの研究と証拠が必要であろう．

では，現生人類のゲノムにみられるネアンデルタール人 DNA は，共通祖先の単なる痕跡であったのか．2012 年，ペーボの研究チームらは，ヒトゲノム中のネアンデルタール人 DNA 断片の年齢を決定することができた．この DNA は，現生人類がアフリカから広がってネアンデルタール人に出会ったのとほぼ同時期の，9～4 万年前の間に私たちのゲノムに導入されたことがわかった．共通祖先由来の DNA の痕跡であれば，10 倍古いはずである．

17・6 ホモ・サピエンス

化石記録は，旧人類とよばれる最初のホモ・サピエンスが，40～30 万年前に出現したことを示している．旧人類は，ホモ・エレクトスと，約 20～19 万 5000 年前に出現した，解剖学的な現生人類（ホモ・サピエンス）との中間的特徴をもっていた．この解剖学的現生人類の祖先は，新しい道具や新しい道具をつくる方法を開発し，新しい食物を利用し，複雑なすまいを建設した（ただし，ヒトはこれらの多くを行う唯一の生物ではない．p.180 のコラム参照）．

旧人類の初期の個体群は，最終的にはネアンデルタール人（30～2 万 8000 年前に生存）と現生人類の両方を生み出した．ネアンデルタール人が単に旧人類のもう一つの種類なのか，それとも独特な種なのかについては議論がある．その問題はまだ解決されていない．

アフリカ起源説によれば，解剖学的現生人類は，約 20～19 万 5000 年前にアフリカで旧人類の特別な一つの個体群から最初に進化し，その後，他の大陸に広がって他のヒト族と共存した（図 17・12）．化石記録の証拠は，現生人類がホモ・エレクトスやネアンデルタール人の個体群と時間的に重なっていたが，彼らとは分かれたままであったことを示している．ネアンデルタール人と現生人類は，現生人類が他のすべてのヒト属の個体群に完全に取って代わるまで，西アジアで約 8 万年間，ヨーロッパで約 1 万年間共存した．

しかし，その共存の間に何が起こったのか．現生人類とネアンデルタール人は友好的な隣人であったのか，それともネアンデルタール人はすぐに現生人類によって排除されたのか．

CNRS の研究チームはイタリア南部からの化石証拠を使って，ネアンデルタール人が絶滅する前，4 万 5000～

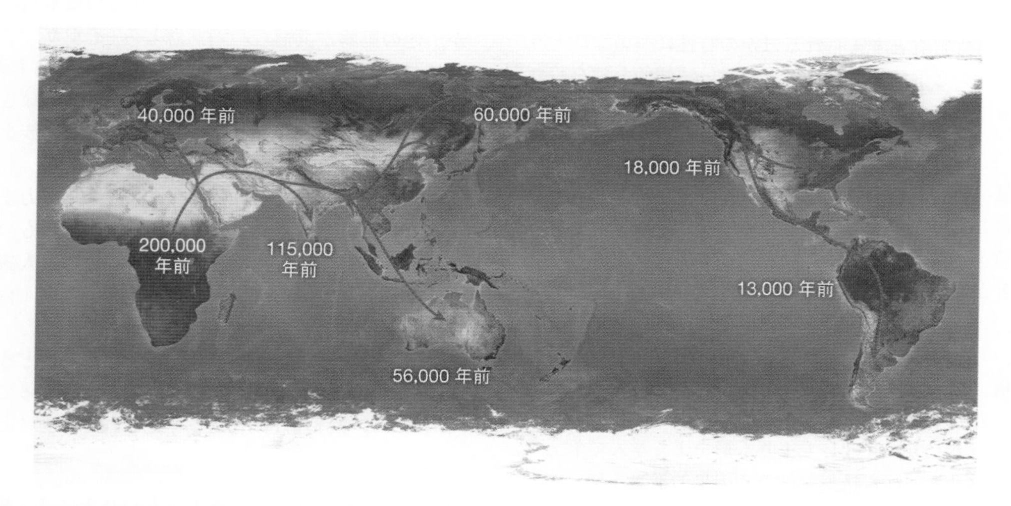

図 17・12　アフリカで進化した解剖学的現生人類． 現生人類の既知の最古の考古学的標本は，アフリカ由来である．世界のさまざまな地域で現生人類がすんでいた証拠のある最古の年代を示している．これらの年代は，研究者たちが明らかにする新しい化石証拠により絶えず更新されている．

問題 1　ネアンデルタール人がアフリカにすんだことがなかったことを示唆する証拠は何か．
問題 2　ネアンデルタール人以外で，現生人類と共存したことがあるヒト属の種を一つあげよ．

4 万 3000 年前の間に現生人類がイタリア半島に到着したことを明らかにした．したがって，二つの個体群はイタリアで接触したらしく，この期間に交配があったのではないかと考えられている．

その後，彼らはリパロ・メッツェナの骨を調べ，1 個の骨に注目した．それは，現生人類がすでにヨーロッパに進出していたのと同時期に，イタリアに生存していた後期ネアンデルタール人の顎の骨，下顎骨であった．しかし，この骨は，頤（おとがい）のないネアンデルタール人のものにはみえなかった．代わりに，リパロ・メッツェナの化石の顔は，三次元イメージングで再構築すると，無頤と強く突き出た頤の中間のような顎をもっていた．頤は現生人類特有の特徴なので（図 17・13），化石の顎はネアンデルタール人と現生人類の混血の証しのようであった．

交配があったという仮説を裏づけるために，研究チームは化石の DNA を解析した．化石にはネアンデルタール人のミトコンドリア DNA があり，少なくともその化石の人の母親はネアンデルタール人であることを確認した．DNA と画像の証拠から，研究チームは，その化石は"ホモ・サピエンスの男性と交配したネアンデルタール人女性"の子であると結論づけた．この証拠はさらに，現生人類が到着したとき，ネアンデルタール人が急激に絶滅したのではなく，二つの種が文化と性の両方で混ざり，ネアンデルタール人から解剖学的現生人類へゆっくりと移行したという考えを支持している．

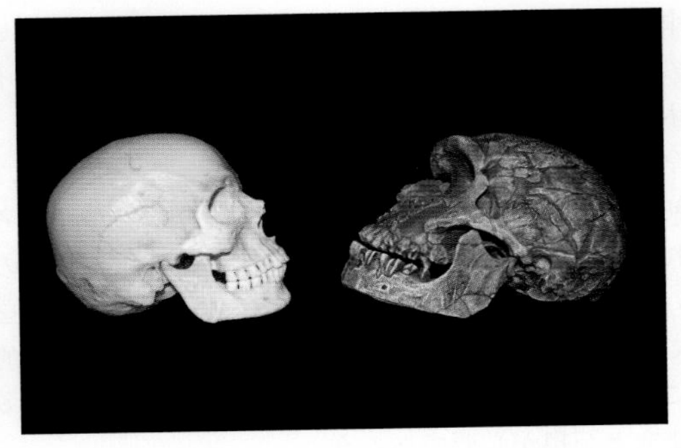

図 17・13　ネアンデルタール人とヒトの頭蓋骨． 右の頭蓋骨はネアンデルタール人で，左の頭蓋骨は現生人類の頭蓋骨である．眉の隆起，前頭部，下顎の違いに注意しよう．

問題 1　現生人類の頭蓋骨の頤とネアンデルタール人の頭蓋骨の下顎の違いを説明せよ．
問題 2　二つの頭蓋骨の違いはほかに何があるか．

しかし，今回の発見は，ネアンデルタール人とヒトの交配に関する最終的な結論ではなさそうである．2016

ヒトは特別か？

脳の前頭葉はヒトに特有であり，地球上で唯一無二の動物であると私たちを納得させてくれる．しかし，一般に私たちに特有と考えられるほかの特性についてはどうだろうか．ヒトは知性と他者との深い感情的な絆を誇りに思っているが，これらは本当にヒトだけの形質だろうか．

- **言語**：研究者はかつて，言語はヒトだけの形質であると信じていた．現在，野生のチンパンジーが，明確な単語を示す約 70 の異なるサインを使って手話を行うことがわかっている．一方，他の霊長類，鳥類，クジラ，コウモリは，明確な発声を学習して情報伝達を行う．
- **記憶**：ヒトだけが記憶力をもっていると考える人もいる．しかし，イヌは多くの命令を容易に学んで覚える．一方，カラスはヒトよりも形をよく学んで覚えることができ，試行錯誤ではなく因果的推論を使ってドアを開け，隠れているものを見つけることができる．
- **社会文化**：かつてはヒトに限ると考えられていた社会文化は，チンパンジー，ニホンザル，シャチの個体群で学習的形質として伝わっている．イルカ，ゾウ，タコによる道具の使用は個体群によって詳細が異なり，学習行動の確かな証拠である．
- **感情**：感情は私たちを人間らしくするのは本当だろうか．他の動物が共感（ゾウ），悲しみ（イルカ，ゾウ），嫉妬（類人猿），好奇心（ネコ，トカゲ），利他主義（類人猿），感謝（クジラ）を表現することが，記録されている．類人猿は不器用な仲間の猿を笑い，家族を誤魔化して出し抜くことが観察されている．
- **自己認識**：鏡のなかで自分自身を認識する能力または自己認識を示す能力は，かつてはヒトだけのものであると考えられていた．いまでは，すべての類人猿，一部のテナガザル，ゾウ，カササギ，クジラは，自己認識の鏡テストに合格することがわかっている．
- **道徳**：最後に，道徳観念や社会規範の理解はどうだろうか．サルやラットは，もし仲間が食物を取って電気ショックを受ければ，食物を与えられても受けとらないだろう．

確かに，これらすべての能力をもつヒトには，独特なものがある．しかし，動物行動に関する私たちの知識が増大し，この惑星に共存する他の種とヒトはかなり近縁であると感じざるをえない．

年，ネアンデルタール人のY染色体のはじめての詳細な遺伝子解析は，現生人類のY染色体の相同遺伝子とは適合しないネアンデルタール人の染色体上の遺伝子突然変異を明らかにした．いいかえれば，これらのY染色体の突然変異は，ネアンデルタール人と現生人類の混血の種の形成を阻止または妨げた可能性がある．

将来の研究者に残されたさらに大きな問は，現生人類は文化を発展させ，地球にすみ続けたが，ネアンデルタール人はなぜ絶滅したのか．おそらく別の骨の化石の山が，いつか答えを教えてくれるだろう．

章末確認問題

1. 正しくないものはどれか．
   (a) アルディピテクス・ラミダスから現生人類に至る進化は，単一の分岐のない経路をたどった
   (b) ヒト科の形質の一部は，他の形質よりも急速に進化した
   (c) 脳の大きさは，初期のヒト科からホモ・サピエンスへ大きく増加した
   (d) 道具をつくる技術は，過去30万年の間に大きく向上した
2. アフリカ起源説にあてはまるものはどれか．
   (a) ヒト族のすべての新種がアフリカで生じ，世界の他の地域に移動した
   (b) ヒト族の多くの新種がアフリカ以外で生じ，その後アフリカに戻った
   (c) すべてのヒト族の種分化は，アフリカ以外で起こった
   (d) すべての種分化はアフリカで起こったが，ホモ・サピエンスだけが世界中に広がった
3. 他の動物がもち，海綿動物に欠けているものはどれか．
   (a) 分節化したボディープラン
   (b) 対称的なボディープラン
   (c) 背骨
   (d) 上記のすべて
4. 正しい用語を選べ．
   [ミトコンドリアDNA／核DNA]は，母親の系統のみから伝わる．[ミトコンドリアDNA／核DNA]は母親と父親の両方から受け継がれる．
5. 左右相称動物にはBを，放射相称動物にはRを，明確な対称性をもたない動物にはNを付けよ．
   ____a. 海綿動物
   ____b. 刺胞動物
   ____c. 節足動物
   ____d. 脊索動物
   ____e. 霊長類
6. 次の空欄に入るものはどれか．
   ____標本は，アウストラロピテクス・アフリカヌスとホモ・エレクトスの中間の特徴をもち，アウストラロピテクス属の化石でみられるヒト族の祖先の特徴から，ホモ・エレクトスの化石でみられるより最近の特徴まで，進化の驚くべき記録を提供している．
   (a) ホモ・サピエンス
   (b) ホモ・ネアンデルターレンシス
   (c) ホモ・ハビリス
   (d) アルディピテクス・ラミダス
7. 単孔類，有袋類，真獣類の哺乳類を区別する重要な違いを簡潔に述べよ．
8. 最も早く出現したものから順に並べよ．
   (a) 旧人類のホモ・サピエンス
   (b) アウストラロピテクス・アファレンシス
   (c) 現生人類のホモ・サピエンス
   (d) ホモ・ハビリス
   (e) ホモ・エレクトス

18 生態学概論

本章のポイント

- 生物圏の定義とヒトの役割
- 生態学における生物的要因と非生物的要因の違い
- 気候と天気の違い
- 温室効果の定義
- 水循環と炭素循環の比較
- 地球温暖化の気候変動への寄与
- 気候変動の結果生じることと，起こりうる結末

18・1 アマゾン熱帯雨林における生態学実験

コロラド大学ボルダー校の生態学者は，アマゾンの熱帯雨林で，実際に森林に火をつけて，その燃え方を調査するという研究に取組む一人である．

アマゾンは世界中で最も広い熱帯雨林であり，地球の生物圏のきわめて重要な部分である．**生物圏**（biosphere）は地球の生物と私たちすべてがすむ物理的な空間からなる．そこには，水のような無機物質や，窒素の豊富な大気や，すべての生物や，その他諸々のものが含まれている（図18・1）．もっと簡単にいうと，生物圏は地球上のすべての環境を統合したものである．人間は生物圏に食料や原料を依存しているため，生物圏は私たちの生存と健康にきわめて重要である．

生物圏の中で，アマゾンは世界中に何百万種もいる植物や動物の半分以上のすみかとなっている．またアマゾンには，世界中の淡水の1/5も存在している．しかし，アマゾンはいま大変な脅威にさらされている．1960年以来，ブラジルのアマゾン地域にすむ人口は600万人から2500万人に増加し，農業が劇的に広がり，人が木を切って道路や家畜や野原をつくるために，森林の崩壊をまねきつつある．アマゾンにおける森林の面積はこの期間に20%減少し，この生態学者が作業をしているダイズ畑のような場所も含めて，それに取って代わる草地や牧草地が，残された熱帯雨林に脅威を与えつつある．

ブラジルの農民たちにとっては，木や茂みを焼き払うことによって農地を更地にしてしまうことは，伝統的なやり方である．さらに，古い草を焼き払ってしまうことは，家畜が食べる新たな草の成長を促すために便利な方法である．しかし，こうした焼き畑は，上手に計画的にやらなければ，火は近隣の熱帯雨林に燃え移ってそれらを破壊してしまう．歴史的には，アマゾンは雨が多く湿気が高いため，森林はゆっくりと燃え，火が広がりすぎる前に自然に消えるので，このことはあまり大きな問題にはならなかった．ところが，地球の気候の劇的な変化がアマゾンをより乾燥した状態にした結果，いまや自然発火しやすくなりつつあるのだ．

私たちの地球はいま警告を発している．地球規模の気候変動のために，地球の大気圏の温度は上昇しつつあり，アマゾンの降水量が減って乾燥状態が進み，森林が

図 18・1 生物圏とは，地球とそこにすむ生物すべてからできている． 地球を宇宙空間から眺めた写真．地球の表面である大気圏とすべてのそこにすむ生物が生物圏を形成している．

図 18・2　アマゾン熱帯雨林の生態学． 生態学は生きている生物(生物的要因)がいかにして他の生物と相互作用しあうのか，そしてそれらすべての生物が無生物の環境(非生物的要因)とどのように相互作用するのかについて研究する学問である．

問題 1　森林は生物的要因と非生物的要因のどちらか．理由とともに述べよ．
問題 2　川は生物的要因と非生物的要因のどちらか．理由とともに述べよ．

自然に発火しやすい状態になってしまっている．その結果，森林火災は広がっている．もっと悪いことに，木が減ることによって，さらに温暖化が進み，アマゾンがより暑く，乾燥した状態となり，火事が起こりやすくなり，さらなる気候変動を起こす，という悪循環が生じてしまっている．

研究者たちは，こうした悪循環を食い止めて，アマゾンの熱帯雨林が失われる速度を遅くしたり止めたりすることができるかどうかを研究している．アマゾン熱帯雨林を一部焼いてしまって，その後どうなるかを調べるという彼らの最近の実験は，生態学の実験である．**生態学** (ecology) は生物と環境の間の相互作用を科学的に研究する学問分野であるが，生物の環境には，**生物的要因** (biotic factor，そこにすむ他の生物) と**非生物的要因** (abiotic factor) がある (図 18・2)．生態学は私たちのすむ自然界の理解を助けてくれるが，ヒトは，修復困難で，おそらくは修復不能なまでに生物圏を変化させ続けている．

18・2　気 候 変 動

コロラド大学の生態学者は 2004 年にイエール大学森林環境学部の大学院生のときに，アマゾンの森林を焼く研究を開始した．彼女は，生物と環境がどのような相互関係をもち，影響し合うのかということに興味をもっている．

彼らは火がアマゾンに及ぼす影響を知るための実験だけをやればよいだろうと考えた．限られた調査区域を計画的に焼くことによって，彼女の研究チームは，たまたま起こった火災について研究したのでは得られないようなデータを集めることができた．それは，火災の起こる前と後にその地域に生えていた植物すべてのリスト，その地域にすんでいた動物すべての個体数などのデータである．彼女は，他のチームメンバーたちとともに，三つの 0.5 km^2 の森林の調査区を用いた実験を指揮した．ある対照群の調査区は一度も焼かない，二つ目の実験調査区は 3 年ごとに一度焼く，三つ目の実験調査区は 1 年ごとに一度焼くとした．

2 箇所の実験調査区から火が広がらないようにするために，各調査区の周辺には数メートルの幅の防火帯をもうけて，そこには植物，小枝，草や瓦礫などがないようにした．そして，調査区がいったん準備できたら，火をつけた．研究チームは，まわりの 10 km の小道に沿って調査区を切り開きながら，森林に火をつけるための灯油の入った特別なタンクを傾けて灯油をまき，火をつけて森林が燃えるのを見てまわった．

このような実験を開始するタイミングは，決して早すぎはしなかった．2005 年にアマゾンは大干ばつに見舞われた．専門家たちがそれを 100 年に一度の干ばつとよんだように，こうした干ばつは，1 世紀にわずか一度くらいしか起こらないものであった．しかし，わずか 5 年後の 2010 年に，100 年に一度の干ばつがもう一度起こり，こんどの干ばつはさらに広く広がり，厳しいものであった．そして，いずれの干ばつにおいても，干ばつに続く大規模な山火事が起こり，78,000 km^2 の熱帯雨林が破壊された．2005 年だけでも，山火事は干ばつの次の年に 20 倍にも増えた．マサチューセッツ州にあるウッズホール研究センターの生態学者は，山火事は大幅に増加していて，もしヒトがこの干ばつの頻度を上昇させているのだとしたら大問題だと考えている．

研究者たちは，ヒトが気候変動を通じてアマゾンの干ばつの回数や程度を増加させているのではないかと疑っている．気候と天気を区別することは重要である．**天気** (weather) とは，特定の場所の短期間の大気の状態をさす用語で，たとえば，今日の気温や降水量，風向き，湿度，雲量などを含む．一方，**気候** (climate) は，比較的長い期間 (一般に 30 年以上) を通じて，ある場所に特有の天気のことをさす．生物は環境の特徴のなかでも最も気候に強く影響を受ける．たとえば，陸上においては気温や降水量などの気候の特徴によって，ある場所が砂漠，草原，熱帯雨林のいずれになるかが決まる．

この定義によると，**気候変動**（climate change）は，地球温暖化のような現象や，降雨のパターンの変化や暴風雨の頻度の増加などを含む，大規模で長期的な地球の気候の変化を示すものである．地球はその46億年の歴史のなかで，数々の平均的な気候の変動を経験してきているが，過去100年に起こっている変動の速度は，従来の気候の記録中では前例をみないものである．最近の歴史のなかで起こっている気候変動は大部分がヒトの活動によってひき起こされており，その結末はおそらく人々や現代の世界を取巻く生態系にとって負の結果をもたらすものであろう（図18・3）．

研究者たちによると，気候変動は干ばつ現象の頻度を増加させ，より頻繁に山火事をひき起こしており，将来を占うことはむずかしいが，明らかにそういう傾向にあることは確かであるという．

図 18・3 気候変動の結果． 気候変動によってひき起こされた極端な天気と新たな降雨のパターンにより，ある場所では洪水が，そして他の場所では干ばつが起こり，それによって生態系と生息地が破壊され，種の絶滅をひき起こしている．写真はスイスのトリフト氷河の1946年(上)と2007年(下)の様子．氷河は後退している．

問題1 気候変動が洪水の頻度や被害の程度に影響を与える場合，それがどのようにして起こるのか，説明せよ．
問題2 気候変動はどのようにして海水面上昇をひき起こすか．

18・3 地球温暖化

地球温暖化と気候変動は関連しているものの，必ずしも同意語ではない．**地球温暖化**（global warming）は10年あるいはそれ以上の時間経過で生じている地球表面の平均気温の有意な上昇のことをさす．地球上の気温は一般的には太陽光が地球に当たる角度によって決まっている．太陽光は赤道上では真上から地球表面に入るが，北極や南極付近では地球表面に対し，もっと斜めに当たる（図18・4）．太陽光が真上から地球表面に入るとき，太陽光エネルギーの流入量は多くなる．こうした理由により，赤道にはより多くの太陽光エネルギーが届くことになり，赤道やその周辺の熱帯地域を北極・南極に比べてより暖かくしている．地球は太陽のまわりを1年かけて公転しており，地軸が傾いているため，軌道を回る間には太陽光は地球上の異なる地域を異なる角度から照らすことになる．これが季節の生じる原因である．つまり，地球の北半球が太陽に向かって傾いているとき，北半球は夏になっていて，南半球はそのとき太陽から遠ざかる方向に傾いているので，冬になっている．

しかし，地球温暖化は，太陽光がどのような角度で地

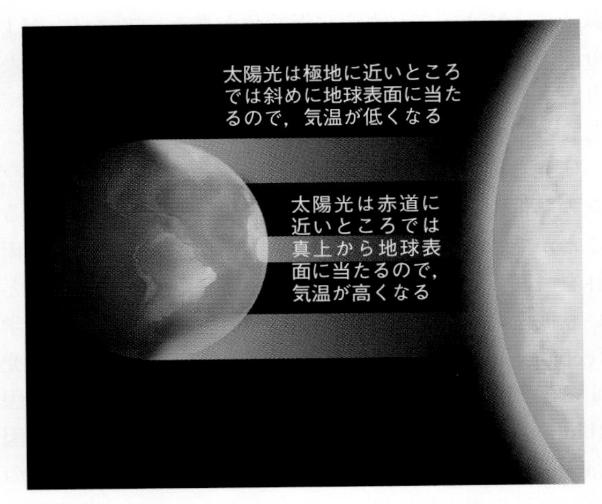

図 18・4 太陽光は赤道では真上から地球表面に当たる． 太陽光が地球に当たる角度によって地球表面にどれくらいのエネルギーや熱量が到達するかが決まる．地球上に当たる太陽光が真上からに近いほど，より多くの太陽光エネルギーが伝わる．

問題1 極地が赤道よりも寒いのはなぜか．
問題2 1年のある時期には北半球は南半球に比べて太陽に近い方向に，より傾いていて，残りの時期にはそれが逆になっている．この地球の傾き具合によってどのようにして夏と冬の温度差ができるのか説明せよ．

球に当たるのかに依存するものではなく，**温室効果ガス**（greenhouse gas）の増加によってひき起こされている．地球の大気中の気体，たとえば，二酸化炭素 CO_2，水蒸気 H_2O，メタンガス CH_4，一酸化二窒素 N_2O は，地球の表面から出される放射熱を吸収し，それらが宇宙空間に放出されることを妨げている．これらの気体は温室の壁や車の窓のような働きをするために，温室効果ガスとよばれる．つまり，これらの気体は，太陽光を吸収して熱を捕捉し，いわゆる**温室効果**（greenhouse effect）をもたらす（図 18・5）．

温室効果ガスは，それ自体が悪いというわけではなく，地球の大気圏には 40 億年以上もの間存在してきたものであり，生命が地球上で生き延びられるような気温を維持するのに重要な働きをしてきた．しかし近年，特に化石燃料を燃やすなどのヒトの活動が大気圏に余分の温室効果ガスを放出してきた．その温室ガスの代表例が二酸化炭素 CO_2 である．

科学者は最近と何十万年前というかなり昔の大気圏の CO_2 濃度を，氷の中に閉じ込められた気泡中の CO_2 濃度を測定することで推測した．この証拠から，CO_2 濃度と地球の表面温度の間には歴史的にみてほぼ完璧な相関があることがわかった．ここ 200 年の間に，大気圏の CO_2 濃度は，おおむね 280 ppm から 400 ppm まで大幅に上昇した（図 18・6）．氷の中の気泡からの測定では，ここ 200 年の間に過去 42 万年間に自然に生じた急激な上昇よりもはるかに大きな上昇率を示していることがわかった．CO_2 濃度はいまや，推定される過去のどの時期よりも高い値を示している．

この大気中の CO_2 濃度の上昇は石炭や石油などの空気中に CO_2 を放出する化石燃料を燃やすことが原因とされ

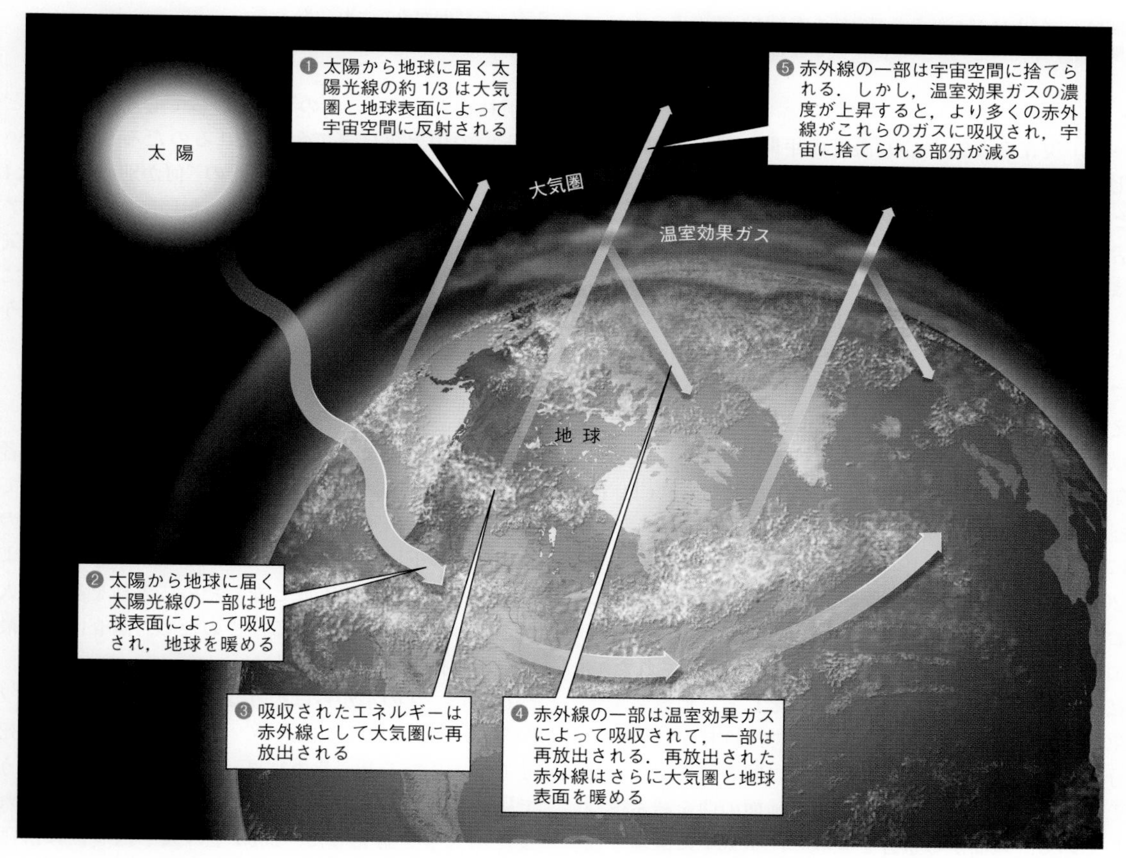
❶ 太陽から地球に届く太陽光線の約 1/3 は大気圏と地球表面によって宇宙空間に反射される
❺ 赤外線の一部は宇宙空間に捨てられる．しかし，温室効果ガスの濃度が上昇すると，より多くの赤外線がこれらのガスに吸収され，宇宙に捨てられる部分が減る
太 陽
大気圏
温室効果ガス
地 球
❷ 太陽から地球に届く太陽光線の一部は地球表面によって吸収され，地球を暖める
❸ 吸収されたエネルギーは赤外線として大気圏に再放出される
❹ 赤外線の一部は温室効果ガスによって吸収されて，一部は再放出される．再放出された赤外線はさらに大気圏と地球表面を暖める

図 18・5　温室効果ガスが地球の表面を暖めるしくみ． 二酸化炭素 CO_2，水蒸気 H_2O，メタンガス CH_4，一酸化二窒素 N_2O は，これらの気体がなければ地球から放出されてしまうはずの熱を吸収して捕捉してしまうため，温室効果ガスとよばれる．

問題 1　地球に届く太陽光線のどのくらいの割合が宇宙空間に反射されるのか．
問題 2　地球の表面に吸収された後に大気圏に再放出されていくのはどのようなエネルギーか．

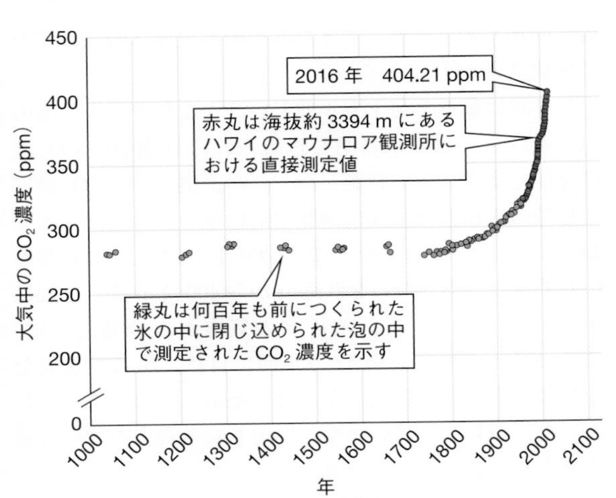

図 18・6　大気圏中の CO_2 濃度は急激に上昇している． 大気圏中の CO_2 濃度(ppm＝1/100 万)は過去 200 年で大幅に上昇している．

問題 1　緑丸はどのような測定値を表しているか．
問題 2　赤丸はどのような測定値を表しているか．

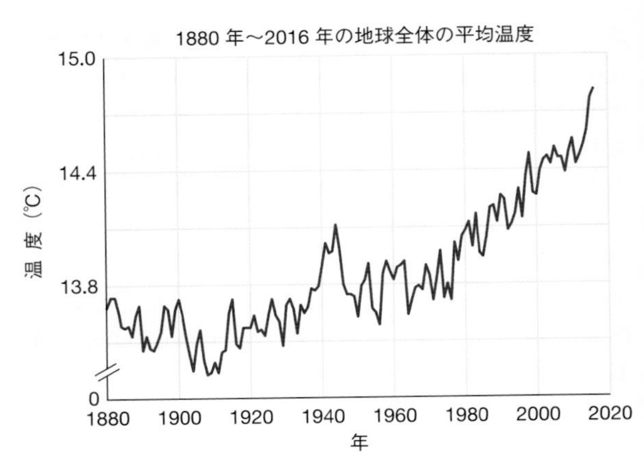

図 18・7　地球全体の温度は上昇を続けている． 記録が開始して以来ここ 140 年の間に，地球全体の温度は大きく上昇している．

問題 1　どの年に地球全体の温度は最も低かったか．
問題 2　実際の地球上の温度を示すグラフからどのような傾向がみてとれるか．

ている．現在の大気中 CO_2 濃度の年間上昇率の約 75％が化石燃料を燃やすことによって生じている．森林の伐採と山火事が残りの 25％の大部分を占めているが，工業活動もこれに大きな寄与をしている．多くの科学者たちは，人間こそが環境にきわめて大きな影響を与えていて，地球上に 80 億人以上の人間がすんでいて，それらの人々の行いが積もりに積もって地球規模の変化を起こしてしまっている（人間活動が環境にどのような影響を与えるかということについては，p.190 のコラム参照）．

以上述べたように，私たちが化石燃料を燃やすことが大気圏の CO_2 濃度を上昇させてきたのである．CO_2 は温室効果ガスとして働き，大気圏に放出されるときにさらに熱を捕捉し，地球上の温度を上昇させている．すでに 20 世紀の初頭から，地球の表面温度は 0.8 ℃上昇しており，将来 1.1～6.4 ℃上昇すると推定されている（図 18・7）．2016 年にはこれまでの最高温度が記録された．

私たちの地球は温暖化している．そして，地球温暖化が生物圏に及ぼす影響はいまや明確で，森林が景色の大部分を占めるアマゾンにおいては特に顕著である．森林はそれを覆う大気圏とその下にある地面の間を結ぶ役割をしていて，地面から水分を吸収し，空気中に酸素を放出している．森林のいかなる変化も局所的な気候の変化につながり，増加しつつある山火事はそうした地球を覆っている森林を荒廃させている．

アマゾンで研究を続けるコロラド大学の生態学者は，これらの熱帯雨林の限界はどこにあるのか，これらの熱帯雨林が“何か別のもの”に変わってしまう前に，どれくらいの山火事にまで耐えられるのだろうか，というテーマで研究を続けている．その“何か別のもの”とは，別名サバンナともよばれる草原かもしれない．もしアマゾンの熱帯雨林がサバンナに変わってしまったら，気候はきわめて大きな影響を受け，またそれを熱帯雨林に復元することは，ほとんど不可能になってしまうだろう．

18・4　水　循　環

最初に森林を焼く実験を行った 2004 年に，研究者たちは，2 箇所の調査区の植物が火事に対してきわめて耐性が高いことに驚いた．アマゾンの背の高い密な木の林冠は，木の下に湿気を含んだ空気を供給し，それによって燃える速度がゆっくりとなるために森林を多くの火事から守ってくれたのである．このため，調査区は，最初はあまり損害を受けなかった．

しかし，次の年からはそうはいかなかった．アマゾンが 2005 年に大干ばつにあい，その干ばつが木々を死なせてしまったこと，その結果，日光が森林の下のほうまで届いたために，葉や低木を乾燥させてしまい，それがまた山火事を誘発した．2005 年の大干ばつ後に計画的に行った森林を焼く実験の期間に 2 箇所の調査区は大きな損傷を負った．調査区の中の大部分の木は死に絶え，代わりに草地となった．特に，調査区の端の部分は最も暑く乾燥していた．

1 年ごとに森林を焼いた調査区でも 3 年ごとに焼いた

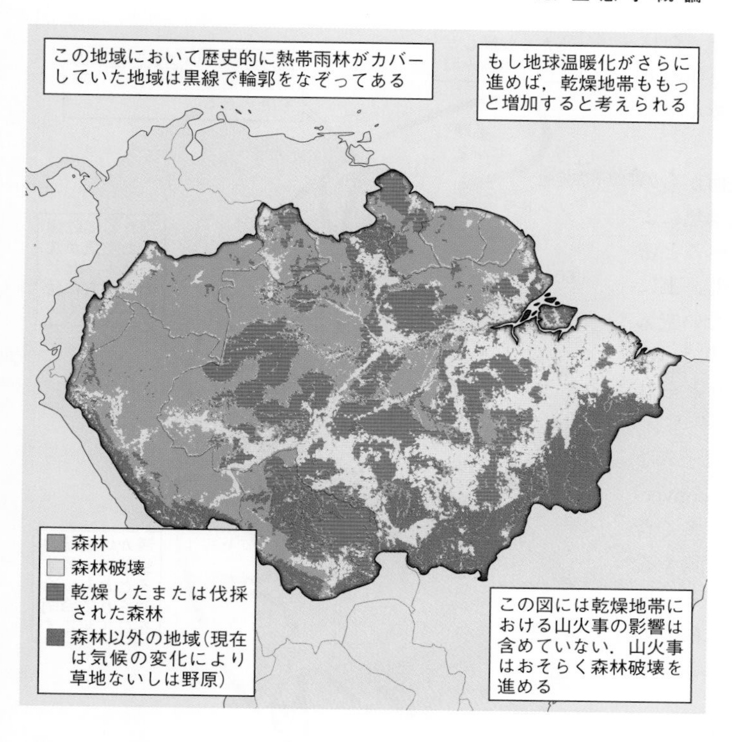

この地域において歴史的に熱帯雨林がカバーしていた地域は黒線で輪郭をなぞってある
もし地球温暖化がさらに進めば，乾燥地帯ももっと増加すると考えられる
森林
森林破壊
乾燥したまたは伐採された森林
森林以外の地域（現在は気候の変化により草地ないしは野原）
この図には乾燥地帯における山火事の影響は含めていない．山火事はおそらく森林破壊を進める

図 18・8　2030 年のアマゾン熱帯雨林の様子を予測した図． この将来のアマゾン熱帯雨林の地図は地球温暖化が増加することなくこのまま続くことを仮定してつくられている．

問題 1　山火事はアマゾン熱帯雨林のどこの部分に最も深刻な影響を与えるのか．

問題 2　この地図には動物を放牧するための牧草地は含まれていない．2030 年には牧草地がいまよりも多く必要とされるか，それとも必要とされないか．その理由も答えよ．

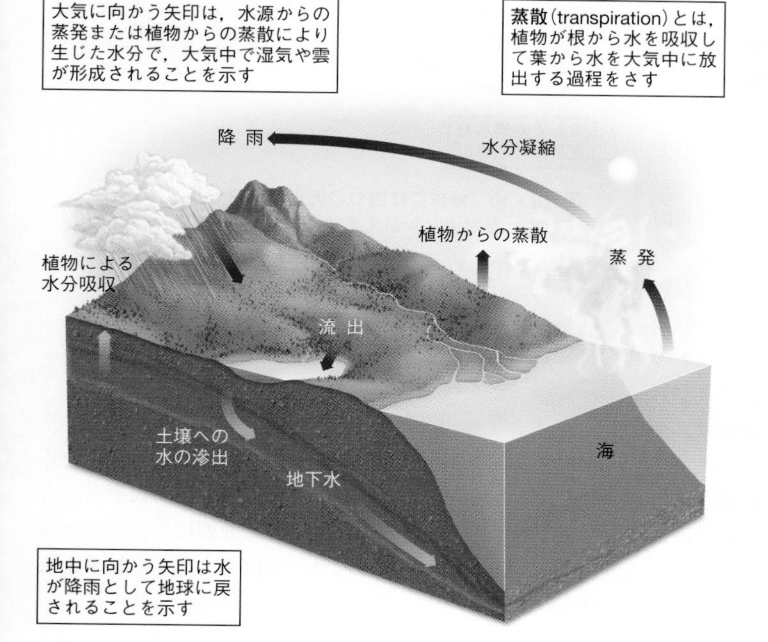

大気に向かう矢印は，水源からの蒸発または植物からの蒸散により生じた水分で，大気中で湿気や雲が形成されることを示す
蒸散（transpiration）とは，植物が根から水を吸収して葉から水を大気中に放出する過程をさす
降 雨
水分凝縮
植物からの蒸散
蒸 発
植物による水分吸収
流 出
土壌への水の滲出
地下水
海
地中に向かう矢印は水が降雨として地球に戻されることを示す

図 18・9　水循環． 矢印は水の流れる方向を示す．

問題 1　蒸散が水循環にとって重要なのはなぜか．

問題 2　植物が少ないためにある場所の蒸散が少ないとしたら，この地域を覆う湿気や雲はどうなるか．

調査区でも，草がまわりの牧草地から侵入してきていた．この実験結果は，山火事が実際アマゾンを，より乾燥したサバンナのような生態系に，変化させてしまったことを示唆していた（図 18・8）．研究者たちは，山火事が熱帯雨林をサバンナに変えてしまうきっかけになったと考えており，複数の火事や，干ばつと火事が交互に起こるような自然災害が繰返された結果，限界を超えて森林を草地に変えてしまったと結論づけている．

コロラド大学の研究チームが，実験的に森林を焼いた後の植物の変化を観察する一方で，生態学者は山火事が水系にどのような影響を与えるのかを調査した．森林は，水を地面から大気へ，そしてまた大気から地面へと循環させる**水循環**（water cycle）を構成する重要な要素だと考えられている（図 18・9）．

赤道付近では真上から太陽光が届き，地球表面からの水の蒸発を起こす．暖められた湿気を含む空気は熱により膨張するために，暖められていない空気に比べると密度が低く，軽くなって上に上がっていく．しかし，上に上がっていくにつれて，空気は冷めてくる．冷たい空気は暖かい空気ほど多くの水をたくわえられないので，冷やされた空気団に含まれる水分の大部分は搾りとられて，雨として落ちてくる．

このため，アマゾンなどの多くの熱帯地域では十分な量の降水量がある．地球には大きな**対流セル**（convection cell）とよばれる四つの単位があり，湿気を多く含む空気が冷やされて，その湿気を，温度によって雨や雪として放出し，地上に乾いた空気を下ろしている（図 18・10）．これらの対流セルは，地球に当たる太陽光の角度とともに，雨林や砂漠などの地球上の地域的な環境を生み出すのに重要な役割を果たしている．

アマゾンにおいては，森林は水循環の中で大変重要な役割を果たしている．森林は土壌から水を吸い上げて，光合成の過程における蒸散を介して大気中にその水を蒸発させることにより，大気中の水と川の水の間をつなぐような働きをしている．そのため，山火事が起こると，循環して大気中に戻される水の量が激減してしまうのである（光合成の詳細については 5 章参照）．

コロラド大学の研究チームは，毎年生態学者との共同実験を行い，10 m の深さの洞窟のような穴を掘り，土壌中の湿度を計測する機器を中に入れている．健全な森林生態系においては，木は土壌中から多くの水分を吸収し，土壌をほどよく乾燥した状態に保ちつつ，最低限の水分を小川に流出させる．これは，まさに生態学者が対照群の調査区で観察したことであり，健全な森林は，土壌中の水をほとんど吸収しているのである．

しかし一方で，毎年または 3 年に一度木を燃焼させた残り二つの調査区では，土地は触っただけでわかるほど湿っていた．つまり，森林火災が起こると木が死んでしまい，土壌中の水はほとんど吸収されなくなる．その結果，近くの小川には水があふれてしまい，健全な森でみられる小川の水量の 4 倍にまで増えてしまった．これは水循環にとってはよくないことであり，水が大気中に循環して戻されて雨を降らせ，植生を豊かにすることなく，水系から水をいわば垂れ流しにしてしまうのである．

そして，木を燃焼させた調査区では，木に代わって侵入してきた草は，その根が大変浅く，土壌からの水分をあまり吸収できないので，空気中への水の蒸発も少なくなる．このようにして，自然災害で生じる山火事や，人為的に木を伐採することによって広範囲に森林破壊が起こると，降水量が少なくなり，気温も上昇する結果をまねくのである．

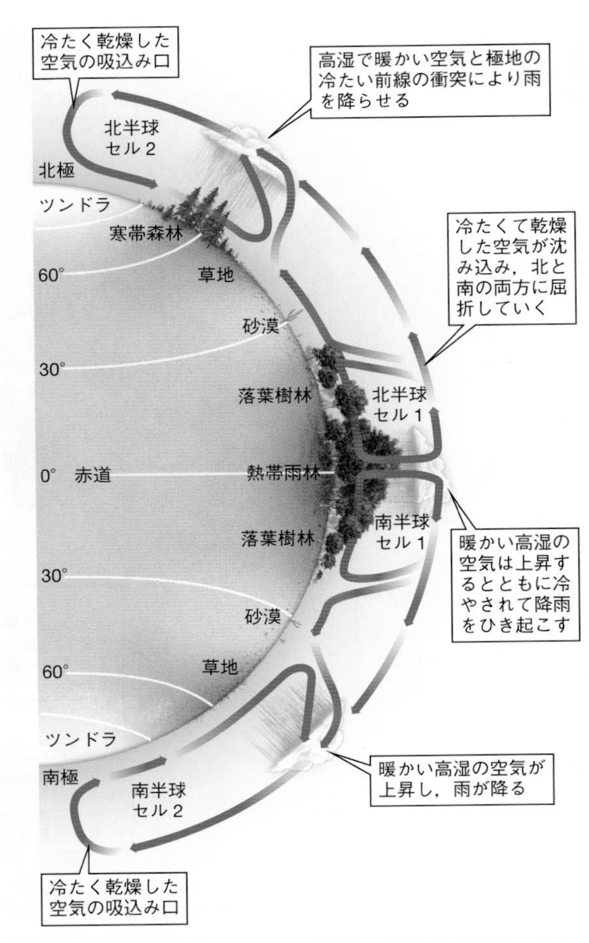

図 18・10　地球には四つの大きな対流セルがある． 二つの大きな対流セルが北半球に，二つが南半球にある．

問題 1　北半球と南半球の降雨のパターンはどのように異なっているか．
問題 2　赤道では何が生じてこの地域が多湿になっているのか．

18・5　炭素循環

水循環の状態や，調査区にまで草地が拡大してきている状況を解析するのに加えて，研究チームは，森林を燃やしたときに大気中に放出される炭素の量を測定してみた．

二酸化炭素の形で存在する炭素は，地球の大気のわずか0.04%を占めるにすぎないが，すでに説明したように，この割合は少なくとも200年間は上昇し続けてきて，地球温暖化をひき起こしている．炭素はまた地殻中にも存在しており，そこには，太古の海中や陸上の生物の残存物から形成された炭素を多く含む堆積物や岩石が存在している．炭素はすべての生物体内にも存在している．

生きている細胞の大部分は，水素原子に結合した炭素原子を含む有機分子からできている．重量としては，細胞内では炭素は酸素についで豊富な元素であり，生物体内の大型の生体分子のすべては炭素原子骨格をもっている．水中・陸上両方の生態系にすむ生物は大部分の炭素を光合成から得ている．光合成細菌や藻類などの水系の生産者は，水中に溶け込んだ二酸化炭素を吸収して太陽光をエネルギー源として用いて，有機分子に変換している．陸上生態系において最も重要な生産者である植物は，大気中から二酸化炭素を吸収し，太陽光と水の助けを借りて，それらを食物に変換している．このようにして植物は自分自身の体である，葉，茎，枝，花などの構造物をつくり出している．

生物群集とそれを取巻く物理的環境，つまり非生物界との間の炭素のやりとりは，地球上の**炭素循環**（carbon cycle）として知られる（図18・11，栄養素の循環についての詳細は21章参照）．炭素が生物界と非生物界の間でやりとりされる一つの方法は，生物/非生物にかかわらず，それらの燃焼である．

太古の生物の有機物のなかには地質学的な過程によって石油，石炭，天然ガスなどのように化石燃料に変換されたものがある．私たちがそれらを掘り出してエネルギーとして使うために燃やすと，何億年もの間そうした沈殿物として閉じ込められてきた炭素が，二酸化炭素として大気中に放出されてしまう．

植物はまた，燃やされることで炭素を大気中に放出する．森林を燃やすことによって放出される炭素の量を測定するために，コロラド大学の研究チームは燃焼実験の前後の森林の地面上における落ち葉や枝の量（バイオマス）と，影響を受けた木の数を計測した．これらバイオマスの半分は炭素であり，それゆえ，森林を燃やす実験の前後におけるバイオマスの差の半分は，大気中に放出された炭素の量であった．これはかなりの量であった．

研究者たちによると，最初の燃焼実験では1 ha当たり20トンの炭素が放出されたそうである．これは，車をおよそ139万km運転したときに放出される（約15万Lのガソリンを燃焼）炭素の量に匹敵する．そして，この燃焼は，結果的にはふつうならば空気中の二酸化炭素を

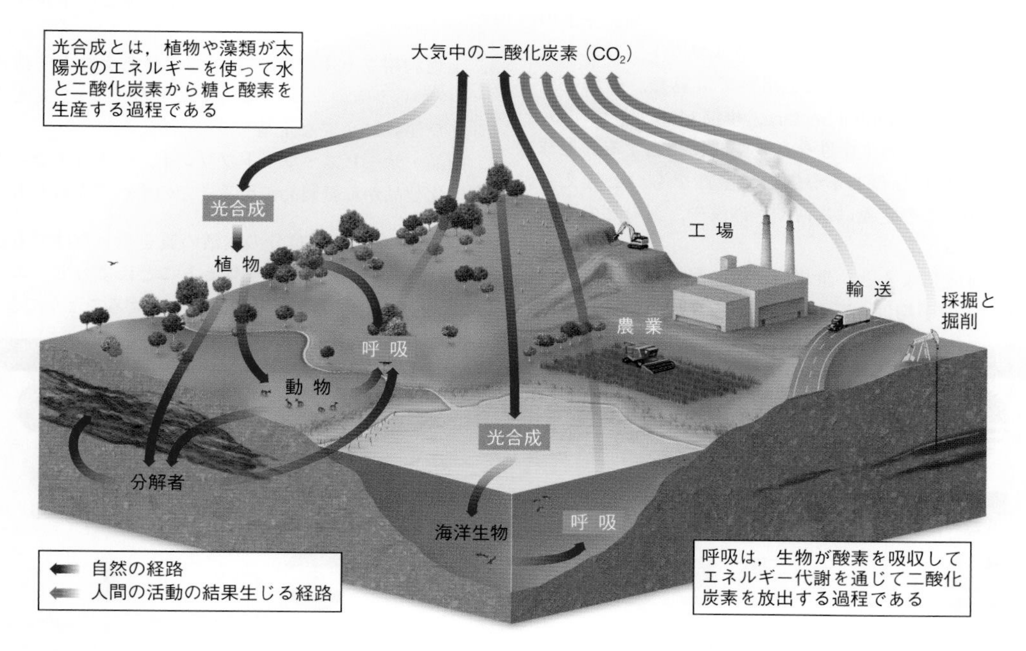

図 18・11 炭素循環． 矢印は炭素の循環する方向を示す．

問題1 炭素が大気中に放出される方法三つをあげよ． **問題2** 生きている炭素シンクを二つあげよ．

私たちのエコロジカルフットプリント

環境に重大な損失を与えずにいつまでも持続させることのできるような行動や過程のことを**持続可能**(sustainable)と表現する．現在の人間の生命圏に対する影響は持続可能ではない．

私たちは，もっと効率的な自然資源の利用法を推進するような法案を成立させることができるし，地球への悪影響を減らすビジネスを応援することもできる．また持続可能な農業を支援したり，自分の生活様式を変更したりすることもできる．たとえば，私たちは再生可能なエネルギーの利用や，エネルギー効率のよい電気製品の利用を増やすことができる．また，化石燃料の不必要な利用を減らすこともできる(自転車を使ったり，公共交通機関を利用して通勤したりする)．持続可能な漁業者から海産物を買ったり，“グリーン”な建設材料を使ったり，廃棄物を減らしたり，再利用したり，リサイクルしたりすることができる．専門家は，2億人以上の世界中の女性が，家族の規模を小さくしたいが，家族計画を利用できないと推測している．先進国にすむ人たちは開発途上国に教育，ヘルスケア，家族計画などのサービスの供給を支援することで，世界をより持続可能なものにすることができるはずである．

持続可能性の一つの指標は，**エコロジカルフットプリント**(ecological footprint)とよばれ，それは，個人や集団が消費した資源を再生産したり，消費時に排出した廃棄物を浄化するのに必要な生物生産性をもつ地面や水の面積をさす．科学者は，エコロジカルフットプリントを標準化された数学的な方法を用いて計算し，それをグローバルヘクター(global hectare，単位 gha)で表現する．1 gha は 1 ha の生物生産性をもつ空間に相当する．地球の表面積のおおむね 1/4 が生物生産性をもつと考えられているが，この定義は氷河や，砂漠や，海などの面積を除いている．

最近の推定によると，世界中の人のエコロジカルフットプリントの平均は 2.7 gha であるとされていて，これは持続可能な方式で約 80 億人の人間が生活を維持するのに必要とされる 1.7 gha よりも約 60% 高いということがわかる．エコロジカルフットプリントはまた，**地球相当**(Earth equivalent)とも表現されるが，この数値は，私たちが資源を使って，その結果排出する廃棄物を浄化するために必要とされるものが地球何個分に相当するかという値を示している．現在，地球上の人口すべてで毎年 1.6 地球相当を使っている．

全体として，こうした推定によると，1970 年代後半から人々は再生産するよりも速い速度で資源を使ってきていると示唆される．世界中の人口が増加するにつれて，生物生産に利用できる 1 人当たりの土地の量は減り続けており，地球上の資源の消費速度が増加している．

各国の 1 人当たりの地球上の資源消費量はおおむねエネルギー需要，豊かさ，そして技術開発により変化する生活様式に直接に関係している．中国やインドなどの人口の多い国が豊かになるにつれて，それらの国のエコロジカルフットプリントは急速に増加してきている．

では，あなた自身のエコロジカルフットプリントはどれくらいだろうか．あなたのエコロジカルフットプリントはおもに以下の四つの資源利用に依存している．

1. 炭素フットプリント，つまりエネルギー消費
2. 食料フットプリント，つまりあなたが食べたり飲んだりする食物を育てるために必要な土地とエネルギーと水
3. 土地利用フットプリント，つまりあなたの生活様式(学校からショッピングモールに至るまで)を支えるインフラ建設に必要な土地
4. 商品・サービス・フットプリント，つまりあなたの家庭電化製品から紙製品に至るまでのすべてを含むもの

私たちの多くは，自分の生活の質を少しだけでも節約して，地球に大きな恩恵を与えることによって，エコロジカルフットプリントを大幅に減少させることができる．

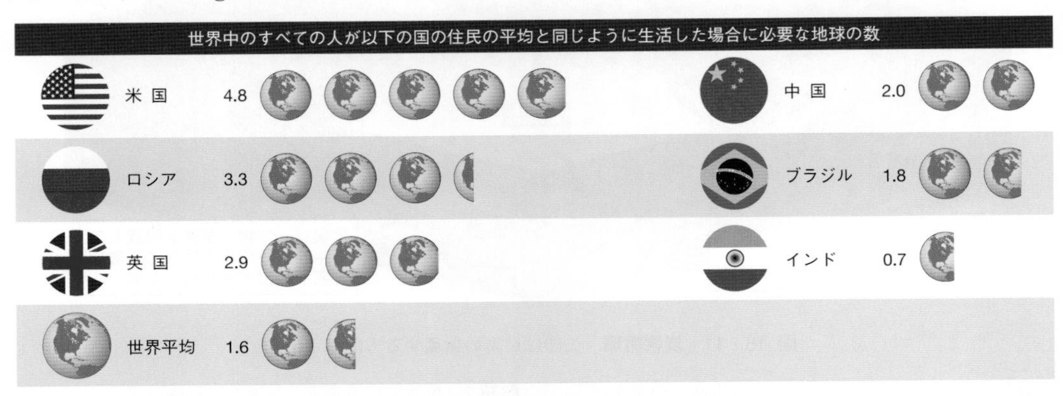

図 18・12　炭素シンクと炭素ソース

問題 1　炭素ソースはどのようにして地球温暖化に貢献してしまっているのか．
問題 2　炭素シンクはどのようにして地球温暖化を防いでいるのか．

吸収してくれるはずの森林の破壊という有害な影響までもたらしてしまうのである．

通常，アマゾンの熱帯雨林は年間に 15 億トンの二酸化炭素を吸収することで気候変動を遅らせるのに一役買っている．このようにして森林は炭素の吸い込み口，つまり放出するよりも多くの量の炭素を吸収する**炭素シンク**（carbon sink）として働いている．

しかし，2005 年の干ばつの間に木は死んで腐ってしまい，森林は，放出するよりも多くの二酸化炭素を吸収するという本来の機能を失い，実際は大気中に炭素を放出していたのである．2005 年には 50 億トンの炭素が放出された．アマゾンは，炭素シンクではなく，炭素を吸収するよりも多く放出する**炭素ソース**（carbon source）になってしまった（図 18・12）．そして，温度が上昇し，降雨量が減少し，自然の山火事が増え，アマゾンがますます炭素シンクから炭素ソースに変わり果てていくことを生態学者は恐れている．もしそうなってしまったならば，私たちの地球は，将来起こりうる気候変動に対する最大の緩衝材の一つを失ってしまうのである．

18・6　今後の研究課題

コロラド大学の研究チームは調査区の森林を燃やすのをやめて，その後どのように回復していくのかを記録することにした．どの植物が再び生えてくるか，それらの成長が水や炭素の循環にどのような影響を与えるのかを直接観察するのに加えて，実験的に火事を起こした調査区が草地に浸食されるのを防ぐことができるか，そしてまた，そこを熱帯雨林に戻せるかという新しい実験を開始している．

ある地域では，研究者たちは異なる種類の木を植林して，ある特定の種がうまく草地の中で自分たちの領域を確立できるようになるのかを調べる計画をしている．また，まだ計画段階ではあるが，降水量の不足が新しい木の成長を妨げているのかも検証しようとしている．もし，どれかの戦略が小さな調査区においてうまく機能することがわかれば，山火事によって影響を受けた熱帯雨林の広い地域を救うのに利用できるかもしれない．

研究者たちは，熱帯雨林が回復するのを手助けする方法を見つけたいと考えている．しかし，この地域の将来について大変心配もしている．すなわち，すでにこの地域の森林は，熱帯雨林として回復できる閾値を超えてしまったのではないかとの懸念している．もし，狭い調査区についてそれが本当であったとしたら，農業地域と境界を接しているアマゾンのもっと広い地域が危険にさらされている前兆ということになる．

章末確認問題

1. 生物圏に関して当てはまるのは次のうちどれか．
   (a) 地球上のすべての生物とそれらを取囲む物理的環境
   (b) 人類の生存や福祉に必須である
   (c) 人間社会の食料や原材料の源
   (d) 互いにネットワークのようにつながった生態系
   (e) 上記のすべて
2. 温室効果ガスは，どのようにして機能しているのか．
   (a) 太陽光を妨害するが地球上の熱を宇宙に放出する
   (b) 本来ならば地球から宇宙に放出されてしまう地球の放射熱を吸収する
   (c) 太陽から地球に向かう放射熱を吸収する
   (d) 地球から宇宙に出される放射熱を放出する
3. 次のうちどれが生物圏の非生物要素か．
   (a) 藻類　(b) 昆虫　(c) 地衣類
   (d) 水　(e) 上記のいずれでもない
4. 水循環における要素を，降水から開始して正しい順に並べよ．
   (a) 降水
   (b) 植物による取込み
   (c) 蒸散
   (d) 土壌への水の滲出
   (e) 水分凝縮

5. 正しい用語を選べ.
[気候/天気]は特定の場所の短期間の大気の状態をさすが,[気候/天気]は比較的長い期間を通じてある場所に特有の大気の平均的な状態をさす.[気候変動/地球温暖化]は長期的かつ大規模な大気の状態の変化を示すものであり,これは,[気候変動/地球温暖化],つまり地球上の平均温度の上昇によってもたらされている.

6. 炭素循環と水循環は次の点で似ている.
(a) ともに環境中の無機分子と有機分子を循環させている
(b) 両者において光合成がきわめて重要な過程となっている
(c) ともに地球温暖化と気候変動に関与している
(d) 上記のすべて
(e) 上記のいずれでもない

7. 生態学者が5年ごとに森林火災に見舞われる森林地帯を研究している.これらの森林火災の合間に,調査している地域は3億トンの二酸化炭素を吸収している.もし森林火災がこの地域において2億トンの二酸化炭素を放出しているとしたら,この森林地帯は炭素シンクとして働いているのか,それとも炭素ソースとして働いているのか.その理由も述べよ.

8. 次の出来事を,最も早いものから順に並べよ.
(a) 極端な天気を含む気候変動
(b) 人口と活動の増加
(c) 二酸化炭素や他の温室効果ガスの大気中への放出の増加
(d) 温室効果ガスの生産や放出への規制に関する世論の高まり
(e) 地球温暖化

19 個体群生態学

本章のポイント

- 個体群サイズと個体群密度の違い
- 個体群データのグラフから個体群の成長がロジスティック成長か指数成長かを区別
- 環境収容力の定義と，個体群の環境収容力を増減させる要因
- 個体群サイズの密度依存的な変化と密度非依存的な変化の違い
- 捕食者と被食者の間に存在する個体群サイクル

19・1 遺伝子工学を用いたカによるウイルス感染の防止

2016年7月フロリダ州のマイアミで，恐れられていた事態がついに発生した．米国ではじめてカに媒介されたジカウイルス感染により，ジカ熱患者が報告されたのである（図19・1）．

このときすでに“ジカ熱”は家庭内でも知られる用語となっていた．ジカ熱はジカウイルスに感染することによって起こる病気で，一般的には，1週間以内に治まる発熱，眼の充血，頭痛，そしてたまに発疹という症状を起こす比較的軽度のものである．しかし，ジカ熱にはこれ以外に，健康に対してもっと恐ろしい影響をもつ．マイアミでジカ熱感染が発生する1年前に，ブラジルの医師は，通常よりも頭部と脳が小さい小頭症とよばれる重篤な疾患をもった新生児の数が増えてきていることに気づきはじめていた．こうした子供たちは発育不全も示していた．小頭症（microcephaly）は成長期の小児に，けいれんや言語・知能の遅れや摂食・運動障害，聴覚・視覚不全などの多くの問題をひき起こすことがある．ブラジルで新たに報告された小頭症の症例は，やがてジカウイルスに感染したカに刺されることにより急速に広がるウイルスと関係づけて考えられるようになった．

ジカ熱と小頭症を結びつける科学的な証拠がある．感染した母親がウイルスを胎児に感染させてしまい，脳の発育を阻害してしまう．研究によると，子宮内でジカウイルスにさらされた胎児は，それにさらされていない胎児に比べて50倍もの確率で小頭症にかかって生まれる．2016年2月，世界保健機関（WHO）は，ジカ熱の感染の広がりは“国際的に憂慮すべき公衆衛生上の危機”であると宣言した．ヒトはカによって媒介されるデング熱や西ナイル熱ウイルスなどとの長い闘いの歴史をもつ．そのなかで私たちが学んできたことは，ワクチンがないときにはカの繁殖を止めるのがベストな方法であるということだ．しかし，世界中のカの集団を根絶させようとする努力にもかかわらず，この害虫はあらゆる手立てに必ず対応してきた．たとえば，カはすぐに一般的な殺虫剤に対する耐性をもつようになり，さらに適応的な行動の一つとして，農民たちが蚊帳で守られている夜の屋内ではなく，早朝の屋外で農民を刺すということまでやってのけているのだ．

しかし，現在私たちはカの媒介する病気に対する新たな武器を手にしている．科学技術により問題を解決するために，研究者たちはムシ自身を武器として使ってカの集団に対処することをはじめた．これは，“カ VS カ”の新たな戦争なのである．

19・2 個体群のコントロール

フロリダ州でジカ熱感染の最初の症例報告があった1カ月後に，役所はマイアミビーチの異なる7箇所でジカウイルスに感染したカを捕まえた．これは，この地域に病気の感染が起こりつつあるという動かぬ証拠であっ

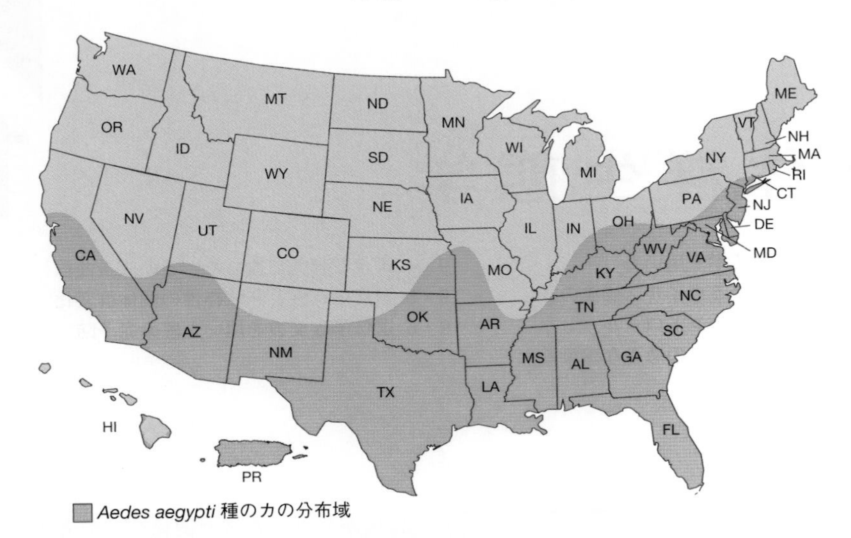

図 19・1　ジカ熱ウイルスを運ぶと考えられている種のカの分布域. *Aedes aegypti* という種のカはジカ熱，デング熱，チクングニア熱のようなウイルスを他の種のカよりもより頻繁に広げることが知られている.

問題 1　米国のどのような地域がジカ熱を媒介するカの分布域になっているか.
問題 2　米国のどのような地域がジカ熱を媒介するカのいない地域になっているか，また理由を推察せよ.

た．2016 年 10 月までに，ジカウイルスに感染したカはさらに北に 5 km 広がっていた.

ジカ熱は *Aedes aegypti* と，それほど一般的ではない *Aedes albopictus* の 2 種の雌のカによって媒介されるが，後者は田園地帯に生息し，ヒト以外にも他の動物から吸血するため，ヒトを刺すことは少ない．これらの 2 種類のカはデング熱，チクングニア熱などのウイルスの媒介動物またはベクター（vector）にもなっている．（寄生性原生動物によってひき起こされるマラリアは *Anopheles* 属の雌のカによって運ばれる.）おもに日中活動性の高い雌のカは管状の口器（雄にはない）を宿主の皮膚に差し込むことで吸血する．この瞬間に，カの唾液中にあるウイルス粒子がヒトの皮膚の中に入り込む．いったん皮膚に入ると，ウイルスは皮膚細胞の中で複製してリンパ節や血流の中に広がっていく.

カによって広げられるだけでなく，ジカウイルスは血液，涙，精液，唾液などの体液によってヒトからヒトへと広がることができる．場合によって，ジカウイルスは感染後体液中に何カ月もとどまることができる．それゆえ，ジカ熱の広がりを遅らせるには，輸血された血液をスクリーニングしたり，セックス中にコンドームを正しく使ったりする必要がある．しかし，完全に感染を予防するためには，カに刺される機会を減らすことであり，それはカを駆除することによって達成できる.

科学者たちはカの**個体群サイズ**（population size），つまり個体群内の個体の総数を小さくしようといろいろな方法を試してきた．**個体群**（population）とは，ある地域内の同一種の生物集団のことをさす．個体群サイズは時間とともに変化し，あるときは増加し，あるときは減少する．個体群サイズが増加するか減少するかは，個体群中の出生数と死亡数や，集団に入ってくる（移入）または集団から出て行く（移出）個体数に依存する．出生と移入は個体群サイズを大きくし，死亡と移出はそれを小さくする．環境要因もまた個体群サイズには大きな影響を及ぼす．たとえばカの個体群は生殖の条件が揃っているような高温多湿の気候においては大きくなる.

カの個体群を標的とするとき，科学者は，個体群のサイズや構造と，時空間の中でどのようにそれらが変化していくかを研究する**個体群生態学**（population ecology）を頼りにする．個体群生態学は，カがどこで生活し，餌を食べ，繁殖しているかを決めるのに役立つ．カは群をなして水源で卵を産み，その多くは，ゴミ収集所や人が集中しているような都市環境を好む．これらの場所ではカの**個体群密度**（population density，単位面積当たりの個体数）は最も高いと考えられる.

個体群密度を計算するには，総個体数を注目する地域の面積で割り算する．たとえば，日常的にデング熱ウイルスの感染の起こっているブラジルのリオデジャネイロの都市部近辺で，科学者たちがカのトラップを使ってカを捕獲した結果，雌のカの個体群サイズは3505匹の卵をもった集団であった．この地域の面積は3,686,700 m^2なので，雌のカの個体群密度は1000 m^2当たり0.951個体となる．個体群密度は，個体群サイズをどれだけ正確に数えられるかということに依存するため，個体群密度はしばしば計測がむずかしいこともあるという点には注意が必要である．それは，カの個体を探し出すのがむずかしいことや，カが集団間を移動することや，さらに，境界が複雑で不明瞭な地域にカがすんでいることもその理由である．

科学者たちは，カを根絶させるための努力がいかに有効に働くのかを知るために個体群密度を追跡する．上述したように，カの個体群を減少させる最も一般的な方法は，殺虫剤で殺すことである．しかし，それが理想的な方法でないことは，科学者たちの意見の一致するところである．殺虫剤は一般的に昆虫の個体群全体に影響を及ぼして，環境全体のバランスを崩しかねないと考えられている．したがって，環境中に化学物質を投入するのは大変注意深く実行しなくてはならない．

遺伝子技術の進歩のおかげで，これとは異なる方法として，遺伝子を少しいじって生殖を妨害する方法がある．カが生殖できなければ，個体群サイズは急に小さくなり，カの数が少なくなれば，カに刺されて感染する人の数も減ることになる．このようにして遺伝子を操作する（ある生物の遺伝子を特定の目的で改変してしまう）ことを**遺伝子改変**（genetic modification: GM）とよぶ．これは，遺伝子工学（genetic engineering: GE）ともよばれる．殺虫剤とは対照的に，カの遺伝子改変は，たった一つの種だけを特異的に標的にして数を減らせるという違いがある．

ブラジルにおける初期のカの遺伝子改変の野外実験はデング熱の拡大を止めたようにみえたが，ジカ熱に関する結果については次節で詳しく述べる．

19・3 ジカウイルスの急激な感染拡大

ジカ熱はフロリダ州に感染拡大する前に，津波のようにブラジルに大打撃を与えていた．2015年初頭の3カ月の期間に，ブラジルではデング熱に近く比較的症状の軽い7000人の症例が報告されたが，それがジカ熱だと疑う人は誰もいなかった．新たに広がりをみせる感染症についてよく問題になるのだが，誰もがそのことを予期していなかった．

5月になって，ジカウイルスが国内に広がっていることを，ある国立研究所が報告した．2カ月後に，ブラジルの医療関係者が，ジカウイルス感染によくみられる脳の炎症を伴った神経疾患を報告しはじめた．10月には，小頭症の新生児の数が異常に跳ね上がったという最悪のニュースが飛び込んできた．

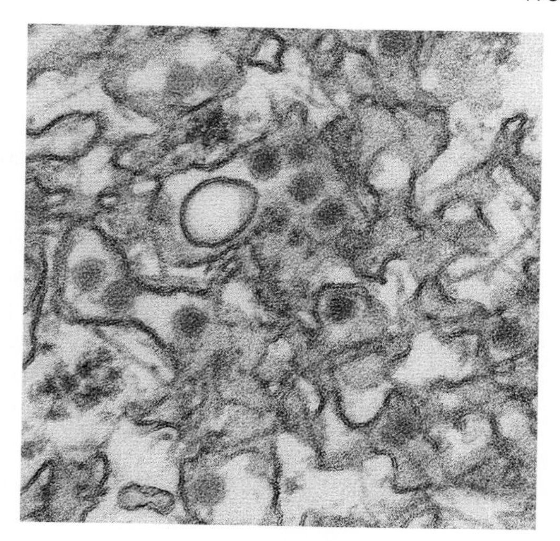

図 19・2　ジカウイルスは球形の**RNA**ウイルスである

この急激な感染拡大とその小頭症との関係がジカ熱の名前を一躍有名にしたが，ジカウイルスは決して新しいものではない．ジカウイルスは，RNAの密に詰まった球形の粒子であり（図19・2），1947年にウガンダの森林地帯であるジカで最初に単離され，その場所にちなんで命名された．最初のヒトのジカ熱の症例は1952年にウガンダで発見され，まだほとんど研究されていなかったこのウイルスは，次に中央アジア，南太平洋，南・中央アメリカ，そしてカリブ海へと広がっていった．

ヒトはカの媒介する病気をいくつも経験している（p.196のコラム参照）．ジカ熱などの病気は，かつては地球上の特定の場所でのみみられていたが，海外旅行が広まり，人口の増加に加えて気候変動も要因となり，カが増殖して病気を広げる能力は大規模に拡大した．20世紀後半になって，歴史上最も速い速度で地球上の人口が増加した．個体群サイズが倍になるのに要する時間である**集団倍加時間**（population doubling time）は，個体群が大きくなる速度のよい尺度となる．たとえば，米国の人口の倍加時間は，現在の出生率で考えると約100年になる．これとは対照的に，至適条件下では，カの集団倍加時間は最短30日になることもある．

19・4 環境収容力に達したときの成長曲線

またカの話に戻って，どのようにしてカを駆除するかという問題を検討しよう．科学者たちは，カによって媒

カの媒介する病気

カはヒトを除く他のどの生物よりもヒトに対して害を及ぼす．以下に，カが媒介する重篤で回復困難な病気の例をあげる．

- **デングウイルス**(dengue virus)はブラジルの人口に大きな影響を与えている．ジカ熱と同じカによって感染が媒介され，デング熱にもワクチンや治療法はなく，高熱と関節の激痛を伴う恐るべき病気をひき起こす．2015年にブラジルでは160万の症例と863人の死亡を記録したが，これは2014年の82.5％増であった．
- **マラリア**(malaria)は紀元前2700年までさかのぼることのできるような太古からある病気であり，世界の人口の40％に影響を与えていると推定される．現在でもマラリアにより1年に何十万人もの死亡者が報告されている．
- 現在では**黄熱病**(yellow fever)に対するワクチンがあるが，それでもいまなお年に3万人が死亡すると推定されている．
- **西ナイル熱**(West Nile virus)は1930年に発見されたが，神経系に侵入することが知られており，死亡をひき起こすこともある．
- **チクングニヤ熱**(chikungunya fever)はおもにアフリカとアジアにみられるが，フロリダ州でも症例が報告されている．おもな症状は熱と発疹と何年も続く関節痛である．1000人に1人の割合で死亡例が報告されている．

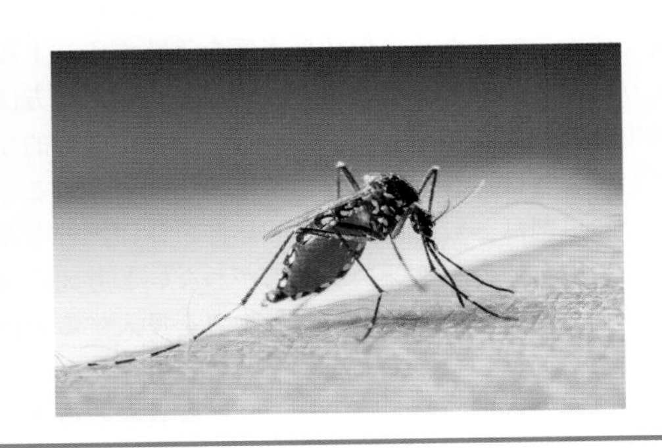

介される病気を駆除するには，その個体群生態学を理解することがまず重要であると考えている．たとえば，多くのカは水面に直接卵を産む．この知識がカの媒介する病気を減らすために公衆衛生上最も重要な方法につながった．つまり，水たまりを除去くということである．このようにして繁殖場所を取除くことによって，**環境収容力**（carrying capacity），つまりある特定の場所において維持できる生物の最大個体群サイズを減少させることができる．

たいていの種においては，個体群サイズが環境収容力に近づくと，餌や水などの資源が枯渇してしまうために，成長率が低下する．たとえば，ある地域における水たまりの数が大変少なければ，カがこの地域で産める卵の数は限られてくるために，個体群のサイズが限定されてしまう．すむ場所，餌，水などの生存に必要な限定資源の量がその環境における特定の種の環境収容力を決めることになる．それぞれの生物にはそれらが必要とする固有の要求があるので，同じ環境であっても，そこにすむ異なる種に対しては異なる環境収容力が存在する．それと同じ理由で，同種生物のすむ二つの異なった環境は，異なる環境収容力をもつ．環境収容力と同等の環境では個体群の成長率はゼロとなる．

もし個体群がその資源の制約を受けない場合には，個体群は**指数成長**（exponential growth）となるが，これは，1年という一定の期間に一定の個体群の増加がある場合にみられるものである．指数成長は**J字形の成長曲線**（J-shaped growth curve）に特徴がある（図19・3）．

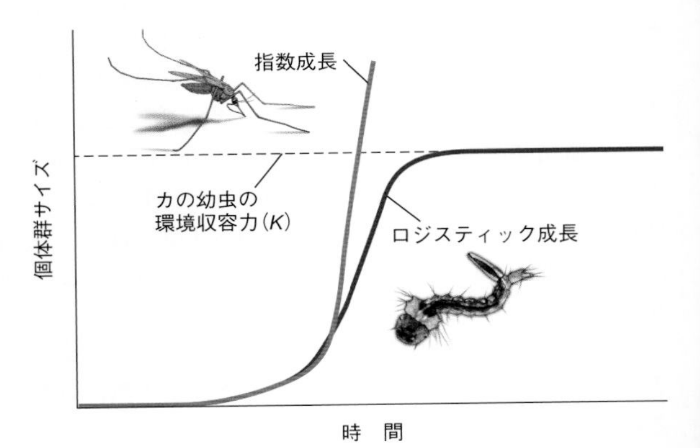

図19・3　資源や環境の制約を受けない個体群のサイズは指数成長を示すが，環境収容力の決まった個体群はロジスティック成長を示す． カの成虫の個体群にはほとんど環境上の制約がないため(Kがかなり大きいため)，指数成長を示す．カの幼虫の個体群は，利用可能な水たまりの量によって制約を受けるため，Kに近づくにつれてロジスティック成長を示す．

問題1　どの種類の個体群成長がJ字形曲線を示すのか．
問題2　どの種類の個体群成長がS字形曲線を示すのか．

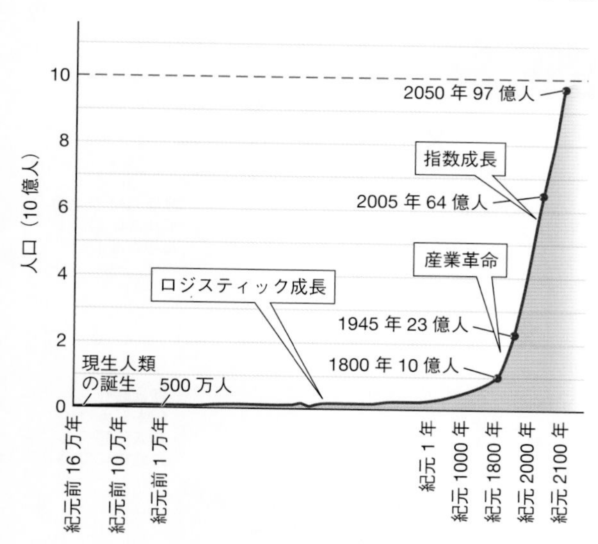

図 19・4　世界人口のロジスティック成長と指数成長. 点線は，国連による地球上の環境収容力を示す.

問題 1　ロジスティック成長から指数成長に移行したのはどのような出来事に対応しているか.
問題 2　国連が地球上の環境収容力と考えている人口は何人で，いつごろそれに到達すると考えられるか.

限られた資源しかないために環境収容力に達してしまうような個体群は**ロジスティック成長**（logistic growth）を示すようになり，最初は個体群が指数関数的に増加するが，環境によっていつまでも支え続けることのできる最大の個体群サイズになったときに平坦化する．ロジスティック成長は**S 字形の成長曲線**（S-shaped growth curve）で表される．

カの個体群の成長曲線に関する研究は，カが小さくて空中で生活しているため追跡が困難であるという理由から，ほとんど進んでいない．一方で，ヒトの個体群がどのように変化してきたかということはよく知られている．ここ 500 年の間に，地球上のヒトの個体群はロジスティック成長と指数成長の両方を示してきた．最も近い氷河期が終了した紀元前 1 万年ごろには，地球上の人口はわずか 500 万人であった．農業がはじまった紀元前 8000 年ごろには，世界中の個体群サイズはロジスティック成長をはじめ，それが約 200 年前まで続いた．そして，化石燃料の使用と産業革命に伴って，ヒトの個体群サイズは指数関数的に爆発的増加を示した．この 200 年間人口は指数成長を続け，環境破壊が進んだ．現在の地球の環境収容力は 20 億人から 1 兆人まで幅広く推測されているが，大部分の研究や国連の試算では，90 億人から 100 億人が地球の支えきれる限界であると考えている．現在の人口成長率で行くと，2050 年までにはこの数字に到達する（図 19・4）.

19・5　密度依存性と非依存性の個体群変化

人口が増加し，都市部に集中してきているなかで，私たちは，カの媒介する病気がひきつづき拡大すると予測している．ありがたいことに，ブラジルにおける遺伝子改変した(GM)カの野外調査の結果は，私たちがこの感染拡大を止める新たな方法を見つけた可能性を示唆している．

2002 年から，英国の企業であるオキシテック社は *Aedes aegypti* 種のカの GM 系統の作製を開始している．この企業では，実験室で飼育しているカの系統に単一の遺伝子を挿入した．昆虫細胞でのみ働くように設計されたこの遺伝子は，カが幼虫から成虫になることを阻害するタンパク質をつくるようになっている．実験室内では，カが成虫になれるようにそのタンパク質を中和する抗生物質（テトラサイクリン）をカに曝露しておく．そして，野外には雄だけを放すようにする．それは，雄が吸血をしないので，病気の拡大には寄与しないからである．いったん野外に放たれると，雄の GM カは野生の雌と交配して，致死遺伝子をもった子孫をつくり出すが，野外には抗生物質はないので，子孫は成虫になる前に死亡し，生殖することはない．このようにして，個体群のサイズは減少する（図 19・5）.

カ，ヒト，その他の生物のいずれであれ，それらの個体群は密度依存的に，または非依存的に変化していく．個体群密度が変化して出生率や死亡率が変化すれば，**密度依存性**（density-dependent）個体群は変化する．生み出される子孫の数や死亡率は，しばしば密度依存性である．食糧不足，生息地の面積の欠乏，生息環境の劣化などはすべて，個体群密度が高くなるにつれ個体群に大きな影響を与える（図 19・6）.

さらに，個体群が多くの個体数からなる場合，各個体が他の個体とより頻繁に出会うために病気の拡大がより急速になり，捕食者の多くはより豊富な食料源を好むために，より大きなリスクを負うことになる．病気と捕食者の存在は明らかに死亡率を上昇させる．これらの変化もまた密度依存性である．2014 年のある研究によると，西ナイルウイルスの感染を広げるカである *Culex pipiens* は産卵場所である水辺の生息地の中における資源を巡る競争により密度依存的に個体群の大きな変化を生じることがわかった．いいかえると，幼虫は食料を巡って互いに競争する．しかし，いったん成虫になると，カは空気中を飛び回り，餌は広い場所に広がっているので，個体

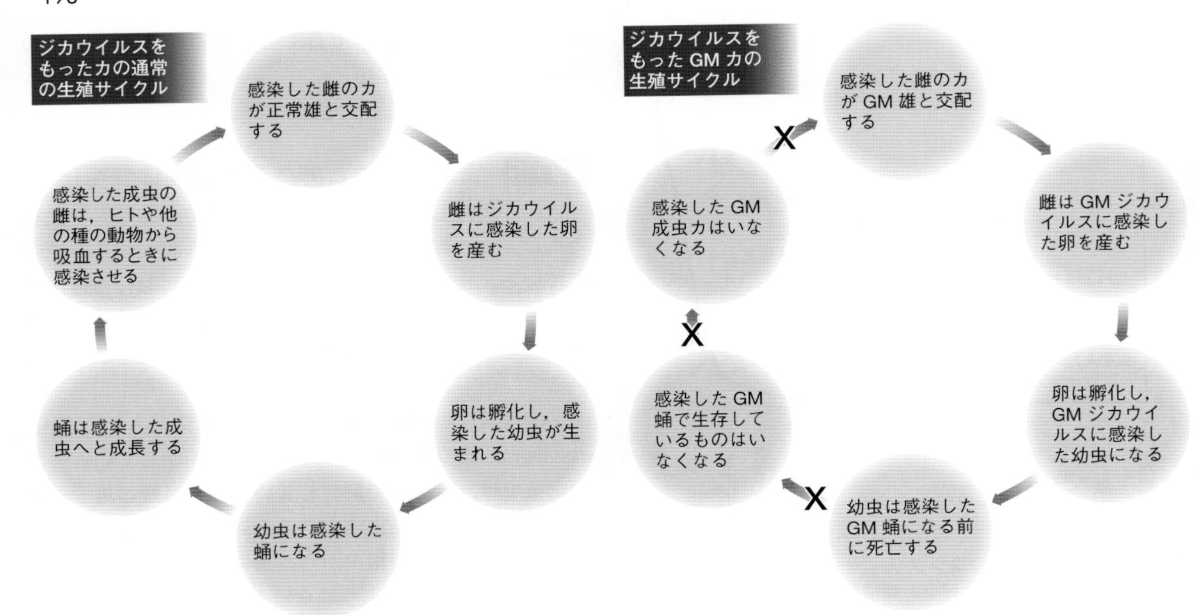

図 19・5 カに遺伝子改変を施してジカウイルスの感染を止める方法． 遺伝子改変した(GM)雄のカをつくり，ブラジルとフロリダ州で野外に放した．これらの雄は野生雌と交配し，成虫までは育つことのできない子孫をつくる．

問題 1 生活環のどの段階がGM処理による打撃を受けるのか．
問題 2 なぜ雌雄両方のGMカではなく雄のGMカだけを野外に放すのか．

群はもはや密度依存的でなくなる．

ある動物にとっては，もし個体群が資源を使い尽くしてその環境における環境収容力を超えることになれば，環境をひどく破壊してしまうことになり，環境収容力は長期間にわたって低下する．環境収容力が低下するということは，その生息地がかつてほど多くの個体の生活を支えることができないことを意味する．このような生息地の劣化は広範な飢えや死亡につながり，個体群の急速な減少をまねく（図 19・7）．

すべての個体群の変化が密度依存性というわけではない．**密度非依存性**（density-independent）の個体群変化は，個体群密度に関連しない要因（密度非依存性要因）によって個体群が抑制されているときに生じる．密度非依存性要因は，そもそも個体群が高密度になることを妨げている．たとえば，毎年変動する気候は急速な個体群の成長に適した状態をひき起こすこともある一方で，悪い気候条件は個体群の成長を直接的（たとえば，カの卵を凍らせてしまうなど）あるいは間接的に（たとえば動物が餌にできる植物の数を減らしてしまうなど）減少させることもある．

その他の火事や洪水などの自然災害もまた個体群の成長を密度非依存的に制限してしまうことがある．そして，殺虫剤 DDT などの環境汚染物質は密度非依存性要因であり，そうした汚染物質は自然界の個体群を絶滅の危機に陥れることもある（図 19・8）．

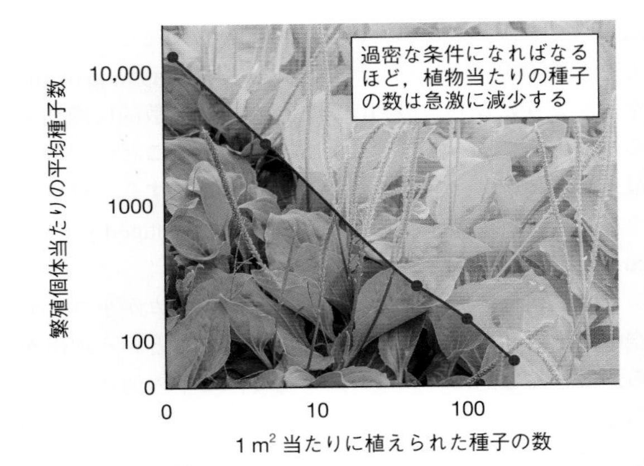

図 19・6 過密な条件になると密度依存的な個体群の変化が生じる． 過密な条件は多くの種に影響を与える．ここに示されているオオバコは，過密な条件下でその生殖力が低下する小さな草本性植物である．

問題 1 オオバコの過密な状態においてはどのような要因が成長と生殖を制限しているのか．
問題 2 なぜ過密な状態は密度依存的な個体群変化を起こすと考えられるのか．

多くの種の個体群は時間の経過とともに，予測不能の

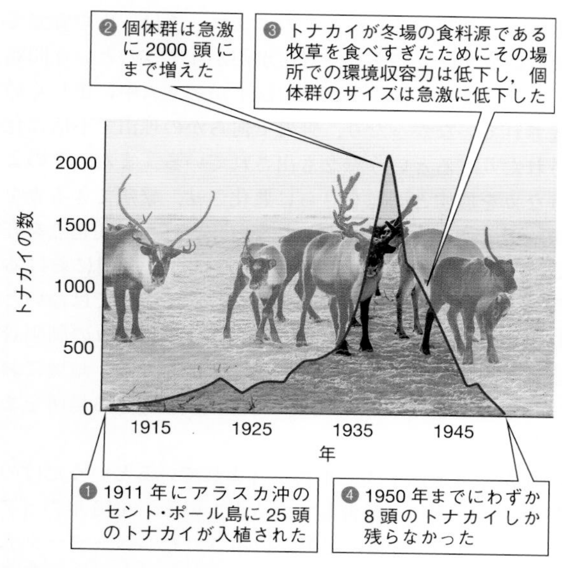

図 19・7　生息地の破壊は個体群の密度依存性の変化をもたらす

問題1　どの年にトナカイの個体群がロジスティック成長を示すようになったか．
問題2　もし誰かが1940年にトナカイへの食糧補給を開始したとしたら，個体群サイズのグラフはどのように変化すると予測されるか．

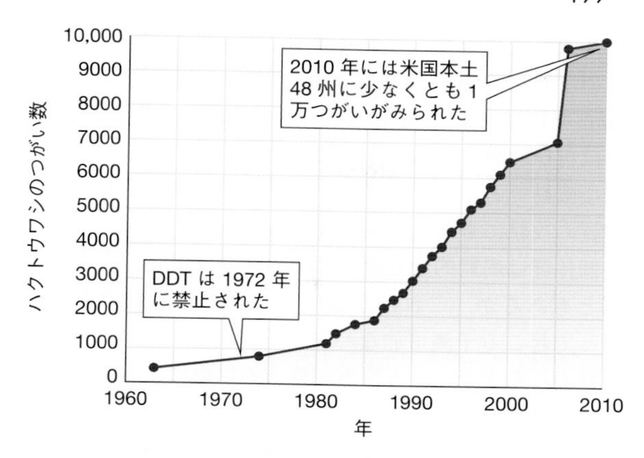

図 19・8　殺虫剤 DDT の使用を禁止したことにより密度非依存性の個体群の制限が取払われた． DDTの毒性は20世紀の半ばごろまでにワシの個体群が減少した直接の原因である．1960年代の初期ごろまでに，ハクトウワシの個体数は米国本土48州でわずか417繁殖つがいになってしまい，1800年に推定10万繁殖つがいがいたのに比べると急激な減少である．ハクトウワシの個体群はDDTが禁止されて以来劇的に増加した．

問題1　密度依存性のハクトウワシ個体群の増加の制約となるような例をいくつかあげよ．
問題2　ハクトウワシの個体群成長はロジスティック成長と指数成長のどちらに似ているか．どうしてそう思うかについても説明せよ．

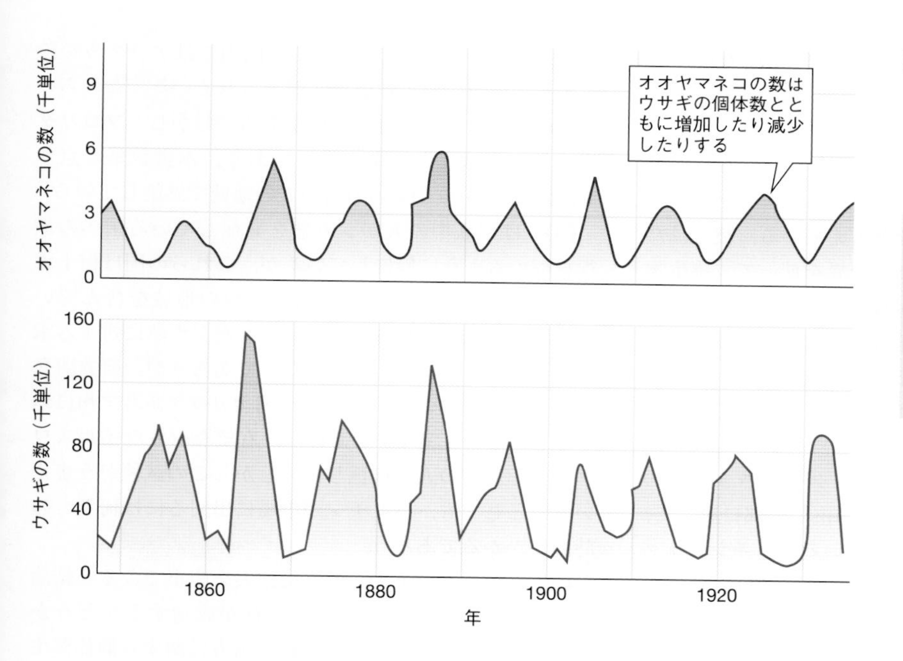

図 19・9　2種の動物個体群は一緒に増加減少する． カナダオオヤマネコはカンジキウサギを餌としているので，オオヤマネコの数（上）はウサギの個体数（下）に強い影響を受ける．

問題1　ウサギの個体数以外の要因で，何がオオヤマネコの数に寄与したと考えられるか．
問題2　これらのグラフに環境収容力の平均的な線を書き加えることはできるか．その理由についても述べよ．

増加や減少をみせる．自然界においては，こうした個体群サイズの不規則な変動は，緩やかな変動で安定した個体群サイズになるよりはずっと一般的である．たとえば，1950年代にブラジルは，これもまた *A. aegypti* によって媒介される病気である黄熱病を撲滅するための大々的なカの撲滅キャンペーンを行い，殺虫剤を噴霧したり水たまりをなくしたりすることを市民に推奨した．このプログラムの成功により，当局は1958年に*A. aegypti*を撲滅したと宣言した．しかし，1970年までに，カは再び急激に繁殖し，拡大した．これは招かざる不規則な変動である．そして，いまやこの害虫は多くの化学物質の攻撃にも耐性をもっている．

個体群は**周期的な変動**（cyclical fluctuation）をみせることもあるが，これは季節的な温度や降水量の変動によって起こる予測可能なパターンで起こったり，2種の生物のうち少なくとも片方が他方の生物によって強く影響を受けるときに起こったりする．たとえば，カナダオオヤマネコはカンジキウサギを餌にしているので，ウサギの個体群が増加すればオオヤマネコの個体群も増加し，その逆も起こる．この例においては，それぞれの個体群が他方の個体数の影響を受けるので，個体群のサイクルは，密度依存性の個体群変化といえる．それらは互いの個体群密度に反応して一緒に変動する（図19・9）．

19・6 遺伝子改変カを用いた感染症予防

オキシテック社の“友好的”*A. aegypti*という商標名をつけられたGMカは2011年2月に，ブラジルサンパウロ大学の生化学者の指導の下に，ブラジルの野外に放された．2013年にマンダカルの村で行われた同様の試験は，同一地域でわずか6カ月後にカの野生集団の96%の減少をもたらした．

現在，また別のGMカの系統を研究室でつくって野生の昆虫と同等の能力をもつGM昆虫をつくろうと努力している研究者は，これらのトランスジェニックカが実用的であることを証明できたと考えている．彼らはたとえば，いままでとは違った突然変異を使って，抗生物質を使わなくても研究室内で飼育できるようなカの系統をつくり出そうとしており，それがうまくいけば，より少ない費用ですむ．他にも遺伝改変の技術を用いて，たとえば*Anopheles*がマラリア原虫に寄生されなくするなどの試みがなされている．

さらに最近になって，オキシテック社はさきほどのGMカを，人口5000人のピラシカバ市の近郊に放して，デングウイルス感染と闘おうとしている．オキシテック社は，10カ月にわたって，月当たり300〜400万匹のカを放した．この地域の役所によると，この実験の結果，この地域の野生の*A. aegypti*幼虫は82%減少し，近隣のデング熱の症例が91%減少したという．

地域にすむカによるジカ熱の最初の感染の症例が報告された直後の2016年8月に，米国食品医薬品局（FDA）は，オキシテック社のカの野外試験をフロリダ州のある地区で承認した．しかしこのアプローチは，カを育てて複数回放す必要があり，費用がかかりすぎるという問題もある．また，操作された遺伝子がゲノム中に正しく挿入されていなかったり，野外で何らかの理由で不活性化されたりするという懸念も出されている．また，そのようなカを放すと問題をさらに悪化させ，繁殖できるカを環境中で増やすだけかもしれない．これらの問題点を査定した後に，FDAは，提案されたフロリダ州における野外試験は，環境に深刻な影響を与えるものではないと結論づけた．2016年11月に，フロリダ州のカの制限管区は，遺伝改変されたカの試験を承認したが，地域における反対はまだ続いており，管区は試験できる場所をまだ探している．

なかには遺伝子改変生物が含まれているというだけの理由から，これを拒否している人もいる．2016年の『アトランティック』誌に記事が引用されたニューヨーク大学医学部の生命倫理学者は，「一般の人たちは遺伝子操作を恐れているのであって，ほとんどすべての政治家はそのことを理解していない．これは経済の問題ではない．問題は，無知，不信感，そして未知のものに対する恐怖だ」という．しかし，最近の投票では，潮目が変わってきている．独立に行われた三つの世論投票によると，53ないし78%の人が米国においてGMカを放すことを支持している．

2016年10月の時点において米国内ではアラスカを除くすべての州でジカ熱感染が報告されている．これらの感染はおもに海外旅行に原因がある．しかし，フロリダ州においてはまだ感染が続いており，本書執筆時点でも，2015年から214名の人がこの地域で感染している．

CDCは妊娠中の人がジカ熱を発症している国への旅行をやめるように警告しているが，これらの国は何十カ国にも及び，加えて，米国内の三つの地域を含んでいる．本書が出版されるころには，まだジカ熱に対する承認済みのワクチンや治療法はないであろうが，研究開発はつづけられている．2016年6月カリフォルニア州に地盤をもつ製薬企業イノビオ社は，有望なジカウイルスワクチンを最初の人に接種した．しかしこの試験がうまくいったとしても，ワクチンが市場に出回るには何年もの時間がかかるであろう．

GMカがジカウイルスの感染拡大を阻止できると結論するには時期尚早であろう．それが成功するかどうかは，カの個体群とヒトの個体群の両方に関する個体群生態学の知見と，ウイルスが両方の個体群の中でどのくらい感染拡大しているかに依存している．しかし，カとの闘いのなかで，いまこそ何か新しいことを試すべき時期であることを歴史は示している．

章末確認問題

1. 単一種の生物からなり特定の地域で相互作用しながらすんでいる集団を何とよぶか.
(a) 生物圏　(b) 生態系
(c) 群集　(d) 個体群

2. 指数成長を示している個体群は次のうちどのようにして増加しているのか.
(a) 各世代で同じ数だけ増加
(b) 各世代で決まった比率で増加
(c) 数年間で増加し, 他の年には減少
(d) 上記のいずれでもない

3. S字形のロジスティック成長曲線を示す個体群において, 最初の急激な個体数の増加の後は何が起こるのか.
(a) 指数関数的に増加し続ける
(b) 急激に減少する
(c) 環境収容力近くでとどまる
(d) 規則的に変動する

4. 個体群の成長は次のうちどれによって制限されるのか.
(a) 自然災害　(b) 気候
(c) 食糧不足　(d) 上記のすべて

5. 個体群で, その環境において十分に支えきれるだけの最大の個体数を何とよぶか.
(a) 環境収容力
(b) J字形の曲線
(c) 維持可能なサイズ
(d) 指数関数的なサイズ

6. 正しい用語を選べ.
[密度非依存性／密度依存性]要因は, 高密度において低密度よりもより強く個体群の成長を制限する. [密度非依存性／密度依存性]要因の一つの例は自然災害である.

7. ある植物の個体群が1 m^2 当たり12本の植物という密度をもち, 100 m^2 の面積を占めている. 個体群のサイズは次のうちどれか.
(a) 120　(b) 1200　(c) 12
(d) 0.12　(e) 上記のいずれでもない

8. 次のうちどれがカの個体群の環境収容力の変化を起こさないと考えられるか.
(a) 卵を産むのに利用できる水たまりが少ない
(b) 雌のカが餌にできる動物が少ない
(c) 越冬の可能性を高める暖かい気候
(d) 上記のすべて
(e) 上記のいずれでもない

9. 本章で説明したカの個体群を制御する戦術の項目を順に並べよ.
(a) 科学者が研究室で雄のカを遺伝子改変する
(b) 交配によって生まれたカの子孫が成虫まで生き残れなくなる
(c) GM雄のカが正常な野生の雌と交配する
(d) カの個体群が劇的に減少する
(e) 科学者たちがGM雄のカを野外に放す

群集生態学

本章のポイント

- 生態学的群集と生態学的多様性との関連性
- 生態学的多様性の評価に必要な種個体数の割合と種の豊富さの重要性
- 食物連鎖と食物網の違い
- キーストーン種の除去が生態学的群集に与える影響
- 四つのおもな種間相互作用
- 一次遷移と二次遷移の比較

20・1 生物群集の生態とキーストーン種

それは1996年のことである．オレゴン州立大学の水文学者がイエローストーン国立公園のラマー・バレーで緑豊かな低地を曲がりくねって流れるラマー川を観察しているとき，ある異変に気がついた．

彼は，森林や河川について何十年も研究してきていたので，健全な谷間がどのようにあるべきかを知っていた．しかし，その場所はそれとは違っていた．谷間のまわりを見渡してみてもさほど木は多くなく，わずかにあった何本かの背の高いヤマナラシの木もやせ衰え，その樹皮もかじられていた．そしてそこには若木はみられなかった．

川に近づいてみたところ，岸にも木がないことがわかった．葉の生い茂った緑のハコヤナギや，かつては川岸から水辺に向かってやさしくアーチしていたヤナギの木もそこにはなかった．そして，土壌を守ってくれる木の根っこもない状態で川岸そのものが浸食されていた．

イエローストーンでの研究報告を，オレゴン州立大学内の一人の森林生態学者が聴講していた．彼は特に樹齢150年近い20 m あまりも高さのあったヤマナラシの木に興味をもった．水文学者によれば，ヤマナラシはもはやイエローストーンでは育っていないということであったが，森林生態学者は，その理由に興味をもった．

1年以内に，森林生態学者の研究チームはラマー・バレーに出かけた．彼らはそこで何本かのヤマナラシの木の中心に小さな穴を開けて，それぞれの穴から鉛筆の直径くらいの木片を抜き取った．そして，それぞれの木片に含まれる年輪を数えて樹齢を調べた．そこでわかったのは，大部分のヤマナラシが1920年よりも前から生育しているということであった．1920年以降は，ほとんど新しい木は育っていなかった．

この事実が明らかになり，オレゴン州立大学の水文学者と森林生態学者は，なぜ木が再生できなくなってしまったのかについて，共同研究をはじめた．彼らは，その原因となりそうな，1920年代に起こった環境変動について調査した．しかし，若木を焼き尽くしてしまった火事，木の繁殖能を下げてしまうような気候変動などの現象は，何も見つからなかった．そこで森林生態学者は，ハイイロオオカミがヤマナラシを守っているのではないかという大胆な考えに行き当たった．この考えは，一見，奇妙なことのように思える．どのようにして肉食性の捕食者が木を守ることができるのか．少なくとも，直接的にはそういうことはしないであろう．そこで森林生態学者は，イエローストーンのオオカミは群集に対して何か間接的な効果を及ぼしているのであろうと推測した．彼は，同じ地域にすむ種の集まりである**生態学的群集**（ecological community）について長い間研究してきた．群集のサイズや複雑さは異なっており，一時的にできた水たまりにすむ微生物の小さなグループから，推定322種の鳥，67種の哺乳類，1349種の植物や数え切れないほど多数の昆虫のすみかとなっているイエローストーン国立公園全体までさまざまである（図20・1）．

生態学的群集はそこにすむ種の多様性によって特徴づけられている．そして，多様性は次の二つによって決ま

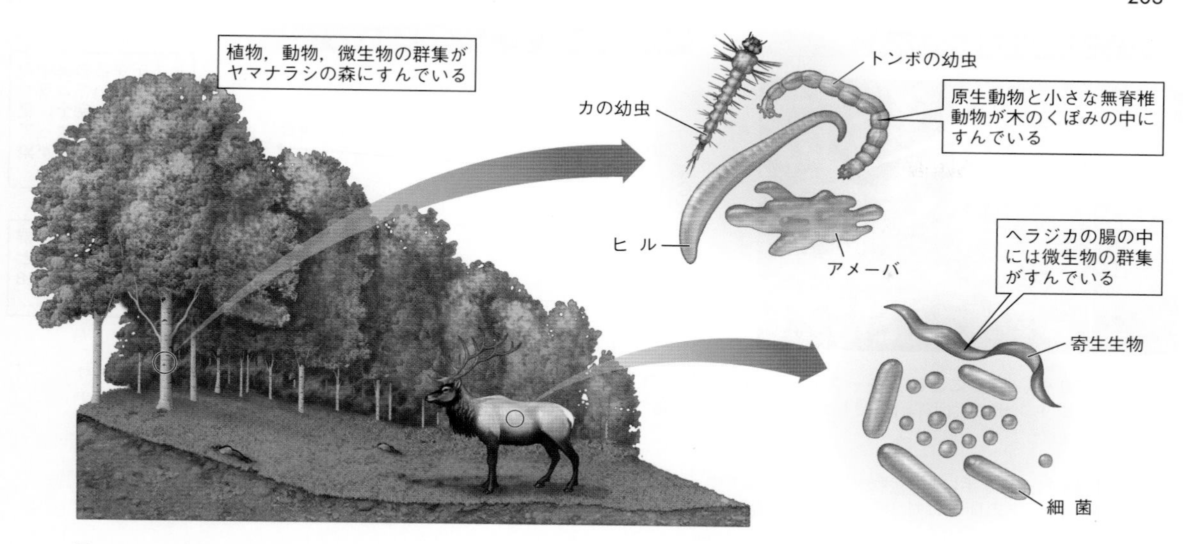
植物，動物，微生物の群集が
ヤマナラシの森にすんでいる
トンボの幼虫
カの幼虫
原生動物と小さな無脊椎
動物が木のくぼみの中に
すんでいる
ヒ ル
アメーバ
ヘラジカの腸の中
には微生物の群集
がすんでいる
寄生生物
細 菌

図 20・1 生態学的群集にはさまざまなサイズのものがある． 小さな群集はさらに大きな群集の中に含まれていることがある．このヤマナラシの森の群集には，たとえば，一時的に木のくぼみの中にできた水たまりにすむ小さな群集やヘラジカの腸の中の群集などがある．

問題 1 この群集の一部である他の生物種を列挙せよ．
問題 2 このヤマナラシの森は，どういう群集の一部と考えられるか．

る．それは，ある種の**種個体数の割合**（relative species abundance，群集においてある生物種の個体数が全種数のなかに占める割合）と**種の豊富さ**（species richness，群集内にすむある生物種の数，図 20・2）である．また，群集は常に変化するものであって，イエローストーンにおいても何かが変わってしまったことが推測できた．

生態学的群集は 2 種あるいはそれ以上の種の間での相互作用，および種とそれを取巻く物理的な環境との間の相互作用の結果，自然に変化するものである．また，前世紀にイエローストーンである種の種個体数の割合と種の豊富さの両方が変化してしまったこともわかっていた．ヤマナラシやヤナギの数が減り，ヘラジカやコヨーテの数が増え，バイソンやビーバーの個体群も小さくなってきたために，種個体数の割合が変わってしまった．イエローストーンにたくさんすんでいる生物の個体数が変化してしまったために，この群集の種個体数の割合も変わってしまったのである．

20 世紀の初期のころに種の豊富さも，キーストーン種であるハイイロオオカミがいなくなってしまったことによって変わってしまった．群集の中の種数の総計がたった一つ減っただけなのだが，その一見小さな変化は大きな影響を与えていた．**キーストーン種**（keystone species）とは，種の豊富さを考慮すると，不釣合なほど大きな効果を群集に与える種のことである．たとえばウサギよりもオオカミのほうが数は少ないが，オオカミは

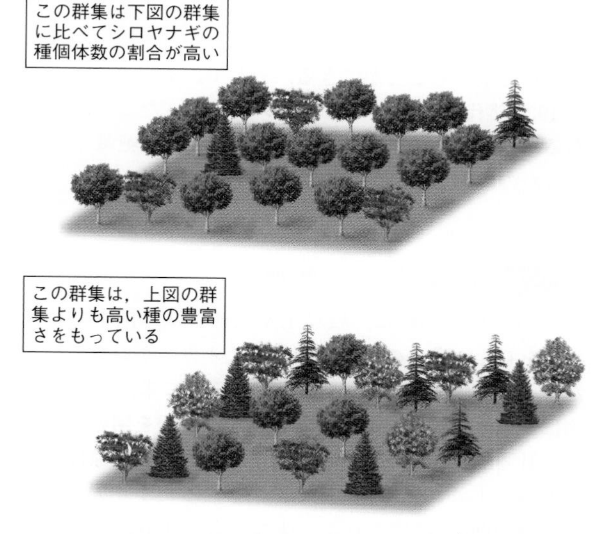
この群集は下図の群集
に比べてシロヤナギの
種個体数の割合が高い
この群集は，上図の群
集よりも高い種の豊富
さをもっている

図 20・2 種の多様性を計る二つのものさし． 生態学的群集の多様性はある種の種個体数の割合と種の豊富さによって決まる．種個体数の割合が高いということは，群集においてある種の優占度が高い，したがって群集の多様性は低いということになる．種の豊富さが高いということは，群集の中に多くの種が存在している，したがって群集の多様性は高いということを意味する．

問題 1 種の豊富さが 2 番目の群集で低下したら，図はどのように違ってみえてくるだろうか．
問題 2 種個体数の割合と種の豊富さは森の群集の種の多様性をどのように決めているか．

いかにして捕食者が生物多様性を維持しているのか
ムラサキイガイを食べるヒトデ．このキーストーン種がいないと，群集の中でムラサキイガイの数が増える

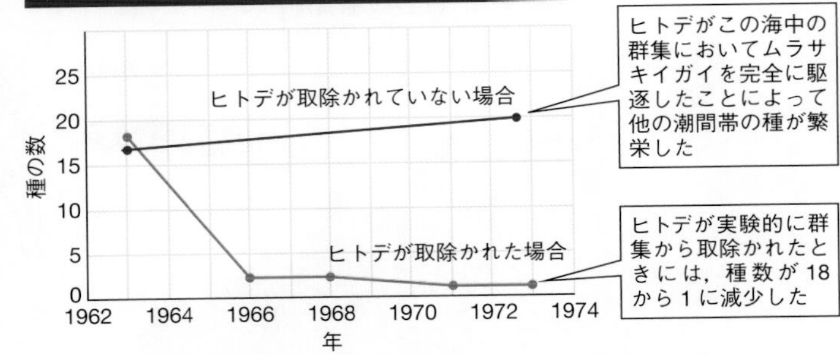
キーストーン種がいなくなると種の多様性がなくなる
種の数
年
ヒトデが取除かれていない場合
ヒトデが取除かれた場合
ヒトデがこの海中の群集においてムラサキイガイを完全に駆逐したことによって他の潮間帯の種が繁栄した
ヒトデが実験的に群集から取除かれたときには，種数が18から1に減少した

図 20・3　群集におけるキーストーン種． ヒトデの *Pisaster orchaeus* はキーストーン種の一例である．1963年にワシントン州の大西洋沿岸で行われた古典的な研究では，ヒトデだけをある場所から取除いて，その周辺は手つかずにした．

問題 1　1966年にヒトデが群集から取除かれたときに，どれだけの種が1966年に残されたか．
問題 2　上の問題に対する答えは，群集内の種の多様性が維持されるときのキーストーン種の重要性をどのように証明しているのか．

群集に対して，より大きな影響を与えうるのである．他の群集におけるキーストーン種としては，米国西部の平野部にいるプレーリードッグ，ソノラン砂漠のハチドリの送粉者，潮間帯のヒトデなどがいる（図20・3）．

キーストーン種は，その種がいなくなることによって群集の他の種に劇的な変化が及ぶようなときに，しばしばそれと気づくことができる．そして，そのことがまさに1920年代にイエローストーンで起こったことなのである．つまり，強力なハイイロオオカミが絶滅してしまったのである．

20・2　食物連鎖と食物網

1900年代の初期に，牧場主や入植者は米国中でオオカミを殺し，多くの東部の州ではオオカミがいなくなった．そして家畜被害を理由に，1915年に米国政府が全国にオオカミ撲滅プログラムの助成金支援を開始した結果，計画的な駆除がはじまった．オオカミの駆除は急激に進み，イエローストーンで最後となったオオカミのすみかは1926年に壊された．少なくとも136匹，おそらくはもっと多くのオオカミがイエローストーンで殺され，国立公園にはオオカミがいなくなった．

その70年後，森林生態学者は，そのキーストーン種がいなくなったことが，ヤマナラシの森の衰退する原因になったのかどうかを考えていた．それらのタイミングが一致するかどうかを調べるために歴史的な記録を探してみた．すると驚いたことに，最後のオオカミが殺されたのはヤマナラシの生え変わりが1920年代半ばに止まったときとほぼ同じ時期であった．このことから，なぜヤマナラシが衰退したかが明白になってきた．つまり，オオカミはヘラジカを殺し，ヘラジカはヤマナラシを食べるというふうに，三つの種は同じ食物連鎖のなかに入っていたのである．

食物連鎖（food chain）は，誰が誰を食べるかという関係を示すものである．科学的な用語でいうと，食物連鎖は，群集の中で栄養素が直接転移していく道筋を示すものである．一方，**食物網**（food web）は一つの生態系の中におけるすべての食物連鎖のもっと複雑な相互作用の重なりなどの関係性を示すものである（図20・4）．

オオカミ–ヘラジカ–ヤマナラシの食物連鎖においては，ヤマナラシは，太陽光のエネルギーを使って光合成によって自分の栄養源をつくり出す，食物連鎖の底辺にいる生物，つまり**生産者**（producer）である．イエローストーンや地球上の陸地においては，木や草や藪のような光合成植物が主要な生産者である（図20・5）．水圏のバイオームにおいては21章で紹介するように，光合成プランクトンが主要な生産者である．

食物連鎖のずっと上位のほうにいるのが，他の生物の体のすべてあるいは一部，または彼らの食べ残しを食べる**消費者**（consumer）である．ヘラジカもオオカミも消費者であるが，ヘラジカはヤマナラシを食べ，オオカミはヘラジカを食べる．イエローストーンの食物連鎖においてヘラジカは**一次消費者**（primary consumer）であり，彼らは生産者を食べる．オオカミは一次消費者を食べるので，**二次消費者**（secondary consumer）とよばれる．このように生物が他の生物を食べるという連鎖はずっと続く．二次消費者を捕食するものを三次消費者，三次消費者を捕食するものを四次消費者とよぶ．21章で

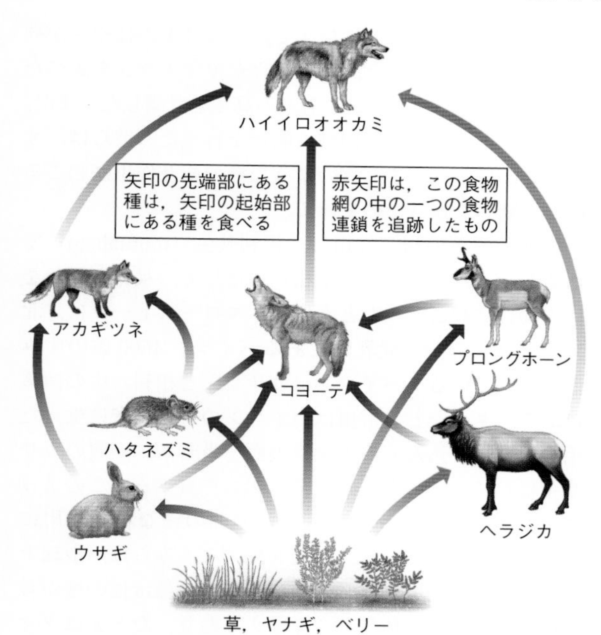

図 20・4 食物網は群集の中でエネルギーがどのように移動するかを示している． 食物網は，一つの種が他の種を食べる食物連鎖が多く集まってできている．

図 20・5 生産者は食物連鎖のエネルギー源である． すべての群集や生態系には生産者がいるが，その個体数は環境により異なる．（上）熱帯雨林においては多数の生産者（植物）が太陽光から得た化学エネルギーをたくわえていて，それを消費者がすぐに利用できるようになっている．（下）砂漠においては植物が疎らであり，それは消費者が利用できる化学エネルギーが比較的少ないことを意味する．

問題 1 生産者は食物連鎖における自分たちの機能を果たすためにどこでエネルギーを得ているのか．

問題 2 砂漠においては生産者の数が熱帯雨林に比べて少ないとすると，これら二つの環境における消費者の数の多さについてはどのように予測できるか．

は，食物連鎖をさかのぼるエネルギーの流れについて説明する．

議論が深まるにつれて，オレゴン州立大学の共同研究チームは，イエローストーンでオオカミがいなくなったことによってヘラジカの群集が繁栄し，ヤマナラシの群集の若木を食べすぎたために，ヤマナラシが生え変われなくなったという考えを強くしていった．種の多様性のどのような変化でも，群集全体に対する波及効果をおよぼすものであり，イエローストーンのオオカミもその例外ではなかったのである．彼らの仮説は2000年に発表され，オオカミがいなくなったことがヘラジカ群集の増加をまねき，ヘラジカの行動に変化を与えるとともに彼らの食性にも影響を与えたと示唆した．いいかえれば，オオカミがいなくなったことによって，ヘラジカはいつでも自由にヤマナラシの若木を見つけて食べることができるようになったのである．

2001年に水文学者は再びラマー・バレーを訪れて，寿命が200年以上でヤマナラシとは別種の木であるハコヤナギについてのデータを集めた．彼らはヤマナラシと似たような傾向を見つけた．1920年代にハコヤナギも突如としてその若木が生えてこなくなったのである．実際，1970年代以降，新たに育ったハコヤナギは見つからなかった．

消費者がある種を絶滅させてしまうまで食べ尽くしてしまうということはありうることで，ヘラジカの群集が何も制約を受けずに育ち続けていたとしたら，ヤマナラシやハコヤナギの群集をゼロにしてしまい，生態系を永久に破壊してしまったかもしれない．しかしそうなる前に，イエローストーンでは劇的なことが起こった．人間がオオカミをそこに連れ戻したのである．

20・3 さまざまな種間相互作用

1973年にオオカミは絶滅危惧種法案の下に保護される最初の動物になった．それは現代の環境保全運動の夜明けであり，イエローストーンにオオカミを戻すという考えはしだいに支持を得るようになった．しかし，最後に立法府がその計画に賛成するまでにはかなりの時間がかかり，1995 年から 1997 年の間にカナダで 41 頭の野生オオカミが捕獲されてイエローストーンに放された．オオカミの群集が回復してくるにはさほど時間がかからず，2007 年までには推定 170 頭のオオカミがイエローストーンとその周辺にすんでいるとされ，今日ではその推定数は 528 頭となっている．2016 年 1 月の時点では国立公園の境界内には 10 の群で少なくとも 98 頭のオオカミがすんでいるとされている（図 20・6）．

いったんいなくなってまた戻ってきたオオカミは，国立公園内の**種間相互作用**（species interaction）に大変大きな影響をもっていた．群集内の種が相互作用をするにはおもに四つの方法がある．相利共生，片利共生，捕食，競争である．この分類は，相互作用が，かかわるそれぞれの種にとって互いに利益があるか，害を及ぼすか，それとも中立的であるかに基づいている．こうした相互作用は，生物がすむ場所や，それらの群集がどのくらいまで大きくなるかなどにも影響を与える．種間の相互作用はまた，自然選択や進化の推進力となり，短期間・長期間に群集の割合を変化させる．

オオカミが国立公園に戻ってきたことによって，オレゴン州立大学の研究チームは，自分たちのヤマナラシの衰退に関する仮説を試す機会を急に手に入れることになった．もしオオカミのいなくなったことがヤマナラシの消滅の原因であったとすると，オオカミを再導入することによって，ヤマナラシの他にもハコヤナギなどの木も再び戻ってくるはずである．しかしそれには変化を定量化する方法が必要であった．

オレゴン州立大学の研究チームは 2006 年，そして 2010 年にもまた，野外調査に出かけて記録を取った．木の樹齢を記録するのに加えて，彼らは木の枝や芽が噛み取られた跡の傷など，ヘラジカがヤマナラシを食べた跡を記録し，ヤマナラシの若木の高さを計測した．また，ハコヤナギについても同様の記録を行った．彼らは，オオカミが戻ったいま，どのような種の相互作用が起こるのかを調べたかったのである．

最初の種類の相互作用は，**相利共生**（mutualism）であるが，これは二つの種が相互作用して，双方が利益を得る場合に起こる．たとえば，イエローストーンは，北米では最大の陸上哺乳類であるバイソン 4600 頭のすみかとなっている．バイソンはカササギと相利共生の関係にある．ダニなどの害虫はバイソンの短くて密に生えた毛の間に潜り込んでバイソンの血を吸うが，空腹のカササギはバイソンの上に乗って，ダニを食べる．このように，バイソンもカササギも互いの間の密な相互作用によって利益を得ている．相利共生はよくみられ，地球上の生態系においては重要である．多くの種は他の種から利益を得て，その種に利益を与えており，たとえばクマノミとイソギンチャクもそのような例の一つである（図 20・7）．

カササギは通常，落葉樹や常緑樹の上の大きな巣の中にいて，年に一度繁殖する．これらの木は，群集の構成員でもあるのだが，カササギとは片利共生の関係にある．**片利共生**（commensalism）は一方が利益を得る反面，他方は助けられもしないし，邪魔をされることもな

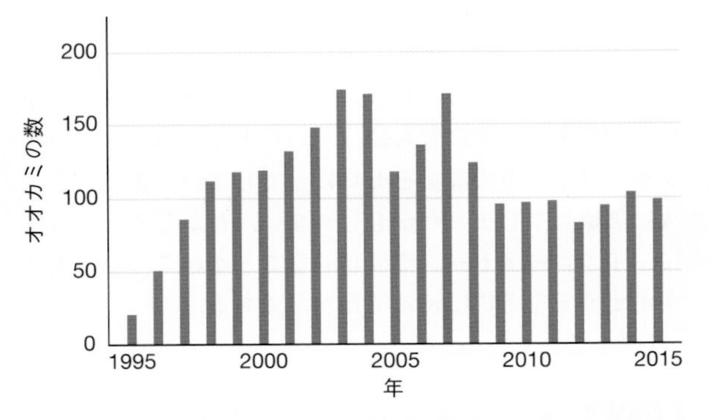

図 20・6 イエローストーン国立公園におけるオオカミ群集

問題 1 イエローストーンで観察されたオオカミの最も多い数はいくつか．それは何年のことだったか．
問題 2 オオカミを再導入後，ヤマナラシやビーバー，クマなどの群集が増加するまでになぜ数年かかったのか．

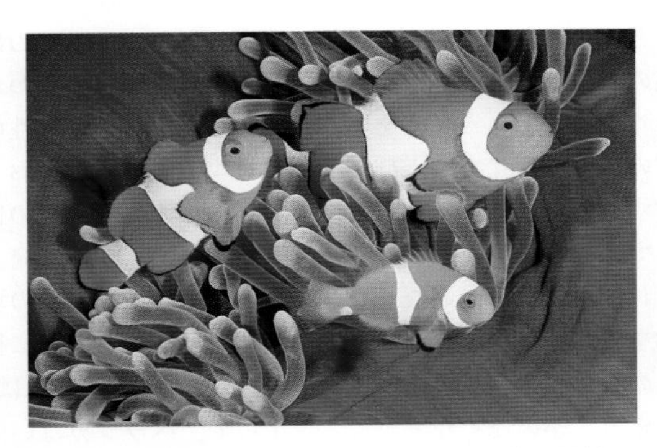

図 20・7 相利共生は“危急の友こそ誠の友”の関係． クマノミもイソギンチャクも，双方が互いの関係から利益を得ている．クマノミはイソギンチャクの刺胞の陰に隠れることで捕食者から保護される．クマノミは体表を厚い粘液で覆われているため，イソギンチャクからは害を受けない．イソギンチャクはクマノミによって捕食者から守られており，クマノミの出す栄養たっぷりの排泄物を吸収する．

問題 1 共生するクマノミがいなくなるとイソギンチャクには何が起こるか．
問題 2 本文中の相利共生の例で，ダニがバイソンの血を吸えなくなったら何が起こるか．

このチータは，アフリカノウサギなどを含む多くの被食者にとっては，捕食者である
寄生生物シラミバエ *Hippobosca longipennis* はチータなどの肉食性動物の体表に寄生して吸血するが，宿主を殺すわけではない

図 20・8　捕食者もまた被食者となることがある． チータは一般的に捕食者と考えられているが，寄生生物からみると被食者であり，究極的には，分解者やスカベンジャーの被食者でもある．

問題 1　図中のチータはどのような捕食者であるか．
問題 2　図中のシラミはどのような捕食者であるか．

い．この場合には，カササギは安全に卵を産む場所を提供してもらっているが，木のほうには何の影響もない．他の片利共生の例は，クジラの上にすむフジツボである．

しかし，すべての種の相互作用がバイソン，鳥，木の間の関係のように心地よいものではない．これら以外の二つの種類の相互作用，つまり競争（§20・5 参照）や捕食においては，少なくとも二つのうち一つの種は害を受けている．

捕食（predation）においては，一方の種は利益を得，他方の種は害を受けていて，**捕食者**（predator）は他方の生物の一部またはすべてを食べてしまう消費者と定義される．**寄生生物**（parasite）はそれが害を及ぼす生物である**宿主**（host）の体表や体内にすみつく捕食者の一種である．寄生生物の重要なグループは病原性であり，宿主に病気をひき起こす．たとえば，扁桃腺炎や結核，肺炎などをひき起こす細菌は病原性である．多くの生物は宿主になるのを避けるような機構を進化させており，たとえば，寄生生物による病気や感染と闘うための免疫系がそれである．

他の種類の捕食者は，餌によって分類されている．ヘラジカは植物を食べる動物であり，**植食性動物**（herbivore）とよばれる．イエローストーンのヘラジカは，ヤマナラシ，ハコヤナギやヤナギのような木の芽，若木，新しい枝などを，特に他の植物の少ない冬の時期に食べる．オオカミは**肉食性動物**（carnivore）であり，肉食性動物とは，他の動物を殺して食べてしまう動物をさす．イエローストーンのオオカミは，特にヘラジカを冬によく食べるが，シカのほかにも，よく知られた例では，捕まえることのできるビーバーなどのさまざまな小型哺乳類も食べる．他の動物，たとえばアライグマやコヨーテは動物も植物も食べるので，それらは**雑食性動物**（omnivore）とよばれる．アライグマやコヨーテはまた**スカベンジャー**（scavenger）ともよばれるが，それらは，死んでいるか死につつある植物や動物を食べる生物である．スカベンジャーに含まれる，真菌類などの**分解者**（decomposer）は食物を溶かしてしまい，ムシやヤスデなどの**腐食性動物**（detritivore）は機械的にその餌を分解して消費する．

捕食者に食べられる動物は**被食者**（prey）とよばれる．イエローストーンにすむすべての動物は，グリズリーベアー，マウンテンライオン，ワシ，オオカミ以外は他の種によって食べられてしまう．これら 4 種の動物はすべて食物連鎖の頂点に立っている．それらは，寄生生物にとっては被食者であるとはいえ，頂点に立つ捕食者である（図 20・8）．

20・4　イエローストーン国立公園内の群集に起こった変化

群集の頂点に立つ捕食者であるオオカミがイエローストーンに再び戻ったいま，それらの被食者であるヘラジカはどのような反応を示すだろうか．そして，その反応がヘラジカの食料である木に対してどのような影響を及ぼすだろうか.

国立公園内で実施されている植物の測定を，歴史的な測定の記録と比較することにより，共同研究チームは，1998年から2010年にかけての間に国立公園内のオオカミの群集が大きくなり，ヘラジカの群集が減少し，それゆえヤマナラシがあまり食べられなくなったことを見つけた．1998年に，基本的には100%のヤマナラシの若木が捕食されていたが，2010年までには，わずか18～24%にまで低下した．そのうえ，ヤマナラシの木の平均の高さは研究者たちが観察したすべての地域で増加していた．ハコヤナギもまた同様の回復を示していた．1970年代にはハコヤナギの新たな若木の数が増えることはなくなっていたが，2012年までには約4660本もの若いハコヤナギが高さ2m以上にまで育っていた．

ヤマナラシとハコヤナギのデータを合わせて，オレゴン州立大学の研究チームは，オオカミを再導入したことで種間相互作用のカスケードが働き，ヤマナラシとハコヤナギの群集が再生されたという結論に確信をもった．オオカミが戻って，若木がとてもよい状態で育って大きくなっており，そして，植物群集が回復しはじめている．異なった種が成長し，広がり，それぞれ異なる回復率をみせている．研究者たちは，新たな成長の様子が十分にみられることから，食物連鎖の頂点に立つ捕食者，すなわち今回の場合にはオオカミがいるかいないかによって植物群集に変化が生じるという彼らの基本的な仮説が支持されたと考えている．

オレゴン州立大学の研究チームの発見以来，研究者コミュニティーにおいては，オオカミを戻したことによって植物がなぜまた元気に育つようになったかという理由について，二つの可能性が議論されている．最も単純な考え方としては，オオカミがヘラジカを殺すためにヘラジカの群集が減り，植物を消費するヘラジカの数が減ったために，植物がよく繁殖するようになったという説明である．しかし，木の群集の中には，ヘラジカ群集の減少よりも早く回復したものもある．そこで，二つ目の可能性は，オオカミの存在がヘラジカの行動を変えたというもので，それは**恐怖効果**（fear effect）とよばれる．ある地域における捕食者の存在は，しばしば被食者の行動に影響を与える．この場合には，ヘラジカが，容易にオオカミに見つかってしまうようなところ，たとえばラマー川の岸に沿ったところなどでは植物を食べるのをやめてしまった可能性がある．

群集密度と恐怖行動というこれらの二つのメカニズムは，それぞれを別ものと考えることはむずかしく，研究者たちはその後もこれらの原因についてもっと詳しく調べており，イエローストーンにおける植物群集の変化は，これら二つの原因の複合したものであろうと考えられている．

20・5 競争と生態学的ニッチ

ヘラジカは，捕食者から見つからないように，川の畔にとどまることを避けているのかもしれないが，他の被食者は，捕食されることを避けるための，もっとずっと効率のよい戦略をもっている．たとえばヤドクガエルは地球上で最も毒性の強い動物の一つであって，捕食者となりうる動物に，自分が体の組織中にもっている危険な化合物の存在を警戒させるために明るい色の**警戒色**（warning coloration）を進化させている（図20・9上）．こうした警戒色は大変効果的なことがある．たとえば，アオカケスは，吐き気を催させたり，高濃度では相手を死亡させたりすることもある毒と派手な色をもつオオカバマダラを食べないことをすばやく学習する．

なかには，毒をもたないにもかかわらず，あたかもそうであるかのような体色を進化させた種もいる．**擬態**（mimicry）を通じて，毒をもたないカバイロイチモンジはオオカバマダラの体色や紋様をまねする（図20・9中央）．このいわば“借りもの”の体色は，前回オオカバマダラを食べて吐き気を催したかもしれないアオカケスやその他の鳥たちを近寄らせないように警告している．ほかにも食べられないためのメカニズムとして，**カムフラージュ**（camouflage）という，捕食者から自分を見つかりにくくして捕まらないようにするさまざまな体色がある（図20・9下）．最後に，ジャコウウシからモリバトに至るさまざまな被食者は，上記のような例とは違った捕食されないための戦略を進化させてきた．集団で生活することにより，これらの動物はともに行動し，捕食者が攻撃を仕掛けようとしているときに互いに警告し合ったり，集団で立ち向かうことで攻撃をはねつけたりすることまでやってのける（図20・10）．

捕食においては，捕食者が利益を得る．そして，§20・3で説明した他の二つの種類の種間相互作用である相利共生や片利共生においては，少なくとも2種のうち片方は利益を得る．しかし，最後に述べる種間相互作用の一つ**競争**（competition）においては，誰もが利益を得ることはなく，相互作用する種がともに負の影響を受ける．

競争は，二つの種が食料や場所などの重要だが限られた資源を共有しているときに最もよくみられる．イエローストーンにおいてはビーバーもヘラジカも木をよく食べる．両方の種にとって，木は生態学的ニッチの一部なのである．**生態学的ニッチ**（ecological niche）という

図 20・9　捕食に対する反応として進化させた適応的体色． 被食者は捕食者に食べられるのを避けるために多くの巧妙な戦略を適応的に進化させており，たとえば，警告色，擬態，カムフラージュなどが，その例として知られる．

問題 1　捕食者は，どうやってカラフルな被食者が一般には毒をもっているということを知るのか．
問題 2　もし毒をもった種の数が少ないときには，擬態が役に立つと思うか．その理由も述べよ．

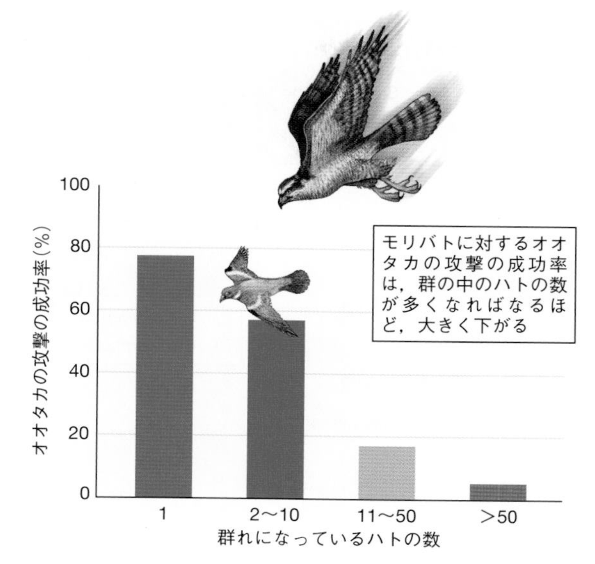

図 20・10　集団になることで安全を確保する． 集団ですむ動物は互いに警戒しあうこともでき，時には攻撃してくる捕食者から身を守ることもできる．

問題 1　1 匹で群れをなしていないハトが捕まる割合は何％か．
問題 2　モリバトにとっては，オオタカから身を守るための最小の個体数は何匹か．

のは，そのすみかにおいて群集が生存し，繁殖するために必要とする一連の条件や資源のことをさす．ビーバーとヘラジカのニッチが重なるため，これらの種は競争する．二つまたはそれ以上の種が競争するとき，一方の種が資源を使っているときには他方の種はそれを使えないため，それぞれの種は他の種に対して負の効果を及ぼす．しかし，もし資源が豊富であったならば，それらのニッチが重なるとしても種間の競争は生じない．

競争にはおもに二つの種類があり，それらは消費型競争と干渉型競争とよばれる．**消費型競争**（exploitative competition）においては種は共有する資源，たとえば餌を巡って間接的に競争する．この場合には，それぞれの種は他の種が利用できる資源の量を減少させるが，彼らどうしは直接相互作用をしたり互いに接触したりすることはない（図 20・11）．オオカミが戻ってきてヘラジカの群集が少なくなったとき，ビーバーは特にヤナギの木に関しては餌を巡る競争が少なくなった．そしてイエローストーンにおけるビーバーのコロニー数は 1996 年の 1 から 2009 年には 12 までに増えた．2015 年までにイエローストーンにはビーバーのコロニーが推定 100 になった．

ヘラジカとクマもまた消費型競争による相互作用を行っている．ヘラジカは低木の葉っぱや枝を食べるので，低木が生産するベリーの減少をひき起こす．これはベリーを好んで食べるグリズリーベアーにとってはよくない状況である．こうした関係についての知見から，ヘラジカの減少がベリーを実らせる低木の増加をひき起こすと仮定され，それによってクマはより多くのベリーを食べることができると考えられた．この仮説を検証するために，研究チームは国立公園内で集めたグリズリーベアーの糞を 2 年間にわたって分析した．彼らは現在の糞に含まれている果実の割合を，オオカミを森に戻しはじめた 1995 年よりも前に集めて保管しておいた糞のデータと比較した．彼らは，19 年以上の間にグリズリーベアーの餌に占めるベリーの割合が，ヘラジカ群集が減少する

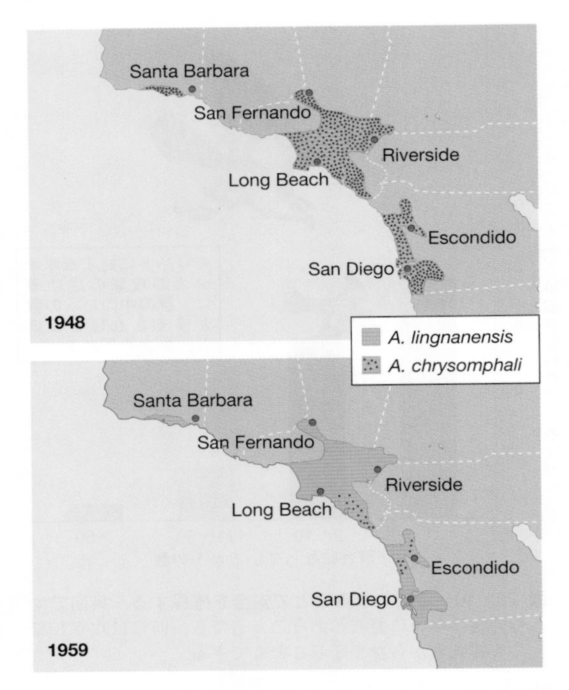

図 20・11　新たな種が移入してきたときに生じる消費型競争. 二つの異なる種のハチ *Aphytis lingnanensis* と *Aphytis chrysomphali* は同じ資源を餌にしているが，直接にそれを得るための競争はしない.（上）ハチ *Aphytis chrysomphali* は，1948 年当時すでにカリフォルニア州にすみついていた.（下）両方の種のハチは，柑橘類に被害を及ぼす同じ種類の昆虫を捕食する．2 種のハチが同じ被食者を食べるために，両方の種にとって餌は少なかった.

問題 1　どちらの種が競争に勝っているようにみえるか.
問題 2　なぜこの例は消費型競争と考えられるのか.

に従って上昇したことを発見した．これは**競争排除則**（competitive exclusion principle）の例であって，同じ資源を利用する異なる種は，そのいずれかの種が他の資源を利用するように適応しない限り，共存することはできないというものである．この例の場合には，グリズリーベアーはベリー以外の食料源を見つけることでヘラジカの存在に適応しているのであり，ヘラジカがいなくなると，グリズリーベアーはベリーをたくさん消費するようになるのである.

生物はまた**干渉型競争**（interference competition）による競争も行い，この場合には一つの種が，同じ資源を利用する他種を直接排除する．たとえばイエローストーンにおいては，クマやオオカミはしばしば動物の死体を巡って闘う（図 20・12）．干渉型競争においては 1 匹の動物が，資源を得ようとしている他の動物に対して体を張って邪魔をする.

図 20・12　干渉型競争は劇的なものになりうる

20・6　群集の遷移

今日では，オオカミを戻したことによって，イエローストーン生態系の群集にはヤマナラシやハコヤナギの再生から成長するビーバーの群集に至るまで，非常に大きな影響が及んだ．これらは**遷移**（succession）の兆候であって，群集内の種が時間的に変遷していく過程を示している.

すべての生態学的群集は時間の経過とともに変化するのであり，それはある場合にはイエローストーンのような人間の介入によって，またあるときには種の割合の自然な変化によって起こる．たとえば，群集内の個体数はしばしば季節変化や火事，洪水，嵐などの自然災害などによって変遷する．それに加えて，自然選択により，長期間にわたって，群集はゆっくりとした種の個体数の増減により，群集は大きな変遷を遂げる.

自然においては，一次遷移と二次遷移のおもに 2 種類の遷移がある．**一次遷移**（primary succession）は，海から急に現れた島や，融けて縮小しつつある氷河に取り残された土壌や，新しくできた砂丘などの，新たにできた生物の生息地で生じる（図 20・13）．新たな生息地は，最初は無生物状態からはじまる．その地域に最初に定着する種は，しばしば，後からやってくる種が成長しやすいように生息地を変化させる．たとえば，特定の種類の花を咲かせる植物が新しい島で成長し，その花に蜜をとりにくるハチが次にその生息地に加わったりする.

二次遷移（secondary succession）は，イエローストーンにおいてオオカミなどのキーストーン種がいなくなったり，森林火災によってある植物がなくなったりするような災害が群集の中で起こったときに生じる．二次遷移の間には，群集は，災害の前に存在していたような遷移状態を回復させることが多い．この種の遷移は，群集の

段階 4：ブラックオークの極相群集が 12,000 年近く続いた

図 20・13　何もないところから極相に至るまでの過程としての一次遷移． ミシガン湖の近くでは砂地が森林地帯になった．

問題 1　遷移の中間に位置する種は何であって，いかにしてそれは優占種となるのか．
問題 2　成熟した極相の群集の種は何であって，いかにしてそれは優占種となるのか．

中にはまだいくつかの種が生き残っているために，一次遷移ほど長い時間を要しない．

幸運なことに，群集は災害から立ち直ることができるが，以前のような状態を取戻すのにかかる時間は何十年から何世紀までさまざまである．イエローストーンは現在，オオカミ，ヤマナラシ，ビーバーといった群集がゆっくりと戻りつつある二次遷移が進行しているところである．国立公園が以前のような状態に戻るにはまだもう少し時間がかかりそうだ．しかし，研究者たちやその他の人たちは，イエローストーンが，長期間にわたって種の組成が安定的に保たれる，成熟した**極相群集**（climax community）として戻ってくるという希望をもっている．

イエローストーンの回復すらまだその途上であるにもかかわらず，地球上の生態学的群集は他のキーストーン種，特に大型肉食性動物がいなくなる危機に面している．2013 年，先の森林生態学者たちは，地球上のヒョウ，ライオン，クーガー，ラッコなど 31 種の肉食性動物を解析した．その結果 31 種のうち 75％以上がいなくなりつつあり，17 種が以前の半分以下の数になってしまっていることを発見した．2016 年，特に野生動物の食肉を得るための狩猟が多くの哺乳類の種を絶滅の危機に陥れており，それには東南アジアの 113 種も含まれることがわかった．本章で説明したような種間相互作用のことを考えると，こうした変化が生態学的群集に大きな効果を与えることは明らかである．研究者たちは，ヒトが地球上の捕食者たちにとても大きな影響を与えていて，これは国際的に議論すべき問題であると考えている．

章末確認問題

1. 群集の中でどの動物がどの生物を食べるのかという単純な食う食われるのつながりのことを何とよぶか．
 (a) 生活史　(b) キーストーン関係
 (c) 食物網　(d) 食物連鎖
2. 群集内において時間とともに種が置き換わっていく過程を何とよぶか．
 (a) 地球の気候変動　(b) 遷移
 (c) 競争　(d) 群集の変化
3. 他の生物を食べることなく自らの栄養を外部のエネルギー源から生産する生物を何とよぶか．
 (a) 供給者　(b) 消費者
 (c) 生産者　(d) キーストーン種
4. 群集から取除かれたときに，生態学的群集の組成に特に大きな影響を及ぼす個体数の少ない種を何とよぶか．
 (a) 捕食者　(b) 植食性動物
 (c) キーストーン種　(d) 優占種
5. 正しい用語を選べ．
 チータは草を食べるレイヨウを食べる．チータは[二次消費者／一次消費者]であり，レイヨウは[二次消費者／一次消費者]である．草は[三次消費者／生産者]である．
6. オオカミはイエローストーンのなかではキーストーン種であると考えられるが，それはなぜか．
 (a) オオカミを 20 世紀初期に駆除したことがイエローストーンの生態学的群集に多くの変化をもたらしたから
 (b) 20 世紀後半にオオカミを再び戻したことがイエローストーンの生態学的群集に多くの変化をもたらしたから

(c) オオカミを駆除したときに，ヘラジカの群集が増加し，ビーバーやクマとの競争が増え，それらの数が減ったから
(d) オオカミを再び戻したときに，ヘラジカがヤマナラシを食べる量が減ったためヤマナラシの群集が増加しはじめたから
(e) 上記のすべて

7. 左の種間相互作用の用語の例を右から選べ.

相利共生	1. ヘラジカがヤマナラシを食べる
片利共生	2. カササギはバイソンの体表のダニを見つけて食べる
捕食	3. 鳥がヤマナラシの木に巣をつくる
競争	4. ビーバーとヘラジカが同じ木を食べる

8. 次のヤマナラシとオオカミの群集間の関係についての研究者たちの発見を，適切な順に並べよ.
(a) オレゴン州立大学の水文学者は，20 世紀初期のオオカミの群集の大量殺戮がヘラジカの群集を大きくし，ヘラジカがヤマナラシをたくさん食べるようになったと仮定した
(b) オレゴン州立大学の水文学者は，川の谷間には木が少ないことを観察した
(c) 同大学の森林生態学者は，水文学者が彼の観察を講演で話すのを聞いた
(d) 森林生態学者と彼の大学院生は 1920 年代以降，谷間では新しい木が全く育っていないというデータを集めた
(e) 国立公園内に再びオオカミを入れることによって，ヘラジカの群集が減り，ヤマナラシの群集が再び増えた

9. 種個体数の割合が高い群集と，種個体数の割合が低い群集では，どちらの生態学的群集がより多様性が高いか．種の豊富さが高い群集と，種の豊富さが低い群集では，どちらの生態学的群集がより多様性が高いか.

21 生態系の成り立ち

本章のポイント

- 生態系と生態学的群集との違い
- 栄養素の循環とエネルギーの循環についての比較
- 生態系構成員のエネルギーピラミッドにおける適切な栄養段階への位置づけ
- 特定のバイオームの地球上での位置の同定と，他のバイオームとの生産性の比較
- 純一次生産力の定義と，生態系の研究におけるその重要性

21・1 生態系における一次生産者

2007年に，カナダのダルハウジー大学の海洋生物学者は，新しい研究プロジェクトを立ち上げた．1950年代にはじまった産業化された漁業が，捕食者としての魚の群集を大量死に追いやっていることを，彼らの研究は数年前に明らかにしていた．次に彼らは，捕食者としての魚がいなくなったことが，どのように食物連鎖の下位にある生物に影響を及ぼしたかを調べようとしていた．海の捕食者がいなくなったことはプランクトンに影響を及ぼしただろうか．自由に浮遊する多様な生物集団であるプランクトンは海洋の食物網の基礎となっていて，ほとんどすべての海洋動物の命を支えている．プランクトンはとても小さいが，海洋環境においては重要な役割を果たしている．

この研究プロジェクトがはじまったとき，彼らはその結果が世界中の海の中で起こっているとてつもなく大きな変化の発見につながること，そしてそのことがあまりに社会的影響力の大きい発見で，世の中に大きな論争を巻き起こすなどと，知るよしもなかった．

20章で述べたイエローストーンにおけるオオカミ研究と同様に，彼らの最初の目的は，最上位の捕食者がいなくなると，それらのすむ環境にどのような影響が及ぶのかを示すことであった．イエローストーンでの研究の場合には，そこにすむさまざまな生物が相互作用して，いわゆる**生態学的群集**（ecological community）を形成していた．互いに相互作用したり，共有する物理的な環境と相互作用したりする群集の集まりを**生態系**（ecosystem）とよぶ．いいかえると，生態系は，生物的な世界にすむ生物の間の相互作用，および生物の世界と無生物的な世界との間の相互作用によって特徴づけられている．

生態系は大小さまざまである．原生生物の密集する水たまりも生態系ならば，大西洋も生態系である．そして，小さな生態系は大きくて複雑な生態系の中に入れ子状態になっている．このように生態系に大小さまざまあるのは，生態系には必ずしも明確な物理的境界が決められていないからで，生態学者はしばしば生態系を，それがどのように機能するか，特に生物群集によって**エネルギー**（energy）と**栄養素**（nutrient）がどのようにして獲得され分配されているかという観点から定義する．

特に，**一次生産者**（primary producer）の活動は，生態系の特徴に重大な影響を及ぼす．生態学者はしばしば，そこに含まれている生産者と，生産者が支えている消費者の種類にしたがって生態系を記載する．アオウキクサに覆われた沼，背の高い草の生えたプレーリー，ブナカエデの森などはすべて，エネルギーをとらえて消費者にエネルギーを提供する特定の種類の生産者と定義されるような生態系の例である．

魚の乱獲が海の食物連鎖にどのような影響を与えるかを知るために，ダルハウジー大学の海洋生物学研究者は海の一次生産者である植物プランクトンを調べた．これらの小型で浮遊性の微小藻類は，実に見事な形やサイズの多様性に富んでおり，すべすべした丸みを帯びたものから，節くれ立ったらせん型のもの，尖った三日月型のものまでさまざまある（図21・1）．植物プランクトンはおもに顕微鏡で見えるようなサイズだが，多数が集まる

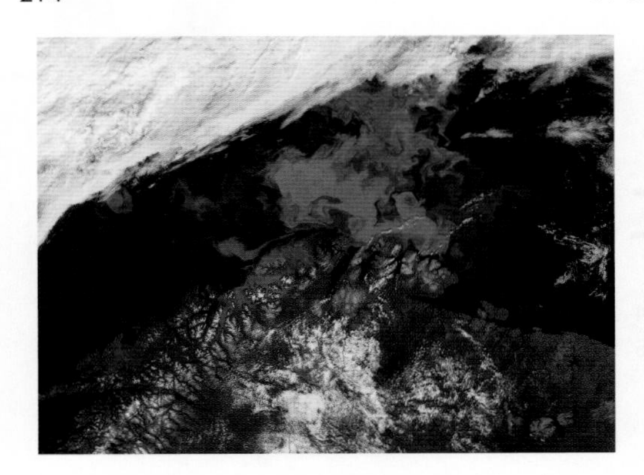

図 21・1 藻類ブルーム(水の華). この航空写真でターコイズブルーの色をした地域はノルウェー沿岸沖で生じている藻類ブルーム(水の華)である．植物プランクトンの群集が急速に増えると，プランクトンのすむ海水を変色させてしまう．

と，しばしば水中でみられるような緑色を呈する．水中に植物プランクトンが多ければ多いほど水は緑色に見え，少なければ少ないほど青色に見える．

植物プランクトンは，光合成の過程に必須な緑色色素である葉緑素を使って，太陽光のエネルギーを化学エネルギーへと変換しており，この色素をもつため，緑色をしている．これらの水生生物は，光合成をするために，太陽光エネルギーを最も利用しやすい海水の最表層部にすんでいる（ほとんどすべての淡水においても同様である）．また，太陽光を用いて光合成をするため，植物プランクトンは主要な生産者であり，海洋生態系にエネルギーが流れ込んでいく中心的な経路となっている．そのため，もし魚の乱獲が植物プランクトンの数に影響を与えているとしたら，海洋の生態系全体に危険が及ぶのではないかと研究者たちは懸念したのである．

21・2 エネルギーピラミッド

エネルギーと栄養素は特定のパターンで生態系の中を流れていく．まず，エネルギーが流れていく道筋を考えてみよう．植物プランクトンのような生産者は太陽光をとらえてエネルギーに変換している．このエネルギーはある生物が他の生物を食べるときに食物連鎖の上流側に渡される．**エネルギーピラミッド**（energy pyramid）は生態系において生物が利用することのできるエネルギーの量を表している．ピラミッドの各階層は食物連鎖の各階層に対応しており，**栄養段階**（trophic level）とよばれる．たとえば，海においては植物プランクトンが1番目の栄養段階にあると考える．植物プランクトンを食べる大型で多細胞の動物プランクトンは，2番目の栄養段階にある．ニシンなどの小型魚類は3番目の，そしてマグロなどの大型魚類は4番目の栄養段階にある（図21・2）．

それぞれの栄養段階において，生産者によってとらえられたエネルギーの一部は，細胞内で特に細胞呼吸における化学反応の副産物として放出される熱である**代謝熱**（metabolic heat）として失われていく．生物は多くのエネルギーを代謝熱として失うが，これは多くの人で混み合っている小さな部屋がすぐに暑くなるということからわかる．部屋が暑くなるのは代謝熱が私たちの体から出ていくのが原因である．平均して，それぞれの栄養段階では約10%程度のエネルギーが次の栄養段階に送られる．送られずに残るエネルギーの90%は，消費されないか（たとえば，私たちがリンゴを食べるとき，私たちはリンゴの木のほんの一部を食べるにすぎない），消費者の体に取込まれることはないか（たとえば，私たちはリンゴに含まれるセルロースは消化することができない），または代謝熱として失われていく．

このようにして常に熱の損失が起こっているので，生態系において，エネルギーは一方向にしか流れていかない．エネルギーは，ほとんどの場合，太陽から地球の生態系に入り，代謝熱としてそこから失われていく．生産者によってとらえられるすべてのエネルギーは，最終的には生物のすむ世界から熱として失われていく．それゆえ，生態系の内部ではエネルギーを再利用することはできない．つまり，エネルギーはエネルギーピラミッドを上っていくことしかできず，逆流することはできないのである．

それとは対照的に，生物にとって必要とされる化学物質としての**栄養素**（nutrient）は生態系の中や生態系の間で循環され，再利用される．地球は常に太陽から光エネルギーを定常的に受取っているが，私たちの惑星，地球は，栄養素については毎日地球の外から獲得しているわけではない．むしろ，一定で有限量の栄養素を陸上，海洋，大気中で循環させているのである．もし栄養素が生物とその物理的環境の間で循環されていなかったとしたら，地球上の生命は存在しえなかったであろう．

栄養素は，無生物界を，岩石や鉱物の堆積物から土壌，水，そして大気中へと渡され，そして生産者によって吸収されることにより生物界へと渡されていく．そしていったん生物界に入ると，栄養素はさまざまな長さの時間をかけて消費者の間を循環していく．たとえば植物プランクトンは栄養素として，窒素，リン，鉄，ケイ素を成長のために必要とする．動物プランクトンが植物プランクトンを食べるとき，動物プランクトンはそれらの栄養素を取込み，次々に食物連鎖の上位へと循環させて

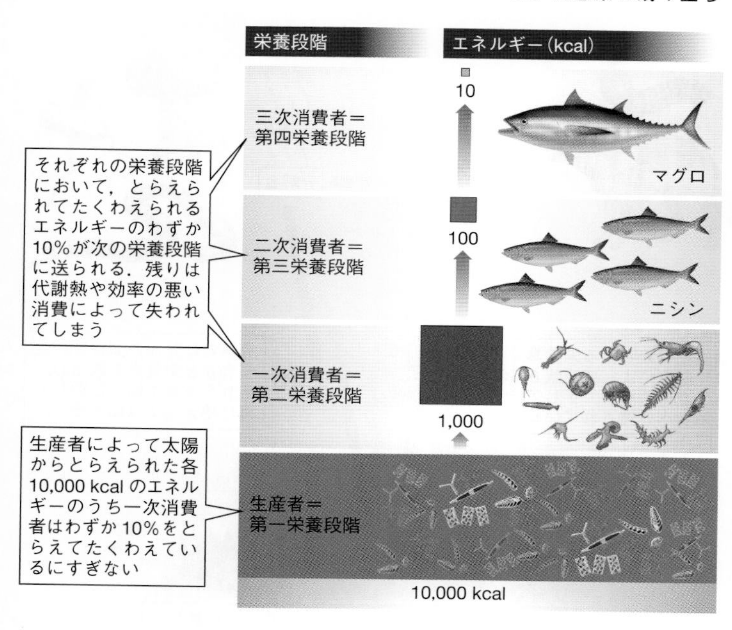

図 21・2　エネルギーピラミッド． エネルギーピラミッドにおける階層は食物連鎖の各段階に対応している．

問題 1　この図においてマグロを食べるかもしれないサメにとって，最初の10,000 kcalの何%が利用可能になるのか．

問題 2　マグロの捕食者を表現するには，どの栄養段階の何といえばよいのか．

図 21・3　栄養素は海洋生態系の内外を循環する． 海洋では，植物プランクトンが無生物界から栄養素を吸収している．生物界においては，これらの栄養素は動物プランクトンにはじまり栄養段階を上に上っていくようにして消費者の間を循環する．次に栄養素は，死んでしまったか死にかけている生物が分解者によってそれらを構成要素にまで分解されることによって，再び無生物界へと戻されていく．

問題 1　この生態系において，どのようにして無生物界から生物界に栄養素が循環していくのか．

問題 2　この生態系において，どのようにして生物界から無生物界に栄養素が循環していくのか．

いく（図21・3）．

栄養素は，最終的には**分解者**（decomposer）が他の生物の死体を分解したときに無生物界に戻される．生態系の中には，生産者のつくった**バイオマス**（biomass），つまり生物資源の80%を分解者が分解してしまうものもある．分解者がいなければ，栄養素は繰返し再利用されることはなくなり，すべての必須栄養素は死んだ生物の体の中に閉じ込められたままになってしまうため，生

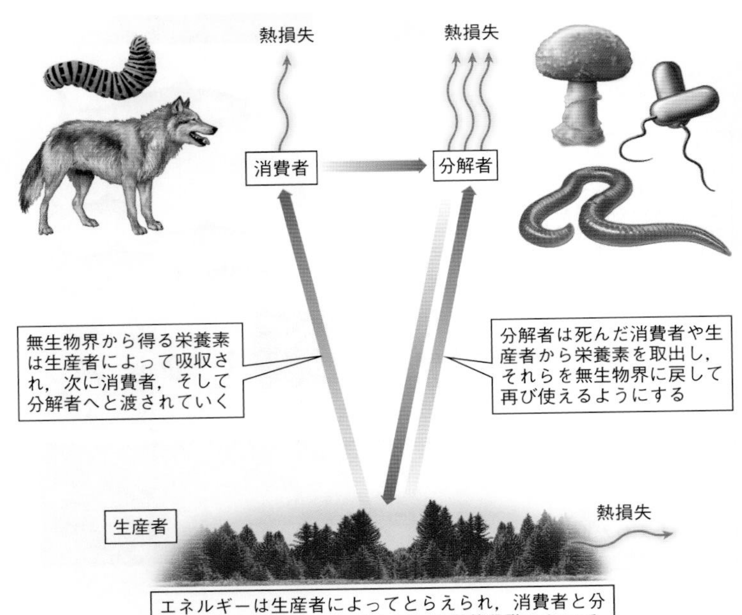

熱損失
熱損失
消費者
分解者
無生物界から得る栄養素は生産者によって吸収され，次に消費者，そして分解者へと渡されていく
分解者は死んだ消費者や生産者から栄養素を取出し，それらを無生物界に戻して再び使えるようにする
生産者
熱損失
エネルギーは生産者によってとらえられ，消費者と分解者の間を通っていく．それぞれの栄養段階において，大部分のエネルギーは熱損失として失われていく

図 21・4　エネルギーの流れと栄養素の循環. 生態系から外に向かって出て行ってしまうエネルギーとは異なり，栄養素は無生物界と生物界の間を常に往き来している．生物界における重要な栄養素は，炭素 C，カリウム K，リン P，窒素 N を含むものである．

問題 1　分解者は，消費者とはどのように異なるのか．
問題 2　炭素が生態系の生物界に持ち込まれる方法と，その他のリンなどの栄養素が持ち込まれる方法とでどのように異なるのか．

命活動はその時点で止まってしまう．このように，分解者は生態系の“掃除屋”である．細菌や真菌類は海洋における重要な分解者であり，その他，メクラウナギや蠕虫などもそうである．

生態学者や地球科学者は**栄養循環**（nutrient cycle）という用語を，生態系を通じて元素が循環する様子を表す用語として用いる（図 21・4）．栄養循環とエネルギーの流れは生態系において生物界と無生物界をつなぐ四つの過程のうちの二つである．これらの**生態系プロセス**（ecosystem process）には，水循環（図 18・9 参照）や群集の中の種が時間とともに変化している過程である遷移（20 章参照）も含まれている．

21・3　生態系を計測するさまざまな方法

100 年以上もの間，世界中の生態学者たちは植物プランクトンを含む生態系を研究してきた．ダルハウジー大学の海洋生物学者たちは，そうした豊富な研究結果を，海洋における過去と現在の植物プランクトンの分布密度を記載するのに活用した．

ある領域の植物プランクトンのバイオマスはそこにみられる葉緑素の濃度によって推定することができる（図 21・5）．何十年もの間，ほとんどすべての海洋研究においては葉緑素濃度が植物プランクトンバイオマスの信頼おけるものさしであった．葉緑素濃度は水の色を検知することで計測することができる．葉緑素の量が増えれば水は深みのある緑色に見え，葉緑素がなくて透明なときには水は青色に見える．

今日の衛星は海洋表面の高解像度の色の測定をしてくれるので，理想的には研究者たちは葉緑素濃度，つまり植物プランクトンのバイオマスを推定するのに衛星のデータを使いたかった．しかし，彼らは過去 100 年以上の植物プランクトン量を調べたかったが，高解像度の衛星データは過去 10 年分しか得られなかった．そのためもっと別の情報源も必要になった．

ダルハウジー大学の研究チームは，はじめての試みとして，2 種類の葉緑素の計測データを合わせてみた．一つ目のデータはかなり昔の 1899 年のもので，ロープと円盤だけを使って得られたデータであった．

1865 年にローマ教皇は，僧侶であり天文学者でもあったセッキ（Pietro Angelo Secchi）に教皇領海軍のために地中海の海水の透明度を計測するように命令した．セッキはそれまでに使われていた最も単純な計測器の一つである，ディナープレート大の円盤をペンキで黒白ストライプに塗ってロープに縛り付けた道具を考案した．この円盤を海水中に入れ，白の縞が見えなくなるまで（植物プランクトンの葉緑素によって縞がぼやけてくるまで）沈めていき，その地点の水深を記録した．セッキの円盤を用いた計測によって得られた葉緑素の濃度を衛星のデータに照らし合わせてみると，それらのデータが

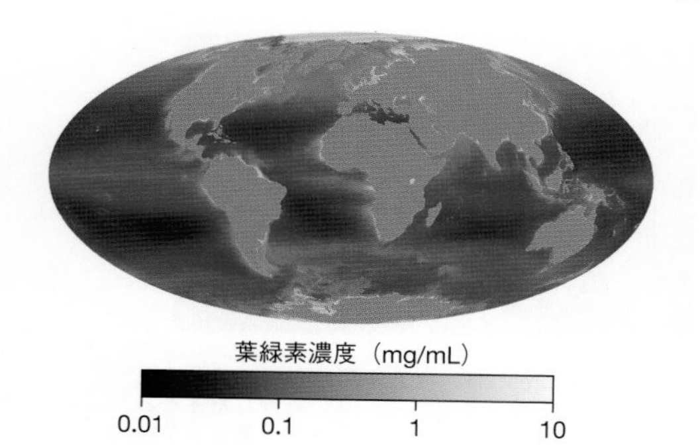

図 21・5 海洋における平均葉緑素濃度． 植物プランクトンは高緯度の，沿岸線や大陸棚に沿ったところや太平洋，大西洋の赤道沿いの地域など(黄)において最も多く，離れた海洋(濃青)においては少ない．

信頼できることがわかった．

セッキの円盤を用いた計測データを集めるのに加えて，研究者たちは，海では，海水の色を調べて葉緑素濃度を推測する方法だけではなく，海水中の葉緑素の量を直接量る道具も使う．彼ら研究チームもオンラインのオープンソースデータベースから，何十万ものこうした葉緑素の直接測定データを見つけた．一般公開された海洋学的データは以前に比べて飛躍的に数が増えている．

しかしデータを使うには，最初は籾殻から小麦の粒をより分けるような努力が必要であり，こうした混交玉石のデータのなかから，彼らは，たとえば海底まで 25 m 以下しかない場所でとられたデータなど，彼らの研究に向かないデータは除外した．それは，こうした場合には海水の透明度の変化は，植物プランクトンよりもむしろ近傍の堆積物や雨水・雪解け水などによって生じるからである．

研究チームはそれぞれのデータを，セッキの円盤を用いた計測によるものと葉緑素濃度の直接計測によるものに分けて解析し，それを再び合わせてデータにした．二つのデータを合わせるために，彼らは，すべてのセッキの計測データを葉緑素の直接計測データと同じ単位に変換した．そして最終的に，合わせたデータは 1899 年から 2008 年までに計測された 445,237 個の葉緑素濃度のデータとなった．

彼らは集めたデータを見て，驚くべき事実に気がついた．これらの二つの異なる方法から解析したデータから，彼らは，地球上の海洋において，データを入手できた前世紀の間に，なんと 60～80％もの有意な減少があることを見つけたのである．植物プランクトンは，全体として地球上の平均 1％が毎年減少しているようにみえたのである．

1％というのは小さな数字のようにみえるが，1950 年から毎年 1％の減少を続けていたとすると，世界中の海の植物プランクトンが 50％減少したことになる．

21・4 生態系の純一次生産力

いかなる生態系においても，おもな一次生産者が 50％も減少するということは重大な問題であり，特に植物プランクトンに関してはそうである．植物プランクトンは漁業を支えるのみならず，私たちが呼吸する酸素の半分を生産しており，大気中の二酸化炭素を取込むことで温室効果や地球温暖化を和らげるのに役立っている．

生態系は，エネルギーピラミッドの最も基礎の部分で，生産者が太陽光のエネルギーをとらえてたくわえるという機能に依存しているため，植物プランクトンが少なくなると，海洋の機能そのものが変わってしまう．植食性動物も，肉食性動物も，腐食性動物も，すべては間接的にこのエネルギー獲得に依存している．もし生態系に生産者が多ければ，より多くの消費者を高い栄養状態で支えることができる．たとえば，熱帯雨林においては多くの植物が太陽からのエネルギーを獲得しているので，熱帯雨林には生物が豊富に分布している．他方で，生産者の少ない環境においては獲得されるエネルギーがより少なくなる．たとえば，ツンドラや砂漠地域においては，食料が少なく，あまり多くの動物がそこで生活することはできない．こうした大きな違いがあるために，生態学者たちは地球上の広い領域を**バイオーム**（biome）とよぶ，その領域の固有な気候や生態学的な特徴によって定義されるようないくつかの地域に分類するようになった（図 21・6）．

エネルギー獲得は他の生物が利用することのできる食糧の量に影響を与えるので，生産者によって獲得される総エネルギー量を把握することは，生態系がどのように働いているかを決めるのには重要である．生態系の**純一次生産力**（net primary productivity: **NPP**）は，特定の期間に光合成により獲得されたエネルギーのうち，生産者の成長と生殖に利用できるものを意味する．NPP は光合成生物によって獲得されたエネルギー量から，それらの生物が細胞呼吸やその他の生命維持活動に使用する量を差し引いたものである．NPP は光合成の間に獲得される炭素の量を推定することによって通常決められる．これは，ある地域で特定の期間に光合成生物によって生産される新たなバイオマスの量を計測することによって決めることができる．

研究者の推定によると，地球上のすべての生産者による NPP は毎年 1000 億トンの炭素バイオマスを超えるとされている．この生産量の約半分は海の植物プランクト

ツンドラ(tundra)は，極地や山の頂上などにみられるバイオームである．成長できる季節が短いため，木は生えていないか少ない．植生は，背の低い花の咲く植物が主であり，沼地の多い風景で，植食性動物にとって重要な食糧源であるコケや地衣類に覆われている．げっ歯類がキツネやオオカミなどの肉食性動物の食糧源となっている．数は少ないが，クマやジャコウウシなどの大型哺乳類もいる

北方林(Boreal forest)は，北方や高地の地域で育つ円錐形の樹木が多く生える地域で，寒い乾燥した冬とおだやかな夏が特徴である．土壌はやせて栄養が少ないため，成長期の季節に植物は十分な水分を受取ることができるものの，植物の多様性は比較的低い．大型の植食性動物としては，ヘラジカやムースがいる．小型の肉食性動物としてはイタチやクズリ，テンがよくみられる．大型肉食性動物としては，オオヤマネコやオオカミなどがいる

チャパラル(chaparral)は乾燥耐性のある植物が多く生えている低木からなるバイオームで，涼しくて雨の多い冬と乾燥した夏が特徴．こうした条件から，チャパラルは特に山火事にみまわれやすい．カリフォルニア州のチャパラルのおもな植生としては，オークの灌木や，マツ，マウンテンマホガニー，マンザニータ，シュミーズブッシュなどがある．ジャックウサギやホリネズミなどの小型哺乳類がよくみられ，トカゲやヘビの多くの種がいる

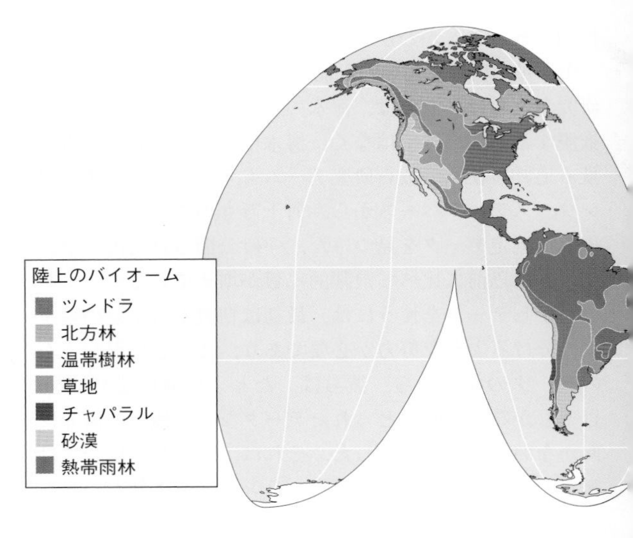

熱帯雨林(tropical forest)というバイオームは，気温が高く，毎日12時間程度の日照時間があり，季節的に，または1年中多雨であり，土壌中の栄養素を侵出させている．栄養素の大部分が生物の組織中（バイオマス）に閉じ込められているので，このバイオーム中の土壌は栄養に乏しい．年間に2000 mmを超えるような降水量をもつ熱帯雨林は豊かな生物多様性をもつ，地球上の最も生産的な生態系の一つである

淡水のバイオーム(freshwater biome)内にある生態系は，境界を接していたり，その境界に川が流れていたりするような陸上のバイオームの影響を大きく受ける．湖は淡水がずっととどまっている陸封型の水系である．川は常に一方向に流れる淡水の水系である．湿地帯は，常に水があるが，根のある植物が水面より上に飛び出すこともあるほど浅いという特徴がある．沼は淡水の湿地帯であるが水はよどんでおり，酸素が少なく生産性が低く生物多様性も少ない場所である．それとは対照的に，草の茂った沼や木の多い湿地帯は生産性の高い湿地帯であり，生物の多様性も高い

温帯樹林(temperate forest)というバイオームには，比較的豊かな土壌，雪の多い冬，そして湿気の高い暑い夏に適応した木や低木が多く生えている．こうした森林はツンドラや北方林のバイオームに比べると種の多様性が高く，オーク，カエデ，ヒッコリー，ブナ，ニレなどがよくみられる．植食性動物としては，リス，ウサギ，シカ，アライグマ，そしてビーバーなどが，肉食性動物としては，ボブキャット，マウンテンライオン，クマなどがみられる．両生類やは虫類も多い

草地(grassland)というバイオームには，木が勢いよく育つだけの水分はないが，砂漠ほど乾燥しているわけではない．草地は温帯域にも熱帯域にもみられ，ムラサキバレンギクやアメリカサクラソウなどの草本植物が多く生えている．たとえばサバンナとして知られる熱帯の草地などでは疎らではあるが木も生えている．モグラやプレーリードッグなどの地中に潜るげっ歯類が土壌に空気を入れることにより，生物の成長条件が改善されることもある．多くの草地が農業用に転換されてきている

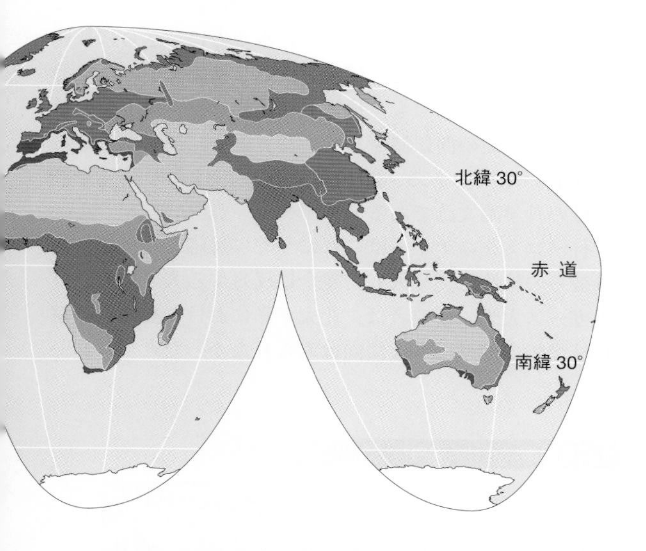

砂漠(desert)というバイオーム内では空気中の湿気が少ないため，熱吸収は悪い．その結果，気温は 45 ℃以上にもなり，夜は氷点下に近くなる．砂漠の植物は水分損失を最小限にするために小さな葉をもつ．サボテンなどの多肉植物はその水気の多い茎や葉肉に水をたくわえる．砂漠にすむ大部分の動物は夜行性であり，日中の暑い時間帯には地中に潜って隠れており，夜に出てきて餌を食べる

河口(estuaries)は水系のバイオームのなかでは最も浅いところにあり，生産性が高い．ここは川が海に流れ込む，干満のある生態系である．常に淡水と海水の満ち引きが起こっており，生物は 1 日のうちに起こる水中塩分濃度の変化に耐性をもたねばならない．日照はふんだんにあり，河川によって栄養素は豊富に供給されていて，水流によって規則的に栄養豊富な堆積物が撹拌されているので，豊かで多様な光合成植物の群集ができている．たいていの河口では草やスゲがたくさん生えている

海洋のバイオーム(marine biome)は，海水域という特徴をもち，地球上で最も大きなバイオームである．**沿岸域**(coastal region)は海岸線から大陸棚の先端まで広がっており，栄養素と酸素が豊富なため生産性が高い．地球上の海洋生物の大部分はこの沿岸域にすんでいる．岸に近い**潮間帯**(intertidal zone)は海藻やゴカイ，カニ，ヒトデ，イソギンチャク，イガイなどが 1 日に 2 回，潮に潜ったり乾燥した空気にさらされたりする，厳しい環境である．比較的栄養素の少ない**外洋**(open ocean)は沿岸から 60 km 以上離れたところからはじまり，沿岸水域に比べるとずっと生産性が低い

図 21・6　驚異のバイオーム． バイオームは突然生まれたり消滅したりすることはなく，むしろ一つのバイオームから別のものへと遷移する．陸上のバイオームはその温度，降水量，そして高度に基づいて分類され，水系のバイオームは海岸線からの距離によって分類される．

ンに由来している．したがって，植物プランクトンは毎年約500億トンもの炭素を獲得していることになる．そうすると，もしダルハウジー大学の研究チームの計算が正しいとすると，そのバイオマスの1%の損失というのは，毎年海から5億トンの有機物が失われていることを意味する．これは大変な量のバイオマスの損失である．

純一次生産力は，日光，水，温度，そして栄養素の可用性という四つの項目に依存している．地球上で最も生産性の高い生態系は熱帯雨林であり，最も生産性が低い生態系は，砂漠と高地の群集を含むツンドラである．水系において最も生産性の高い生態系は川が海に注ぎ込む河口であり，それは，ここでは陸上から排出された栄養素が植物プランクトンやその他の生産者の成長と生殖を刺激し，次にそれが消費者の大きな群集に栄養を与えるからである．水系において最も生産性の低い生態系は深海であり，それは，ここでは日光が届かないためである．

陸上と海洋ではNPPの必要性が同程度であるにもかかわらず，NPPの全体的なパターンは両者で異なっている．陸上では，赤道上でNPPが最も高く，両極に向かって低下していく．しかし，海洋では，全体的なパターンは，緯度ではなく沿岸からの距離に依存する．つまり，海洋生態系の生産量は沿岸域で高く，外洋において比較的低いのが一般的である（図21・7）．これは，水系の光合成生物に必要とされる栄養素が小川や川から流れ込むおかげで，陸上に近いほど多く供給されるという理由による．湿原や沼地などの湿地帯は栄養素や有機物質の豊富な土壌堆積物を捕捉しているので，熱帯雨林の生産性に匹敵するような生産性の高さをもっている．

毎年約5億トンの植物プランクトンが失われていくということは，潜在的に海洋のNPPや生活に影響を与えうる．ほとんどすべての海洋生物の生活は植物プランクトンに依存している．そのため植物プランクトンのバイオマスが減少することによって海洋における二次生産が減少してしまう．それは，たとえば，サメ，クジラ，サカナなど，いろいろな動物が少なくなることを意味する．

研究チームの発見は，社会的影響力の大きい発見である．地球的規模で植物プランクトンが減少していることは，いまだかつて誰も発表したことがなかった．そこで，彼らは，結果の信頼性を高めるために，さらに数回のデータ解析を繰返し，何度も繰返し検証してみた．そして，何度繰返しても，地球上で植物プランクトンの量がこの1世紀の間に減少しているという，同じ結果にたどり着いたのである．2010年に，彼らはこの発見を査読付の科学論文誌である『ネイチャー』誌に発表した．

科学コミュニティーはこれにすぐに反応した．なかには彼らの結論を疑う人も，完全に反対する人もいた．ラトガース大学の研究者は，北太平洋における長期間の解析結果では同じような傾向はみられなかったと『ニュー

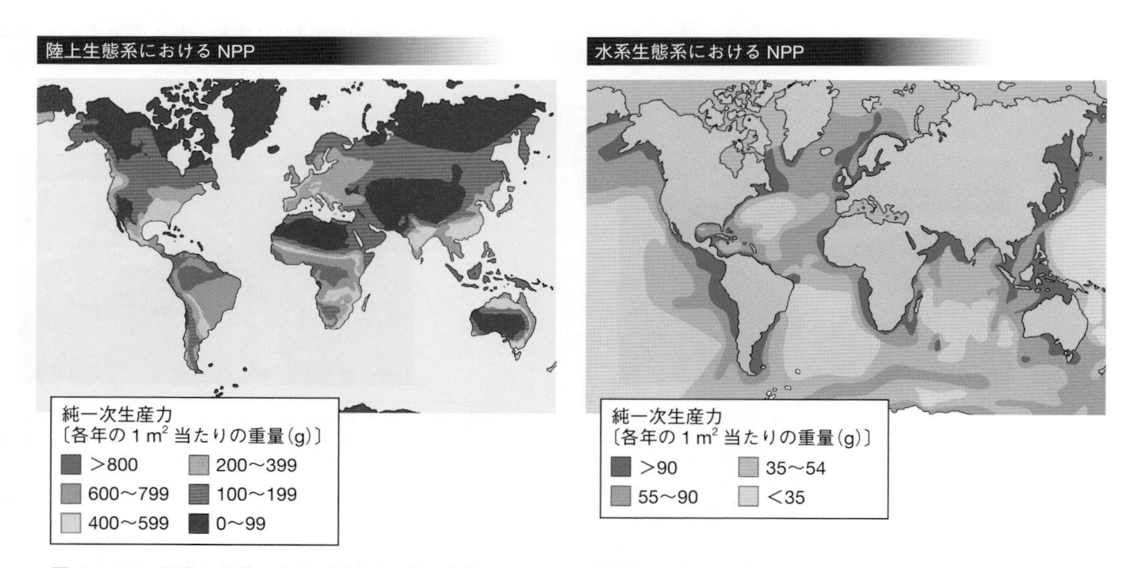

図 21・7 地球上の純一次生産力(NPP)の比較． NPPはそれぞれのバイオームの生産者によってつくられる，1 m^2 面積当たりの新たなバイオマスの重量として量ることができる．NPPは陸上と水系の生態を比較すると大きく異なっている．

問題1 どの陸上バイオームで最もNPPが低いか．水系ではどうか．
問題2 最も生産性の高い陸上バイオームはどこか．

ヨーク・タイムズ』紙に述べ，他の研究チームは，北太平洋の中央では1978年以降，実際に植物プランクトンの増加を発見したと主張している．

そして2011年に，三つの別の研究チームが，ダルハウジー大学の研究チームの研究成果に対する公式の批判を発表した．最初のチームは，この減少傾向は，セッキの円盤を用いた計測と，葉緑素の直接計測という二つの異なる方法を用いた結果生じた誤りであると示唆した．2番目の研究チームもこの考えに同調し，データを再解析した．その結果，植物プランクトンは増加していると述べ，ダルハウジー大学の研究チームの結果は，すべてではないにしろ，サンプリングバイアスによるものであり，植物プランクトンのバイオマスの地球的な減少によるものではないと結論した．

3番目のチームは，ダルハウジー大学研究チームの発見は，大西洋北東部に対して行われている，持続的プランクトン記録（Continuous Plankton Recorder: CPR）とよばれる大きなプロジェクト調査によって80年にわたって集められた植物プランクトンバイオマスのデータとは齟齬があると述べた．1931年に開始されたCPR調査は商業漁船に何百万サンプルものプランクトンを集めるための独自の装置を使っている．この調査を行ったアリスター・ハーディ卿海洋科学財団の元研究者は，このCPR調査から，ここ20～50年以上の間，大西洋においては植物プランクトンのバイオマスは増加していると述べた．

これらの批判に対して，ダルハウジー大学の研究チームは，またデータをよく見直してみた．まず彼らは，2種類のデータの間にある偏りをなくそうとして，批判をした他の研究者たちが示唆した補正ファクターをデータに適用したが，傾向は同じであった．そこで次に彼らは二つのデータもとごとに変化の時間経過を再び推定してみたが，やはり傾向は変わらなかった．そこで，さらに彼らは査読者によって追加で示唆された内容を取入れて，葉緑素の測定結果のデータベースを新たに拡張した．そして最後に，彼らはこの新たに拡張したデータベースと彼ら自身の改良法を用いて葉緑素の変化を再び推測してみたが，それでも植物プランクトンは，データの種類やデータの解析法によらず減少する傾向にあった．そこで彼らは，同じ減少傾向を繰返し証明する連続した三つの論文を2011年，2012年，2014年に発表した．

しかし，これらの追加の研究成果によっても，批判を終わらせることはできなかった．実際，2011年にダルハウジー大学の研究チームのメンバーは国際プランクトン会議に出かけ，そこで他の研究者たちとこの議題を公開討論した．しかし，彼らは，植物プランクトンの群集が海洋で減少したのか増加したのかについては合意を得ることができなかった．この会議において，研究者たちは，最善の方法は可能な限り多くのデータを合わせることだ，という点で一致した．

21・5 地球温暖化と純一次生産力の関係

2015年に長年待ち焦がれていた衛星データが手に入った．しかしこれは喜ばしいデータではなかった．NASAが二つの衛星から得た海の色の計測から，大型の植物プランクトンである珪藻類は1998年から2012年にかけて地球全体で毎年1%以上減少しており，おもな減少は北太平洋，北インド洋と赤道インド洋にみられた．

この結果からは，ダルハウジー大学の研究チームが正しかったようにみえるかもしれないが，重要な疑問とし

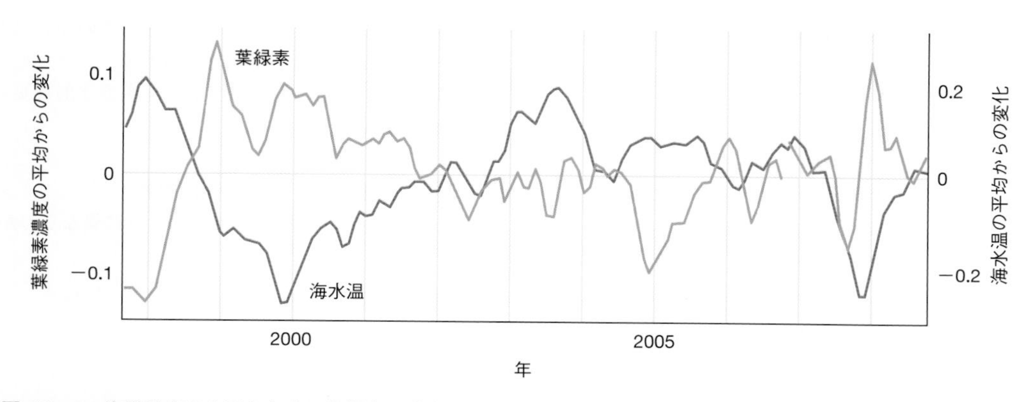

図 21・8　海洋温度の上昇とともに葉緑素は減少している． 1997年後半から2008年半ばにかけて，衛星からの観察によると，海水温の変化（赤線）と葉緑素濃度（緑線）は負の相関をみせている．

問題 1　どの年に葉緑素濃度は最も高かったか．
問題 2　どの年に海水温の平均からの変化が最も大きかったか．

て，なぜその現象が起こっているか，ということについては答えがまだ見つからない．彼らはその研究の一部として，何がこの減少傾向の原因としてありうるのかを調べてみた．一つの研究で，彼らは海洋表面温度の変化と葉緑素濃度の変化を比較し，強い負の相関を見いだした．過去100年以上の間に，海洋温度が地球温暖化進行とともに上昇する一方で，葉緑素濃度は減少している．この負の相関は最近もひきつづき強くみられている（図21・8）．

相関は因果関係の証明とはならないので，地球温暖化が植物プランクトンの減少をひき起こしたという考えを支持するためにはもっと研究を進める必要がある．しかし，地球が温暖化すれば暖められた海表面の海水は浮力により上昇し，より冷たい深層水と混ざりにくくなり，深海の分解者から海表面のプランクトンに供給される栄養素が限られてくる．その結果，植物プランクトンは成長や繁殖のために必要な栄養素を受取ることができなくなると考えれば，植物プランクトンの減少は説明できる．この考えに基づき，彼らは2014年に仮説を支持する実験データを発表した．ドイツの海洋科学者との共同研究で，実験的に閉じ込めた海洋水を対照群のとれた条件で暖めると，植物プランクトンのバイオマスが減少することを発見した．

2014年に大規模な国際研究グループによって行われた研究は，地球温暖化によって上昇した海洋の温度上昇が，今世紀の終わりまでには植物プランクトンのバイオマスを6%減少させるであろうと予測した．持続的な植物プランクトンの減少は，海洋と大気の間の炭素循環を変化させ，海洋における熱の分布を変化させ，海洋における食糧供給の減少という結果をもたらすであろう．いずれにしても，研究者たちが懸念しているように，植物プランクトン群集の減少が続けば，深刻な影響があると考えられ，しかもそれははじまったばかりなのである．

章末確認問題

1. 生物と物理的環境の間で起こる栄養素の動きのことを何とよぶか．
   (a) 栄養循環　(b) 生態系の仕事
   (c) 純一次生産力　(d) 分解
2. エネルギーピラミッドのある一つの栄養段階から次の段階まで上がるとき，どのくらいのエネルギーが送られるだろうか．
   (a) 90%　(b) 50%　(c) 10%　(d) 10〜50%
3. どの生物が私たちのすむ地球で，生物界から無生物界への物質循環を担っているか．
   (a) 消費者　(b) 生産者
   (c) 植物プランクトン　(d) 分解者
4. 1年を通じて最も定常的な降水量を示す陸上のバイオームはどれか．
   (a) 湿地帯　(b) 北方林
   (c) 熱帯雨林　(d) チャパラル
5. 左の各用語の正しい定義を右から選べ．
   バイオーム　1. 生態系における生産者によって光合成により獲得されるエネルギー
   生態系　2. 互いがそれぞれに相互作用するとともに，共有している物理的環境とも相互作用をしている群集の集団
   純一次生産力　3. 固有の気候と生態学的な特徴によって定義されている，広い特定の地域
   生態学的群集　4. 特定の場所においてそれぞれが相互作用をしながらすんでいる，異なる種の集団
6. 正しい用語を選べ．
   涼しくて雨の多い冬と暑くて乾燥した夏に育つような灌木や非木本植物によって特徴づけられるバイオームは[ツンドラ／チャパラル]とよばれる．木があまり生えていなくて，草や非木本植物が目につくバイオームは[草地／ツンドラ]とよばれる．最も生産性の高い水系バイオームは[淡水域／河口域]とよばれる．
7. 次のうち生態系の要素ではあるが生態学的群集の要素ではないはどれか．
   (a) 生産者　(b) 水
   (c) 二次消費者　(d) 一次消費者
8. 生態系は生態学的群集とはどのように異なるのか．

ホメオスタシス，生殖，発生 22

本章のポイント

- 組織，器官，器官系の区別
- 生命におけるホメオスタシスの重要性
- 卵形成および精子形成の過程
- ヒトの受精過程
- ヒトの出生前の発生段階の説明
- 生殖器系におけるホルモンの役割

22・1 出生率の低下

北欧の国デンマークの出生率は，2014年に27年ぶりの低水準に達した．多くの家族が2，3人の子供をもつことを希望しているが，1家族当たりわずか1.69人となった．この値は現在の国の人口を維持するために十分ではない．いまや不妊が蔓延し，実際，デンマークでは10人に1人が生殖医療技術を使って妊娠し，不妊治療を要する人はますます増えているといわれている．

人口減少により世界の人口増加が抑制され，限られた天然資源の消費が削減されると賞賛する人もいるが，出生率の低下に直面しているデンマーク，フランス，シンガポール，米国などの国々では，人口が少ない若い世代にかかる負担を心配する人もいる（図22・1）．これらの国では，出生率の低下が労働力の縮小や退職者を介護する若い人々の減少をまねき，国の経済力を低下させることが懸念されている．

出生率の低下を防ぐために一部の国は，無料の産後ケアや補助金付きデイケアの提供を含む妊娠奨励策をとりはじめた．デンマークでは民間機関による性教育の教材が学校に提供され，加齢が受精能に及ぼす影響などについて授業が行われている．受精能には“生物学的限界がある”と研究者たちは語る．

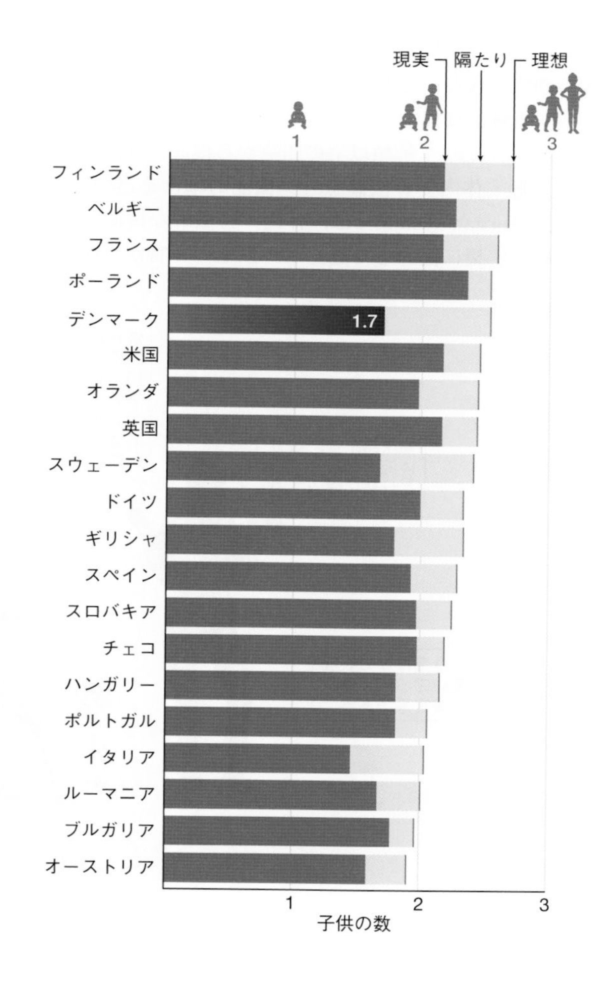

図22・1 ヨーロッパと米国の女性は実際よりも多くの子供を欲しがっている． 米国とヨーロッパの40〜54歳の女性に，理想とする1家族当たりの子供の数を尋ねたところ，答えは実際の出生率よりも常に高かった．［出典：European data from 2011 Eurobarometer, U.S. data from 2006 and 2008 General Social Survey.］

22・2 ホメオスタシス

この生物学的限界が，出生率低下の原因であるかもしれない．カップルは概して子供を長い間望んでいるが，30 歳以降は受胎がよりむずかしくなることを人口調査は示している．

しかし，他の原因も考えられ，ヒトの子孫を残すための器官系である**生殖器系**（reproductive system）に化学物質や他の環境因子が及ぼす影響についても研究が進められている．

人体は，約 200 種類の分化した細胞種が，非常に効率的にうまく組合わさってできている．この複雑な多細胞生物の構造について研究するのが**解剖学**（anatomy）であり，解剖学的構造の機能について科学するのが**生理学**（physiology）である．生理学的研究を通じて，科学者たちは，なぜ受精率が低下しているのか，それに対して何ができるのかを明らかにしたいと考えている．

その第一歩は，生殖器系を調べることである．器官系は一般に，細胞，組織，さらに器官から構成されている．**組織**（tissue）は，共通の機能を果たすために協調して働く細胞の集まりである（図 22・2）．組織は，1 種類の細胞のみで構成されていることもあれば，複数の種類の細胞を含むこともある．いずれの場合でも，組織を構成する細胞は協力してその組織固有の働きをする．**器官**（organ）は，1 種類以上の組織から構成され，固有の機能・形・体内での位置をもつ機能的単位を形づくる．**器官系**（organ system）は，体内で特徴的な機能を果たすために密接に協力して働く二つ以上の器官から構成さ

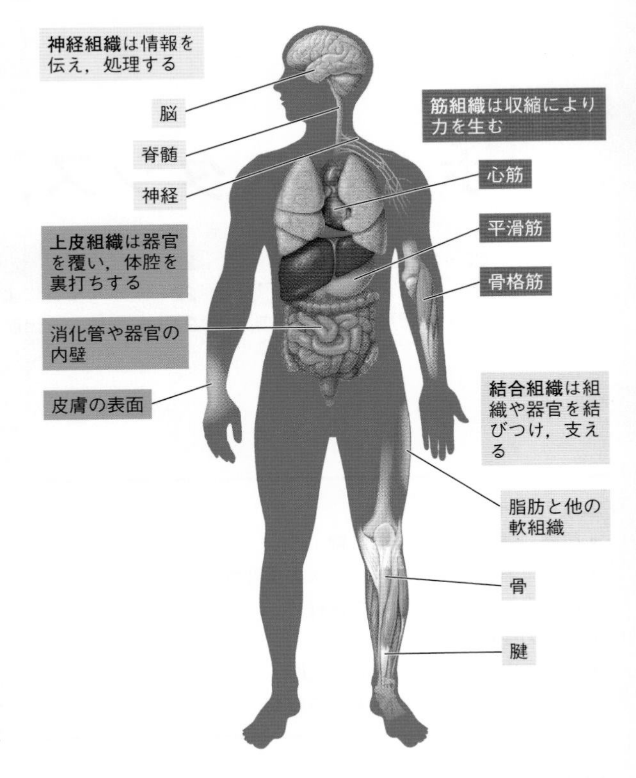

神経組織は情報を伝え，処理する
脳
脊髄
神経
上皮組織は器官を覆い，体腔を裏打ちする
消化管や器官の内壁
皮膚の表面
筋組織は収縮により力を生む
心筋
平滑筋
骨格筋
結合組織は組織や器官を結びつけ，支える
脂肪と他の軟組織
骨
腱

図 22・2　動物の組織． 動物でみられる組織の種類は，上皮組織，結合組織，筋組織，神経組織の四つに大きくに分けられる．

問題 1　骨を構成するのはおもにどの組織か．
問題 2　手には，どの組織が含まれるか．

泌尿器系は，余分な体液を老廃物や毒素と一緒に除去する
消化器系では，食物の大きな分子は口，胃，小腸で壊され，栄養素は小腸と大腸で吸収される
循環器系は酸素を肺から心臓へと拡散し，さらに心臓は，酸素に富んだ血液を体の残りの部位へと閉鎖血管網を通じて押出す
呼吸器系は肺を介して酸素を取込み，二酸化炭素を放出する
内分泌系は神経系と密に連携し，他のすべての器官系を調節する．内分泌系は，多くの腺と分泌組織からなる
外皮系は体の表面を覆い守る，人体最大の器官系である

図 22・3　器官系． 人体では 11 の主要な器官系が協調して働いている．

れる．

人体には，生殖器系を含む11の主要な器官系がある（図22・3）．各器官系の詳細は以下の23〜25章で，植物の器官系については26章で述べる．各器官系とその器官は，鼓動し血液に満ちた心臓（循環器系）から電気的な糸状の神経（神経系）に至るまで，独特な機能と形をもっている．しかし，どの器官系にも一つ重要な共通点がある．適切に機能するために，安定した内部環境を必要とすることである．

大部分の生物学的過程は，適量の水分，適切なpH，特定濃度の化学物質のもとで，一定の温度範囲内のみで起こる．たとえば，生殖器系では男性の精巣は，良好な精子をつくって貯蔵するために37℃の通常体温よりも約1〜2℃低い温度で維持される必要がある．また，女性の膣は，受精のために健康的な環境を維持しながら細菌を排除するために約3.8〜4.5のpHを必要とする．

こういった環境は，外部環境が変化しても内部状態を比較的一定に保つ過程である**ホメオスタシス**（homeostasis，**恒常性**）を通じて調節される．ホメオスタシス

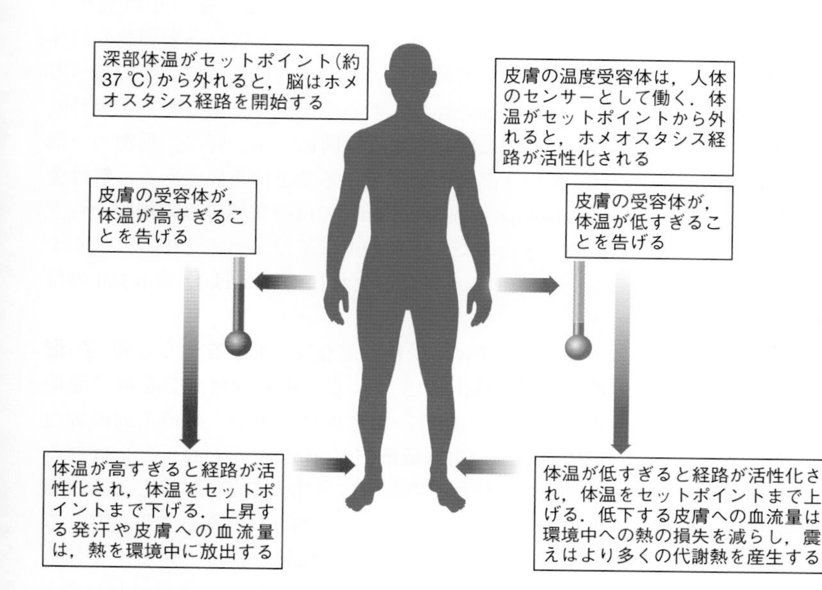

図22・4 ホメオスタシスは安定した内部状態を維持する． ホメオスタシス経路のおかげで，外部状態が大きく変動しても動物体内の全体的状態はほとんど変化しない．たとえば，外部の温度が非常に高くても低くても，ヒトの体内温度は生存に必要な狭い範囲内にとどまる．

問題1 安定した体温を維持することはなぜ重要か．
問題2 どの器官系が温度センサーとして関与するか．

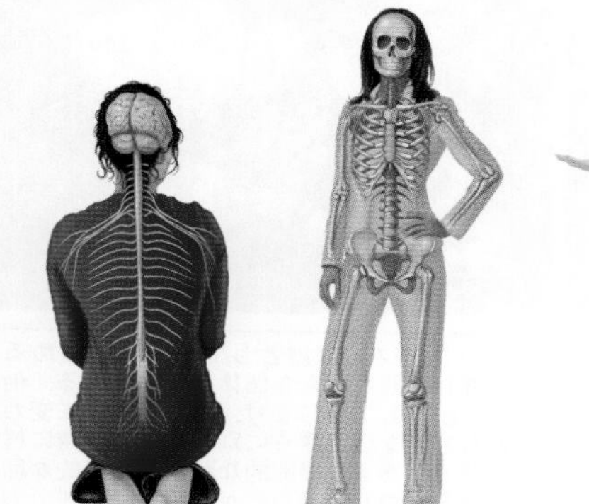

神経系は外界と体の内部状態を感知する主要な器官系であり，残りの器官系すべてと情報交換する
骨格系は，脊椎動物の体を支えるために内部の骨組みをつくる．骨格系は骨，軟骨，靭帯からなる

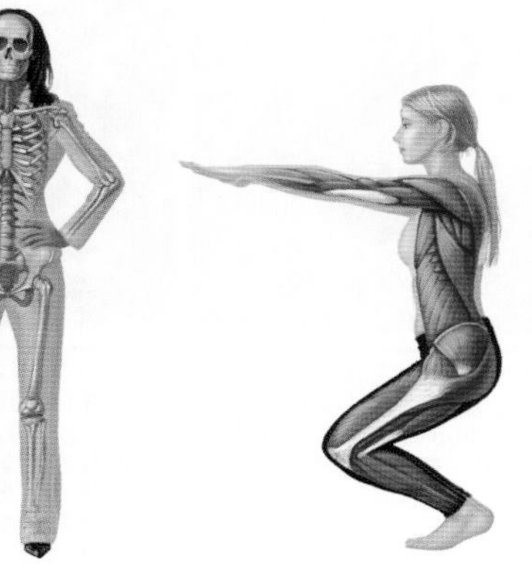

筋系は体内の構造物を動かす力を生み出し，骨格系と密に連携する

免疫系はウイルス，細菌，真菌のような侵入者から体を守る

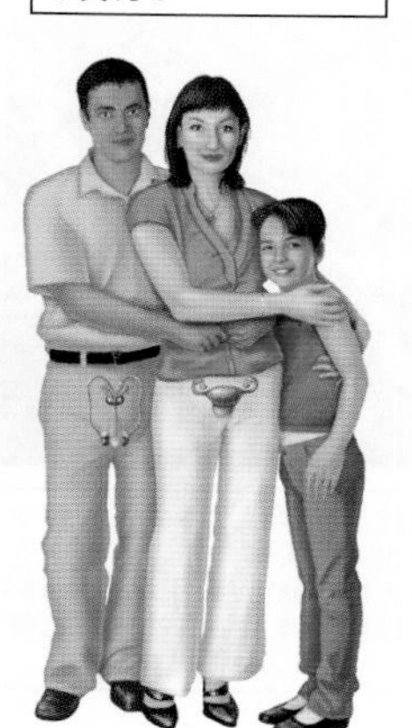

生殖器系は配偶子をつくり，動物群によっては受精や出生前の発生も支える

問題1 風邪やインフルエンザのような感染症から体を守るのはどの器官系か．
問題2 残りの器官系の活動を調節しているのはどの器官系か．

は，生物が内部状態を絶えず感知し，すばやく適応することを可能にしている．このようにして，外界が大きく変動しても，ホメオスタシスは生命過程に最適な内部状態を維持する．

遺伝的に決められた正常状態（**セットポイント** set point）から逸脱すると，もとに戻そうと，**ホメオスタシス経路**（homeostatic pathway，**恒常性経路**）が働く．ホメオスタシス経路は，**フィードバックループ**（feedback loop）に依存する．**負のフィードバック**（negative feedback）ループは，作用の出力を止めたり抑えたりする．たとえば，大量のジュースを飲むと血中のグルコースが上昇する．それに反応して膵臓の細胞がインスリンを産生し，インスリンによりグルコースが細胞に取込まれる．こうして血中のグルコース濃度は低下する．体温調節も負のフィードバックループに依存する（図22・4）．

一方，**正のフィードバック**（positive feedback）ループは，終点に到達するまで作用の出力を促進する．たとえば，壊れた血管がひき起こす血液凝固は，正のフィードバックループである．凝固過程では凝固促進につながる化学物質が放出され，それは血餅が血管壁の裂け目を塞ぐまで続く．このフィードバックループでは，化学物質が凝固量を増加させる．

ホメオスタシス経路では，全般的に正のフィードバックループよりも負のフィードバックループが広く知られている．ホメオスタシス経路の例としては，熱収支の制御である**体温調節**（thermoregulation）や生物による体内の含水量と溶質濃度の制御である**浸透圧調節**（osmoregulation）などがある．ホメオスタシスは，生殖器系を含む器官系の維持にも重要である．

22・3 卵形成と月経周期

研究者たちは長い間，女性が出産年齢を遅らせていることが受精率低下のおもな理由ではないかと考えている．デンマークでは，女性が第一子を産む年齢は1970年代では平均24歳であったが，2014年では平均29歳であり，35歳を超えて第一子を出産する女性はさらに増えた．そして年齢を重ねるほど，妊娠はより困難になる．

ヒトは**有性生殖**（sexual reproduction）により子孫を残す．有性生殖では，一倍体の配偶子である男性の**精子**（sperm）と女性の**卵**（egg, ovum，**卵子**）が結合して二倍体の**接合子**（zygote）を形成する．接合子は発生して，遺伝的に固有のどちらの親とも異なる多細胞の個体となる．ここではおもにヒトの有性生殖について述べるが，他の動物の性は私たちが予想するよりもっと変わりやすいことに注意しよう（図22・5）．特に，動物の一部は，無性生殖でも繁殖できることは重要である．**無性生殖**（asexual reproduction）では一個体のみの細胞から子孫ができるので，子孫の遺伝子はすべてその親に由来する（有性生殖の利点と欠点については13章p.136のコラム参照）．

ヒトの卵子は，受精可能な成熟卵子をつくる**卵(子)形成**（oogenesis）とよばれる一連の細胞分裂を経て発生する（図22・6左）．卵形成は出生前，生殖系列の細胞が増殖し，**一次卵母細胞**（primary oocyte）とよばれる未成熟な二倍体の卵細胞に分化するときにはじまる．出生時，女性の卵巣はすでに，生涯にわたって供給される約100〜200万個の一次卵母細胞を含んでいる．これらの細胞の発生は，思春期まで一時停止の状態でとどまっている．思春期になるとホルモンが産生され，毎月1個

ヒトデは腕をちぎり，ちぎれた腕から新しい個体を再生して繁殖することができる．無性生殖のみを行う動物もいるが，大部分の種は，環境の状態に依存して有性生殖と無性生殖を切替える

カエルや他の種では雌が産卵した後，その卵を雄が精子で覆う．体外受精が水生の動物に一般的であるのに対し，体内受精は陸上動物でより一般的である

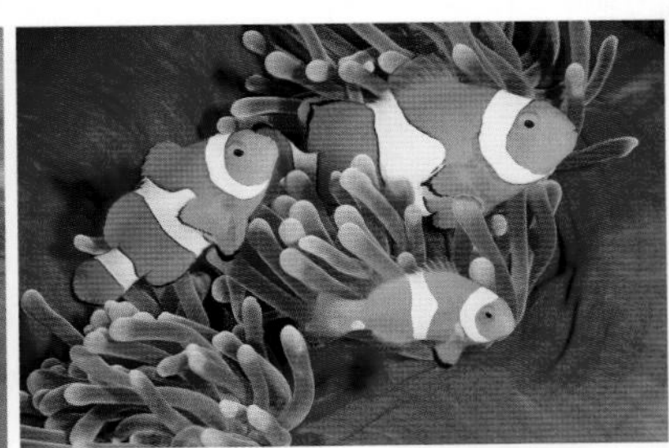

カクレクマノミは雄として生活をはじめるが，群れで最も大きな個体は雌に変わる．他の種は雌としてはじまり，その後，雄に変わるかもしれない．さらに別の種は，同時に雄でも雌でもある．機能的な精巣と機能的な卵巣の両方をつくる，したがって雄でも雌でもある個体は，**雌雄同体**(hermaphrodite)とよばれる

図 22・5 動物にはさまざまな生殖器系がある． ある動物は無性生殖により自らのクローンをつくって繁殖する（左）．別の動物は体外で配偶子が受精する（中央）．同時あるいは交互に，雄や雌になる動物もいる（右）．

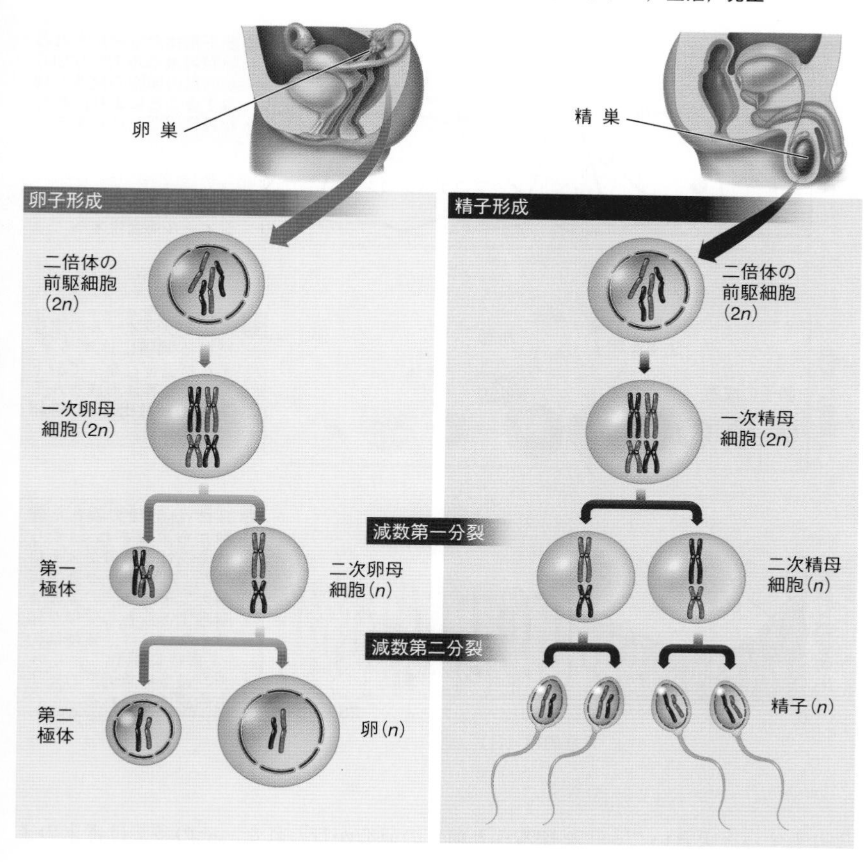

図 22・6 有性生殖では一倍体の配偶子をつくる必要がある． 卵子形成は一倍体の卵子を，精子形成は一倍体の精子をつくる．

問題 1 卵子形成と精子形成の共通点を一つ述べよ．
問題 2 1個の前駆細胞から卵子は何個つくられるか．精子は何個か．

まれに2個の一次卵母細胞を刺激し，排卵に備えて成熟させる．女性が約10〜12歳の思春期に達するころには，生涯使うよりもずっと多い約40万個の卵母細胞がまだ生き残っている．

女性は成熟卵子を連続的にはつくらない．代わりに，**月経周期**（menstrual cycle）として知られる，ホルモンが誘導する一連の事象を経て個々の卵子は成熟し，排卵される（図22・7）．月経周期は平均約28日間であるが，21〜35日間の周期の長さは正常と考えられている．

女性は生涯使うよりも多くの一次卵母細胞をもっているが，高齢の母親に生まれた子供は先天異常の危険性が高まるという事実から，卵母細胞の質は女性が年齢を重ねるにつれて低下することが示唆される．加えて，もし若い女性の卵子が40歳以上の女性に着床すると，妊娠率は卵子を提供した若い女性に関連する率と等しくなる．すなわち，若い卵子を使えば若い女性の妊娠率になることも知られている．

女性が40歳を過ぎると，正常な卵子をつくり子供を産む能力は顕著に低下する．女性は生殖寿命の終わりである閉経を，かなりばらつきはあるが50歳前後で迎える．

卵子の質の低下は不妊問題の一つの原因であり，今日の女性は出産年齢が遅いので，卵子の加齢により受精率が低下したと考えられる．年齢は男性の受精能にも影響を与える．男性では女性の特徴である閉経は明瞭には認められないが，代わりに，性行動や精子形成能は齢を重ねるにつれて徐々に低下する．そのうえ，加齢と伴につくられる精子は減少し，卵子と受精する機会は減る．

22・4 精 子 形 成

親の受胎年齢の上昇が不妊問題の一因であるらしいが，研究者たちは他の要因，特に男性の精子の質もかかわっていると考えている．男性と女性とでは，配偶子形成にいくつかの重要な違いがある．女性の一次卵母細胞の数は限られており，一次卵母細胞は成熟卵子に分化すると供給源からは失われる．対照的に，男性の精子前駆細胞は絶えず精子のプールを補充する．また，女性は正常な月経周期で成熟卵細胞を通常は1個だけ生産する，つまり，1カ月に1個の卵子しかつくらないが，男性は毎日何億もの精子細胞をつくることにも注目すべきである．

図 22・7　ヒトの月経周期. 月経周期は，前周期が終了した目印である出血の初日からはじまる．次の数週間にわたる一連のホルモンが卵子の放出を刺激し，起こりうる妊娠に備えて子宮内膜が発達し厚くなるようにシグナルを送る．妊娠が起こらなければ，ホルモンの濃度は急低下し，子宮内膜は月経として剥離し，その月経周期は終了する．

問題 1　月経周期に重要なホルモンのどれが，脳下垂体でつくられるか．
問題 2　子宮内膜の形成にかかわるのはどのホルモンか．

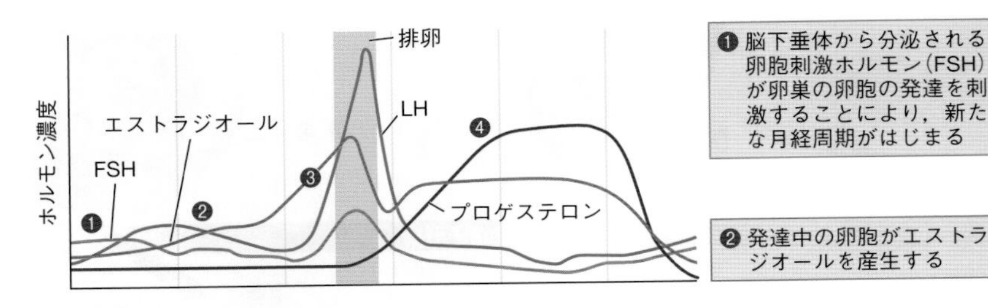

❶ 脳下垂体から分泌される卵胞刺激ホルモン（FSH）が卵巣の卵胞の発達を刺激することにより，新たな月経周期がはじまる

❷ 発達中の卵胞がエストラジオールを産生する

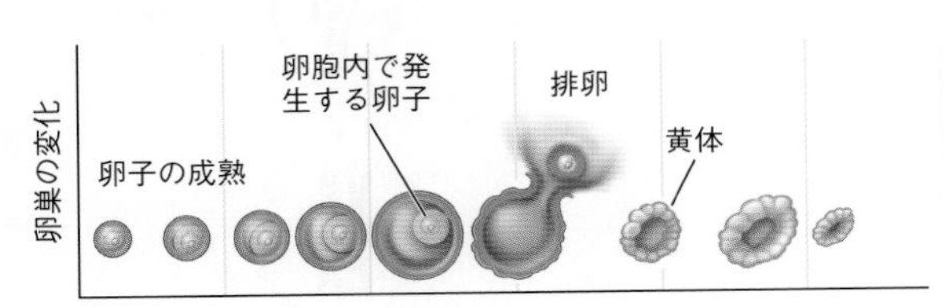

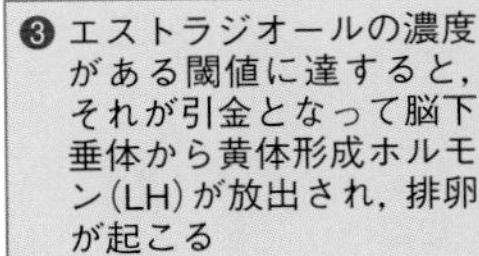

❸ エストラジオールの濃度がある閾値に達すると，それが引金となって脳下垂体から黄体形成ホルモン（LH）が放出され，排卵が起こる

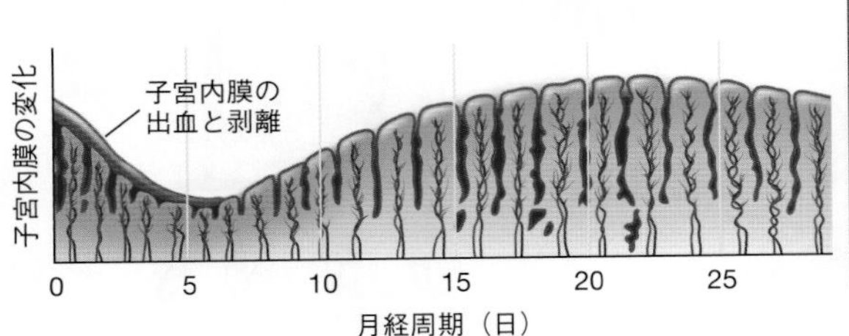

❹ 黄体（排卵後の壊れた卵胞から形成される）から分泌されるプロゲステロンが，起こりうる妊娠に備えて子宮内膜の発達を刺激する．もし受精が起こらなければ，黄体は約14日後に退化し，ホルモン濃度は急低下して子宮内膜ははがれる

別の違いは，卵子は一般に精子よりもずっと大きいことである．ヒトの卵子は肉眼でぎりぎり見えるが，個々の精子は顕微鏡を使わなければ見ることができない．精子は染色体と運動装置（女性の生殖管を昇って卵子に接着し，精子の染色体を卵子の細胞質内に送り込むのに必要な装置）以外には，おもな構造をもたない．精子は内部に貴重な遺伝情報を含んだ単純な包みである．一方，卵子は遺伝情報のみならず，多様な細胞小器官を含んだ複雑な細胞である．

男性では，**精巣**（testis）に入り込んだ曲がりくねった管である**精細管**（seminiferous tubule）とよばれる構造内で，減数分裂が起こる．思春期のはじまりに急増する男性ホルモンに反応し，精細管内の二倍体の生殖系列の細胞が，**精子形成**（spermatogenesis）として知られる一連の過程を経て精子をつくるために分裂をはじめる（図 22・6 右）．平均的な男性は，1 日当たり約 3 億個の精子を生産する．時間とともに蓄積する余分な精子は，精細管の内側を覆う細胞によって分解され，再吸収される．

1992 年，精子の減少に関する最初の論文が発表された．約 15,000 人の精液の分析結果をもとに，およそ 1940 年から 1990 年の間に世界中で精子数が 50％まで低下したことが報告され，男性の受精能の低下が示唆された．この報告は多くの関心をよび，精子数を低下させる原因を探ろうと何百の研究が行われた．その多くは毒素のような環境要因を想定したものであった．

22・5　ホルモンによる生殖器系の調節

2014 年 5 月，このような精子の量と質の低下の要因を追究していた研究者たちにより，内分泌系を攪乱するプラスチックに含まれる化学物質であるビスフェノール A（BPA，詳細は 6 章参照）が 308 人の若い男性の 98％の尿中で検出され，BPA 濃度が高いほどテストステロンや他のホルモンの濃度も高いことが発見された．この相関関係は，BPA がホルモンのフィードバックループに影響を与えることを示唆しているが，そのメカニズムを明らかにするにはさらなる研究が必要である．

ホルモンは，性行動から胚の発生と誕生に至るまで，動物の生殖のほぼすべての側面を調節する．胎児の性特異的な特徴の出現と思春期の生殖器官の成熟は，ホルモンにより制御される生殖の長期的側面の例である．ホルモンはまた，男性で繰返し起こる精子形成や，女性の毎月の月経周期も調節する（図 22・7，ホルモン全般の詳細は 25 章を参照）．

精巣と卵巣は，エストロゲン，プロゲストゲン，アンドロゲンという三つの主要なホルモンを産生する．男性も女性も三つすべてを産生するが，その比率は異なっている．たとえば，男性ではエストロゲンよりもアンドロゲンが，女性ではアンドロゲンよりもエストロゲンが多い．

- **エストロゲン**（estrogen）は，幅が広いヒップ，男性よりも高い声，乳房組織の発達などの女性の特徴を決定する役割を果たす．おもなエストロゲンは，**エストラジオール**（estradiol）である．
- **プロゲストゲン**（progestogen）は子宮内膜を厚くし，発生中の胎児に適した環境をつくるために血液供給を増やすなど，女性の体内で多くの働きをする．**プロゲステロン**（progesterone）は，プロゲストゲンのなかで最も重要である．
- **アンドロゲン**（androgen）は細胞を刺激し，ひげの成長や精子形成などの男性としての特徴を発達させる．おもなアンドロゲンは**テストステロン**（testosterone）である．別の密接に関連するアンドロゲンと一緒に，テストステロンは精管や前立腺などの内部の生殖器を発生させる．第三のアンドロゲンは，陰茎などの外生殖器を発生させる．

研究者たちは最近，通常のアルコール摂取が，おそらくテストステロンの濃度を変えることにより精液の質に影響を与える可能性があるという証拠も発見した．特に，大量のアルコールは質を有意に低下させ，週に40杯以上飲む男性では週に1〜5杯だけ飲む男性と比較して精子数が33%減少した．結論として，若い男性は“常習的なアルコール摂取を避けるように”とまで警告している．

22・6 受精から出産まで

人口統計学者は出生率を低下させる社会的要因を追究

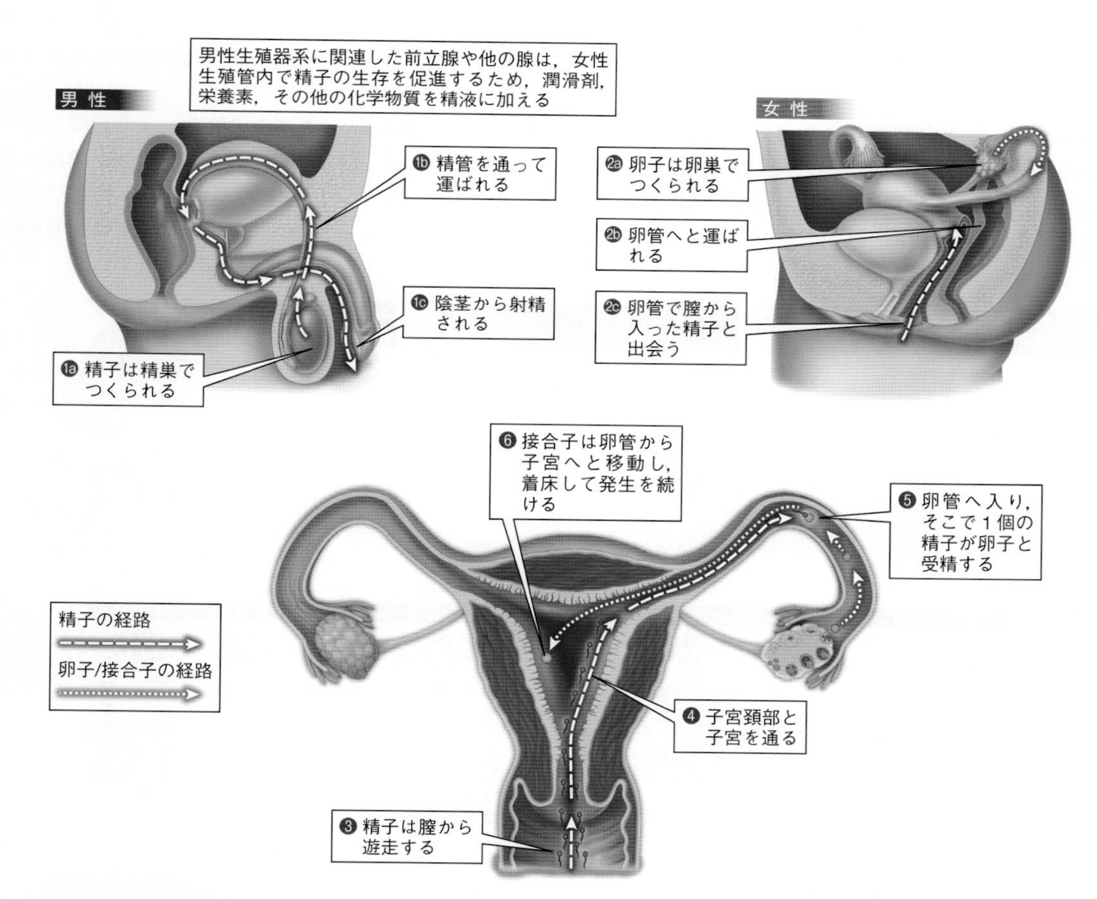

図 22・8　**受精は卵管で起こる．** 受精の結果，生じた接合子は子宮の保護された環境で発生する．

問題1　もし卵子が排卵されても精子が卵管に入らないと，どうなるか．
問題2　もし精子が卵管に入っても卵が存在しないと，どうなるか．

するが，生物学的要因についても同様に考える必要がある．これまで述べてきたように，デンマークでは国をあげて若い人々に出産を奨励している．教師は禁欲やピルのような**避妊薬**（contraceptive）服用により妊娠をどのように防ぐかを何年も教えてきたが，いまや受精がどのように起こるのかについても教えている（図22・8）．

女性は約28日に1回，卵巣から卵子を放出，すなわち排卵する．卵子は**卵巣**（ovary）と**子宮**（uterus）をつなぐ約10 cmの管である**卵管**（oviduct）または**ファロピウス管**（fallopian tube）を子宮に向かって下る．男性の**陰茎**（penis）が約3億個の精子を**膣**（vagina）に射精すると，精子は膣から**子宮頸部**（cervix）とよばれる開口部を通って子宮へと移動した後，卵巣から放出される化学信号に反応して卵管を上る．

わずか数百の精子だけが卵管内で卵子に到達し，これら幸運な精子のうち1個だけが卵子と受精して接合子（受精卵）をつくる．両親の遺伝情報は接合子の遺伝情報に等しく寄与するが，細胞小器官やその他の細胞装置はほぼすべて母親由来である．

子宮でのヒトの発生は平均して約38週間であり，**三半期**（trimesters）として知られる三つの段階に分けられ，各段階は約3カ月間である（図22・9）．第一期（妊娠初期）の間，接合子（受精卵）は単一細胞からすべての主要な組織を含む**胚子**（embryo，**胚**）へと発生する．その後すべての器官系が3カ月目までに確立されると，発生中の個体は**胎児**（fetus）とよばれるようになる．大部分の先天異常が起こるのは，器官が最初に形成されるこの最初の3カ月の間であり，先天異常の多くは流産を起こすほど重篤である．乳児死亡率のおもな原因となる先天異常は，体がどのように形づくられ働くかに影響を与える構造的変化である．妊娠中の母親による大量飲酒の結果生じる胎児性アルコール症候群など，一部の先天異常の原因が知られている．しかし，大部分の先天性異常の原因は不明のままであり，遺伝的要因と環境的要因が混じっている可能性が高い．

次の3カ月間である第二期（妊娠中期）には，器官が発達し，胎児は大きくなる．第三期（妊娠後期）の開始までには，現代技術の助けがあれば母親の体外でかなり高い確率で生き残るところまで胎児の発生は進む．第三期の間に体重はかなり増加し，循環器系と呼吸器系は羊水に囲まれた水の世界ではなく，大気中で生きるための準備をする．

第三期の終わりまでには，胎児は子宮から外界へと突然移行する出産への準備ができている（図22・10）．妊娠最後の数週間は，ホルモンの変化により特徴づけられる．具体的には，母親の血中のエストロゲン濃度の上昇は，子宮筋の**オキシトシン**（oxytocin）への感受性を高める．胎児から分泌され，後の出産過程では母親の脳下

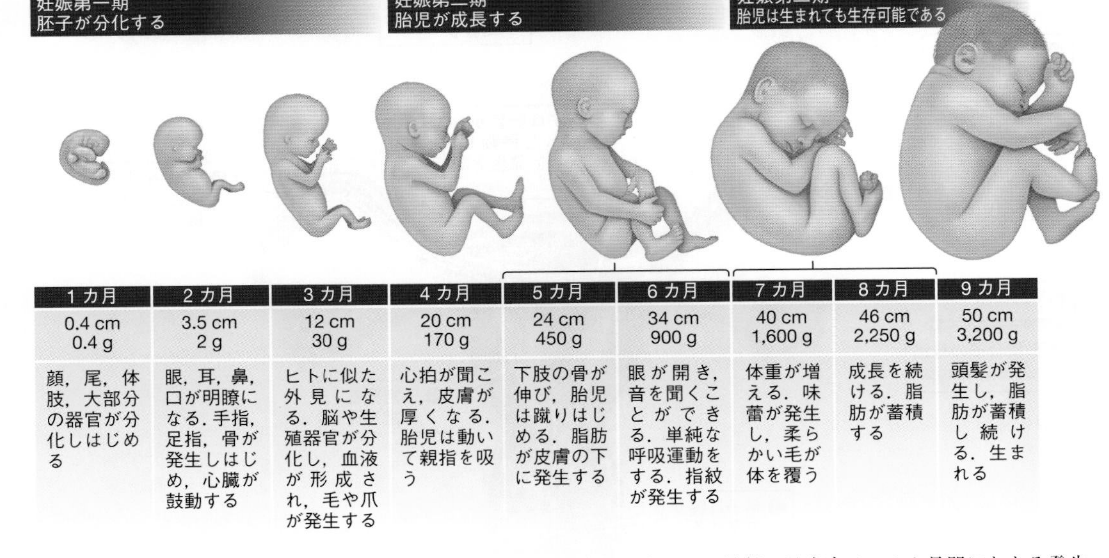

妊娠第一期
胚子が分化する
妊娠第二期
胎児が成長する
妊娠第三期
胎児は生まれても生存可能である
1カ月
0.4 cm
0.4 g
顔，尾，体肢，大部分の器官が分化しはじめる
2カ月
3.5 cm
2 g
眼，耳，鼻，口が明瞭になる．手指，足指，骨が発生しはじめ，心臓が鼓動する
3カ月
12 cm
30 g
ヒトに似た外見になる．脳や生殖器官が分化し，血液が形成され，毛や爪が発生する
4カ月
20 cm
170 g
心拍が聞こえ，皮膚が厚くなる．胎児は動いて親指を吸う
5カ月
24 cm
450 g
下肢の骨が伸び，胎児は蹴りはじめる．脂肪が皮膚の下に発生する
6カ月
34 cm
900 g
眼が開き，音を聞くことができる．単純な呼吸運動をする．指紋が発生する
7カ月
40 cm
1,600 g
体重が増える．味蕾が発生し，柔らかい毛が体を覆う
8カ月
46 cm
2,250 g
成長を続ける．脂肪が蓄積する
9カ月
50 cm
3,200 g
頭髪が発生し，脂肪が蓄積し続ける．生まれる

図 22・9 子宮内での9カ月． 受精はヒトの生殖の重要な段階であるが，母親の子宮内での9カ月間にわたる発生時期のはじまりにすぎない．

問題1 次の用語を発生の進行順に正しく並べよ．[胚子，胎児，乳児，接合子]
問題2 妊娠第一期は，変異誘発物質への曝露に最も感受性が高い時期であるのはなぜか．

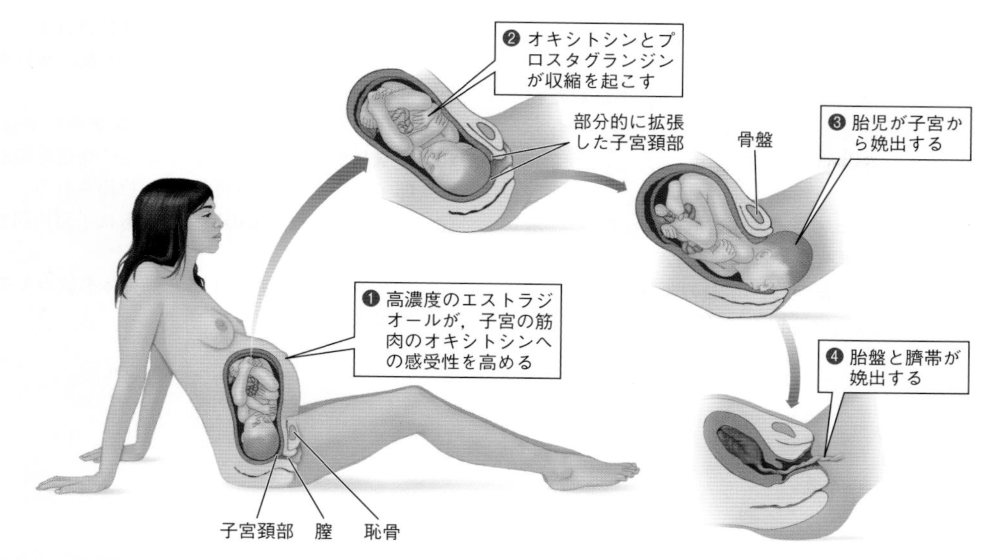
❷ オキシトシンとプロスタグランジンが収縮を起こす
部分的に拡張した子宮頸部
骨盤
❸ 胎児が子宮から娩出する
❶ 高濃度のエストラジオールが，子宮の筋肉のオキシトシンへの感受性を高める
❹ 胎盤と臍帯が娩出する
子宮頸部
膣
恥骨

図 22・10　出産はホルモンによってうまく調節されている． 出産は，オキシトシンというホルモンにより段階的に起こる．オキシトシンは子宮筋にシグナルを送り収縮させる．オキシトシンの量が増えるにつれ，収縮は強くなる．母親の子宮頸部は開き，胎児はついに子宮から娩出され，その直後に胎盤も娩出される．

問題 1　分娩におけるエストラジオールの役割は何か．
問題 2　ホルモンの分娩への関与が，正のフィードバックループの例であることを説明せよ．

垂体から分泌されるホルモンであるオキシトシンは，子宮筋を刺激し，胎盤にプロスタグランジンを分泌させ，プロスタグランジンはさらに筋収縮を強化する．子宮筋がこれらのホルモンに反応して収縮しはじめるとき，分娩がはじまる．

正のフィードバックループでは，収縮が強まるとオキシトシンがより多く産生され，オキシトシンが多く産生されるにつれて収縮の強度が増加する．子宮頸部が開きはじめ，しだいに強まる収縮により最終的には胎児は母親の体から押出される．この時点で，正のフィードバックは終わり，オキシトシンの濃度が低下するにつれて収縮は鎮まる．胎盤は出産の最終段階で娩出され，しばしば“後産”とよばれる．

生まれた赤ちゃんは，物理的に母親から独立するようになる．もはや母親の血液から直接酸素や栄養を得るのではなく，自ら食べ，呼吸し，ホメオスタシスを維持しなければならない．動物が生まれても発生は終わらない．ヒトは，成人の大きさに完全に達するまでに人生の約 1/4 を費やす．この成長の大部分は，性的に成熟する前の小児期に起こる．

章末確認問題

1. 組織にあてはまるものはどれか．
   (a) 協調して働く細胞から構成されている
   (b) 体内で固有の形をもち，決まった位置を占める
   (c) 複数の器官から構成されている
   (d) 1 種類の細胞のみで構成されている
2. ホメオスタシスが維持しないものはどれか．
   (a) 細胞の pH　(b) 体温
   (c) 環境の温度　(d) 血液の酸素濃度
3. 細胞を刺激して男性らしい特徴を発達させるのはどのホルモンか．
   (a) エストロゲン　(b) スパマトゲン
   (c) プロゲストゲン　(d) アンドロゲン
4. 左の各用語の最も適切な定義を右から選べ．

精子形成	1. 一個体のみの細胞から子孫をつくる
卵形成	2. 精子をつくる過程
有性生殖	3. 卵をつくる過程
無性生殖	4. 二個体の配偶子が組合わさって子孫をつくる

5. 正のフィードバックループの例はどれか．
   (a) 分娩時のオキシトシンとプロスタグランジンの相互作用
   (b) 月経周期のエストラジオールとプロゲステロンの相互作用
   (c) 食事中のグルコースとインスリンの相互作用

(d) a と b の両方
(e) a と c の両方

6. ヒトデは，ときどき“腕”の一つをちぎり，ちぎれた腕から別のヒトデを発生させる．これは有性生殖の例か，無性生殖の例か．

7. 正しい用語を選べ．
[セットポイント／イニシエーター]から外れると，[ホメオパシー／ホメオスタシス]経路が働き，ホメオスタシスは維持される．たとえば，体温のホメオスタシスは，[体温調節／浸透圧調節]として知られる[負／正]のフィードバックループを介して，維持される．

8. ヒトの月経周期が進行する順に，出血の初日からはじめて並べよ．
(a) 黄体が約 14 日間プロゲステロンを産生する
(b) 卵胞刺激ホルモン(FSH)が卵胞の発達を刺激する
(c) 卵子が卵胞(のちの黄体)から放出される
(d) プロゲステロン量の減少とともに子宮内膜がはがれる(月経が起こる)
(e) エストロゲン濃度が上昇し，黄体形成ホルモン(LH)を誘発する

消化器系，骨格系，筋系

23

本章のポイント

- おもな種類の栄養素が健康維持に果たす役割
- ビタミンおよびミネラルのおもな働き，食物供給源，欠乏による影響
- 外皮系の構成要素と，皮膚を構成する組織の説明
- 消化器官の構造と機能との関連
- 関節の柔軟な成分と硬い成分による運動制御のしくみ
- 骨格筋，平滑筋，心筋の違い
- 軟骨と骨の違い

23・1 ビタミンDの欠乏

未熟で産まれた“早産児”は，しばしば慢性肺疾患に罹り，自力では呼吸ができない．このような乳児を救命するために投与される多量のデキサメタゾンが，骨形成を妨げることに研究者たちは気づいた．デキサメタゾンを投与された乳児は，投与されなかった乳児よりも頭が小さく，骨が細くて身長は低かったのである．早産児の成長を助けるために研究がはじまり，多くの新生児で臍帯血(さいたいけつ)のビタミンDが低濃度であることが発見された．

ビタミン（vitamin）は体にごく少量必要な，小さな有機栄養素である（図23・1）．ビタミンは，血液細胞の形成を助け，脳の働きを維持するなど，さまざまな必須代謝過程に関与する．ビタミンには，酵素に結合して細胞内の化学反応を加速するものもあれば，重要な代謝反応に必要な化学基を供給するものもある．さらに，シグナル分子として働くものや，ラジカルとして知られる破壊的な化学物質から体を守る抗酸化剤として働くと考えられているものさえある．

大部分のビタミンは動物体内でさまざまな機能をもっており，ビタミンDもその例外ではない．脂溶性であるビタミンDは，食物からカルシウムを吸収するために必要なので，骨の成長や再構築に重要である．それ自体が**外皮系**（integumentary system）という器官系である皮膚（p.234のコラム参照）を通して紫外線（UV）が吸収されると，大部分のビタミンDは体内で自然につくられる．

ビタミンは栄養素の一種である．**栄養素**（nutrient）は，生物が生存して成長するために必要な食物成分である．栄養素には微量栄養素（ビタミンとミネラル）と主要栄養素がある．主要栄養素は巨大有機分子であり，おもに炭水化物，脂質，タンパク質の三つのカテゴリーに分類される．これらの生体分子はエネルギー供給源として役立ち，糖や脂肪酸，アミノ酸のような化学成分を体に供給する．成人はタンパク質をつくるのに必要な20種類のアミノ酸の一部を合成できるが，**必須アミノ酸**（essential amino acid）とよばれる9種類は食物からとらなければならない．別の種類の主要栄養素には食物繊維がある．食物繊維はアミノ酸やエネルギーを体に供給しないが，他の栄養素の腸での吸収に影響を与えるので生存に不可欠である．

ミネラル（mineral）は，重大な生物学的機能をもつ無機化合物である．炭素，水素，酸素，窒素は動物の体の約93％を占めるので，慣例によりこれらの四つの成分は栄養素ミネラルからは除外される．しかし，フッ素，ナトリウム，ヨウ素などの20以上の成分が，大部分の動物の正常な機能に必須であり，これらは栄養素ミネラルに分類される．カルシウムは体内で最も豊富な栄養素ミネラルであり，骨の大部分をつくる．

低濃度のビタミンDは，早産児だけでなく，骨粗鬆(しょう)症（進行性の骨の病気）や統合失調症，勃起不全などの患者でも確認されている．もしビタミンD不足がこれらの病気の要因ならば，補給して防ぐべきである．実際，多くのサプリメント製造会社が現在，さまざまな病気から人を守る“スーパービタミン”や“スターサプリメ

ビタミンCは果物や野菜に豊富にあり，歯や骨，その他の組織の維持に役立っている．ビタミンCの不足は，歯や骨が変性する壊血病の原因となる

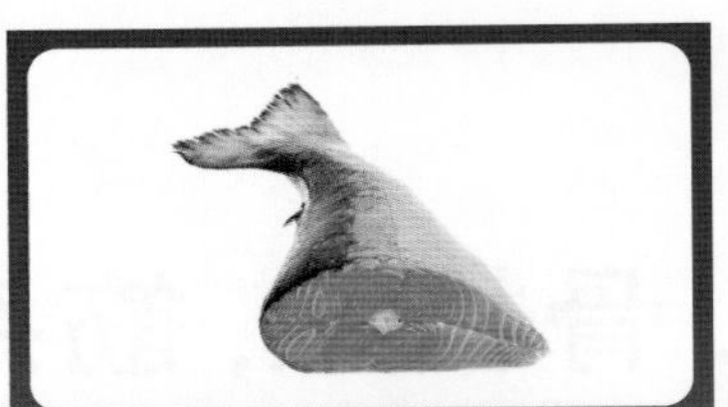

ビタミンDの最も豊富な供給源は，魚である．（牛乳，豆乳，朝食用シリアルなど）栄養強化食品が，大部分の人にとっては重要な供給源である．ビタミンDの不足は骨や歯の形成不良の原因となる

ビタミンBの一種である葉酸は，緑色野菜やマメ，全粒粉に豊富である．別のビタミンBであるビタミンB_{12}は，植物性食品には乏しいが牛乳や肉，魚には豊富である．ビタミンB_{12}は歯や骨を含む組織の維持に重要である

ビタミンEは，木の実や植物油，全粒粉，卵黄に豊富である．これは細胞膜の脂質や他の細胞成分を保護する

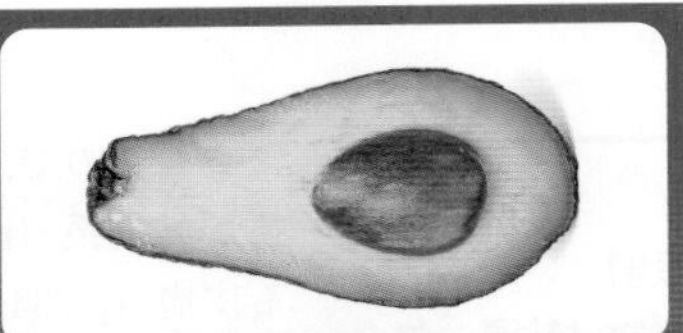

ビタミンKは，緑の葉物野菜と一部の果物（たとえば，アボカドやキウイ）に豊富である．ビタミンKは腸内細菌によってもつくられる．ビタミンKの不足は長引く出血や遅い損傷治癒の原因となることがある

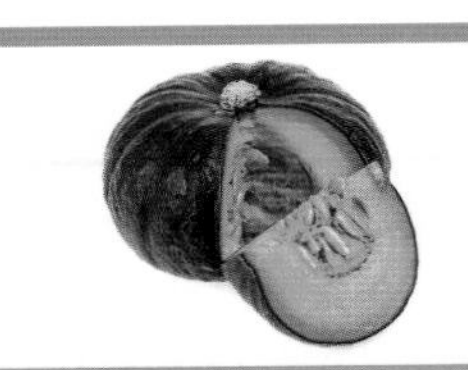

カロチンは，黄や橙色の果物や野菜の色に関与している．カロチンは体内でビタミンAに変えられる．ビタミンAは，よい視力を保つのに必要な視物質の産生を助け，骨の形成に使われる

図 23・1　ヒトの食事に必要なビタミン． ヒトは，9種類の**水溶性ビタミン**（water-soluble vitamin）であるビタミンCと8種類のビタミンB，および4種類の**脂溶性ビタミン**（fat-soluble vitamin）であるビタミンA, D, E, Kを食事からとる必要がある．水溶性ビタミンは簡単に尿中に排出されるので，体内の組織に蓄積されない傾向がある．そのため，これらのビタミンは定期的に食物から摂取しなければならない．脂溶性ビタミンは容易には排出されず，体内の脂肪に蓄積される傾向があるので，過度にとると過剰摂取をひき起こすことがある．

問題1　図中のどのビタミンが健康な骨に重要か．
問題2　あなたの食生活で，不足しているかもしれないビタミンはあるか．

私たちを覆っている皮膚

外皮系は，体重のおよそ15％を占める人体で最も大きな器官系である．外皮系は体を覆い，極端な温度や危険な病原菌などの環境ハザードから体を守っている．また，外皮系は水分損失を防ぎ，物理的損傷からも体を守っている．皮膚には感覚受容器が埋込まれ（神経系に関する詳しい情報は24章参照），ビタミンDも皮膚で合成される．

外皮系は，皮膚と皮膚に埋込まれた構造物，ヒトでは毛や爪，他の脊椎動物では羽毛，蹄，鱗などからできている．皮膚は表層側から順に，表皮，真皮，皮下組織の3層で構成されている．

図で示すように，皮膚は複数の種類の組織を含んでいる．表皮は上皮組織であり，神経終末は神経組織である．立毛筋は平滑筋組織からなり，真皮の多くは結合組織からできている．最下層の厚い絶縁シートである皮下組織には，脂肪組織が発達している．

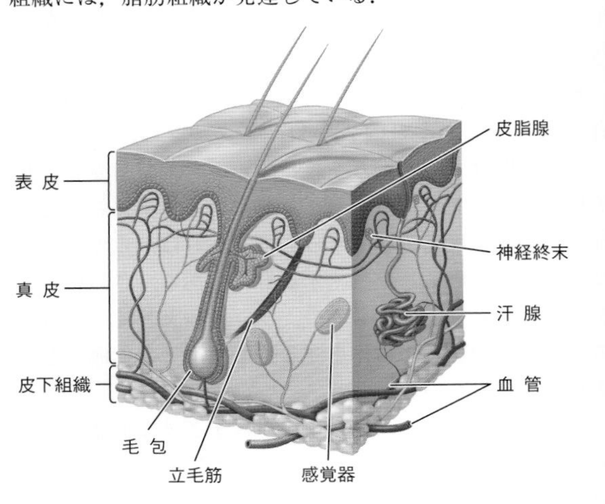

ント”としてビタミンDを宣伝している．

しかし，その宣伝が正しいと科学的に支持されているだろうか．低濃度のビタミンDと病気とに相関があるというだけで，因果関係があるとはいえない．ビタミンD不足が本当に病気の原因なのか，あるいは別の理由で相関があるのか，科学者たちは長い間，疑問に思っていた．

23・2 消化器系

早産児を研究する実験において，低濃度のビタミンDは，デキサメタゾン投与の間接的結果であるという仮説が立てられた．

デキサメタゾンは，早産児の肺の働きを助ける強力なステロイドであるが，腸でのカルシウム吸収を妨げるという副作用をもっている．この薬があると，小腸はカルシウムを正常に吸収しない．この副作用を抑えようとし，体はビタミンDを使いはじめた．

ビタミンDは，小腸と骨でのカルシウム吸収を促進する．小腸でもっと多くのカルシウムを吸収しようとして全ビタミンDが使い尽くされ，骨をつくるために十分な量が血液中に残っていなかったのである．

ビタミンの吸収は，食物を処理し，利用不能な老廃物を排泄する**消化器系**（digestive system）の大切な機能の一つである．大部分の動物の消化器系は，消化管として知られている長い中空の通路と，膵臓や肝臓などの消化管に付属するたくさんの器官から構成されている（図23・2）．

食べることである**食物摂取**（ingestion）は，消化器系による食物処理の第一段階である．多くの種では，摂取後ほとんどすぐに，食物の物理的および化学的分解である消化がはじまる．

摂取では，食物はまず，口にある**口腔**（oral cavity）に堆積する．口腔には，食物を小さく切ったり，押しつぶしたり，砕いたりする形をしたさまざまな種類の歯がずらりと並び，口に入った食物を粉々にしはじめる．たくさんの小さな食物のかけらのほうが，数少ない大きなかけらよりも，消化酵素が働く表面積はより広くなる．

筋肉の発達した舌は，砕かれた食物の粒子を唾液と混ぜる．**唾液**（saliva）は，どんな炭水化物であっても糖へと分解しはじめる酵素を含んでいる．たとえば，もし1枚のパンを十分に長く噛めば，そのデンプンは糖に分解されて甘い味がしはじめる．唾液は，サクサクした食物を，容易に喉を通る湿った食塊に変えるためにも重要である．

つづいて食物は，舌の助けによって喉にある**咽頭**（pharynx）へと向かう．咽頭は，口と鼻腔の後方が合流する部位であり，空気の管（気管）と食物の管（**食道** esophagus）の両方に共通する通路である．そのため，時々“まちがった管に落ちた”，つまり，食道の代わりにうっかり気管に落ちてしまった食物や飲み物を，咳をして吐き出すことが起こる．

正常には，咽頭は空気と食物を上手に分けている．ど

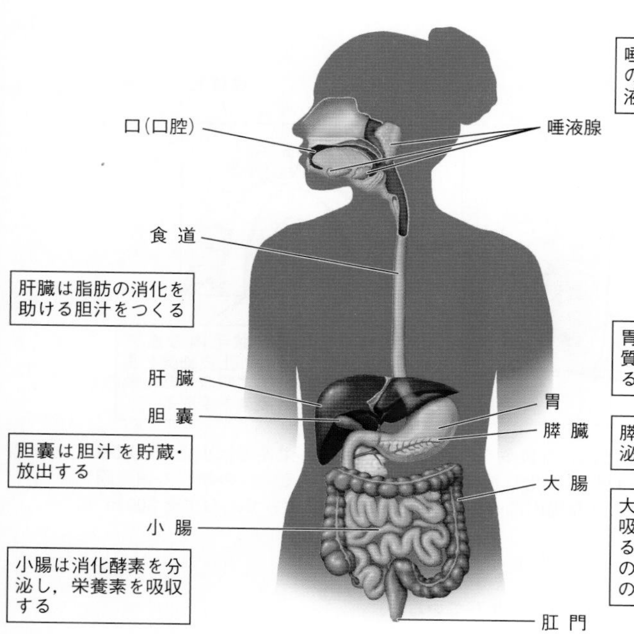
唾液腺は，デンプンの消化をはじめる唾液を分泌する
口（口腔）
唾液腺
食 道
肝臓は脂肪の消化を助ける胆汁をつくる
胃は，酸とタンパク質分解酵素を産生する
肝 臓
胆 囊
胃
膵 臓
胆囊は胆汁を貯蔵・放出する
膵臓は消化酵素を分泌する
大 腸
小 腸
大腸は，水とミネラルを吸収する．大腸に生息する有益な細菌は，未消化の食物を発酵させ，特定のビタミンを産生する
小腸は消化酵素を分泌し，栄養素を吸収する
肛 門

図 23・2 消化器系は食物を吸収可能な栄養素に変える． 食物は消化器系を通過するにつれ，腸上皮により吸収可能な小分子へと分解される．

問題1 消化器系の器官の名称を，飲み込んだ食物が通過する順に，口からはじめて正しくあげよ．

問題2 ビタミンを産生する細菌は，消化器系のどの器官に生息しているか．

ろどろになった食物塊が咽頭の壁に触れると，**嚥下反射**（swallowing reflex）を起こす神経を刺激し，喉頭蓋とよばれる組織片が気管への入口を封鎖する．それで，食物は食道へと押込まれる．

食物は筋肉の収縮波によって食道を下り，**胃**（stomach）へ運ばれる．酸やタンパク質分解酵素を分泌する胃では，タンパク質の消化がはじまる．胃壁の筋肉は，食物粒子を酸や酵素と混ぜるために交互に収縮・弛緩する．こうしてできた水様の混合物は，小腸へ移動するまでは胃にたくわえられる．

小腸（small intestine）は直径約 3〜4 cm の，渦巻き状の薄い管である．まっすぐに伸ばすと，約 6 m もあり，小腸の上部と下部では異なる機能をもっている．胃に近いほうの上部は，**膵臓**（pancreas）と小腸自身から分泌される酵素を使って，巨大分子をより単純で吸収可能な形状へと分解する．タンパク質や炭水化物，脂肪を含む脂質の分解は，ここで完了する．

脂肪の分解は特に問題となる．なぜなら脂肪は水に溶けないにもかかわらず，分解されて水様の消化管含有物と混じる必要があるからである．**胆汁**（bile）は，脂肪球を部分的に溶かすため，脂肪球が水分子と相互作用できるように被膜をつくって脂肪の分解を助ける液である．大きな脂肪球は壊れて細かな小滴になり，脂質分解酵素が働く表面積はより広くなる．胆汁は，多くの機能をもつ**肝臓**（liver）によってつくられる．この胆汁の一部は，**胆嚢**（gallbladder）にためられ，必要に応じて小腸へと運ばれる．

小腸の下部は，**吸収**（absorption）に特化している．吸収とは，消化管の管腔を裏打ちする細胞が，カルシウムを含む無機イオンや小分子を取込むことである．これらの小分子には，分解された糖，脂肪酸，アミノ酸が含まれる．この吸収のために，小腸の最内層は広い表面積をもっている（図 23・3）．

ビタミン D を含むビタミンも，小腸の下部で吸収される．ビタミン D を自然に含むのは，サケやマグロのような脂肪の多い魚や卵黄など，ほんの少しの食物だけである．

消化管により吸収された栄養素の大部分は，血流にのって，最終的に体内のすべての細胞に届けられる．皮膚や腸から取込まれたビタミン D は，肝臓，その後腎臓に送られる（図 23・4）．各器官では，ビタミンは化学的に修飾され，細胞が利用できる活性型のビタミンになる．

私たちが最初に食べた食物は，消化管の最終部分に到達するころには，もうほとんど栄養素を含んでいない．この残留物は，**大腸**（large intestine）の主要部分である**結腸**（colon）を通過する間に，**排泄**（elimination）の準備をする．排泄とは，おもに不消化物と消化管に生息する細菌からできた固形廃棄物を，体から除去することである．結腸は，残っているほぼすべてのミネラルと水を廃棄物から吸収する．その後，結腸に常在する大量の細菌が残りの廃棄物を分解し，吸収可能な最後の栄養素を絞り出す．これらの細菌は，結腸から体内に吸収される特定のビタミンの産生も行う．廃棄物である**大便**（feces）は，筋肉で裏打ちされた穴である**肛門**（anus）を通って体から離れる．

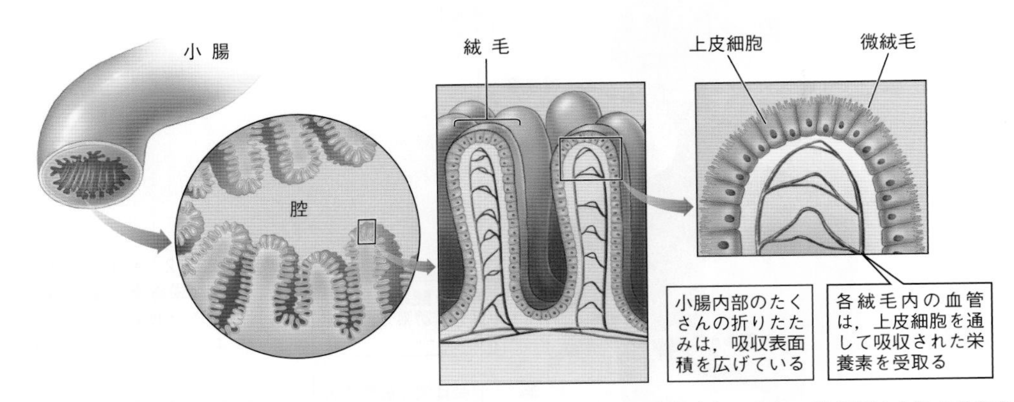

小 腸
腔
絨 毛
上皮細胞
微絨毛
小腸内部のたくさんの折りたたみは，吸収表面積を広げている
各絨毛内の血管は，上皮細胞を通して吸収された栄養素を受取る

図 23・3　小腸は吸収に特化している． 絨毛（villus）とよばれる数多くの指状突起により，栄養素は小腸で吸収される．各絨毛の長さは約 1 mm あり，その表面は栄養吸収に特化した細胞で構成されている．この細胞の細胞膜にも，微絨毛とよばれる小さな突起が存在する．このような腸内部の複雑な折りたたみによって，およそ 300 m^2 に及ぶ吸収表面積がつくられる．

問題 1　表面積の拡大が，なぜ吸収には重要か．
問題 2　絨毛を覆う上皮細胞は，吸収を増やすためにどのように変化しているか．

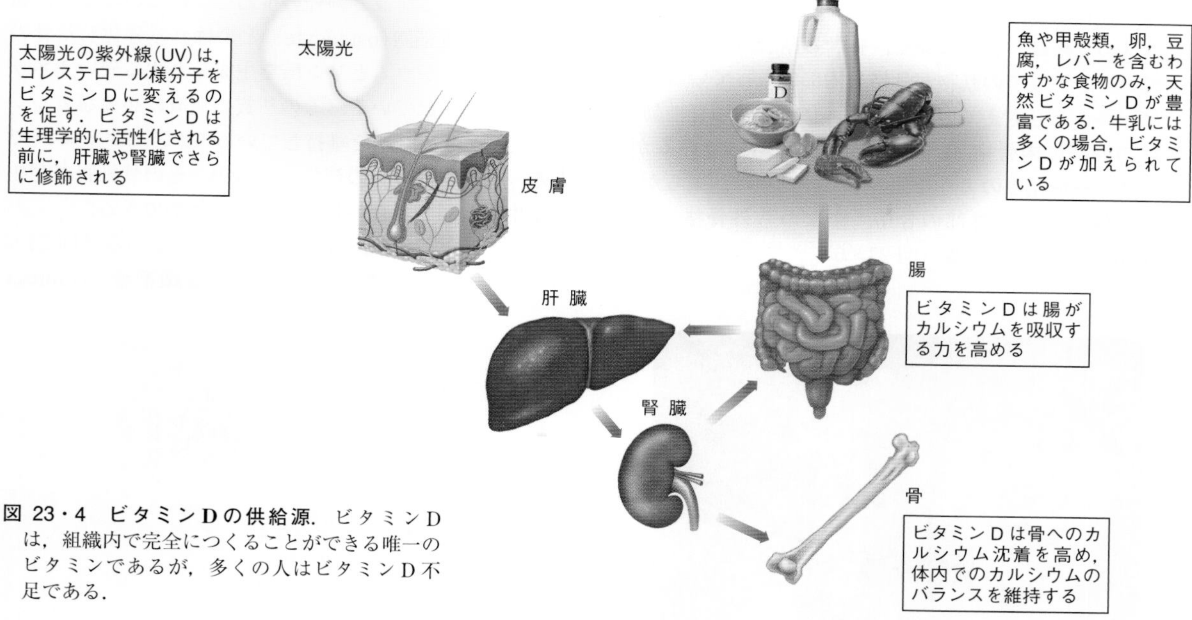
太陽光の紫外線(UV)は，コレステロール様分子をビタミンDに変えるのを促す．ビタミンDは生理学的に活性化される前に，肝臓や腎臓でさらに修飾される
太陽光
皮膚
魚や甲殻類，卵，豆腐，レバーを含むわずかな食物のみ，天然ビタミンDが豊富である．牛乳には多くの場合，ビタミンDが加えられている
腸
ビタミンDは腸がカルシウムを吸収する力を高める
肝臓
腎臓
骨
ビタミンDは骨へのカルシウム沈着を高め，体内でのカルシウムのバランスを維持する

図 23・4 ビタミンDの供給源． ビタミンDは，組織内で完全につくることができる唯一のビタミンであるが，多くの人はビタミンD不足である．

23・3 骨 格 系

骨格系（skeletal system）における骨の健康とビタミンDの因果関係，すなわち，ビタミンDが低濃度であると健康な骨格が形成されないことは，長年にわたる多くの研究によって確かめられた．現在では，デキサメタゾンは早産児の治療には使われず，もっと安全な薬品にとって代わられている．

ヒトは，他の大部分の脊椎動物と同様，体を支え，形を保ち，柔らかい組織や器官を保護する骨質の内骨格をもっている（図23・5）．**軸骨格**（axial skeleton）は80の骨からなり，体の長軸を支え守っている．軸骨格は頭蓋骨，肋骨，長い脊柱の骨を含み，運動に関与するが，その第一の目的は大事な器官を守ることである．**付属肢骨格**（appendicular skeleton，“appendicular”は，付属肢や四肢に関連するという意味）は上肢，下肢，骨盤の126の骨からなり，これらの骨は守ることよりも運動に関係している．

骨以外の重要な骨格成分は，強度と柔軟性とを兼ね備えた緻密組織である**軟骨**（cartilage）である．ヒトの骨格では，軟骨は鼻や耳，胸郭の一部を形成する．さらに軟骨は，二つの骨が直接触れ合うようなほぼすべての部位に存在し（図23・5参照），滑らかな面をつくって二つの骨表面が互いに擦れ合うのを防いでいる．

軟骨は細胞を含むが，細胞外物質であるコラーゲンの束から主として構成されている．**コラーゲン**（collagen）

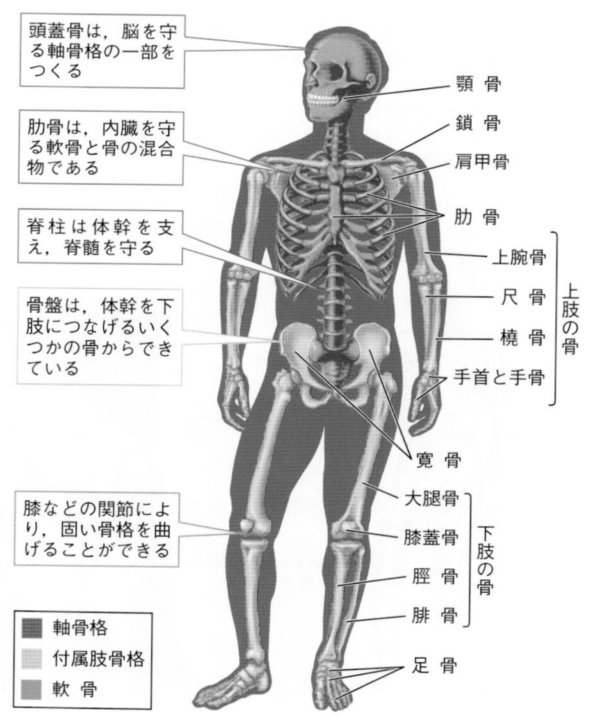
頭蓋骨は，脳を守る軸骨格の一部をつくる
肋骨は，内臓を守る軟骨と骨の混合物である
脊柱は体幹を支え，脊髄を守る
骨盤は，体幹を下肢につなげるいくつかの骨からできている
膝などの関節により，固い骨格を曲げることができる
顎 骨
鎖 骨
肩甲骨
肋 骨
上腕骨
尺 骨
橈 骨
手首と手骨
上肢の骨
寛 骨
大腿骨
膝蓋骨
脛 骨
腓 骨
下肢の骨
足 骨
軸骨格
付属肢骨格
軟 骨

図 23・5 ヒトの骨格． 軸骨格は生命維持に重要な器官を守り，付属肢骨格は運動を促す．

問題1 鎖骨は，軸骨格と付属肢骨格，どちらの一部か．
問題2 骨格のどの部分が軟骨からできているか．

は，皮膚や血管，骨，歯，眼のレンズなどの多種多様な組織に存在する，硬くて柔軟なタンパク質である．

サメの骨格は，骨ではなく，軟骨と結合組織だけでできている．すべての動物が骨格を内部にもっているわけではないことも覚えていてほしい．ヒトや他の脊椎動物は体の内部に**内骨格**（endoskeleton）をもっているが，ロブスターや昆虫のような他の多くの動物は，柔らかな組織を囲んで包む外部の骨格，すなわち**外骨格**（exoskeleton）をもっている（図23・6）．

軟骨と同様，骨の大半は細胞外物質からできている．それでも，骨は血液と神経の供給を受けている生きた組織である．**骨細胞**（osteocyte）とよばれる分化した骨の細胞は，カルシウムとリン酸を主成分とする硬いミネラル基質に囲まれている．その基質の形成に必要なカルシウムとリン酸の濃度を維持しているのが，ビタミンDである．骨細胞は単一の細胞であるが，その骨細胞が存在する生物と同じくらい長く生きることができる．

骨はおもに2種類の骨組織からできている（図23・7）．硬くて白い外側の部位をつくる**緻密骨**（compact

図 23・6 新たに脱皮したセミは外骨格から現れる． 外骨格は，多くの動物に守りの鎧を与え，陸上の無脊椎動物を過度な水分損失から守ってもいる．外骨格は硬いので，未成熟な動物は外骨格よりも大きくなると，定期的に外骨格を捨てなければならない．これが脱皮として知られている過程である．

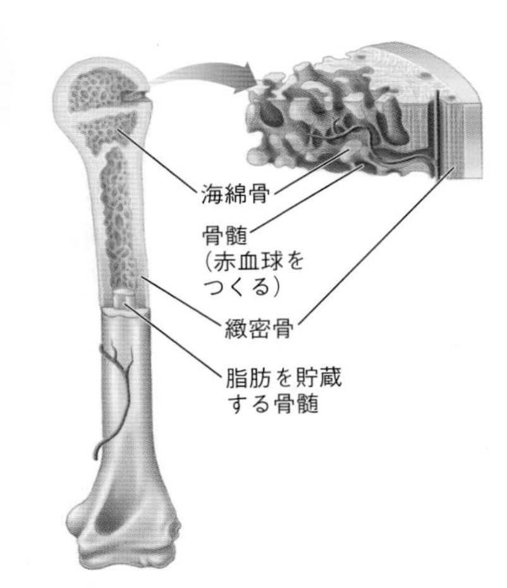

図 23・7 骨は複雑な内部構造をもっている． ヒトの上腕骨内部の複雑な構造を示す．

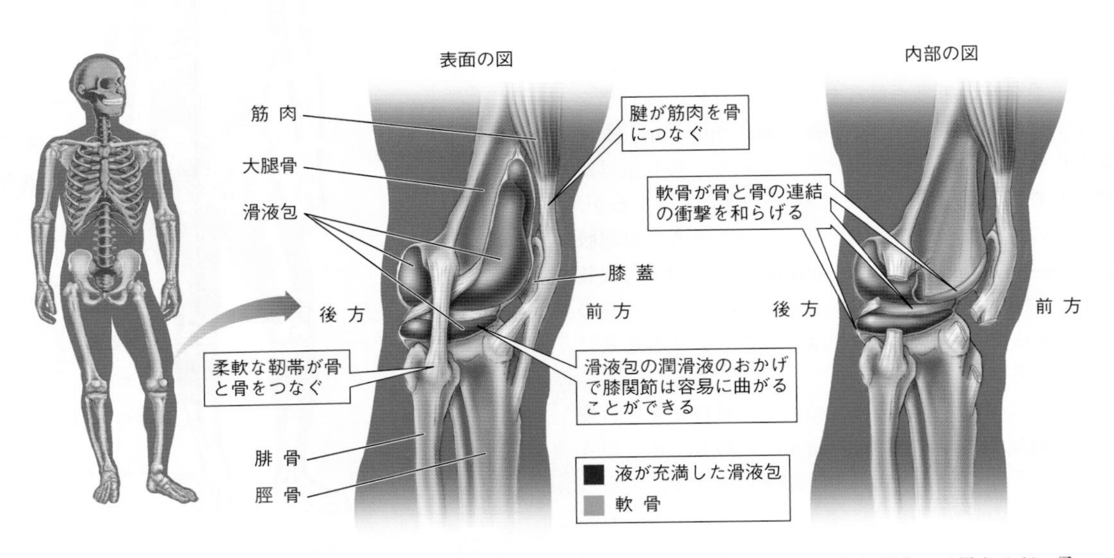

図 23・8 ヒトの膝では，硬性と柔軟性があいまって運動を可能にしている． 膝は他の関節と厳密には異なるが，柔軟な材料と硬い材料が，どのように関節で組合わさって制御された動きを可能にするかを示すよいモデルである．

問題1 滑液包の働きは何か． **問題2** 靭帯と腱の違いは何か．

bone）と，たくさんの小さな孔で蜂の巣状になった**海綿骨**（spongy bone）である．海綿骨は緻密骨の内側にあり，長骨のこぶ状末端で最も豊富である．長骨と，肋骨や胸骨を含む他のいくつかの骨は，内部に空洞をもち，その骨を強いまま軽くしている．これらの空洞は，**骨髄**（bone marrow）を含んでいる．骨髄は，骨の種類に応じて脂肪の貯蔵または血液細胞の産生を行う組織である．

これまで述べたように，ビタミンDは腸でのカルシウム吸収を促進し，カルシウムとリン酸の濃度を維持している．また，骨へのカルシウム吸収にも必要であり，したがって骨の成長や再構築に不可欠である．ビタミンDがないと，骨は薄く，もろく，あるいは奇形（くる病とよばれる症状）になることがある．

くる病では，特に関節の近くで骨が柔らかくなる．関節は，特別な方法で骨格を動かす，骨格系の接合部である（図23・8）．たとえば，歩行には他の関節同様，股関節と膝関節の動きが必要である．下顎は関節で頭蓋骨につながっているので，残りの頭蓋骨に連動し，私たちは噛んだり話をしたりできるのである．

関節は，コラーゲンに富んだ靭帯や腱によって互いに結合している．**靭帯**（ligament）は骨と骨をつなぐ特殊な柔軟性のある結合組織の束であるが，**腱**（tendon）は筋肉を骨につなげる組織である．

関節のように二つの可動部が擦り合う場所では，摩耗して骨はすり減り，摩擦でエネルギーが浪費されてしまう．このため関節は，**滑液包**（synovial bursa）とよばれる腔所を形成する組織シート（滑膜）で裏打ちされている．各滑液包の内部は，二つの骨表面の摩擦を減らす潤滑液で満たされている．

まとめると，これらの骨，軟骨，靭帯，腱，滑液包の五つの成分が，関節を安全に正確に動かすために働いているのである．

23・4 筋　系

ビタミンDが骨の健康のために不可欠であることは，いまや疑いようがない．しかし，非骨格組織におけるビタミンDの役割についても，数十年にわたってデータが蓄積されている．その一つが，**筋系**（muscular system）を形成する筋組織である．

筋組織は，動物に固有な組織である．骨格や**関節**（joint）が運動の枠組であるのに対し，筋肉は運動に必要な力を与えるものである．筋組織は収縮・弛緩するという重要な特性をもつ．歩いたり，走ったり，跳んだりするときには，随意筋が使われている．

しかし，じっとしているときでさえ，不随意筋という筋肉は使われている．心臓が血液をくみ上げ，肺が空気を入れ，食物が消化管に沿って移動するのは，この筋収縮のおかげである．不随意筋は意識しなくても働く（図23・9）．不随意な収縮には，心筋と平滑筋という二つの種類の筋肉がかかわっている．脊椎動物の心臓は，**心筋**（cardiac muscle）が存在する唯一の器官である．**平滑筋**（smooth muscle）は，消化管，血管の壁，気道，子宮，膀胱に存在する．一部の平滑筋はすばやく収縮するが，何時間も収縮を維持できる平滑筋もある．

2014年11月，ベルギーの研究者たちが，随意筋である**骨格筋**（skeletal muscle）におけるビタミンDの役割について利用可能な全データをまとめた．骨格筋は多くの筋線維の束からできている．**筋線維**（muscle fiber）は発生時に数個の筋細胞が融合してできるので，1個の長さが筋全体にも及ぶ，細長い細胞である（図23・10）．各筋線維は，**筋原線維**（myofibril）として知られている円柱構造の集まりである．筋原線維は，**サルコメア**（sarcomere）とよばれる収縮単位がつながってできて

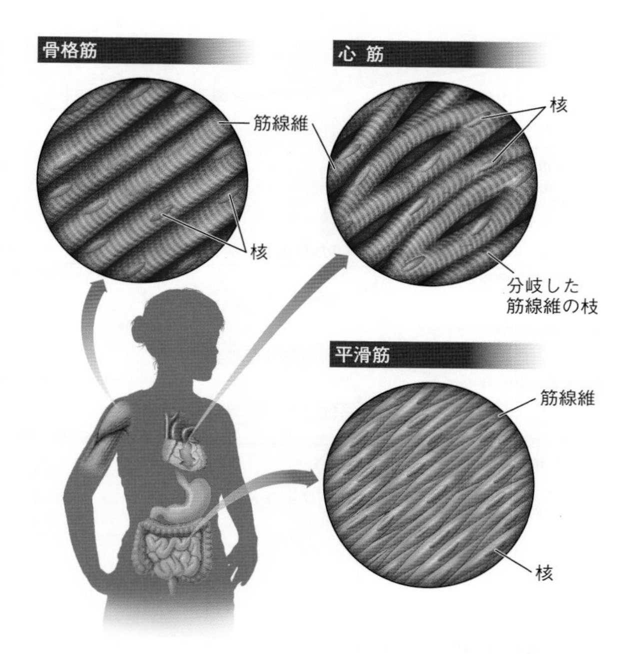

図 23・9　異なる種類の動きに特化した筋肉の種類． 骨格筋は，サルコメアによってつくられる典型的な縞模様（横紋）をもつ（図23・11参照）．心筋も横紋をもつが，その筋線維は分岐し，心拍として知られる同調した収縮を起こすのに役立っている．平滑筋にはサルコメアがないので，横紋はみえない．

問題 1　どの種類の筋肉が随意筋であるか．
問題 2　心筋は随意筋か不随意筋か．

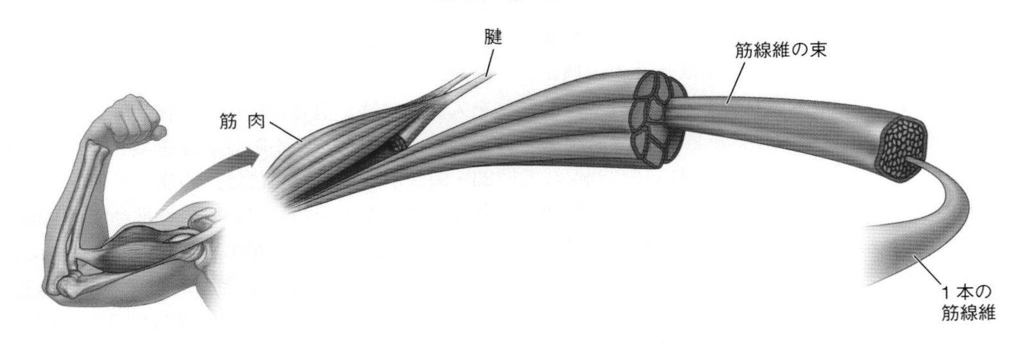

図 23・10 体を動かす筋肉. 骨格筋の両端は，腱によって近くの骨等の支持組織に固定されている．筋肉は，その全長を走る筋線維の束を含んでいる．

問題 1 骨格筋はどのようにして骨格の骨に付くのか．　**問題 2** 1 本の筋線維は，1 個の細胞か複数の細胞か．

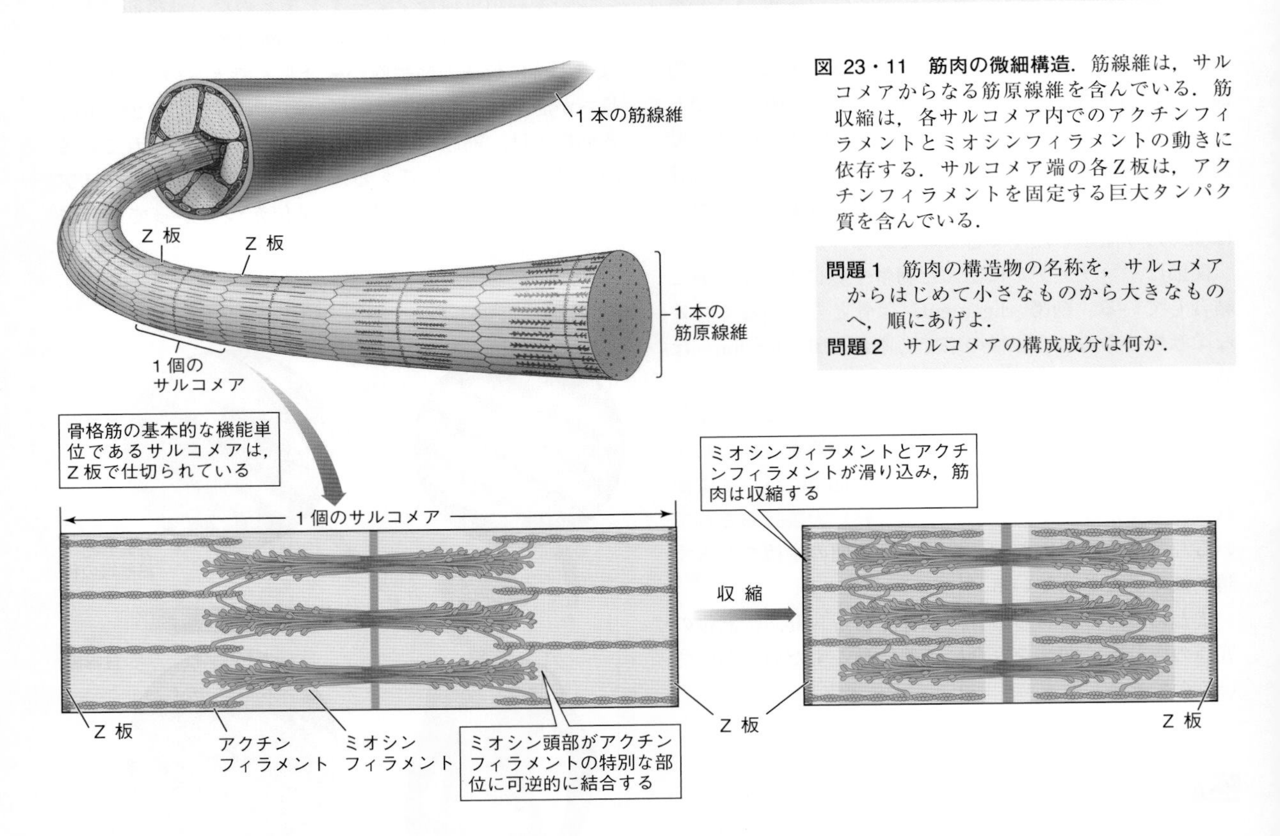

図 23・11 筋肉の微細構造. 筋線維は，サルコメアからなる筋原線維を含んでいる．筋収縮は，各サルコメア内でのアクチンフィラメントとミオシンフィラメントの動きに依存する．サルコメア端の各 Z 板は，アクチンフィラメントを固定する巨大タンパク質を含んでいる．

問題 1 筋肉の構造物の名称を，サルコメアからはじめて小さなものから大きなものへ，順にあげよ．
問題 2 サルコメアの構成成分は何か．

いる．

一般に 1/10 秒以下で起こるサルコメアの同時収縮は，筋全体の収縮をひき起こす．顕微鏡で見ると，サルコメアは縞模様にみえる．非常に高い倍率にすると，その構造の詳細が明らかになる（図 23・11）．サルコメア内には，アクチンタンパク質からなる**アクチンフィラメント**（actin filament）とミオシンタンパク質からなる**ミオシンフィラメント**（myosin filament）の 2 種類のフィラメントが，独特な配置で並んでいる．顕微鏡下では，サルコメアの端は，**Z 板**（Z disc）とよばれる暗い線のようにみえる．サルコメア端の目印となる二つの Z 板は，アクチンフィラメントを固定する巨大タンパク質を含んでいる．アクチンフィラメントの自由端の間，サルコメアの中央には太いミオシンフィラメントが位置している．カルシウムを必要とするミオシンフィラメントとアクチンフィラメントの滑りによって，サルコメアは収縮する．

ビタミン D の補給が骨格筋の健康に及ぼす影響を評

価するため，ベルギーの研究者たちは，合計5615名の被験者に30の無作為の比較対照試験を行った．各試験では，実験群にはビタミンDサプリメントが与えられ，対照群には与えられなかった．

これらの試験すべてのデータを調べた結果，ビタミンDの補給は筋力全般にわずかであるが有意な効能があることが発見され，65歳以上の人では若い人に比べてより効果があるらしいこともわかった．

現在，科学的証拠により，ビタミンDは骨と筋肉の健康に関与すると考えられている．さらに，低濃度のビタミンDを他のほぼすべての組織や，心臓病から前立腺がん，認知症に至るまでのあらゆる病気に関連づける研究もある．しかし，何度も繰返すように，相関関係は必ずしも因果関係を意味するのではない．最近の研究は，ビタミンD不足が本当にこれらの非骨格疾患の原因であるのか，大きな疑いの影を投じている．

23・5 ビタミンDと疾患

日焼けサロン業界が紫外線照射による皮膚がんの危険性を都合よく隠し，日焼けサロンの恩恵としてビタミンDを宣伝しはじめた直後，ビタミンDがさまざまな非骨格疾患に果たす役割について多くの研究がはじまった．低ビタミンDが，脳疾患から肺疾患，感染病，がんに至るまでのあらゆる病気に非常に多くの関係があるという事実が判明し，研究者たちを驚かせた．ほとんどすべての病気がビタミンDとの間に何らかの相関があり，通常，低ビタミンDは病気の危険性を高め，高ビタミンDは病気を防ぐという関係があった．しかし，そのような結論は観察研究から導かれたものであった．ビタミンDサプリメントを与えられた群と与えられなかった群とで特定の病気が起こる可能性を比較する，という無作為化臨床試験が行われたのはごくまれであり，そのような研究では，サプリメントを摂取してビタミンD濃度を高くしても，病気を防げるわけではないらしいことに研究者たちは気づいた．

自分自身を守るためにビタミンDのサプリメントを摂取するべきか，人々の関心は高まっていた．この問に答えるため，フランスのリヨンにある国際予防研究所（iPRI）の研究チームは，290の観察研究と，非骨格疾患に及ぼすビタミンDの影響を調べた172の無作為化試験のデータを6年かけて解析した．大量のデータから，ビタミンDを多量にとっても調べたどの疾患も防げないことを彼らは発見した．“一つも”である．

そこで彼らは，ビタミンD不足は疾患の原因ではないと結論づけた．それではなぜ多くの患者ではビタミンDが低濃度になるのか．一つの仮説として，病気（特にがん）はしばしば炎症と関連し，炎症は体内でビタミンD濃度を低下させることが考えられる．

この論文が公表されてから3カ月後，ニュージーランドのオークランド大学にある別の独立した研究チームが，ビタミンDを補給しても非骨格疾患の危険性は低下しないという似た結論に至る，別のメタ解析を公表した．

結局のところ，これらの発見は，ビタミンDサプリメントでは非骨格疾患を防げないことを示唆している．ただし，発生時にはビタミンDが重要で，妊婦や幼い子供たちにはこれらの発見があてはまらないことをiPRIの研究者たちは強調している．

彼らは，より大規模な無作為化試験により，彼らの発見が正しいことが確証され，喜んだであろう．ビタミンDの研究の歴史はまだ浅く，ビタミンDが病気と関係があることは知られていても，因果関係についてはそれほど調べられてはいないのである．

とにかく，消費者はビタミンDの摂取に神経質になるべきではない．公正で非営利な健康科学政策機関である医学研究所が，健康を維持するために推奨する1日当たりのビタミンD摂取量は，現在，600国際単位（IUs）である（高齢者と母乳栄養児ではもっと必要かもしれない）．米国国立衛生研究所（NIH）によれば，1日に4000単位以上の量のビタミンDを長期に摂取すると，血中のカルシウム濃度が過剰に上昇するかもしれないので，安全ではない可能性がある．血中のカルシウム濃度があまりに高いと，心臓発作の危険性が非常に高くなるからである．

章末確認問題

1．エネルギーの貯蔵に最も重要な栄養素を選べ．
（a）タンパク質　（b）炭水化物
（c）脂質　（d）上記のすべて

2．ビタミンDに関する記述で正しいものを選べ．
（a）欠乏すると，骨や歯の形成が阻害される
（b）太陽光が唯一の供給源である
（c）緑色の葉物野菜が，優れた供給源である
（d）水溶性のビタミンである

3．ビタミンKに関する記述で正しいものを選べ．
（a）必要な栄養素ミネラルである
（b）腸内細菌によりつくられる
（c）視力をよくするために重要である

(d) 水溶性のビタミンである

4. 小腸に関する記述で正しくないものを選べ.
 (a) 吸収に特化している
 (b) 絨毛や微絨毛を介して栄養素を吸収する
 (c) 消化酵素を分泌する
 (d) 老廃物の除去に特化している

5. 次の用語を，文章中に正しく入れよ.
 [脂肪，真皮，上皮]
 ____組織は皮下組織に存在し，極端な温度変化から体を守っている．その上にある____は，おもに結合組織から構成されている．さらに上の，外部環境から体を防御している表皮は，____組織からできている.

6. 左の各用語の最も適切な定義を右から選べ.

骨格筋	1. 意識的に動かす筋
平滑筋	2. 心臓に存在する筋
心筋	3. 歩行やランニングで使う筋
随意筋	4. 消化器系に存在する筋
不随意筋	5. 無意識に動く筋

7. 膝の制御された動きに重要なものを選べ.
 (a) 軸および付属肢の骨格 (b) 尺骨と橈骨(とうこつ)
 (c) 硬性と柔軟性 (d) 大腿骨と脛骨

8. 正しい用語を選べ.
 [筋肉／腱]の内部では，[筋線維／サルコメア]の端で[Z／X]板に結合した[アクチン／ミオシン]フィラメントが，[アクチン／ミオシン]フィラメントの間に滑り込んで，サルコメアが収縮する.

9. 食物が消化器系を通過する順に並べよ.
 (a) 絨毛の細胞から栄養素が吸収される
 (b) 咀嚼により食物が細かく砕かれる
 (c) 消化酵素が膵臓から放出される
 (d) 排泄物を体外に出す前に，細菌が食物消化を助け，いくつかのビタミンを産生する
 (e) さらに消化するため，酸がタンパク質を分解する

循環器系，呼吸器系，泌尿器系，神経系

24

本章のポイント

- 心血管系を通る血液の流れ
- 血液のさまざまな成分の機能と，3種類の血管の比較
- 呼吸器系の各器官の説明と，そこを通る空気の流れ
- 肺におけるガス交換のしくみ
- 泌尿器系におけるネフロンの構造と機能との関連
- 中枢神経系と末梢神経系の違い
- ヒトで働いている感覚系

24・1 人工臓器の移植

2013年6月5日，生体工学の専門家と外科医を中心としたチームにより，米国でははじめてとなる人工血管の移植手術が成功した．工学の材料と原理を使って組織や器官の形成・再生を目指す**組織工学**（tissue engineering）の分野にとって，この移植は偉業であった．ヒトに移植される他の人工組織としては，神経，膀胱，気管などがある．

臓器不足は医療が抱える大きな懸案事項である（図24・1）．米国で臓器を待っている人の数は，サッカースタジアムを2個分も埋めつくすほどであり，毎日，平均約20人が腎臓，心臓，肝臓，肺などの移植を待ちながら亡くなっている．

この臓器不足に対する一つの可能な解決策が，研究室で臓器をつくるという組織工学的アプローチである．驚くべきことに研究者たちはすでに腎臓，肺，さらに心臓全体のような複雑な臓器をつくりはじめている．これらは，循環器系，呼吸器系，泌尿器系，神経系などの，体の正常な機能に不可欠な主要器官系（図22・3参照）を構成する器官のごく一部にすぎない．

成長やホメオスタシスなどの正常な機能（図22・4参照）は，輸送体タンパク質（図4・2参照）や老廃物，他の体内物質の内部移動に依存している．大部分の多細胞生物では，これらの物質を拡散により効率よく移動させるには体内距離が長すぎるため，物質を輸送するために精巧な器官系が体中に存在する．**循環器系**（circulatory system）は酸素を肺から心臓に移動させ，心臓から酸素に富んだ血液を体の残りの部分へと送り出す．**呼吸器系**（respiratory system）は酸素を取込み，二酸化炭素を排出して細胞呼吸を支える．**泌尿器系**（urinary system）は余分な体液を，老廃物，毒素，他の不要な水溶性物質とともに体から取除く．

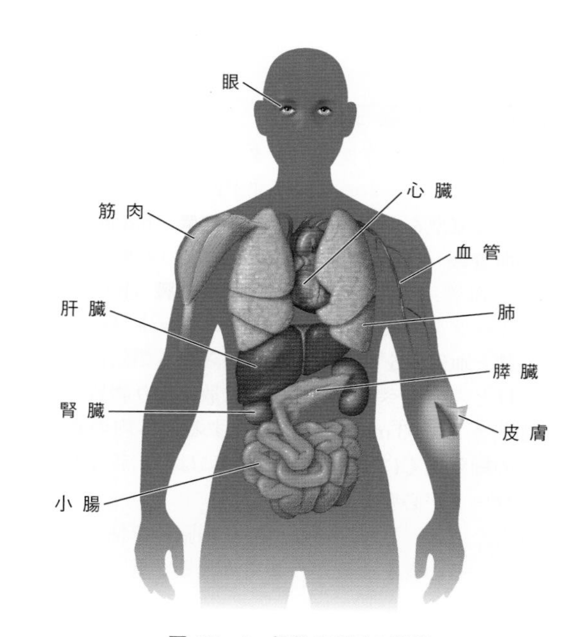

図 24・1 提供が必要な臓器

これらの三つの器官系は体内で相互に接続し，循環器系によって集められた二酸化炭素は，外部環境との交換のために呼吸器系に送られる．循環器系は，血液に溶けた物質を泌尿器系に運び，環境中へと排出する．また，

神経系（nervous system）とよばれる高速の情報伝達系は，心臓，肺，膀胱などの器官の機能にかかわる多くの筋肉を協調させる．神経系は筋肉の速い収縮を指示し，触覚，聴覚，視覚などの感覚によって受容された情報を処理する．このようにして神経系は，動物が食物を検出し，仲間を見つけ，捕食者を避け，極端な暑さや寒さに反応できるようにしている．

これらの器官系は，22 章で述べた他のすべての器官系とともに，体がどのように働くかを制御している．もし器官の一つが不全になると，系全体が停止する可能性がある．そのような理由から研究者たちは新しい器官のつくり方を探究し，これらを人工的に作製することを目指しているのである．

24・2 循 環 器 系

1999 年デューク大学医療センターで，人工血管の移植手術に成功したチームの共同研究がはじまった．彼らはまず血管の原型をつくりはじめた．**血管**（blood vessel）は，**心血管系**（cardiovascular system）の重要な部分である．心血管系は，筋肉の発達した**心臓**（heart）と，閉じたループを形成する複雑な血管のネットワーク，そして心臓と血管内を循環する血液からなる閉鎖循環系である．ほとんどすべての細胞は，拡散により物質を交換する血管から 0.03 mm 以内に存在する．体内の数兆個すべての細胞近くにまで血液を運ぶには，広範な血管のネットワークが必要である．

研究者たちは，さまざまな材料や細胞種を使って血管をつくり，その管を血液がうまく流れるか調べるためにラットに移植した．**血液**（blood）は，**血漿**（plasma）として知られる液体に浮遊する細胞と細胞断片で構成されている（図 24・2）．血漿自身の溶存酸素を運ぶ能力は低いが，血漿中の**赤血球**（red blood cell）は相当量の酸素を運ぶので，血液の酸素運搬能力は非常に高い．

2005 年，彼らはよい技術を見つけた．臓器提供者の血管から平滑筋の細胞を採取し，血管に似た形をした生分解性構造物の上でそれらの筋細胞を増やしたところ，細胞は小さな機械のように働き，タンパク質を大量生産して**細胞外マトリックス**（extracellular matrix）とよばれる結合組織の三次元の足場を形成した．その後，もとの生分解性構造物は分解され，細胞と細胞外マトリックスからなる丈夫な管が残った．

この管にはまだ欠陥があった．ヒトの免疫系は他人の細胞を拒絶するので（免疫系の詳細は 25 章参照），提供者の筋細胞を洗い流して管状の細胞外マトリックスだけを残さなければならなかった．彼らはそれをラットで試し，機能的な血管をつくるのに成功した．

2012 年 12 月，ポーランドで人工血管がヒトではじめて試された．血管が移植されると，この血管に患者自身の血液と筋細胞が入り込み，亀裂を埋めることがわかった．つまり，人工の構造物が，移植された患者の体内で患者自身の組織になるのである．

人工血管の重要な特徴は，体内の正常な血管の構造的強度をもち，脈打つ血液の力に耐えうることである．ヒトの血管はおもに，動脈，静脈，毛細血管の 3 種類に分けられる（図 24・3）．**動脈**（artery）は血液を心臓から運び出す大きな（直径 0.1〜10 mm）血管であり，**静脈**（vein）は血液を心臓へと運ぶ大きな（直径 0.1〜2 mm）

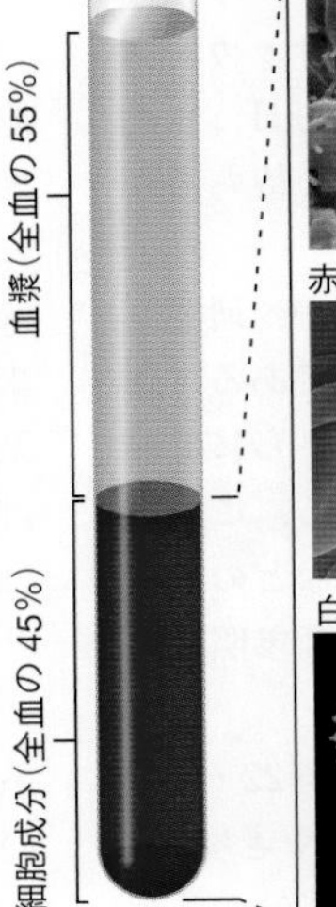

血漿の 92%が水であり，血漿には溶存ガス，イオン，栄養素またはシグナル分子としてホメオスタシスに重要な分子が含まれる．血液で運ばれる二酸化炭素の多くは血漿に溶けている

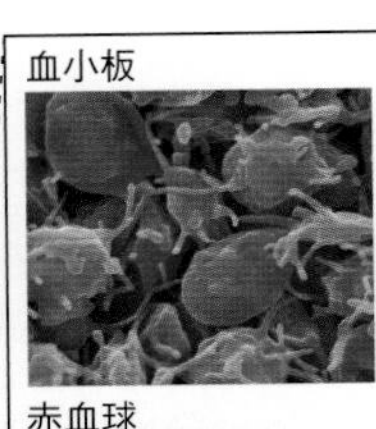

血小板は小さな細胞断片である．血管が損傷すると，血小板は凝集して失血を止めるのに役立つ．血小板は血漿タンパク質を刺激する物質を放出し，血餅を形成するためにタンパク質，血小板，血球の網目構造をつくる

成熟した赤血球には核がなく，細胞質にはヘモグロビンとよばれる酸素結合タンパク質が詰まっている．各ヘモグロビン分子は，最大 4 個の酸素分子を運ぶことができる．各赤血球は約 2 億 8000 万個のヘモグロビン分子を含むので，赤血球 1 個当たり 10 億個以上の酸素分子に結合できる

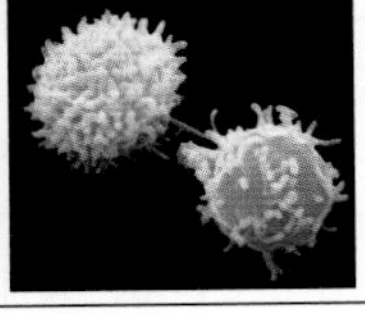

いくつかの異なる種類の白血球は，侵入生物から体を守るのに役立つ

図 24・2　ヒトの血液は，血漿と数種類の細胞からなる．全血は血漿と，異なる種類の細胞および細胞断片から構成され，そのうちの三つをここに示す．赤血球は血液の細胞の約 95%を占める．

問題 1　二酸化炭素の大部分は，血液中のどの成分により運ばれるか．
問題 2　酸素の大部分は，血液中のどの細胞に含まれる何によって運ばれるか．

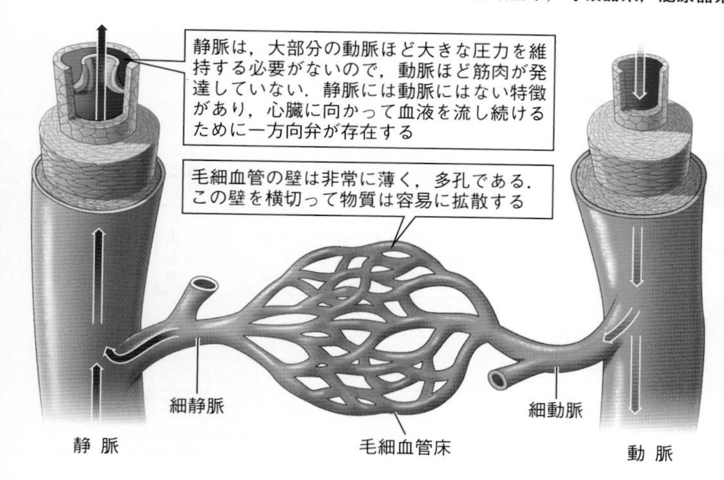

静脈は，大部分の動脈ほど大きな圧力を維持する必要がないので，動脈ほど筋肉が発達していない．静脈には動脈にはない特徴があり，心臓に向かって血液を流し続けるために一方向弁が存在する
毛細血管の壁は非常に薄く，多孔である．この壁を横切って物質は容易に拡散する
細静脈
細動脈
静 脈
毛細血管床
動 脈

図 24・3 動脈，静脈，毛細血管． 動脈は血液を心臓から運び出す．静脈は血液を心臓に向かって運ぶ．細動脈と細静脈はそれぞれ細い動脈と静脈である．最も細い動脈および静脈は毛細血管床として知られる微細なネットワークの中で互いにつながっている．動脈と静脈は，大量の血液をすみやかに輸送するために，大きな直径と弾力のある壁をもつ．体のさまざまな部分への血流は，安静または運動時に血管の直径を増減させることにより変更可能である．

問題 1 動脈のほうが静脈よりも筋肉が発達しているのはなぜか．

問題 2 毛細血管のどのような構造的特徴が，周辺組織との間で物質の拡散を容易にしているか．

血管である．最も小さな（直径 0.005～0.01 mm）血管である**毛細血管**（capillary）は，近くの細胞と拡散により物質交換をする．

大きな血管である動脈と静脈は，血液の大量輸送のためにつくられる．現在，直径 6 mm（およそ鉛筆の太さ）と 3 mm の血管はつくられているが，主要動脈である大動脈のようなもっと大きな人工血管をつくって移植することも期待されている．しかし，毛細血管は非常に小さく一般には移植されない．毛細血管は血液をゆっくり動かすための血管であり，その広い表面積は周囲の細胞との物質交換を促進する．

組織工学的な作製が試みられている心血管系の組織は，血管だけではない．体循環のポンプとして働く，ヒトの拳ほどの大きさの筋肉の発達した器官である心臓もつくられようとしている（図 24・4）．ヒトの心臓は，他のすべての哺乳類の心臓同様，四つの部屋に分けられ，自律的かつ協調して働く二つの異なるポンプ単位を形成する．

脳の構造

ヒトの脳は驚くほど複雑である．1000 億個のニューロンよりなると推定されている脳は，神経系の中心である．脳はヒトを他の動物種から明確に区別せしめるゆえんの器官であり，脳のおかげで私たちは推理をしたり，感じたり，記憶したりすることができる．脳は灰白質（ニューロンの細胞体）と白質（ニューロンの樹状突起や軸索などのように，枝分かれして他のニューロンとの間で情報をやりとりする網状構造）からできている．

ヒトの脳はおよそ 1.5 kg ほどの重さであり，前脳，中脳と後脳よりなる．さらに，前脳は，脳に入ってくる感覚情報を処理して行き先を決める中枢制御盤として働く視床と，外側の層が大脳皮質とよばれ実際の脳内の情報処理を引き受けている大脳が存在する．また，前脳には私たちの感情を制御している辺縁系を形成している視床下部，海馬，扁桃体もある．辺縁系は感情や動機づけを制御し，記憶の形成にも寄与している．

中脳と後脳を合わせて脳幹とよぶ．中脳は，視床から届けられる感覚情報と末梢神経系 PNS からの情報をもとにして比較的単純な運動を調節する．中脳を形成するおもな構造は網様体であって，ここでは意識が調節されている．最後に，進化的に最も古い部分である後脳は，平衡感覚，心拍，呼吸などの最も基本的な機能を制御している．後脳は，延髄，橋（きょう）と小脳よりなる．

神経科学はとてつもなく活発な研究領域である．白質における水分の拡散を追跡する MRI 拡散強調像や，脳内の血流変化を見つけて脳の活性を知る機能的 MRI などの画像診断技術は，いままでになく詳細なレベルで脳の機能部位を知る手助けとなっている．

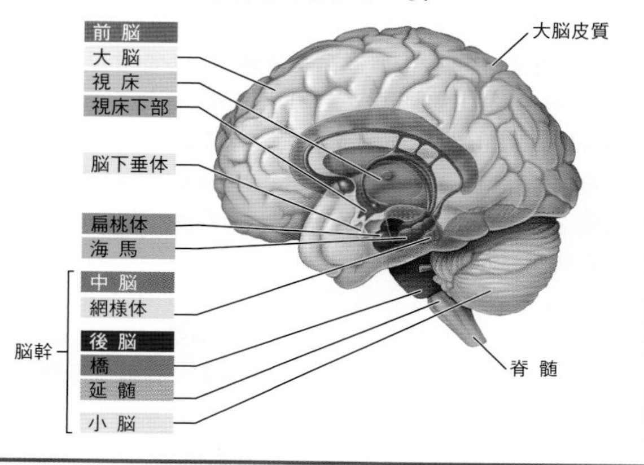

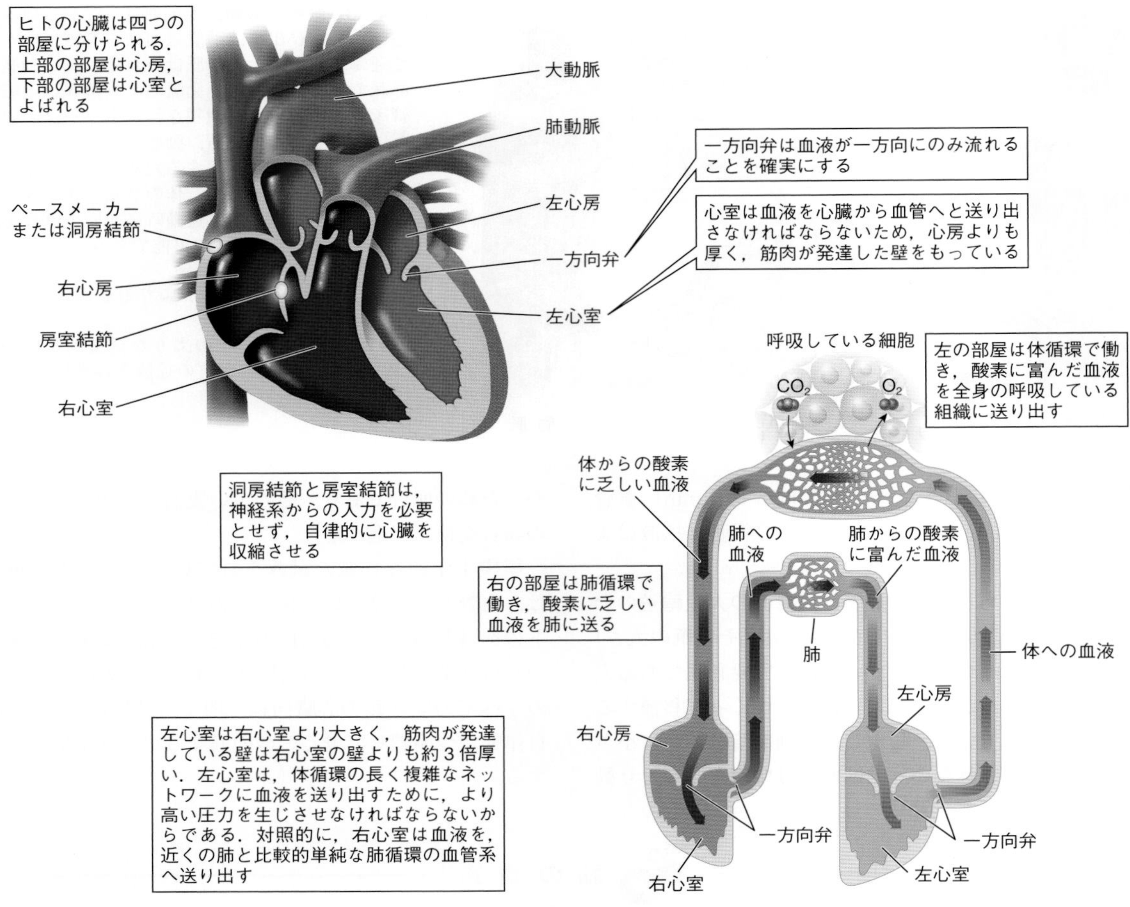

図 24・4 ヒトの心臓． 心臓の右側と左側は二つの分かれたポンプとして機能するが，上部の二つの**心房**(atrium)も，下部の二つの**心室**(ventricle)も，協調して収縮する．この協調した収縮は，**ペースメーカー**(pacemaker)である**洞房結節**(sinoatrial node)からのシグナルではじまる．シグナルは両心房を収縮させ，また，約1/10秒後，**房室結節**(atrioventricular node)に心室へのシグナルを伝えさせる．この短い遅延により，心房は完全に空になることができる．図は心臓を体の正面から見ているので，左心房が図の右側にあることなどに注意すること．

問題1 血液が循環器系を移動する順に，左心房からはじめて血液が通る部位の名称を述べよ．
問題2 左心室が右心室より大きく，その壁は厚いのはなぜか．

左心房は，酸素を含んだ血液を肺から受取り，左心室に送る．左心室はその血液を，**体循環**（systemic circulation）を通じて呼吸を行っている細胞へと送り出す．右心房は，体循環から戻ってきた，酸素に乏しく二酸化炭素を含んだ血液を受取り，右心室に送る．右心室はその血液を，**肺循環**（pulmonary circulation）を通じて肺でのガス交換のために送り出す．

これらの2心房2心室で合わせて，1日当たり約7000 Lの血液を送り出している．**心拍数**（heart rate）は，1分間に心臓が拍動する回数である．安静（運動しない）時の平均的なヒトの心臓は，毎分約60〜100回拍動する．血管を通って押出される血液の力は，**血圧**（blood pressure）とよばれる．心臓が血液を押出すために収縮するとき，血圧は最も高く，心臓が収縮後弛緩するとき，血圧は最も低くなる．前者は**収縮期血圧**（systolic pressure）とよばれ，血圧測定で最高値を，後者の**拡張期血圧**（diastolic pressure）は最低値を示す．ヒトの循環器系は，必要に応じて心拍数と血液分布のパターンを調整する．血圧は心臓を離れるときに最も高く，静脈に達するときまでに最も低くなる．

心臓は組織工学の技術によって作製するには複雑すぎる器官のようにみえるかもしれないが，人工血管の場合と似た戦略を使って，それなりの成果はあがっている．足場としての臓器全体（用意されたブタやラットの心臓または臓器提供者からの心臓など）からはじめ，界面活性剤を使って免疫応答を起こすもとの細胞をすべて除去した後，患者により適合した細胞を心臓に再配置させるという手法である．この技術を使い，生体移植して働くにはまだあまりにも原始的ではあるが，培養皿の中で拍動するラットの人工心臓がつくられた．

24・3 呼吸器系

2010年，人工血管の作製に成功した研究者の一人がイェール大学に移り，人工肺の作製にも取組んだ．**肺**（lung）は，空気を一連の管状の通路を介して鼻（または口）から肺に運ぶ呼吸器系の主要な器官である．この気道は，外部環境と体内（特に，肺のガス交換面）との間を空気が移動することを可能にしている．

肺に空気を取込み（吸息），肺から空気を排出する（呼息）過程は，**呼吸**（breathing）とよばれる（図24・5）．吸息する空気の約21％は酸素であり，二酸化炭素と水蒸気はほとんど含まれない．一方，呼息する空気は酸素（15％）に乏しく，二酸化炭素と水蒸気が各々約4％含まれる．この違いは，肺の内腔を覆う細胞表面でガスが交換される結果生じる．酸素は吸息する空気から取除かれて血流に送られるのに対し，二酸化炭素と水蒸気は血流から取除かれ，呼息する空気に加えられる．細胞呼吸を介してエネルギーを得るため，体が酸素を必要とすることはすでに述べた（図5・8参照）．

人工肺が作製されラットに移植されたが，人工肺は短時間しかガス交換を行えず，さらなる研究の必要性が示唆された．肺は体中に酸素を運ぶのに不可欠であるため，どの人工肺も高い信頼性が求められるのである．ヒ

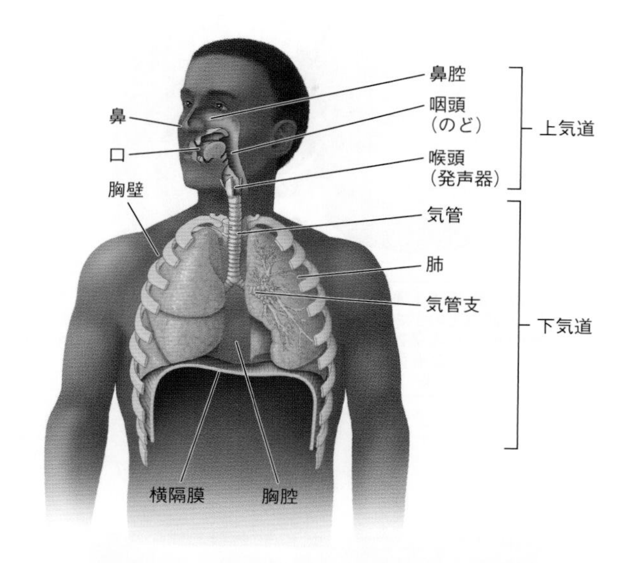

図 24・6 ヒトの呼吸器系． 呼吸器系は，上気道（鼻，口，咽喉，喉頭）と下気道（気管，気管支，肺）からなる．

問題1 酸素が呼吸器系を移動する順に，鼻からはじめて酸素が通る部位の名称を述べよ．
問題2 酸素は肺からどこへ移動するか．

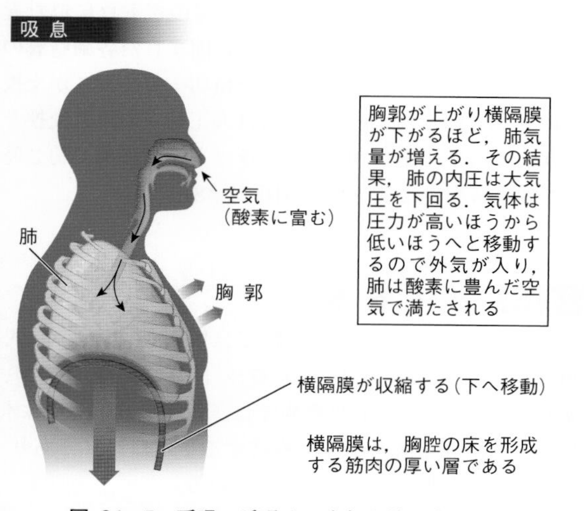

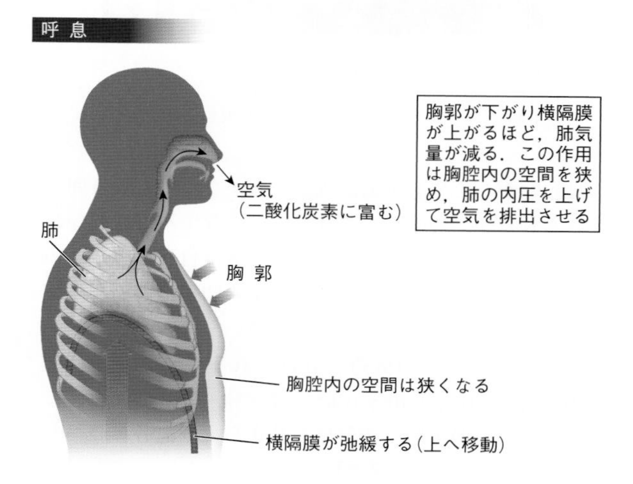

図 24・5 呼吸． 呼吸は，空気が肺に取込まれるときの吸息，空気が肺から吐き出されるときの呼息の二つの主要な段階を含む．呼吸は，たいていは心臓と脳にある感覚系により自動的に制御されるが，選択すれば，筋系を使って呼吸を制御することもできる．筋系で最も重要なものは，肋骨の筋肉と横隔膜である．

問題1 空気が酸素に富んでいるのは，体に入るときか，体から出るときか．
問題2 体はどのようにして呼吸中に空気圧を変化させるのか，説明せよ．

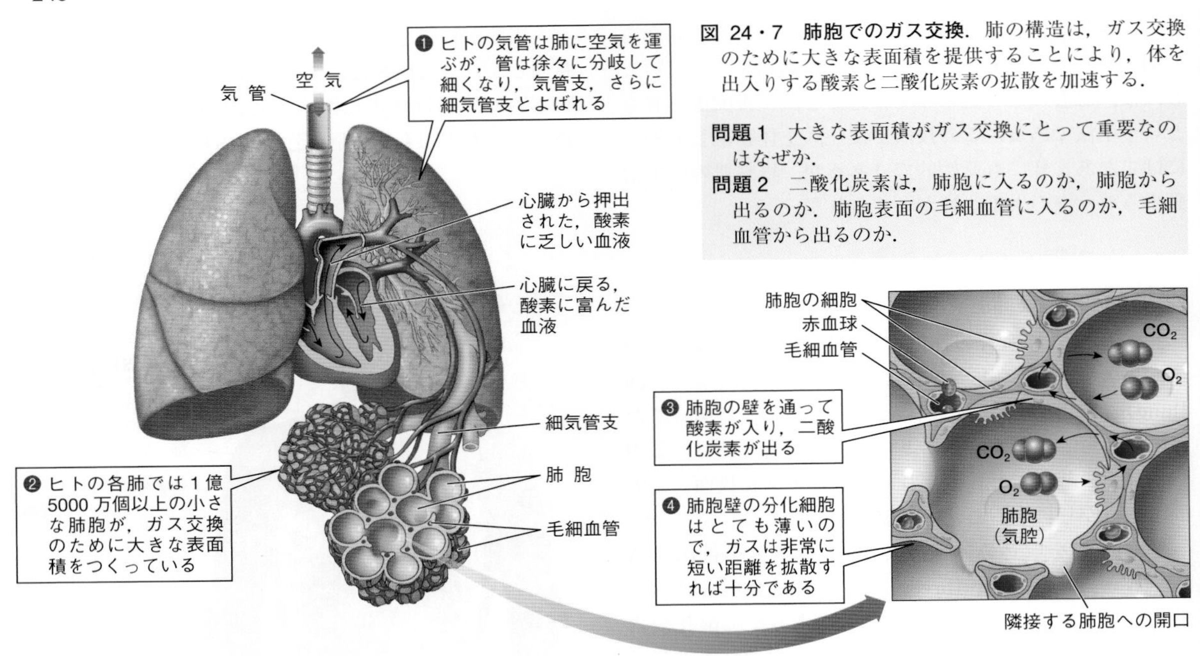

図 24・7 肺胞でのガス交換． 肺の構造は，ガス交換のために大きな表面積を提供することにより，体を出入りする酸素と二酸化炭素の拡散を加速する．

問題１ 大きな表面積がガス交換にとって重要なのはなぜか．

問題２ 二酸化炭素は，肺胞に入るのか，肺胞から出るのか．肺胞表面の毛細血管に入るのか，毛細血管から出るのか．

図 24・8 ラットの人工肺． マサチューセッツ総合病院で，ラット，ブタ，ヒトの肺が生体工学によりつくられた．人工肺は，まだ生きている生物の中では機能できない．

トは食物がなくても１週間以上，水がなくても数日間は生きられるが，酸素なしではわずか４分で不可逆的な脳の損傷に至ってしまう．また，肺組織は自己修復が悪いことで有名なので，疾患や外傷による肺損傷の場合，肺移植が唯一の選択肢であることが多い．

呼吸器系は二つの気道に分けられる（図 24・6）．**上気道**（upper respiratory tract）は，鼻，口，咽頭を含む気道である．吸入時，空気は鼻孔から入り，各鼻腔へと移動し，次に喉にある**咽頭**（pharynx）に入る．咽頭は，口の後方と二つの鼻腔が合流して一つの通路になった領域である．咽頭から，空気は発声器である**喉頭**（larynx）へと移動する．喉頭は，**気管**（trachea）への通路を形成している．

気管は**下気道**（lower respiratory tract）のはじまりである．気管は，胸部で**気管支**（bronchus）とよばれる二つの小さな管に分岐する．各気管支は，ガス交換が行われる１対の肺のどちらかにつながっている．これら気管，気管支，肺が一緒になって下気道を構成する．

肺の内部で，呼吸器系は複雑になる．気管支は，分岐しながら細くなっていく一連の管である**細気管支**（bronchiole）へと分かれる．最も細い細気管支は，**肺胞**（alveolus）へと開口する．肺胞は，一房のブドウに似た嚢の小さな集まりである．毛細血管に囲まれた各肺胞嚢の内腔を覆う薄い細胞層の湿潤面を横切って，ガスが交換される（図 24・7）．研究者たちは人工肺でのガス交換を試み続け，これまでのところ，ラットの肺移植で約２時間だけガス交換に成功した（図 24・8）．

24・4 泌 尿 器 系

マサチューセッツ総合病院では別の研究チームが，2013 年，足場技術を使ってラットの腎臓をつくり，ラットに移植した．脊椎動物では，**腎臓**（kidney）は水と溶質のホメオスタシスを維持する１対の器官であり，泌尿器系の主要器官として働いている．

すべての動物は，体液中のナトリウムやカルシウムなどの溶質の濃度を調節しなければならないが，陸生の動物は，水を節約し重要な溶質を保持するというさらなる課題に直面する．動物の溶質組成は，体内の代謝活性の影響を受ける．細胞が生体分子を代謝するにつれて，細

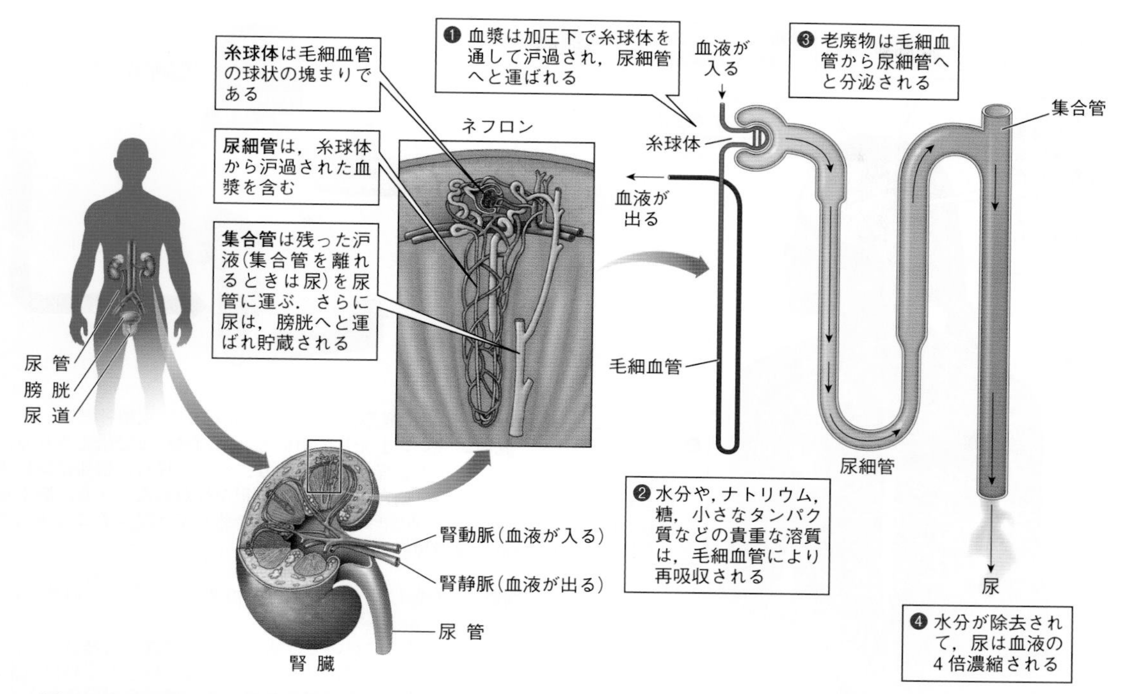

糸球体は毛細血管の球状の塊まりである
尿細管は，糸球体から沪過された血漿を含む
集合管は残った沪液(集合管を離れるときは尿)を尿管に運ぶ．さらに尿は，膀胱へと運ばれ貯蔵される
❶ 血漿は加圧下で糸球体を通して沪過され，尿細管へと運ばれる
血液が入る
❸ 老廃物は毛細血管から尿細管へと分泌される
集合管
ネフロン
糸球体
血液が出る
毛細血管
尿細管
尿管
膀胱
尿道
腎動脈(血液が入る)
腎静脈(血液が出る)
尿管
腎臓
❷ 水分や，ナトリウム，糖，小さなタンパク質などの貴重な溶質は，毛細血管により再吸収される
尿
❹ 水分が除去されて，尿は血液の4倍濃縮される

図 24・9　ヒトの泌尿器系の重要な器官である腎臓． 腎臓は体内の水分量を調節し，溶質濃度の平衡を保ち，有毒な老廃物を除去する．この働きのすべてがネフロン内で行われる．

問題 1　腎臓から何が排出され，排出後それはどこに行くのか．
問題 2　再吸収と分泌の違いは何か．

胞は体液に溶けた化学物質を使い果たし，新しい化学物質を産生する．この過程の結果，体内から除去しなければならない老廃物が生じる．

腎臓は，そこを通過する血液の成分を沪過し，調節する．血液が腎臓を離れて循環器系に戻るとき，代謝廃棄物は除かれ，血液は正常な量の水分と溶質を運ぶ．腎臓を出る血液の量は，腎臓に入る量よりもわずかに少ない．体外に排出される老廃物運搬溶液である**尿**（urine）をつくるため，水分の一部が失われるからである．

腎臓の血液浄化作業，すなわち**沪過**（filtration）は，腎臓の基本的機能単位である**ネフロン**（nephron）によって行われる（図 24・9）．ヒトの各腎臓には，これらの小さな沪過単位が約 100 万個存在し，周囲の毛細血管と密に結合している．腎不全になると，その人はもはや老廃物を沪過できない．現在，米国では約 10 万人が腎移植を待っている．待ちながら，これらの患者は週に 3 回透析を受け，その間に機械が血液の沪過を行う．この救命技術はかなりの時間的拘束を要し，透析患者では感染の危険性が高い．

人工腎臓は，これらの患者に永久的な解決策を与えてくれるであろう．しかし，人工腎臓は血液から不用なものを除去する以上の働きをする必要がある．沪過は腎臓の三つの機能の一つにすぎない．第二の重要な機能は，水分，ナトリウム，塩化物，糖などの貴重な溶質を，腎臓を出る前に**再吸収**（reabsorption）することである．第三の機能は，**分泌**（secretion）である．腎臓は，過剰量のカリウムや水素イオンなどの物質，一部の薬物や毒素を，血液から取除いて腎臓を通過する原尿へと能動的に輸送する．

沪過，再吸収，分泌の組合わせの結果できる濃縮液が，尿である．腎臓にある多くの集合管から集められた尿は，長い管である**尿管**（ureter）に排出され，尿管から**膀胱**（urinary bladder）へ送られ貯蔵される．排尿では，**尿道**（urethra）とよばれる管を通って尿が排泄され，膀胱は空になる．

24・5 神 経 系

今日，腎臓は実験室で人工的につくってうまく動物に移植できる臓器のなかでは最も複雑なものである．一方，たとえば神経系など腎臓以外の臓器を人工的につくる研究においては，すでに患者の命を救うために驚くべ

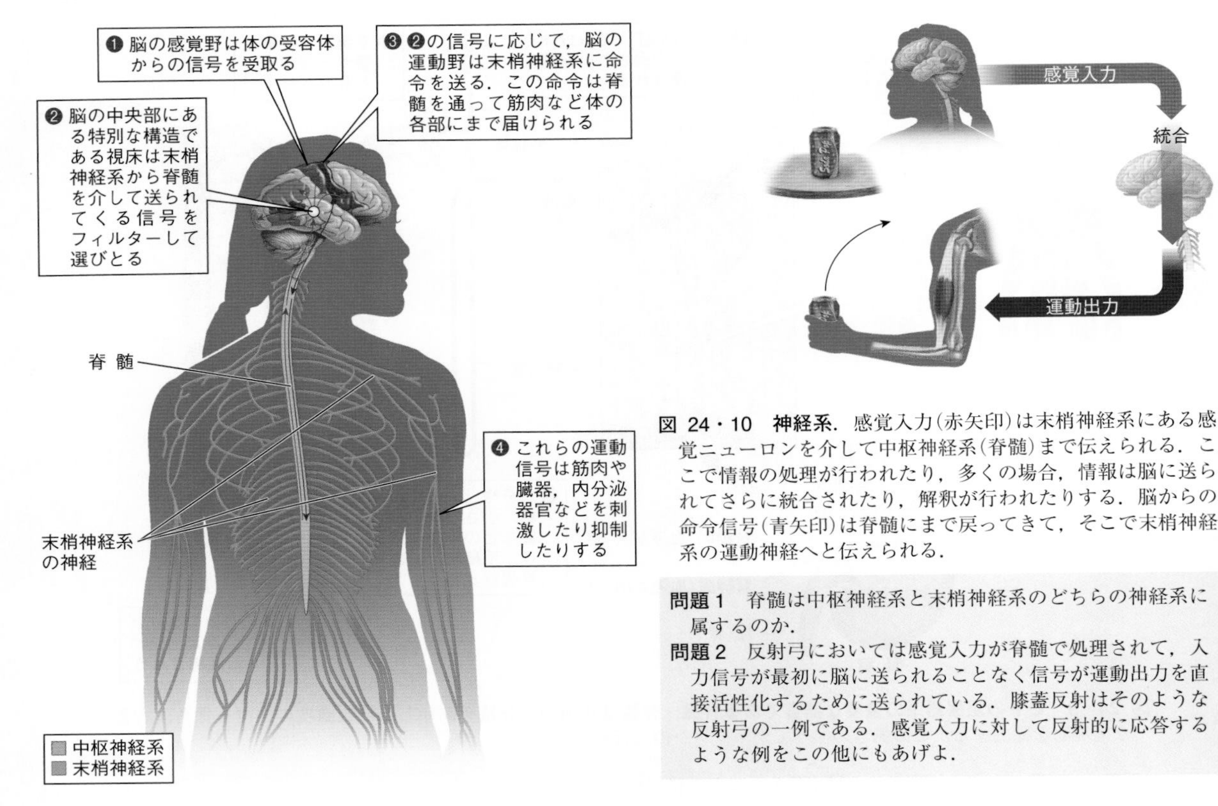

❶ 脳の感覚野は体の受容体からの信号を受取る
❷ 脳の中央部にある特別な構造である視床は末梢神経系から脊髄を介して送られてくる信号をフィルターして選びとる
❸ ❷の信号に応じて，脳の運動野は末梢神経系に命令を送る．この命令は脊髄を通って筋肉など体の各部にまで届けられる
❹ これらの運動信号は筋肉や臓器，内分泌器官などを刺激したり抑制したりする
脊 髄
末梢神経系の神経
中枢神経系
末梢神経系
感覚入力
統合
運動出力

図 24・10　神経系． 感覚入力(赤矢印)は末梢神経系にある感覚ニューロンを介して中枢神経系(脊髄)まで伝えられる．ここで情報の処理が行われたり，多くの場合，情報は脳に送られてさらに統合されたり，解釈が行われたりする．脳からの命令信号(青矢印)は脊髄にまで戻ってきて，そこで末梢神経系の運動神経へと伝えられる．

問題 1　脊髄は中枢神経系と末梢神経系のどちらの神経系に属するのか．

問題 2　反射弓においては感覚入力が脊髄で処理されて，入力信号が最初に脳に送られることなく信号が運動出力を直接活性化するために送られている．膝蓋反射はそのような反射弓の一例である．感覚入力に対して反射的に応答するような例をこの他にもあげよ．

き改良がなされてきている．

たとえば，アフガニスタンで待ち伏せ攻撃を受けたとある米軍の兵士は，腰から足まで伸びる長い神経である座骨神経に傷を受けた．この傷により，この兵士は即座にその左足の感覚と機能を失った．彼を治療した医師は，座骨神経が 5 cm の長さに渡って切断されたことを認めた．この部分の神経がもとどおりにならないと，足は全く機能しなくなると考えられた．退院後，彼に残された選択肢は，足を切断してしまうか，切断された座骨神経の両端を人工的につくった管で再びくっつけて，足の感覚をもとどおりにするか，の二つに一つであった．この兵士は，足の神経，つまり彼の末梢神経の一部の再生を試みるという選択肢を選んだ．

脊椎動物の神経系は，体のさまざまな部分をつないで信号を行き来させる交通網のようなものであり，それらはおもに**中枢神経系**（central nervous system: **CNS**）と**末梢神経系**（peripheral nervous system: **PNS**）に分けられる（図 24・10）．さらに，中枢神経系は脳と脊髄よりなる．**脳**（brain）は実に多様な種類の感覚情報を処理し，体中の信号を制御して協調的に動かす（p.245 のコラム参照）．**脊髄**（spinal cord）は脳とつながった細長い索状の構造であり，脳と感覚ニューロンの間の信号の伝導路として働く．

末梢神経系は耳のような**感覚器官**（sensory organ）と上述の座骨神経のような末梢神経からできている．一方，眼の網膜は視細胞や神経節細胞などのニューロンから，鼻の嗅上皮は嗅受容細胞というニューロンと支持細胞から，それぞれできていて，ともに脳の一部とされている．末梢神経系は感覚器官が受ける刺激を**感覚入力**（sensory input）に変換し，それが中枢神経系に伝えられて，情報処理を受ける．動物は常にその外部環境や内部環境からの感覚入力を受けている．ヒトではおもに 5 種類の感覚器官がこうした感覚入力を受取っていて，それに加えて，ヒトでは働いているかどうか不明だが他の動物にみられるそれ以外の感覚も知られている（表 24・1）．

末梢神経系は感覚入力を通じて体の外部や内部の環境からの情報を集めて中枢神経系に送っている．たとえば，熱いストーブの上に手を置いてしまったとしよう．皮膚への熱の入力は情報として末梢神経系から中枢神経系へ伝達される．中枢神経系は情報を統合し，処理して応答としての信号を生み出す．たとえば，熱いものに触れるとストーブから手をぱっと離すといった**運動出力**（motor output）を生じさせる．末梢神経系が体のその

表 24・1 外界の刺激を感覚として受取るための方法

受容器の型	刺　激	感　覚
化学受容器	化学物質	味，匂い
光受容器	光	視　覚
機械受容器	物理的刺激	接触刺激，聴覚，固有感覚（体の位置），平衡感覚
温度受容器	中程度の暑さ寒さ	温度感覚（温感，冷感）
痛覚受容器	傷，侵害化学物質，物理化学的刺激物	痛覚，痒み
電気受容器*	電場（特に他の動物の筋収縮で生成されたもの）	電気感覚
磁気受容器*	磁　場	磁気感覚

＊ 電気受容器と磁気受容器は脊椎動物を含む多くの動物にみられる．しかし，ヒトで働いているかどうかはわからない．

部分の信号を中継することによって，ヒトは熱いストーブから手を離す．

神経系におけるこれらのすべての動作は，特殊化した細胞であるニューロンによって実行される．**ニューロン**（neuron）はシグナルを体の一部から別の部位へと1秒の何分の一という速度で伝える（図24・11）．ニューロンの構造は，その特徴ある機能を反映していて，異なる型のニューロンが異なる型の刺激に応答するのである．

末梢神経系のニューロンは繊細で傷つきやすい．たとえば，肘の先端を打ったら，尺骨の神経が実際に傷ついて肘がしびれてジーンとする．もっとひどい打撲を負ったとき，たとえば骨折したり，兵士が銃に撃たれたりしたときには，運動機能や感覚機能を失ってしまう．肺，腎臓，心臓などとは違って，神経系は傷を修復する力を一応もっているが，それには少し助けが必要である．たとえば，もし神経が傷ついた場合，その神経を再生させることはできるが，そのためには，神経がバイパスのような道を通って再生できるような脇道が必要である．実は，こうしたバイパスとして働く生体材料を探索する研究ははじまっている．

昔からの方法としては，患者の体のどこか別の部分にある神経の一部，たとえば足の甲の感覚入力を受けている神経の一部を取ってきて，傷ついた脚の神経に縫合することで機能を回復させるような方法がある．しかし，この手術は脚から神経の一部を取出す必要があるため，足の甲の感覚は失われてしまう．また，患者自身の神経の一部を使うのではうまくいかない場合もある．最初にあげた例のように，5 cm もの長さに渡って神経の切断が起こってしまうと，体の他の部分の神経をもってくるのでは間に合わないことになる．

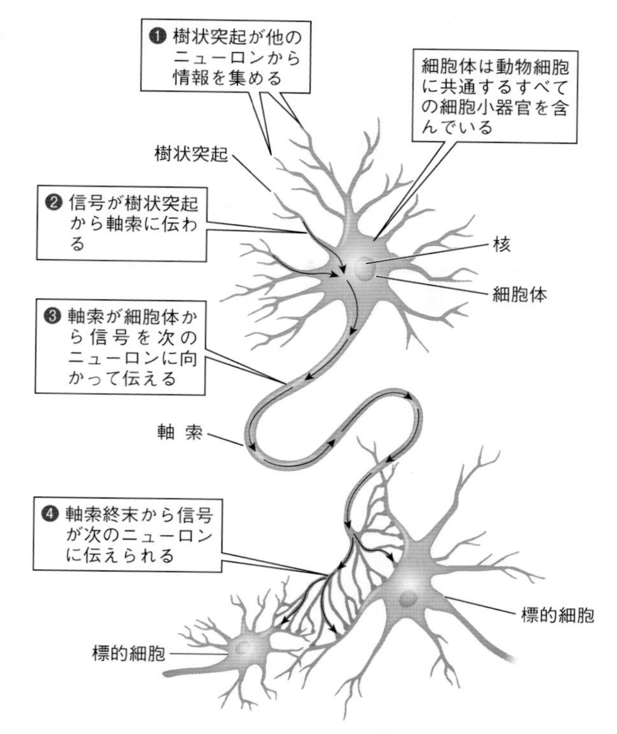
❶ 樹状突起が他のニューロンから情報を集める
細胞体は動物細胞に共通するすべての細胞小器官を含んでいる
樹状突起
❷ 信号が樹状突起から軸索に伝わる
核
細胞体
❸ 軸索が細胞体から信号を次のニューロンに向かって伝える
軸　索
❹ 軸索終末から信号が次のニューロンに伝えられる
標的細胞
標的細胞

図 24・11 ニューロンは細胞から細胞へ信号を伝える． ニューロンは他のニューロンや細胞から複数の樹状突起を介して情報を受取る．ここに描かれているニューロンは長くて枝分かれする1本の軸索をもっている．軸索は信号を細胞体から次のニューロンへと伝える．ここでは二つの標的ニューロンが描かれている．

問題 1 ニューロンは，本書で説明した他の細胞とは見た目がどのように異なっているか．
問題 2 このような見た目の違いはニューロンのどのような機能に寄与しているのか．

別の人工的な移植手術として，中空のプラスチックチューブを神経断端の間に入れてその中を神経が伸びられるようにする方法があるが，この場合も短い部分をつなげるときにしか使えないし，人工血管のように，免疫系によって拒絶されてしまうという問題点がある．

そこで，患者自身の神経を使うことなく，ニューロンのガイドとして使えるもっとよい人工移植の生体材料が模索されてきた．研究者たちは，動物の死体から神経を取ってきて，免疫的拒絶を起こすような細胞を取除くさまざまな方法を3年間テストし，ようやく特定の化学物質と物理的な力を組合わせることで，神経の構造は保ちつつ，もとあった細胞をすべて取除くことに成功した．この方法は，2004年に完成し，結果が発表された．

直後に，神経再生に取組んでいる企業が，この研究において神経から細胞を取除く方法をヒトの神経系に応用したいと申し出て，共同研究によって遺体の神経を用いてその方法を開発した．これに成功すると，彼らは既製品の移植神経を病院へ販売開始した．2009 年の後半に足の神経を移植した患者のつま先は，手術後数カ月ですでにぴくぴくと動きはじめた．これはこの患者にとっては，生まれてはじめてのうれしい経験であった．

神経系にはまだまだこうした生体工学的な応用が適用されるべきだと医師たちは考えている．たとえば，脊髄損傷を治せるような移植神経は未だ存在しない．まだこうした応用研究ははじまったばかりである．こうした生物工学の技術的発展によって救われる難病の患者たちが将来救われることも増えることが期待される．

章末確認問題

1. 血漿が運ぶものはどれか．
(a) 老廃物　(b) 水
(c) 溶質　(d) 上記のすべて
2. ヒトでは，どの部位の表面でガス交換が起こるか．
(a) 咽頭　(b) 気管支
(c) 肺胞　(d) 細気管支
3. 心臓に向かって血液を戻すのはどの血管か．
(a) 静脈　(b) 動脈　(c) 心室　(d) 毛細血管
4. ニューロンでは，他のニューロンに信号を伝えるのはどれか．
(a) 樹状突起　(b) 軸索　(c) 核　(d) 細胞体
5. ネフロンが担っていない機能はどれか．
(a) 沪過　(b) 再吸収　(c) 分泌　(d) 除去
6. 中枢神経系に属するものにCを，末梢神経系に属するものにPを付けよ．
____a. 脳
____b. 感覚器
____c. 脊髄
____d. 皮膚の温度感覚神経
7. 左の各用語の働きを右から選べ．
洞房結節　1. 血液を右心室に送る
左心室　2. 血液を体循環に送り出す
右心房　3. 心臓のペースメーカーとして働く
肺循環　4. 酸素に乏しい血液を肺に送り出す
8. ヒトでは活動していない感覚受容器はどれか．
(a) 痛覚受容器　(b) 電気受容器
(c) 機械受容器　(d) 化学受容器
9. 正しい用語を選べ．
腎臓は，基本的な機能単位である[ニューロン／ネフロン]を通して血液を沪過するという主要な働きをする．腎臓は沪過するだけでなく，水や重要な溶質を[再吸収／分泌]し，毒素や過剰な物質を[再吸収／分泌]しなければならない．尿は，腎臓から[尿道／尿管]を通って膀胱へと流れ，さらに膀胱から[尿道／尿管]を通って排泄される．
10. つま先の機械受容器からの感覚入力にはじまって，神経系で出来事が起こる順に並べよ．
(a) コマンド信号が，脳から脊髄に伝わる
(b) 入力が脳に届く
(c) 感覚信号が脊髄に送られる
(d) 筋肉が信号に対して応答する
(e) 脳内で情報処理が行われる
11. 静脈と毛細血管は構造と機能のうえでどのように異なるか．

25 内分泌系，免疫系

本章のポイント

- 内分泌系を介した細胞間コミュニケーションのしくみ
- ホルモンが標的細胞で働くしくみ
- 免疫系の第一，第二，第三の防御の定義
- 自然免疫と適応免疫（獲得免疫）における白血球の役割の違い
- 炎症と血液凝固の過程
- 適応免疫における一次応答と二次応答の違い
- 脊椎動物の免疫系が病原体に応答する一連の過程

25・1 内分泌系

極寒における数々のギネスブック記録をもつオランダ人男性のホフ氏の身体を調べることで驚くべきことが明らかになった．彼を氷の水槽の中に入れて体の深部体温を測ってみると，予想に全く反して，深部体温は平常時よりも上昇し，代謝も上昇しているというがわかったのだ．さらに彼によると，なんと自分の自律神経系や免疫系を意識的に変えることができるのだという．

自律神経系は人が随意的には調節できない，心臓の拍動や血圧のような体の機能を調節する．感染力のあるものから人を防御してくれる力をもつ**免疫系**（immune system）も同様に，随意的には調節できないと長らく思われてきた．

しかし，極寒に耐えるトレーニングを積んでいるホフは，氷の中に2時間近くも浸かっていることができたり，エベレストにショートパンツ姿で登山したり，零下15 ℃の雪の降る中をショートパンツ姿でマラソンを走ったりできるのである．

このような彼の驚異的な能力にラドバウンド大学生理学部門の研究者たちが興味をもち，研究プロジェクトがはじまったのである．

ホフによると，免疫系を意識的に調節するには，三つの大事なことがあるという．それは，寒気にさらされること，瞑想すること，そして呼吸法である．そこで，研究チームは彼に，氷の入った水槽に80分間全身を浸かってもらいながら，呼吸を整えて，瞑想してもらい，その前後で血液を採取して計測した．そして，血液を採取するたびに実験室に戻って，ヒトの体の中で免疫応答を活性化する物質として知られる，細菌の細胞壁を構成する**内毒素**（endotoxin）とよばれる分子で血球を処理した．それによって，ホフの血液中の免疫細胞が内毒素にどのような反応を示すのかをみようとしたのである．氷漬けと呼吸法と瞑想により，ホフの体の細胞は，はるかに抑制された免疫応答を示すようになっており，処理前に比べると，免疫系の活性化に伴って増えるタンパク質の量が圧倒的に減っていた．このように免疫応答が抑制された理由は明確ではなかったが，研究チームは，ストレスホルモンが何らかの働きをしているのではないかと考えた．

ホルモン（hormone）は，ある種の細胞によりつくられ，特定の状況の下で，または一生のある特定の時期において，他の細胞に何をすべきかを伝えるような信号分子である．ホルモンは機能特化した**内分泌系**（endocrine system）の分泌細胞によってつくられる（図25・1）．

分泌細胞は，しばしば**内分泌腺**（endocrine gland）としてまとまって存在している．おもな内分泌腺は体中に分布している．涙腺のような外分泌腺とは違って，内分泌腺は分泌物を内分泌腺から作用する場所まで運ぶような導管をもたない．その代わり，内分泌腺はこの化学メッセンジャーであるホルモンを体中に運ぶことのできる血液などの体液中に放出する（図25・2）．その後の実験で，研究チームはホフの血液中のコルチゾールとよばれるストレスホルモンの血中濃度を測定した．氷漬けと呼吸法と瞑想の後，彼の血液は処理前よりもはるかに高濃度のコルチゾールを含んでいた．

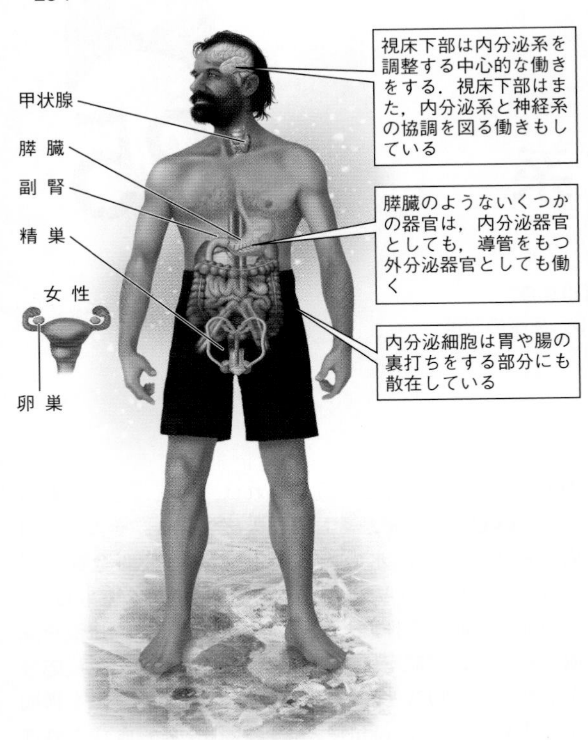

視床下部は内分泌系を調整する中心的な働きをする．視床下部はまた，内分泌系と神経系の協調を図る働きもしている
甲状腺
膵 臓
副 腎
精 巣
膵臓のようないくつかの器官は，内分泌器官としても，導管をもつ外分泌器官としても働く
女 性
卵 巣
内分泌細胞は胃や腸の裏打ちをする部分にも散在している

図 25・1　内分泌系はホルモン分泌細胞からなる． 内分泌系は導管のない内分泌腺と，他の組織や器官の中に埋もれて散在している内分泌細胞からなる．これらの細胞はすべてホルモンを循環器系に直接放出する．

問題 1　どの器官が内分泌系を調整するのか．
問題 2　内分泌腺は外分泌腺とどこが異なるのか．

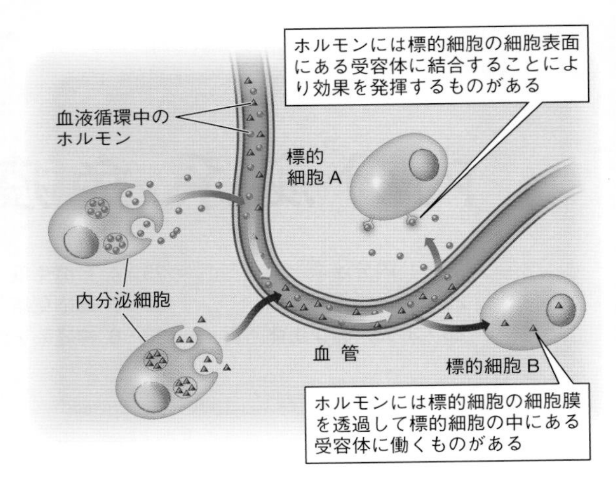

ホルモンには標的細胞の細胞表面にある受容体に結合することにより効果を発揮するものがある
血液循環中のホルモン
標的細胞 A
内分泌細胞
血 管
標的細胞 B
ホルモンには標的細胞の細胞膜を透過して標的細胞の中にある受容体に働くものがある

図 25・2　ホルモンは細胞が互いに連絡し合うことを可能にする． 内分泌細胞から放出されるホルモンは循環器系の中を巡り，体の離れたところにある標的細胞に反応をひき起こす．

問題 1　どのようにしてホルモンは標的細胞までたどり着くのか．
問題 2　なぜホルモンはシグナル分子とよばれるのだろうか．

ヒトの体内において多くのホルモンは血流と同じ速度で運ばれているので，数秒以上かけて標的細胞に到達すると考えられる．ホルモンは秒単位（たとえば恐怖に反応して急激に心拍を上昇させる）から月単位（たとえば子宮を出産時に収縮できるような状態にまでさせる）にわたるような機能を調節する（図 22・10 参照）．

典型的な例では，ホルモンは血液中に放出された後に，かなり希釈されてしまう．したがって，ビタミン同様，非常に低い濃度で効果を発揮する必要がある．また，ホルモンはきわめて高い特異性をもって標的に結合するために，ごく少量で効果を発揮する．たとえば，コルチゾールは体中のほとんどすべての細胞の表面に存在するきわめて特異的な受容体に結合する．

コルチゾール，アドレナリン（エピネフリンともよばれる），およびノルアドレナリン（ノルエピネフリンともよばれる）は腎臓の上部に位置する 1 対の内分泌腺である**副腎**（adrenal gland）が産生する三つのホルモンである．このホルモンが放出されると，ストレスがかかったときに体の活動性を上げるために血糖値を上昇させるなどの多くのすばやい生理反応がひき起こされる．

一つのホルモン分子がその受容体に結合すると，最終的には標的細胞中の何千ものタンパク質を活性化するような一連の現象が動きはじめる（図 25・3）．コルチゾールが受容体に結合すると，発生，代謝や免疫応答に関与するような遺伝子の活性化に通じる経路が動きはじめる．単一のホルモン分子が多くのタンパク質や遺伝子を活性化するに至るような信号の増幅が起こるということは，少数のホルモン分子があれば，標的細胞にかなり大きな影響を及ぼすことができるということを意味している．こうした多くの細胞への効果を通じて，ホルモンは全身に強力な影響を与えることができるのである．

ホルモン分泌細胞のなかには，副腎のような明瞭な内分泌腺を形成しないものもあり，それらは単一細胞または細胞の塊として，他の分化した組織や器官の中に埋込まれて存在している．たとえば，腎臓の主要な役割は血液を沪過することであるが，腎臓の中のある細胞は赤血球の産生を刺激するホルモンをつくっている．このように，内分泌腺と，腎臓のような他の器官の中に埋込まれた内分泌細胞が一緒になって，内分泌系が形成されている．

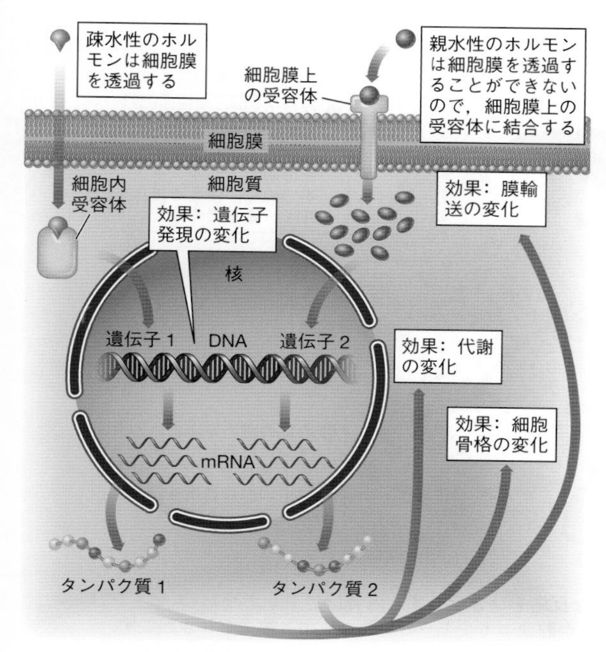

図 25・3 ホルモンの信号は細胞の中で増幅される． ホルモンは，特異性が高いということと，ごく少量のホルモンが標的細胞内に大きな信号を生じさせうるという理由から，低濃度でも効果を及ぼすことができる．

問題1 細胞外に存在するホルモンが，細胞内にシグナルを伝える方法を二つ答えよ．
問題2 細胞内において，いかにしてホルモンは細胞の活動性に変化を及ぼすことができるのか．

25・2 ホルモンと脳

研究チームの目的はホフの体の細胞検査だけではなかった．彼らはホフの体全体の免疫応答を測定し，彼の呼吸法や瞑想によってどんな変化が起こるかも明らかにしたかったのである．研究チームは，彼が氷の水槽に入ったところで，瞑想をして彼の呼吸法をやってみるように指示した．そして，内毒素を直接注射してみた．以前，健康な被検者に内毒素を注射したときには，被検者に高熱，頭痛，震えが生じるとともに，**サイトカイン**（cytokine）とよばれる，外界からの侵入者があったときに免疫系がつくり出すシグナルタンパク質の値が高くなった．

研究チームは，内毒素注射後にホフの血液中のホルモンとサイトカインの濃度を経時的に計ってみた．そして，それを事前に得ていた112人の被検者から得たデータと比較してみた．驚いたことに，ホフが彼の呼吸法を開始したとたんに，彼のコルチゾールとアドレナリンの血中濃度が急激に上昇した．そして，他のボランティアとは違って，ホフは全く内毒素による高熱，頭痛，震えなどの症状をみせなかった．そしてなんと彼の免疫応答の指標となる血液中のサイトカイン濃度は被検者群の半分以下だったのである．つまりホフは，一見自分の意思で自分の免疫系を抑えたかのようにみえたのである．

なぜこのようなことが可能になったのだろうか．研究チームの考えた可能性はこうだ．まず，脊椎動物の脳底に近い小さな脳領域である**視床下部**（hypothalamus）は内分泌系と神経系の調整を図る働きをもっている（図25・1参照）．視床下部には他の脳部位のニューロンやホルモンを産生する内分泌細胞と相互作用するニューロンが存在している．つまり，視床下部は脳と体をつないでいるといってよい．

こうした脳と体をつなぐ関係のよく知られた例が副腎である．脳からのストレス情報に応じて，副腎は血液中にアドレナリンを放出する．たとえば，ガラガラヘビを目の前にした人は，飛び上がって後ずさりするか，その場で立ちすくんでしまい，心臓がドキドキしてくる．この急激な反応は，神経系と副腎が何らかのつながりをもっているために生じる（図25・4）．まず神経系がヘビの視覚情報を処理して副腎に1秒の何分の一かの間に警報を送る．副腎はすぐにそれに反応してアドレナリンやノルアドレナリンを血液中に出す．アドレナリンは肝臓や骨格筋の細胞におけるグリコーゲンの分解を刺激し，血糖値を上げる．同時にアドレナリンは心拍数を上昇させて心臓の収縮力を高めて，急速に体中にグルコースを運ぶ．このようにして，ストレスの高い状況に反応して，すぐにグルコースをエネルギーとして使えるようにするのである．

すると，わずか数秒間のうちに，これらのホルモンは血液を送り出す量を増やし，グルコースの血液中への放出をひき起こし，“闘うか逃げるか(闘争–逃走反応)”という次の動作に備えるのである．ヘビに出くわしたときの例でいうと，自分自身を闘える状態にするか，走って逃げる状態にするかということである．しかし，アドレナリンとコルチゾールはグルコースを血液中に放出する以外にも別の働きをしている．研究の結果によると，ホルモンは免疫系の細胞の活動を抑える働きももつことがわかっている．

ホフは，実際のストレスがなくても，一見，神経系を活性化させてコルチゾールとアドレナリンの放出を高め，意識的に内毒素に対する免疫応答を抑制できるようにみえる．これは実に驚異的な発見であった．しかし，たった1人の症例報告だけでは，どのような生命現象の科学的な証拠にもなりえない．ホフの例は単なる例外なのかもしれないのである．実際に，おそらくホフはめず

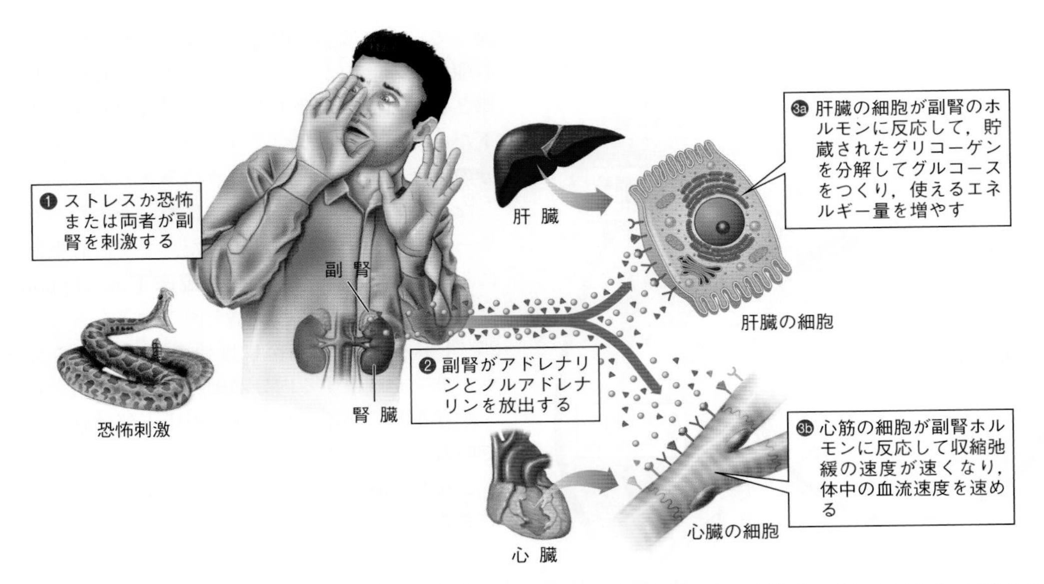
❶ ストレスか恐怖または両者が副腎を刺激する
恐怖刺激
副 腎
腎 臓
❷ 副腎がアドレナリンとノルアドレナリンを放出する
肝 臓
❸a 肝臓の細胞が副腎のホルモンに反応して，貯蔵されたグリコーゲンを分解してグルコースをつくり，使えるエネルギー量を増やす
肝臓の細胞
心 臓
心臓の細胞
❸b 心筋の細胞が副腎ホルモンに反応して収縮弛緩の速度が速くなり，体中の血流速度を速める

図 25・4　副腎のホルモンはストレスや恐怖に対する急速な反応をひき起こす． 副腎はアドレナリン(エピネフリン)やノルアドレナリン(ノルエピネフリン)を産生し，それが貯蔵エネルギーの急速な放出と輸送をひき起こす．

問題 1　図に書かれたもの以外に，アドレナリン放出をひき起こすような事例について述べよ．
問題 2　アドレナリンはどのような器官に影響を及ぼすか．

らしい遺伝的変異をもっているか，別の要因によって，自らの自律神経系や免疫系を制御することができるのであろうと研究チームは結論づけた．

しかし，ホフ自身は，自分は例外的な人間ではなく，彼のもつ技術を誰にでも教えることができるという．科学的にホフの主張を証明するためには，ホフ独自の鍛錬法により被検者に伝授してもらい，訓練を受けなかった被検者の対照群と免疫応答を比較できるようにする必要がある．このように，対照群をもった実験を行うことにより，彼の主張が，科学的証拠のもとで認められるようになるであろう．

25・3 先天的な生体防御

もしホフが正しく，免疫系を意識的に制御することが本当に可能ならば，この発見は免疫系に対するこれまでの理解を変えるだけでなく，自己免疫疾患を患う人や免疫過敏な人に希望を与えるであろう．

健康な場合，免疫系は，**病原体**（pathogen）とよばれるほとんどの感染性因子から体を守っている．ヒトの病原体には，ウイルス，細菌，原生生物のほか，一部の真菌類や寄生虫のような多細胞動物も含まれている．よく知られている例は，ヒト免疫不全ウイルス（HIV）というエイズ（AIDS）の原因となるウイルスである（p.260 のコラム参照）．

病原体は，体内へ侵入する方法を見つけた場合にのみ動物に感染する．病原体に対する第一の防御は，有害な生物やウイルスが内部組織に侵入する可能性を低くする**外部防御**（external defense）である．体の“内”と“外”を分ける層，たとえば皮膚や肺の粘膜は，大部分の病原体の侵入を防ぐ物理的障壁として働く．他の外部防御には化学物質（酵素など）や，侵入者が体表面についたり，そこで増えたりしないようにする化学的環境（酸性条件など）がある（図 25・5）．

大部分の病原体の侵入を外部防御により防ぐことができるが，それでもまだ体は脆弱である．鼻腔や他の体内部位の粘膜は，病原体が共通して侵入する場所である．切り傷，擦り傷，穿刺といった創傷はよく起こり，皮膚の裂け目を利用して多くの病原体が宿主に侵入する．

ひとたび体内に入ると，病原体は第二の防御である**自然免疫系**（innate immune system）の細胞や防御タンパク質と対決する．侵入した病原体を殺したり，無力化したり，あるいは隔離したりする内部防御を開始するためには，まず，体は侵入者の存在を認識しなければならない．無意識ではあるが，健康な体は，外部の侵入者（非自己）を自分自身の細胞（自己）と区別することができる．もし自己と非自己を区別できなければ，自分の細胞を誤って攻撃し，関節リウマチのような自己免疫疾患

（免疫細胞が関節を囲む膜の内層を攻撃する）や1型糖尿病（免疫細胞がインスリンを産生する膵臓を攻撃する）になってしまう．

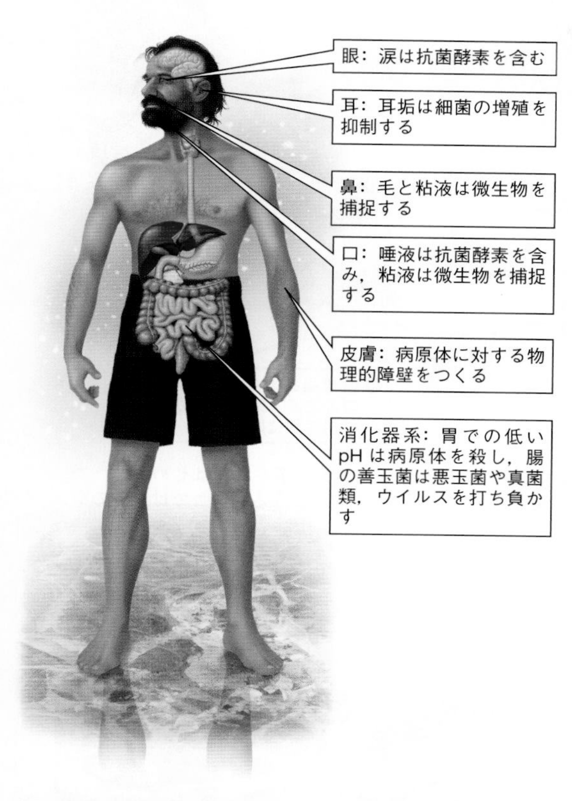
眼：涙は抗菌酵素を含む
耳：耳垢は細菌の増殖を抑制する
鼻：毛と粘液は微生物を捕捉する
口：唾液は抗菌酵素を含み，粘液は微生物を捕捉する
皮膚：病原体に対する物理的障壁をつくる
消化器系：胃での低いpHは病原体を殺し，腸の善玉菌は悪玉菌や真菌類，ウイルスを打ち負かす

図 25・5　免疫系の第一の防御は，病原体の侵入を防ぐことである．皮膚と，呼吸器系および消化器系の粘膜は，病原体に対する物理的および化学的障壁をつくる．

問題1　動物が病原体の侵入を防ぐために使うおもな物理的障壁は何か．
問題2　消化器系にある化学的防御の例をあげよ．

ホフが主張するように，意のままに免疫系を抑える方法があれば，自己免疫疾患の患者は，厄介な免疫系を制御するために高価な薬物療法を使わなくてもすむかもしれない．

25・4　自然免疫

研究チームは，ホフが自然免疫を意識的に制御することを他の被検者に短期間で伝授できるとは考えていなかった．しかし，ホフは短い訓練で十分であると主張した．参加者にとっては，容易な訓練ではなかった．18人の若くて健康な男性被検者が，4日間以上ポーランドの山に連れて行かれ，さまざまな方法で寒さにさらされた．裸足で30分間雪の中に立ったり，上半身裸で20分間雪の中に横たわったり，冷たい水の中で毎日数分間泳いだり，半ズボンと靴だけで雪山を登ったりした．ホフは彼らに瞑想と，深い吸息と呼息を含む呼吸法も教えた．

18人全員が訓練を完了し，そのうち12人が無作為に選ばれ，実験の最終部分を行うために研究室に戻った．意識的に免疫応答を調節できるかを調べるため，彼らは内毒素にさらされた．その結果を，対照群の訓練を受けないで内毒素にさらされた12人の健康な人の結果と比較し，ホフが自然免疫系の活動を制御することを人に教えられるかどうかを研究者たちは最終的に検証したのである．

自然免疫系は，招かれざる客を排除するため，防御の細胞やタンパク質を活性化することにより自己ではない細胞や分子に反応する．白血球の一種，**食細胞**（phagocyte）とよばれる一連の病原体を認識する細胞群は，外来侵入者を認識し，貪食・消化することにより破壊する（図25・6）．

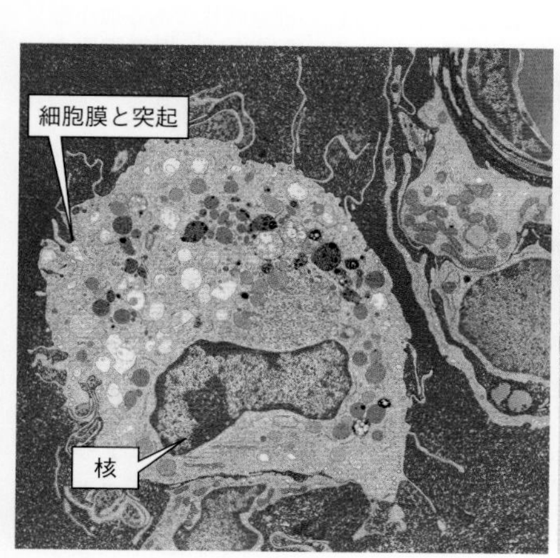
細胞膜と突起
核

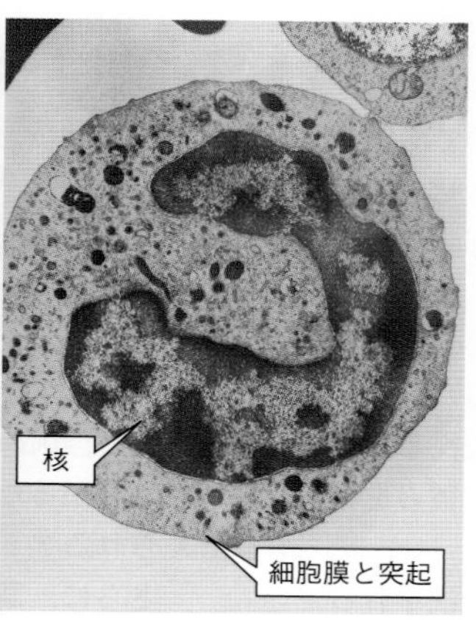
核
細胞膜と突起

図 25・6　食細胞は，病原体を貪食して破壊する．食細胞は，血液などの体液中の免疫細胞である白血球の一種である．食細胞は，血液中で侵入した病原体を捕まえる．マクロファージと好中球の2種類の食細胞を色づけした透過型電子顕微鏡写真(TEM)．（左）マクロファージは比較的大きく，病原体を貪食するのに1時間以上かかることもある．（右）好中球は抗菌物質を使って病原体を攻撃する．

問題1　最も包括的な用語から順に並べよ．
［好中球，白血球，食細胞，自然免疫系］
問題2　自然免疫系が自分の膵臓のインスリン産生細胞を“非自己”と認識すると，なぜ問題になるのか．

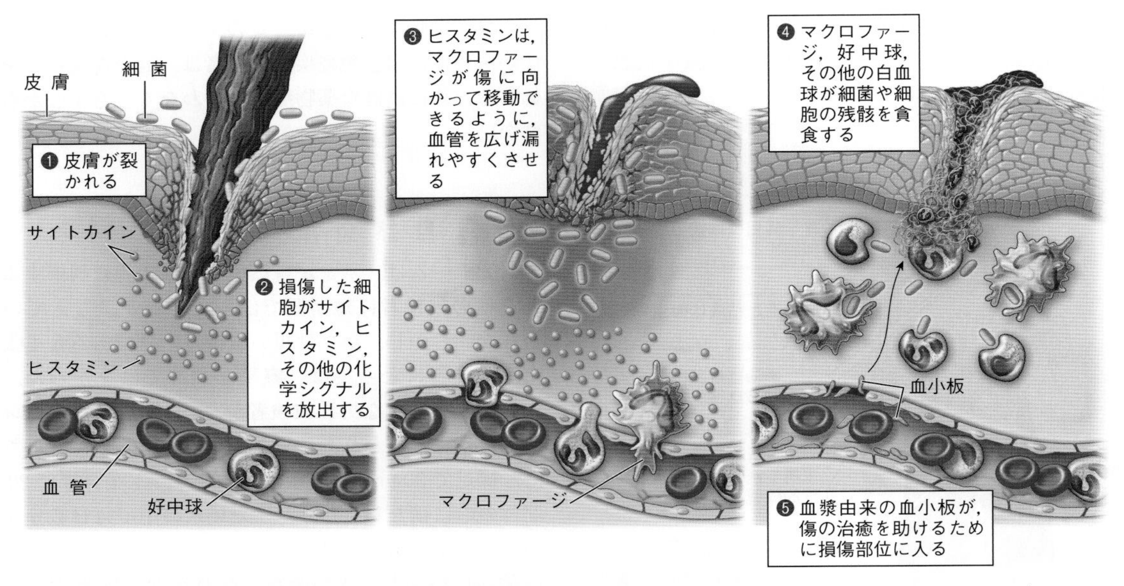

図 25・7　侵入した病原体に対して炎症反応が起こる． 細胞の損傷が検出されて自然免疫系が働きはじめると，炎症が起こり，損傷した組織を除去し，病原体の拡散を防ぐ．炎症は体内のどこでも起こりうる．ここでは皮膚の穿刺創に続く炎症反応を示す．

問題 1　炎症において白血球が果たす役割は何か．
問題 2　炎症が“非特異的”免疫応答とよばれるのはなぜか．

この免疫応答は，侵入した病原体に対して防御に必要な構成成分が常に配備されているため，自然（先天的）であるといわれている．自然免疫は，侵入部位で起こる局所的なものもあれば，全身を含む包括的なものもある．外部防御系のように，自然免疫は無差別に外来侵入者を撃退するため，**非特異的応答**（nonspecific response）と考えられている．自然免疫系は，無脊椎動物と脊椎動物の両方に存在する古くからある防御機構である．

自然免疫系には，侵入者に対する防御の他に二つの重要な役割がある．一つは，**炎症**（inflammation）として知られる，即時に協調的な一連の現象を起こすことにより，病原体の侵入や傷による組織損傷に反応することである（図 25・7）．サイトカインは炎症の明確なマーカーなので，免疫系の活動を測るよい指標である．二つ目の役割は，傷を塞ぐために血液を凝固させることである．開いた傷が塞がれば，失血が減り外部防御障壁の完全性が回復する（図 25・8）．

図 25・8　血栓は，傷に存在するかもしれない病原体の拡散を防ぐのに役立つ． 粘着性の細胞断片である**血小板**（platelet，水色）と凝固タンパク質（黄）は，血液細胞を捕捉するゲル状の網目を形成し，壊れた皮膚を塞ぐ血栓をつくる．組織の損傷が起こってから 15 秒後には，凝固を開始できる．最終的には，新しい組織の成長がより持続的に傷を修復する．

問題 1　血液凝固が重要な免疫応答であるのはなぜか．
問題 2　炎症反応と血液凝固はどのように似ているか．

24 人の参加者（12 人の訓練生と，12 人の訓練を受けなかった対照群）の自然免疫応答を調べるため，研究者たちは参加者に内毒素を注射し，6 時間監視した．実験中にホフは訓練生を訪れ，呼吸法を通して彼らを指導した．

結果は明らかであった．注射後も，呼吸法を行っている間も，訓練生のほうが対照群よりもアドレナリンの濃度が高かった．はじめてのバンジージャンプによってつくられるアドレナリンの濃度よりも高かったのである．

さらに，訓練生ではインフルエンザのような症状が乏しく熱も低く，免疫系のシグナルタンパク質で炎症のマーカーであるサイトカインは，対照群の半分以下の濃度しかなかった．この説得力ある結果は研究者を驚かせた．自己免疫疾患の新たな治療法につながるかもしれない結果であった．

25・5 適応免疫(獲得免疫)

研究チームは，免疫系の第三の防御には取組まなかった．外部防御や自然免疫系の広範な反応とは対照的に，より複雑な**適応免疫系**（adaptive immune system，**獲得免疫系** aquired immune system）は侵入者に合わせて特異的に作用する．ホフが適応免疫を制御できるという証拠はまだない．

適応免疫は，単に何かを非自己として認識するというよりも，分化した防御細胞がある系統の病原体だけを認識し，**特異的応答**（specific response）を活性化するような訓練を受けている．適応免疫系は，免疫系と循環器系の両方に重要なリンパ系をもとにし，おもに体液性免疫と細胞性免疫の二つに分けられる（図25・9）．

体液性免疫（antibody-mediated immunity）は，侵入者を認識して攻撃するために，**抗体**（antibody）とよばれる強力なY字形タンパク質を用いる．抗体は，病原体表面の非自己マーカーである**抗原**（antigen）を認識し，破壊するために病原体を標識する．骨髄でつくられて成熟した**B 細胞**（B cell）という分化したリンパ球は，認識された病原体を特異的に狙って1秒間に数千もの抗体をつくる．

細胞性免疫（cell-mediated immunity）は，がん細胞（がんの詳細は6章 p.69 のコラム参照）と同様に，ウイルスのような病原体に感染した細胞を認識する．骨髄でつくられ胸腺で成熟したリンパ球である **T 細胞**（T cell）は，感染細胞表面のマーカーを認識し，その後，他の細胞に病気が広がらないように感染細胞を殺す．

自然免疫と比べて，適応免疫は起動が遅い．しかし，特別な侵入者を攻撃する驚くべき選択性のため，動物の防御系のなかで最も精巧かつ効果的である．

適応免疫には二つの段階がある．ヒトが特別な病原体に全くはじめてさらされたとき，**一次免疫応答**（primary immune response）が活性化される．この応答は，十分に稼働するまでに時間がかかる（ときには2週間以上）．この遅い開始と，病原体のとても速い増殖のため，攻撃的な病原体にはじめて感染した人は，ときには競争に負け，病気になって死ぬことがある．そのため，はじめて

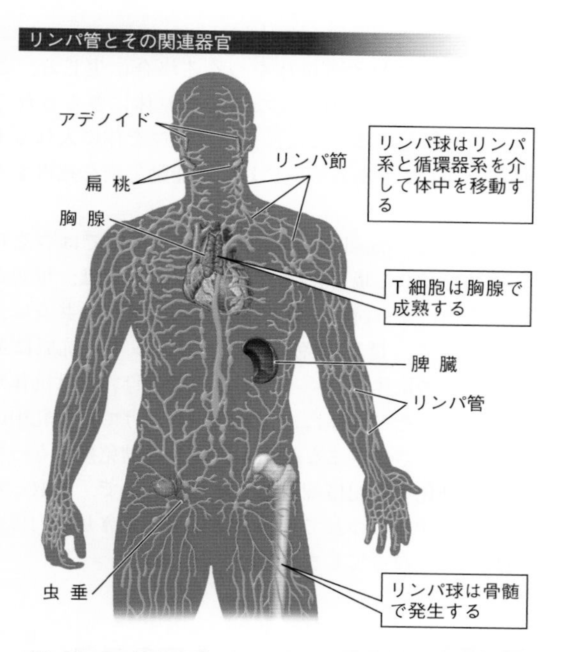

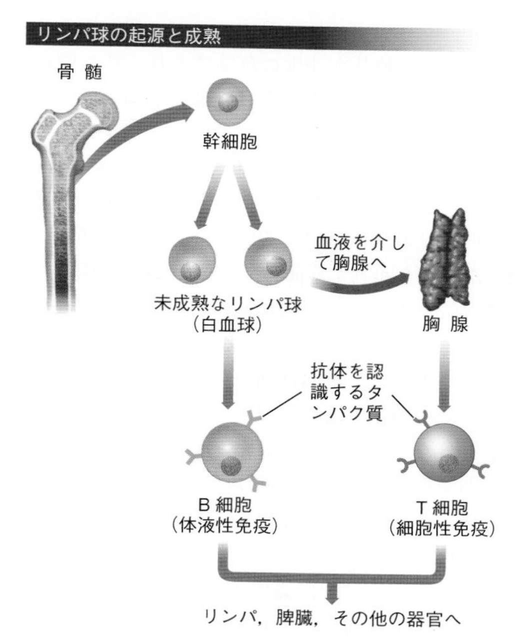

図 25・9 適応免疫はリンパ系に存在する．リンパ系(lymphatic system)は，リンパ管，リンパ節および関連器官からなる(左)．**リンパ球**(lymphocyte)は骨髄の幹細胞に由来する(右)．B 細胞は骨髄で，T 細胞は胸腺で成熟する．リンパ球はリンパ系や循環器系を循環し，リンパ節と，脾臓，虫垂，扁桃などの他の器官に蓄積する．

問題1　B 細胞，T 細胞と名づけられたのはなぜか．
問題2　この免疫系はどのような方法で“適応”しているか．

HIVの感染防止と治療法の現在

1980年代初頭，同性愛者の男性がカポシ肉腫とよばれる皮膚がん，まれな肺炎，大部分の人は通常罹らない感染症など，さまざまなめずらしい病気で死にかけていることに，米国の医師たちは気づきはじめた．後天性免疫不全症候群(acquired immunodeficiency syndrome，エイズ AIDS)と名づけられた症候群の患者では，ヒト免疫不全ウイルス(human immunodeficiency virus: HIV)とよばれるウイルスに感染した結果，免疫系が壊れたことが1980年代半ばまでに明らかとなった．

北米と欧州では急速に症例数が増加し，毎年何万人もの人々の命が奪われた．はじめは，大部分の症例は，同性愛者の男性，静脈内薬物の使用者，輸血を受けた人に限られていた．彼らの共通の特徴は，他人の血液や体液との接触であった．

やがて安全な性教育と無菌針プログラムにより同性愛者や輸血患者の感染率は減少したが，ウイルスは他の集団に広がった．流行がはじまって以来，世界中で推定3500万人がエイズ関連の病気で亡くなった．2015年には，わずか1年間で110万人がエイズで死亡し，3670万人がHIVを患った．

HIVは血流内で免疫細胞に侵入して繁殖し，最終的には非常に多くの免疫細胞を殺して生体防御が損なわれる．短期的には残った免疫細胞がHIVに感染した細胞を追跡して破壊するので，HIVに感染した大部分の人は，発症前の約10年間は治療しなくても正常な健康状態を保つことができる．

しかし，時間が経つにつれて体内でHIV粒子は進化し，免疫細胞はもはやウイルスを認識せず殺せなくなってしまう．HIV粒子の集団は増加し，免疫細胞が増殖できるよりも速く細胞を破壊しはじめる．体にはもはや細菌，酵母，他のウイルスによる感染を撃退するのに必要な免疫細胞がなく，ひとたび免疫系が壊れると，ほとんどすべての感染に対して無防備になってしまう．

これまでのところ，HIVに有効なワクチンや治療法はない．しかし，さまざまな新薬によりエイズ患者は，かつてよりも軽度の症状で長く生きることができる．“カクテル療法”とよばれる標準的な治療薬の混合物は，ウイルスの遺伝物質の複製を抑え，ウイルスが細胞膜と結合して細胞に侵入するのを防ぐ．しかし，この薬は非常に高価であるため，現時点で病気の蔓延を遅らせる最善の方法は，依然として性教育や無菌針プログラムである．

の感染はどの病原体も非常に危険であり，その闘いにおいては自然免疫の非特異的応答のほうが効果的であるかもしれない．

適応免疫ならではの特徴は，**免疫記憶**（immune memory）という，特異的な病原体との最初の遭遇を記憶し，同系統の病原体による将来の感染に迅速かつ標的を絞った応答を起動する能力である．この“記憶”は，はじめて病気を患った後，同系統の病原体による攻撃に対して免疫になることを可能にするものである．たとえば，一度麻疹に罹ると，次回は適応免疫系がウイルスを認識してすぐに根絶するため，二度と麻疹ウイルスで病気になることはない．これは，免疫記憶は生まれつきもっているものではないことを意味する．各人がさまざまな病原体にさらされ，時間をかけて免疫記憶をつくらなければならないのである．

免疫記憶のおかげで，適応免疫系は，2度目に遭遇する病原体にはより速く，より劇的に応答する．適応免疫系が整ってすぐに応答できる2度目の遭遇が，**二次免疫応答**（secondary immune response）である．

適応免疫は，能動か受動のどちらかの方法で獲得される．特別な病原体に対する**能動免疫**（active immunity）は，外部の供給源から抗体を受取るのではなく，自分でその病原体に対する抗体をつくる場合に生じる．これは，麻疹ウイルスのようなある病原体にさらされるとき，自然に起こる．また，無害な抗原を体に入れる予防接種を通じて，ある病気に対する能動免疫を獲得することもできる．

受動免疫（passive immunity）は，自分ではつくらない抗体を受取る場合に生じる．ヒトの胎児は，母親との血液交換により抗体を獲得する．この抗体の共有は，出生後も続く．母親の免疫系は生涯に多くの抗原に遭遇し，多くの抗体をつくっているので，母乳には抗体が豊富である．その抗体に富む母乳のおかげで，授乳中の赤ちゃんは，さまざまな病原体に対し受動免疫をもっている．受動免疫は記憶細胞をつくらないので，受取った抗体が分解するにつれて，通常は数週か数カ月以内に受動免疫はなくなってしまう．

25・6 神経系を介した免疫の制御

2014年，研究チームは，世界で最も重んじられ引用される査読付論文誌の一つ，『米国科学アカデミー紀要』に実験結果を発表した．ホフの三つの技術，寒さへの曝露，呼吸，瞑想のうちどれがアドレナリン放出とそれに続く免疫抑制のおもな原因であるのか，それはどのように作用するのか，追跡研究が行われているが，まだ解明されていない．

ホフの技術が自己免疫疾患の患者を助けるかについても議論の余地がある．訓練は若くて体調がよい男性には効果的であったが，すでに器官系が損なわれた高齢の自己免疫疾患の患者に効果があるかは不明であり，現時点では訓練は勧められない．しかし，ホフの技術を使い，自律神経系を調節して免疫応答に影響を与えられることを実証できたことは，研究者たちにとって驚きであった．

章末確認問題

1. ホルモンとは何であるか．
   (a) 分泌細胞　(b) 内分泌腺
   (c) シグナル分子　(d) 標的細胞
2. ホルモンにあてはまらないものはどれか．
   (a) 体液を介して分布する
   (b) 有効であるためには大量に存在しなければならない
   (c) 分化した細胞によって産生される
   (d) 標的細胞に作用する
3. アドレナリンにあてはまるものはどれか．
   (a) 副腎で産生される
   (b) 血流のグルコース量を増やす
   (c) 免疫系の活性を抑制する
   (d) 上記のすべて
4. 病原体に対する免疫系の第二の防御はどれか．
   (a) 自然免疫系
   (b) 適応免疫系
   (c) 病原体侵入への物理的および化学的障壁の組合わせ
   (d) 上記のすべて
5. 自然免疫系の一部ではないものはどれか．
   (a) 食細胞　(b) 抗体
   (c) 炎症　(d) 血液凝固
6. 左の各用語の最も適切な定義を右から選べ．

適応免疫応答	1. ホルモンを産生する腺および分化した細胞
内分泌系	2. 病原体に非特異的に応答する血液細胞および分子
自然免疫応答	3. 内分泌系を協調させ，神経系と統合する脳の領域
視床下部	4. リンパ系に集中した病原体に対する長期的防御

7. 体液性免疫の特徴にはAを，細胞性免疫の特徴にはCを付けよ．
   ____a. 免疫応答は，病原体を同定するY字形タンパク質に依存する
   ____b. B細胞が，病原体に特異的なタンパク質を産生する
   ____c. 胸腺で成熟したリンパ球が，感染した細胞を同定する
   ____d. 病原体の抗原が，非自己として識別されるようにする
   ____e. 感染が他の細胞に広がらないように，感染した細胞が破壊される
8. 正しい用語を選べ．
   病原体にはじめてさらされると，[一次／二次]免疫応答が活性化される．病原体に対する[一次／二次]免疫応答は，より強くより速い．病原体に対する抗体を自身でつくるとき，その病原体への[能動／受動]免疫が獲得される．[能動／受動]免疫は，出生前や授乳中の母親のような，他人がつくった抗体によって獲得される．ワクチンによって与えられる免疫は，[能動／受動]免疫の一例である．
9. 認識された脅威(たとえば，クモとの遭遇)からはじめて，ストレス反応の出来事が起こる順に並べよ．
   (a) 反応を起こすため，標的細胞がホルモンのシグナルを増幅する
   (b) 肝臓はグリコーゲンをグルコースに分解し，心臓は収縮の速度と力を増す
   (c) アドレナリンが肝臓と心臓の標的細胞に到達する
   (d) 脅威が存在することを，視床下部が副腎に伝える
   (e) 副腎がアドレナリンを血流に放出する

26 植物の生理

本章のポイント

- 植物の組織，器官，器官系の構造と，それらの機能
- 植物の生存，成長，生殖のしくみ
- 植物と動物の成長を比較
- 植物が特定の栄養素を獲得する方法
- 植物の一生における世代交代のしくみ
- 植物が受粉する方法と，花の構造との関係性
- 植物が種子を拡散する方法と，種子の拡散への果実の寄与

26・1 新たな穀物をつくり出す試み

私たちが穀物を植えて収穫する方法（農法）は，持続可能であるとはいいがたい．私たちが利用できる淡水の70％は灌漑のために使われている．森林破壊や過剰な放牧，そして土地の浸食や土壌汚染をまねくような未熟な農法などにより，農地は生産性を失いつつある．世界中の主食の生産量は頭打ち状態である．世界中の人口が次の50年の間にさらに30億人増えるとすると，これは深刻な危機となりうる．

私たちには新たな穀物が必要だ．今日米国でつくられている一般的な穀物であるトウモロコシ，コムギ，ダイズなどは，私たちの祖先によって何千年も前に，生産量が高くて収穫しやすく植えやすい穀物として栽培できるようにしたものである．しかし，これらの穀物は持続可能性を満たすような需要には応えられなくなりつつある．これらの穀物は，育てるのに大量の水，肥料，殺虫剤を必要とするうえに，気候変化や害虫や病気に弱い．つまり，これらは効率の悪い繊細な作物といえるのだ．

残念なことに，人間はずいぶん前に，新たな穀物を栽培可能にする努力をしなくなってしまった．したがって，地球上には，5万種以上の食用植物も含めて，30万種を超える多種多様な植物がいるにもかかわらず，食糧の95％をわずか30種類の食用植物に頼ってしまっている．

地球上の25万種を超える植物が**顕花植物**（flowering plant，**被子植物** angiosperm）に属する．世界中で，人々はそのカロリーの80％以上をイネ科の植物（コムギ，コメ，トウモロコシ），マメ科植物（エンドウ，ダイズ，ピーナッツ），そしてジャガイモやサツマイモなどから得ている．これらはすべて顕花植物である．しかし，気候変動が農業に影響を与え，気温上昇や，悪天候，病気の増加などをひき起こし，地球上の人口が増えるにつれて，私たちは，もっと丈夫で豊富な収穫のある穀物を必要としている．これは科学が直面する大きな課題である．

26・2 植物の基本構造

持続可能な代替農作物を育てる目的でつくられたカンザス州のランド研究所に2001年に加わった農学者に，野心的な長期計画が与えられた．それは，毎年育つ野生のイネ科植物を新たな種類の穀物として栽培できるようにする，という計画であった．

植物は，その生活環に基づいて，一年生植物，二年生植物，多年生植物の三つのカテゴリーに分けられる．

- **一年生植物**（annual plant）はその一生を1年で終える．顕花植物においては，一年生植物は，種子から成長した植物になり，花を咲かせ，次世代を開始する種子をつくれるまで育つのに1年しかかからない．一年生植物は毎年植える必要がある．
- **二年生植物**（biennial plant）は1年で育って成長するが，最初の年は生殖をしない．生殖は成長の2年目に起こる．二年生植物は2年後には植える必要がある．
- **多年生植物**（perennial plant）は3年以上生き，なかには100年または1000年以上生きるものもいる．か

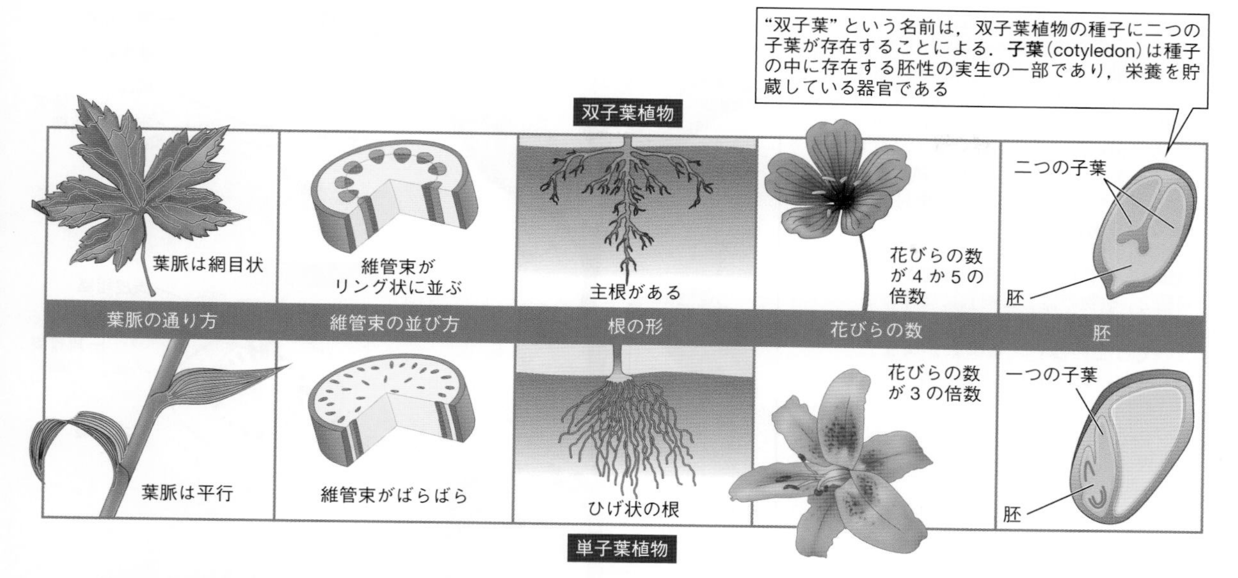

図 26・1 単子葉植物と双子葉植物．伝統的に，顕花植物は，その外部形態と内部構造から，二つのおもなグループである単子葉植物と双子葉植物に分けられてきた．双子葉植物のほうが，単子葉植物より大きいグループであり，マメ類，カボチャ，ナラやバラなどを含む約 175,000 種にのぼる．単子葉植物はすべてのイネ科植物，ユリ科植物，ヤシの木，バナナの木などを含む．

つて地球上で草地を形成していた多年生植物は，1 年を通じて枯れることなく，栄養素循環や水分の管理上，大変効率がよい．

コムギ，トウモロコシ，コメ，ダイズ，これらはすべて一年生植物である．私たちの祖先は一年生植物を育てることの利点を見つけていた．つまり，一年生植物は多年生植物に比べるとより多くの種子をつくるので，それを毎年植えて育てることで，早く栽培品種化できるようになる．しかし，多年生植物も別の利点をもっており，この農学者は，まさにその利点を使って，多年生植物を食糧穀物として栽培しようとしたのである．まず，多年生植物は一年生植物のように**根**（root）を毎年成長させてエネルギーを無駄遣いするようなことはしない．その代わりに，多年生植物は長い根を土中深くまで伸ばして，そこに何年間もしっかりと根づくのである．こうした根のおかげで多年生植物は一年生植物よりも効率的に水や栄養素を吸収することができる．また，これらの根は雑草よりも競争力があるため，多年生植物を育てるには除草剤をあまり必要としない．深い根はまた土中の炭素をよく保持するため，**炭素シンク**（carbon sink）として働くことができる．

顕花植物はまた，単子葉植物と双子葉植物に分けることができる（図 26・1）．コムギ，コメ，トウモロコシなどの穀物を生産する植物は**単子葉植物**（monocot）であり，繊維質で枝分かれの多い根をもつ．ダイズやナラなどは**双子葉植物**（dicot）であり，まっすぐな太い主根をもつ*．

根は植物体の一部であるが，脊椎動物の体に比較すると，植物体の構造は単純である（図 26・2）．植物体は，表皮組織，基本組織，維管束組織の三つの基本的な種類の組織からなる．

- **表皮組織**(dermal tissue)： 植物の最外層を形成しており，外界の環境から植物を守り，植物内外の物質の流れを調節する．
- **基本組織**(ground tissue)： 植物の中間層を形成し，植物体の大部分を占めると同時に物理的な支持や傷の修復，光合成などを含む幅広い機能を司る．
- **維管束組織**(vascular tissue)： 植物体の中心部分にみられ，植物体の中を端から端まで通る，積み重なった細胞の形成する長い連続した管状の組織で，根やシュートの器官すべてをつないでいる．**師部**（phloem）として知られる維管束組織は，葉でつくられた糖分を，そこから植物のさまざまな場所で生きている細胞に運び込む．一方，**木部**（xylem）は土壌から吸

* 訳注： 単子葉類は単系統群だが，双子葉類は単子葉類の分岐以前に分岐したものと，それ以降に分岐した真正双子葉類に区別される．

図 26・2　植物体の成り立ち． 植物体は三つの異なる種類の組織（表皮組織，基本組織，および維管束組織）からなり，三つの種類の器官を形成している（根，茎，そして葉）．地下では，植物は古い根を伸ばすと同時に側方に新しい根を形成する．地上では，植物は新たな芽-茎-葉のモジュールを付け加えながら成長する．

問題 1　維管束組織の機能は何か．
問題 2　植物の器官は細胞に葉緑素が含まれていれば緑色である．図においてはどの器官に葉緑素が含まれていないか，理由とともに答えよ．

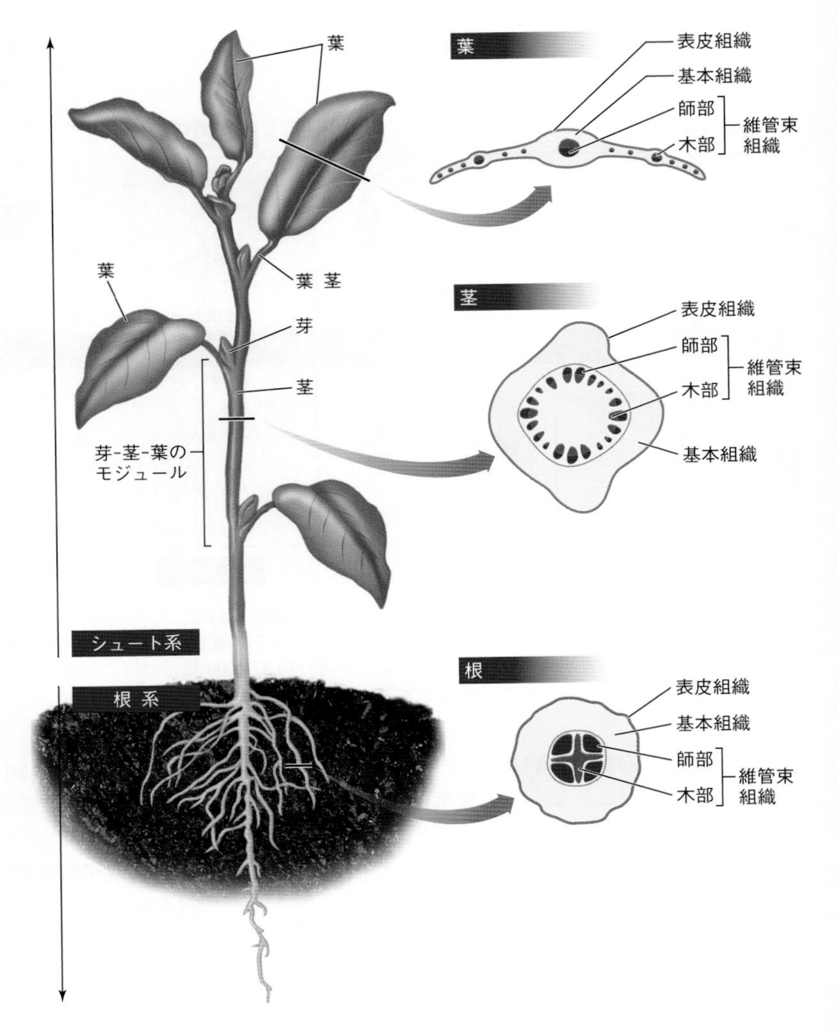

収された水やミネラルを根から上方へと運び，葉から外に出す．

野生で花を咲かせる多年生植物の中間ウィートグラス *Thinopyrum intermidium* を栽培品種化するというこの試みは，最初はメインプロジェクトではない研究計画としてはじまった．干し草や牧草として使われる中間ウィートグラスは米国西部やカナダで野生として育っている．秋には緑色で背の高い細いシュートを伸ばし，春から夏にかけて黄金色になり，長い根を地下深くまで伸ばす．

顕花植物の植物体は，中間ウィートグラスであれ，トウモロコシであれ，バラであれ，地下部の根系と地上部のシュート系の二つの基本的な器官系に分けられる．これら二つの器官系は，根は土の中，シュートは空気の中という二つの異なる環境における生命活動に対して特化している．

根系（root system）は植物を土中にしっかりとつなぎ止め，水分や養分を土壌から吸収し，養分と水を運び，養分をたくわえることもある（図 26・3）．**根毛**（root hair）は表面積を十分に広げることにより，植物が水分や養分を吸収できるようにしている．一年生植物は一般に短い根を生やしている．多年生植物はより長い根を生やしていて，種によって違うが，毎年ずっと残っている．

根は植物の三つの基本器官の一つである．他の二つの器官は，茎と葉であり，それらは**シュート系**（shoot system）を形成している（図 26・4）．**茎**（stem）は植物に構造的な強度を与えるとともに栄養や水分を運び，葉が光をうまくとらえられるように支えている．多くの植物の茎の細胞は光合成を行うことができるが，大部分の糖分は**葉**（leaf）における光合成でつくられる．葉は

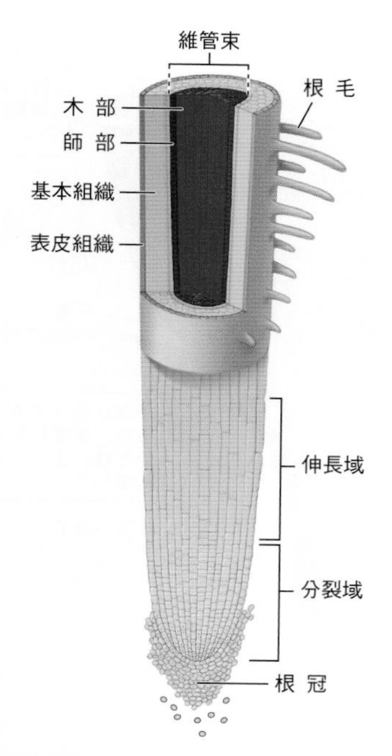

図 26・3 **根系.** 根は表皮組織から，水分と養分の吸収を助ける多くの根毛とよばれる多くの突起物を伸ばしている．

問題 1 根はどのようにして植物を安定させているのか．
問題 2 問題 1 を踏まえて，より過酷な気候条件では，一年生植物と多年生植物のどちらがより安定していると予想されるか．理由とともに答えよ．

光のエネルギーの捕捉を最大限にするために，太陽光を捕捉できる広い表面を提供している．コムギや中間ウィートグラスは茎から伸びる長くて尖った葉をもっている．それぞれのシュートの先端と葉の基部には芽がある．条件がよければ，芽は新たなシュートや花をつくる．

花（flower）は雄性および雌性配偶子をつくる構造を内部に収めており，多くの種において精子をもつ花粉が雌の生殖器に届けられることを促進している（図 26・5）．花の子房は受精の後に発達して果実となり，果実は種子をきわめて効率的に拡散させるのを助けている．

葉の外層は表皮組織でできており，そこにはガス交換を調節するための**気孔**（stoma）がある．植物は光合成に必要な二酸化炭素を取込むために気孔を開く．気孔が開くと酸素が放出され，蒸散によって水を失う．たいていの植物は日中に気孔を開いて夜に閉じることによって，光合成ができないときには水分を保つようにしている．水の供給が不十分なために水分ストレスを受けている植物は，日中の時間帯でも，水分を保つために気孔を閉じる．中間ウィートグラスやその他の深い根をもつ多年生植物は，地中から水分を抽出するために地下に根を網目状に張り巡らしているため，水分を損失することはまれである．それでも，暑い夏の間には休眠状態になって気孔を閉じる．

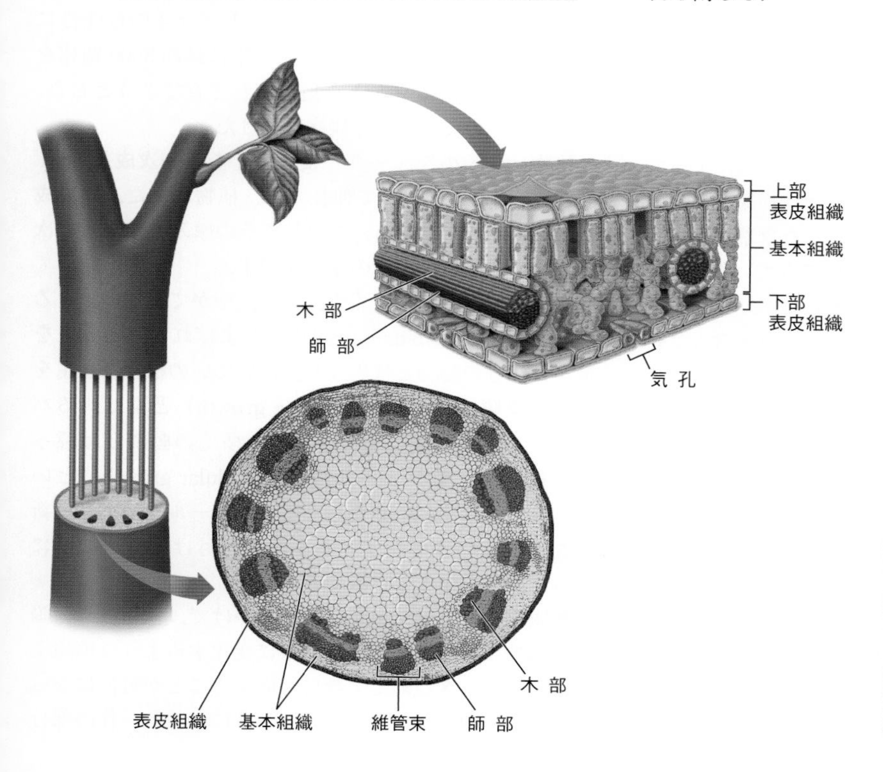

図 26・4 **シュート系.** 葉は光合成によって植物の栄養の大部分を生産している．茎は植物の構造的な支えとなっているが，限られた量の光合成しか行わない．

問題 1 シュート系の中で，芽，茎，葉のどの部分が花を咲かせるか．
問題 2 図の中で気孔はどこにあるか．葉の中におけるその位置にはどのような機能上の重要性があるか．

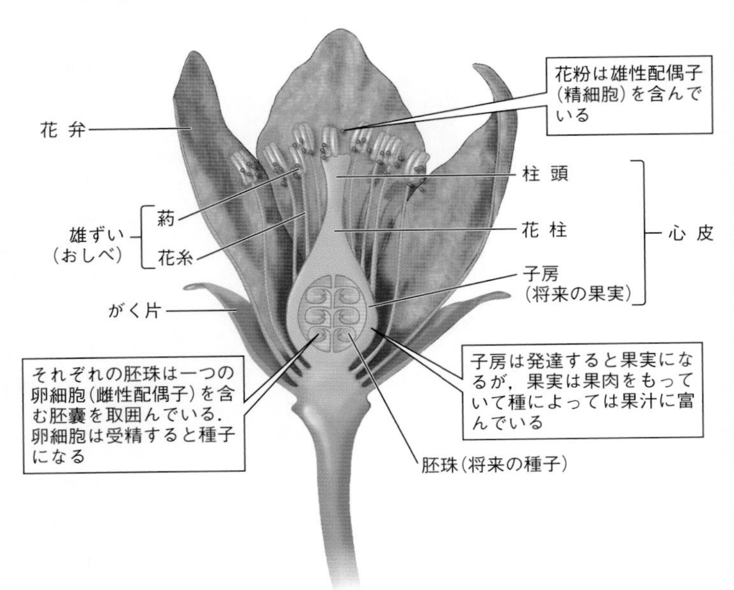

図 26・5　花は四つの輪生体からできている． 花の各部は同心円状の輪である輪生体が配置されてできている．典型的な花は，最も外側の輪生体から内側に向かって，がく片，花弁，雄ずい（おしべ），心皮の四つの輪生体からなる．（花のすべての花弁を集合的に花冠とよぶ．すべてのがく片の集合的な名称はがくである．）

26・3　植物の成長と機能調節

有機農業を研究しているペンシルバニア州ローデール研究所が，100 種近くの多年生植物について種子のサイズ，風味，収穫効率などを評価した 1983 年に，中間ウィートグラスははじめて農学者たちの注目を浴びることとなった．中間ウィートグラスは丈夫で，現在知られているどのような害虫や病気にも耐性があるということで，最有力候補として浮上した．

作物は病原菌に対して闘うすべをもたないので，病気に強いのは重要なことである．たとえば，20 年前には，赤カビ病とよばれる糸状菌によって起こる病気によってミネソタ州のオオムギは全滅した．植物は病原菌や捕食者からの攻撃を受けやすいので，こうした攻撃を抑止するためのさまざまな機構を発達させてきた（図 26・6 左）．棘などの物理的な防衛手段だけでなく，多くの植物は植食性動物に対して毒性をもつ化学物質を含んでいる．タバコの煙の中に含まれる常習性の化学物質であるニコチンは捕食者である昆虫からタバコ植物を守っている．カフェインは捕食者となりうる動物からコーヒーや茶の葉や種子を守っている．植物はまた感染のもととなる病原菌を殺すような抗菌作用のある化学物質を体内に循環させたり分泌したりしている．

自分自身の身を守るために化学物質を使うのに加えて，植物は**ホルモン**（hormone）とよばれる化学物質をつくり，成長や生殖に必要な体内の活動を調整している（図 26・6 右）．ホルモンは非常に低濃度で活性をもっている（ホルモンについては 25 章参照）．

中間ウィートグラスが他の多年生の草よりも害虫に耐性があってより良質の種をつくることが証明された後に，ローデール研究所は世界中からこの植物の株を集めはじめた．12 年以上もの間，研究者たちは株を育て，最も優秀な 20 株を選び，さらに最良の 14 の植物個体を同定した．ランド研究所の若手研究者はローデール研究所の 14 個体の種を受取り，中間ウィートグラスの可能性について色々と調べてみた．最初の年には約 3000 個体を育てて多様な個体を大きな集団として育てようとした．そして，その後の成長を観察し続けた．

植物は，そのシュートと根が長くなる**一次成長**（primary growth）によって伸長する．植物はまた，**二次成長**（secondary growth）を通じてその厚みも増す．二次成長では茎と根の両方の厚みが増す．

生まれてすぐに大きく成長して，やがて成長の止まる**有限成長**（determinate growth）とよばれるパターンを示す大部分の動物とは異なり，たいていの植物は一生を通じて**無限成長**（indeterminate growth）とよばれるパターンで成長を続ける．さらに，多くの動物とは違って，植物は，**モジュール成長**（modular growth）という，地上では芽-茎-葉からなるモジュール，地下では新たな側根というモジュールを繰返し付け加えることによって成長をすることもできる．

無限成長とモジュール成長のおかげで，植物は，太陽光，水分，栄養素などの量が常に変化するような環境条件に対して，きわめて柔軟に対応することが可能になっている．植物は，条件が良好なときには新しい体の部分

植物は外界の環境に対して三つの方法で防衛を図る
❶ 丈夫な外層が植物を水分の損失や寒暖ストレスから保護し，病原体の体内への侵入を防いでいる．棘やその他の防御手段が捕食者を遠ざけている
❷ 植物は，広範囲に効く抗病原体や植食性動物が忌避するような化学物質などの非特異的な化学的防御手段を備えている．そのようなものの例として，植物体の他の部分に，化学物質をつくって自らを防御するためのシグナルを送るホルモンなどがある
❸ 植物は，特異的な化学的防御手段ももっている．たとえば，病原体のもつ遺伝子に対して相補的に反応するようないくつかの遺伝子をもっている．特定の病原体を検出したときには，特異的に毒として働く化学物質などの自己防御物質を放出する
五つのおもなホルモンが植物の内部環境を調節している
❶ **オーキシン**(auxin)は細胞分裂や根などの組織の形成に必須である．また，それらはシュートが光に向かって成長していく**光屈性**(phototropism)や，根が地面に向かって伸びていったり，シュートが地面から離れる方向に向かって伸びていったりする**重力走性**(gravitropism)に関与している
❷ **サイトカイニン**(cytokinin)は細胞分裂に必要であり，シュートの形成を促進する．サイトカイニンとオーキシンの濃度は落ち葉の季節に植物がその葉を脱落させる直前に急激に低下する
❸ **ジベレリン**(gibberellin)は細胞の伸長と細胞分裂を通じて茎の成長をもたらす．これらはまた種子の発芽を刺激する
❹ **アブシジン酸**(abscisic acid，ABA)は干ばつ，寒暖やその他のストレスに対する適応的な反応を仲介する
❺ **エチレン**(ethylene)は，リンゴ，バナナ，アボカド，トマトなどの果実が熟するのを刺激する．エチレンはデンプンを糖に変換する酵素を活性化することで，果実をより甘くしている

図 26・6　植物は生存，成長，生殖のために化学物質を用いている． 植物は化学物質を用いて環境中の生物・非生物の脅威から身を守っている．動物とは異なり，植物はホルモンを自らの成長と生殖に必要な体内活動に用いている．

問題 1　植物が化学物質を用いて自分自身を防御する例をあげよ．
問題 2　植物が最初に行う防御反応は何か．それは化学的な防御か．

をたくさん付け足し，条件が不良なときにはそれをやめるという傾向がある．この柔軟さにより植物は損傷を受けた組織や器官をつくり直すことが可能となっている．実際，植物の発生過程における柔軟性がきわめて大きいために，成体になってからでも多くの生きた細胞から全く新しい植物体をつくり出すことすらできる．

中間ウィートグラスを収穫する時期になり，ランド研究所の若手研究者チームは畑をまわって，植物の高さや開花時期などの特徴を記録した．そして，チームはウィートグラスの穂を刈り取って，バーコードの入った袋に入れた．研究室に帰ってから，技術員たちはそれぞれの植物から取った種のサイズと重量を量り（種が大きいほど穀物の食糧としての生産量が大きくなる），種から外側の殻をどれくらい簡単にむくことができるかを記録した（殻が実からはずれやすいほうがこの穀物を食品加工しやすくなる）．

こうして得た最初の実験的作物からはさまざまなサイズと特徴をもった植物が育った．作物の特徴から，研究者たちは，大きな種を付けて根も深いような成績優秀な個体の大部分がいくつかの株に由来することを見つけ，畑に戻ってこれらの特定の株を地面から抜いた．そしてそれらを冬に備えて暖かい温室に入れて，互いを交配させた．そしてこれらの子孫を次の秋に種まきをすることで，この過程を繰返した．

しかし，これらの特定の植物を育て続けるにつれて，それらの遺伝子プールは限られたものとなってきて，遺伝的ボトルネックをつくってしまうことにより，最初の3000本の植物が元来もっていた遺伝子を除外してしまう結果となってしまう．つまり，ある特徴を改善するのに必要な遺伝子を失ってしまっているかもしれないという懸念が出てきた．そうした特徴の一つとして，研究者が同定し，自分たちのつくった植物の特性として残したいと思っていた早い季節に成熟するという能力があった．

多くの植物，特に温帯地域に由来する植物は，日長のセンサーを使うことで季節を感じとっている．これは，冬には日が短くなり夏には長くなるという季節に応じて変化する日長を感じとっているのだ．このように24時間サイクルのなかで明暗の持続時間を感じとる能力を**光周性**（photoperiodism）とよぶ．植物は，開花や種子の発芽にとって好条件である時期を日長によって感じとる．秋から冬にかけて芽が休眠状態となっていて春になると再び成長するのは，この光周性と，それに加えて温度や降水量が影響を与えるからである．研究者たちは春の早い時期に開花するウィートグラスを見つけたかったので，米国農業省（U.S. Department of Agriculture: USDA）から早く成熟して開花するウィートグラスの野生株を何百ももらい受け，自分たちの植物と掛け合わせてみた．

2010年までに，研究者たちは，彼らの中間ウィートグラスの種子の産出量と重量が倍増するというよい結果を得ていた．しかし残念ながら，“中間ウィートグラス”という名前はシリアルやパンの原材料としては美味しそうに聞こえない．そこで研究チームは新たに栽培した穀物を，“kernel(穀粒)”という言葉と，その地域の土着民の名前である“Kanza”（これはカンザス州の名前の由来にもなっている）を組合わせて“Kernza”と命名し直した．

多年生植物の穀物であるKernza® は，野生の中間ウィートグラスとは，いくつかの点で異なっている．まず，種子がずっと大きい．2010年に研究者たちが最初にこの研究にとりかかったときには典型的な種子は3.5 mgくらいの重さだった．それがいまでは，最大10 mgになっている．これは進歩であるが，まだまだやるべきことがある．それは，小麦の種子が平均35 mgの重さだからである．

次に根をみてみよう．Kernzaの根は地下に3 mも伸びることができる（図26・7）．地中深く伸びる根は植物が土壌から水を吸収する効率を上げる．そうすることにより，一年生作物よりも気候の変化に対する耐性が高まり，実際，干ばつの条件でも従来型の小麦よりずっとよく育つということがわかっている．さらに，長い根は土中にしっかり根ざしているため，肥沃な土壌，肥料，殺虫剤などを持ち去ってしまう土の浸食を防ぐことができる．世界中の主要な穀物生産国は，毎年浸食により数百億トンもの表土を失っているのである．

Kernzaの長い根にはさらなる利点がある．最近の研究によると，育てはじめてから2年以内に，一年生植物の小麦よりも地中の水や土中の炭素により多く接することができ，窒素肥料の吸収も多い．植物は，育つために二酸化炭素，水，およびミネラル栄養素，特に窒素，リン，カリウムを必要とする．植物の乾燥重量の大部分は空気中から吸収して光合成により炭水化物に転換される二酸化炭素に由来する．植物は，大量の**主要栄養素**（macronutrient，窒素，リン，カリウム，カルシウム，硫黄，マグネシウム）と，少量の**微量栄養素**（micronutrient，鉄，亜鉛，銅など）を必要とする．炭素，酸素，水素は空気や水から得ているが，植物が必要とする栄養素の残りは，土壌から得なくてはならない．農業では，大部分の栄養素を肥料として土壌に添加するが，肥料は水の中に流出してしまい水を汚染する．多年生植物は，効率的にそれを保持して再利用することにより，一年生植物よりもうまく肥料を利用する．先に述べた研究のなかで，Kernzaは，近隣の生態系に侵出していく窒素の量を，コムギと比較して99％も減らすことができることがわかっている．

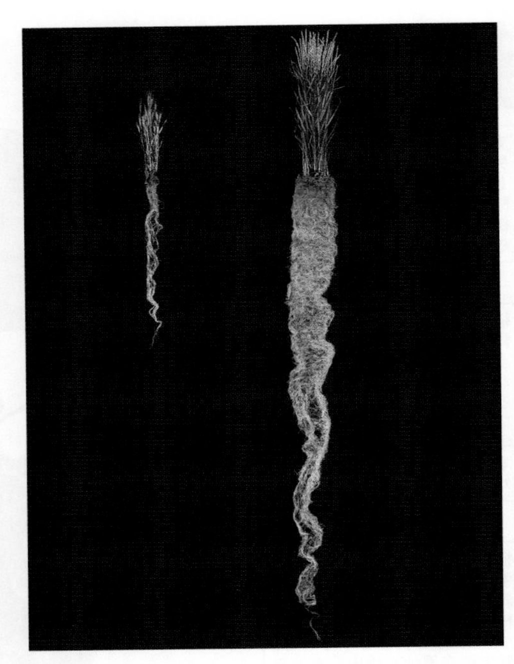

図 26・7 Kernzaの根は小麦の根よりも深く伸びる． Kernzaの長い根(右)はまわりの土壌から水を多く集めることができ，空気中や水路に失われるかもしれない炭素や窒素をたくわえることもできる．

26・4 植物の生殖

種子が大きくて根が深いというのはよい特徴ではあるが，それだけではKernzaが成功した作物だとはいえない．他の特産品穀物では1000 m^2 当たり約112 kgの収穫がある．カンザス州において，Kernzaは1000 m^2 当たり34 kg以下の収穫しかなかった．そこで，ランド研究所の研究者たちは，ミネソタ大学の農学者や小麦育種家の協力を求め，共同研究を開始した．ミネソタ州での Kernza 栽培はよい結果をもたらすことがわかった．中間ウィートグラスは涼しい季節に育つ種であったため，より涼しい北の地でよい成績を収めたのである．

ミネソタ大学の共同研究者は長年，アマニや多年生ヒマワリなどの多年生植物や冬の一年生植物を農業のために栽培し続けていた．多年生植物は，浸食を防ぎ，肥料や殺虫剤が少なくてすむような，地下深くまで伸びる根をもつ．さらに，その根と地上組織が1年のうち比較的長期間にわたって活動しているので，より多くの太陽光エネルギーを吸収し，その地域の純一次生産力（21章参照）を増加させるという利点をもつ．これこそが，いわゆる“高効率農業”といえるものである．

たとえば，ミネソタ州においてはトウモロコシやダイズの根は雨期の後の約2カ月半しか活動しない．つまり，1年のうちの残る9カ月半もの間，太陽光を無駄にしていることになる．しかし，多年生植物は春に雪が溶けた瞬間から冬に最初の降雪があるまでの間光合成を行うことができる．したがって，多年生植物を育てることで，より多くの光エネルギーを獲得できることになる．

2011年にランド研究所とミネソタ大学チームは69株から2000個体以上の中間ウィートグラスを畑で育てて，バイオマス，収穫量，種子の形状などの特徴を測定し

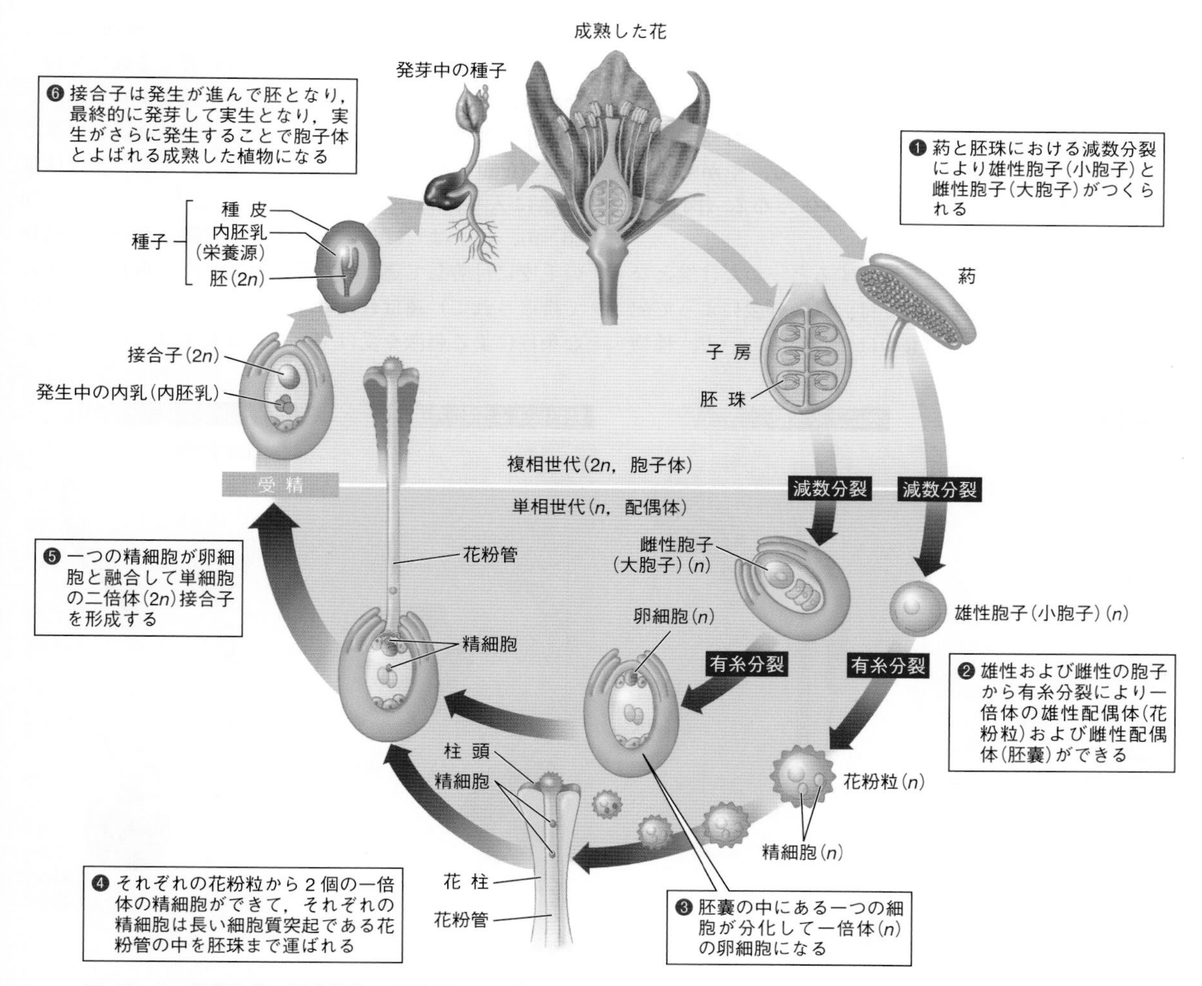

図 26・8　世代交代． 顕花植物の生活環は世代交代（alternation of generations）によって特徴づけられる．生活環の単相（*n*）世代は紫色で，複相（2*n*）世代は橙色で示している．

問題1　卵細胞や精細胞は一倍体か，二倍体か．それらは胞子体世代と配偶体世代のどちらに属するか．
問題2　なぜ植物の一生が“世代交代”とよばれるのに動物の一生はそうよばれないのか．

た．彼らはこの解析を毎年続け，ときには強い株と弱い株を交配させたりしてみた．2014年の夏の時点で，彼らは14,000個体もの実生を育てていた．

栽培は現在も続いているが，決して容易なものではない．研究者たちは，Kernzaが経済的に小麦との競争力をもつには，さらに10年はかかるだろうと考えている．中間ウィートグラスを栽培するうえで克服しなくてはならないのは，それらの生殖をどのように進めるかということである．タンポポやポプラの木などの多くの植物は無性的に生殖することができ，そうすることで親の植物は遺伝的に同じクローンをつくっていることになる．ジャガイモ，リンゴ，ブドウなどの作物も同様にクローンとして増やすことができる．しかし，穀物などの主食作物は有性生殖をする必要がある．

植物における有性生殖の全体のしくみは動物のそれと似ている．一倍体の雄性配偶子（**精細胞** sperm）が一倍体の雌性配偶子（**卵細胞** egg）と融合し，二倍体である**接合子**（zygote）の細胞となり，有糸分裂を行って多細胞の二倍体である**胚**（embryo）をつくる．やがて，胚は個別の子孫となり，次の世代の個体となる（図26・8）．

植物の一生と動物の一生を比較すると一つだけ鍵となる違いが存在している．動物では，減数分裂によって配偶子ができ，配偶子以外のものはできない．一方，植物では，減数分裂によって一倍体の**胞子**（spore）とよばれる細胞ができる．それぞれの胞子は有糸分裂により一倍体の多細胞よりなる**配偶体**（gametophyte）をつくる．そして，配偶体の中の特化した細胞が分化して精細胞および卵細胞をつくる．

動物においては，唯一配偶子だけが一倍体細胞であり，動物では配偶体に相当するものはない．一方，配偶体はすべての植物の一生の一部を占めている．コケなどの植物では，配偶体はその一生のなかの多細胞期の主要な部分を占めている．Kernzaのような顕花植物では，配偶体は花の中に含まれる数個の細胞にまで数が少なくなっている．

いったん受精すると，接合子は発生が進んで，花の付け根にある子房の中に入っている胚珠内の胚となる．胚珠の外層は固くなって保護的な働きをする種皮となる．それぞれの種子は次世代の若い植物を育てる成分を含んでおり，成熟した胚，栄養源，そして種皮よりなる．

種子を取囲んでいる子房は，また別の植物器官である**果実**（fruit）をつくる．果実がつくられると，胚は休眠状態に入り，種子はその親から拡散されていく（図26・9）．種子はしばしば風によって拡散されたり，動物の毛皮に付着して運ばれたり，動物に食べられて（そして排泄されて）運ばれたりする．休眠状態は，胚が良好な条件による刺激を受けて，また成長をはじめるときに

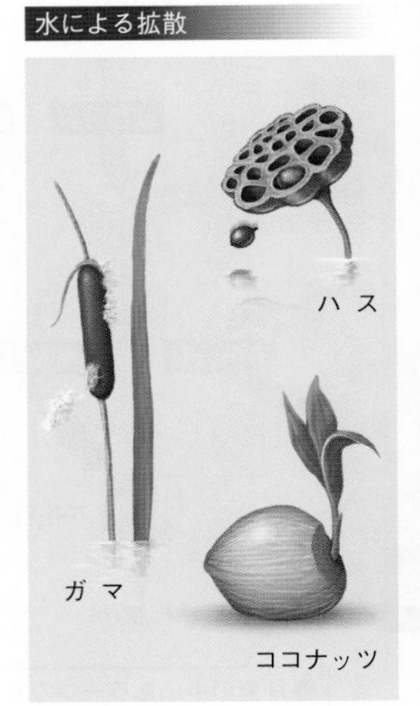

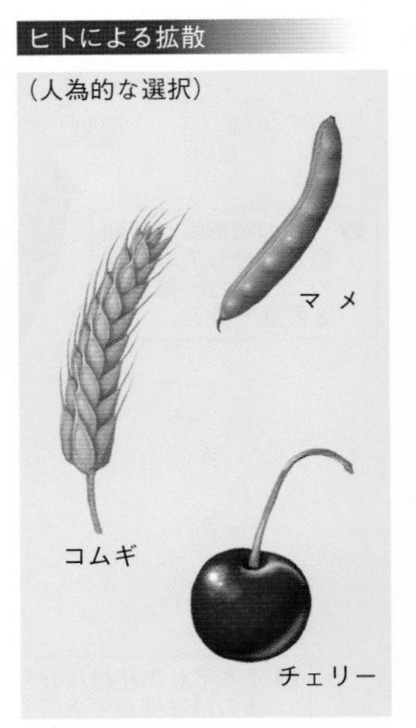

図 26・9　植物はその種子をさまざまな方法で拡散させる． 多くの植物は風や水を介して種子を拡散させるが，このほか，一風変わった種子や果実を用いて動物を引きつけたり，動物の毛皮に付着させたりするものもある．ヒトは人工的に多くの種の果実や種子を選び，より食用に適するようにしてきた．

問題 1　甘い果実に含まれる種子は，動物と水のどちらによって運ばれやすくなっていると考えられるか．理由とともに答えよ．

問題 2　木の高さは種子を広く拡散する能力にどのような影響を与えているだろうか．

目立つ花の色，形，匂いは，しばしば効率的に花粉を広げてくれる，高度に特化した送粉者を引寄せる
ミツバチは花から花へと餌を探しながら，自分の体のまわりに付着した花粉を運ぶ
鳥は優れた色覚をもっていて，赤い花で長い花筒をもつものを好む

図 26・10　動物を引きつけて，受粉させる． 送粉者は動けない植物に対して，精細胞を卵細胞まで運ぶ方法を提供する．目につくような花の色や形，匂いを蜜などの餌による報酬と組合わせることにより，送粉者の動物が同種の花をいくつか訪れるように仕向けて，同時にその過程で偶然に花粉が運ばれるようにする．

問題 1　リンゴ，ペッパー，トマトなどの多くの作物は昆虫の送粉者に依存している．もしこうした送粉者がいないとどうなるだろうか．

問題 2　花弁は，見かけはずいぶん違っているが，葉が変化したものである．その場合でも花弁は葉としての重要な機能を保っているだろうか．理由とともに説明せよ．

終わる．次に種子は発芽し，実生は，のちに成熟して花や果実をつくるような植物へと成長していき，花や果実は次の世代のはじまりとなる．この植物の成体は**胞子体**（sporophyte）とよばれ，ともに多細胞の二倍体の生物であることから，動物の個体と類似していると考えられる．

一年生植物のコムギは**自家受粉**（self-pollinate）する．コムギはその花が開花する前でも自分自身の花粉で受精して接合子をつくる．しかし，中間ウィートグラスや他の多くの植物は自家受粉しない．つまり，配偶者を必要とするのである．植物は配偶者を見つけるために移動することができないが，花粉に含まれている植物の精細胞は，どのようにして別の植物の卵細胞に到達するのだろうか．

イネ科植物や松の木のような種においては，花粉は風によって運ばれる．風は花粉を長距離にわたって運ぶことができるが，風によって飛ばされた多くの花粉は，同種他個体の花の上ではなく，駐車場や湖などの受精には不向きの場所に着陸してしまう．多くの顕花植物はこの困った問題を，自分の花粉を昆虫，鳥，哺乳類などの動物に運ばせることで回避している（図 26・10）．植物はこれらの**送粉者**（pollinator）を，派手な色や，甘い蜜をたっぷりともつ甘い香りによって引寄せるのである．これは，両方の種が利益を受ける相利共生関係である．

研究チームは，特定の特徴をもつ植物を育てるために特定の植物を掛け合わせる必要があった．そこで，風や送粉者に頼るのではなく，掛け合わせをしたい二つの植物の花の咲いた茎の上だけを覆うような袋をすっぽりとかぶせて，袋の中だけで一つの花の花粉がもう一つの花に直接届くようにした．

中間ウィートグラスは，自家受粉できる一年生のコムギとは異なり，自分自身では受精できず，他の個体と受精するので，その子孫は遺伝的に多様になり，子孫はどれ一つとしてその親と全く同じにはならない．実際，中間ウィートグラスのゲノムにはきわめて多くの変異があるため，子孫は親とはかなり違ったものができてくる．それぞれの遺伝子は 1 個体の中で 6 個またはそれ以上の違った種類の遺伝子，つまり対立遺伝子からできている．したがって，新しい個体をつくるときには，同じ遺伝子型や表現型をもった親どうしを交配することはできないので，研究チームは，常に，一つの系統の正しい特徴のセットをとらえられるように特徴をうまく操作する必要があった．

26・5　新たな多年生穀物の食糧利用

初期には，ランド研究所の研究者たちは，新しい植物を栽培してコムギに匹敵するような収量を得るためには約 50 年かかるのではないかと考えていたが，現在米国農業省やミネソタ大学の研究者は，実地での栽培作業を補うものとして各種遺伝子技術を利用しはじめている．研究者たちは，種子のサイズなどの特定の特徴に関連する遺伝子マーカーを見つけようとしている．一度ゲノムの上に十分な数の特徴をマップすることができれば，植物が成長してその表現型を示すようになるまで待つ必要はなく，若い実生のDNAをサンプリングして，遺伝子マーカーに基づいて植物の特徴を推測できるようになる．

研究チームは，短期間の間に，栽培の過程で鍵となる遺伝子を，あまり費用をかけずに同定することができるようになり，また，こうしたツールを用いれば，Kernzaを小麦生産に匹敵するまで栽培するのに時間はかからないと考えている．研究チームは，わずか5年くらいの時間でこうした新たな作物には劇的な改良がなされて，この種の作物は大きな価値をもつようになるという展望をもっている．

しかし，食糧としての作物には，よく育って多く収穫できること以上に必要なことがある．それは，そうした作物が美味しい必要もあるということだ．ランド研究所のメンバーたちは，Kernzaでつくった粉を使ってクッキー，ケーキ，スコーン，パンなどをつくってみた．味は悪くないが，食品化学の研究者によると，少なくともこの粉が主流となるためにはもう少し風味を改良する必要があるということだ．ミネソタ大学のチームは現在Kernzaでつくった食品の味，舌触りや，よく膨らむかどうかなどの特徴について実験を行っている．

ビール醸造会社やサステナブルフードをつくる企業が，この新しい穀物に興味を示している．研究者たちはまた，この作物の副産物として，干し草として使ったり，バイオ燃料をつくったりすることも夢見ている．食品会社には穀物部分を収穫してもらい，畑で収穫後に残った材料，たとえば穂を刈り取った残りの茎などを，バイオ燃料をつくるために使ってもらう．このようにして両用作物として使うことによって，経済的に貴重な作物になるのではないかと考えられている．

章末確認問題

1. 水は植物体のどの部分を通って運ばれているか．
   (a) 木部　(b) 師部　(c) 気孔
   (d) 根毛　(e) 花
2. 植物では次のうちどの化学的防御戦略がとられているか．
   (a) 丈夫な表皮層を維持する
   (b) 葉に毒物を貯蔵する
   (c) 太陽に向かって伸びるように植物のシュートにシグナルを送る
   (d) 果実の熟するのを刺激する
   (e) 以上のいずれでもない
3. 次の植物の組織のうち，どれが植物と外界との間の物質の流れを調節し，植物を攻撃から守っているのか．
   (a) 維管束組織　(b) 基本組織
   (c) 表皮組織　(d) 師部　(e) 木部
4. 次のうちどの種子が風によって最も拡散されやすいか．
   (a) タンポポ　(b) リンゴ　(c) ココナッツ
   (d) Kernza　(e) いがの中に入った種子
5. 世代交代について正しい記述を選べ．
   (a) 一倍体の配偶体が含まれる
   (b) 二倍体の胞子体が含まれる
   (c) 植物の一生にきわめて重要である
   (d) 上記のすべて
   (e) 上記のいずれでもない
6. 左の用語の正しい定義を右から選べ．

モジュール成長	1. それぞれの茎と根の先端に位置している細胞の分裂による長さの増加
無限成長	2. 一生を通じて成長し続ける
一次成長	3. 同じような芽-茎-葉のモジュールを繰返し付け加えることで成長する
二次成長	4. 厚みの増加

7. 次のうち植物の器官ではないのはどれか．
   (a) 茎　(b) 果実　(c) 維管束
   (d) 根　(e) 花
8. 次のうち植物が生き延びて成長するために環境から吸収する必要のある微量栄養素はどれか．
   (a) 炭素　(b) 糖　(c) カリウム
   (d) 窒素　(e) 亜鉛
9. 正しい用語を選べ．
   [一年生／二年生]植物は1年でその一生を終えるが，[二年生／多年生]植物は3年以上生き延びる．コムギは[一年生／多年生]であるが，Kernzaは[一年生／多年生]である．Kernzaはまた[単子葉植物／双子葉植物]であり，[ひげ根／主根]をもっている．
10. 胞子の次に続く段階について，植物の一生にそって順に並べよ．
   (a) 接合子が発生して胚になる
   (b) 配偶体が発生する
   (c) 種子が発芽する
   (d) 卵細胞が受精する

問題の解答

1章の章末確認問題の解答

1. a, c, e: ウイルスは“集団で進化する”という特徴以外には該当しない．ダイヤモンドはどの特徴にも該当しない
2. b　3. 観察，予測，仮説
4. a-f-d-b-c-e-g
5. (a) 器官 (b) 個体 (c) 個体群 (d) 生態系 (e) 器官系 (f) 群集
6. 観察: 鼻が白くなったコウモリがいた
仮説: 鼻が白くなったコウモリにはカビが感染しており，このカビが死の原因となっている
実験: WNS に感染したコウモリと接触する環境で飼育したコウモリが感染するかを観察する
7. b　8. c

1章の図の問題に対する解答

図 1·1·1: 観察: 鼻の白く毛羽立ったコウモリの大量死
疑問点: 高い死亡率は鼻の白く毛羽立っていることと関連性があるか
2: 仮説から予測を立てて，予測を検証する実験が行われるまでの間
図 1·3·1: タバコのラッキーストライクが他のタバコよりもマイルドな味わいであるという仮説
2: 予測: 被験者にいくつかのタバコを吸ってもらうと，ラッキーストライクがマイルドであるとの回答が多く得られる．この予測は検証可能である，被験者のアンケート結果を数えることも，実験を繰返すこともできるから
図 1·4·1: 対照群: 左の群，処理群: 右の三つの群
2: WNS はカビとの接触によりひき起こされる
図 1·5·1: 対照群: 偽感染群　処理群: 北米由来のカビ処理群とヨーロッパ由来のカビ処理群
2: 結論: カビで処理された群は高い致死率を示した．仮説は支持された．WNS は実際このカビによってひき起こされると考えられる
図 1·6·1: レンサ球菌によってひき起こされ，抗生物質によって治るレンサ球菌性咽頭炎など
2: 仮説は事実ほど確かではないが，情報に基づいた理論的かつ妥当な説明である．科学理論は仮説に比べて十分な証拠に基づき，科学の歴史のなかで反証に耐え，多くの証拠によって支持されてきたものである
図 1·7·1: 腎臓，肝臓，心臓，肺など
2: 群集の一部ではない

2章の章末確認問題の解答

1. b　2. c　3. d
4. 科学リテラシー 2，基礎研究 5，応用研究 1，二次文献 4，一次文献 3
5. 資格認定書，バイアス，二次文献
6. a-d-c-e-f-b　7. a
8. a. 一次文献，b. いずれでもない，c. いずれでもない，d. 二次文献
9. c

2章の図の問題に対する解答

図 2·1·1: ワクチン接種を受けた人の体内では，無毒化されたウイルスタンパク質を含むワクチンに対して，免疫系に抗体をつくらせる指令が出される．こうしてつくられた抗体は，体内に侵入した病原性をもつウイルスをすぐに見つけ出して攻撃する
2: タンパク質自体は複製されることはない．ウイルスが複製されるにはその DNA もしくは RNA が必要である
図 2·2·1: 公表される前に第三者の査読を受けていないから
2: ブログはその内容や書き手によってはソーシャルメディアもしくは二次文献と位置づけられる．研究者や専門家によって書かれた科学的ブログの場合，その書き手が専門教育を受け，資格認定書をもっているトピックなら信用できる可能性が高まる
図 2·3·1: 有機食品の売上は 50 億ドルから 250 億ドルに伸びた (5 倍の増加)．ASD の症例数も 5 万人から 25 万人に増えた (同じく 5 倍の増加)
2: ASD の症例数が増加するころ，同時にワクチン接種率も上昇した (相関) ので，後者が前者の原因になったのではないか (因果関係) と示唆する人がいた．それに加えて，通常子供がワクチン接種を受ける時期が ASD の症状が現れる時期に近いことが混乱をまねいた
図 2·4·1: 仮説: ワクチンが子供の免疫系に傷害を与えて ASD の発症を刺激する．別の仮説: ASD は遺伝的な素因によって発症し，その症状は子供が 2 歳ごろに現れてくる
2: 研究が科学的手法に基づくものであるためには，図に示されている基準のすべてが満たされる必要があるため
図 2·5·1: 科学的主張の背景にある科学について，理解していない人の意見は正当性を欠くから
2: 1) 主張が認められると経済的な恩恵が得られる．2) 主張が認められると裁判に勝訴できる．3) 主張が認められると名声が得られる．4) 主張が宗教的信条に基づいている．5) 主張が政治的信条に基づいている
図 2·6·1: 安全性について確認したいから
2: 製造会社はすべてのワクチンのロットを検査し，FDA は定期的に製造会社を視察する．ACIP と CDC の検査官がワクチンを承認する前に検査結果をすべて査読し，VAERS と VSD を通じてワクチンの安全性は継続的にモニターされる
図 2·7·1: 病気にかからない
2: 病気にかかりにくくなるとともに，コミュニティー内の他の人に病気を感染させる可能性が低くなる

3章の章末確認問題の解答

1. a　2. d
3. イオン 3，物質 6，溶液 9，元素 5，化合物 8，分子 4，同位体 7，重合体 2，原子 1
4. a　5. 重合体，ショ糖，ヌクレオチド，ではない，炭素
6. a, c, e
7. 炭素は四つの結合をつくれるため，複雑な分子をつくりうるから
8. 硫黄原子を含むアミノ酸が合成できるようになったから

3章の図の問題に対する解答

図 3·1·1: 陽子 1，電子 1，中性子 0，原子番号 1，質量数 1
2: 原子番号は 6，質量数は 12
図 3·2·1: 実験で生じたアミノ酸が夾雑物である可能性を排除するため
2: アミノ酸は炭素原子を含んでおり，単純な有機分子であるメタンが混合ガス中で唯一炭素原子を含む化学物質であったから
図 3·4·1: 酸素原子と 2 個の水素原子が電子を共有している部位

2: 水分子中の酸素原子の部分的な負の電荷が Na^+ を引きつけ，水素原子の部分的な正の電荷が Cl^- を引きつける
図 3・5・1: もとの状態に戻る　2: 親水性
図 3・6・1: 液体: 温泉の中のお湯，固体: 雪，気体: 湯気
2: 液体の水に比べて氷(固体)と水蒸気(気体)のほうが同じ数の水分子の占める容積が大きい
図 3・7・1: 水蒸気が混合ガスに熱エネルギーを与え，水分子がより多くの化学反応を起こした
2: 地球の原始大気においては熱と紫外線が存在していた
図 3・8・1: 酢　2: 減少する
図 3・9・1: 水素原子: 1 個，炭素原子: 4 個
2: 酸素原子: 2 個，炭素原子: 4 個

4 章の章末確認問題の解答

1. c　2. d
3. 受容体依存性エンドサイトーシス 2，食作用 1，飲作用 4，エキソサイトーシス 3
4. 葉緑体 7，ゴルジ装置 4，リソソーム 5，ミトコンドリア 6，核 1，粗面小胞体 2，滑面小胞体 3
5.

細胞要素	原核細胞	真核細胞	
		動物細胞	植物細胞
細胞膜	○	○	○
セルロースの細胞壁	×	×	○
核	×	○	○
小胞体	×	○	○
ゴルジ装置	×	○	○
リボソーム	×	○	○
細胞骨格	×	○	○
ミトコンドリア	×	○	○
葉緑体	×	×	○

6. a
7. 単純拡散: 紫の直線，促進拡散: 緑の曲線．輸送されるタンパク質濃度に正比例して輸送速度が速くなることから，紫の直線は単純拡散を示している
8. b

4 章の図の問題に対する解答

図 4・1・1: リン脂質頭部が他のリン脂質頭部や水分子と相互作用することで，二重膜ができるから
2: 役立ったと考えられる．いったんリン脂質の二重膜が形成されると(どのようにして形成されるかについては未解明)，自発的にリポソームが形成され，その内部にさまざまな物質を取込むようになる
図 4・2・1: イオンは親水性で，細胞膜の疎水性部分を横切れないから
2: 能動輸送は起こらなくなる．拡散や浸透などすべての受動輸送はエネルギーがなくても起こる
図 4・3・1: 右下
2: 水分子は高温においてより多くのエネルギーをもっていて，より速く水素結合をつくったり壊したりして，より速く動き回るので，拡散は高温でより速く起こる
図 4・4・1: 上の模式図から変わらない
2: ショ糖分子も水分子も移動するので，両側の区画で溶液は同じ濃度になり両側の水面の高さも同じになる
図 4・5・1: 細胞膜，リボソーム，DNA
2: 植物細胞は細胞壁と葉緑素をもつが，動物細胞はもたない．多くの動物細胞は液胞をもたない

5 章の章末確認問題の解答

1. c　2. a　3. c　4. b　5. d
6. 逆の，異化，つくり出す
7.

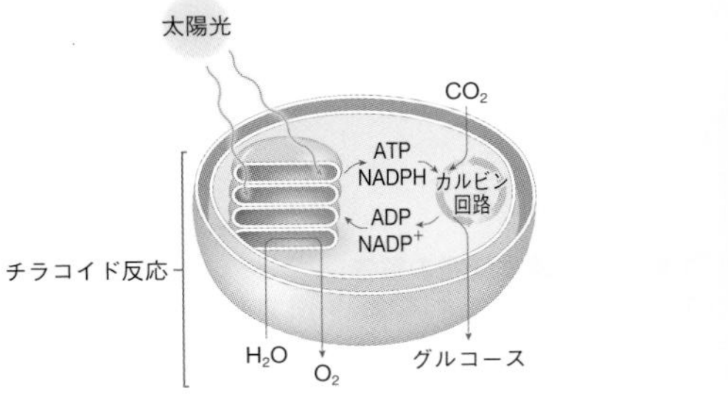

8. c-b-a-d　9. d
10. (a) 酵素のないとき．反応過程を表す曲線が高い位置を通っているから．(b) 異化反応．反応物より生成物のほうがエネルギーが低いから

5 章の図の問題に対する解答

図 5・1・1: 無機分子から有機分子をつくり出せるのは光合成生物だけで，動物は光合成を行えない(この一般化にはごく少数の例外がある)
2: 互いの生成物と反応物を用いる過程であるから
図 5・2・1: 植物は太陽光から，動物は食物からエネルギーを得る
2: 植物も動物も異化作用によって，エネルギー担体として，ATP を放出する
図 5・3・1: 同化では ATP によってエネルギーが供給され，異化では放出されたエネルギーによって ADP から ATP がつくり出される
2: ATP の合成が細胞機能の維持に必須だから
図 5・4・1: 葉緑素をもつ細菌が存在するが，葉緑体はない
2: 光合成の効率を高めることができる
図 5・5・1: 地球上の大気　2: 糖(グルコース)と酸素
図 5・6・1: どちらも酵素の形状を変化させ，基質分子との相互作用が弱まり，触媒作用が低下するため
2: 代謝経路は非常にゆっくりと進むか，場合によっては完全に停止してしまい，細胞は機能しなくなる
図 5・8・1: 二酸化炭素と水　2: 解糖系
図 5・9・1: 酵母は発酵によってつくられたエネルギーを使って代謝機能を実行している．この発酵過程で CO_2 が生成され，パン生地が膨らむ
2: 激しい運動をすると，筋肉は必要な ATP を生産するのに十分な酸素を得られない．そこで乳酸発酵により，解糖を利用して嫌気的に ATP を生成する．その過程で副産物として乳酸が生じる

6 章の章末確認問題の解答

1. b　2. a
3. 細胞質分裂 4，S 期 1，G_1 期 2，G_0 期 3
4. 減数分裂，二分裂，相同染色体，姉妹染色分体
5. a-b-d-e-c　6. b　7. b　8. b
9. S 期．染色体は S 期に複製するので，S 期にはもとの DNA 鎖と，その半量の DNA が新しく合成された時点が存在する

6 章の図の問題に対する解答

図 6・1・1: 間期(S 期)　2: 分裂期の後期
図 6・2・1: 原核生物も真核生物も DNA を複製し，その DNA を細胞の両極に半分ずつ分けた後，細胞質を物理的に二つに分ける
2: 原核細胞は真核細胞よりも小型で単純な構造であるため，細胞分裂はより速く起こり，複雑ではない
図 6・3・1: 同時ではない
2: 紡錘体は染色分体を娘細胞に正確に分ける
図 6・4・1: 二つの娘細胞が同じ遺伝物質をもつために，各染色体に二つのコピーが必要であるから
2: 姉妹染色分体が結合していれば 1 本，分かれていれば 2 本で

ある

図 6・5・1：細胞周期は停止せず，より速く進むであろう

2：細胞周期を停止させている間に，DNA を修復させることができる

図 6・6・1：二倍体

2：親の生殖細胞（卵や精子）に突然変異が生じると，先天異常が起こることがある

図 6・7・1：減数第一分裂後も，減数第二分裂後も，娘細胞は一倍体である．減数第二分裂では，姉妹染色分体が別々の娘細胞へと分かれる

2：1 対の相同染色体は二つのコピーからなり，一つは母親，もう一つは父親由来である．二倍体の細胞では常に対になって存在するが，一倍体細胞では父方か母方どちらかのコピーだけが存在する．これに対し，姉妹染色分体は，一つの DNA 分子から複製された同一の DNA 分子からできている．姉妹染色分体は，S 期から体細胞分裂または減数第二分裂の後期までの細胞にのみ存在する

図 6・8・1：相同染色体の間で DNA 断片が交差し，物理的に乗換えるから

2：減数第一分裂の前期

図 6・9・1：乗換えの後　　2：8 種類．2^{23}(8,388,608) 種類

7 章の章末確認問題の解答

1. 遺伝子型 4，表現型 5，ヘテロ接合体 1，ホモ接合体 2，顕性遺伝子 6，潜性遺伝子 3
2. 遺伝子，対立遺伝子　　3. 減数分裂，分離，独立
4. (a) M，(b) C，(c) C，(d) C，(e) M
5. e　　6. e　　7. 不完全顕性　　8. d　　9. 多面作用

7 章の図の問題に対する解答

図 7・1・1：染色体に存在する DNA 鎖

2：母方も父方も 23 本ずつ

図 7・2・1：表現型　　2：黒毛

図 7・3・1：すべて紫色

2：紫色の花の植物が，ヘテロ接合のこともホモ接合のこともあるから

図 7・4・1：すべての個体がヘテロ接合 *Pp* であるから

2：*PP*：*Pp*：*pp* = 1：2：1

図 7・5・1：丸くて黄色：*RRYY, RrYY, RRYy, RrYy*,
丸くて緑色：*RRyy, Rryy*，しわがあって黄色：*rrYY, rrYy*,
しわがあって緑色：*rryy*

2：（上記の表現型の順で）9：3：3：1

図 7・6・1：研究対象とする形質に対し，ボクサーはプードルよりもホモ接合である可能性が高いから

2：抑えると予想される．イヌとヒトは多くの相同遺伝子をもつため，OCD と CCD は共通の遺伝学的基盤をもち，同じ方法で治療できる可能性があるから

図 7・7・1：黒色：*BBEE, BbEE, BBEe, BeEe*，黄色：*BBee, Bbee, bbee*，茶色：*bbEe, bbEE*

2：黒色，黄色，茶色

図 7・8・1：多面作用

2：体重が重いほど体温が低いので，より多くのメラニンが産生されるから

8 章の章末確認問題の解答

1. 染色体，遺伝子座，遺伝子，対立遺伝子　　2. d
3. 遺伝子治療 3，体外受精 5，着床前遺伝子診断 4，絨毛生検 1，羊水穿刺 2
4.

	H	*h*
H	*HH*	*Hh*
h	*Hh*	*hh*

5. d　　6. e　　7. c　　8. b，d，e

8 章の図の問題に対する解答

図 8・1・1：親 II-1 も II-2 も嚢胞性線維症ではない

2：父方の祖母である I-2 が嚢胞性線維症である

図 8・2・1：男性 8 人，女性 4 人　　2：男性 50%，女性 0%

図 8・3・1：男性　　2：21 番染色体が 3 コピーある

図 8・4・1：卵子（X 染色体）100%，卵子（Y 染色体）0%，精子（X 染色体）50%，精子（Y 染色体）50%

2：兄弟が同じ Y 染色体を共有する確率は 100%，同じ X 染色体を共有する確率は 50%

図 8・5・1：染色体には非常に多くの遺伝子があり，染色体数の変化の影響は大きいから

2：対になった染色体が分離する時期

図 8・6・1：同じ遺伝子の対立遺伝子をもつ染色体が，細胞分裂の際に揃えば相同染色体である

2：遺伝子が染色体上の特定の位置（遺伝子座）に存在すること

図 8・7・1：*WAS* 遺伝子は X 染色体上にあり，男性なので X 染色体を 1 本しかもっていないから

2：息子が WAS になる確率は 0%，娘が保因者になる確率は 100%

図 8・8・1：嚢胞性線維症：7 番染色体，テイ-サックス病：15 番染色体，鎌状赤血球症：11 番染色体

2：単一遺伝子疾患では顕性の場合は発症するので，潜性の場合よりも生存がむずかしいから

図 8・9・1：遺伝子型 *aa* の右下の子供

2：罹患者の確率：25%，保因者の確率：50%

図 8・10・1：50%　　2：対立遺伝子をもつと発症するから

図 8・11・1：WAS 遺伝子が欠損または損傷している．この遺伝子の正常なコピーを X 染色体から採取する

2：予期せぬ問題やリスクを回避できる．しかし，マウスの実験結果がヒトでは再現されない可能性が常にある

9 章の章末確認問題の解答

1. c　　2. d　　3. a　　4. d
5. ヌクレオチド 4，塩基対 1，DNA 分子 3，塩基 2
6.

7. PCR，CRISPR
8. c　　9. a-d-c-e-b　　10. (a) 欠失，(b) 置換，(c) 挿入
11. ATGCAAATCCTGG
    TACGTTTAGGACC

9 章の図の問題に対する解答

図 9・1・1：大きすぎる臓器は入らない．小さすぎる臓器は生命維持に必要なレベルで機能しない

2：骨髄など

図 9・2・1：A-T と C-G

2：はしごの段：水素結合でつながった塩基，側面：糖（デオキシリボース）とリン酸基

図 9･3･1：異なる配列とヌクレオチドの数が異なる　2：異なる
図 9･4･1：塩基対の相補性　2：2本
図 9･5･1：ヌクレオソーム
2：ビーズ：ヌクレオソーム，糸：二本鎖 DNA
図 9･6･1：もとの二重らせんの鎖が鋳型鎖である．新しい DNA 合成に鋳型として利用されるから
2：塩基対間の水素結合
図 9･7･1：必要な DNA 配列の量を大幅に増加できるから
2：熱
図 9･8･1：エラーが検出され，タグが付けられた後，DNA の損傷部分が取除かれ，置換される
2：細胞は正常に機能しなくなり，死んだり，がん化する
図 9･9･1：置換，挿入，欠失　2：二つ
図 9･10･1：ゲノムから遺伝子を除去する段階(❶)
2：❶で CRISPR を使って，ブタの各器官の発生に必要な遺伝子だけを除去する必要がある(その後，ヒトの腎臓を一つつくる場合と同様に，ブタ胚にヒト幹細胞を加えることによって，❻ではブタ胎児の内部でヒトの複数の臓器が発生する)

10 章の章末確認問題の解答

1. 遺伝子発現 2，遺伝子制御 3，転写 1，翻訳 4
2. (a) tRNA，(b) rRNA，(c) mRNA，(d) tRNA，(e) rRNA
3. 重複性，曖昧さ
4.

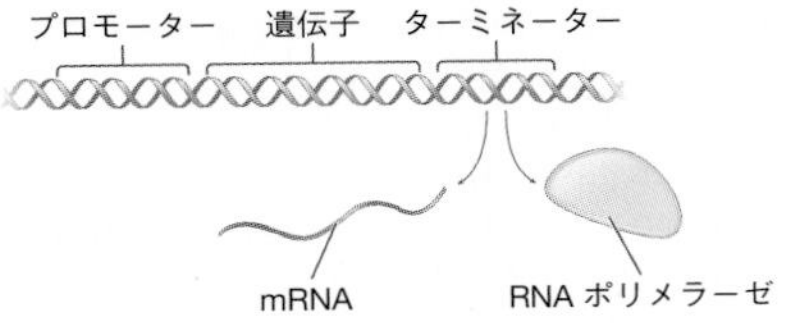

5. e–a–h–b–g–c–d–f
6. e
7. (a) アスパラギン，(b) 終止コドン，(c) イソロイシン，(d) グリシン，(e) プロリン
8. (a) CGU, CGC, CGA, CGG, AGA, AGG　(b) GCU, GCC, GCA, GCG　(c) AUG　(d) GGU, GGC, GGA, GGG
9. b　10. e

10 章の図の問題に対する解答

図 10･2･1：タバコが速い．大流行する前にワクチンの大量生産が可能となる
2：タバコを用いる方法は 3 億 6400 万ドル安い．コストが安くなれば，接種にかかる個人負担や財政の負担を低減でき，多くの人が接種可能になるから
図 10･3･1：複製：❹と❺　発現：❻
2：目的の遺伝子の複製．細菌は真核生物よりもはるかに迅速に遺伝子を複製できるから
図 10･4･1：もう一方の鎖は反対の mRNA をコードしているから
2：ACUCUUCUGGUCCCAACA
図 10･5･1：RNA 転写物からイントロンが除去される．これは転写後，翻訳前に起こる
2：もしイントロンが除去されなければ，イントロンも翻訳され，正常なタンパク質が産生されなくなるから
図 10･6･1：メチオニン，コドン：AUG，アンチコドン：UAC
2：トレオニン–ロイシン–ロイシン–バリン–プロリン–トレオニン
図 10･7･1：イソロイシン 3，トリプトファン 1，ロイシン 6
2：ロイシン–フェニルアラニン–トリプトファン–セリン–グルタミン，欠失
図 10･8･1：フレームシフトをひき起こすから
2：染色体全体の挿入・欠失の影響のほうが大きい
図 10･9･1：制御点 2
2：転写のために時間とエネルギーを浪費しない

11 章の章末確認問題の解答

1. c　2. b　3. c
4. 生物地理学 4，化石記録 1，DNA 塩基配列の類似性 2，胚発生の類似性 5，相同な形質 3
5. d　6. b　7. 適応，自然選択
8. 類似点：どちらも生き残り，繁殖するのにより有利な遺伝形質をもつ個体が選択される点
相違点：自然選択では選択を行うのが自然(環境)であるが，人為選択では人間である点

11 章の図の問題に対する解答

図 11･2･1：品種改良とは人間が特定の遺伝的特徴をもつ個体だけに繁殖を認めることで，それを何世代にもわたって繰返す
2：何世代にもわたる品種改良の結果生じる個体群は，時間の経過とともに大きく変化する
図 11･3･1：自然選択とは特定の環境での生存に有利な遺伝的特徴をもつ個体が，他のあまり有用でない特徴をもつ個体よりも高い確率で生き残り，繁殖する過程である
2：平均的な大きさは小さくなる
図 11･5･1：過去の生物の石灰化した遺骨またはそれらの痕跡
2：クジラの祖先は進化の過程で大型化し，後肢がなくなり，それに応じて前肢が小さくなった
図 11･7･1：太い骨は重く，水生動物の浮力の制御に役立つから
2：現生の水生哺乳類のほとんどが太い骨をもつため
図 11･8･1：共通祖先とは現生の少なくとも 2 種を子孫として残した種である
2：相同な形質は，時間経過に伴う大きさや形の違いはあっても，もともとは共通祖先がもっていた同じ構造から生じたことを示しているから
図 11･9･1：共通祖先をもつ近縁種の間で共有されているため．たとえば，人間の鳥肌
2：痕跡的な形質は必要でなくても，生物の生存や繁殖に不利ではないため
図 11･10･1：チンパンジーよりも遠い
2：進化の相同性と考えられる．すべての生物が DNA をもち，DNA 塩基配列の突然変異はランダムに起こるため，近縁種ほど類似性は高く，遠縁種は類似性が低くなる
図 11･11･1：パンゲア大陸の分裂以前に存在していれば，大陸の移動で，世界中に化石が移動するため
2：たとえば，霊長類が地球上のほぼすべての大陸で見つかるのは，共通祖先がパンゲア時代に存在していた証拠である
図 11･12･1：初期発生が同様の方法で行われていた共通祖先から分かれたことを示唆するため．たとえば，すべての脊椎動物は初期胚において似た発生段階を経る
2：類似の構造は共通祖先と共有されているので，相同な形質である

12 章の章末確認問題の解答

1. 遺伝的浮動，新たに別の個体群の確立し
2. b　3. b　4. c　5. b　6. b
7. 生存に有利であっても，交配相手に選択されなければ，個体は繁殖できず，遺伝子は受け継がれないから

12 章の図の問題に対する解答

図 12･1･1：メチシリン耐性黄色ブドウ球菌(MRSA)
2：抗生物質は茶こしのように，細菌を選別するから
図 12･2･1：16/30 ＝ 53%　2：3/20 ＝ 15%
図 12･3･1：耐性のない細菌はすべてバンコマイシンによって死滅するから
2：白対立遺伝子頻度が増加し，黒対立遺伝子頻度が減少する
図 12･4･1：捕食される　2：暗色のガが増える
図 12･5･1：成人の身長と体重．現代の技術や医学は安定化選択

を弱めたと考えられる

2：上に凸の形が鋭くなり，両端での生存率は低くなる

図 12·6·1：安定化選択　2：分断性選択

図 12·7·1：収斂進化は，遠縁の二つの生物が何世代にもわたって同じような環境に適応した結果，同じような表現型をもつようになることであり，共通祖先からの進化の反対概念である

2：相同な形質は共通祖先がもっていた形質の進化後の表現型．相似な形質は収斂進化によって形成される似た表現型

図 12·9·1：遺伝子流動ではない．対立遺伝子頻度が変化しないから

2：遺伝子流動である．新しい対立遺伝子 *a* が個体群に導入され，対立遺伝子頻度が変化するから

図 12·10·1：小さな個体群では，偶然の自然災害などによって，個体群の大半の個体が死滅する可能性が高いから

2：左の個体群

13 章の章末確認問題の解答

1. b　2. a　3. c　4. c　5. 遺伝的分岐，異所的
6. 接合後障壁，不妊の雑種　7. d　8. b，c，d
9. c-d-e-b-a

13 章の図の問題に対する解答

図 13·3·1：生物地理学的情報，DNA 塩基配列の類似性，身体的特徴

2：体表の色調の顕著な違いがある．これらの違いはヒトの毛色や眼の色の違いのように，単なる種内変異である可能性があるため

図 13·4·1：同じ種の異なる個体群間での対立遺伝子の受渡し．グランドキャニオンの地理的障壁が遺伝子流動を阻止した

2：普遍的ではない．たとえば，川は，二つのトカゲの個体群の遺伝子流動は妨げるかもしれないが，二つの鳥の個体群の遺伝子流動は妨げない

図 13·5·1：地理的障壁　2：生存可能かつ繁殖可能

図 13·8·1：共進化では，種が他の種とよりよく相互作用するように直接進化する

2：異なる．収斂進化では，遺伝的に異なる 2 種が似た環境に適応するため，表現型が似てくるが，共進化では，異なる 2 種が互いに適応しあって一緒に進化していくから

図 13·9·1：地理的障壁　2：繁殖的隔離と遺伝的変化

図 13·10·1：卵が精子と受精(接合)する前

2：ダンスが正しくなければ交尾は起こらないから

14 章の章末確認問題の解答

1. c　2. b　3. a　4. d
5. クレード 2，ノード 3，系統 5，系統樹 4，共有派生形質 1
6. 原核生物，真核生物，植物，動物　7. d　8. e
9. (a) 真核生物，動物界　(b) 真核生物，菌界　(c) 真核生物，植物界　(d) 真核生物，動物界　(e) 真核生物，動物界
11. b-d-a-c-e
12. 上から順に，細菌ドメイン，古細菌ドメイン，原生生物界，植物界，菌界，動物界

14 章の図の問題に対する解答

図 14·2·1：古細菌と真核生物の共通祖先から細菌が最初に分かれたため

2：鳥類もヒトも真核生物

図 14·3·1：先カンブリア時代

2：約 4 億 8000 万年前，オルドビス紀

図 14·4·1：二本足で走り，中空で壁の薄い骨をもっていた

2：大きさや皮膚の覆われ方がより多様であった

図 14·5·1：どちらの系統樹も，この二つのグループが近縁であることを示している

2：従来の系統樹では，鳥類と恐竜が分かれた地点の鳥類側に始祖鳥がいるのでノードはない．徐の系統樹では，共通祖先のノードは獣脚類である

図 14·7·1：緑藻類　2：真菌類は動物により近い

図 14·8·1：界　2：科

図 14·10·1：三畳紀．爬虫類

2：ペルム紀．約 2 億 5000 万年前

15 章の章末確認問題の解答

1. d　2. e　3. c　4. b
5. 古細菌，細菌，原核生物，真核生物　6. b　7. e
8. a-d-e-c-b

15 章の図の問題に対する解答

図 15·2·1：8 個　2：20 分

図 15·5·1：系統樹の根元

2：真核生物と同定される集団がはじまる場所(黄から青に変わる場所)

表 15·1·1：化学物質のエネルギー

2：光合成独立栄養生物．エネルギーを太陽光から，炭素を二酸化炭素から得るから

16 章の章末確認問題の解答

1. a　2. d　3. c　4. d
5. 原生生物，水生，独立栄養生物　6. d-e-a-c-b　7. e
8. 独立栄養生物のみ：植物界，従属栄養生物のみ：菌界

16 章の図の問題に対する解答

図 16·2·1：珪藻類，有孔虫

2：緑藻類．植物と緑藻類の共通祖先は比較的新しい

図 16·3·1：陸生

2：種子をもつ：裸子植物と被子植物　花をもつ：被子植物

図 16·4·1：光合成を行い，ミネラルを吸収する

2：水生の祖先とは異なり，陸生の植物は乾燥から身を守り，土壌から養分を吸収する

図 16·6·1：担子菌類

2：核膜と細胞小器官をもつ真核細胞から構成されていること

図 16·7·1：胞子は風で運ばれるため　2：子実体

17 章の章末確認問題の解答

1. a　2. a　3. d　4. ミトコンドリア DNA，核 DNA
5. (a) N，(b) R，(c) B，(d) B，(e) B　6. c
7. 単孔類は胎盤を介さず卵を産む．有袋類は単純な胎盤をもつため，比較的未発達の仔を出産し，仔は袋の中で発育する．真獣類は胎盤が発達しているため，仔が十分に成長するまで体内で育てられる
8. b-d-e-a-c

17 章の図の問題に対する解答

図 17·1·1：環形動物．環形動物との共通祖先のほうが新しい

2：対称性なし：海綿動物，放射相称：刺胞動物，左右相称：扁形動物，軟体動物など

図 17·2·1：もっていない　2：サメとエイ

図 17·3·1：放射相称

2：左右相称動物はより効率的に動ける．放射対称動物は 360° 全方向に応答できる

図 17·4·1：歩脚，破砕爪，切断爪

2：眼と触角を含む頭部付属肢

図 17·5·1：比較的未発達な状態で生まれ，母親の袋にもぐりこみ，そこで授乳して成長する

2：ウシもヒトも真獣類

図 17•6•1：チンパンジー
2：道具の使用，記号言語能力，意図的なごまかし行為
図 17•7•1：対向できる足の指，四足歩行
2：直立姿勢，土踏まず
図 17•9•1：受精卵のミトコンドリアは，精子ではなく卵のミトコンドリアに由来するため
2：わからない
図 17•10•1：わかる　2：わかる
図 17•12•1：アフリカ系の現生人類のゲノムには，ミトコンドリア DNA にも核 DNA にもネアンデルタール人の塩基配列はないため
2：ホモ・エレクトス
図 17•13•1：ヒトの顎はより高く，さらに突き出ている
2：ネアンデルタール人は眉毛の隆起がより顕著で，額がより傾斜している

18 章の章末確認問題の解答

1. e　2. b　3. d　4. a–d–b–c–e
5. 天気，気候，気候変動，地球温暖化　6. d
7. 炭素シンク．火災によって放出される炭素よりも，吸収される炭素のほうが多いため
8. b–c–e–a–d

18 章の図の問題に対する解答

図 18•2•1：両方．植物と微生物は生物的要因であり，土と鉱物は非生物的要因
2：両方．川に生息する藻類，植物，魚は生物的要因であり，川の水と岩は非生物的要因
図 18•3•1：降雨パターンの変化や氷が溶けることで，河川や湖沼の氾濫が起こる
2：氷河や極地の氷が溶けることで，海面上昇が起こる
図 18•4•1：太陽光は，極地では赤道上よりも斜めに当たるので，吸収する太陽光エネルギーが少なくなる
2：半球が太陽の方向に傾いていると，太陽光がより真上に近い角度で当たるため，暖かくなり夏になる．冬はその逆である
図 18•5•1：1/3　2：赤外線
図 18•6•1：緑丸は，何百年も前に形成された氷の中に閉じ込められた空気の泡から測定された CO_2 濃度
2：赤丸は，ハワイのマウナロア観測所で測定された CO_2 濃度
図 18•7•1：1910 年ころ
2：世界の平均気温は上昇し続けている
図 18•8•1：橙色で表示されている地域
2：人口の増加に伴い，家畜の飼育も増え，牧草地の必要性も増加すると予想される
図 18•9•1：蒸散によって土壌から水分が大気に戻されるため
2：湿気や雲も少なくなる
図 18•10•1：赤道を境に対称的なパターンを形成する
2：植物の密度が大変高いため，蒸散量も多くなり多湿となっている
図 18•11•1：動物の呼吸，化石燃料などの燃焼，死んだ有機物の分解
2：植物と動物
図 18•12•1：炭素ソースは二酸化炭素を環境に放出し，温室効果ガスを増加させ，地球温暖化をひき起こす
2：炭素シンクは，放出する以上の炭素を吸収し，環境から CO_2 を除去し，温室効果ガスを減少させ，地球温暖化を阻止する

19 章の章末確認問題の解答

1. d　2. b　3. c　4. d　5. a
6. 密度依存性，密度非依存性　7. b　8. c
9. a–e–c–b–d

19 章の図の問題に対する解答

図 19•1•1：米国南部と東部海岸線
2：北部と北西部の州．カが越冬するには寒すぎるため
図 19•3•1：指数成長　2：ロジスティック成長
図 19•4•1：産業革命
2：2050 年ごろ，90〜100 億人と予測している
図 19•5•1：幼虫の段階
2：雄は血を吸わないのでジカウイルスを媒介できず，感染拡大に寄与しないから
図 19•6•1：養分，水，日照，根や芽が伸びる空間など
2：環境中の必要な資源を巡る競争は密度が高まるほど激化するから
図 19•7•1：1911 年から 1932 年ころまでの間
2：補給によって個体数の減少は止まり，補給量に応じて個体数は一定に保たれるか増加したと考えられる
図 19•8•1：獲物の数，生息地の環境など
2：1960 年から 2005 年にかけては S 字形でありロジスティック成長に近い．一方，2005 年から 2010 年にかけては指数成長しているようにみえる
図 19•9•1：生息地の環境，他のウサギ捕食者との競争など
2：個体数が周期的変動をしていることから環境収容力の平均を表す線を引くのはむずかしい．S 字形曲線が横ばい状態になれば，そこが環境収容力となる

20 章の章末確認問題の解答

1. d　2. b　3. c　4. c
5. 二次消費者，一次消費者，生産者
6. e　7. 相利共生 2，片利共生 3，捕食 1，競争 4
8. b–c–d–a–e
9. 種個体数の割合が低い群集，種の豊富さが高い群集

20 章の図の問題に対する解答

図 20•1•1：オオカミなど
2：より大きな落葉樹林の群集の一部
図 20•2•1：木の種類が少なくなる
2：種の多様性は種個体数の割合よりも種の豊富さに，より大きく依存して決まる
図 20•3•1：2, 3 種
2：キーストーン種のヒトデ 1 種がいなくなったことで，ムラサキイガイの種数が 18 から 1 になり，多様性が激減した
図 20•5•1：太陽光を利用し，光合成により糖を生産する
2：熱帯雨林よりも砂漠のほうが，消費者の数は少なくなる
図 20•6•1：2003 年に 170〜180 個体
2：それぞれの親世代は，一度に一定数の子孫しかつくることができず，その子孫が生殖できるようになるには時間がかかるから
図 20•7•1：イソギンチャクは捕食者から守られず捕食されてしまうだけでなく，クマノミからの栄養分も受取れなくなる
2：ダニが吸血できずバイソンの背中からいなくなるため，カササギの食物もなくなり，相利共生は終わる
図 20•8•1：肉食性動物　2：寄生生物
図 20•9•1：ほとんどの捕食者は，カラフルな獲物が有毒であることを，捕食後に病気になる経験を通じて学ぶ（もし，捕食者がその生物を食べただけで，死んでしまうのであれば，カラフルさは捕食者を避ける手段にはならないだろう）
2：擬態はその効果が試行錯誤によって達成される．よって仮に実際に毒をもった種が少なければ，擬態は機能しない
図 20•10•1：約 80%　2：11
図 20•11•1：*Aphytis lingnanensis*
2：2 種は同じ場所で同じ餌をめぐって競争しているが，直接的な相互作用はないため
図 20•13•1：中間種はマツである．水，栄養分，日照をめぐって草に競り勝つことで，優勢になる可能性が高く，一度定着する

と，マツの日陰は草の成長をさらに抑制する
2：ブラックオーク．マツが草との競争に勝つ原理と同じである

21章の章末確認問題の解答

1. a　2. c　3. d　4. c
5. バイオーム3，生態系2，純一次生産力1，生態学的群集4
6. チャパラル，草地，河口域　7. b
8. 生態系は生態学的群集の集まりであり，さらに物理的環境要因も含む

21章の図の問題に対する解答

図21・2・1：0.01％　2：四次消費者，第五栄養段階
図21・3・1：植物プランクトンによる光合成と水からの取込み
2：分解者による有機物の分解と生物の呼吸
図21・4・1：分解者は生物の死骸のみを食べる．それ以外の種類の消費者は，生きている生物を食べる
2：炭素は光合成で空気中から取込まれるが，その他の栄養素は土壌から取込まれる
図21・7・1：陸上：ツンドラ，水系：海洋のバイオーム
2：熱帯雨林
図21・8・1：1999年と2008年
2：2000年(低)，2003〜2004年(高)，2008年(低)

22章の章末確認問題の解答

1. a　2. c　3. d
4. 精子形成2，卵形成3，有性生殖4，無性生殖1
5. a　6. 無性生殖
7. セットポイント，ホメオスタシス，体温調節，負
8. b-e-c-a-d

22章の図の問題に対する解答

図22・2・1：結合組織　2：四つの組織すべてが含まれる
図22・3・1：免疫系　2：神経系と内分泌系
図22・4・1：生体内で起こるすべての化学的過程には最適な温度範囲があり，体温がその範囲から大きく逸脱すると効率が低下する(あるいは起こらなくなる)から
2：神経系
図22・6・1：減数分裂によって一倍体の配偶子をつくる
2：卵：1個，精子：4個
図22・7・1：卵胞刺激ホルモンと黄体形成ホルモン
2：プロゲステロン
図22・8・1：未受精卵は子宮を通って体外に排出され，月経周期が続く
2：精子はやがて死滅し，妊娠は起こらない
図22・9・1：接合子，胚子，胎児，乳児
2：この時期にほとんどの器官が形成されるので，誘発物質により突然変異が起こると，胚子や胎児の生存に重大な影響を及ぼす可能性があるから
図22・10・1：子宮筋のオキシトシンへの感受性を高める
2：子宮の収縮はオキシトシンによってひき起こされ，収縮が大きくなると，今度はオキシトシンが多く分泌されるようになる

23章の章末確認問題の解答

1. c　2. a　3. b　4. d　5. 脂肪，真皮，上皮
6. 骨格筋3，平滑筋4，心筋2，随意筋1，不随意筋5
7. c　8. 筋肉，サルコメア，Z，ミオシン，アクチン
9. b-e-c-a-d

23章の図の問題に対する解答

図23・1・1：ビタミンA, B_{12}, C, D
2：緑黄色野菜が不足していればビタミンA，肉の摂取が不足していればビタミンB_{12}
図23・2・1：口，食道，胃，小腸，大腸，肛門　2：大腸
図23・3・1：表面積が大きいと，栄養素が小腸を覆う細胞に接触しやすくなり，吸収効率が高まるから
2：微絨毛が表面積をさらに増加させる
図23・5・1：付属肢骨格
2：肘，膝，肩などの関節，肋骨の一部
図23・8・1：膝関節が動きやすいように，潤滑液を分泌する
2：靭帯は骨と骨をつなぎ，腱は骨と筋肉をつなぐ
図23・9・1：骨格筋　2：不随意筋
図23・10・1：腱を介して付く
2：1個の細胞だが，複数の細胞が融合してできたものである
図23・11・1：サルコメア，筋原線維，筋線維，筋線維の束，筋肉
2：ミオシンフィラメント，アクチンフィラメント，Z板

24章の章末確認問題の解答

1. d　2. c　3. a　4. b　5. d
6. (a) C，(b) P，(c) C，(d) P
7. 洞房結節3，左心室2，右心房1，肺循環4
8. b　9. ネフロン，再吸収，分泌，尿管，尿道
10. c-b-e-a-d
11. 静脈は，大量の血液を運ぶために太い．毛細血管は，酸素と栄養を周囲の細胞に運びやすくするために細い

24章の図の問題に対する解答

図24・2・1：血漿　2：赤血球中のヘモグロビン
図24・3・1：血液を全身に運ぶために，より高い圧力を維持する必要があるから
2：毛細血管は非常に細く，管壁が薄く多孔である
図24・4・1：左心房，左心室，動脈，毛細血管，静脈，右心房，右心室，肺，左心房
2：短い肺循環へ血液を押出す右心室に比べ，長い体循環に血液を送り出すために，左心室はより高い圧力を発生させる必要があるから
図24・5・1：体に入るとき
2：吸気の際には，横隔膜を引き下げ，肋骨の筋肉を押出すことで，肺の容積が大きくなり，肺内の気圧を低下させ，体外から肺に空気を送り込む．呼気の際はこの反対の現象が起こる
図24・6・1：鼻，鼻腔，咽頭，喉頭，気管，気管支，肺
2：肺の肺胞から肺静脈へ，そして心臓を経由して動脈を経て全身の細胞内へ供給される
図24・7・1：表面積が大きいほどガス交換の効率が高まるから
2：肺胞：入る，毛細血管：出る
図24・9・1：尿が排出され，その後，膀胱に入り，体外に排泄される
2：再吸収とは物質を体内に戻すことであり，分泌とは物質を(尿として)体外に出すことである
図24・10・1：中枢神経系
2：たとえば，熱いものに触れると反射的に手を引っ込めること
図24・11・1：長い突起(樹状突起と軸索)をもつ
2：樹状突起と軸索は，神経細胞間で情報を伝えるときに，それぞれ受け手と送り手として働く

25章の章末確認問題の解答

1. c　2. b　3. d　4. a　5. b
6. 適応免疫応答4，内分泌系1，自然免疫応答2，視床下部3
7. (a) A，(b) A，(c) C，(d) A，(e) C
8. 一次，二次，能動，受動，能動
9. d-e-c-a-b

25章の図の問題に対する解答

図25・1・1：視床下部
2：内分泌腺には導管がなく，外分泌腺には導管がある

図 25・2・1：体液(特に血液)を介して
2：生体内の状態変化と，細胞応答を必要とする環境変化が起こったことを体に知らせるから
図 25・3・1：ホルモンは細胞膜を透過するか，細胞膜に埋込まれた受容体に結合する
2：遺伝子発現，代謝，細胞骨格，膜輸送を変化させる
図 25・4・1：試験や受験　2：肝臓と心臓
図 25・5・1：皮膚　2：胃の低い pH
図 25・6・1：自然免疫系，白血球，食細胞，好中球
2：自分の細胞を攻撃し破壊するから
図 25・7・1：病原体を破壊し，細胞の残骸を飲み込む
2：侵入してきたどのような病原体に対しても，同じように反応するから
図 25・8・1：病原体の侵入口を塞ぎ，傷口からの出血を抑えるから
2：どちらも自然免疫系の構成要素であり，傷に対する迅速な反応である点
図 25・9・1：B 細胞は骨髄(bone marrow)で成熟し，T 細胞は胸腺(thymus)で成熟するから
2：自然免疫系のようにすべての病原体に対して一様に反応するのではなく，特定の侵入病原体に適応する

26 章の章末確認問題の解答

1. a　2. b　3. c　4. a　5. d
6. モジュール成長 3，無限成長 2，一次成長 1，二次成長 4
7. c　8. e
9. 一年生，多年生，一年生，多年生，単子葉植物，ひげ根
10. b–d–a–c

26 章の図の問題に対する解答

図 26・2・1：植物体中で水と養分を運ぶ
2：根．日光に当たらなくて光合成ができないため
図 26・3・1：根が広く深く張ることで風や雨で倒れにくくしている
2：多年草．複数年かけて長い根を成長させることができるため
図 26・4・1：芽
2：葉の表面．二酸化炭素を取込みと水と酸素を放出するため
図 26・6・1：植食性動物の捕食から逃れるため，植物は葉に毒をたくわえる
2：強靭な外表面と防御のために改良された器官(とげ)．化学的防御ではない
図 26・8・1：一倍体，配偶体世代
2：植物は完全な一倍体である配偶体が一生の一部を占め，単相世代と複相世代が交代するが，動物では配偶子のみが一倍体で，配偶体をもたないため
図 26・9・1：多くの動物は甘い果実を餌として食べるので，種子は動物によって運ばれやすくなっている
2：種子が風で運ばれる場合，木が高いほうがより広範囲に拡散できる
図 26・10・1：受粉できず，果実が実らない
2：ほとんどの花は葉緑体をもたないため(そのため緑の花はほとんどない)，葉のように光合成を行えない

掲載図出典

コラムダイヤモンド enki©123RF.COM; ウイルス dreamerb/Sutterstock.com; キノコ Laszlo Podor/Getty Images; 木 visuall2/Shutterstock.com; リス Eric Isselee/Shutterstock.com. 図 1･2 上 New York State Department of Environmental Conservation; 左下 Pennsylvania Game Commission; 右下 Natinal Wildlife Health Center. 図 1･3 Advertising Archives. 図 1･6 左上と左下 New York State Department of Environmental Conservation; 左中央 Pennsylvania Game Commission; 右上 Deborah Springer; 右中央 Rudmer Zwerver©123RF.COM; 右下 Dr. Mary Hausbeck

図 3･3 Scripps Institution of Oceanography. 図 3･6 Photolukacs/Shutterstock.com. 図 3･7 Mama Gipsy Olili/Shutterstock.com. 図 3･10 食品 Africa Studio/Shutterstock.com; 染色体 Kateryna Kon/Shutterstock.com; じゃがいも chris kolaczan/Shutterstock.com; セロリ Tim UR/Shutterstock.com; 砂糖 Yeti studio/Shutterstock.com; カニ indigolotos©123RF.COM; ベーコン Best_photo_studio/Shutterstock.com; セイウチ Mats Brynolf/Shutterstock.com; 穀物 oksana2010/Shutterstock.com

図 4･5 NARUDON ATSAWALARPSAKUN/Shutterstock.com. p.44 のコラムウイルス Alissa Eckert, MS; Dan Higgins, MAM

図 5･9 ビール nitr©123RF.COM; 女性 RomarioIen/Shutterstock.com. 図 5･10 Dr. Karl Stetter

図 7･2 Amir Paz/PhotoStock-Israel/Alamy. p.75 のコラムイヌ Tereza Huclova/Shutterstock.com. 図 7･6 プードル WilleeCole Photography/Shutterstock.com; ボクサー Dora Zett/Shutterstock.com; コーギー HelenaQueen/Shutterstock.com; ドーベルマン Eric Isselee/Shutterstock.com; ゴールデンレトリバー ESB Professional/Shutterstock.com. 図 7･7 Susan Schmitz/Shutterstock.com. 図 7･8 Vasiliy Koval/Shutterstock.com

図 8･3 Kateryna Kon/Shutterstock.com

図 9･9 赤血球 Dr. Tony Brain/SPL/Science Source; 鎌状赤血球 Meckes Ottawa/Science Source

図 10･2 タバコ Zbigniew Guzowski/Shutterstock.com; 卵 Sean Locke Photography/Shutterstock.com. 図 10･3 JPC-PROD/Shutterstock.com

図 11･1 Thewissen Lab NEOMED. 図 11･4 シダの化石 Breck P. Kent/Shutterstock.com; 三葉虫 ScottOrr/Getty Images; 珪化木 Wit-Gorski/Shutterstock.com. 図 11･6 Thewissen Lab NEOMED. 図 11･11 paparazzza/Shutterstock.com

図 12･6 Tom Smith, UCLA. 図 12･7 上 cbpix©123RF.COM; 下 Willyam Bradberry/Shutterstock.com. p.128 のコラムクジャク plains-wanderer/Shutterstock.com

図 13･1 と図 13･2 Anthony Herrel of the University of Antwerp. 図 13･3 左 Juniors Bildarchiv GmbH/Alamy; 右 Ondrej Prosicky/Shutterstock.com. 図 13･4 左 Michael Qualls/Danita Delimont/adobe.com/jp; 中央 Larry Geddis/Alamy; 右 David Rolla/Shutterstock.com. 図 13･6 Courtesy of Carlos Prada. 図 13･8 Ondrej Prosicky/Shutterstock.com. 図 13･10 Sohns/imageBROKER/Alamy

図 14･1 MikhailSh/Shutterstock.com. 図 14･2 上 MichaelTaylor3d/Shutterstock.com; 中央 Eye of science/Scince Source; 下 Lebendkulturen.de/Shutterstock.com. 図 14･7 原生生物 1 Lebendkulturen.de/Shutterstock.com; 原生生物 2 Rainer Fuhrmann/Shutterstock.com; 原生生物 3 buccaneer©123RF.COM; コケ WildWoodMan/Shutterstock; シダ Elena Srubina/Shutterstock.com; 裸子植物 Serenko Natalia/Shutterstock.com; 被子植物 chanus/Shutterstock.com; 接合菌門 Rattiya Thongdumhyu/Shutterstock.com; 子嚢菌門 Henri Koskinen/Shutterstock.com; 担子菌門 Love Lego/Shutterstock.com; 海綿動物 vilainecrevette©123RF.COM; 刺胞動物 Jesus Cobaleda/Shutterstock.com; 軟体動物 wrangel©123RF.COM; 節足動物 feathercollector©123RF.COM; 棘皮動物 Marius Dobilas/Shutterstock.com; 脊索動物 Moelyn Photo/Moment/Getty. 図 14･8 ヒト popcorner/Shutterstock.com; ヒトデ vojce©123RF.COM; タコ wrangel©123RF.COM; チョウ puripat©123RF.COM; クラゲ anelee©123RF.COM; カエル Ken Griffiths/Shutterstock.com; 金魚 pisotckii©123RF.COM; タカ Stephen Mcsweeny/Shutterstock.com; トカゲ James DeBoer/Shutterstock.com; コウモリ creativenature©123RF.COM; カンガルー bluesunlight©123RF.COM; ゾウ Four Oaks/Shutterstock.com; 新世界ザル odeliavo©123RF.COM; キツネザル James Balaban©123RF.COM; ゴリラ PaylessImages©123RF.COM; チンパンジー vincentstthomas©123RF.COM; ヒト属の化石 Sabena Jane Blackbird/Alamy

図 15･4 Dunn Lab. 図 15･6 左上 David Henderson/caia image/Alamy Stock Photo; 左下 Jose Arcos Aguilar/Shutterstock.com; 右 Ralph White/Getty Images

図 16･1 Lebendkulturen.de/Shutterstock.com. p.164 のコラム植物 Plant-Success. 図 16･4 上 divedog/Shutterstock.com; 下 Casther/Shutterstock.com. 図 16･5 Sergey Lavrentev/Shutterstock.com

図 17･4 Edward Westmacott/Shutterstock.com. 図 17･5 左上 Nika_Z/Shutterstock.com; 右上 kjuuurs©123RF.COM; 下 Martin Pelanek/Shutterstock.com. 図 17･13 Sabena Jane Blackbird/Alamy

図 18･1 NASA. 図 18･2 Fotos593/Shutterstock.com. 図 18･3 上 Thisisbossi, CC BY-SA 2.5, via Wikimedia Commons; 下 Werner Friedli, CC BY-SA 4.0, via Wikimedia Commons. 図 18･12 Andrew Orlemann/Shutterstock.com

図 19･2 CDC/Cynthia Goldsmith. p.196 のコラムカ 7th Son Studio/Shutterstock.com. 図 19･6 pisitpong2017/Shutterstock.com. 図 19･7 evgenii mitroshin/Shutterstock.com

図 20･3 Don Johnston_IH/Alamy Stock Photo; 窓 Kevin Ebi/Alamy Stock Photo. 図 20･5 上 Chokniti Khongchum©123RF.COM; 下 Luc Novovitch/Alamy Stock Photo. 図 20･7 cbpix/Alamy. 図 20･8 PhotoStock-Israel/Shutterstock.com. 図 20･9 上 Artur Janichev/Shutterstock.com; 左中央 Nancy Nehring/Getty Images; 右中央 CHAINFOTO24/Shutterstock.com; 下 Brian Lasenby/Shutterstock.com. 図 20･12 Anne-Marie Kalus. 図 20･13 Adam Burton/Alamy

図 21･1 Jacques Descloitres, MODIS Rapid Response Team, NASA/GSFC. 図 21･5 NASA image by Robert Simmon. 図 21･6 ツンドラ Leonid Spektor©123RF.COM; タイガ zhaubasar©123RF.COM; チャパラル Tim Gray/Shutterstock.com; 熱帯雨林 pac_aleks/Shutterstock.com; 淡水 Vesna Kriznar/Shutterstock.com; 温帯樹林 ozkan ulucam/Shutterstock.com; 草地 LutsenkoLarissa/Shutterstock.com; 砂漠 Tracy Immordino/Shutterstock.com; 河口 Mark Goodreau/Alamy; 海洋 nyker/Shutterstock.com

図 22･5 左 Reinhard Dirscherl/agefotostock; 中央 Matteo photos/Shutterstock.com; 右 cbpix/Alamy

図 23･1 左上 Tim UR/Shutterstock.com; 中央上 Juliya Shangarey/Shutterstock.com; 右上 topseller/Sutterstock.com; 左下 Nik Merkulov/Shutterstock.com; 中央下 Spayder pauk_79/Shutterstock.com; 右下 matkub2499/Shutterstock.com. 図 23･6 tienduc1103/Shutterstock.com

図 24・2 血小板 Dennis Kunkel/Science Source; 赤血球 Dennis Kunkel/Science Source; 白血球 Richard Kessel & Dr. Randy Kardon/Visuals Unlimited. 図 24・8 The Ott Lab/Massachusetts General Hospital, Boston

図 25・6 左 Don W. Fawcett/Science Source; 右 MedImage/Science Source. 図 25・8 Volker Steger/Science Source

図 26・7 The Land Institute. 図 26・10 左 Bk87/Shutterstock.com; 右 Ondrej Prosicky/Shutterstock.com

索　　引

あ　行

か　行

さ　行

た　行

な　行

は　行

ま　行

ゆ～わ

岡 良 隆（おか よしたか）
1955年 徳島県に生まれる
1983年 東京大学大学院理学系研究科 修了
東京大学名誉教授
専門 神経生物学
理 学 博 士

岡 敦 子（おか あつこ）
1956年 静岡県に生まれる
1984年 東京大学大学院理学系研究科 修了
日本医科大学名誉教授
専門 発生生物学
理 学 博 士

第1版 第1刷 2023年12月26日 発行

教養の生物学（原著第2版）

訳 者 岡 良 隆
岡 敦 子
発 行 者 石 田 勝 彦
発 行 株式会社 東京化学同人
東京都文京区千石3丁目36-7（〒112-0011）
電話（03）3946-5311・FAX（03）3946-5317
URL: https://www.tkd-pbl.com/

印 刷 株式会社 アイワード
製 本 株式会社 松 岳 社

ISBN 978-4-8079-2045-7
Printed in Japan